Anne Grabs, Karim-Patrick Bannour, Elisabeth Vogl

Sisi am Thot

Follow me!

Erfolgreiches Social Media Marketing
mit Facebook, Instagram, Pinterest und Co.

Rheinwerk
Computing

Liebe Leserin, lieber Leser,

Social Media sind ein wichtiger Bestandteil der erfolgreichen Unternehmenskommunikation. Hier tauschen Konsumenten Produkterfahrungen aus und bewerten Dienstleistungen. In unserem Buch erfahren Sie, wie Sie das ganze Potenzial von Social Media als Marketing-Plattform ausschöpfen. Unsere Autoren sind ausgewiesene Social-Media-Experten: Sie beraten Unternehmen und Kunden bei Auswahl und Umsetzung der richtigen Strategie. Hier zeigen Sie Ihnen den Weg zu Ihrer individuellen Lösung. Folgen Sie den Autoren in die Welt des Social Media Marketings.

Follow me! erscheint nun bereits in der fünften Auflage und ist *das* deutschsprachige Standardwerk zum Thema. Die vielen positiven Rückmeldungen von Lesern, Experten und der Fachpresse bestätigen, dass die Autoren die richtige Mischung aus Grundlagen, Strategie-Überlegungen und Praxistipps finden. In die neue Auflage sind selbstverständlich die aktuellen Entwicklungen eingeflossen. Hervorzuheben sind das neue Kapitel zum Podcasting und das Thema Messenger Marketing, das durch die weite Verbreitung von Smartphones zunehmend an Bedeutung gewinnt. Hier erfahren Sie alles zu Chatbots, WhatsApp, Snapchat und Co.

Um die Qualität unserer Bücher zu gewährleisten, stellen wir stets hohe Ansprüche an Autoren und Lektorat. Falls Sie Anmerkungen und Vorschläge zu diesem Buch formulieren möchten, so freue ich mich über Ihre Rückmeldung.

Ihr Stephan Mattescheck
Lektorat Rheinwerk Computing

stephan.mattescheck@rheinwerk-verlag.de
www.rheinwerk-verlag.de
Rheinwerk Verlag · Rheinwerkallee 4 · 53227 Bonn

Auf einen Blick

Wir hoffen, dass Sie Freude an diesem Buch haben und sich Ihre Erwartungen erfüllen. Ihre Anregungen und Kommentare sind uns jederzeit willkommen. Bitte bewerten Sie doch das Buch auf unserer Website unter **www.rheinwerk-verlag.de/feedback**.

An diesem Buch haben viele mitgewirkt, insbesondere:

Lektorat Stephan Mattescheck, Anne Scheibe
Korrektorat Annette Lennartz, Bonn
Herstellung Kamelia Brendel
Typografie und Layout Vera Brauner
Einbandgestaltung Barbara Thoben, Köln
Coverbild Power Package: Sabine Tress, 2010, 120 × 120 cm, Acryl und Sprayfarbe auf Leinwand. Das Foto von Power Package stammt von Jürgen Eis.
Satz III-Satz, Husby
Druck Media-Print Informationstechnologie GmbH, Paderborn

Dieses Buch wurde gesetzt aus der Linotype Syntax (9,25/13,25 pt) in FrameMaker.
Gedruckt wurde es auf chlorfrei gebleichtem Offsetpapier (90 g/m²).
Hergestellt in Deutschland.

Bibliografische Information der Deutschen Nationalbibliothek:
Die Deutsche Nationalbibliothek verzeichnet diese Publikation in der Deutschen Nationalbibliografie; detaillierte bibliografische Daten sind im Internet über *http://dnb.d-nb.de* abrufbar.

ISBN 978-3-8362-6231-6

5., aktualisierte Auflage 2018, 1., korrigierter Nachdruck 2019

Informationen zu unserem Verlag und Kontaktmöglichkeiten finden Sie auf unserer Verlagswebsite **www.rheinwerk-verlag.de**. Dort können Sie sich auch umfassend über unser aktuelles Programm informieren und unsere Bücher und E-Books bestellen.

Inhalt

Über dieses Buch

Im Durchschnitt surft jeder täglich drei Stunden im Internet – ein Drittel dieser Zeit allein im Social Web.[1] Social Media sind die am meisten genutzten Medien und werden direkt nach dem Aufwachen von den Nutzern angewählt.[2] Insbesondere bei jungen Zielgruppen ist diese Nutzung immens. Für sie gehören Social Media zur Morgen- und Abendroutine und werden am häufigsten im Bett genutzt. Social Media sind also keine Eintagsfliegen mehr, sondern omnipräsent und so selbstverständlich wie einst das Telefon oder der Blick in die Zeitung.

So ist auch Social Media Marketing mittlerweile eine feste Größe im Marketingmix aller Branchen. Auf der Bühne des Social Media Marketings konnten wir in den letzten Jahren spannende Kampagnen großer Marken und Social Media Erfolgsstories von Startups und Entrepreneuren erleben. Erfolgreich ist, wer seine Kampagnen und Aktionen vor allem mobil denkt und die spannenden Stories auch richtig zu vermarkten weiß.

»*Eine Marke ist das, was Menschen über Sie sagen, wenn Sie nicht im Raum sind*« oder was sie in Social Media über Sie sagen. Eine Marke ist eine Leistung des Kunden – in Social Media wird das einmal mehr sichtbar. In Social Media lassen sich rund um Marken echte Communitys aufbauen, die den Zeitgeist der Marke leben, ihn transformieren und an ihren Freundeskreis weitergeben. Die Marke wird im Social Web gemeinsam mit dem Kunden geführt, alles verzahnt und ergänzt sich.

Viele Unternehmen treibt 2018 dennoch die Frage um, wohin der Trend nun geht. Die Datenschutz-Grundverordnung (DSGVO) hat viele Unternehmen verunsichert. Auch das viel besprochene Influencer Marketing ist von der DSGVO stark betroffen und muss sich gerade neu aufstellen. Zudem macht sich so etwas wie eine Social-Media-Ernüchterung bei vielen Unternehmen breit, da die Zeiten organischer Reichweite bei Facebook, Instagram und YouTube passé sind.

Genau an dieser Stelle setzt die mittlerweile 5. Auflage von »Follow me!« an und zeigt Ihnen, wie Sie Social Media Marketing trotz DSGVO und sinkender organischer Reichweite aufgleisen müssen. Sie erfahren, welche Kanäle relevant sind und wo es tatsächlich noch organische Reichweite zu holen gibt. Wir zeigen Ihnen, wie

---

1 globalwebindex, Social Media Captures Over 30% of Online Time: *http://blog.globalwebindex.com/chart-of-the-day/social-media-captures-30-of-online-time*

2 Bitkom, 2018, Online gleich nach dem Aufwachen und kurz vor dem Einschlafen – jeder Zweite nutzt Social Media im Bett: *http://www.bitkom.org/Presse/Presseinformation/Online-gleich-nach-dem-Aufwachen-und-kurz-vor-dem-Einschlafen-Jeder-Zweite-nutzt-Social-Media-im-Bett.html*

Sie mit Advocacy Marketing Ihre Lieblingskunden und Meinungsführer involvieren und an sich binden, wie Sie Empfehlungen auslösen und für sich nutzen, um virale Effekte zu stimulieren. Wir zeigen Ihnen, wie Sie mittels Storytelling Social-Media-Aktionen lancieren, an die sich Nutzer noch lange erinnern. Und Sie erfahren ganz genau, wie Sie diese Ziele messen können. Mit Rechtstipps im Buch und Empfehlungen zur DSGVO sind Sie auf dem aktuellen Rechtsstand in Sachen Social Media.

Für die begleitenden Rechtstipps im Buch konnten wir erneut den Rechtsanwalt *Sven Hörnich* gewinnen, der in der aktuellen Diskussion rund um medienrechtliche Fragestellungen sowie insbesondere den Datenschutz (und mithin die DSGVO) wichtige praxisnahe Hinweise liefert. Er ist sowohl Fachanwalt für Urheber- und Medienrecht als auch für gewerblichen Rechtsschutz. Weitere Informationen über Sven Hörnich und seine Kanzlei finden Sie unter *http://sven-hoernich.de*.

Des Weiteren konnten wir den Facebook-Ads-Experten *Steffen Jecke* gewinnen. Steffen Jecke ist Digitalstratege mit inhaltlichem Fokus auf Social Media, Paid Advertising und 360°-Online-Marketing-Consulting bei der Online-Marketing-Agentur Projecter aus Leipzig. Federführend ist er unter anderem in Projekten für ProSiebenSat.1 Media, Hubert Burda Media, Carhartt und Spreadshirt. Weitere Informationen über Projecter erhalten Sie unter *http://www.projecter.de*.

Den freiberuflichen Social-Media-Experten *Felix Krüger* konnten wir ebenfalls für das Buch gewinnen. Felix Krüger berät viele Werbeagenturen Deutschlands bei der Planung, der Umsetzung und der Auswertung ihrer Social-Media-Kampagnen. Vorher hat er bei der coma AG und 1-2-social die Social-Media-Kanäle namhafter Firmen aus verschiedenen Branchen betreut. Weitere Informationen über Felix erfahren Sie unter *http://www.fk-social.de*.

Ein weiterer großer Dank geht an den Designer *Justus Wunschik*, der zahlreiche Grafiken im Buch umgesetzt hat. Justus Wunschik arbeitet als Freier Art Director und Diplom-Mediengestalter für Agenturen, Unternehmen und Entrepreneure in den Bereichen Mediendesign und Kommunikationsgestaltung. Seine Kernkompetenzen liegen in den Bereichen User Experience und klassisches Grafikdesign. Mehr Infos unter *www.bfmg.de*.

Aufbau des Buches

Kapitel 1, »Bleibt alles social«, zeigt Ihnen, dass Social Media Marketing heute eine feste Konstante im Marketingmix ist und welchen Return on Investment (ROI) Sie damit erreichen können.

Kapitel 2, »Social-Media-Strategie«, zeigt Ihnen den Weg zu einer Social-Media-Strategie und welche Unternehmenskultur dafür notwendig ist. Sie erfahren außerdem, wie Sie Social-Media-Kampagnen messen können.

Kapitel 3, »Facebook«, zeigt Ihnen, wie Sie Facebook-Marketing strategisch angehen, welche Inhalte wirklich ankommen und wie Sie mit Facebook-Anzeigen einen Sales Funnel aufbauen.

In **Kapitel 4, »YouTube«,** erfahren Sie, wie Storytelling bei YouTube funktioniert, welche Kennzahlen für die Erfolgsmessung wichtig sind und worauf man bei der Content-Erstellung sonst noch achten sollte.

Kapitel 5, »Instagram«, erklärt Ihnen, welche Wachstumsstrategien auf Instagram funktionieren, warum kein Weg an Instagram Stories vorbeiführt und wie Sie Influencer gewinnen.

Kapitel 6, »Pinterest«, erklärt Ihnen, warum Pinterest der Traffic-Garant für Ihre Website ist und was Sie dafür tun müssen, um auf Pinterest erfolgreich zu sein.

Kapitel 7, »Messenger Marketing«, zeigt Ihnen, warum Messenger die Marketingtools der Zukunft sind. In diesem Kapitel erklären wir, was es mit Conversational Commerce und Chatbots auf sich hat und wie diese die Kommunikation am Smartphone in den nächsten Jahren revolutionieren werden.

In **Kapitel 8, »Twitter«,** erfahren Sie, für wen die Social-Media-Plattform Twitter relevant ist und wie dort Inhalte unter Usern gestreut werden.

Kapitel 9, »Blogs – Ihre Social-Media-Zentrale«, erklärt Ihnen, wie Sie Ihr eigenes Blog starten, wie Blogger Relations funktionieren und wie man selbst gute Inhalte erstellt und so zum »Storyteller« wird.

In **Kapitel 10, »Podcasts«,** zeigt Ihnen, wie Sie auf den aktuellen Podcast-Trend aufspringen und ihn maximal für sich nutzen können.

In **Kapitel 11, »Experte sein auf XING und LinkedIn«,** werden die zwei wichtigsten Business-Netzwerke vorgestellt, mit denen Sie im beruflichen Alltag vertraut sein sollten.

In **Kapitel 12, »Social Media Monitoring und Online Reputation Management«,** erfahren Sie, wie Sie Ihre Zielgruppe im Social Web beobachten und wie Sie Ihren Ruf im Netz schützen.

Kapitel 13, »Social-Media-Trends«, zeigt Ihnen die wichtigsten Trends in Sachen Social Media Marketing auf.

Mit diesem Buch richten wir uns an Social-Media-Einsteiger, Unternehmer, Marketingverantwortliche, Brandmanager, KMU und Selbstständige sowie an alle, die sich generell für Social Media interessieren und einen breit gefächerten Überblick über die Möglichkeiten erhalten möchten. Wir haben versucht, jedes einzelne Kapitel mit möglichst vielen Beispielen erfolgreicher Social-Media-Strategien verschiedener Unternehmen aus dem deutschsprachigen und internationalen Umfeld zu veranschaulichen. Wir haben dabei den Markt aus deutscher, österreichischer und schweizerischer Perspektive betrachtet, aus diesem Grund haben wir Beispiele aus allen diesen Ländern zur Veranschaulichung gewählt.

Die Autoren Anne Grabs, Elisabeth Vogl und Karim-Patrick Bannour sind seit Jahren privat und beruflich in den sozialen Medien aktiv und verfügen über große Erfahrung im Social Media Marketing. Aufgrund ihres unterschiedlichen Backgrounds haben sie jeweils verschiedene Sichtweisen, was Social Media Marketing betrifft. Anne Grabs hat in Deutschland eine Ausbildung als Werbekauffrau absolviert. Elisabeth Vogl und Karim-Patrick Bannour haben in Salzburg Journalismus und Politik studiert und kennen den österreichischen Markt sehr genau. Diese verschiedenen Perspektiven haben sich beim Schreiben des Buches sehr bezahlt gemacht.

Bonuskapitel

Als besonderen Service bieten wir unseren Lesern in dieser Ausgabe zusätzlich noch mehr Informationen an, und zwar in Form von Bonuskapiteln auf der Website zum Download. Bitte besuchen Sie die Website des Verlags unter: *www.rheinwerk-verlag.de/4623*

Ganz unten auf der Website finden Sie den Bereich MATERIALIEN ZUM BUCH. Wenn Sie hier klicken, gelangen Sie zu weiteren Kapiteln:

»Social Media Management«, erklärt Ihnen, warum es Sinn macht, die Verantwortlichkeiten Ihres Social-Media-Engagements im Betrieb zu regeln, welche Tools es gibt, um Beiträge zu planen, und wie Sie Ihre Ziele messen können.

»Foren und Bewertungsplattformen«, erklärt, warum Foren im Social-Media-Mix noch immer so wichtig sind und was positive Bewertungen im Netz für Ihr Unternehmen, Ihr Produkt oder Ihre Dienstleistung im Hinblick auf Social Commerce bringen.

»Crowdsourcing und Crowdfunding«, zeigt Ihnen die Tools, mit denen Sie Produkte und Ideen gemeinsam mit der Community entwickeln können und wie sich mithilfe von Crowdfunding mit den Usern im Social Web Projekte finanzieren lassen.

Weitere Hinweise

Wir haben bewusst auf eine gendergerechte Schreibweise verzichtet, um den Lesefluss nicht zu stören. Um den Rahmen des Buches nicht zu sprengen, sind wir nicht ausführlicher auf Enterprise 2.0, B2B und die Implikationen von Social Media für die Unternehmensführung eingegangen. Natürlich ist das ein sehr wichtiges Thema, denn Social Media bedeuten auch Veränderung der Kommunikation, der Machtstrukturen und der Hierarchien in Unternehmen. Wir haben an den entsprechenden Stellen im Buch darauf hingewiesen, wie sich Social Media Marketing auf die Unternehmenskultur auswirkt, haben aber davon abgesehen, dieses Thema umfassend abzudecken.

Danksagungen

Besonderer Dank gilt zunächst allen Lesern und Unterstützern der Erstauflage sowie dem Rheinwerk Verlag, insbesondere Stephan Mattescheck und Britta Behrens, die »Follow me!« in seiner Erstauflage zu einem Bestseller gemacht haben. Das wäre ohne die zahlreichen Leser und Rezensenten und die Bemühungen des Verlags nicht möglich gewesen. Allen Rezensenten, die in Amazon und in ihren Blogs durchweg positiv berichtet haben, sei an dieser Stelle besonders gedankt. Aber auch für negatives Feedback waren wir dankbar und schätzen die zahlreichen Rückmeldungen und Tipps in Bezug auf die Neuauflage, die wir im Laufe des Jahres erhalten haben. Der Erfolg von »Follow me!« sowie das enorme positive Feedback haben uns beim Schreiben der 5. Auflage immer wieder motiviert. Eine Neuauflage ist kein neues Buch, aber es hat uns dennoch kreative Schreibkräfte abverlangt, die wir ohne die Unterstützung unserer Familie, unserer Freunde und unseres virtuellen Netzwerkes nicht hätten mobilisieren können, und dafür möchten wir uns bedanken. Und nun wünschen wir Ihnen viel Spaß beim Lesen!

Berlin,
Anne Grabs, **Elisabeth Vogl** und **Karim-Patrick Bannour**

1 Bleibt alles social

Social Media Marketing ist aus dem heutigen Marketing nicht mehr wegzudenken. Täglich präsentieren sich Marken und Unternehmen in den Social-Media-Kanälen und erreichen so ihre Zielgruppen – und das sind schon lange nicht mehr nur Digital Natives, sondern jeder zweite Deutsche.

Die größte Konstante beim Social Media Marketing ist die Veränderung. Neue Kanäle (Vero) kommen, veraltete Kanäle gehen oder verlieren an Bedeutung (Snapchat), aber eines bleibt immer gleich: das Bedürfnis der Nutzer nach Social Media und deren intensive Nutzung. In Deutschland nutzen Millionen von Menschen Social Media zur Kommunikation, zur Inspiration und Interaktion mit Freunden oder Internetbekannten. Der tägliche Facebook-Check ist Routine, von unterwegs werden Instagram Stories aufgenommen, und immer häufiger kann man Menschen dabei beobachten, wie sie gerade eine Sprachnachricht im Messenger aufnehmen oder bei musica.ly ihre Lippen zur Musik bewegen.

Social Media gehören zu unserem (Medien-)Alltag wie einst der Blick in die Zeitung. Der Großteil der Social-Media-Nutzer checkt sofort nach dem Aufwachen seine Social-Media-Profile und WhatsApp. Am Abend swipen sich die Nutzer zum Einschlafen durch die Instagram Stories. Was sich kontinuierlich verändert, sind die Mechaniken, die insbesondere durch die Innovation der Smartphones entstehen. Livevideos bei Facebook und Instagram sind gerade deshalb so erfolgreich, weil sie von unterwegs gefilmt werden können. Virtual- und Augmented-Reality-Funktionen, wie z. B. die Lenses bei Snapchat oder Filter bei Instagram, sind ebenfalls nur durch Smartphones möglich. Heute entstehen keine sozialen Netzwerke mehr am Desktop, sondern mobile Apps mit sozialen Funktionen und Gamification-Ansätzen. »Bleibt alles social« heißt also, Social Media sind tief in unserem Alltag verankert, und das wird auch immer so bleiben – auch wenn sich die Kanäle verändern.

Deshalb ist es auch heute enorm wichtig, dass Sie die sozialen Netzwerke und mobilen Social Apps selbst nutzen, verstehen und für das eigene Marketing sinnvoll einsetzen. In den Marketing- und Kommunikationsabteilungen wird Social Media und Content Marketing deshalb extrem viel Bedeutung beigemessen. Ganze »Taskforces Social Media« und »Social Media Units« sind entstanden, um die Kunden im Netz bestmöglich zu erreichen.

1.1 Social Media sind Marketing-must-have

In den Werbeagenturen hat ebenfalls ein Umdenken stattgefunden. Social Media werden heute in den frühen Phasen der Marketingkonzeption bedacht und nicht erst zum Kampagnenstart per Schnellschuss-Prinzip nachgeliefert. Denn jede noch so gut durchdachte Story kann in Social Media scheitern, wenn man erst zum Schluss überlegt, wie man nun die Nutzer in Social Media damit erreichen will. Die reine »Verlängerung« von Kampagnen in Social Media wird immer häufiger durch eigene Social-Media-Inhalte ersetzt. Die Lebensmittelhändler Lidl und Edeka beispielweise liefern sich regelmäßige Schlammschlachten in Social Media (Lidl mit »LI DL Land« vs. Edeka mit #Eatkarus), bei denen sie sich gegenseitig aufs Korn nehmen (siehe Abbildung 1.1). Die Inhalte variieren von aufwendigen Werbefilmen mit einem enormen Produktionsaufwand bis hin zu kleinen Clips, um den Konkurrenten anzustacheln. Allerdings führt Edeka schon seit Langem die Riege der viralen Webhits mit Filmen wie »Heimkommen« und »Unser Herz schlägt für Vielfalt« an. Der Social-Media-Wettkampf von Lidl und Edeka führt vor, wie sehr Social Media immer wieder neue Dynamiken und Trends entwickeln, auf die Unternehmen reagieren müssen, um die Aufmerksamkeit der Nutzer zu erhalten.

Abbildung 1.1 Lidl vs. Edeka: Mit aufwendigen Filmproduktionen liefern sich die Lebensmittelhändler einen viralen Wettstreit in Social Media.

1.1.1 Vom Hype zur Marketingdisziplin

Social Media Marketing hat sich in den letzten Jahren vom Hype zur anerkannten Marketingdisziplin entwickelt und wird im gesamten Marketingmix eingesetzt – ob als Teil einer crossmedialen Kommunikationsstrategie oder als Teil einer Kundengewinnungsstrategie (Leadgenerierung). Unternehmen können es sich nicht mehr leisten, auf Social Media zu verzichten.

Immer mehr große und kleine Firmen nutzen Social Media für ihre Kommunikation, zur Reputationssteigerung im Netz oder um Aufmerksamkeit und Absatz für ihr neues Produkt zu generieren. Und immer mehr Unternehmen können bereits eine positive Auswirkung auf diverse Marketing- bzw. Unternehmensziele durch soziale Netzwerke feststellen. Drei von vier Unternehmen in Deutschland setzen laut Bitkom-Studie aus dem Jahr 2017 Social Media Marketing ein (73 %).[1] Dabei spielt es keine Rolle, ob es sich um ein kleines, mittleres oder großes Unternehmen handelt. Laut einer Statista-Erhebung aus dem Jahr 2015/2016 nutzen 30 % der deutschen Unternehmer Social Media als Marketingplattform, 20 % für einen engeren Kontakt mit Kunden, 20 % zur Steigerung des Bekanntheitsgrades, 15 % zur Zielgruppenansprache, 13 % zur Umsatzsteigerung, 1 % für den Kundensupport (siehe Abbildung 1.2).[2]

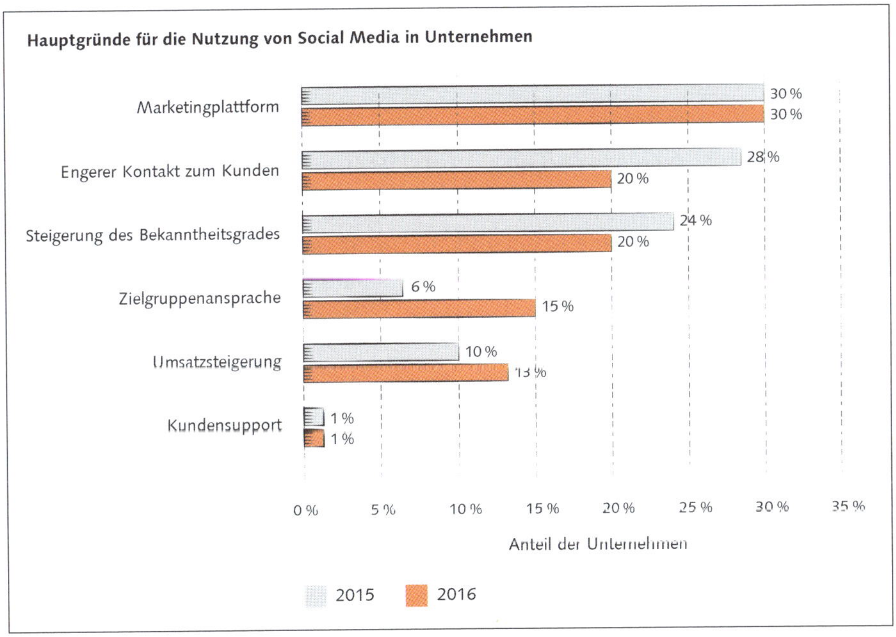

Abbildung 1.2 Nur 1 % der Unternehmen setzt Social Media strategisch für den Kundensupport ein – Messenger Marketing wird das radikal ändern. (Quelle: Statista, http://de.statista.com/statistik/daten/studie/214159/umfrage/gruende-fuer-die-nutzung-von-social-media-durch-unternehmen)

1 Bitkom, 2017, »Fast jedes zweite Unternehmen hat schon Gegenwind bekommen«: *https://www.bitkom.org/Presse/Presseinformation/Fast-jedes-zweite-Unternehmen-hat-im-Netz-schon-Gegenwind-bekommen.html*

2 Statista, 2016, »Was ist der Hauptgrund für die Nutzung von Social Media in Ihrem Unternehmen?«: *http://de.statista.com/statistik/daten/studie/214159/umfrage/gruende-fuer-die-nutzung-von-social-media-durch-unternehmen*

1.1.2 Messenger beschleunigen den Kundenservice

Messenger etablieren sich gerade als wichtigster neuer Touchpoint mit Kunden und beschleunigen den Kundenservice. Wie oft sucht man auf Unternehmensseiten nach der richtigen Hotline-Nummer oder dem Kontaktformular, das irgendwo versteckt ist. Da ist die Nachricht an den Händler oder Dienstleister in Facebook doch viel schneller geschrieben. Das Social Web kann gerade mit Messengern seine Vorteile ausspielen: Schnelligkeit und Nutzerfreundlichkeit. Für große und kleine Unternehmen steckt hier großes Potenzial, wertvolle Kundenbindungen aufzubauen, die für Reichweite und Umsätze sorgen. Internen Studien von Facebook zufolge würden 56 % der Facebook-Nutzer lieber einer Firma via Messenger schreiben als zum Telefonhörer zu greifen.[3] Und laut YouGov-Studie hält bereits »jeder Fünfte die Nutzung von WhatsApp in der Kommunikation mit Unternehmen für längst überfällig«.[4] Jeder dritte Deutsche findet die Unternehmenskommunikation via WhatsApp, Facebook Messenger & Co. sogar deutlich angenehmer als die klassischen Kontaktwege (E-Mail, Post, Telefon). In Kapitel 7, »Messenger Marketing«, beschreiben wir genau diese Möglichkeiten ausführlich.

1.1.3 Das nächste große Ding – Chatbots

Auch Facebook investiert gerade massiv in seinen Messenger und will ihn nach dem Vorbild von WeChat in China zu einer Plattform umbauen, mit dem die Nutzer alle möglichen Dienstleistungen via Messenger und Smartphone in Anspruch nehmen können. Statista prognostiziert für das Jahr 2018 bereits 27 Mio. Nutzer von Messaging-Apps in Deutschland.[5] Chatbots werden bisher nur von 16 % der deutschen User genutzt, aber auch das kann sich schnell ändern. Haben die User erst einmal realisiert, dass Chatbots Aufgaben von unterschiedlicher Komplexität autark übernehmen können und sich dadurch immens Zeit sparen lässt, werden die Nutzerzahlen rasant steigen. Bekannte Beispiele von Chatbots sind »Mildred« der Lufthansa, der Chatbot »Kwitt« der Sparkasse und der »Novi-Bot« für tägliche News-Updates. Die nächste Evolutionsstufe der Social Media liegt ohne Zweifel im Messenger Marketing. Verpassen Sie nicht diese Gelegenheit, und begeistern Sie Ihre Kunden

---

3 Heise, 2018, »Facebook will seinen Messenger verschlanken – und ausbauen«: *http://www.heise.de/newsticker/meldung/Facebook-will-seinen-Messenger-verschlanken-und-ausbauen-3944132.html*

4 YouGov, 2017, »Jeder Fünfte hält Nutzung von WhatsApp in der Kommunikation mit Unternehmen für längst überfällig«: *http://yougov.de/news/2017/07/05/jeder-funfte-halt-nutzung-von-whatsapp-der-kommuni*

5 Statista, 2015, »Anzahl der Nutzer von Messaging-Apps in Deutschland im Jahr 2015 sowie eine Prognose bis 2020 (in Millionen)«: *http://de.statista.com/statistik/daten/studie/643221/umfrage/anzahl-der-nutzer-von-messaging-apps-in-deutschland*

mit einem schnellen und einfachen Kundenservice über den Messenger. Wenn Sie mehr darüber wissen wollen, dann lesen Sie weiter in Kapitel 7, »Messenger Marketing«.

1.1.4 Nicht ohne meine Social Media

Können Sie sich vorstellen, einen Tag lang auf Social Media zu verzichten? Kein Facebook, kein Bildchen und Stories auf Instagram, keine Chats bei WhatsApp? Mal im Ernst. Das ist ganz schön schwer, oder? 47 % aller Deutschen können sich eine Social-Media-Abstinenz nicht vorstellen, wie eine aktuelle YouGov-Studie zeigt. Am schwersten würde der Verzicht den 18- bis 24-Jährigen und den 35- bis 44-Jährigen fallen, wie die Grafik von Statista zeigt (siehe Abbildung 1.3).

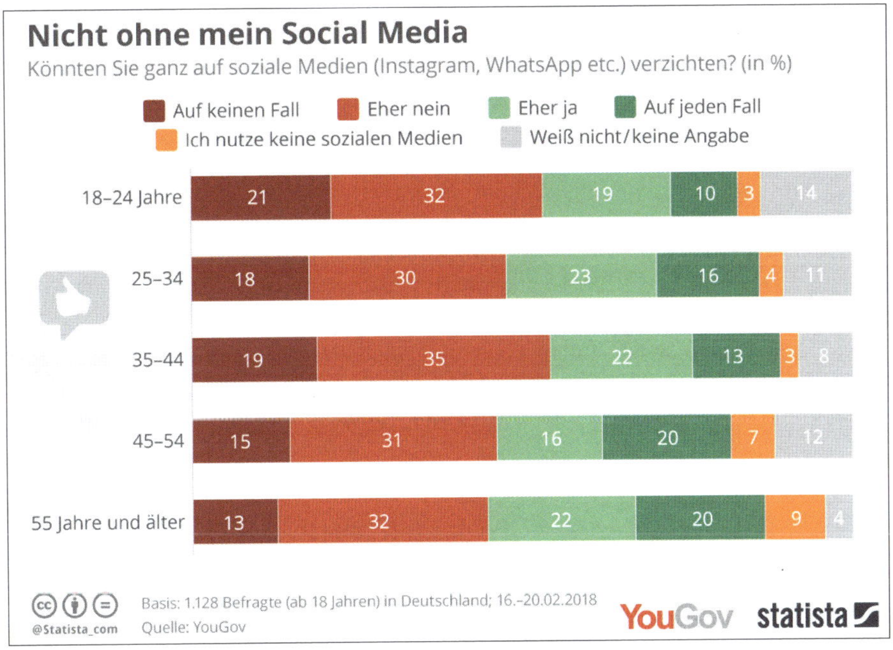

Abbildung 1.3 Ein Tag lang ohne Social Media? Ein unvorstellbares Szenario für 19 % der 18- bis 24-Jährigen (Quelle: Statista, http://de.statista.com/infografik/13057/umfrage-verzicht-auf-soziale-medien)

1.1.5 »Mobile first« wird zu »Mobile only«

Die meisten sozialen Netzwerke werden überwiegend übers Smartphone aufgesucht. Grund dafür ist der hohe Anstieg mobiler Internetnutzung. Durch mobiles Surfen verlagert sich der Web-Traffic von PC auf Smartphone und andere mobile Endgeräte. Weltweit hat die mobile Internetnutzung die Desktop-Nutzung bereits im Jahr 2016 überholt und soll 2018 auf 80 % ansteigen.[6] Deutschland ist im internationalen Vergleich mit 30 % mobilen Internetaufrufen noch relativ abgeschlagen, wird jedoch in den nächsten Monaten und Jahren zulegen. Fakt ist, dass Facebook zu 70 % ausschließlich mobil genutzt wird. Deshalb lautet die Zukunft von Social Media immer *Mobile Social Media* und benötigt zwingend kluge Mobile-only-Ansätze. Wir zeigen die Möglichkeiten in diesem Buch.

Werbeetats wandern ins Netz – allen voran in Social und Mobile

Der Anteil von Online-Werbung am Werbekuchen ist in den letzten Jahren enorm gestiegen. Zwar ist TV-Werbung noch immer das Leitmedium der deutschen Werbetreibenden, jedoch erreicht Mobile-Werbung kontinuierlich die stärksten Wachstumsraten (33,2 % von Q3 2016 zu Q3 2017).[7] Laut Statista-Umfrage[8] investierten 2016 rund 23 % der befragten Marketingexperten bereits 80 % und mehr ihres gesamten Werbebudgets in Online-Werbung, und Prognosen der Mediagruppe Zenith zufolge wandern in diesem Jahr 4 von 10 Werbe-Euro in Online-Werbung.[9]

Google und Facebook profitieren davon am meisten. Laut einer Schätzung von WARC streicht das Werbeduo weltweit bereits 61 % der Ausgaben für Online-Werbung ein und hat dadurch eine enorme Marktmacht.[10] Dies gab dem Bundeskartellamt zu Beginn des Jahres Anlass für eine Untersuchung der Marktverhältnisse, denn »einzelne große Unternehmen wie Google oder Facebook mit erheblicher Marktbedeutung [sind] entstanden, die nach Auffassung einiger Marktteilnehmer geschlossene Systeme, sogenannte ›walled gardens‹ etablieren konnten. Wettbewerblich bedeutsam ist auch die Frage des Zugangs zu Daten und deren Verarbeitung«.[11]

Der Grund für den ungebremsten Erfolg der Online-Werbung liegt in der granularen Messbarkeit. Werbetreibende wollen nicht mehr das Risiko von Streuverlusten eingehen. Durch präzises Targeting und validiertes Tracking von Online- und Social-Media-

---

6 Kroker's Look @ IT, 2018, »Mobile vs Desktop: Internet-Nutzung bis 2018 zu 80 Prozent via Smartphone & Tablet«: *http://blog.wiwo.de/look-at-it/2017/09/07/mobile-vs-desktop-internet-nutzung-bis-2018-zu-80-prozent-via-smartphone-tablet*

7 Nielsen, 2017, »Gesamtwerbemarkt Q3/2017 verzeichnet ein Plus von 1,1 Prozent gegenüber Vorjahreszeitraum«: *http://www.nielsen.com/de/de/press-room/2017/overall-market-Q3-2017-recorded-an-increase-of-1-point-1.html*

8 Statista-Umfrage, 2016, »Welchen Anteil Ihres gesamten Werbebudgets verwendet Ihr Unternehmen auf Online-Werbung?«: *http://de.statista.com/statistik/daten/studie/617590/umfrage/anteil-von-online-werbung-am-gesamten-werbebudget*

9 WuV, 2017, »2018 wandern 4 von 10 Werbe-Euro in Online«: *http://www.wuv.de/digital/2018_wandern_4_von_10_werbe_euro_in_online*

10 WARC, 2017, »Mobile is the world's second-largest ad medium«: *http://www.warc.com/newsandopinion/news/mobile_is_the_worlds_secondlargest_ad_medium/39673*

11 Bundeskartellamt, 2018, »Bundeskartellamt startet Untersuchung der Marktverhältnisse bei Online-Werbung«: *www.bundeskartellamt.de/SharedDocs/Meldung/DE/Pressemitteilungen/2018/01_02_2018_SU_Online_Werbung.html*

Maßnahmen kann bis ins letzte Detail nachvollzogen werden, wie Kunden auf Inhalte und Kampagnen reagieren (Reichweite, Interaktionen, Klicks, Leads, Käufe). Der Shift der Werbeetats von klassischen Medien hin zu digitalen Kanälen, insbesondere zu Social und Mobile, wird weiterhin steigen. Der Anteil von *mobiler* Social-Media-Werbung betrug 2016 immerhin bereits 77 % gegenüber Social-Media-Werbung am Desktop.[12] Dabei sind gerade Videoanzeigen die am schnellsten wachsende Werbeform.

1.1.6 Facebook wird zum Paid Channel

Die organische Reichweite bei Facebook ist Geschichte. Unternehmen und Marken, die eine Facebook-Seite haben, brauchen davon nicht länger zu träumen. Facebook selbst formuliert es nicht so drastisch, sondern argumentiert stets in Richtung der Nutzer. Mark Zuckerberg kündigte gleich zu Beginn des Jahres 2018 an, Facebook wieder »sozialer« machen und radikale Änderungen am Newsfeed vornehmen zu wollen. Facebook solle wieder für »meaningful conversations« sorgen und für die Nutzer attraktiv sein. Und tatsächlich: Seit dem »Umbau« sieht man wieder verstärkt die Beiträge von Freunden im Newsfeed statt GIFs und Sponsored Posts von Facebook-Seiten. Es tauchen sogar Beiträge von Freunden und Bekannten aus längt vergessenen Tagen auf. Und die Unternehmen? Die spürten es wenige Wochen später an ihrer drastisch gesunkenen organischen Reichweite.

Für Sie bedeutet das: Sie müssen radikal relevante Inhalte produzieren, mit einer Reichweitenstrategie kombinieren und die bestehende Community weiter ausbauen. Das geht beispielsweise über Facebook-Livestreams und Facebook-Gruppen. Damit lässt sich gänzlich ohne Mediabudget die Aufmerksamkeit auf die eigene Marke, Person oder das eigene Unternehmen lenken – vorausgesetzt die Botschaft trifft zur richtigen Zeit den Nerv der Nutzer. Tocotronic übertrug beispielsweise sein Release-Konzert für das neue Album »Die Unendlichkeit« live aus dem Zeiss-Großplanetarium auf Facebook (siehe Abbildung 1.4). Die Resonanz der Fans war immens. Über 30.000 Facebook-Nutzer verfolgten den Livestream am 25. Januar 2018 und zeigten ihre Begeisterung mit leidenschaftlichen Kommentaren wie »Beste Band der Welt!«. Der Livestream war speziell für die Tocotronic-Fans, die am Release-Konzert nicht teilnehmen konnten. Tocotronic bzw. das Label Universal haben offenbar kein zusätzliches Geld in den Push des Livestreams gesteckt (Facebook-Livestreams können auch mit Facebook-Anzeigen in die Timelines der User gepusht werden), sondern nur auf organische Reichweite gesetzt. Die Fangemeinde dankt es.

12 Statista, Dezember 2017, »Digital Market Outlook«: *http://de.statista.com/outlook/220/137/social-media-werbung/deutschland#market-revenue*

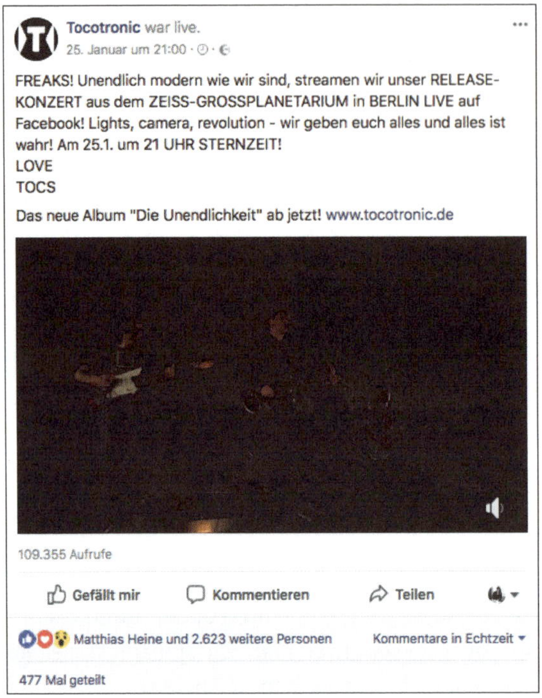

Abbildung 1.4 Livestream unterm Sternenzelt. Facebook-Livestreams sind aktuell noch eine Alternative für organische Reichweite. (Quelle: http://www.facebook.com/Tocotronic)

1.2 Wie Social Media die Medienlandschaft beeinflussen

Social Media Marketing hat sich in den Unternehmen etabliert, ohne dabei an Unterhaltung und Interaktivität einzubüßen. Unternehmen sehen Social Media als Herausforderung, sich kreative, interaktive und immersive Kampagnen auszudenken. Denken Sie an die »supergeilen« Spots von Edeka, die erst durch die sozialen Netzwerke viral wurden? Oder an den legendären Stratosphären-Sprung von Felix Baumgartner – damals live übertragen auf YouTube? Erinnern Sie sich an das außergewöhnliche YouTube-Video von »Volvo Trucks«, bei dem kein anderer als der Schauspieler Jean-Claude Van Damme ein Millionenpublikum im Netz begeisterte? Kennen Sie nicht? Sehen Sie es sich an (siehe Abbildung 1.5). Im Übrigen berichten wir in Kapitel 4, »YouTube«, ausführlich über den Stratosphärensprung, über die Edeka-Spots und darüber, wie Videos im Social Web viral werden.

Social Media umfassen eine Vielzahl von Plattformen und Tools, die alle der Kommunikation, Interaktion und dem Austausch der Nutzer dienen. Da jeder sie verwenden kann, haben Social Media die Medienlandschaft massiv beeinflusst. Heute gibt es YouTuber, die täglich mehr Menschen erreichen, als so manche TV-Schmonzette an einem Sonntagabend an Einschaltquoten einspielt. Grob einteilen lassen sich Social Media wie folgt:

- soziale Netzwerke (z. B. Facebook, Twitter)
- Videoplattformen (z. B. YouTube, Vimeo)
- mobile Communitys (z. B. Instagram)
- Messenger-Dienste (z. B. WhatsApp, Facebook Messenger)
- Blogs (z. B. Food-Blogs, Corporate Blogs)
- Foren- und Bewertungsplattformen (z. B. gutefrage.net)
- Open-Source-Plattformen (z. B. Wikipedia)
- Musik- und Podcast-Plattformen (z. B. Soundcloud, Spotify, Deezer, iTunes)
- Sharing-Plattformen (z. B. Slideshare, Scribd, medium.com)

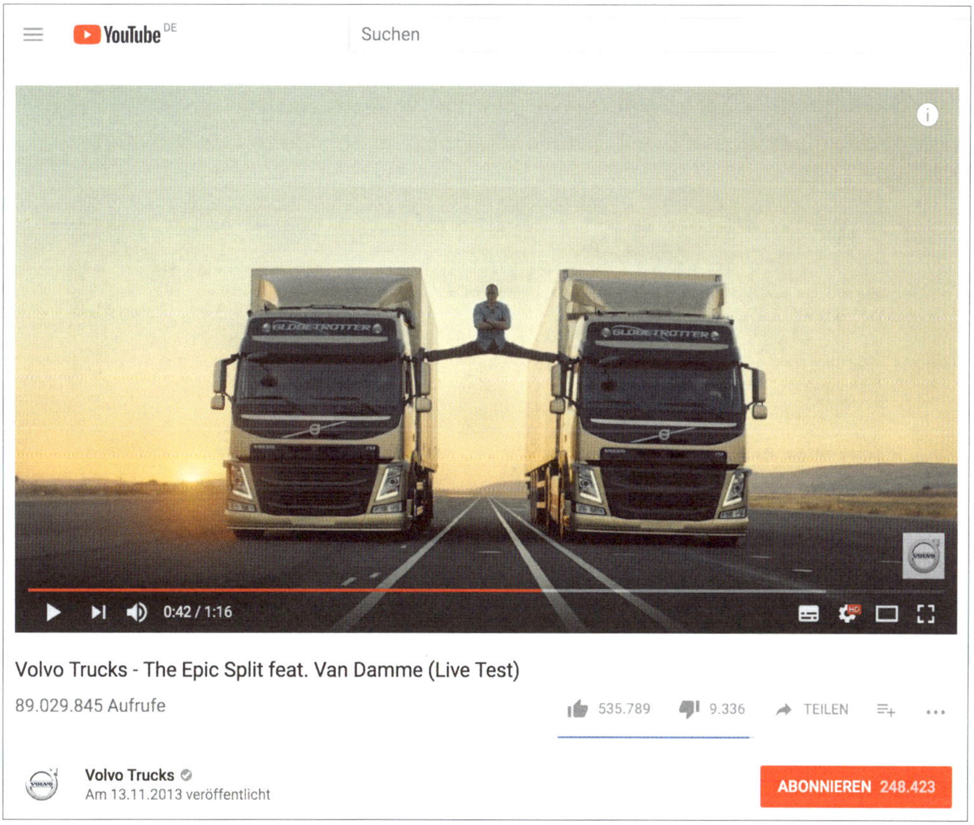

Abbildung 1.5 Volvo Trucks begeistert mit einem epischen wie humorvollen Stuntvideo 89 Mio. Nutzer auf YouTube. (Quelle: www.youtube.com/watch?v=M7FIvfx5J10)

Bei dieser brauchbaren Einteilung gibt es selbstverständlich auch Überschneidungen. So ist z. B. Instagram ein mobiles soziales Netzwerk, in dem vor allem Fotos und Videos ausgetauscht werden.

Was sind Social Media eigentlich?

Klären wir noch einmal das Begriffswirrwarr rund um Social Media, soziale Netzwerke und Web 2.0. Vor ein paar Jahren nutzte man noch den Begriff Web 2.0, um die Evolution des alten Internets, des Webs 1.0 zum Web 2.0, dem *Mitmachweb*, zu beschreiben. Nach dem Web 1.0 hatten die Nutzer im Mitmachweb auf einmal die Möglichkeit, sich mitzuteilen, zu kommentieren, Inhalte zu teilen. Mittlerweile ist der Begriff nicht mehr zeitgemäß. Wir nutzen den Begriff Social Media anstelle von Web 2.0. Mit Social Media beschreiben wir Netzwerke oder Tools, in denen sich Menschen austauschen, vernetzen und Inhalte teilen können.

1.2.1 Best Practice: Die Social-Media-Kommandozentrale von Dell

Das Unternehmen Dell hat bereits im Dezember 2010 sein »Social Media Listening Command Center« eröffnet, eine Social-Media-Kommandozentrale, die alle Gespräche über das Unternehmen und die Produkte von Dell überwacht und die Kommunikation mit Dell-Kunden steuert (siehe Abbildung 1.6).

Abbildung 1.6 Die Social-Media-Kommandozentrale von Dell

Das Unternehmen hat vor über 8 Jahren mit Social Media begonnen, und mittlerweile sind 5.000 Mitarbeiter in Social Media geschult. Sie verstehen Social Media als selbstverständlichen Teil ihres Jobs und nutzen neben der persönlichen Beratung auch die Social-Media-Kanäle, um mit potenziellen Kunden in Kontakt zu treten. Dieser holistische Social-Media-Ansatz wirkt sich auch auf den Abverkauf der Dell-Produkte aus. Laut eigenen Angaben aus dem Jahr 2012 generierte Dell rund 6,5 Mio. US$ Umsatz nur durch Twitter. Dem Twitter-Account *@delloutlet* folgen über 1,4 Mio. User.

1.2.2 Vom Monolog zum vielseitigen Dialog

Das Besondere an Social Media ist und bleibt: Sie ermöglichen den Dialog mit Nutzern, die sogenannte *Many-to-many-Kommunikation* (siehe Abbildung 1.7). User produzieren Inhalte (*User Generated Content*), und über diese Inhalte findet ein permanenter, zeitlich unbegrenzter Austausch mit anderen Usern statt. Damit ist die *One-to-many-Kommunikation*, wie wir sie von klassischer Werbung her kennen, passé. Deshalb ist es in Social Media auch zwecklos, Kommentare zu löschen oder gar Social-Media-Kanäle im Krisenfall zu deaktivieren. Die Nutzer finden in Social Media immer einen Weg, ihre Meinung zu äußern oder unerwünschte Beiträge zu teilen. Sie legen Sicherungskopien an und laden sie an anderer Stelle wieder hoch. Dieses Phänomen nennt man den *Streisand-Effekt*, benannt nach Barbara Streisand. Den Streisand-Effekt konnte man während der Causa Böhmermann beobachten. Obwohl Böhmermanns Beitrag mit dem Erdogan-Schmähgedicht aus der Mediathek gelöscht wurde, teilten es Nutzer kurze Zeit später wieder in den sozialen Netzwerken.

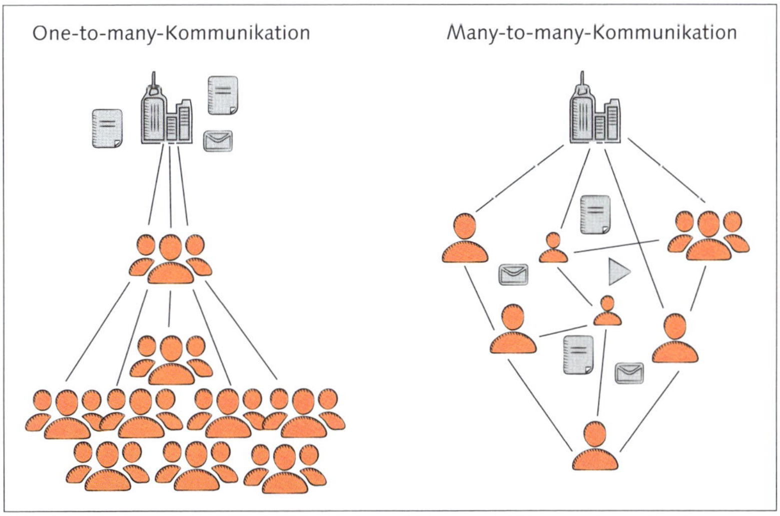

Abbildung 1.7 Social Media ermöglichen die Many-to-many-Kommunikation. (Grafik: Justus Wunschik, bfmg.de)

Many to many bedeutet aber nicht »viel hilft viel«. Achten Sie darauf, Ihre Leser nicht mit Informationen zu überfordern, spammen Sie also nicht. In Social Media ist es eine Herausforderung, einerseits interessante Beiträge zur Marke zu liefern und relevant zu bleiben. Bei Social Media geht es nicht darum, die User mit möglichst vielen Markenbotschaften zu überladen oder sie durch Werbung zu beeinflussen. Denn erstens beeinflussen sich die User gegenseitig, und zweitens wird eine intensive Kundenbeziehung nicht durch einseitige Markenbotschaften aufgebaut. Es geht vielmehr darum, den Wettbewerbsvorteil Kundenbeziehung auf Social Media zu übertragen. Die Basis für diese gute Beziehung ist die Social-Media-Kommunikation. Begeistern Sie den Kunden mit Ihren Inhalten, schaffen Sie eine Plattform für seine Meinung, und verkaufen Sie darüber Ihre Produkte. Mit Social-Media-Kommunikation haben Sie die Chance, eindimensionale Kommunikation in einen vielseitigen Dialog zu transformieren.

Tipp: Feedback durch bidirektionale Kommunikation

Social-Media-Kommunikation ist bidirektional, d. h., Sie können immer Feedback auf Ihre Botschaften erhalten. Das hilft Ihnen dabei, genügend Rückmeldung auf Ihre Nachrichten zu bekommen. Sie sehen dadurch, welche Nachrichten bei den Usern gut ankommen und welche auf weniger Interesse stoßen. Mit einem Redaktionsplan können Sie die wichtigsten Eckpfeiler der Social-Media-Kommunikation abstecken, hin und wieder müssen Sie aber auch experimentieren.

1.3 Alle machen Selfies

Durchschnittlich posten Millennials (20- bis 35-Jährige) zwei bis drei Selfies pro Woche. Jedes dritte online gepostete Foto ist demnach ein Selfie. Spätestens seit der Oscar-Verleihung 2014 und dem Promi-Selfie der Moderatorin Ellen DeGeneres, sind die kleinen Bildchen mit ein, zwei oder gleich mehreren Gesichtern im Trend und gehören gerade zu jedem Treffen, Event, ja sogar zum Familienbesuch einfach dazu. Ellen DeGeneres postete am 2. März 2014 direkt vor der Oscar-Verleihung ein Selfie mit den Gästen, das innerhalb kürzester Zeit 2,3 Mio. Retweets generierte, und bis heute wurde es 3,4 Mio. Mal auf Twitter geteilt.

Was verrät uns der Selfie-Hype über die Nutzung von Social Media? Ein Selfie wird natürlich häufig in den sozialen Netzwerken geteilt, allen voran in Instagram und in den Messengern. Ebenso beliebt wie das Versenden von Bildern ist das Schreiben von Textnachrichten. 90 % der Teens und Twens (14- bis 19-Jährigen) chatten mindestens täglich auf WhatsApp. Nicht mehr lange und der Messenger wird SMS vollständig abgelöst haben. 2017 wurde »WhatsApp« folgerichtig als Begriff in den Duden aufgenommen.

Abbildung 1.8 Die Deutschen sind im Selfie-Modus. Egal, ob zu Hause, im Urlaub oder bei der Arbeit – Selfies gehen immer. (Quelle: http://de.statista.com/infografik/8539/orte-an-denen-die-deutschen-selfies-machen)

Laut ARD/ZDF-Onlinestudie 2017 sind neun von zehn Deutschen online. Nur knapp die Hälfte von ihnen nutzt jedoch Social Media. Pro Tag verbringen im Durchschnitt deutsche Nutzer 1 Stunde und 9 Minuten in Social Media. Zum Vergleich: Im Internet verbringen sie durchschnittlich 4 Stunden und 42 Minuten (davon 1 Stunde und 16 Minuten mit dem Smartphone), während dem Fernsehen 2 Stunden und 28 Minuten gewidmet werden (siehe Abbildung 1.9). Vor allem für junge Nutzer sind Social Media interessant. Die Altersgruppe der 20- bis 29-Jährigen ist in Social Media besonders aktiv (siehe Abbildung 1.10) und nutzt sie dabei überwiegend mobil. Annähernd 90 % dieser Altersgruppe nutzt WhatsApp täglich. Facebook nutzen über 20 % der Teens und über 40 % der Twens täglich, Instagram und Snapchat sind mit um die 20 % bei den 20- bis 29-Jährigen beliebt. Der hohe Anteil beim Messenger-Dienst WhatsApp überrascht nicht. Bereits 2015 lagen WhatsApp & Co. erstmals vor Online-Communitys wie Facebook. Bei den Nutzern ab 30 bis 49 Jahre ist ein überwiegender Social-Media-Mix aus WhatsApp- und Facebook-Nutzung zu beobachten, und andere Netzwerke wie Instagram und Twitter erhalten weitaus weniger Beachtung. Allerdings werden von dieser Zielgruppe Videoportale und Streamingdienste häufig genutzt. Mit 35 % und 33 % sind Videoportale und Streamingdienste die meistgenutzten Plattformen 30- bis 49-Jährigen.

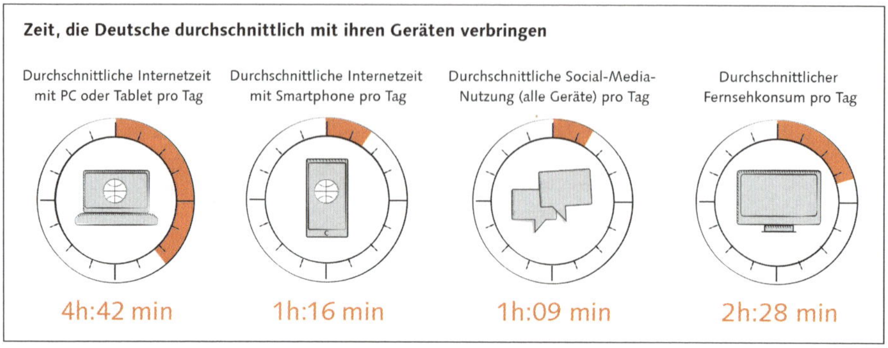

Abbildung 1.9 Täglich verbringen deutsche Nutzer im Durchschnitt 1 Stunde und 9 Minuten in Social Media. (Quelle: Hootsuite & We Are Social: https://de.slideshare.net/wearesocialsg/digital-in-2017-western-europe, Grafik: Justus Wunschik, bfmg.de)

Die Nutzung der Social-Media-Angebote hat sich über die Jahre ausdifferenziert. Viele Nutzer sind von den Communitys zu Instant-Messaging-Diensten abgewandert.

Nutzung von WhatsApp und Onlinecommunitys 2016 und 2017 – täglich

Gesamtbevölkerung, in %, Basis: Deutschspr. Bevölkerung ab 14 Jahren (2017: n=2017; 2016: n=1508)

	2016 Gesamt	2017 Gesamt	Frauen	Männer	14-19 J.	14-29 J.	30-49 J.	50-69 J.	AB 70 J.
WhatsApp	49	55	57	90	49	87	72	41	13
Facebook	22	21	21	33	22	43	25	13	2
Instagram	7	6	6	33	7	23	3	0	0
Snapchat	4	4	4	30	4	19	0	0	0
Twitter	1	1	1	3	1	3	2	0	0
Xing	0	0	0	0	0	1	0	0	0

Abbildung 1.10 WhatsApp ist das beliebteste Social-Media-Tool der Deutschen. (Quelle: ARD/ZDF-Onlinestudie 2017, http://www.ard-zdf-onlinestudie.de, Grafik: Justus Wunschik, bfmg.de)

1.3.1 Generation X, Y, Z

Die (Medien-)Welt ist permanent im Wandel, und so verändern sich auch die Verhaltensweisen und Werte der Zielgruppen. Für ein besseres Verständnis der Zielgruppen eignet sich die Unterscheidung in Generation X, Y und Z, die häufig auch im klassischen Marketing genutzt wird. Allerdings steht der Begriff der »Generation« auch in der Kritik, da er nur Altersklassen subsummiert und so den individuellen Wünschen und Einstellungen eines Einzelnen niemals gerecht werden kann. Dennoch lohnt sich der Blick auf die Hauptmerkmale jeder Generation und die Auswirkungen auf das (Social Media) Marketing. Wir erläutern sie ausführlich in Kapitel 2, »Social-Media-Strategie«.

1.3.2 Die Nielsen-Regel

Eine weitere wichtige Formel für die Social-Media-Nutzung ist die *Nielsen-Regel*. Sie besagt, dass 70 % der User im Social Web nur Beobachter bzw. passive Zuschauer sind, während 20 % mitmachen (z. B. kommentieren) und gerade nur 10 % aktiv Inhalte produzieren. Früher lautete die Nielsen-Regel 90-10-1, aber da es immer einfacher wird, Inhalte zu produzieren und hochzuladen, steigt automatisch auch die Anzahl der aktiven Nutzer. Die Nielsen-Regel ist wichtig für Unternehmer, die in Social Media starten. Sie soll verhindern, dass Sie enttäuscht sind, wenn Ihre Social-Media-Präsenz zu Beginn nicht so häufig gelikt, kommentiert und geteilt wird. Aktive Fans zu gewinnen, die sich rege beteiligen, ist Aufgabe Ihrer Community und Content Manager und benötigt Zeit. In der Regel können Sie nach 6 Monaten aktiven Postens sehen, wie Ihre Community wächst und die Interaktionsraten steigern.

Digital Native, Digital Immigrant und Silver Surfer

Eine weitere Einteilung in Social-Media-Nutzertypen ist jene in *Digital Natives*, *Digital Immigrants* und *Silver Surfer*. Digital Natives sind die nach 1980 geborenen und mit dem Internet groß gewordenen Nutzer, Digital Immigrants deren Eltern und Silver Surfer die Senioren unter den Nutzern. Allerdings ist diese Einteilung sehr allgemein. Weitaus schlüssiger ist die Unterscheidung der User in *Digital Visitors* (Netzbesucher) und *Digital Residents* (Netzbewohner). Die Netzbesucher sehen das Internet eher kritisch in Bezug auf Datenschutz und Informationsüberflutung.

1.4 Markenbekanntheit, Kundengewinnung, Sales – was Sie mit Social Media erreichen können

Wenn Sie in Marketing – egal, ob klassisches Marketing, Online-Marketing, Radiowerbung oder eben Social Media Marketing – investieren, möchten Sie vor allem eins damit erreichen: Ihren Gewinn erhöhen. Jedes Unternehmen möchte seinen Gewinn steigern, jede Institution zumindest wirtschaftlich arbeiten und auch jeder selbstständige Fotograf, Coach oder Yogalehrer möchte sein/ihr Business profitabler machen. Dabei kann Social Media Marketing helfen. Doch bevor es Bestellungen, Aufträge und Sales regnet, müssen Sie etwas dafür tun: für Bekanntheit und Reichweite sorgen. Mittlerweile ist dies auch bei den meisten deutschen Unternehmen angekommen, die Social Media Marketing betreiben. Am häufigsten verfolgen deutsche Unternehmen mit Social Media Marketing das Ziel, die Bekanntheit der Marke/des Unternehmens zu steigern, gefolgt von der Akquise neuer Kunden und dem Aufbau von Kundenbeziehungen. Neben der Kundengewinnung gibt es noch eine ganze Reihe anderer Ziele, die sich mit Social Media verfolgen lassen, wie die Erfolgsmessungsmatrix des Bundesverbandes Digitale Wirtschaft e. V. (BVDW) zeigt (siehe Abbildung 1.11).

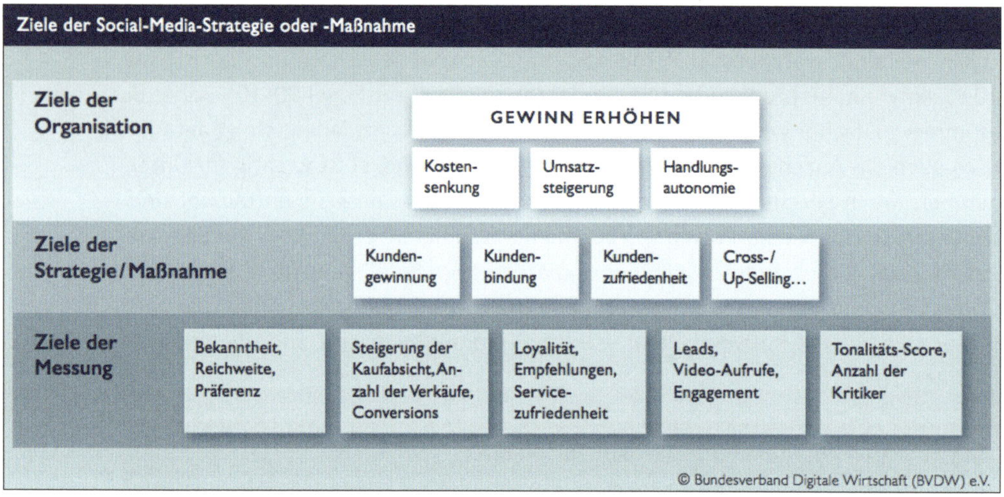

Abbildung 1.11 Vom Unternehmensziel zum Social-Media-Ziel (Quelle: BVDW, http://www.bvdw.org/themen/publikationen/detail/artikel/erfolgsmessung-in-social-media)

1.4.1 Social Media im Marketingmix

Social Media werden in allen Bereichen des Marketingmix eingesetzt. Am häufigsten werden sie im Bereich der Kommunikation genutzt. Das ist historisch bedingt, da Social Media die Kommunikation mit Kunden stark verändert haben. Social Media sind daher noch immer oft kommunikative Maßnahmen in einer Firma und werden deshalb häufig an solchen Kennzahlen gemessen (Reichweite, Share of Voice). Online Reputation Management ist eine wichtige Disziplin der Social-Media-Kommunikation, um den guten Ruf des Unternehmens zu schützen, Krisen vorzubeugen und das Unternehmensimage zu stärken. Gleichzeitig wird Social-Media-Kommunikation eingesetzt, um die eigenen Produkte und Dienstleistungen bekannter zu machen (Markenbranding) und die Kundenbindung und Markenloyalität zu erhöhen. Social Media lassen sich aber auch im Vertrieb, im Produktionsprozess (Crowdsourcing), als Marktforschungsinstrument (Social Media Monitoring) und in der Finanzierung von Produkten (Crowdfunding) einsetzen (siehe Tabelle 1.1).

Marketingmix	Social Media Marketing
Kommunikation	Social-Media-Kampagnen, Social Relations, Social Service, Online Reputation Management
Vertrieb	Social Selling, Social Commerce, Empfehlungsmarketing
Produkt	Crowdsourcing
Preis	Crowdfunding, Angebotskommunikation

Tabelle 1.1 Social Media im Marketingmix

1.4.2 Social Media für Kommunikationszwecke nutzen

Social Media beweisen immer wieder, dass sich Menschen gern über Produkte und Dienstleistungen austauschen. Das liegt schlichtweg daran, dass Menschen nur mit Menschen – und nicht mit den Produkten selbst – kommunizieren können und wollen. Natürlich gibt es die Love-Brands und Menschen, die stark mit einer Marke verbunden sind, dass man von »Liebe« sprechen kann. Aber im Grunde geht es darum: Diese Produkte helfen ihnen, ihr Leben ein bisschen besser und einfacher zu machen. Aber damit jemand ein Produkt kauft, braucht es Menschen, die andere davon überzeugen. Das geschieht nur über Kommunikation – vor allem in Social Media. Social Media bieten Plattformen, auf denen Sie Ihre Kunden mit Ihren Geschichten am besten erreichen und begeistern konnen.

1.4.3 Best Practice Coca-Cola: User teilen ihre Coke in Social Media

Mit der Individualisierungskampagne #MeineCoke ist es Coca-Cola gelungen – online wie offline – Awareness für das Brausegetränk zu generieren, an dem sich grundlegend nichts geändert hat, nur die Verpackung. Coca-Cola nahm die höheren Produktionskosten in Kauf, druckte 150 Vornamen und Begriffe aus dem Jugendwortschatz auf das Label und brachte so die Flaschen in den Handel. Kunden konnten anschließend auf der Website *www.meinecoke.de* ihre eigene Coke mit einem individuellen Namen kreieren (siehe Abbildung 1.12). Schöner Nebeneffekt: Eigentlich sollten ja Schriftzüge wie »Mama« oder »Held« draufstehen, tatsächlich haben Spaßvögel die Kampagne aber auch für Schimpfwörter und andere unbequeme Phrasen genutzt, beispielsweise »Anabolika« oder »Vollpfosten«. Dem Erfolg aber tat das keinen Abbruch. Die Social-Media-Welt hat das Angebot gerne angenommen und Bilder der individuellen Flaschen durch Facebook gejagt. #MeineCoke zählt zu den erfolgreichsten User-Generated-Content-Strategien mithilfe von Mass Customization.

Und jetzt stellen Sie sich vor, diese Kampagne hätte es vor 15 Jahren gegeben – ohne Social Media. Die PR hätte etwas von individuellem Lifestyle erzählt, Zeitungen und Zeitschriften hätten vielleicht darüber berichtet, dass immer mehr Menschen einen immer individuelleren Lifestyle wählen und dies jetzt mit Coca-Cola-Flaschen zeigen. Langweilig, oder? Aber wenn Ihr Freund eine Coke mit Ihrem Namen auf Ihrer Facebook-Pinnwand postet, dann ist das ein Dank an Ihre Freundschaft, und schon wird das Produkt emotionaler für Sie. Sie fühlen sich geschmeichelt und danken es mit einer individuellen Coke zurück mit dem Namen Ihres Freundes und bestellen gleich noch eine mit dem Namen Ihrer Frau. Und das geht so weiter und weiter.

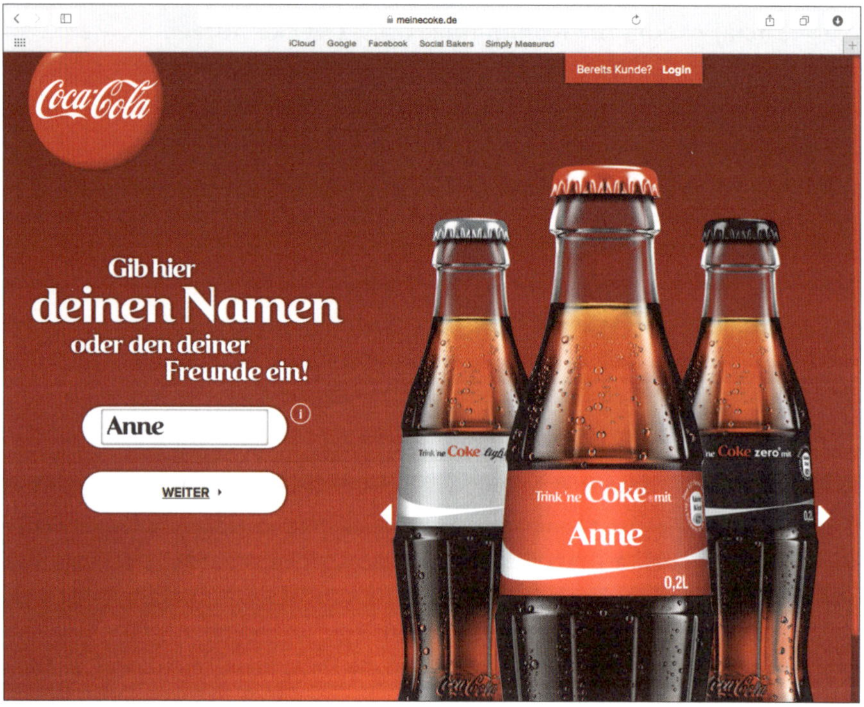

Abbildung 1.12 Coca-Cola trifft mit seiner Individualisierungskampagne den Nerv der Zeit: Poesiealbum in Social Media.

Coca-Cola nutzte einfach nur das grundsätzliche Bedürfnis nach geselligem Beisammensein. Die besten Kampagnen sind manchmal so einfach, und die besten Geschichtenerzähler sind die Kunden selbst. Und das mit Erfolg: Die Nutzer teilten ihre individuellen Brauseaufdrucke in Social Media und lösten Begeisterung für ein Produkt aus, das alle schon kennen und an dem sich grundlegend nichts geändert hat. Selbst Heino ließ es sich nicht nehmen, seine Coke in Facebook zu teilen (siehe Abbildung 1.13).

Abbildung 1.13 Die Begeisterung für #MeineCoke war so groß, dass selbst Heino seine Coke in Facebook teilte. (Quelle: www.facebook.com/HEINO.de/photos/a.137683796280494.20752.113353862046821/521079911274212)

1.4.4 Märkte sind noch immer Gespräche

»Märkte sind Gespräche« lautet die erste und wahrscheinlich wichtigste These im »Cluetrain Manifest«. Das mittlerweile über 15 Jahre alte Manifest ist erst heute im deutschsprachigen Raum richtig spürbar. Nicht alle der 95 Thesen des Manifests erheben heute noch Anspruch auf volle Gültigkeit. Gemeinsam ist allen Thesen jedoch die unverfälschte Stimme der User im Netz. Das Bedürfnis der Nutzer, ihre Statements zu Produkten im Internet zu veröffentlichen, geht auf die Weiterempfehlungen im richtigen Leben zurück. Informationen, Nachrichten und Empfehlungen wurden schon immer unter Menschen ausgetauscht. Dies ist ein nicht steuerbarer Prozess. Über die Verbraucher sagt das Manifest: »Wir sind keine Zielgruppen oder Endnutzer oder Konsumenten. Wir sind Menschen – und unser Einfluss entzieht sich eurem Zugriff.« Dieser Satz ist provokant, und Sie werden sich als Unternehmer fragen, warum Sie dann überhaupt mit den Usern in Kontakt treten sollen. In Social Media hat dieser Satz jedoch seine Berechtigung. Empfehlungen in sozialen Medien werden nur deshalb ernst genommen, weil sie von Menschen für Menschen geschrieben sind. Wenn Sie als Unternehmer zu Ihrer Zielgruppe in Social

Media sprechen wollen, müssen Sie persönlich und ehrlich sein. Seien Sie keine Marke, seien Sie Mensch! Sie müssen so kommunizieren, als würden Sie den User persönlich kennen. Sie müssen sich zu 100 % auf den Kunden einlassen, seine Wünsche anhören, versuchen, ihn zu verstehen.

2015 haben die Autoren das Manifest überarbeitet und die »New Clues«, siehe *http://newclues.cluetrain.com*, veröffentlicht. Die Neuauflage liest sich jedoch eher wie eine Anklage als wie ein Manifest, wenn die Autoren beklagen, dass das Internet seine demokratischen Grundprinzipien einbüßt. Unrecht haben sie damit natürlich nicht, aber die New Clues haben den Glanz des Manifests verloren.

Tipp: Marktforschung in Foren

Motor-Talk.de ist eines der größten Internetforen über Auto und Motor mit über 2,4 Mio. registrierten Nutzern. Dort tauschen sich Autoliebhaber und Motorradfans aus, geben sich gegenseitig Tipps, bieten Gebrauchtfahrzeuge an usw. Für die Automobilbranche sind das 2,4 Mio. potenzielle Kunden. Für die Automobilindustrie mit ihren Beratern, Händlern und Werkstätten ist Motor-Talk.de ein wichtiger Partner, um Einblicke in die Lebenswelt der Verbraucher zu gelangen und Kundenmeinungen zu aggregieren, die in der üblichen Marktforschung verloren gehen. Motor-Talk quantifiziert die Daten aus den Foren und Gesprächen für Automobilmarken und stellt sie ihnen gegen Bezahlung zur Verfügung. Verkaufsoffensiven sind in solch einem Forum jedoch nicht gefragt.

1.4.5 Social Media sind Treiber für Online-Mundpropaganda

Soziale Netzwerke sind wie Mundpropaganda, nur online. Zufriedene Kunden sind die besten Multiplikatoren, offline wie online. Nur sind Reichweite und Sichtbarkeit online einfach viel, viel höher. Social Media sind also nichts anderes als Empfehlungsmarketing. Wenn Sie mit Ihrem Unternehmen in sozialen Netzwerken präsent sind, können Sie Ansprechpartner sein, bei Fragen weiterhelfen, Ihre Kompetenz zeigen und einen Ort anbieten, an dem Ihre zufriedenen Kunden ihrer Zufriedenheit Ausdruck verleihen können. Speziell an sozialen Netzwerken ist, dass die Verweildauer der User darin viel größer ist als auf herkömmlichen Websites und es um den Austausch von persönlichen Informationen und Empfehlungen geht. Besonders spannende, unterhaltsame oder dramatische Informationen verbreiten sich wie ein Lauffeuer. Das können Sie sich als Unternehmen ebenfalls zunutze machen.

Rechtstipp von Sven Hörnich: Rechtliche Probleme des Zielgruppenmarketings auf Grundlage (nicht selten leider rechtswidrig) erlangter Datensätze großer Suchmaschinenkonzerne und Social Networks

Dass es für einen lokalen Anbieter (beispielsweise) laktosefreier Milchprodukte interessant sein kann, dass seine Werbung jeden Morgen genau den 1.000 Bürgern seiner Region angezeigt wird, die eine Milchallergie haben, morgens typischerweise Müsli essen und regelmäßig nach dem Aufstehen ihre Handynachrichten (darunter die aus ihren sozialen Netzwerken) checken, liegt auf der Hand. Ebenso müsste aber auch auf der Hand liegen, dass eben diese Betroffenen ein Interesse an sonstigen Informationen haben könnten (z. B. an alternativen Produkten oder gar Behandlungsmöglichkeiten). Über die datenschutzrechtliche Zulässigkeit dieser Werbeformen nach den Vorgaben der Datenschutz-Grundverordnung (DSGVO) wird im Hinblick auf die aktuellen Möglichkeiten der Werbetreibenden heftig gestritten. Die wohl seriöseren Stimmen gehen selbst dann, wenn sie die Verarbeitung durch eine Interessenabwägung nach Art. 6 Abs. 1 S. 1 lit. f. DSGVO rechtfertigen wollen, von deren Unzulässigkeit aus. Hintergrund ist erneut, dass der User kaum transparent über den Umfang der Verarbeitung belehrt werden kann. Der Anbieter laktosefreier Milch jedenfalls wird kaum wissen, woher sein Werbepartner die Informationen erhalten bzw. im Sinne eines Profils extrahiert hat, um eben diese Werbeform zu ermöglichen. Das zudem ein Betroffener nach einer ausreichenden (nicht nur im Fließtext versteckten sowie ausreichend transparenten) Belehrung tatsächlich in diese einwilligen würde (die ungefähre Aussage: »Hey! Wir möchten dir spannende Werbung zeigen!« dürfte nicht genug sein), ist unwahrscheinlich.

1.4.6 Die Bedeutung von Social Media in der Consumer Journey

Social Media spielen bei Kaufentscheidungen eine große Rolle. Empfehlungen von Freunden und Bekannten beeinflussen die Kaufentscheidung Ihrer Kunden nachhaltig. In dem Zyklus vom ersten Kaufinteresse bis zur finalen Kaufentscheidung spielen immer wieder die Meinungen anderer eine Rolle, wie das Kaufentscheidungsmodell[13] von McKinsey zeigt (siehe Abbildung 1.14). Laut McKinsey informieren sich mehr als 50 % der befragten Konsumenten sowohl auf den Internetseiten der Händler und Hersteller als auch in Foren und Webcommunitys. Weniger als 5 % der Konsumenten nutzen klassische Medien als Informationsquelle, um sich vor einer konkreten Kaufentscheidung über ein Produkt zu informieren. »Ob im klassischen Einzelhandel, in der Bankfiliale oder im Internet – die Kunden informieren sich eingehender und nutzen mehr Möglichkeiten zum Erfahrungsaustausch untereinander«, sagt Christoph Erbenich, Partner bei McKinsey, »Die klassische Marketingkommunikation reicht allein nicht mehr aus, um die Kaufentscheidung wesentlich zu beeinflussen.« Ihre potenziellen Kunden wählen also aus einer kleinen Markenauswahl diejenigen, die auch bei Bekannten und Freunden sowie bei Bewertungsportalen gut abgeschnitten haben. Für 41 % der 16- bis 24-Jährigen genügt ein negativer Kommentar, egal, ob von einem engen Freund oder einer »anonymen Bewertung in Amazon«, um seine Kaufentscheidung zu beeinflussen. Nach dem Kauf – wenn der Kunde das Produkt nutzt – ist er besonders bereit, es weiterzuempfehlen. Das klassische Marketing vernachlässigt diesen Loyalitätszy-

13 *www.mckinseyquarterly.com/The_consumer_decision_journey_2373*

klus. Mit Social Media Marketing können Sie auf die Rückmeldungen reagieren, Empfehlungen forcieren und so Markenloyalität aufbauen.

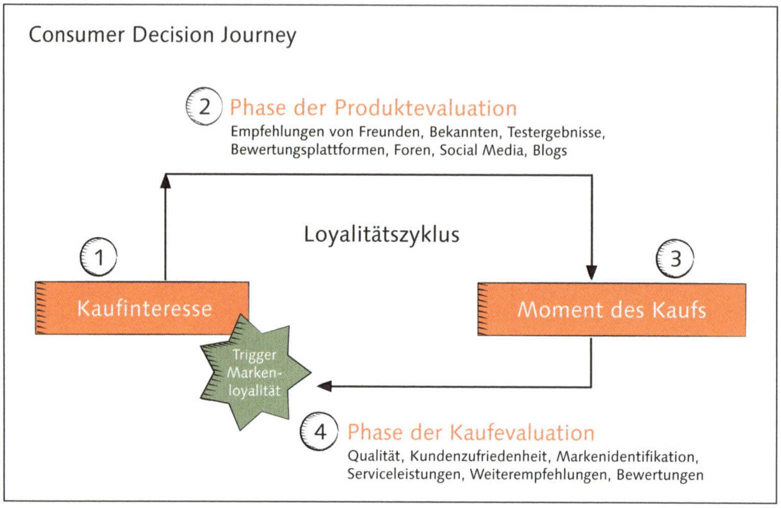

Abbildung 1.14 Das Kaufentscheidungsmodell von McKinsey (Grafik: Justus Wunschik, bfmg.de)

Marketing-Take-away: 98 % der Deutschen kaufen online

Onlineshopping ist heute so normal wie der Gang ins Geschäft. Das Internet wird selbstverständlich zu Einkaufszwecken genutzt. Laut Bitkom-Studie kaufen 98 % der deutschen Onliner im Internet ein.[14] Das sind ca. 54 Mio. Menschen. Drei von vier Deutschen tun dies sogar mehrmals pro Monat (77 %). Bequemes Onlineshopping begeistert mittlerweile alle Altersgruppen. Der Anteil der Onlineshopper ab 65 Jahren stieg von 2014 bis 2015 von 88 % auf 97 %. Für die Kaufentscheidung sind mittlerweile alle Verkaufskanäle relevant. Die Hälfte der Befragten der Bitkom-Studie informiert sich regelmäßig vor dem Kauf im Geschäft und kauft dann im Internet (*ROPO-Effekt*: Research offline, purchase online).

1.4.7 Social Media im Vertrieb nutzen

Social Media werden als Vertriebskanal unterschätzt. Das mag daran liegen, dass es beim Aufkommen der sozialen Netzwerke noch vollkommen verpönt war, Angebote in den sozialen Netzwerken zu posten. Dabei wünschen sich die Kunden sogar Sonderangebote und Rabatte bzw. wollen über Angebote informiert werden. Das erklärt auch unter anderem den enormen Erfolg von Facebook-Seiten wie

14 Bitkom, 2015, *www.bitkom.org/Presse/Presseinformation/77-Prozent-der-Online-Shopper-kaufen-mehrmals-pro-Monat-im-Internet.html*

www.urlaubspiraten.de mit 9,2 Mio. Fans oder *www.urlaubsguru.de* mit 6,7 Mio. Fans in Facebook (Stand: Januar 2018), die ausschließlich Urlaubsangebote posten. Sie liefern 34 Mio. Deutschen über 14 Jahren genau die Angebote, die sie für ihre Reiseplanung suchen. 63 % der Deutschen buchen laut Bitkom-Analyse 2014 bereits ihren Urlaub oder Teile davon online.

Machen Sie sich das Vertriebspotenzial von Social Media zunutze, und entwickeln Sie schlauen Sales-Content. Statt der gängigen In-your-Face-Kommunikation, die die User von Online-Anzeigen und Bannern her kennen (und – nebenbei bemerkt – mit Ad-Blockern unterbinden), müssen Sie Ihre Angebote gekonnt im Social-Media-Umfeld platzieren. Anzeigen mit einem *Call-to-Action (CTA)* wie »Jetzt 30 % Rabatt sichern« sind der falsche Weg für eine gelungene Angebotskommunikation in Social Media. Im Übrigen sind Anzeigenbilder in Facebook nur mit 20 % Textanteil zulässig. Lassen Sie also lieber den CTA im Bild weg. Wie eine gelungene Anzeige aussehen kann, sehen Sie in Abbildung 1.15. Die Abbildung ist ein Screenshot der Facebook-Timeline, mit Anzeigen direkt im Feed ❶ und in der rechten Spalte ❷. Die Anzeigen, die Sie in Social Media verbreiten, müssen relevant, motivierend und speziell auf den User abgestimmt sein, damit er die Werbung nicht als störend, sondern als willkommene Abwechslung und Spaß unter seinen Freunden wahrnimmt.

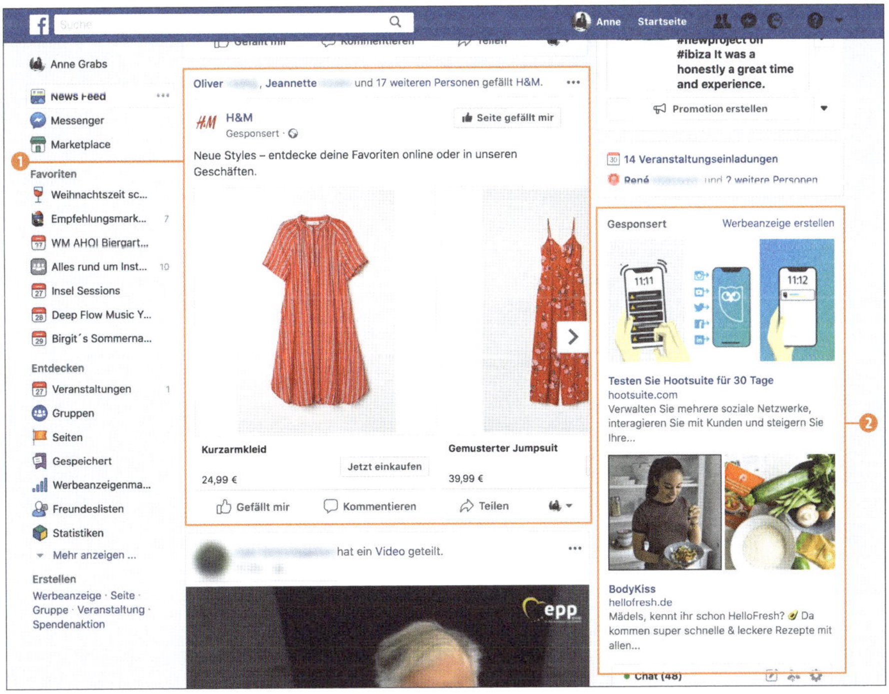

Abbildung 1.15 Social Media können zur Verkaufsförderung und Absatzsteigerung genutzt werden.

1.4.8 Kundenservice in Social Media

Mit Social Media Marketing lassen sich vor allem Verbesserungen im Bereich Kundenservice und Beschwerdemanagement erzielen, beispielsweise indem Sie einen Teil der Serviceanfragen direkt in Social Media beantworten. Als sehr gutes Beispiel ist hier der Service der Telekom zu nennen. Aber auch lokale Unternehmen, Zahnärzte, Reinigungsdienste setzen Social Media als Serviceschnittstelle ein – nicht zuletzt auch, um Kunden zu gewinnen. Social Media bieten wichtige Berührungspunkte während der Customer Journey. Liefern Sie schon in der frühen Phase der Kundenanbahnung die richtige und konkrete Hilfestellung, verhindern Sie, dass die Customer Journey unterbrochen wird. Sie erleichtern dem Kunden seine Kaufentscheidung und stärken gleichzeitig das Vertrauen in Ihr Unternehmen. 62 % der Unternehmen nutzen die frühen Phasen der Konsumentenreise nicht konsequent zur Kundenbindung.[15]

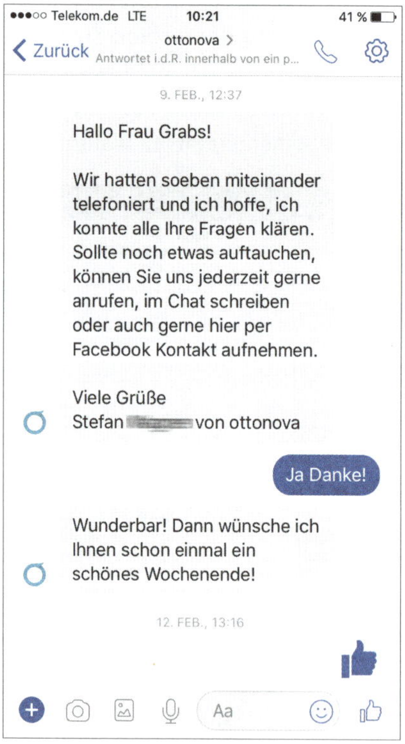

Abbildung 1.16 Social Service innerhalb weniger Minuten von Ottonova

15 Social Media Institute 2015, »Kundenbindung im Zeitalter des Digitalen Shoppings«: *http://socialmedia-institute.com/wp-content/uploads/2015/01/Executive-Summary.pdf*

Ein Beispiel, wie so eine Customer Journey via Social Support funktionieren, sehen Sie in Abbildung 1.16. Es zeigt meine Korrespondenz mit dem Krankenversicherer Ottonova, der mir innerhalb weniger Minuten geantwortet hat. Die Antwortrate ist deshalb so gut, weil Ottonova seinen Messenger mit einem Chatbot angereichert hat. Sobald eine Nachricht eingeht, erhält der Nutzer innerhalb von Sekunden Nachricht, im Beispiel: »Hallo Anne. Vielen Dank für deine Nachricht. Wir versuchen so schnell wie möglich zu antworten. Besuche auch gerne unsere Webseite http://www.ottonova.de für mehr Informationen zu uns.« Auch wenn eine Beratung abgeschlossen ist und der Kunde nur ein Smile schickt, wird diese Nachricht versendet, denn Facebook erkennt nicht, dass hier eine Beratung abgeschlossen ist. Wenn Sie auf das Smile Ihres Kunden nicht antworten, verschlechtert das Ihre Antwortrate. Ein Mix aus Chatbot und Berater ist für Facebook in jedem Fall anzuraten.

1.4.9 Crowdsourcing – auf Trends reagieren und treue Kunden belohnen

Jedes Unternehmen entwickelt seine Produkte stetig weiter. Dafür gibt es in Unternehmen Marktforschung, Innovationsteams, oder es ist reine Chefsache. Hin und wieder werden Spezialisten zurate gezogen, seltener der Kunde selbst. Für die neutrale Sicht von außen können Sie jedoch auch Ihre Kunden befragen und sie an der Produktinnovation teilhaben lassen. Social Media bieten die Möglichkeit, Kunden im gesamten Wertschöpfungsprozess zu integrieren. Und das funktioniert so: Gründen Sie eine eigene Community, die Ideen für die Sortimentsgestaltung liefert, wie es beispielsweise das Unternehmen Ritter Sport macht. Über die »SortenKreation«, *www.ritter-sport.de/sortenkreation/#/start*, können Kunden eigene Schokoladen kreieren und als Vorschlag einreichen. Ritter Sport kann aus diesen Kreationen Trends ablesen und hat beispielsweise auf den anhaltenden Wunsch seiner Kundschaft nach einer »Einhornschokolade« im November 2016 reagiert. Die Limited Edition löste in Social Media und darüber hinaus in den klassischen Medien (BILD und RTL berichteten) eine überragende und für Ritter Sport unerwartete Resonanz und Nachfrage aus. Meike Heitker, zuständig für die Produktentwicklung bei Ritter Sport, sprach im Interview mit dem SocialHub Magazin (Ausgabe 03/2017) von einer »Social-Media-Lawine«, die ins Rollen kam, kurz nachdem Ritter Sport die neue Limited Edition auf Facebook angekündigt hatte (siehe Abbildung 1.17).

Innerhalb weniger Minuten war die Schokolade ausverkauft. Die Kunden klickten unentwegt auf den Webshop, und es dauerte nicht lange, bis der Webshop unter den vielen Anfragen zusammenbrach. Das führte innerhalb weniger Stunden – neben der großen Nachfrage und Euphorie – auch zu Frust und Enttäuschung bei den Nutzern. Weder das interne Social-Media-Team von Ritter Sport noch die unterstützende Social-Media-Agentur Elbkind waren auf die Masse von Nachrichten vorbereitet und konnten nicht unmittelbar auf alle Anfragen reagieren. Doch der Hype um die Einhornschokolade war so groß, dass viele Fans leer ausgingen. Heitker bedauert das – trotz des gelungenen Abverkaufs.

Abbildung 1.17 »OMG – Einhornschokolade – gibt es die wirklich?« Ritter Sports Sonderedition lässt die Herzen der Einhornfans höher schlagen – und davon gibt es sehr viele, wie Ritter Sport selbst erfahren musste.

Ritter Sport pflegt schon immer eine sehr »offene, ehrliche und transparente Kommunikation auf Augenhöhe«, bei der die Bedürfnisse der User im Mittelpunkte stehen. Das wichtigste Ziel ist die Involvierung und das Mitspracherecht der Community. Beispielsweise können sie mitbestimmen, welche Plakatmotive an Bahnhöfen hängen sollen oder eben Sorten kreieren und einreichen. Man muss jedoch Ritter Sports Umgang mit der Kritik während der #Glittersport-Kampagne loben. Ritter Sport nutzte mehrere Taktiken, um die Lawine zu entschärfen. Da nicht auf jeden Kommentar reagiert werden konnte, wurden teilweise offizielle Stellungnahmen an enttäuschte Fans, die vergeblich versuchten, eine Schokolade zu bestellen, auf Facebook abgesetzt. So schrieb Ritter Sport am 15. November 2016 auf seiner Facebook-Seite: »Liebe Einhorn-Fans, wir können uns wirklich gar nicht genug bei euch dafür entschuldigen, dass der Webshop schon so lange offline ist. Es tut uns einfach wahnsinnig leid, und wir arbeiten ununterbrochen daran, dass ihr bestellen könnt. Unsere Techniker hatten die Server-Kapazitäten so hochgeschraubt, dass sie auch einem Ansturm standgehalten hätten, den wir uns in unseren kühnsten Träumen nicht hätten ausmalen können. Hier wurden wir eines Besseren belehrt und müssen diese Fehleinschätzung eingestehen. Mittlerweile sind wir mit unseren Servern komplett umgezogen und hoffen, euch so schnell wie möglich zu informieren, dass der Webshop wieder funktioniert! #glittersport #einhornsorry«. Updates zur Nachproduktion und Informationen über die Hintergründe zur geringen Auflage kommunizierte Ritter Sport stets über Blogposts. So waren alle Nutzer immer auf dem neuesten Stand, auch wenn ihre Nachricht oder ihr einzelner Kommentar noch nicht beantwortet war.

Marketing-Take-away: Was bedeutet Crowdsourcing?

Der Begriff Crowdsourcing ist eine Wortschöpfung aus »Crowd« und »Outsourcing«. Die Ideenfindung wird dabei an die Nutzer ausgelagert. In der Community können die Nutzer nach dem Credo »Mitmachen. Mitreden. Mitgestalten.« Produkte testen, bewerten oder sich mit eigenen Kreationen aktiv beteiligen.

1.4.10 Crowdfunding – die höchste Form der Kundenvernetzung

Die erfolgreichste Kinodokumentation im Jahr 2017 wurde durch Crowdfunding in die deutschen Kinos gebracht: »WEIT. Die Geschichte von einem Weg um die Welt« zeigt die 3,5-jährige Weltreise von Gwendolin Weisser und Patrick Allgaier, die das Paar in bildgewaltigen Videos festgehalten hatte. Sie erzählen von emotionalen Begegnungen, ihrem Anspruch, ohne Flugzeug zu reisen, von Höhen und Tiefen, einer unerwarteten Schwangerschaft, dem Leben in Mexiko und der Heimkehr nach Deutschland. Als Zuschauer erlebt man Stück für Stück die Transformation eines Paares, das auszog, die Welt zu verbessern, und das als Familie heimkehrt. Eine Heldenreise par excellence. Der Film feierte am 27. März 2017 im Freiburger Kino Premiere und war anschließend über 30 Wochen in den deutschen Kinos zu sehen. 975 User unterstützten bis November 2016 die Crowdfunding-Kampagne, *http://www.startnext.com/weitumdiewelt*. Insgesamt sammelten die Freiburger 35.145 € ein. Das gesammelte Geld floss nach dem Crowdfunding in die Vorfinanzierung des Films und des Magazins »WEIT. Ein Reisemagazin«. Das Paar wollte gerne unabhängig bleiben und ohne Verlag veröffentlichen. Die Unterstützer profitierten direkt von den Dankeschöns, von der DVD bis zur Filmvorführung in den eigenen vier Wänden oder im Bulli des Paares, war für Reisebegeisterte alles dabei.

Beim Crowdfunding entsteht eine Win-win-Situation für die Projektmacher und Projektunterstützer. Letztere werden sofort mit einem Dankeschön belohnt und können direkt am Entstehungsprozess teilhaben. Crowdfunding ist eine neue Finanzierungsmethode, die es ermöglicht, Ideen und Produkte zu verwirklichen, die sonst im Sande verlaufen wären. Social Media dienen dabei als »Brandbeschleuniger« und helfen gleichzeitig, das Projekt zu vermarkten. *Crowdinvesting* ist noch eine Weiterentwicklung des Crowdfundings, womit sich sogar Geschäftsideen finanzieren lassen. Mehr dazu erfahren Sie im Bonuskapitel C, »Crowdsourcing und Crowdfunding«.

1.4.11 Social Media für B2B-Unternehmen

B2B auf Facebook, LinkedIn und YouTube? Geht das überhaupt? Aktuell herrscht eine große Diskrepanz darüber, welche Social-Media-Plattformen B2B-Unternehmer als relevant einschätzen und welche Kanäle dann tatsächlich von den B2B-Käufern zur Recherche genutzt werden. Laut der »Marketingstudie Mittelstand 2016/2017« der Saxoprint GmbH ist Facebook der wichtigste Social-Media-Kanal für den Mittelstand.[16] 38 % nutzen laut der Studie Facebook zur Erreichung ihrer Marketingziele mindestens einmal im Monat, gefolgt von XING (25 %), YouTube (22 %), LinkedIn (18 %) und Twitter (15 %). Dies passt jedoch überhaupt nicht zum Verhalten der B2B-Käufer. 50 % der B2B-Käufer nutzen bei ihrer Recherche überhaupt keine Social Media,[17] und im Industriesektor verbringen die Entscheider und Einkäufer weniger als 1 Stunde pro Woche überhaupt in Social Media.[18] Je nach Abteilung und Branche gibt es Unterschiede in der Einschätzung der Nützlichkeit von Social Media, aber insgesamt verfügen nur wenige B2B-Unternehmen über ein ganzheitliches Konzept für den sinnvollen und zielgerichteten Social-Media-Einsatz. Gerade KMU fehlt es oft an einer durchdachten Social-Media-Strategie, die zunächst einmal die Zielgruppen und die Marke in den Fokus nimmt und Ziele definiert.

Sind Sie B2B-Unternehmer? Verfallen Sie nicht in blinden Aktionismus. Nutzen Sie Social Media zur Leadgenerierung und für Empfehlungsmarketing. Gerade im Industriesektor haben Empfehlungen einen noch viel größeren Stellenwert als im Bereich B2C, da es sich häufig um erklärungsbedürftige und kostenintensive Investitionsgüter handelt. Unternehmen müssen daher den Kontakt zu Firmenkunden,

16 Saxoprint, 2017, »Marketingstudie Mittelstand 2016/2017«: *http://www.saxoprint.de/b2bmanager/studie*

17 Buyersphere Report 2015: *http://www.b2bmarketing.net/en-gb/partner-downloads/buyersphere-report-2015*

18 IEEE Engineering 360 Media Solutions, 2016, »Social Media Use in the Industrial Sector«: *http://www.globalspec.com/advertising/wp/2016_SocialMediaUse*

Händlern und Zulieferern zunehmend auch im Social Web herstellen, um sie mit wichtigen Informationen für den Vertrieb zu versorgen und kontinuierlich von der Produktqualität zu überzeugen. B2B-Unternehmen profitieren von der Präsenz in Businessnetzwerken wie LinkedIn.

1.5 Was bringen Social Media für Ihr Unternehmen?

Social Media sind kein Allheilmittel zur Absatzsteigerung per se. Sie erreichen damit weder ausschließlich internetaffine Jugendliche, noch sind Social Media als reiner Vertriebskanal zu verstehen. Soziale Netzwerke sind keine Einbahnstraße, sondern ein Dialoginstrument. Sie fragen sich nun, was Ihnen Social Media denn dann tatsächlich bringen? Social Media helfen Ihnen, intensive Kundenbeziehungen aufzubauen, zu verstärken und sie nach außen hin transparent zu machen. Das ist die entscheidende Grundlage für den erfolgreichen Verkauf Ihrer Produkte und Dienstleistungen durch Social Media. Damit haben Sie gegenüber Marken und Unternehmen, die nicht im Social Web aktiv sind, einen enormen Wettbewerbsvorteil. Social Media Marketing ist zudem effektiver als Werbung in klassischen Medien, weil es ein direktes Feedback der Kunden zulässt und kostengünstiger ist. Aber das funktioniert nicht, indem Sie ab und an posten, wie gerade das Wetter bei Ihnen ist. Es braucht kreative Texter, die eine knackige Copy erstellen können, Content Manager, die Ihre Inhalte für Instagram, Facebook & Co. aufbereiten, und Community Manager, die auf die Rückmeldungen der Fans und Follower richtig reagieren. Wie Sie das angehen, erfahren Sie in Kapitel 2, »Social-Media-Strategie«.

1.5.1 Steigerung der Markenbekanntheit

Social Media eignen sich wie kein anderes Medium zum Markenbranding. Allerdings gilt es dabei nicht, die klassischen One-to-many-Kommunikationslösungen auf einen beliebigen Social-Media-Kanal zu übertragen, sondern Inhalte zu schaffen, mit denen Ihre Kunden interagieren können. Verabschieden Sie sich daher von Ihren PR-Mitteilungen, denn die funktionieren in Social Media nicht. Im Social Web wünscht sich der vernetzte Konsument vor allem Aufmerksamkeit und Einfallsreichtum. Damit er sich mit Ihrer Marke auseinandersetzt und sie weiterempfiehlt, müssen Sie ihm eine erlebbare Markenwelt bieten. Wenn Sie Aufmerksamkeit für ein neues Produkt generieren wollen, müssen Sie Ihre Informationen für Social Media anpassen. Das Unternehmen Samsung beispielsweise produzierte für die Bekanntmachung des »Samsung Galaxy S7 edge« für seine unterschiedlichen Kanäle Website, Facebook, Instagram jeweils originären und unterscheidbaren Content. Auf der Website bekommt der interessierte Kunde ausführliche Informationen zu allen neuen Features und Spezifikation des Smartphones. Anders in Social

Media: Auf den Social-Media-Kanälen von Samsung wird Markenbranding mit Content-Bits betrieben. So wird die Kamera des Smartphones mit einem 3 Minuten langen Video in Facebook vorgeführt (siehe Abbildung 1.18).

In der Foto-Community Instagram demonstriert der Konzern mit eindrucksvollen Bildern die neue Kamerafunktion des Smartphones (siehe Abbildung 1.19). Während des gesamten Launches wird Samsung in Social Media immer wieder nach dieser Content-Strategie verfahren. Kurze, informative und unterhaltsame Inhalte erzeugen Awareness für das Produkt, die Inhalte werden individuell für den jeweiligen Kanal – Website, Facebook, Instagram etc. – ausgespielt. Wie Sie selbst zu solchen Inhalten kommen und diese kanalspezifisch aufbereiten, erfahren Sie in Abschnitt 2.7.1, »Die Content-Strategie«.

Abbildung 1.18 Samsung produziert originären Content für das Markenbranding in Social Media. (Quelle: www.facebook.com/SamsungMobile)

Abbildung 1.19 Samsung macht Instagram-Nutzer mit regelmäßigen Content-Häppchen auf das neue Produkt aufmerksam. (Quelle: www.instagram.com/samsungmobile)

Marketing-Take-away: Kanalspezifischen Content entwickeln

Jeder Social-Media-Kanal verfolgt ein eigenes Ziel, und so müssen auch die Inhalte entsprechend angepasst werden. Ein Posting, egal, in welchem Kanal Sie es veröffentlichen, muss den Nutzer persönlich ansprechen, unterhaltsam und so interessant sein, dass es geteilt wird. Entwickeln Sie daher eine Multichannel-Content-Strategie, um für den jeweiligen Kanal die richtigen Inhalte bereitzustellen.

1.5.2 Best Practice: Episches Markenbranding von Immowelt

Wer schon einmal in einer deutschen Großstadt wie Berlin, Hamburg oder München eine Wohnung gesucht hat, weiß: Es ist die Hölle. Man muss stundenlang Schlange stehen, muss unglaublich charmant zu unsympathischen Menschen sein und darf sich am Ende »komplett ausziehen« und die letzten drei Kontoauszüge vorlegen. Von diesen Absurditäten bei der Wohnungssuche weiß auch Wohnungsvermittler Immowelt und hat sie in seinem Spot »Wohne wie auch immo du willst!« neu interpretiert und damit 2017 das erfolgreichste YouTube-Werbevideo abgeliefert (siehe Abbildung 1.20). »Sei, wer immo du sein willst« lautet das Mantra, dem der Protagonist folgt, nachdem er von seiner Freundin aufgrund der viel zu kleinen Wohnung verlassen wurde.

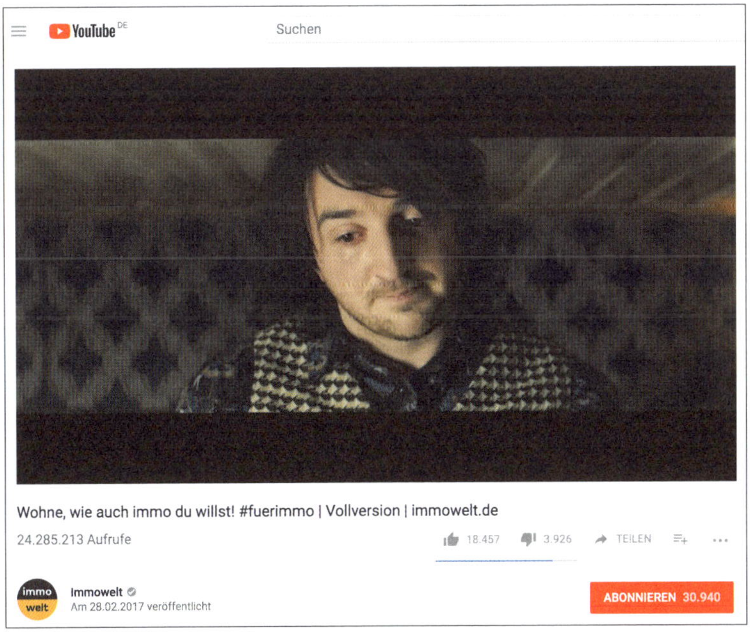

Abbildung 1.20 Das erfolgreichste YouTube-Werbevideo im Jahr 2017: Der epische Clip von Immowelt generierte 24 Mio. Aufrufe. (Quelle: http://www.youtube.com/watch?v=0wlnoX3krcM)

Danach taucht er in eine Traumwelt aus luxuriösen, hippen oder kitschigen Wohnungen ein. Für die einzelnen Szenen standen verschiedene Filme Pate, denn bei genauerer Betrachtung ist das Ganze ein »Mashup« verschiedener Filmklassiker. Der Fernsehprediger kann als Anspielung auf »Magnolia« verstanden werden. Die Astronautenszene findet sich auch bei »Kubrick: Odysee im Weltraum« wieder, und das großhaarige Wesen in der Hundeszene ist definitiv von »Toni Erdmann« inspiriert. Ein kluger Schachzug für den Erfolg des Spots, denn Remakes und Mashups finden sich häufig bei YouTube. Für den Erfolg sorgte auch der speziell für das Werbevideo komponierte Song, den die Nutzer kostenlos bei iTunes, Spotify, Amazon Music, Soundcloud, Deezer und Shazam herunterladen konnten. Ein wichtiges Take-away für Ihre Storys: Entwickeln Sie für Ihre Kampagnen einprägsame Claims, Jingles und Songs. Durch Musik können die Zuschauer ganz und gar in Ihre Story eintauchen und sich nachher besser an den Spot erinnern.

1.5.3 Influencer Marketing – stärkerer Einfluss als TV und Radio

Influencer sind echte Superlative in Social Media. Bianca Heinicke alias »Bibi« von »BibisBeautyPalace« folgen allein 4,8 Mio. User auf ihrem YouTube-Kanal (Stand: Januar 2018), den sie 2012 als Hobby gestartet hat. Heute finanziert sie ihr Leben durch die Werbeeinnahmen bei YouTube (YouTube/Google beteiligt YouTuber an den Einnahmen, die Google über die Anzeigen im Video einnehmen) oder mit zahlreichen Kooperationen. Und diese kosten mitunter viel Geld. Mit dem Tool von InfluencerDB, *http://www.influencerdb.net/insights*, lässt sich Bibis *Media Value* berechnen, also der Wert, den Unternehmen hätten ausgeben müssen, um eine vergleichbare Reichweite mit einer Anzeige in Social Media zu generieren (siehe Abbildung 1.21). Wenn Bibi ein Shampoo in die Kamera hält und auf Instagram postet, können damit ihre 5,5 Mio. Follower erreicht werden. Dieses Reichweitenpotenzial entspricht einem Mediawert von 27.473 €. Kurz gesagt: Für einen Instagram-Post erhält Bibi 27.473 €. Warum Unternehmen und Marken dieses Geld ausgeben, liegt an ihrem enormen Einfluss. Laut einer Studie von Faktenkontor beeinflussen YouTuber und Influencer die Kaufentscheidungen der Deutschen so stark wie TV- und Radiowerbung. »13 % aller Internet-Nutzer in Deutschland haben innerhalb eines Jahres Produkte gekauft oder Dienstleistungen in Anspruch genommen, weil sie von einem YouTuber empfohlen wurden.«, heißt es in der Studie.[19] Ihr Einfluss ist insbesondere bei jungen Zielgruppen groß. In der Studie hatten 50 % der 14- bis 19-Jährigen angegeben, dass sie Empfehlungen von Influencern gefolgt wären und die beworbenen Produkte gekauft hätten. Das Geheimrezept der Influencer: Sie sind attraktiv, kommunikativ und nahbar. Bibi ist für die

19 Faktenkontor, 2017, »Youtuber und Blogger laufen TV- und Radiowerbung den Rang ab«: *http://www.faktenkontor.de/pressemeldungen/social-media-die-influence-der-influencer*

Social-Media-Szene so etwas wie die nette Nachbarin von nebenan, die immer lächelt und etwas Spannendes zu erzählen hat. Wenn sie dann noch eine Empfehlung für ein neues Haarshampoo ausspricht, folgen die User natürlich ihrem Rat oder denken zumindest beim nächsten Einkauf daran.

Abbildung 1.21 Was verdient ein Top-Influencer mit einem gesponserten Post? Bei Bibi sind es 27.000 €. (Quelle: http://www.influencerdb.net/insights/54143c12-b353-4e98-8216-c44cd679acdd)

Ob Sie einen Influencer als Meinungsbildner für Ihr Produkt oder Unternehmen gewinnen, hängt davon ab, ob Sie ihm ein interessantes Angebot machen und er bereit ist, seine Online-Reputation als souveräner Botschafter herzugeben. Er genießt gerade wegen seiner unabhängigen Sichtweise das Vertrauen der Nutzer. Der Beziehungsaufbau zu Influencern ist daher ein langfristiger Prozess, bei dem Sie sehr wertschätzend vorgehen müssen. Vermeiden Sie Hauruck-Aktionen, indem Sie den Praktikanten losschicken, die Bloggerliste abzuklappern. Wie Sie Influencer gezielt ansprechen und die Beziehungen zu ihnen pflegen, erfahren Sie in Kapitel 5, »Instagram«.

Marketing-Take-away: Durch Meinungsführer die Masse erreichen

Wenn ein Produkt am Markt gelauncht wird, werden zuerst sogenannte *Innovatoren* darauf aufmerksam, bevor immer mehr und mehr Verbraucher (*Early Adopters*) dieses Produkt kaufen und Unternehmen dadurch die *Early Majority* (die »frühe Mehrheit«) an Käufern erreichen. Hat sich das Produkt durchgesetzt, erreicht es die *Late Majority* (die

»späte Mehrheit«). Solche Zyklen sind bei allen Produkten zu beobachten. Innovatoren und Early Adaptors können mit den Meinungsführern Hand in Hand gehen. Die Begeisterung für das Produkt führt bei den Meinungsführern dazu, dass sie ihre positiven sowie negativen Erfahrungen mit neuen Produkten an andere weitergeben.

1.5.4 Kunden durch Bewertungen und Empfehlungen gewinnen

Influencer sind nicht die Einzigen, die Einfluss auf die Kaufentscheidungen von Konsumenten nehmen. Empfehlungen von Familienmitgliedern und Freunden haben immer noch den größten Einfluss auf Kaufentscheidungen (20,2 % siehe Abbildung 1.22). Social Media kommen laut dem German Digitalization Consumer Report 2014 auf 6,2 %. Davon entfallen 2,9 % auf Kundenbewertungen, 2,0 % auf Empfehlungen von Freunden und 1,4 % auf Werbung in Social Media.[20]

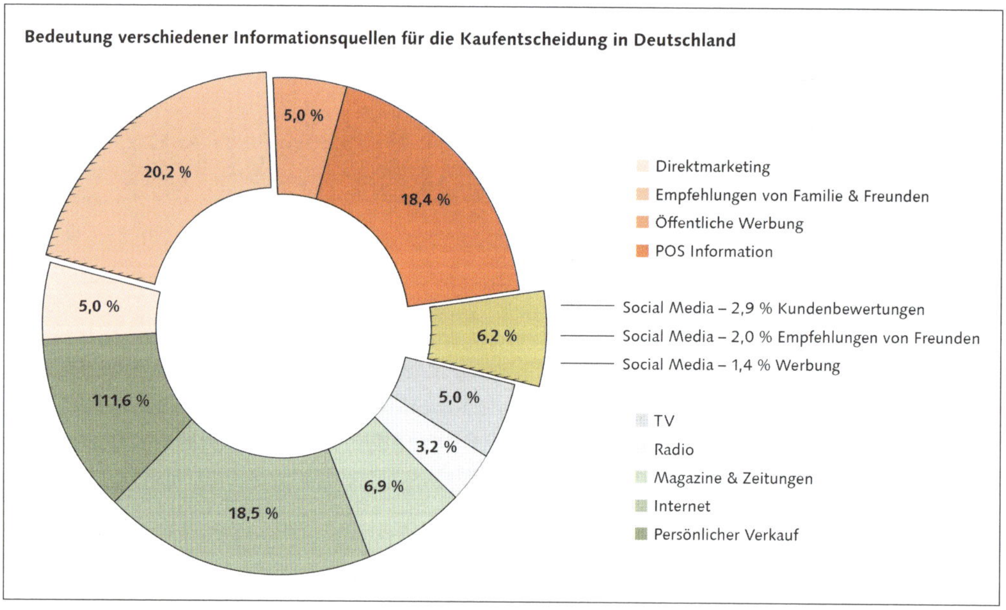

Abbildung 1.22 Empfehlungen von Familie und Freunden beeinflussen die Kaufentscheidung am stärksten (20,2 %), Social Media kommen auf 6,2 %. (Quelle: Digitalization Think:Lab, Marketing Center Münster & Roland Berger Strategy Consultants, »German Digitalization Consumer Report 2014«: http://www.socialmediathinklab.com/wp-content/uploads/2014/07/WWU_German-Digitalization-Consumer-Report-2014.pdf, Grafik: Justus Wunschik, bfmg.de)

20 Digitalization Think:Lab, Marketing Center Münster & Roland Berger Strategy Consultants, »German Digitalization Consumer Report 2014«: *http://www.socialmediathinklab.com/wp-content/uploads/2014/07/WWU_German-Digitalization-Consumer-Report-2014.pdf*

Empfehlungen haben eine Qualität, die Werbung niemals erreichen kann: Sie sind authentisch, verlässlich und vertrauenswürdig. Werbung – egal, ob klassisch im TV oder im Social Web – ist deswegen zwar nicht obsolet, denn sie eignet sich nach wie vor, um anspruchsvolle und sinnstiftende Geschichten zu erzählen, aber an die Echtheit einer Empfehlung kommt Werbung niemals heran. Insofern wundert es nicht, dass Empfehlungen von Freunden und Bekannten den größten Einfluss auf die Kaufentscheidungen der Konsumenten haben. Durch die anhaltende Nutzung von Social Media, verlagern sich diese Empfehlungen ins Mobile Social Web und triggern dort das Kaufverhalten der Nutzer. Jeder vierte Onliner wird durch Empfehlungen in Social Media zum Kauf angeregt. Dies ist das Ergebnis der Faktenkontor-Studie aus dem Jahr 2017, bei der 3.500 Internetnutzer befragt wurden, ob sie schon einmal ein Produkt gekauft oder eine Dienstleistung in Anspruch genommen hätten, weil ein privater Kontakt in Social Media sie empfohlen haben.[21]

Empfehlungen in Social Media haben einen ähnlichen Effekt wie mündliche Empfehlungen. Sie werden als besonders vertrauenswürdige Informationen eingestuft, und sie führen beim tatsächlichen Bedarf des Kunden schnell zu einem Kaufentschluss. In Verbraucherforen und Frage-Antwort-Portalen werden Spezialthemen diskutiert, finden Kaufberatungen und Markengespräche statt – häufig ohne die Unternehmen selbst. Das ist schade, denn gerade die Unternehmen haben eine hohe Expertise, können noch konkretere Hilfestellung und ausführlichere Tipps geben. Deshalb ist es für Unternehmen wichtig, diese Plattformen auf ihre Relevanz hin zu untersuchen. Legen Sie dafür einen Audit an (siehe Abschnitt 2.5, »Schritt 3: Ist-Zustand analysieren«), und recherchieren Sie relevante Foren und Bewertungsportale.

Marketing-Take-away: »Was du kaufst, bestimmen die anderen«

»Was du kaufst, bestimmen die anderen«, lautet der Untertitel von Martin Lindstroms Buch »Brandwashed«, in dem er anhand eines Experiments zeigt, wie sehr sich der Freundes- und Bekanntenkreis – unbewusst oder bewusst, aber definitiv sehr subtil auf das Kaufverhalten auswirkt. Lindstrom inszenierte die perfekte, gut situierte Familie im kalifornischen Laguna Beach und beobachtete 4 Wochen lang unter Mithilfe von 35 Kameras und 25 Mikrofonen das Verhalten der »Morgensons«. Ganz beiläufig empfahlen diese ihren Gästen ihre Lieblingsprodukte, zeigten Neuanschaffungen und legten ihnen den Kauf von bestimmten Produkten nahe. Das Ganze natürlich wohldosiert und im Kontext der Freundschaft. Das Ergebnis: Im Schnitt kauften die Freunde drei der angepriesenen Produkte.

21 Faktenkontor, 2017, »Social Media: Einfluss auf Kaufentscheidungen wächst«: *http://www.faktenkontor.de/pressemeldungen/social-media-einfluss-auf-kaufentscheidungen-waechst*

Social Media Marketing bietet die Möglichkeit, Empfehlen von Produkten und Dienstleistungen transparent zu machen. Was Ihre Kunden sonst nur untereinander als sogenannte »Mundpropaganda« weitergeben, können Sie mit Social Media steuern, indem Sie beispielsweise Ihre Kunden dazu einladen, Bewertungen über Sie zu schreiben oder Bilder von Ihren Produkten auf Instagram zu posten. Nutzen Sie dafür auch den Einfluss von Micro-Influencern, also Usern mit Followern im 4- bis 5-stelligen Bereich. Zur Bekanntmachung seines neuen Granit-Stores in Berlin setzte die schwedische Einrichtungs-Kette auf Micro-Influencer. In Zusammenarbeit mit Takumi wurden reichweitenstarke Instagramer dazu aufgefordert, Fotos von Granit-Produkten zu posten – egal, ob zu Hause oder im Store. Das Ergebnis: Eine Reichweite von 100.000 und eine Engagement-Rate von 6,23 % (6.336 Likes, 190 Kommentare).

1.5.5 Eine starke Kundenbeziehung aufbauen

Social Media sind ein wichtiges Tool zur Stärkung der Kundenbindung. Das Kundenbeziehungsmanagement in Social Media wird als *Social CRM* bezeichnet, eine Mischform aus Social Media und Customer Relationship Management (CRM). Social CRM stellt den Kunden in den Mittelpunkt und ermöglicht im Grunde genau das, was CRM schon immer bewirken wollte: Durch individuelle Betreuung und speziell auf den Kunden zugeschnittene Produkte überzeugen Sie ihn, Ihr Produkt zu kaufen. Beschwert sich ein Kunde beispielsweise auf der Facebook-Seite eines Onlineshops über eine zu späte Lieferung, kann das Unternehmen öffentlich dazu Stellung nehmen, ihm helfen und ihn so zu einem zufriedenen Kunden machen. Durch diesen transparenten Support empfehlen sich die Unternehmen auch indirekt an potenzielle Kunden. Social CRM bedeutet, im jeweiligen Kanal des Kunden präsent zu sein. Durch Social CRM kommt der Kunde zu Ihnen und Sie zur richtigen Zeit zum Kunden. Durch Ihr proaktives Auftreten im Social-Media-Kontext des Kunden können Sie kaufhemmende Fragen beantworten oder ihn in seiner Kaufintention bestärken. Sie können zudem Reputationsschäden abwehren, sich für Lob bedanken und schließlich dem Kunden Ihr Unternehmen näherbringen. Betreten Sie jene Räume, in denen Ihre Kunden bereits sind. Social CRM ist noch dazu öffentlich. Potenzielle Kunden können die Dialoge zwischen Ihnen und bestehenden Kunden mitlesen und erhalten so einen Einblick in Ihre professionelle Kundenpflege. Ein gut geführtes Social CRM führt schließlich zu mehr Abverkauf.

1.5.6 Best Practice LG Electronics: Kundenbetreuung von der Community

LG nutzt ein »hauseigenes« Forum, in dem Kunden direkt ihre Fragen stellen können. Unter dem Dach der Marke können Kundengespräche direkt katalysiert werden, und die Marke bleibt als erste Wahl (*First Choice*) in den Köpfen der Verbraucher. Im

Forum von LG Electronics (siehe Abbildung 1.23) werden 70 % der Serviceanfragen von den Community-Mitgliedern und Bloggern innerhalb des Forums beantwortet. »Dabei reichen 47 Blogpostings aus, um Probleme von 30.000 Kunden zu beantworten«, so Gerrit Heinemann, Professor an der Hochschule Niederrhein und Leiter des eWeb Research Centers, im Interview mit dem Weave Magazine 05/2012.

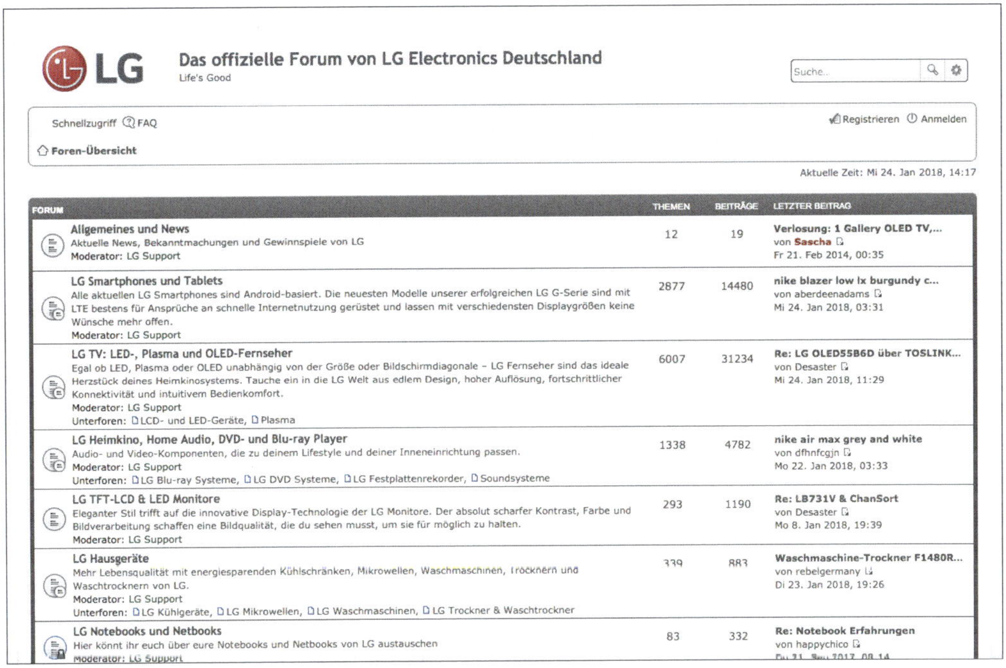

Abbildung 1.23 LG schafft mit seinem Forum ein »Zuhause« für Kundenfragen. (Quelle: http://forum.lg.de)

1.5.7 Das Unternehmensimage steigern

Immer wieder kommt es vor, dass Unternehmen bei den Verbrauchern massiv in die Kritik geraten. Ignorieren Unternehmen über Jahre hinweg die Kundenwünsche, braucht es manchmal nur eine negative Kundenbewertung, die das Fass zum Überlaufen bringt. Dann geht es rasend schnell, und ihr Hashtag wird innerhalb weniger Stunden zum »Bashtag«, unter dem sich alle User negativ auslassen. Nestlé musste diese Erfahrung 2015 machen, als ihre Social-Media-Kampagne #FragNestlé zum PR-Desaster wurde. Das Unternehmen wollte ja eigentlich nur »einen Dialog auf Augenhöhe mit den Verbrauchern führen«, aber auf Fragen wie »Warum lasst ihr Menschen verhungern?«, »Warum hasst ihr Regenwälder?«, »Warum liebt ihr Kinderarbeit?« war man dann doch nicht adäquat vorbereitet. Egal, warum es zu einer Krise kommt, wichtig ist die richtige Reaktion in Social Media. Und das muss prompt und glaubwürdig passieren.

Ist Ihr Markenimage erst einmal angekratzt, brauchen Sie einen langen Atem, um es wieder zu ändern. Und Sie benötigen professionelles *Online Reputation Management*. Gerade in Social Media, wo Meinungen ausgetauscht und diskutiert werden, muss der Wandel einer Marke stattfinden. Marken sind ein permanenter und transparenter Diskurs in Social Media. Sie können sich diesem Diskurs nicht entziehen, sondern müssen ihn moderieren. Die *Realtime Search* (Echtzeitsuche) in Google & Co. sorgt außerdem dafür, dass aktuelle News innerhalb von Sekunden durch die Eingabe des jeweiligen Schlagwortes oder Hashtags (z. B. #dieselgate VW-Skandal, #4u9525 Germanwings-Absturz) gefunden werden können. Für das Online Reputation Management ein enormer Vorteil: Durch die schnelle Indizierung Ihrer eigenen Inhalte können Sie ad hoc auf negative Berichterstattung reagieren. Lufthansa hat beispielsweise nach dem Absturz der Germanwings-Maschine sein Facebook-Profilbild ausgetauscht und mit dem Hashtag #indeepsorrow versehen, um der negativen PR unter dem Hashtag #4u9525 entgegenzuwirken (siehe Abbildung 1.24).

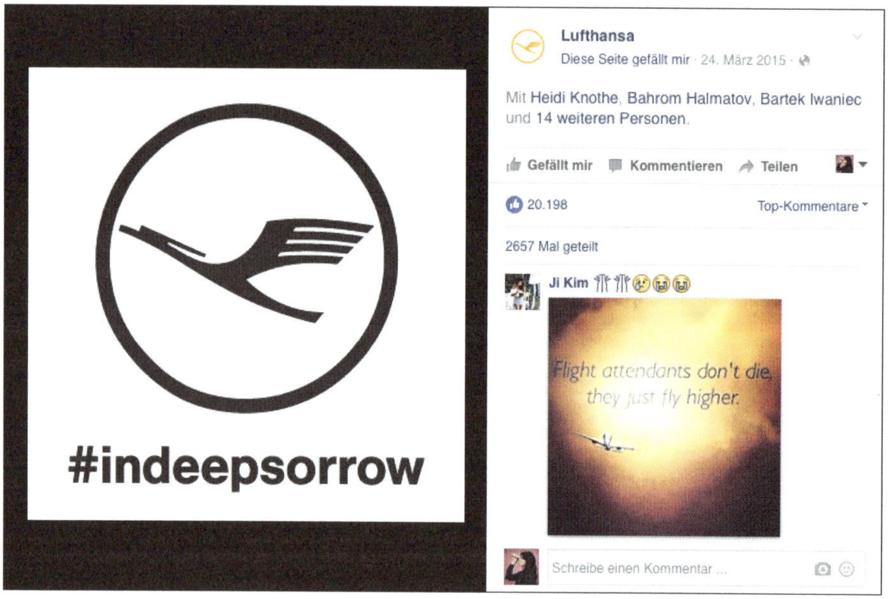

Abbildung 1.24 Lufthansa drückt in seinen Social-Media-Kanälen sein Mitgefühl aus und nutzt dafür ein eigenes Hashtag #indeepsorrow. (Quelle: www.facebook.com/lufthansa/photos/a.436515484003.240107.113994684003/10153125969474004/?type=1&theater)

1.5.8 Best Practice: T-Mobile USA gelingt der Turnaround in Social Media

T-Mobile USA beweist einmal mehr, dass der Turnaround in und gerade durch Social Media gelingen kann. Der angeschlagene Konzern wurde 2012 von CEO John Legere übernommen. Er machte den Turnaround kurzerhand zur Chefsache und nutzte Twitter als Sprachrohr. Innerhalb kürzester Zeit folgten ihm über 600.000 User auf Twitter. Mit dem Follower-Wachstum stieg auch der Neukundenzuwachs. Als Legere im Mai 2013 seinen Twitter-Channel startete, hatte der Konzern 40 Mio. Kunden. 3 Jahre später verzeichnet der Konzern mehr als 65,5 Mio. Kunden und Legere 5,3 Mio. Follower auf Twitter (Stand: Januar 2018; siehe Abbildung 1.25). Je mehr User Legere auf Twitter folgen, desto mehr Kunden gewinnt T-Mobile USA. Legere ist eine Twitter-Berühmtheit und so beliebt, dass Twitter ihm ein eigenes Emoji gewidmet hat. In Social Media kommuniziert Legere eigenständig und ist für seine Fans ein glaubwürdiger und nahbarer CEO, der sich regelmäßig für die Treue seiner Kunden bedankt. Mit Statements wie »Our customers are the best« fühlen sich die Fans persönlich angesprochen. Sein Lob geht selbstverständlich auch an die Kollegen mit Tweets wie: »When you work hard & kick ass, you get rewarded! So proud of this team for all they did last year!« Anstelle einer rationalen Kommunikation über Produktverbesserungen, nutzt der CEO eine offene, ehrliche und transparente Ansprache. Der CEO hat sich selbst um die Verbesserung des Markenimages gekümmert, anstatt es den PR-Abteilungen zu überlassen. Das macht T-Mobile zu einer emotionalen Marke, zu der sich seine Kunden bekennen.

Abbildung 1.25 T-Mobile-Chef John Legere macht den Turnaround in Social Media zur Chefsache und spricht in Twitter direkt zu seinen Kunden. (Quelle: https://twitter.com/johnlegere)

1.5.9 Öffentlichkeitsarbeit – Journalisten und Blogger gewinnen

Social Media verändern die Rollenverteilung bei den beteiligten Akteuren der Öffentlichkeitsarbeit. Die Grenzen zwischen klassischer PR und Social Media verschwimmen zunehmend zu *Social PR* oder *Social Relations*. Um dem heiligen PR-Ziel »Let's get people talking about us« Rechnung zu tragen, müssen alle Anspruchsgruppen mit entsprechenden Informationen angesprochen und aktiviert werden. Journalisten allein erreichen längst nicht mehr eine breite Zielgruppe. Auch Blogger und Influencer mit einem großen Netzwerk tragen dazu bei, dass sich Ihre Informationen verbreiten. Die Reichweiten von Journalisten und Bloggern unterscheiden sich oft nur geringfügig. Und noch etwas müssten Sie beachten: In Zeiten von Infotainment und multimedialer Berichterstattung genügt eine reine Pressemitteilung nicht mehr. Sie müssen Ihre Inhalte aufbereiten, um dem Journalisten seine Informationsrecherche zu erleichtern. Es ist sinnvoll und notwendig, Multiplikatoren im Social Web zu identifizieren und direkt anzusprechen. Ein erstes Screening können Sie mittels jener Social-Media-Monitoring-Tools durchführen, die wir Ihnen in Kapitel 12, »Social Media Monitoring und Online Reputation Management«, vorstellen.

1.5.10 Die Reichweite Ihrer Message erhöhen

Das Empfehlen von Informationen war noch nie so einfach wie heute. Im besten Fall erzielen Sie einen sogenannten *viralen Effekt*: Die Information wird von einem Kontakt zum nächsten weitergegeben und verbreitet sich wie ein Virus. Ein unterhaltsames oder aussagekräftiges Video, ein guter bzw. hilfreicher Blogbeitrag, ein interessanter Nachrichtenartikel: Wenn etwas aus der Sicht der User empfehlenswert ist, wird es auch empfohlen, schließlich kostet es nichts und geht schnell und einfach.

Somit können Sie die Reichweite Ihrer Marke und Ihrer Message um ein Vielfaches erhöhen. Während Sie früher nur die Kunden vor Ort, die Newsletter-Empfänger oder jene Zeitungsleser hatten, die Ihre Message wahrnehmen konnten, haben Sie jetzt ein Millionenpotenzial an Empfängern, von denen Sie heute vielleicht noch gar nichts wissen.

1.5.11 Best Practice Dove: Durch Social Media die Werbewirkungsdauer erhöhen

Sie erinnern sich bestimmt an den einen oder anderen TV-Spot Ihrer Jugend, den Sie gerne noch einmal sehen würden: Werbung von Langnese, Erdinger, Duracell – viele TV-Spots der 1980er Jahre findet man auf YouTube. Heute werden aktuelle und alte TV-Spots von den Unternehmen direkt auf YouTube hochgeladen. Die

User freut es, denn sie schauen sich die Spots gerne an. Auf YouTube sind die Kampagnen von damals und heute immer abrufbar und erzielen dort über die Zeit zahlreiche Abrufe. Durch Social Media vergrößert sich die Werbewirkungsdauer, weil die Videos auch nach dem Ende einer Kampagne zur Verfügung stehen. Das YouTube-Video »Dove Evolution« hat sich in kurzer Zeit viral verbreitet und kann heute auf über 19 Mio. Views verweisen (siehe Abbildung 1.26). Der Macher des Videos, Tim Piper, hat es 2006 in seinem YouTube-Channel hochgeladen und profitiert seit 12 Jahren von den Abrufen.

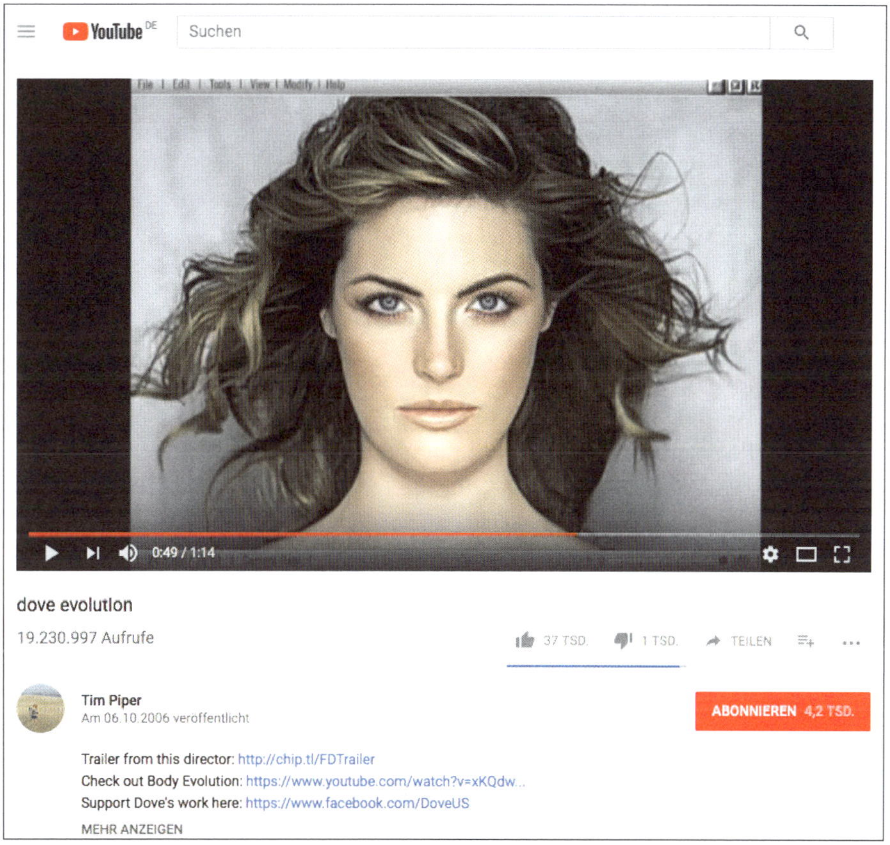

Abbildung 1.26 Ein viraler YouTube-Hit: »Dove Evolution« ist seit 10 Jahren online. (Quelle: www.youtube.com/watch?v=iYhCn0jf46U)

Einige Unternehmen gehen auch dazu über, virale Videos wieder zu löschen, wenn die alte Kampagne nicht mehr der aktuellen Marketingstrategie entspricht. So hat sich VW entschieden, sein beliebtes YouTube-Video »The Force« mit über 60 Mio. Views zu löschen. Der Spot war schon einige Tage vor dem offiziellen Kampagnenstart zum Super Bowl in Amerika am 6. Februar 2011 im YouTube-Channel von VW zu sehen. In diesen 3 Tagen klickten ihn bereits 10 Mio. YouTube-Nutzer an. Die meisten wurden über Twitter (39 %) und Facebook (25 %) darauf aufmerksam gemacht.[22] Heute können die User den Spot noch immer in YouTube finden, denn zahlreiche Nutzer haben das Video in ihrem YouTube-Channel hochgeladen (*Streisand-Effekt*), aber das Original von VW ist nicht mehr verfügbar.

1.5.12 Targeting – Werbung ohne Streuverluste

Einer der großen Vorteile von Social Media liegt darin, dass Sie Ihre Kunden gezielter denn je ansprechen können – und das zu einem vergleichbar geringeren Preis als mit klassischer Werbung oder Online-Werbung. Denn die Nutzer im Web teilen sozialen Netzwerken durch Interaktion, Profildaten usw. viel über ihre Person und ihre Interessen mit. Für Unternehmen ist das die perfekte Werbeumgebung, da sie Anzeigen zielgruppenspezifisch schalten können. Bei jedem Werbespot, bei jeder Printanzeige müssen Sie davon ausgehen, dass Sie massenhaft Streuverluste generieren. Mit Social Media können Sie das viel zielgenauer machen, denn Sie können die Anzeigen gezielt nach Interessen, Hobbys, Geschlecht, Alter usw. der Nutzer schalten und Kunden gezielt ansprechen. Sie können auch nach Facebook-Seiten targeten, denen Ihre Zielgruppe folgt und deren Inhalte sie liest. Nehmen wir einmal an, wir würden eine Anzeige in Facebook speziell für die Neuauflage dieses Buches schalten wollen, so hätten wir die Möglichkeit, die Facebook-Seiten von Blogs und Magazinen wie brandeins, Business Punk, c't Magazin, Gründerszene, Horizont, t3n usw. auszuwählen (siehe Abbildung 1.27). Facebooks Algorithmus würde die Anzeige dann speziell Usern vorschlagen, die mit diesen Seiten interagieren. Sie haben auch die Möglichkeit, Website- oder Shopbesucher mit Anzeigen an ihre Kaufabsicht zu erinnern. Diese Form der Kundenansprache wird *Retargeting* genannt. Ein passgenaues Matching einer anvisierten Zielgruppe und jener Personen, die Ihre Produkte am Ende auch wirklich kaufen, wird es jedoch nicht geben. Auch im Social Media Marketing gibt es Streuverluste.

Facebook-Targeting: Datenschützer sind alarmiert

An dieser Stelle muss jedoch klargestellt werden, dass Facebook gerade wegen dieses genauen Profilings seiner Nutzer und des Targetings immer wieder in der Kritik steht. Facebook sammelt enorme Datenmengen über seine Nutzer und auch darüber hinaus, um dieses granulare Targeting zu ermöglichen. Websites, die beispielsweise eine An-

22 Time Magazin, »The Ad That Changed Super Bowl Commercials Forever«: *http://time.com/3685708/super-bowl-ads-vw-the-force*

meldung mit dem Facebook-Konto ermöglichen oder den Facebook-Like-Button eingebunden haben, sammeln auch Daten über Nutzer, die nicht bei Facebook angemeldet sind. Anfang des Jahres 2018 musste Facebook auch gegenüber dem deutschen Bundeskartellamt Stellung beziehen. Sie warfen dem Netzwerk vor, ein »Quasi-Monopol« zu besitzen, das weit in das Internet hineingreife und gegen das sich die Nutzer nicht ohne Weiteres wehren könnten. Wägen Sie Ihre Anzeigen in Facebook daher genau ab! Gerade eine sensible Kundschaft, die Ihr Unternehmen wegen Ihrer Seriosität und Ihres Kodex schätzt, kann durch Anzeigen und vor allem Retargeting-Anzeigen extrem verprellt werden.

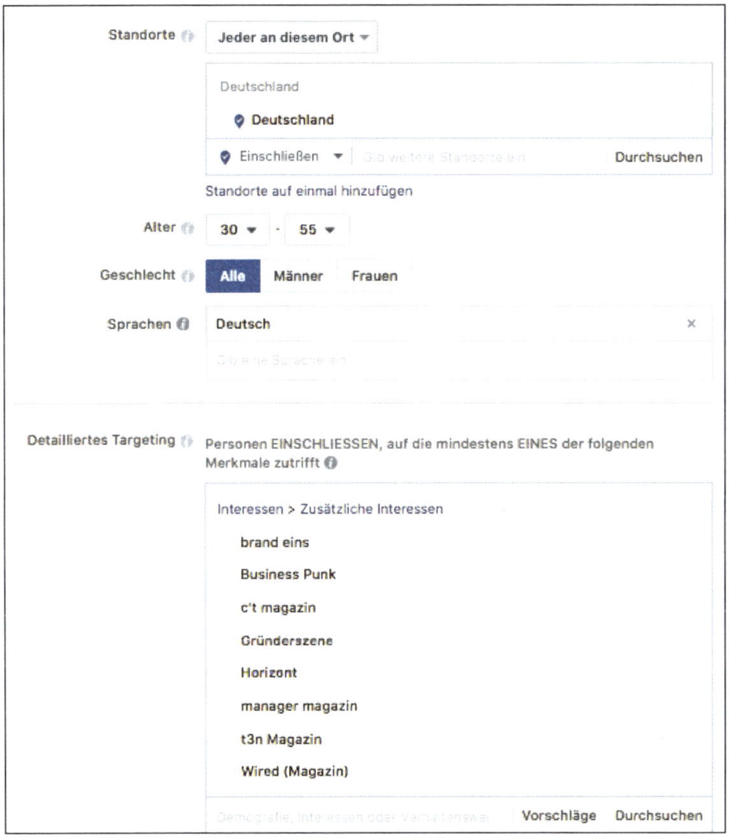

Abbildung 1.27 Mit den Targeting-Optionen von Facebook lassen sich Anzeigen genau auf die Zielgruppen ausspielen. (Quelle: Facebook Werbeanzeigenmanager)

Targeting ist jedoch nicht nur eine Stärke von Facebook. Auch andere Social-Media-Kanäle wie YouTube, Instagram und Twitter bieten vielfältige Targeting-Möglichkeiten (siehe Tabelle 1.2).

Social-Media-Kanal	Targeting-Möglichkeiten	Ziele und Abrechnung	Tracking
Facebook	geografisch, demografisch, Interessen, Verhalten, Endgeräte, Remarketing mit Website Custom Audiences, CRM-Daten, Lookalikes, Fans	Branding und Performance, Cost per Mille (CPM), Cost per Engagement (CPE), Cost per View (CPV), Cost per Action (CPA; Actions können *Registrierungen*, *Leads*, *zum Einkaufswagen hinzugefügt*, *Kaufbestätigungen*, *Aufrufe von Schlüsselseiten* sein), Cost per Click (CPC)	Facebook-Pixel, Drittanbieter-Trackings (Google), wichtig: UTM-Link
YouTube	geografisch, demografisch, Interessen, Themen, Placements, Remarketing	CPV (TrueView-Videoanzeigen)	Drittanbieter-Tracking möglich, um URL-Klicks zu messen (Google)
Instagram	geografisch, demografisch, Interessen, Verhalten, Remarketing, CRM-Daten, Lookalikes	CPM, CPE, CPV, CPC	Facebook-Pixel, Drittanbieter-Trackings (Google)
Twitter	geografisch, demografisch, Interessen, Verhalten, Hashtags, Events, Lookalikes, Follower	CPM, CPV, CPC	Twitter-Tracking, Drittanbieter-Trackings möglich

Tabelle 1.2 Targeting-Möglichkeiten in Social Networks

1.5.13 Neue Mitarbeiter gewinnen

Das Social Web entwickelt sich beim Recruiting von Mitarbeitern als immer wichtigere Informationsquelle für Unternehmen. Potenzielle Mitarbeiter durchforsten das Social Web nach Bewertungen und Meinungen über den zukünftigen Arbeitgeber. Laut der Social-Recruiting-Studie aus dem Jahr 2014 haben 43 % der Befragten dank Social Media konkret Stellen besetzen können. Am häufigsten setzen Unternehmen auf das Netzwerk XING, wobei hier das Firmenprofil am häufigsten genannt wird: Knapp 60 % nutzen es gelegentlich oder regelmäßig. Alle anderen Netzwerke werden laut Studie so gut wie gar nicht genutzt. Wichtig für eine erfolgreiche Recruiting-Strategie in sozialen Netzwerken ist ein klares Anforderungsprofil und die genaue Kenntnis der Zielgruppe – es nützt z. B. gar nichts, junge Fachkräfte auf XING zu bewerben, wenn sich diese eher in Facebook aufhalten. Laut der Studie werden Social Media inzwischen eher für das *Active Sourcing*, also die aktive Ansprache von potenziellen Bewerbern, als für Personalmarketing und Employer Branding eingesetzt.[23]

Zu einem ähnlichen Ergebnis kommt die Erhebung Recruiting Trends 2014, durchgeführt vom Online-Jobportal Monster Österreich. Soziale Medien werden von den großen Unternehmen in Österreich zwar positiv gesehen, aber kaum für das Recruiting eingesetzt. Fast 70 % der offenen Stellen werden bei den 500 größten Unternehmen in Österreich über Online-Anzeigen vergeben.[24]

Davon abgesehen greifen auch Ihre zukünftigen Mitarbeiter auf das Social Web zurück, um einen Blick hinter die Kulissen der Unternehmensfassade zu werfen und herauszufinden, wie wichtig Ihnen die Meinung Ihrer Mitarbeiter ist. Handeln Sie also proaktiv, und starten Sie eine geeignete Plattform, auf der Sie gemeinsam mit Ihren Mitarbeitern nach außen kommunizieren, z. B. ein Mitarbeiterblog (siehe Kapitel 9, »Blogs – Ihre Social-Media-Zentrale«).

Marketing-Take-away: Adecco sucht über Social Media neuen CEO

Der weltweit größte Anbieter für Personaldienstleistungen, Adecco, machte sich 2011 auf die Suche nach einem neuen CEO und nutzte dabei Social Media, da vor allem talentierte Studienabsolventen für diesen Job angesprochen werden sollten. Anstelle eines Einstellungsgesprächs mussten die Bewerber durch einen virtuellen Arbeitstag ihr Können unter Beweis stellen. Der Aufgabenbereich umfasste virtuelle Mitarbeitergespräche und das Einstellen neuer Mitarbeiter, Personalentwicklung sowie Konfliktmanagement. Wie auch im richtigen Leben musste der »Chef auf Probe« diese Entscheidungen gegenüber beharrlichen Journalisten rechtfertigen. Insgesamt gingen 2.300 Bewerbungen auf diesem Weg ein, die nach Eignung und Persönlichkeitstest auf zehn Kandidaten reduziert wurden. Das Bemerkenswerte an dieser Ausschreibung war jedoch, dass die Bewerber keine Möglichkeit ausließen, ihr Netzwerk für sich zu aktivieren und die PR-Trommel zu rühren, sodass auch lokale Zeitschriften Bewerber porträtierten. Für Adecco war das kostenlose PR und reputationssteigernd zugleich.[25]

23 Social Recruiting Survey, Jobvite, 2011: *http://web.jobvite.com/rs/jobvite/images/Jobvite_33EssentialRecruitingStats.pdf*

24 *http://info.monster.at/Recruiting_Trends_2014/article.aspx*

25 *www.youtube.com/watch?v=7OMNV3evccg*

1.6 Die Marke im Social Web

Die Marke im Social Web definiert sich im Spannungsfeld aller Akteure in den sozialen Netzwerken. Dazu zählen die Macher der sozialen Netzwerke und die Nutzer selbst. In Social Media müssen Sie sich darauf einstellen, dass sich ständig etwas ändert, sei es am Design oder an Ihrer Strategie. Jedes halbe Jahr müssen Facebook-Seitenbetreiber wieder etwas ändern, weil Facebook neue Designs hervorbringt oder seinen Algorithmus neu definiert. Gleichzeitig sind Sie abhängig von den Netzwerken als Traffic-Lieferant für Ihre Website und Sprachrohr zu Ihren Zielgruppen. Facebook führt als Traffic-Lieferant für Websites in Deutschland. Facebook hat einen Marktanteil von 63,53 % an den Page Views, gefolgt von Pinterest mit 17,46 %, YouTube mit 6,63 %, Instagram mit 4,55 % und Twitter mit 3,56 %. Messenger wie WhatsApp werden in dieser Statistik nicht ausgewiesen – das Volumen ist hier noch zu gering. Das wird sich aber ändern, sobald Facebook Werbung in seinen Messengern (WhatsApp gehört ebenfalls zu Facebook) erlaubt.[26]

1.6.1 Warum folgen User einer Marke im Social Web?

Der Hauptgrund, warum ein Nutzer einer Marke auf Facebook folgt, ist das Interesse an Produktneuheiten (38,9 %). An zweiter Stelle steht das Interesse an Unternehmensnews (36,9 %), an dritter Stelle das Interesse an Spaß und Unterhaltung (31,6 %), an vierter Stelle das Interesse an Kundenfeedback und Bewertungen anderer User (19 %) und an letzter Stelle das Interesse an Gewinnspielen (17 %).[27] Allerdings: Bei der Generation Z stehen Spaß und Unterhaltung im Vordergrund: 72,4 % der Facebook-Nutzer im Alter von 14 bis 19 Jahren folgen Marken vor allem aus Interesse an Spaß und Unterhaltung. Diese Ergebnisse der Studie von Greven Medien deckt sich auch mit der Befragung aus dem Jahr 2013, wonach der Hauptgrund, warum jemand Fan oder Follower einer Marke ist, die konkrete Informationsbeschaffung zu Produkten und Dienstleistungen (81,6 % der Befragten) an erster Stelle steht. Danach folgten Markensympathie (65,4 %) und Zugang zu Angeboten und Unterhaltung (36 %), erst danach folgte die Identifikation oder persönliche Verbundenheit mit der Marke (22,1 %).[28] Umso wichtiger ist es, Inhalte in Social Media zu veröffentlichen, die einen Mehrwert aus Unterhaltung

26 statista, 2017, »Marktanteile von Social-Media-Portalen in Deutschland im Dezember 2017«: *https://de.statista.com/statistik/daten/studie/559470/umfrage/marktanteile-von-social-media-seiten-in-deutschland*

27 Marconomy, 2017, »Gefällt mir! Warum folgen User einer Marke?«: *http://www.marconomy.de/gefaellt-mir-warum-folgen-user-einer-marke-a-641963*

28 internetworld.de, 2013, »Warum Facebook-User Marken folgen«: *http://www.internetworld.de/social-media/facebook/facebook-user-marken-folgen-298865.html*

und Information bieten. Postings mit Text und Bild sind dabei besonders beliebt. Und dabei kann es auch schon einmal provokanter zugehen.

Auf Plakaten und im Internet sorgte der Spruch »Inländer raus« der neuen easyJet-Kampagne für Gesprächsstoff und ließ vor allem beim gemeinen Wutbürger aufhorchen. Es dauerte nur 5 Minuten, bis der erste wütende Kommentar gepostet wurde. Nach und nach versammelten sich die Wutbürger unter dem Facebook-Post, um dort gemeinsam um ihre Daseinsberechtigung zu kämpfen. Doch easyJet und die betreuende Social-Media-Agentur DOJO hatten sich darauf vorbereitet und reagierten schlagfertig auf die Kritik. Auf den Kommentar »... Oh man, was für ein Slogan. Schämt euch!« antworteten die Texter von DOJO gelassen: »Das ging ja schneller als gedacht. Hallöchen. Sag doch mal, wie stark wir uns schämen sollen und weshalb genau. LG« und erhielten für ihren Konter über 1.009 Likes.

Abbildung 1.28 Trotz der Empörung über den provokanten Spruch »Inländer raus« zeigte easyJet Haltung und sorgte für Relevanz und Reichweite. (Quelle: http://www.facebook.com/easyJetDeutschland)

Marketing-Take-away: Fans führen nicht zu mehr Absatz

Der Blick auf die Fans einer Facebook-Seite (»Gefällt mir«) hat eine lange Tradition. Noch immer werden in den Marketingabteilungen Mediabudgets für Like-Kampagnen auf Facebook eingeplant. Doch lassen Sie uns Ihnen einen Tipp geben: Sparen Sie sich diese Investition, und nutzen Sie sie lieber für die Reichweitengenerierung Ihrer guten Kreation. Denn die Likes einer Facebook-Seite führen nicht zu mehr Umsatz. Laut einer Studie der Johannes Gutenberg Universität Mainz haben Likes für Marken auf Facebook keine positiven Effekte auf einstellungs- und verhaltensbezogene Messgrößen von Konsumenten.[29] Sprich: Sie kaufen deswegen nicht mehr von Ihrem Produkt.

1.6.2 Das Zusammenspiel aus Paid, Owned und Earned Media

Das Spannungsverhältnis der Marke im Social Web zeigt Abbildung 1.29 von Brain Solis und JESS3. Die »Social Media Brandsphere« zeigt die Abhängigkeiten von den Medien (Paid Media, Promoted Media), sozialen Netzwerken (Shared Media) und den Usern (Earned Media). Unternehmen haben in Social Media aber auch die Möglichkeit, ihre Marke durch Owned Media darzustellen und an die Nutzer zu adressieren:

- *Paid Media*: bezahlte Werbung, um die Marke zu pushen, z. B. Facebook-Ads oder YouTube-Ads
- *Owned Media*: eigene, selbst kreierte Inhalte auf dem Blog oder der eigenen Facebook-Seite
- *Earned Media*: von Usern, Influencern, Bloggern erstellte Beiträge über die Marke, z. B. Bewertungen, Blogbeiträge (weitere Bezeichnung: *User Generated Content* oder *Consumer Generated Content*)
- *Promoted Media*: Anzeigen, um Inhalte zu promoten, z. B. Sponsored Posts in Facebook
- *Shared Media*: in Social Media geteilte Inhalte, z. B. Empfehlungen, Retweets auf Twitter

In der Mitte der Social Media Brandsphere steht immer die *Brandstory*, also die Geschichte, die sich über oder mit der Marke erzählen lässt. Dies wird gemeinhin auch als *Storytelling* bezeichnet. Geschichten ermöglichen es, die Marke im Dialog mit Kunden erlebbar zu machen. Dabei ist Storytelling nicht mit einer Märchenstunde zu verwechseln. Die Marke wird durch ihre Werte sowie Empathie, Personalisierung und Relevanz definiert (Rot). Dadurch ergeben sich verschiedene

29 Journal of Marketing Research, 2017, »Does ›Liking‹ Lead to Loving? The Impact of Joining a Brand's Social Network on Marketing Outcomes«: *http://journals.ama.org/doi/full/10.1509/jmr.14.0237*

Social-Media-Aktionen (Pink). Markenempathie führt demnach eher zu Likes, Klicks und Views, Personalisierung ermöglicht es, die Werbung an spezifische Konsumenten zu adressieren usw. Das geschieht mit unterschiedlichen Online-Strategien (Orange) und Technologien (Mobile, PC, TV, Tablet – Hellgrün). Die Inhalte werden natürlich verbreitet oder durch Promotion und Content Syndication weitergegeben (Grün), die durch Klicks, Besucher, Word of Mouth messbar werden (Dunkelgrün). Dies liefert Insights über die Struktur der Kunden im Social Web (Social Graph) und deren Interessen (Interest Graph – Hellblau). Dadurch lassen sich unterschiedliche Zielgruppen im Social Web ansprechen (Dunkelblau): Influencer (Meinungsführer), Konsumenten, Unterstützer (Peers).

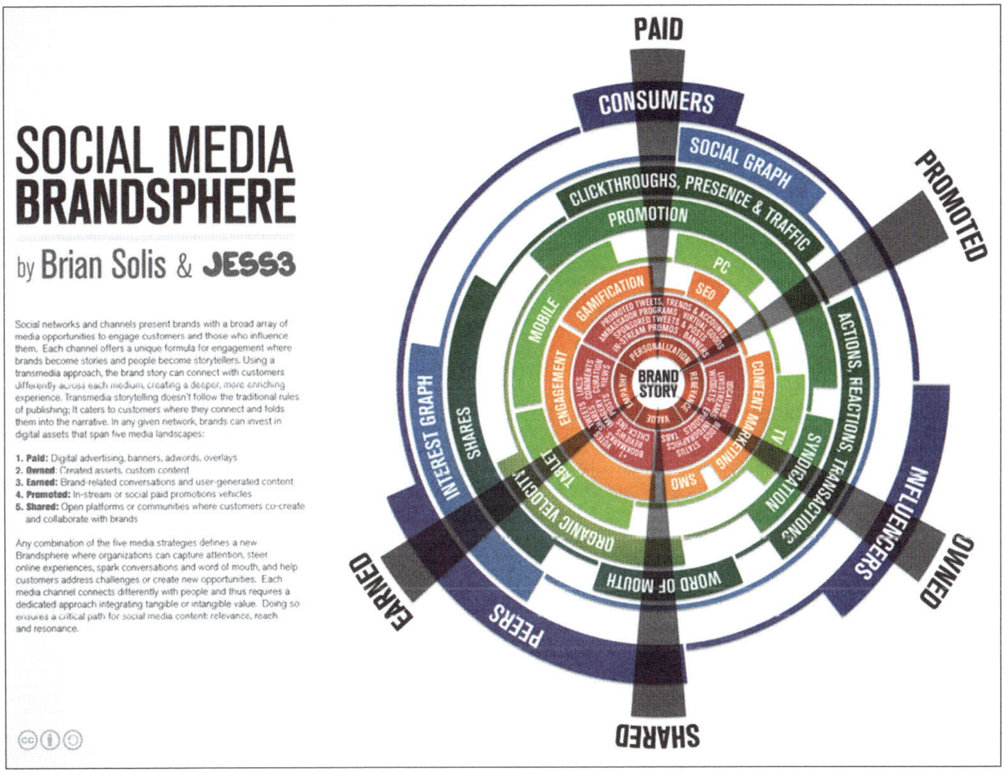

Abbildung 1.29 Die Marke im Social Web (Quelle: http://jess3.com/social-media-brandsphere)

1.6.3 Storytelling – Geschichten erzählen im Social Web

Andrew Willis ist Ende 20, lebt in London und hat einen gut bezahlten Job als Ingenieur. Und er hat einen Traum – den Traum vom eigenen Skate-Park. Er skatet seit seiner Kindheit und hat durch den Sport viele seiner besten Freunde kennengelernt. Er liebt Skaten und möchte einmal seinen eigenen Skate-Park bauen. Um seinen Traum zu verwirklichen, nimmt er an einem Wettbewerb teil und erhält ein Stück Land im Osten Londons für 3 Monate. Als er den Preis gewinnt, bemerkt er, dass er überhaupt kein Geld für das Projekt und zudem nur 4 Wochen für die Fertigstellung hat. Also kündigt er seinen Job und beginnt noch einmal bei null. Er nutzt vor allem recyceltes Material für den Bau des Parks. Er ist rund um die Uhr vor Ort und verwendet seine ganze Energie, um den Skate-Park pünktlich fertigzustellen. Dabei helfen ihm nicht nur Freunde, sondern auch die Suchmaschine Google. Durch sie entdeckt er zahlreiche Recycling- und Baustofffirmen, die ihn mit kostenlosem Material versorgen. Und er lernt in How-to-Videos auf YouTube, wie er mit Granit und anderen Materialien arbeiten kann. Am Ende gelingt ihm sein Projekt. Sein Skate-Park ist heute ein Vermächtnis an die lokale Community von Hackney Wick. Beeindruckend, oder was denken Sie? Hier sehen Sie die ganze Story: *http://bit.ly/skateparkandrew* (siehe Abbildung 1.30).

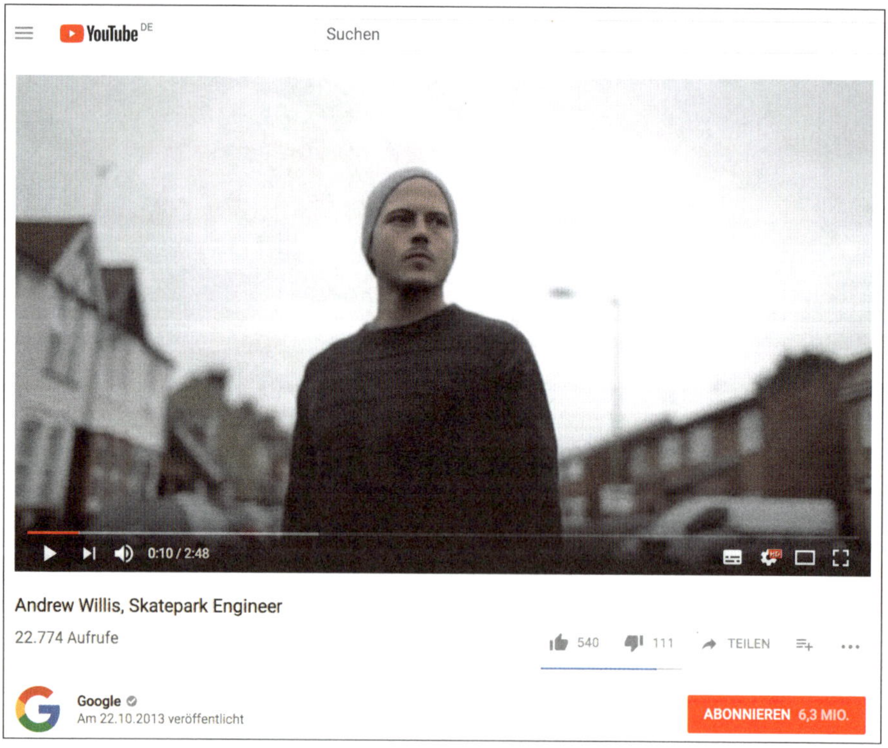

Abbildung 1.30 Storytelling von Google (Quelle: http://bit.ly/skateparkandrew)

Dies ist nur eine von sechs verschiedenen Google-Storys und Teil einer groß angelegten Storytelling-Kampagne von Google, die in TV, Kino und Social Media gezeigt wurde. Die 90-Sekünder zeigen, wie Menschen mithilfe von Googles Technologie etwas Gutes getan, Großes vollbracht oder sogar Unmögliches erreicht haben. Google porträtiert Menschen »wie dich und mich« und schafft dadurch Nähe zum Zuschauer. Da ist z. B. der Biologe Julian Bayliss, der mithilfe von Google Earth einen bisher unentdeckten Regenwald im Norden von Mosambik entdeckte. Oder da sind Lars und Isa Pflüger, die während der Jahrhundertflut eine Hochwasserkarte mit Google Maps erstellten, die sich innerhalb kürzester Zeit verbreitete und dabei half, die Flutkatastrophe in Halle in den Griff zu bekommen.

Was ist das Besondere an diesen Geschichten, und warum nutzt Google Storytelling anstelle klassischen Marketings und PR? Wir alle kennen und nutzen Google, und sei es nur als Suchmaschine. Wir kennen die Produkte und schätzen sie. Sie sind nützlich, aber nicht emotional, und den Produkten haftet das Negativimage von Datenschutzverletzungen an. Doch mit diesen Geschichten schafft es Google, die Produkte zu emotionalisieren, anstatt von neuen Features und Verbesserungen zu berichten. Google nutzt Storytelling, denn normale Produkterklärungen werden immer redundanter und sind für den Kunden nur weiterer Informationsballast. Googles Heldenreisen wecken jedoch unser Interesse und unsere Aufmerksamkeit. In der Geschichte vom Skate-Park-Bauer ist Andrew der Held, der ein großes Risiko eingeht, um seinen Traum zu verwirklichen. Er macht stellvertretend das, was wir uns nicht trauen. Er tritt aus seinem Trott heraus und meistert die Herausforderungen des Lebens. Lars und Isa, Andrew und Julian, sie alle sind Helden, die selbst gar keine Helden sein wollen. Mit O-Tönen inszeniert Google seine Helden bewusst zurückhaltend, beispielsweise Lars: »Die Karte war jetzt nicht dafür gedacht, Heldentaten zu vollbringen. Wir wollten einfach nur unserer Stadt helfen.« Google will damit sagen: »Auch du kannst mit unserer Technologie zum Helden werden.« Google spielt nicht den Retter, sondern den Wegbereiter für Ideen und großartige Taten.

Storytelling entfaltet hier seine psychologische Wirkung. Wir durchleben die Geschichte selbst, weil wir die Erzählstruktur schon seit unserer Kindheit kennen, und können kognitiv viel leichter der Geschichte von Andrew folgen, als Produktbeschreibungen. Und außerdem: Wir können uns diese Geschichte 22-mal besser merken als reine Fakten. So denken wir beim nächsten Mal, wenn wir Google Maps verwenden, vielleicht auch an Andrew, Lisa oder Julian und erzählen diese Geschichte weiter. Was Sie tun müssen, um selbst gute Geschichten in Social Media zu erzählen, erfahren Sie in Abschnitt 2.7.4, »Radikal relevante Inhalte mit Storytelling«.

Crossmediales Storytelling

Die Kunst des Storytellings in Social Media besteht darin, eine Geschichte auf allen Kanälen gleichzeitig zu erzählen. Gerade in der Kombination mit klassischen Medien, wie TV, Print und Radio, dürfen Social Media nicht zum Copy-&-Paste-Kanal verkümmern.

Der Einsatz von Crossmedia ermöglicht nur dann eine breite Zielgruppenansprache und eine optimale Streuung Ihrer Werbebotschaft, wenn die Ansprache auf allen Kanälen funktioniert. Ein gelungenes Beispiel für crossmediales Storytelling ist die Tourismuskampage Islands »Inspired by Iceland«. Das Land Island hat 2013 über mehrere Kanäle – Print, TV, Kampagnenwebsite, Blog, Facebook, YouTube – die Bewohner Islands zu Botschaftern des Landes gemacht. Die Website *http://www.inspiredbyiceland.com* lebt von den Beiträgen der Menschen (User Generated Content), die von Island so begeistert sind, dass sie es der ganzen Welt sagen möchten. Regelmäßige Umfragen und Inhalte der Nutzer (Musikvideos, Fotoaufnahmen) tragen dazu bei, dass die Community aktiv bleibt.

1.7 Der ROI von Social Media

Jetzt denken Sie vielleicht: »Alles schön und gut, aber was bringen mir Social Media nun? Was ist denn der ROI von Social Media?« Unternehmen neigen in Gesprächen über Social Media dazu, nach dem ROI, also nach dem *Return on Investment*, zu fragen. Der ROI ist eine wichtige Kennzahl für Firmen, wenn es darum geht, Investitionsvorhaben abzuschätzen. Mit der Frage nach dem ROI steht und fällt für viele Firmen die Entscheidung für oder gegen Social Media Marketing. Die Frage nach dem ROI von Social Media ist jedoch irreführend. Oder können Sie sagen, was der ROI von TV oder Zeitungen ist? Für die Messbarkeit von Social Media Marketing gelten die gleichen Regeln wie beim klassischen Marketing: Es können immer nur einzelne Kampagnen mit bestimmten Zielen (Brand Awareness, Brand Loyalty, Zielgruppenengagement, Feedback, Performance, Leads usw.) ausgewertet werden.

1.7.1 Der ROI von Social Media hat viele Bedeutungen

Die Wahrnehmung von Marken ist heute nicht mehr nur durch einseitiges Markenbranding erreichbar. Kaufentscheidungen werden durch die Empfehlungen anderer und die individuellen Vorlieben der Verbraucher beeinflusst. Der Austausch darüber findet zunehmend im Social Web statt. Dies zu ignorieren stellt mittlerweile ein tatsächliches Risiko für Unternehmen dar. Social-Media-Ignoranz kann mitunter irreparable Rufschäden bei Marken hinterlassen, wie die Beispiele in Abschnitt 1.7.3, »Der ROI lautet ›Risk of Ignoring‹«, zeigen. Der ROI in Social Media kann auch bedeuten, Kosten bei der klassischen Kundenbetreuung durch eine stärkere Präsenz in sozialen Netzwerken zu sparen. Oder Ihre Social-Media-Präsenz führt zu Einsparungen bei der Produktentwicklung, da Sie sich das Feedback der Kunden für die Produktinnovation zunutze machen. Es kann aber auch bedeuten, dass Sie auf Teile der bisherigen Werbung und PR verzichten, da Sie Ihre Zielgruppe im Social Web weitaus besser ansprechen können und ein höheres Branding erreichen. Den tatsächlichen ROI in Social Media bezeichnet man alternativ auch als *Return on Influence*, wenn Sie durch Social Media den Einfluss Ihrer Marke oder Ihres Unternehmens erhöhen oder *Reduce of Investment*, wenn Sie durch Social Media Investitionen einsparen, z. B. im Service oder in der Produktentwicklung.

1.7.2 Der ROI ist der »Return on Influence«

Der ROI ist eine Gewinnformel für Ihre getätigten Investitionen in Social Media. Sie können damit berechnen, ob sich Social Media für Sie gerechnet haben: monetär und für die Marke. Um ihn zu erheben, brauchen Sie blanke Zahlen, z. B. Ihre Abverkaufszahlen und die Höhe Ihrer Social-Media-Kosten. Um den ROI schließlich zu berechnen, müssen Sie genau filtern, welche Produktverkäufe durch Social-Media-Maßnahmen zustande gekommen sind und welche nicht. Bei Anzeigen in Social Media (z. B. eine Facebook-Anzeige, um mehr Käufe im Onlineshop zu generieren) ist der ROI ganz leicht zu berechnen. Facebook liefert Ihnen dafür täglich eine Auswertung. Bei allen anderen Kommunikationsmaßnahmen in Social Media, ist der Erfolg jedoch in »Dialog« und in »Engagement« zu messen.

Marketing-Take-away: Messen Sie den Kampagnenerfolg mit einer Brand Lift Study

Sowohl Facebook als auch Google bieten großen Unternehmen die Möglichkeit einer *Brand Lift Study*. Nach der Kampagne werden User per Zufallsprinzip aufgefordert, Fragen zur Markenerinnerung, Markenbekanntheit und Markeninteresse zu beantworten. So sehen Sie, ob ein tatsächlicher Marken-Uplift durch die Kampagne zustande gekommen ist. Bei Facebook ist die Bedingung für diese Studie eine Reichweite von mindestens 3 Mio. Die Fragen sind allerdings nicht vorgegeben, sondern können von Ihnen selbst designt werden und an klassische Benchmarkings (GfK-Werbetracking) angelehnt sein, z. B.: »Wenn Sie an einen Lebensmittelhändler denken, welche Marke fällt Ihnen ein?«

Mehr Informationen zur Brand Lift Study bei Facebook gibt es unter: *http://www.facebook.com/business/learn/facebook-brand-polling*. Informationen über Googles Brand-Lift-Studien finden Sie unter: *http://www.thinkwithgoogle.com/_qs/documents/4107/04549_Brand_Lift_Messen_Sie_Ihren_Erfolg.pdf*. Bei Twitter besteht die Möglichkeit, die Nielsen-Brand-Effect-Studie einzusetzen.

1.7.3 Der ROI lautet »Risk of Ignoring«

Ignorantes Verhalten gegenüber aufgebrachten Kunden im Netz ist schon einigen großen Unternehmen zum Verhängnis geworden. Im März 2010 stellte Greenpeace UK einen Videoschocker ins Netz, der Nestlé in Bezug auf seine Urwaldrodung in die Schranken weisen sollte (siehe Abbildung 1.31). Mit einer Parodie auf den Kit-Kat-Werbeslogan »Have a break, have a KitKat« schockierte Greenpeace mit der

Aktion »Give rainforests a break«. In dem Video wird kritisiert, dass Nestlé für die Produktion des KitKat-Riegels Palmöl verwendet, für dessen Herstellung Urwald zerstört wird. Dieser Urwald ist jedoch Lebensraum der vom Aussterben bedrohten Orang-Utans. Deshalb wird der KitKat-Riegel als Finger eines Orang-Utans dargestellt. Die Botschaft ist damit klar: Wer KitKat isst, tötet die Affen. Wenige Tage nach dem Online-Gang der Kampagne ließ Nestlé eine englische Version des Videos wegen Urheberrechtsverletzung aus dem Netz entfernen. Die offizielle Facebook-Seite von KitKat wurde daraufhin mit negativen Kommentaren übersät. Auf Twitter reagierte der Konzern überhaupt nicht.

Marketing-Take-away: Der Streisand-Effekt

Der Griff zur Rechtskeule wegen Urheberrechtsverletzung hat Nestlé in die eigentliche Reputationskrise geschickt, denn die User im Netz fanden das gar nicht in Ordnung, kopierten das Video und verbreiteten es erneut im Social Web. Man nennt dieses Phänomen den *Streisand-Effekt*. Sobald versucht wird, Inhalte im Netz zu löschen und somit deren Verbreitung zu unterdrücken, hat dies eher den gegenteiligen Effekt, die Information wird nur noch interessanter. Unternehmen müssen daher höllisch darauf achten, dass sie bei einer Krisen-PR nicht falsch reagieren.

Der Shitstorm spielte sich nicht nur im Social Web ab, sondern wurde auch von Straßenaktionen begleitet. Mit der richtigen Mischung aus Online- und Offline-Aktionen konnte Greenpeace genügend Sympathisanten und Multiplikatoren finden, die Nestlés Negativimage verstärkten. Die Greenpeace-Kampagne wurde binnen 2 Monaten von einer Viertelmillion Menschen weltweit unterstützt. In Deutschland wurden etwa 2.000 Verbrauchermeinungen gegen Palmöl aus Urwaldzerstörung getwittert. Nestlé äußerte sich zunächst sehr verhalten zu den Vorwürfen. Das Unternehmen gab zwar eine Pressemitteilung heraus, allerdings enthielt diese nur beschönigende Worte ohne eine konkrete Stellungnahme zu den Vorwürfen. Greenpeace hielt jedoch unbeirrt an der Forderung »Kein Palmöl aus Urwaldzerstörung!« fest. In der Zwischenzeit pflanzte sich das Virus weiter fort.

Die Kommentare auf der englischsprachigen Facebook-Seite müssen für den Nestlé-Konzern ein Albtraum gewesen sein. Einige User beschwerten sich über Nestlés Arroganz, andere riefen zum Boykott auf. Der Nestlé-Konzern reagierte streckenweise sehr zynisch auf die Kommentare, wahrscheinlich weil er keinen Notfallplan für Krisensituationen in petto hatte. Die Facebook-Seite wurde von Nestlé sogar kurzerhand offline gestellt. Eine offizielle Stellungnahme muss jedoch sofort erfolgen, maximal 1 bis 2 Tage danach. Nestlé entschied sich aber erst 1 Monat nach Aufkommen des Videos dafür, mit den Fans zu diskutieren. 2 Monate später gab Greenpeace bekannt, Nestlé habe in einem Aktionspapier versprochen, weder Palmöl noch Papier aus Regenwaldzerstörung mehr zu beziehen. Ein halbes Jahr später war der Reputationsschaden in Google immer noch sichtbar: Unter dem Stichwort »KitKat« wurden Video- und Blogbeiträge zu dem Fall angezeigt.

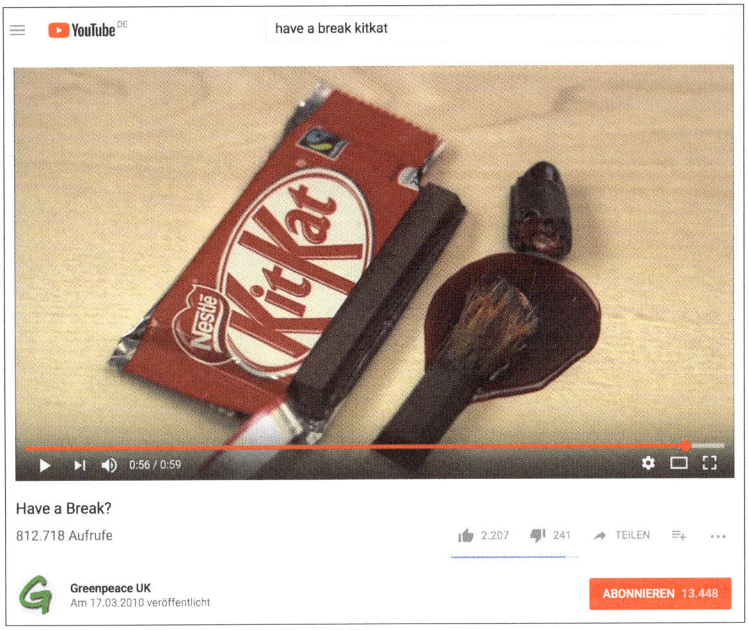

Abbildung 1.31 Greenpeace greift Nestlé auf YouTube an.
(Quelle: www.youtube.com/watch?v=VaJjPRwExO8)

Verlauf der Nestlé-/KitKat-Krise:

- 17.03.2010: Greenpeace greift Nestlé in ihrem YouTube-Video öffentlich an. Ein Shitstorm auf der Facebook-Seite von Nestlé beginnt.
- 18.03.2010: Nestlé bewirkt die Löschung des Videos und stoppt die Kommentarfunktion auf ihrer Facebook-Seite. Das Video verbreitet sich weiter (Streisand-Effekt).
- 19.03.2010: Nestlé macht erste Zugeständnisse in einer Pressemitteilung.
- 23.03.2010: Nestlé nimmt seine eigene Facebook-Seite vom Netz.
- 2 Monate nach der Krise: Nestlé verpflichtet sich, Veränderungen hinsichtlich der Palmölgewinnung vorzunehmen.

Rechtstipp von Sven Hörnich: Deutsches Recht bei »rufschädigenden Äußerungen« im Internet

»Unliebsame« Äußerungen sind nicht zwingend rechtswidrig, denn Meinungsäußerungen sind grundsätzlich erlaubt. Freilich darf der Meinungsträger nicht gegen sonstiges Recht (Urheberrecht, Recht am eigenen Bild, allgemeines Persönlichkeitsrecht) verstoßen. Hier ist jeder Fall anders gelagert. So kann unter Umständen die Äußerung über einen aus der Presse bekannten Konzernchef mit Namensnennung und Bild erlaubt sein – die Abbildung seiner »unbeteiligten« Tochter und/oder Ehefrau verstieße jedoch gegen geltendes deutsches Recht.

Ist eine Rechtsverletzung ausgemacht, stellt sich in einem weiteren Schritt die Frage, ob sich deren Verfolgung lohnt oder ob damit die Sache nicht erst »ins Rollen« gebracht wird und Nachahmer auf den Plan treten. Verbreitet sich eine (gegebenenfalls auch rechtswidrige) Äußerung beispielsweise als Racheakt aufgrund einer Inanspruchnahme als sogenannter Shitstorm weiter im Internet, ist dem mit rechtlichen Mitteln vielfach nur noch schwer beizukommen. Es gibt – unabhängig davon, ob deren Äußerungen rechtswidrig sind oder nicht – schlicht zu viele Gegner. Eine gute (auch anwaltliche) Beratung zeichnet sich auch im Frühstadium bereits dadurch aus, dass es hierzu gar nicht erst kommt, obgleich dies nicht immer zu verhindern ist. Die Grundfrage ist im vorliegenden Beispiel bereits, warum sich der Anspruchsteller auf sachfremde Urheberrechtsdiskussionen hinsichtlich der Verpackung einließ. Dieser taktische Fehlgriff gegenüber dem Äußernden lässt sich, unabhängig von der Frage, ob die genutzte Verpackung wirklich urheberrechtlichen Schutz genießt, mit einem simplen, aber extrem wichtigen Wort erklären: Meinungsfreiheit bzw. deren grundsätzliche Unantastbarkeit!

Generell ist bei Äußerungen Dritter zu trennen, in welche Rechtspositionen des Unternehmens überhaupt eingegriffen wird. Meinungsäußerungen, d. h. wertende Äußerungen, sind grundsätzlich frei, soweit es sich nicht um Beleidigungen oder sogenannte Schmähkritik handelt. Letzteres ist der Fall, wenn eine Person – fern jeder Auseinandersetzung mit der Sache – verächtlich gemacht werden soll. Beispiele für letztgenanntes sind je nach Schärfe sachfremde Entgegnungen wie: »Woher willst du das wissen, du kommst doch aus ...« Rechtlich angreifbar sind hingegen sogenannte falsche Tatsachenbehauptungen, nämlich solche Aussagen, die mit »richtig« oder »falsch« zu kategorisieren sind. Die Umweltorganisation hatte jedoch nichts Falsches behauptet, sondern von der Meinungsfreiheit Gebrauch gemacht.

1.7.4 Die Krise als Chance nutzen

Egal, wie schwerwiegend eine Reputationskrise ist, sie kann auch zu enormen Verbesserungen im Unternehmen und sogar zur Umsatzsteigerung führen. Domino's Pizza erlitt im April 2009 einen herben Reputationsschaden, als zwei Mitarbeiter eine ekelerregende Zubereitungsmethode als Videobotschaft auf YouTube stellten. Der Spott der Mitarbeiter breitete sich wie ein Virus in Twitter aus. Domino's Pizza reagierte adäquat auf die massenhafte Negativpresse und lud die Konsumenten dazu ein, auf Twitter zu diskutieren (*www.twitter.com/dpzinfo*). In seiner Videobotschaft entschuldigte sich Geschäftsführer Patrick Doyle von Domino's Pizza, für den Vorfall und gab sein Bedauern über den Vertrauensmissbrauch zum Ausdruck. Die Mitarbeiter wurden sofort entlassen.

Im Dezember 2009 veröffentlichte Domino's Pizza ein Video mit dem Slogan »The pizza turnaround« (siehe Abbildung 1.32). Die Pizzamarke hatte die Krise zum Anlass genommen, die Marke gänzlich zu positionieren. Also komplett von der Zusammensetzung des Pizzateiges, über die Toppings, den Service, einfach alles wollte man nun besser machen. Und die wichtigste Person bei dem Turnaround war: der Kunde. Die Kunden von Domino's Pizza wurden nach ihren Wünschen und bevorzugten Geschmacksrichtungen befragt. Mit den besten Zutaten und ausgefallenen Pizzavarianten verfolgte Domino's Pizza 1 Jahr lang energisch das Ziel, für seine Kunden die beste und leckerste Pizza zu machen. Geschäftsführer Patrick Doyle spricht in dem Video auch über Kritik: »*You can either use negative comments to get you down or you can use them to exite you and energize your process of making a better pizza.*« Klingt sehr amerikanisch, aber er bringt es auf den Punkt. Natürlich können sich Unternehmen von einer Krise herunterziehen lassen. Sie können sie aber auch einfach zum Anlass nehmen, es besser zu machen. Im Abspann des Videos gilt der Dank den treuen lokalen Kunden. Die Inspiration für die bessere Pizza lieferten jedoch die unsanftesten und rausten Kommentare der Kritiker, womit besonders die Kritiker im Netz gemeint waren.

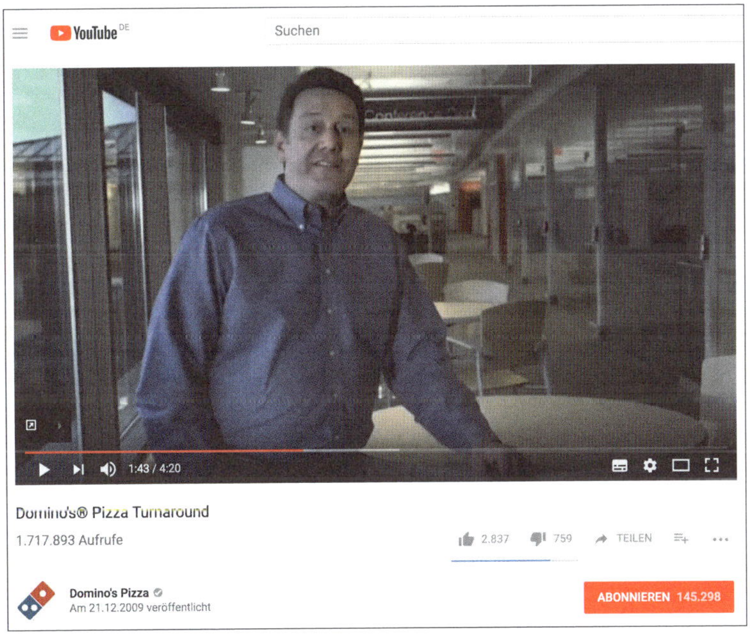

Abbildung 1.32 Domino's Pizza nimmt die Krise zum Anlass für einen Turnaround und schafft den Markendreh. (Quelle: www.youtube.com/watch?v=AH5R56jILag)

Der Turnaround verschaffte Domino's Pizza in England eine Umsatzsteigerung von 29 %. Domino's Pizza gewährte Rabattaktionen auf Facebook. Das Unternehmen nutzte auch den Location-based Service Foursquare und belohnte Personen, die sich online bei Domino's Pizza »eincheckten«, mit einer Pizza. Treue Kunden, die besonders häufig bei Domino's Pizza eincheckten, wurden mit einem Foto in der Filiale gekürt. Domino's Pizza hat seine Reputationskrise sinnvoll genutzt und sich nicht von negativen Kommentaren unterkriegen lassen. Das Unternehmen hat es geschafft, eine sehr schwere Rufschädigung ins Gegenteil umzukehren, aber nicht, indem es versucht hat, die Kritik abzustreiten, sondern indem es die Rückmeldungen seiner Kunden ernst genommen und Verbesserungen sofort in die Tat umsetzt hat.

1.7.5 Hat jede Kritik auch eine Reaktion verdient?

Sie sollten regelmäßig prüfen, welche Rückmeldungen Sie in den sozialen Netzwerken erhalten haben. Wie oft wird Ihr Produkt gelobt, wie oft kritisiert? Wie reagieren Kunden auf Befragungen oder Produktideen? Wenn Sie ungeschönte oder teilweise beleidigende Kommentare lesen, können Sie davon ausgehen, dass es sich in der Regel um eine ehrliche Kritik des Kunden handelt. Mit Verweis auf die *Netiquette* (Internet-Etiquette) können Sie die Diskussion lenken und Vorwürfe richtigstellen. Natürlich ist negatives Feedback unangenehm, aber es hilft Ihnen auch, Ihr Produkt zu verbessern. Zeigen Sie sowohl Interesse an den Kundenmeinungen als auch Ihre Veränderungsbereitschaft bei berechtigter Kritik. Wenn Sie Kritik ignorieren, stacheln Sie damit nur die Diskussion an.

1.7.6 Trolle, Flamewars und Shitstorms

Allerdings gibt es auch sogenannte Trolle im Netz, die ausschließlich negative Kritik äußern und das Gegenüber provozieren wollen. Sobald das Unternehmen einlenkt, macht es sich bei solchen Trollen erst recht lächerlich. Der deutsche Blogger Sascha Lobo hat sich intensiv damit befasst, wie man einen Shitstorm überlebt. In Foren treten sie als sogenannte Flamewars auf. Dabei machen die User nichts anderes, als sich immer wieder neue Streiche und Sticheleien gegen eine Person oder ein Produkt auszudenken. In solchen Fällen ist Abwarten die beste Medizin. Trolle kommen und gehen. Für Unternehmen ist es deshalb eine Gratwanderung, angemessen auf diese Kritik im Netz zu reagieren. Denn einerseits müssen Maßnahmen getroffen werden, um sich vor einem Imageschaden zu schützen. Andererseits ist es sinnvoll, sich nicht auf Flamewars einzulassen, wenn die Kritik nur dem Spaß einiger User dient. Handelt es sich jedoch um eine echte Verbraucherkritik, muss dazu Stellung genommen werden. Wer das versäumt, riskiert eine Reputationskrise, die sich am Ende auf alle Medien auszubreiten droht.

1.7.7 Wie man richtig reagiert – das Beispiel Nivea

Nivea hat mit der Kampagne »Look Like You Give A Damn« im September 2011 die Blogosphäre und das Twitterversum in Aufruhr versetzt. Für die Kampagne wurde ein Farbiger neben seinem ungepflegten früheren Ich dargestellt (siehe Abbildung 1.33). Sein Alter Ego war ein unrasierter Kopf mit Afrofrisur, den er in der rechten

Hand hielt und dabei zum Wurf ausholte. Das allein war schon eine grenzwertige Darstellung, die Aufforderung »Re-civilize yourself« das i-Tüpfelchen, das die Kunden in Aufruhr versetzte und einen Feuersturm an negativen Kommentaren auslöste. Denn die Aufforderung kam bei der Zielgruppe alles andere als gut an. Die fanden die Anzeige einfach nur rassistisch, unangemessen und total geschmacklos. Die Entrüstung war so groß, dass User sofort dazu aufriefen, nie wieder Nivea-Produkte zu kaufen.

Abbildung 1.33 Nivea wurde wegen seiner »Re-civilize yourself«-Anzeige heftig kritisiert und reagierte sofort.

Nivea erkannte seinen Fehler sofort und zögerte nicht, sich bei seinen Kunden zu entschuldigen. Wenige Tage nach dem Launch der Anzeige in der Zeitschrift »Esquire« entschuldigte sich Nivea offiziell auf seiner Facebook-Seite, da dort die Kritik am heftigsten ausgefallen war. In dem offiziellen Statement hieß es:

> *»We at Nivea would like to thank everyone who provided feedback and comments about the recent »Re-civilized« NIVEA FOR MEN advertisement, which ran in the September issue of Esquire magazine.*
>
> *The advertisement offended many and for this we are deeply sorry. After realizing this, we are acted immediately to remove the advertisement from all marketing activities.*
>
> *Diversity and equal opportunity are crucial values of our company. Our priority and immediate next step is to review our internal approval processes to ensure this never happens again.*
>
> *Thank you again for your concerns, we appreciate and value your feedback.«*

Bemerkenswert an der Stellungnahme ist, dass sich Nivea nicht nur entschuldigt und bedauert, seine Kunden mit der Anzeige beleidigt zu haben, sondern Nivea bedankt sich auch mehrmals für das Feedback der User. Das zeigt, dass die User im Netz sehr ernst genommen werden und ihre Kritik genauso wichtig ist wie die eines Werberates oder ein Beschwerdebrief einer prüfenden Organisation. Im Gegenteil, wenn erst einmal so eine Lawine losgetreten wurde, gilt es, alle Ressourcen und Kräfte zu bündeln, um die Kunden zu besänftigen und sie vom Gegenteil zu überzeugen. Übrigens: Januar 2018 erlitt H&M wegen eines ähnlich denkwürdigen Vorgehens einen Shitstorm. H&M warb für seine neue Kinderkollektion mit einem dunkelhäutigen Jungen, der einen Hoodie mit dem Schriftzug »Cool monkey in the jungle« trug. Sie können sich ja vorstellen, in welche Kerbe ein derartiges Foto schlägt. Sofort äußerten sich Promis wie Basketballer LeBron James, der Fußballer Kevin Prince Boateng oder RnB-Rapper Weeknd warfen dem Konzern Rassismus vor und riefen zum Boykott auf. H&M entschuldigte sich umgehend und nahm das Foto aus dem Onlineshop.

In dem Moment, in dem eine Marke bei den Usern in Verruf gerät, werden häufig angeklickte Beiträge in den Suchmaschinen sehr weit oben platziert. Unternehmen verlieren dann mehr oder weniger die Kontrolle über die Markenkommunikation. Machen Sie den Test, und suchen Sie nach Ihrem Unternehmen in Google: Sie werden Standardeinträge wie Ihre Website und vielleicht sogar Wikipedia-Einträge vorfinden. Darüber hinaus werden aber auch Blogbeiträge, Links zu Tageszeitungen und Forenbeiträge angezeigt. Auf diese Art lesen Ihre potenziellen Kunden alle Ergebnisse zu Ihrem Produkt.

1.8 Fazit

Marken und Unternehmen können sich im Internet nicht hinter ihrer Website verstecken. Die User finden alle positiven und negativen Meinungen auf einen Blick. Social Media bieten Unternehmen die Möglichkeit, ihre Markenfassade gegen einen authentischen Kundendialog einzutauschen. Erst im direkten Gespräch mit Ihren Kunden können Sie Ihr Markenversprechen einlösen, denn nicht nur das Produkt allein, auch der Service entscheidet über Erfolg oder Misserfolg einer Marke. Über kurz oder lang müssen Sie sich darauf einstellen, dass durch Social Media Ihr Markenbild infrage gestellt werden wird. Sie sollten deshalb Ihren Kunden eine sinnvolle Plattform anbieten, auf der Sie die Rückmeldungen transparent machen. Soziale Medien bieten ein umfassendes Repertoire an Tools und Möglichkeiten, solche Feedbackkanäle einzurichten.

Haben Sie Lust auf Social Media Marketing bekommen? Sie wollen wissen, wie Sie das jetzt angehen? Dann lesen Sie weiter in Kapitel 2, »Social-Media-Strategie«, und erfahren Sie mehr über Ihre Kunden und wie Sie sie gezielt ansprechen.

2 Social-Media-Strategie

Auch wenn WhatsApp gerade in ist, müssen Sie wissen, welche Ziele Sie in Social Media verfolgen. Nicht die Trends geben die Stoßrichtung vor, sondern die Wünsche Ihrer Zielgruppen und Ihre Social-Media-Strategie. Nur dann ist Ihr Social Media Marketing von Erfolg gekrönt.

Am 21.06.2011 lud Dritan Alsela ein Video in seinem YouTube-Channel hoch. Darin zeigt er, wie er aus einem ganz normalen Cappuccino Kunstwerke macht, siehe *http://bit.ly/dritanalsela*. Was er nicht ahnt: Dieses Video mit dem einfachen Titel »Barista Dritan Alsela – Latte Art« wird ihn berühmt machen. Bis zum heutigen Tag hat das Video ihm über 2,15 Mio. Views beschert (Stand: April 2018). Und auch alle anderen Bilder und Videos, die er in den letzten Jahren hochgeladen hat, erzeugten eine hohe Reichweite. Doch wer steckt dahinter? Eine Kaffeerösterei oder etwa das Product Placement eines Herstellers? Niemand außer Dritan Alsela selbst, um genau zu sein. Die Videos mit den Schlagwörtern »Barista«, »Coffee Art«, »Latte Art« sind einfach sehr beliebt auf YouTube, und Dritan Alsela ist letztlich nur der Kaffee-Profi, der sich diesen Trend zunutze gemacht hat.

Vor 7 Jahren hat Alsela Social Media für sich entdeckt. Heute bespielt er selbstverständlich alle gängigen Social-Media-Kanäle: YouTube, Facebook, Instagram. Täglich lädt er Bilder und Videos von Cappuccinos und Kaffees hoch. Sie werden millionenfach geklickt, geteilt, geherzt (siehe Abbildung 2.1). Was fällt Ihnen dabei auf? Richtig! Social Media haben einen gewöhnlichen Barista berühmt gemacht. Keine PR-Agentur der Welt hätte das in dieser Art und Weise schaffen können, denn die Bilder und Videos von Dritan Alsela sind ästhetisch *und* authentisch zugleich. Die Nutzer bestimmen in Social Media selbst, wer zum Star wird und wer nicht. Mit seiner Social-Media-Strategie verfolgt Dritan Alsela ein klares Ziel: Er zeigt damit Schönheit und Perfektion von Kaffeegenuss und positioniert sich als Meister der Kaffeekunst. Mittlerweile brauchen Sie nur das Hashtag #latteart bei Google einzugeben, und schon gelangen Sie zu seinen Videos. Er ist so beliebt, dass ihn Fans auf der ganzen Welt besuchen wollen. Für Dritan Alsela hat sich das langjährige Social-Media-Engagement gelohnt: Mittlerweile hat er sein eigenes Café, gibt Workshops und verkauft seine Produkte an seine Fans in der ganzen Welt.

Das Beispiel von Barista Dritan Alsela zeigt: Social Media Marketing ist ein langfristig angelegtes Marketinginstrument, das nur auf der Basis von Authentizität, Echtzeitkommunikation und Content funktioniert.

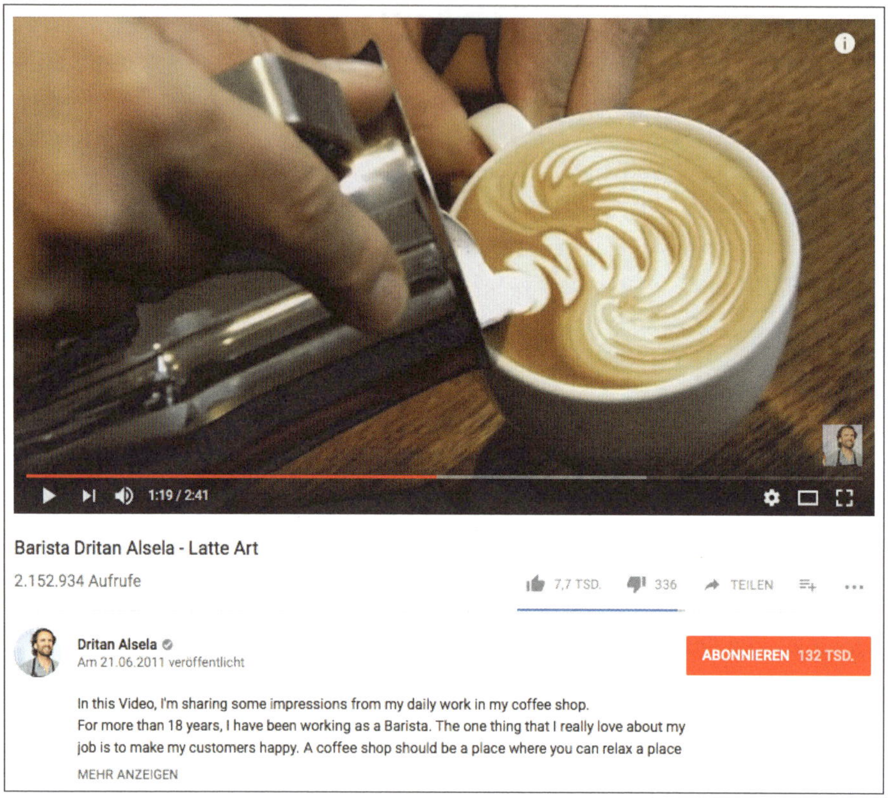

Abbildung 2.1 Social Media haben Barista Dritan Alsela berühmt gemacht. (Quelle: http://bit.ly/dritanalsela)

Mit Social Media stellen Sie Ihren Kunden in den Mittelpunkt Ihrer Kommunikation. Obwohl der Instrumentenkoffer des Social Media Marketings so reichlich gefüllt ist, stehen dennoch viele Unternehmen zu Beginn vor der großen Frage: »Wie gehen wir das jetzt an?« Da staunen Unternehmer seit Jahren über den Erfolg der Konkurrenz, trauen sich aber nicht, selbst aktiv zu werden – aus Angst vor negativen Kommentaren oder aus Unsicherheit vor den Tools.

2.1 Reality Check! Voraussetzungen für Social Media im Unternehmen

Der Social-Media-Einstieg sollte im Bestfall mit der Firmenphilosophie übereinstimmen, denn die Dynamiken in Social Media passen mitunter zunächst einmal nicht zum Unternehmen. Sie müssen mit kritischen Stimmungen und Bewertungen umgehen können, Schnelligkeit und Feedback in Echtzeit gewährleisten, humorvoll kommunizieren und dabei den Markenkern treffen. Bisweilen erfordern Social Media ein radikales Umdenken in den Unternehmen. Neue Strukturen müssen geschaffen werden, die sich von der bisherigen Top-down-Mentalität unterscheiden.

Ob Ihr Unternehmen bereit ist für Social Media, können Sie anhand folgender Fragen abschätzen:

- Sie haben keine Angst, die Kontrolle über Ihre Unternehmenskommunikation an Ihre Mitarbeiter abzugeben?
- Sie fürchten sich nicht vor Kritik oder negativen Kommentaren?
- Können Ihre Mitarbeiter mit ungeschöntem Feedback umgehen?
- Erlauben Sie Social Media am Arbeitsplatz?
- Herrscht bei Ihnen eine dialogorientierte Unternehmenskultur?
- Wird bei Ihnen eine ehrliche Feedbackkultur auf Führungs- und Mitarbeiterebene gelebt?
- Können Sie personelle, zeitliche und/oder finanzielle Ressourcen für Social Media zur Verfügung stellen?
- Besitzen Sie die nötige Software und Hardware (schnelle Internetleitungen, freien Zugang zu Social-Media-Websites) im Haus?
- Verfügen Ihre Mitarbeiter über Social-Media-Kompetenz und die notwendige soziale Kompetenz für die Krisenkommunikation?
- Haben Sie die Datenschutz-Grundverordnung (DSGVO) korrekt umgesetzt bzw. einen Datenschutzbeauftragten in Ihrem Unternehmen, der Sie diesbezüglich beraten kann?
- Und ganz allgemein: Ist Ihr Unternehmen bereit für die nötigen Veränderungen?

Haben Sie diese Fragen mit »Ja« beantwortet? Perfekt. Dann kann es jetzt losgehen! Wenn nicht, dann schaffen Sie im ersten Schritt die Strukturen und eine entsprechende Unternehmenskultur. Social Media Marketing wird auf lange Sicht den Blick Ihrer Kunden auf Ihr Unternehmen verändern. Authentische, offene und dialogorientierte Kommunikation schafft dafür die nötige Vertrauensbasis.

Rechtstipp von Sven Hörnich: Wie lesen Sie die DSGVO richtig?

Die Beratungspraxis zeigt, dass (insbesondere beim Erstkontakt) Mandanten sich häufig durch die Länge des Textes der DSGVO »erschlagen« fühlen. Es ist dabei häufig von einem »Monstrum« die Rede, und vielfach wird berichtet, dass Mandanten beim Leseversuch nicht über die ersten Seiten hinauskamen. Dies liegt an der Art und Weise, wie europäische Verordnungen verfasst sind. Zunächst finden sich – was im Fall der DSGVO (*http://eur-lex.europa.eu/legal-content/DE/TXT/PDF/?uri=CELEX:32016R0679*) sogleich 31 Seiten ausmacht – die sogenannten »Erwägungsgründe« (hier 173 Stück). Diese haben keinen Gesetzescharakter, sondern erläutern für die spätere Anwendung die eigentlichen (ab Seite 32 folgenden) Artikel. Man kann diese also zunächst beiseiteschieben. Als Nächstes sollte man sich um ein Inhaltsverzeichnis bemühen, denn eine Vielzahl von Artikeln sind zunächst für den einfachen Bürger noch von geringer Relevanz (so z. B. die datenschutzrechtlichen Bestimmungen für Behörden). Jedem datenschutzrechtlich Verantwortlichen ist aber zu empfehlen, sich zumindest einmal die Artikel 1–22 sowie 24–34 DSGVO durchzulesen. Hier geht es noch nicht darum, dieses Gesetz im Einzelnen zu verstehen, sondern darum, ein Gefühl für die Materie zu entwickeln und den ein oder anderen Fachbegriff, der in der Presse erscheint (z. B. Privacy by Design und Privacy by Default), einordnen zu können. So bleiben für den ersten Einstieg schon nur noch ca. 19 Seiten von ursprünglich 88 Seiten Verordnungstext übrig.

2.2 Die Strategie definieren

Social Media Marketing funktioniert nur, wenn Sie Ihre Zielgruppe im Social Web an den richtigen Stellen aufspüren, eine Strategie definieren und Ihre Social-Media-Maßnahmen organisieren. Es bringt also überhaupt nichts, einfach nur in Social Media »drin« zu sein oder alle Tools auszuprobieren, wenn sich Ihre Kunden dort nicht aufhalten. Wenn Ihre Maxime also lautet: »Wir wollen jetzt auch auf Instagram gehen!«, dann zäumen Sie das Pferd wirklich von hinten auf. Das führt langfristig nur dazu, dass Sie viele Social-Media-Baustellen haben, aber keine nachhaltige Strategie. Auf diese Weise sind schon viele Facebook-Seiten, Instagram-Accounts oder Snapchat-Profile entstanden, die nach 2 Monaten ein trauriges Dasein fristeten und schließlich gelöscht wurden. Gerade bei neuen Tools, wie z. B. Snapchat, brauchen Sie erst einmal Zeit, sich in das Tool und die Community hineinzuarbeiten, und das kann schon einmal 2 Monate dauern. Der Sinn und der tatsächliche Nutzen erschließen sich erst nach einer gewissen Anwendungsdauer. Doch es lohnt sich, denn jedes Unternehmen kann spannende Geschichten über seine Marke oder den Firmenalltag erzählen und so die Interaktion mit der Zielgruppe erhöhen. Das geht jedoch nur mit einem Plan.

2.2.1 In sieben Schritten zur erfolgreichen Social-Media-Strategie

Eines ist ja klar: Egal, ob Sie nur einen Flyer drucken, einen TV-Spot produzieren, eine Printkampagne launchen oder einen Sponsoring-Vertrag abschließen, Sie verfolgen damit immer ein klares Ziel. Sie wollen damit jemanden erreichen. Genauso verhält es sich mit Social Media Marketing: Sie müssen sich Ziele setzen, Ihre Zielgruppen analysieren, Zielgruppen-Insights herausfinden, eine Story entwickeln, daraus Inhalte ableiten, Mediabudgets einplanen, die Ergebnisse messen und Schlussfolgerungen daraus ziehen. Einen großen Unterschied zum klassischen Marketing gibt es dennoch: die Eigendynamik von Social Media Marketing. Es ist häufig Marketing in Echtzeit, und Sie müssen ad hoc auf News und Trends reagieren. Außerdem unterliegt es permanenten Schwankungen durch die Änderungen der Netzwerke selbst, die Sie nicht vorhersehen können. Inhalte und Maßnahmen sind nur planbar, wenn Sie flexibel bleiben. Umso wichtiger ist es, dass Sie sich über Ihre strategischen Zielsetzungen vorher im Klaren sind. So bleiben Ihre Ziele nicht in den Änderungen am Facebook-Newsfeed-Algorithmus stecken, sondern Sie können flexibel darauf reagieren. Damit Sie Ihr Social Media Marketing vom Anfang an gut planen können, haben wir diesen 7-Schritte-Plan entwickelt (siehe Abbildung 2.2).

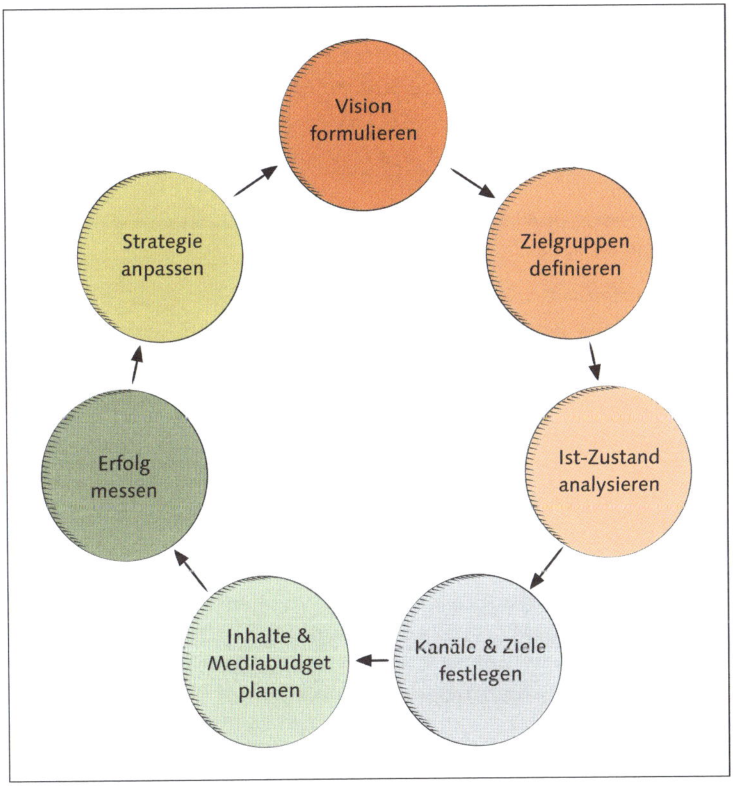

Abbildung 2.2 Das perfekte Fundament für Ihre Social-Media-Strategie: der 7-Schritte-Plan (Grafik: eigene Darstellung, Umsetzung: Justus Wunschik, bfmg.de)

1 **Vision formulieren**

In Social Media lassen sich viele Ziele erreichen: Bekanntheitsgrad steigern, Image verbessern, Empfehlungen von Markenfürsprechern gewinnen. Doch als Erstes brauchen Sie eine Vision für Ihr (Social Media) Marketing.

2 Zielgruppen definieren

Wen wollen Sie erreichen? Wie alt ist Ihre Zielgruppe? Sind es Jugendliche oder Rentner? Welche sozialen Netzwerke nutzen sie, und wie werden diese genutzt? Befragen Sie am besten Ihre bestehenden und potenziellen Kunden, und erstellen Sie Personas. Nur damit können Sie Schritt für Schritt Ihre Zielgruppen erreichen.

3 Ist-Zustand analysieren (Social-Media-Audit)

Wie erfolgreich ist bisher der Wettbewerb in Social Media? Welche Unternehmen sind branchenübergreifend für Sie eine Benchmark und Ihnen ein Vorbild für Ihre Social-Media-Maßnahmen? Wie sehen Ihre bisherigen Aktivitäten aus? Wie erfolgreich waren Sie bisher? Wie sind die internen Ressourcen und Erwartungen an Social Media? Mit einem Social-Media-Audit analysieren Sie Ihre interne Social-Media-Fitness, bestehende Kanäle und die Konkurrenz.

4 Kanäle und Ziele festlegen

Auf welchen Plattformen wollen Sie aktiv werden, und was genau wollen Sie dort erreichen? Welcher Kanal ist Ihr Leitkanal? Welche Kanäle führen Sie begleitend? Was genau wollen Sie erreichen? Setzen Sie sich konkrete Ziele, damit Sie später Ihren Erfolg messen können.

5 Inhalte und Mediabudget planen

Planen Sie aus dem Markenkern heraus Ihre Inhalte passend zum Kanal. Jeder Social-Media-Kanal hat andere Mechaniken. Facebook funktioniert anders als YouTube und anders als Instagram. Welche Mechanik kommt bei welchem Kanal zum Einsatz? Wie lautet Ihre Content-Strategie? Wie setzen Sie Storytelling ein? Zur Inhaltsplanung gehört auch die Bereitstellung und Planung Ihres Mediabudgets und die Zusammenarbeit mit Influencern. Wie viel Budget planen Sie für Ihre Inhalte?

6 Erfolg messen

Tragen die Maßnahmen im zeitlichen Verlauf zur Zielerreichung bei? Konnten Sie Ihre Reichweite und Interaktionen steigern, das positive Sentiment erhöhen? Haben die Inhalte funktioniert? Welche Formate und Inhalte sollten Sie beibehalten und verstärken, welche Inhalte lieber vernachlässigen?

7 Strategie anpassen

Welche Inhalte und Mechaniken haben funktioniert? Welcher Kanal hat am besten performt? Sollten Sie lieber auf einen anderen Kanal setzen? Waren die Zielsetzungen realistisch?

Der Plan ist ein stetiger Kreislauf, an dem Sie sich immer wieder orientieren können. Selbst wenn Sie bereits in Social Media aktiv sind, können Sie mit dem Plan Optimierungspotenziale heben und z. B. neue Erkenntnisse über Ihre Zielgruppen problemlos einpflegen. Ein Plan ermöglicht Ihnen iterative Prozesse bei Ihrem Social Media Management. Neue Erkenntnisse aus dem Monatsreporting, Ergebnisse aus Kampagnentests können in das Social-Media-Tagesgeschäft einfließen. Hängen Sie diesen Plan am besten in Ihrer Social-Media-Abteilung aus, oder schreiben Sie ihn an ein Whiteboard. Nach jedem Reporting kann der Plan aktualisiert werden, und somit sind alle stets auf dem aktuellen Stand. Das soll nicht ausführliche Reportings ersetzen, sondern schnellere Anpassungen für Ihr Social Media Marketing ermöglichen.

Tipp: Social-Media-Strategie-Vorlage für Vereine, Organisationen und Institutionen

Jona Hölderle vom Pluralog hat eine Strategievorlage für Vereine und Organisationen entwickelt, siehe *http://pluralog.de/vorlage-social-media-strategie*. Er fragt zunächst die Social Media Readiness ab und empfiehlt ausgehend von den Zielen und einer klaren Wachstumsstrategie die grundlegenden Eckpfeiler des Social Media Managements zu definieren, wie Ressourcen, Zielgruppen, Inhalten, Tonalität. Außerdem sieht sein Framework eine klare Mechanik für die Einführung von Social Media vor.

2.3 Schritt 1: Die Vision formulieren

Gerade wenn es um Social Media Marketing geht, werden schnell pauschale Ziele formuliert, wie etwa: »Wir wollen mehr Absatz!« Kurzfristig können Sie solche Ziele auch in Social Media erreichen, aber dafür brauchen Sie keine Strategie, sondern es genügen mitunter ein paar Facebook-Ads. Sie werden dann sicherlich auch ein paar Klicks bekommen und kurzfristige Erfolge erzielen. Das hat dann aber insgesamt mehr mit Media Spending und klassischer Online-Werbung zu tun als mit einer nachhaltigen Social-Media-Strategie. In Social Media müssen Sie erst einmal Awareness schaffen, bevor Sie verkaufen können.

2.3.1 Schlau laut sein

In Social Media geht es sehr laut und hektisch zu. Eine Flut an Informationen prasselt täglich auf die Nutzer ein. Nur wenige, wirklich gute Inhalte schaffen es, die Nutzer zu erreichen, und zwar so, dass sie sich auch noch nach Wochen daran erinnern können. Um die wichtigen Inhalte von den unwichtigen zu unterscheiden, haben die Nutzer Abwehrmechaniken und Filter entwickelt, wie z. B. die *App Fatique* (Müdigkeit von Apps) und *Banner Blindness* (Banner werden ignoriert).

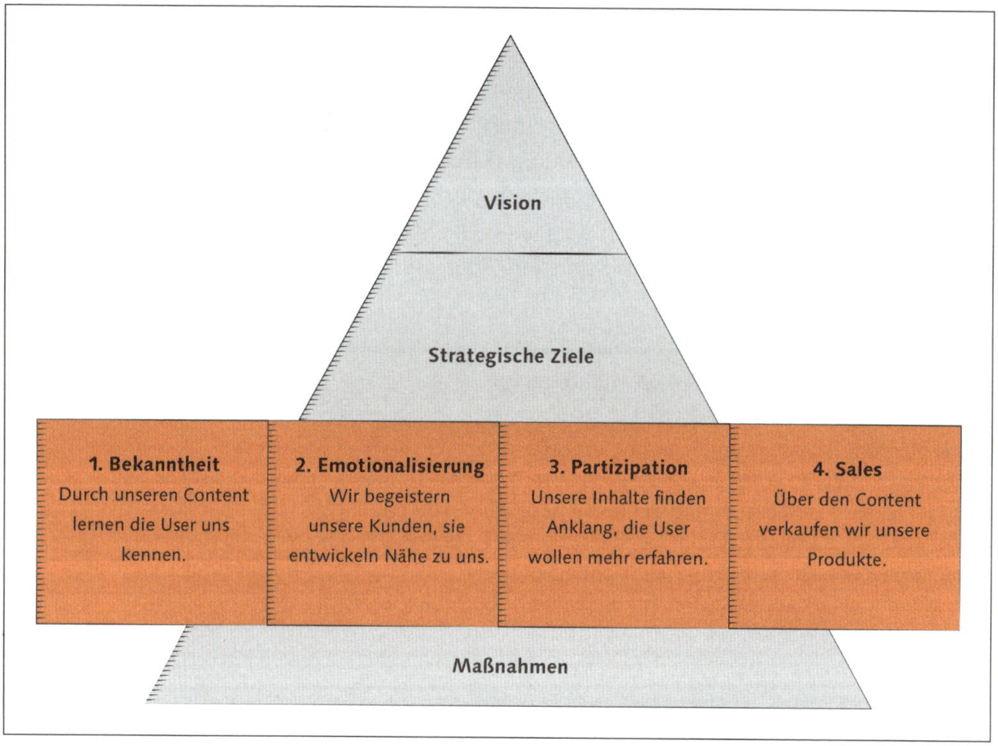

Abbildung 2.3 Von der Vision zu den strategischen Zielen und den einzelnen Maßnahmen (Grafik: eigene Darstellung, Umsetzung: Justus Wunschik, bfmg.de)

Wenn Sie in Social Media langfristig erfolgreich sein und nicht in der Flut von News, Informationen, GIFs und Cat-Content untergehen wollen, haben Sie nur eine Chance. Sie müssen *schlau laut sein*. Und dafür brauchen Sie zunächst einmal die Vision, was und wer Sie in Social Media sind. Sie brauchen eine klare Handschrift, die in all Ihren Inhalten erkennbar wird und sich systematisch durchzieht. Eine Vision ist die ideale Basis für die spätere Content-Strategie, aus der Sie Ihre Geschichten entwickeln. Ausgehend von Ihrer Vision können Sie gebetsmühlenartig Inhalte liefern, die Ihre Vision deutlich erkennbar machen und die Nutzer involvieren. Von der Vision kommen Sie zu Ihren strategischen Zielen und Maßnahmen (siehe Abbildung 2.3). Angelehnt an die klassische AIDA-Marketingformel (Attention, Interest, Desire, Action) kommt der Kunde zunächst mit den Inhalten in Kontakt (*Bekanntheit*), will mehr erfahren (*Emotionalisierung*), wird zum Fan der Marke, teilt die Inhalte und kauft schließlich das Produkt und wird zum Markenbotschafter, indem er selbst Inhalte (User Generated Content) teilt (*Partizipation*). Erst wenn Sie bei den ersten drei Schritten erfolgreich waren – und mit erfolgreich meinen wir wirklich erfolgreich im Sinne relevanter und erreichter Key Performance Indicators (KPIs) –, können Sie an *Sales* denken.

In Social Media ist eine klare Vision, was und wer Sie sind, umso wichtiger und maßgeblich für Ihre Inhalte. Die Vision gibt den Takt vor für Storys, für Ihre Tonalität, für Ihre Mediastrategie. Die Vision ist ebenfalls essenziell für das spätere Tagesgeschäft in Social Media. Sie hilft Ihnen und Ihren Mitarbeiten, Inhalte auf einen Blick auf Ihre Zielführung hin zu überprüfen. Wenn Sie und Ihr Social-Media-Team merken, dass ein Inhalt rein gar nichts zu Ihrer Vision hinzuaddiert, dann lassen Sie ihn links liegen. Die Fans werden es Ihnen danken. Nichts ist schlimmer als belanglose Inhalte im Social Web.

2.3.2 Warum tun Sie, was Sie tun?

Die Formulierung einer Vision und eines Claims ist nicht in 10 Minuten getan. Nehmen Sie sich ein paar Tage Zeit, um zu Ihrer Essenz zu gelangen. Gehen Sie auf die Metaebene, und fragen Sie sich, was Sie für den User in Social Media sein möchten und welchen Mehrwert Sie bieten. Formulieren Sie diese Vision in einem Satz. Aber Achtung: Erlaubt sind keine Formulierungen à la »Wir möchten Sie bestmöglich betreuen«. Was sind Sie, ein Bestattungsinstitut oder ein Altersheim? Auch nicht erlaubt sind Standardformulierungen, die auf jeder zweiten Website stehen, z. B.: »Ihr Erfolg ist unser Ziel.« Das kann jeder von sich behaupten.

Wir wissen, es ist gar nicht so einfach, eine Vision zu formulieren, und glauben Sie uns, den meisten Unternehmen geht es ähnlich wie Ihnen: Sie antworten auf die Frage mit ihren einmaligen Produkten. Doch die meisten Kunden sind müde von den immer gleichen Storys über das angeblich beste Produkt. Sie nicht auch? Außerdem sind in unserer globalisierten Welt Produkte austauschbar – eine Vision ist es jedoch nicht.

2.3.3 Golden Circle von Simon Sinek

Es gibt eine Formel, die es Ihnen leichter macht, zu Ihrer Vision zu kommen. Fangen Sie mit der Frage nach dem Warum an. 2009 veröffentlichte Simon Sinek ein Buch mit dem Titel »Start with why«. Simon Sinek hat darin untersucht, warum Unternehmen wie Apple und Führungspersönlichkeiten wie Martin Luther King ihre Kunden bzw. Anhänger so sehr inspirieren und was sie anders machen. Was unterscheidet sie dabei von anderen Unternehmern, Gründern und Politikern? Seine Analyse ergab, dass sie in ihren Reden und Vorträgen über das Was, das Wie und über das Warum sprechen. Erfolgreiche Unternehmenskommunikation beginnt also zuerst immer mit dem Warum. Sinek hat dafür den *Golden Circle* entwickelt (siehe Abbildung 2.4):

- *Warum* gibt es uns? »Wir glauben daran, dass ...« (Vision und Anspruch)
- *Wie* setzen wir das um? »Indem wir jeden Tag für Freude und Erfolg sorgen ...« (Leidenschaft und Arbeitsweise)
- *Was* machen wir daraus? »Deshalb haben wir folgende Produkte mit diesem Alleinstellungsmerkmal entwickelt ...« (Produkte und Dienstleistungen)

Beim Golden Circle steht nicht das Produkt an erster Stelle, sondern Produkte und Dienstleistungen werden von innen heraus verkauft. Sineks Credo dazu lautet: »People don't buy what you do, they buy why you do it.« Und wenn Sie nicht beantworten können, warum Sie diese Produkte und Dienstleistungen anbieten, Ihre Kunden aber genau das wissen wollen, haben Sie ein Problem. Sie brauchen Kunden, die daran glauben, woran Sie glauben. Nur dann kaufen Kunden bei Ihnen ein, hören Ihnen zu und werden zu loyalen Käufern. Fragen Sie sich am besten, warum Sie irgendwann einmal Ihre Firma gegründet haben. Was hat Sie motiviert? Warum gehen Sie leidenschaftlich gern jeden Tag in Ihre Firma? Warum tun Sie, was Sie tun?

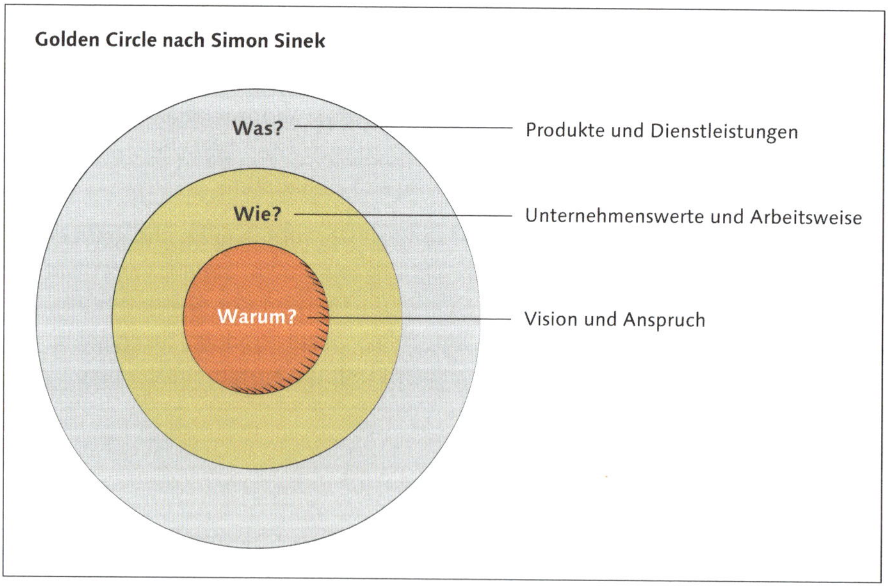

Abbildung 2.4 Die Erfolgsformel für Social-Media-Kommunikation: Sprechen Sie über das Warum. (Quelle: Simon Sinek, http://bitly.com/startwithwhy, Grafik: Justus Wunschik, bfmg.de)

Von der Musikmanagerin zum spirituellen Popstar in Social Media

2016 startete die ehemalige Musikmanagerin Laura Malina Seiler ihren Podcast »happy, holy, confident«. In ihrem Podcast gibt sie Tipps für mehr Selbstbewusstsein, leitet Meditationen und beschreibt Wege aus der Krise. Damit coacht sie ein Massenpublikum in Deutschland. 6 Mio. Deutsche haben ihren Podcast bereits abgerufen (Quelle: *http://lauraseiler.com*, Stand Mai 2018). Was sie so erfolgreich macht, ist ihre Vision, »so viele Menschen wie möglich für persönliche Weiterentwicklung und die Chancen, die sich daraus entfalten, zu begeistern«. Ihr Know-how aus dem Musikmanagement weiß sie natürlich auch klug einzusetzen. Sie scheut sich nicht davor, ihre Online-Kurse in jeder Podcast-Folge, in ihren YouTube-Videos oder ihren Posts auf Facebook und Instagram gezielt zu bewerben. Mit großem Erfolg. Laura Seiler wird als Deutschlands spiritueller Popstar gefeiert.

2.4 Schritt 2: Analysieren Sie Ihren Kunden

Die *Customer Journey*, also die Reise Ihres Kunden vom Kaufinteresse bis zum Kaufabschluss, ist heute viel komplexer und nicht linear. Die Meinungen anderer Kunden und Influencer spielen eine tragende Rolle bei der Kaufentscheidung. Untersuchen Sie die Customer Journey Ihres Kunden deshalb so genau wie möglich. Sie werden eines ganz sicher herausfinden: Sie haben nicht nur diesen *einen* Kunden, sondern mehrere Käufertypen, die sich im Kaufentscheidungsprozess unterschiedlich verhalten und auf Inhalte unterschiedlich anspringen. Wie genau sie sich verhalten und was oder wer sie in der Customer Journey wirklich beeinflusst, finden Sie mit *Buyer Personas* heraus. Gehören Sie zu den Unternehmern, die Ihre Kunden schnell »scannen« können? Die sich innerhalb weniger Minuten ein genaues Bild von dem Menschen machen können, von seinem Familienstand, seinen Markenvorlieben (*Relevant Set*), seinem Einkommen, seiner politischen Einstellung? Dann werden Ihnen Buyer Personas gefallen. Eine Buyer Persona beleuchtet das Kundenverhalten in den einzelnen Phasen der Konsumentenreise – vom Kaufinteresse und Triggern über Kaufhemmnisse bis hin zum Kaufabschluss.

2.4.1 Der Persona-Steckbrief

Befragen Sie bestehende Kunden jeden Alters, ehemalige Kunden und jene Kunden, die Sie verloren haben. Reden Sie zudem mit allen Abteilungen, vor allem Ihren Beratern im Service, die sehr nah am Kunden arbeiten. Mit Tiefeninterviews kommen Sie an Ihren typischen Kunden am ehesten heran und können wirkliche Zielgruppen-Insights herausfinden. Bei dem Tiefeninterview fragen Sie den Kunden nach:

- soziodemografischen Daten (Alter, Geschlecht)
- Einkommensstruktur (Höhe des Einkommens)
- generellen Interessen und Einstellungen (Was weckt sein Interesse? Wovon ist er Fan – Sport, Film, Marken? Ist er eher konservativ oder aufgeschlossen? Was ist sein Lebenswunsch oder -ziel generell?)
- Motivation (Welche Ihrer Serviceleistungen, Ihrer Werbung, Ihrer Kommunikation wirken auf ihn motivierend?)
- Social-Media-Nutzung (Welche Tools und Plattformen nutzt er und wie? Welchen Marken und Influencern folgt er? Welche Inhalte konsumiert er? Was findet er besonders spannend und unterhaltsam? Wie interagiert er am liebsten mit Ihnen – per E-Mail, Telefon oder persönlich?)
- Customer Journey (Welche Rolle spielen Social Media in der jeweiligen Kaufphase? Was inspiriert ihn zum Kauf, und was führt zum Abbruch? Welche digitalen Kanäle spielen noch eine Rolle? Was triggert ihn, zu Ihrer Website oder Ihrem Angebot zu gehen? Werden beispielsweise Videos und Tutorials angeschaut? Worüber stolpert er, bevor er schließlich den Kauf tätigt?)
- Wünschen (Was wünscht sich Ihr Kunde? Denken Sie dabei auch an die unterschiedlichen Haltungen und Einstellungen der Generationen X, Y und Z, wie in Abschnitt 1.3.1, »Generation X, Y, Z«, beschrieben. Für jemanden aus der Generation Z existiert ein Produkt nicht, wenn es davon kein YouTube-Video gibt.)

Der Persona-Steckbrief hilft Ihnen, Ihren »typischen« Kunden zu visualisieren. Damit können Sie ihn besser verstehen und wissen, was er braucht, um Ihr Produkt zu kaufen. Wie in Abbildung 2.5 veranschaulicht, enthält der Steckbrief sowohl Angaben zu den soziodemografischen Daten des Kunden wie Alter, Geschlecht, Familienstand, Einkommen, Beruf, Ausbildung, Wohnort, Herkunft als auch zu psychografischen Merkmalen wie Lebensstil, Persönlichkeit, Vorlieben, Motivation und zum Verhalten, etwa Markentreue, Kundenstatus, Verwendungsrate, Internetnutzung. Zusätzlich nutzen Sie ein Profilbild, das vermittelt, wie dieser Kunde in etwa aussehen könnte, und haben so immer ein Bild vor Augen. Neben dem Profilbild stehen dann soziodemografische Daten und vor allem das Nutzerverhalten und die Interessen und Wünsche dieser ausgewählten Kunden.

Personas vereinfachen Ihre Zielgruppenanalyse. Denn jede Persona liest sich zeitgleich wie eine kleine Geschichte. Die Biografie eines Menschen können Sie sich leichter merken als reine Zahlen über Nutzer. Dadurch wird es noch einfacher, relevante Social-Media-Inhalte zu konzipieren. Zum Beispiel können Sie sich fragen, was Ihr »Thilo Sommer« bräuchte, um sich für Ihr Produkt zu entscheiden. Ihm helfen sicherlich Beiträge, die das Preis-Leistungs-Verhältnis Ihres Produkts demonstrieren, oder Bewertungen von Kunden, die das Produkt bereits gekauft oder getestet haben. Ein Ziel in Social Media würde dann sein, solche Bewertungen zu generieren und bereitzustellen. Marken und Unternehmen sind gut beraten, wenn sie versuchen, den Kunden Thilo Sommer über WhatsApp-Business zu erreichen.

Persona

Thilo Sommer (37)

Wohnort: Passau

Familienstand: ledig, 2 Kinder mit seiner Partnerin

Beruf: Marketing Manager eines Industrieunternehmens, leitet die Abteilung mit 5 Angestellten

Wünsche und Interessen: hätte gerne mehr Zeit für sich, träumt vom Motorrad-Führerschein und einer Ducati

Motivation: möchte seine Führungsqualitäten weiterentwickeln, Interesse an Weiterbildungen im Bereich Leadership und Führung

Social Media Nutzung: hauptsächlich per Mail und Telefon/Telefax, Social Media nutzt er nur sporadisch (Facebook, XING), dort folgt er Seiten wie Spiegel Online oder WELT, Patagonia, Ducati, BMW Motorad, nutzt WhatsApp, um mit seiner Familie zu kommunizieren

Kaufverhalten: kauft gerne online ein, informiert sich dabei intensiv über das Preis-Leistungs-Verhältnis

Freizeit: liebt Klettern, ist früher gern weit gereist, bevorzugt jetzt eher Familienurlaub mit Kinderbetreuung und WLAN

Abbildung 2.5 Mit Personas können Sie Ihren typischen Kunden beschreiben und haben seine Wünsche/Vorlieben immer vor Augen. (Grafik: Justus Wunschik, bfmg.de)

2.4.2 Zielgruppen clustern

Nach den Tiefeninterviews müssen Sie Ihre Personas clustern. Denn Personas sind keine homogene Masse, sondern es gibt für jedes Kundensegment stellvertretend eine Persona. In der Regel können Unternehmen fünf bis sieben verschiedene Personas identifizieren. Zalando beispielsweise teilt seine Kunden in diese sieben Kundensegmente (Z-Types) ein:

- Happy Casuals
- Fresh Families
- Modern Mainstreamers
- Hip Poppers
- Preppy Strivers
- Cultured Elites
- Street Snobs

Jedes Segment kann zusätzlich in männlich oder weiblich unterteilt werden. Laut dem Bericht von t3n »achtet der männliche Cultured Elite auf professionell und schick wirkende Kleidung, trägt gerne Hugo Boss und Hilfiger, liest die Süddeutsche und hört gerne Musik von Johnny Cash. Die weibliche Form des Modern Mainstreamers hört dagegen Annenmaikantereit und Tim Bendzko, sieht Shopping

Queen im Fernsehen und mag Matthias Schweighöfer und Julia Engelmann. Die Label-Vorlieben im Modebereich spielen sich zwischen Liebeskind und Tamaris ab«.[1]

Zielgruppen mit Facebook Mindsights und Google zielgerichtet ansprechen

Facebook und Google teilen ihre User ebenfalls in Kundensegmente ein. Die Segmentierung bei Facebook heißt Mindsights und gibt Aufschluss über die Lebenswelt und das Konsumverhalten von sieben verschiedenen Nutzertypen, die Facebook unter anderem als »Yin-Yangers« oder »Solidly Greens« bezeichnet. Öffentlich einsehbar sind die Mindsights nicht, aber Sie können Ihren Facebook-Kontakt darauf ansprechen. In der Regel werden zahlenden Werbekunden die Mindsights zur Verfügung gestellt. Die Kaffeemarke Tchibo nutzte Facebook Mindsights bereits zur kundenzentrierten Ansprache und für das Neukundengeschäft. Mit zielgruppenspezifischen Inhalten (Videos und Carousel Ads/Gutscheinen) wurde jedes der sieben Segmente individuell angesprochen. Das Ergebnis dieses genauen Targetings: Ein 1,3-facher ROI (Return on Investement) konnte erzielt werden, die Werbeerinnerung stieg um 16 Werte, und das Kaufvolumen pro Haushalt stieg durchschnittlich um das 1,5-Fache nach Kampagnenkontakt.[2]

Google hat vier verschiedene Verbrauchertypen evaluiert: Laut dem »Google Consumer Barometer 2015«[3] gibt es die Gen Ys (Millenials), Digital Moms, Brand Advocates und How-to-Videouser. Gemeinsam ist allen Typen, dass das Internet eine unverzichtbare Quelle bei der Suche nach Informationen und Produkten ist. Bei ihren Recherchen nutzen sie das Internet meistens mobil. 40 % der Gen Ys recherchieren vor dem Kauf mit dem Smartphone. 25 % der Digital Moms nutzen das Smartphone, um sich ins nächstgelegene Ladengeschäft zu navigieren oder zur Informationssuche vor einer dringenden Anschaffung.

2.4.3 Generation X

Die heute 35- bis 49-Jährigen zählen zur Generation X, also denjenigen, die Familien gegründet und sich am Arbeitsmarkt etabliert haben. Geboren zwischen 1960 und 1980 gelten sie als die Sandwich-Generation zwischen der digital geprägten Generation Y und der auf Sicherheit bedachten Generation der Babyboomer. Sie sind im Wohlstand aufgewachsen und haben als erste Generation ihre Freizeit mit Fernsehen oder Computerspielen verbracht. In Deutschland ist die Generation X auch bekannt als Generation Golf, als Turnschuh- oder auch No-Future-Generation. Prägnant ist bei der Gen X insbesondere das Infragestellen von Autoritäten. Einer Studie der Viacom International Media Networks zufolge ist es die Genera-

1 t3n, 2018, »In diese 7 Gruppen teilt Zalando seine Kunden ein«: *http://t3n.de/news/zalando-ztype-typologie-kunden-kaeufer-personas-915313*

2 Facebook, »Erfolgsgeschichte Tchibo: Mit zielgenauen Videos aufwachen«: *http://www.facebook.com/business/success/tchibo*

3 Google Consumer Barometer 2015: *www.thinkwithgoogle.com/intl/de-de/article/consumer-barometer-2015*

tion, die Geschlechterrollen hinterfragt. In Deutschland sind sich 84 % der Befragten einig, dass Männer Kinder genauso gut erziehen können wie Frauen.[4] Auch interessant: Sie schätzen Sex mehr als Freundschaft – ganz im Gegenteil zu den Millennials, für die an oberster Stelle Freundschaft steht (40 %), gefolgt von Romantik/Liebe (38 %) und erst dann Sex (37 %).

Die Mediennutzung ist bei der Generation X recht ausgeglichen. Sie schauen Fernsehen und hören Radio, lesen aber auch Blogs und Online-Magazine. Bevorzugt konsumieren sie digitale Inhalte mit dem Laptop (39 %) in der Zeit zwischen 20 Uhr und 23:59 Uhr. Übrigens: Nur 17 % nutzen das Smartphone zum Surfen. Ihr beliebtestes Social Network ist Facebook, gefolgt von YouTube und Twitter.[5] Obwohl sie im analogen Zeitalter aufgewachsen sind, haben sie ihr Mediennutzungsverhalten an die digitalen Medien und deren Möglichkeiten angepasst. Werbetreibende unterschätzen diese Zielgruppe häufig, weil sie allzu oft auf die Millennials schielen und nicht überprüfen, ob diese wirklich zur Kernzielgruppe gehören. Merken Sie sich deshalb: Wenn Ihre Zielgruppe zwischen 35 bis 49 Jahre alt ist, wird Facebook-Marketing allein nicht den Punkt für Ihre Zielsetzungen machen.

Generation X – die »Mitglieder des Armut-Jetsets«

Der Begriff der Generation X wurde von Douglas Coupland geprägt, der 1991 das gleichnamige Buch »Generation X« veröffentlichte und darin die Lebensentwürfe von Andy, Dag und Claire beschrieb, die den Glauben an das Yuppie-Glück und den Wohlstand ihrer Eltern verloren haben und ihren Lebensunterhalt lieber mit »McJobs« bestreiten. Coupland stellte damit die These auf, dass sich die Generation X – die damals 20- bis 30-jährigen US-Amerikaner – von festen Werten und Lebensentwürfen gelöst haben und sich nicht mehr ohne Weiteres gesellschaftlichen Klassen oder Schichten zuordnen lassen. Für Coupland sind es die »Mitglieder des Armut-Jetsets«, die einen ambivalenten Lifestyle zwischen schlecht bezahlten Jobs und globalen Städtetrips leben. Kommt Ihnen das bekannt vor? Für Abiturienten ist es Usus nach dem Abschluss erst einmal Weltreise zu machen.

2.4.4 Millennials – »Lieber einen Monat ohne Frühstück als ohne Smartphone«

Social Media werden vor allem von der Generation Y genutzt. Geboren zwischen 1980 und 2000 und daher auch Millennials genannt, sind mit dem Internet groß geworden. Sie ticken digital und sind »always on«, d. h. jederzeit erreichbar und im Sendemodus. Sie zeichnen sich durch eine hohe Flexibilität aus, und ihr Kommunikations- und Einkaufsverhalten ist vom Internet und von Social Media geprägt. Sie

4 WuV, 2016, »So tickt die Generation X«: *http://www.wuv.de/medien/so_tickt_die_generation_x*

5 editorial., 2017, »Das ist die Generation X«: *http://editorial-blog.de/so-denkt-die-generation-x*

haben einen hohen Anspruch im Hinblick auf die Servicequalität und die Nützlichkeit eines Produkts oder einer Dienstleistung. *Convenience* ist das Schlagwort dieser Zielgruppe und der Grund für den Erfolg von Lieferdiensten wie Foodora, Deliveroo, Zipjet. Wann immer es ihnen nützt, setzen sie digitale Medien und neue Technologien sinnstiftend für sich ein und verändern so die Marktlandschaft.

Ihre Marktkraft ist nicht zu unterschätzen. Gerade gründen sie eigene Haushalte und Familien (15 % aller Privathaushalte sind Millennial-Haushalte), doch bis 2020 wird der Marktanteil auf 25 % steigen. Nicht mehr lange und sie stellen die neue Mittelschicht dar.[6] Ihre Werte unterscheiden sich von der Generation X. Millennials vereinen Werte, die der Generation X noch unvereinbar schienen, z. B. Zeitstress und Work-Life-Balance, Verbundenheit und Freiheit, Spaß und Verantwortung, Convenience und Sinn, Öffentlichkeit und Schutz von Privatsphäre. Millennials können »Flexiganer« sein, d. h., sich über weite Strecken ausschließlich vegan ernähren und dann wieder Fleisch essen, ohne ein schlechtes Gewissen zu haben. Neben der Convenience spielt die soziale Verantwortung für sie eine große Rolle. Diese Zielgruppe ist gerne bereit, mehr für ein Produkt zu bezahlen, wenn sie es »guten Gewissens« kaufen können.

Klassische Medienangebote erreichen sie häufig nur noch digital bzw. mobil auf ihrem Smartphone. Traditionelle Medienangebote sind für die Millennials dennoch nicht obsolet. Im Gegenteil: Sie wünschen sich von den Redaktionen weniger negative und krisenfixierte Nachrichten.[7] Jedoch müssen Verlage dafür sorgen, diese Inhalte digital zur Verfügung zu stellen, damit sie die Millennials auf ihrem Smartphone erreichen. Denn das Smartphone ist ihr ständiger Begleiter, auf den sie äußerst ungern verzichten. Laut der »Egotech«-Studie von Syzygy würden 48 % der Befragten lieber einen Monat auf Frühstück verzichten, anstatt ohne Smartphone leben zu müssen.[8]

2.4.5 Generation Z – die nächste Generation steht in den Startlöchern

Die Generation Z sind alle ab dem Jahr 2000 Geborenen, und damit heute 18 Jahre und jünger. Sie stehen bereits in den Startlöchern und kommen in wenigen Jahren ins Erwachsenenalter. Für Marken und Unternehmen sind sie eine wichtige Zielgruppe. Insbesondere wenn es um die Gewinnung von Mitarbeitern und Auszubil-

---

6 GfK, 2017, »Millennials und iBrains: Zwei Generationen verändern Märkte«: *www.gfk.com/de/landing-pages/landing-pages-de/millennials/millennials-und-ibrains*

7 BDZV, 2017, »Millennials ticken anders«: *http://www.bdzv.de/nachrichten-und-service/presse/pressemitteilungen/artikel/detail/millennials_ticken_anders*

8 WuV, 2017, »Millennials-Studie: Smartphones führen zu Narzissmus«: *http://www.wuv.de/marketing/millennials_studie_smartphones_fuehren_zu_narzissmus*

denden geht, müssen sich Unternehmen und Personaler mit dieser Generation auseinandersetzen. Es ist die erste Generation, die vollständig im digitalen Zeitalter groß geworden ist und bei der die Grenzen zwischen virtuell und real (online und offline) zunehmend verschwimmen. Und eines gleich vorweg: Bei der Gen Z geht ohne WhatsApp nichts. 84 % der in der YouGov/Elbdudler-Studie befragten Jugendlichen können sich einen Alltag ohne WhatsApp nicht vorstellen. Ihr Medienalltag ist geprägt von Chats, Videos und Instagram Stories. 98 % besitzen laut der Elbdudler Jugendstudie ein Smartphone, mit dem sie nach der Schule Podcasts hören oder musica.ly nutzen, um eigene Playbacksongs von ihren Lieblingsliedern zu erstellen. Auch spannend: 34 % schauen gar kein Fernsehen mehr.[9]

Facebook ist für sie das Netzwerk ihrer Eltern. Nur 14 % der 14- bis 18-Jährigen nutzen laut der Jugendstudie von elbdudler in Zusammenarbeit mit YouGov die Facebook-App mehrmals täglich. An erster Stelle stehen für sie WhatsApp (92 %) und etwas abgeschlagen YouTube (69 %) an zweiter Stelle. Beeinflusst werden sie von YouTube-Stars wie DIE LOCHIS, xLaeta, Julia Beautx, die in auf ihren Kanälen Geschichten aus ihrem Alltag erzählen und durch Werbedeals Produkte empfehlen. Dem beliebtesten Teen-Vlogger Oskar können die Nutzer beispielsweise dabei zusehen, wie er sein Zimmer aufräumt oder seinen Weihnachtsbaum schmückt. YouTuber sind das MTV und Bravo der Generation Z. Anders als die Generation Y jedoch gibt es bei der Gen Z einen ausgeprägten Wunsch nach Sicherheit. Die Karriere steht dabei nicht im Vordergrund, sondern das Bedürfnis, Dinge planen zu können. Sie wollen geregelte Arbeitszeiten, einen Vertrag, der Urlaubstage und Gehalt regelt.

Der Blick auf diese Generationenunterschiede lohnt sich vor allem für die Aktivierung und den Reichweitenaufbau Ihrer Zielgruppen in Social Media. Generell gilt: Je jünger, desto aktiver sind die User, aber desto schwerer sind sie auch von Markenbotschaften zu überzeugen. Kommerzielle Werbung spricht sie in seltenen Fällen wirklich an. Oft erreicht sie diese Werbung auch gar nicht, denn sie schützen sich davor mit AdBlockern. Am besten sind daher Inhalte, die von den Usern selbst gestaltet werden. Insbesondere den jungen Zielgruppen der Generation Z müssen Sie eine Rampe bauen, mit der sie selbst die Marke kreieren oder ihre Meinung sagen können. Den größten Fehler, den sie bei jungen Zielgruppen im Social Web machen können, ist der, sie mit vorgefertigten Werbebotschaften abzuspeisen. Für eine Zielgruppe, die mit der Möglichkeit zur Interaktion groß geworden ist, ist das zu wenig. Oder Sie arbeiten mit Influencern zusammen, um die Teenie-Zielgruppe zu erobern. Wie das geht, zeigte Fanta 2016/17 mit seiner Snapchat-Kampagne in Kooperation mit dem YouTuber Julian Bam. Der YouTube-Star war das Gesicht der Kampagne, der im Namen von Fanta auf Snapchat Videos postete. Das Ergebnis: Über 2,6 Mio. Mal wurden die Snaps von Fanta angesehen.

9 elbdudler, »Jugendstudie 2018«: *http://jugendstudie.elbdudler.de/*

2.4.6 Zielgruppen-Insights aus Social-Media-Studien gewinnen

Hätten Sie gedacht, dass Silver Surfer (Nutzer ab 50 Jahre), die bis jetzt noch keine Online-Beratung durch Videochats und Messenger nutzen, besonders aufgeschlossen für diese Services sind?[10] Wussten Sie, dass sich drei von vier Nutzern wünschen, dass Unternehmen sie als Konsument verstehen und individuell behandeln? Und wussten Sie auch, dass etwa die Hälfte der Internetnutzer (45 %) bemängelt, dass Unternehmen keine persönliche Relevanz bei ihren Anzeigen im (Social) Web berücksichtigt?[11] Hätten Sie gedacht, dass 82 % der Journalisten Facebook und Google+ mindestens einmal pro Woche nutzen, Blogs und YouTube jedoch nur zu 48 %?[12]

Es gibt jedoch noch eine ganze Reihe an Social-Media-Studien, die spannende Insights über Ihre Zielgruppen bereithalten. Die nachfolgende Liste in Tabelle 2.1 zeigt die wichtigsten kostenlosen Studien zur Social-Media-Nutzung. Viele Studien werden jedes Jahr neu erhoben. Sie brauchen sich also nicht einmal die Mühe zu machen, die Links einzugeben. Sie gelangen ganz einfach zu den Studien, wenn Sie nach dem Namen, z. B. »Shell Jugendstudie« googeln. Wenn Sie aktuelle Studien zu den Netzwerken suchen, reicht auch eine Abfrage in Google, z. B. »Facebook Studie«, und Sie finden relevante Studien unter Google News.

Institut/Firma	**Thema/Untersuchungsgegenstand**	**Link**
Social Media Institute	Übersicht über Studien zur Social-Media-Nutzung, zu Engagement, Verbreitung und Trends	*http://bit.ly/social-media-institute*
ARD/ZDF	ARD/ZDF-Onlinestudie, Nutzerverhalten der deutschen Internetnutzer	*www.ard-zdf-onlinestudie.de*
GfK	Studie über Millennials und Generation Z	*www.gfk.com/de/landing-pages/landing-pages-de/millennials/millennials-und-ibrains*

Tabelle 2.1 Die wichtigsten Studien und Untersuchungen zur Social-Media-Nutzung im Überblick

10 ECC Köln & iAdvize, 2016, »Conversational Commerce«: *http://landing.iadvize.com/de/studie/conversational_commerce*

11 Eichsteller & Seitz, »Studie Digital Dialog Insights 2017«: *http://www.digital-dialog-insights.com/digital-dialog-insights-2017*

12 Cision, »Social Journalism-Studie 2017«: *http://www.cision.de/ressourcen/whitepaper/social-journalism-studie-2017-deutschland-report-lp/*

Institut/Firma	Thema/Untersuchungsgegenstand	Link
Deloitte	Millennial Studie 2017	*http://www2.deloitte.com/at/de/seiten/press-release/millennial-studie-2017.html*
editorial.	»So denken Millennials« (mit Fokus auf Mediennutzungsverhalten)	*http://editorial-blog.de/so-denken-millennials*
Bauer Media Group	»Youth Insight Panel«, YouTube-Nutzung der Generation Y	*http://www.bauermedia.com/presse/archiv/artikel/lets-snap-bravo-praesentiert-neue-daten-zur-mobilen-mediennutzung-der-jugendlichen/controller/2016/4/25*
editorial.	»Das ist die Generation X« (mit Fokus auf Mediennutzungsverhalten)	*http://editorial-blog.de/so-denkt-die-generation-x*
iAdvize	»Conversational Commerce – Wie die Kommunikation zwischen Kunden und Unternehmenden Vertriebserfolg beeinflusst« (mit Fokus auf Silver Surfern)	*http://landing.iadvize.com/de/studie/conversational_commerce*
Shell Jugendstudie	Shell Jugendstudie 2015	*http://www.shell.de/ueber-uns/die-shell-jugendstudie.html*
Elbdudler/YouGov Jugendstudie	»So tickt die Generation Z«	*https://www.adzine.de/2018/03/so-tickt-die-generation-z*
Kantar TNS	»Conntected Life 2017« (Fokus auf Instagram und Snapchat)	*http://www.tns-infratest.com/wissensforum/studien/connected-life/connected-life-2017.asp*
Kantar TNS	»Connected Life 2018« – Marken erfüllen die Erwartungen der vernetzten Konsumenten nicht, das Misstrauen steigt	*http://www.tns-infratest.com/presse/presseinformation.asp?prID=3606*

Tabelle 2.1 Die wichtigsten Studien und Untersuchungen zur Social-Media-Nutzung im Überblick (Forts.)

Institut/Firma	Thema/Untersuchungs-gegenstand	Link
appinio	»Auf Instagram kommt Werbung am besten an: Studie zur Nutzung von Social Media« 2017	*http://www.appinio.com/de/blog/studie-zu-social-media-nutzung-und-werbewirkung-nach-altersgruppen*
Google	»Konsumenten orientieren sich auf Smartphones schneller als auf Desktop«	*http://www.thinkwithgoogle.com/intl/de-de/insights/kundeneinblicke/konsumenten-orientieren-sich-auf-smartphone-schneller-als-auf-desktop/*
Voycer	»Kundenbindung im Zeitalter des Digitalen Shoppings«	*http://bit.ly/Kundenbindung-Digital*

Tabelle 2.1 Die wichtigsten Studien und Untersuchungen zur Social-Media-Nutzung im Überblick (Forts.)

Linktipps: Bleiben Sie auf dem Laufenden

Die Portale Allfacebook.de, *http://allfacebook.de*, Futurebiz, *www.futurebiz.de*, und der Facebook-Guru Thomas Hutter selbst, *www.thomashutter.com*, widmen sich ausführlich den Themen Facebook-Kampagnen und Anzeigen und veröffentlichen auch immer wieder interessante Whitepapers. Mit einem starken Fokus auf technischen Lösungen informiert das Portal t3n, *http://t3n.de*, sowohl in Printform als auch digital über die Entwicklungen im Social-Media-Bereich. Der PR-Blogger, *https://pr-blogger.de*, liefert spannende Einblicke in die Social PR. Medienfachzeitschriften wie die WuV und Horizont berichten ebenfalls von Social-Media-Best-Practices.

2.5 Schritt 3: Ist-Zustand analysieren

Die nächste wichtige Maßnahme Ihres 7-Schritte-Plans ist das Social-Media-Audit (siehe Abbildung 2.6). Ein Audit ist nichts anderes als eine genaue Analyse Ihres Unternehmens in Social Media. Man unterscheidet in externes und internes Audit. Mit dem externen Audit untersuchen Sie die Social-Media-Aktivitäten der Konkurrenz, sehen sich die Meinungen Ihrer Kunden und Stakeholder an und evaluieren das Stimmungsbild Ihrer Marke im Netz. Sie untersuchen die Themen und Themenfelder, die im Zusammenhang mit Ihrer Marke genannt werden, und analysieren natürlich auch Ihre bisherigen Social-Media-Präsenzen. Wenn Sie bisher noch gar nicht aktiv waren, überprüfen Sie mithilfe von Tools wie Namechk, *http://namechk.com*, oder knowem, *http://knowem.com*, welche Social-Media-

Kanäle mit Ihrem Firmennamen frei sind, und reservieren Sie sie gleich. Oder suchen Sie nach einer Alternative, bei der noch möglichst viele Plätze frei sind.

Mit dem internen Audit untersuchen Sie die Gegebenheiten und Voraussetzungen für Social Media in Ihrem Unternehmen. Dabei ist es besonders wichtig, Ihre Mitarbeiter zu befragen. Welche Erfahrungen haben sie schon gemacht, wo sehen sie akuten Handlungsbedarf? Wo arbeiten die Mitarbeiter im Service schon mit anderen Abteilungen zusammen, z. B. um Krisen abzuwenden?

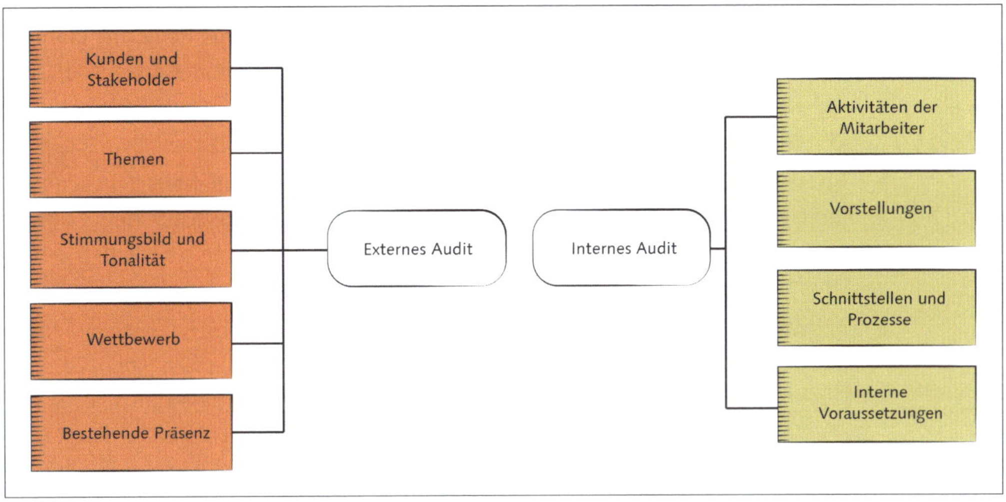

Abbildung 2.6 Das Social-Media-Audit bietet eine umfassende Analyse und ist die perfekte Grundlage für realistische Zielsetzungen. (Grafik: Vivian Pein, Umsetzung: Justus Wunschik, bfmg.de)

2.5.1 Externes Social-Media-Audit

Auch beim Social-Media-Audit steht die Analyse der Zielgruppe an erster Stelle. Das externe Audit beginnt immer mit Ihren Kunden. Danach werden die weiteren Gegebenheiten genauer analysiert, die Tätigkeiten der Konkurrenz untersucht, die Themen und die Tonalität eingeschätzt und die bisherigen Kanäle angesehen.

Kunden und Stakeholder analysieren

Schauen Sie mithilfe von Google und Social Media, wo Ihre Kunden und Stakeholder über Sie und Ihre Produkte im Netz sprechen. Nutzen Sie auch die Suchfunktion der sozialen Netzwerke, z. B. Facebook oder Instagram, geben Sie Ihren Unternehmens- oder Markennamen ein, und suchen Sie nach Schlagwörtern. Durchforsten Sie die öffentlichen Beiträge der Nutzer durch die Eingabe von relevanten Schlagwörtern und Hashtags. Die Suche gibt Aufschluss und interessante Hinweise darüber, was sowohl die Nutzer selbst als auch andere Marken posten. Achten Sie bei Ihren Recherchen darauf, welche Nutzer besonders häufig über Sie sprechen. Halten Sie Ausschau nach Meinungsführern und Influencern, deren Beiträge über Sie besonders oft gelikt, geteilt und kommentiert werden.

Themen

Bei der Analyse der Themen geht es darum, zu untersuchen, welche Inhalte im Zusammenhang mit Ihrer Marke bzw. Ihrem Unternehmen geteilt und diskutiert werden. Folgende drei Tools möchten wir Ihnen zur Themenrecherche empfehlen:

- **Google AdWords Keyword-Planner**: Der Google AdWords Keyword-Planner, *http://adwords.google.com/aw/keywordplanner*, ist ein spannendes Tool, um das Suchvolumen zu bestimmten Themen zu evaluieren. Google teilt in geringes, mittleres und hohes Volumen ein.
- **Buzzumo**: Ein nützliches Tool bei dieser Recherche nach beliebten Beiträgen zur Ihrer Marke ist Buzzsumo, *http://buzzsumo.com*. Das Tool listet den Content nach der Beliebtheit in Social Media auf. Nutzen Sie Buzzsumo für einen ersten Überblick oder auch für die Inspiration zu Themen, die Sie besetzen könnten.
- **Answer the public**: Sehr viele Hinweise und Inspirationen (auch für spätere Blogbeiträge) bietet das Tool »Answer the public« *http://answerthepublic.com*. Geben Sie Ihren Namen oder die Schlagwörter Ihres Business ein (z. B. Social Media), und Sie erhalten unglaublich interessante Insights, welche Fragen zu Ihrem Business gestellt werden. Unbedingt ausprobieren, Liste downloaden und daraus spannenden Content kreieren! Bei der weiteren Recherche werden Ihnen weitere Schlagwörter im Zusammenhang mit Ihrer Marke auffallen. Fragen Sie sich dabei, welche Themen zu Ihrer Marke passen und welche Themenfelder Sie selbst in Social Media bespielen wollen.

Stimmungsbild und Tonalität

Das Stimmungsbild und die Tonalität, mit der über Sie berichtet wird, ist grundlegend für die strategische Zielsetzung Ihres Social Media Marketings. Unternehmen, die bei ihren Kunden bereits in der Kritik stehen, müssen sich auf die Verbesserung des Firmenimages konzentrieren. Unternehmen, bei denen bisher kaum Kundenmeinungen auszumachen sind und über die überhaupt nicht gesprochen wird, müssen Awareness in Social Media erzeugen und wählen dementsprechend eine andere Taktik. Die Tonalität ist gleichermaßen wichtig für den Erfolg in Social Media. Rhetorik ist ein kraftvolles Mittel. Mit ihr werden Wahlen gewonnen oder verloren.

Wettbewerb

Die Analyse des Wettbewerbs ist unerlässlich, auch wenn es Ihnen vielleicht unangenehm ist, auf die Seiten der Konkurrenten zu schauen. Seien Sie unbesorgt – keiner bekommt davon etwas mit, und außerdem ist es extrem aufschlussreich, bei der

Konkurrenz zu schauen! Wagen Sie den Blick über den Tellerrand, und schauen Sie sich vergleichbare Firmen im Ausland an. Wie arbeitet die Konkurrenz in Holland, Schweden oder in Amerika? Was machen ähnliche Branchen und womit sind sie erfolgreich? Beobachten Sie auch Ihre direkte Konkurrenz und die eigene Branche bei deren Social-Media-Aktivitäten. Schauen Sie sich Positivbeispiele anderer Unternehmen an. Wenn Sie immer auf dem Laufenden bleiben wollen, lohnt sich die Einrichtung eines Alerts mit Talkwalker Alerts, Alert.io oder Google Alert. Sie erhalten dann auf Basis Ihrer relevanten Schlagwörter, z. B. Markenname, Produktname, Konkurrent A, Konkurrent B, immer eine E-Mail, wenn etwas Neues zu diesem Thema veröffentlicht wurde.

Versuchen Sie, alle relevanten Personen Ihres Unternehmens in diesen Prozess mit einzubinden. Die Wahrscheinlichkeit, dass einige oder viele Ihrer Kollegen und Mitarbeiter bereits auf Facebook registriert sind und gewisse Erfahrungswerte als User erworben haben, ist groß. Sie können damit so manchen Fehler im Vorfeld zu vermeiden versuchen. Außerdem haben Ihre Mitarbeiter dadurch das Gefühl, aktiv in den Prozess integriert und damit wertgeschätzt zu werden. Beachten Sie allerdings, dass man sie nicht zur Mitarbeit und zu diversen Social-Media-Aktivitäten verpflichten kann und sollte.

Tipp: Schaffen Sie Rahmenbedingungen

In diesem Rahmen ist es wichtig, sogenannte *Guidelines* zu definieren, zumindest mündlich, besser noch schriftlich, um Unklarheiten zu beseitigen und Struktur und Kommunikationswege festzulegen. Diese sollten weniger in Form von Verboten, sondern vielmehr als Empfehlungen und gemeinsame Wegweiser formuliert sein. Sie finden Beispiele für Social Media Guidelines sowie weiterführende Informationen auf *www.social-media-guidelines.com*.

2.5.2 Analysetools für das externe Audit

Für das Audit können Sie Tools nutzen, die Sie später auch für Ihr Social Media Monitoring nutzen können. Diese Tools sind also nützlich für das Audit zu Beginn und langfristig für die Beobachtung des Wettbewerbs, des Sentiments, als Alarmsignal für Krisen und um weitere Themen und Trends zu identifizieren.

Kostenlose Tools

Sicher haben Sie im Zusammenhang mit Social Media schon von Monitoring-Tools gehört oder gelesen. Allerdings offenbart das Internet bereits einiges über Ihre Marke und die Konkurrenz, ohne dass Sie einen teuren Anbieter zurate ziehen müssen. Sie können dafür kostenlose Tools nutzen, z. B. eine einfache Suchabfrage in Google. Folgende kostenlose Tools seien Ihnen an dieser Stelle empfohlen:

- Google (nutzen Sie auch die Bilder- und Videosuche): *http://google.de*
- Hashtracking für allgemeine Hashtag-Suche: *http://hashtracking.com*
- Schlagwort- und Hashtag-Suche bei Facebook, Twitter und Instagram
- Facebook Insights für Ihre bestehenden Social-Media-Kanäle und die Konkurrenz/Benchmarks (siehe Abbildung 2.7): *http://facebook.com*
- Instagram: Mit SocialRank können Sie Ihren bestehenden Instagram- und Twitter-Account analysieren. SocialRank verrät Ihnen unter anderem die Struktur Ihrer Follower, ob Ihnen Fake-Accounts folgen und wann die beste Zeit zum Posten ist: *http://socialrank.com*
- HowSociable für einen groben Überblick: *http://www.howsociable.com*
- SocialMention inklusive Sentiment-Analyse: *http://socialmention.com*
- Social Searcher: *http://www.social-searcher.com*

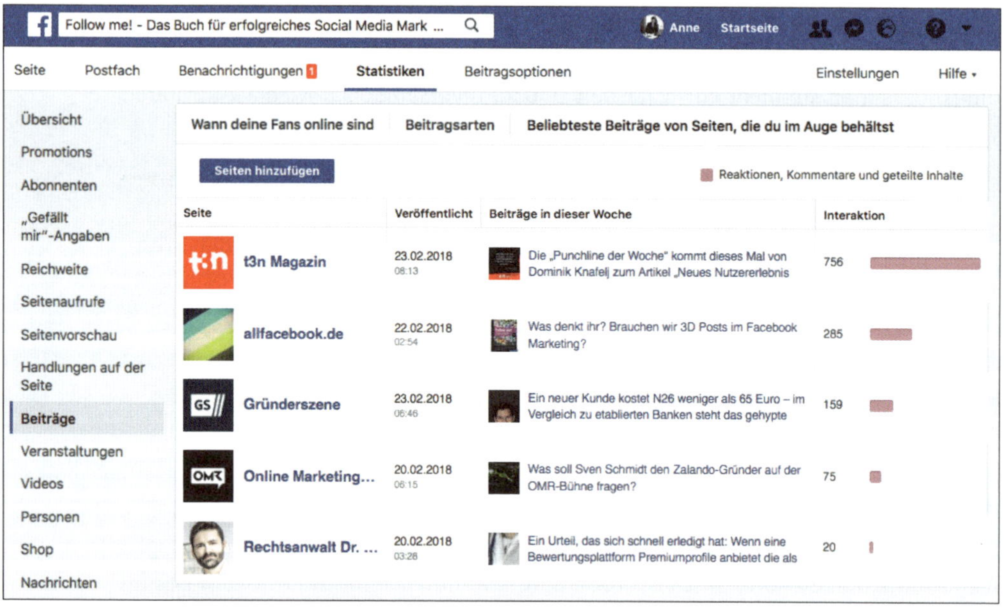

Abbildung 2.7 Über die Facebook-Statistiken können Sie sich die Beiträge der Konkurrenz bzw. Ihrer Benchmarks ansehen.

Kostenpflichtige Tools

Das Angebot von kostenpflichtigen Social-Media-Monitoring-Tools ist sehr umfangreich. Hier finden Sie eine Liste mit empfehlenswerten Tools, die häufig auch eine Testversion für die Dauer von 2 bis 4 Wochen anbieten, damit können Sie sich am Anfang einen guten Überblick verschaffen – und das kostenlos:

- Onzu: *http://www.onzu.com*
- Newswhip: *http://www.newswhip.com*
- SocialBakers: *www.socialbakers.com*
- Sprout Social *https://sproutsocial.com*
- Brandwatch: *www.brandwatch.com*
- Buzzsumo: *http://buzzsumo.com*
- Fanpage Karma: *www.fanpagekarma.com*
- Quintly: *www.quintly.com*
- TrueSocialMetrics: *www.truesocialmetrics.com*

Wenn Sie einen kostenpflichten Anbieter suchen, den Sie auch in Zukunft für Ihr Monitoring nutzen wollen, achten Sie bei der Auswahl auf folgende Kriterien: Sprachen- und Quellenabdeckung, Länderintegration, Influencer-Analyse, den Prozess bei Krisen, Kosten, Service vom Anbieter. Das Thema Social Media Monitoring behandeln wir ausführlich in Kapitel 12.

2.5.3 Internes Social-Media-Audit

Mit dem internen Audit prüfen Sie, wie bereit Ihr Unternehmen und Ihre Mitarbeiter für Social Media sind, wo es Schnittstellen zu anderen Abteilungen gibt und wo möglicherweise Hindernisse liegen. Das interne Audit beinhaltet die in Tabelle 2.2 aufgeführten Punkte.

Internes Audit	Beschreibung
Aktivitäten der Mitarbeiter	Welche Abteilungen und/oder welche einzelnen Mitarbeiter sind bereits mit Kunden in Social Media im Gespräch?
Vorstellungen	Welche Vorstellungen haben Mitarbeiter und Geschäftsführung von Social Media? Welche Ziele sollen damit verfolgt werden? Wo gibt es Übereinstimmungen? Wo gibt es unterschiedliche Vorstellungen? Was sind die Hemmnisse, z. B. fehlende Zeit, fehlendes Wissen?
Prozesse und Schnittstellen	Welche Schnittstellen für Social Media sind bereits vorhanden, z. B. im Bereich Kundenservice oder Krisenkommunikation? Welche Abteilungen arbeiten bereits zusammen, und welche Prozesse, z. B. Freigabeprozesse, müssen neu etabliert werden, damit die Social-Media-Maßnahmen reibungslos umgesetzt werden können?
Interne Voraussetzungen	Wie sind die internen und technischen Gegebenheiten? Sind Social Media am Arbeitsplatz erlaubt, und wer ist der zuständige Ansprechpartner für technische und administrative Fragen?

Tabelle 2.2 Internes Social-Media-Audit

Nach dem internen und externen Audit können Sie aus den Erkenntnissen noch eine SWOT-Analyse anfertigen (Analyse von **S**trengths, **W**eaknesses, **O**pportunities und **T**hreats, siehe Abbildung 2.8). Damit können Sie sowohl die Stärken den Schwächen als auch die Chancen den Risiken Ihres Social Media Marketings gegenüberstellen. Bei den Stärken tragen Sie ein, was bereits sehr gut funktioniert, was Ihre Kunden schätzen und was bei der Community gut ankommt. Bei den Schwächen tragen Sie ein, wo Sie noch besser werden müssen, auch im Hinblick auf die Konkurrenz. Bei den Chancen tragen Sie ein, wo noch Potenziale schlummern und wo Sie noch etwas herausholen können. Bei den Risiken tragen Sie ein, was Sie dringend verbessern müssen.

Stärken - Formate A, B, C führen zu Interaktion und sollten verstärkt eingesetzt werden - Kunden markieren Produkt/Filiale in ihren Posts	**Schwächen** Kein Social Service, keine direkte Anbindung von Social Media zum Kundenservice (statt Ticketing müssen Nachrichten weitergeleitet werden)
Chancen - Live-Streams und Webinare, Affinität zu Bewegtbild bei Mitarbeitern - Facebook-Gruppe (Thema erarbeiten)	**Risiken** - Fehlendes Verständnis vom Management hinsichtlich Paid Media (Tests fahren) - starker Fokus auf Fangenerierung (Lösung: Studien recherchieren und präsentieren)

Abbildung 2.8 Beispielhafte SWOT-Analyse nach einem Social-Media-Audit

2.6 Schritt 4: Kanäle definieren und KPI festlegen

Nachdem Sie Ihre Kunden analysiert haben und deren Wünsche kennen, legen Sie nun die Kanäle und die Ziele pro Kanal fest. Durch die Zielgruppenanalyse wissen Sie, wo in Social Media Ihre Kunden unterwegs sind und wie sie dort kommunizieren. Nicht immer sind Facebook, Snapchat und Instagram die richtigen Tools zur Kundenansprache. Gerade B2B-Unternehmen mit einem starken Fokus auf Firmenkunden reden auf ihrer Facebook-Seite am Ende doch nur mit sich selbst und wären bei XING und LinkedIn besser aufgehoben. Setzen Sie sich Ziele, die den jeweiligen Kommunikations-, Interaktions- und Partizipationsbedürfnissen Ihrer Zielgruppe entsprechen.

2.6.1 Legen Sie die Social-Media-Kanäle fest

Das Social-Media-Prisma (siehe Abbildung 2.9) zeigt, wie viele soziale Netzwerke es mittlerweile gibt. Dabei ist diese Übersicht nicht einmal vollständig. Es kommen ständig neue Tools und Apps hinzu, während andere wieder verschwinden. Sie müssen jedoch nicht alle kennen. Es genügt, wenn Sie hin und wieder neue Social-Media-Tools ausprobieren. Legen Sie sich dafür einen Test-Account zu, und prüfen Sie das neue Tool auf Herz und Nieren. Fragen Sie sich dabei aber immer, ob es ein geeignetes Tool ist, um mit Ihren Kunden in Kontakt zu kommen. Informieren Sie sich auch über die Nutzerdemografie des Netzwerkes oder Tools.

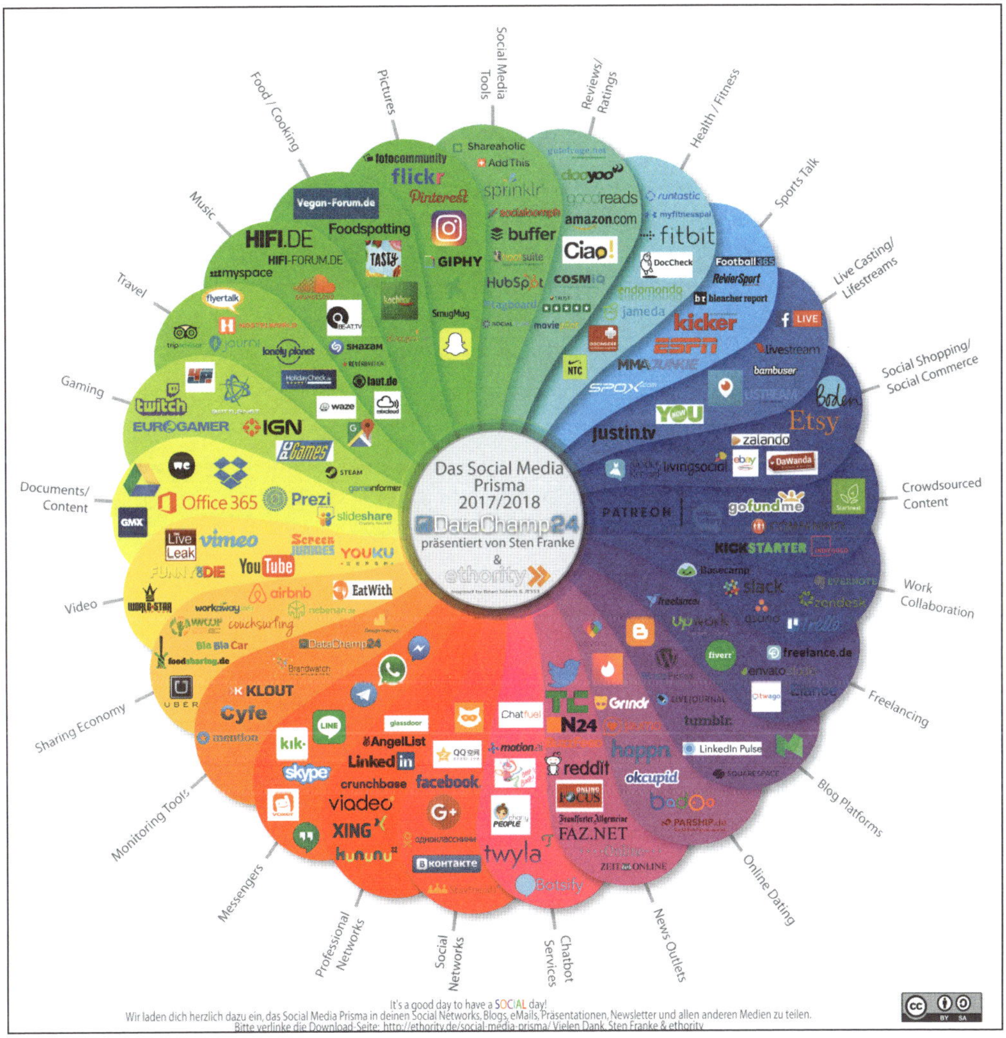

Abbildung 2.9 Das Social-Media-Prisma
(Quelle: ethority AG, http://ethority.de/social-media-prisma)

Tipp: Kanalpotenzial mit b4p – best for planning prüfen

Mit der Online-Auswertung von b4p – best for planning, *https://gik.media/best-4-planning*, können Sie überprüfen, welche Kanäle in Ihren Zielgruppenclustern besonders beliebt sind. Angenommen, Sie sind ein Möbelhändler und möchten mehr Kunden in Ihren Showroom bekommen. Ihre wichtigste Zielgruppe sind Frauen im Alter von 30 bis 39 Jahren. Mit b4p können Sie für genau diese Zielgruppe abfragen, wie hoch das Nutzerpotenzial für Facebook, Instagram usw. ist und danach Ihren Leitkanal für diese Zielgruppe festlegen.

2.6.2 Definieren Sie Social-Media-Ziele

Wie definieren Sie Ziele im klassischen Marketing? Genau! Sie legen ein Ziel fest, das Sie anhand von Zahlen messen können: Sie möchten 10 % mehr Absatz mit einer Plakatwerbung erreichen; Sie wollen mit einem Werbespot mindestens 30 % Markenbekanntheit erzielen; Sie investieren in Distribution, um 50 % mehr Verkäufe zu generieren. In Social Media müssen Sie ebenfalls Ihre Ziele festlegen, um sie nachher auch messen zu können. Legen Sie Ziele fest, die zu Ihrem Unternehmen und Ihren bisherigen Social-Media-Maßnahmen passen. Sie stehen gerade noch am Anfang? Dann kümmern Sie sich um den Aufbau von Reichweite, aber schauen Sie dabei auf keinen Fall auf die »Gefällt mir«-Zahlen. Mehr zum Reichweitenaufbau bei Facebook lesen Sie direkt in Kapitel 3, »Facebook«, nach. Grundsätzlich können Sie folgende Ziele in Social Media erreichen:

- *Branding/Brand Awareness*: die Markenbekanntheit steigern
- *Social Engagement*: die Interaktion mit Ihrer Marke erhöhen
- *Online Reputation Management*: das Unternehmensimage verbessern, Krisen abwenden
- *Social CRM*: die Kundenzufriedenheit erhöhen
- *Social Service*: den Kundenservice verbessern
- *Social PR*: die Beziehungen zu Multiplikatoren (Journalisten, Bloggern, Influencern) pflegen
- *Influencer Marketing*: Kooperationen mit Nutzern mit relevanter Reichweite (Macro-Influencer oder Micro-Influencer)
- *Advocacy Marketing*: Kunden für Empfehlungen gewinnen
- *Innovation*: Marktforschung betreiben
- *Employer Branding*: Mitarbeiter gewinnen
- *Crowdsourcing*: mit der Community Produktideen entwickeln
- *Crowdfunding*: durch die Community Ideen finanzieren
- *Sales*: den Absatz steigern und neue Kunden gewinnen

Doch es wäre utopisch zu glauben, dass Sie mit einem Mal alle diese Ziele erreichen können. Es kommt auf die Ausgangssituation an und darauf, ob Sie schon Reichweite aufgebaut haben oder noch ganz am Anfang stehen.

2.6.3 Setzen Sie sich SMARTe Ziele

Um Ihre Ziele in Social Media festzulegen, nutzen Sie die SMART-Formel. Nein, es geht hier nicht darum, ein smarter Typ zu sein, sondern Ihre Ziele sollen *specific*, *measurable*, *attainable*, *relevant*, *time-bound* sein. Die SMART-Formel für Social-Media-Ziele verlangt also nach folgenden Eigenschaften:

- spezifisch
- messbar
- erreichbar
- relevant
- terminierbar

Noch genauer heißt das, Sie müssen Ihr Ziel klar definieren, und es muss mit einer Zahl genau messbar sein. Es muss erreichbar im Sinne der gegebenen Rahmenbedingungen sein, darf also nicht zur Überforderung führen. Es muss ein relevantes Ziel sein, das auf die Gesamtstrategie in Social Media einzahlt. Es muss mit einem Enddatum versehen sein, damit Sie es zu einem bestimmten Zeitpunkt messen können.

Ein Beispiel: Sie wollen im kommenden Jahr 20 weibliche Influencer gewinnen, die jeweils einen Beitrag über Ihr Produkt verfassen und Ihr Unternehmen darin erwähnen. Das Ziel ist somit spezifisch: Es geht nicht nur um die Gewinnung von Influencern, sondern diese Frauen sollen über Sie schreiben *und* Ihre Marke dabei nennen. Das Ziel ist messbar, denn es geht um konkrete 20 Beiträge. Auch wenn Sie am Ende nur 17 Beiträge generieren, können Sie so den Erfolg klar messen. Das Ziel ist erreichbar, denn Sie haben durch Ihr Social-Media-Management bereits 50 relevante User filtern können, die Sie jetzt ansprechen wollen. Sie haben mit einer Agentur eine Influencer-Strategie erarbeitet, mit der Sie die Frauen für Ihr Ziel gewinnen möchten. Das Ziel ist relevant, denn Sie beginnen nach Ihren bisherigen Erfolgen in Social Media nun mit der Ansprache von Multiplikatoren. Das Ziel ist terminierbar, denn die Kampagne ist auf 1 Jahr festgelegt.

2.6.4 Ein Fan ist kein Ziel! Die wirklich wichtigen Kennzahlen in Social Media

Die Erfolgsmessung in Social Media ist ein riesiger blinder Fleck in deutschen Agenturen und Unternehmen. Nach wie vor messen Unternehmen den Erfolg von Social Media an den Fan- und Follower-Zahlen. Das ist Unsinn. Häufig wissen das sogar die Social Media Manager großer Unternehmen und setzen sich intern sehr kluge KPIs, doch nach »oben« (Management) reporten sie noch immer die Anzahl der Fans und das Fanwachstum. Fanzuwachs führt weder zu mehr Reichweite, noch steigert er die Markenidentität und erst recht trägt er nicht zum Upselling Ihrer Produkte bei. Thema Reichweite: Es sieht ja immer nur ein marginaler Bruchteil Ihrer Fans Ihre Inhalte. Thema Markenidentität: Ein »Gefällt mir« ist äußerst flüchtig und kein Maß für Markenidentität. Die Steigerung von Markenidentität können Sie behelfsmäßig mit der Anzahl der Interaktionen messen oder noch besser, indem Sie Befragungen durchführen. Thema Upselling: Sie verkaufen nicht, wenn Sie mehr Fans haben. Sie verkaufen in Social Media nur mit Geschichten und klugem (Re)Targeting.

Hier sind einige Beispiele, welche Kennzahlen für Social Media relevant sind. Achtung: Kennzahlen sind nicht KPIs, sondern Zahlen, die Sie in Social Media »ablesen« können.

- *Reichweite:* die Reichweite Ihrer Beiträge in Social Media, z. B. Reichweite Ihres Blogbeitrags, Ihres Facebook-Posts, Ihrer Instagram-Story (in YouTube als *Views* angegeben, auf Ihrer Website als *Impressions*)
- *Interaktionen/Engagement:* die wichtige Kennzahl, um zu messen, ob Ihr Content performt (Kommentare, Nachrichten und Shares)
- *Leads/Aktivitäten:* Kontaktaufnahmen, Newsletter-Abonnenten, Online-Bestellungen
- *Erwähnungen:* Erwähnungen Ihrer Marke, Ihres Unternehmens in Social Media, häufig auch als *Mentions* bezeichnet, sind wichtig, um Reputation zu messen.
- *Klicks:* Klicks auf Kampagnen, Content (Bilder, Videos, Apps etc.) sind wichtig, um Traffic und Click-Through-Rate zu messen.
- *User Generated Content:* Bilder, Blogbeiträge, Bewertungen
- *Downloads:* Downloads von Tutorials, Videos, Podcasts, Bildern, Mobile Apps

Behalten Sie bei Ihren Zielen auch immer die Zielgruppe und deren Nutzerverhalten im Auge. Investieren Sie nicht unnötig Media für die Verbreitung eines Videos, wenn es einfach keine gute Story ist. Kennzahlen sind sehr nützlich, um sich in den Tiefen des Social Webs nicht zu verlieren.

2.6.5 SMART-Ziele pro Kanal festlegen

Welche KPIs können Sie sich setzen, die Sie anschließend auch realistisch messen können? Wir haben einmal eine Reihe von KPIs aufgelistet, die beim Social Media Measurement immer wieder gern genutzt werden:

- *Share of Voice* = Markenerwähnungen / Gesamterwähnungen {Marke + Konkurrent A, B, C ... n}
- *Engagement* (Audience Engagement) = {Anzahl der Kommentare + Shares + Nachrichten} / Reichweite
- *Diskussionsreichweite* (Conversation Reach) = Summe aller Diskussionsteilnehmer / kalkulierte Diskussionsteilnehmer
- *aktive Markenfans* (Active Advocates) = Anzahl der aktiven Markenfans (der letzten 30 Tage) / Summe aller Markenfans
- *Markenfaneinfluss* (Advocacy Impact) = Anzahl aller von Markenfans initiierten Diskussionen / Summe aller Markenfans
- *Lösungsrate* (Issue Resolution Rate) = Anzahl aller erfolgreich beantworteten Kundenanfragen / Anzahl aller Serviceanfragen
- *Bearbeitungsdauer* (Resolution Time) = Bearbeitungsdauer für eine Kundenanfrage / Summe aller Serviceanfragen
- *Zufriedenheits-Score* (Satisfaction Score) = Kundenfeedback {A, B, C ... n} / gesamtes Kundenfeedback
- *Topic Trends* = Anzahl aller spezifischen Trenderwähnungen / Anzahl aller Topic Trends
- *Stimmungsbarometer* (Sentiment Ratio) = {positive:neutrale:negative} Markenerwähnungen / Summe aller Markenerwähnungen

Da das Festlegen relevanter Kennzahlen und *Key Performance Indicators* (KPIs) in vielen Unternehmen noch immer Kopfschmerzen bereitet, sind hier einige Beispiele aufgelistet, wie Sie Ihr klassisches Marketingziel mit einem SMART-Ziel verknüpfen und welche Kennzahlen für die Messung nachher infrage kommen. Zusätzlich ist in Tabelle 2.3 der relevante KPI angegeben.

Marketingziele	SMART-Ziele	Messbarkeit
Markenbekanntheit steigern	Wir entwickeln eine reichweitenstarke Geschichte für Facebook. Wir pushen die Reichweite der Story zusätzlich durch Paid Media. Dadurch steigern wir unsere Bekanntheit um 30 % innerhalb der nächsten 3 Monate.	Beitragsreichweite, Shares, Nennungen KPI: Share of Voice

Tabelle 2.3 Von Marketingzielen zu genauen SMART-Zielen

Marketingziele	SMART-Ziele	Messbarkeit
Neukunden gewinnen	Mit Videos, die gezielt auf Such-Content gehen, erreichen wir auf YouTube 10.000 Views, von denen 5 % in den nächsten 12 Monaten neue Kunden werden.	KPI: Cost per Lead (Neukunden / Kosten für Videos)
Image verbessern	Mit einer gezielten Facebook-Kampagne möchten wir unsere Zielgruppe verjüngen und innerhalb der nächsten 12 Monate ein besseres Image bei den 16- bis 24-Jährigen erreichen.	Nennungen in der Zielgruppe, Sentiment in der Zielgruppe KPI: Sentiment Ratio
Kundenzufriedenheit erhöhen	Wir möchten mit einem Serviceangebot via WhatsApp unsere Kundenzufriedenheit in 6 Monaten erhöhen.	Antwortrate KPI: Satisfaction Score
Gewinnung neuer Mitarbeiter	Durch gezieltes Employer Branding und Recruiting in Social Media gewinnen wir in 3 Monaten mindestens fünf neue Mitarbeiter durch Social Media.	Anzahl neuer Mitarbeiter KPI: Social Recruiting Score

Tabelle 2.3 Von Marketingzielen zu genauen SMART-Zielen (Forts.)

2.7 Schritt 5: Inhalte konzipieren und Media einplanen

Glückwunsch. Nach den Schritten 1 bis 4 sind Sie nun bereit für den wichtigsten Schritt: die Inhalte zu konzipieren, zu planen und auf Ihren Social-Media-Kanälen zu verbreiten. Oft kommen Kunden genau an dieser Stelle zu uns. Sie haben bereits einen Facebook-Kanal, posten dort Ihre Inhalte, kommen aber nicht auf die gewünschten Engagements. Häufig liegt es daran, dass die Inhalte einfach nicht ansprechend sind. Bei der Content-Entwicklung für Social Media ist sehr viel Kreativität gefragt. Hochwertiger Content lebt von Authentizität und seiner ansprechenden Darstellung.

2.7.1 Die Content-Strategie

Um in Social Media erfolgreich zu sein, braucht es vor allem eines: gute Storys. Und an dieser Stelle hilft Ihnen Ihre Vision. Aus der können Sie nämlich eine *Core Story* ableiten, und aus dieser Core Story lassen sich dann unterschiedliche Themen und

Formate definieren (siehe Abbildung 2.10). Im Zentrum aller Ihrer Inhalte steht diese übergeordnete Story, die in jedem Social-Media-Beitrag erkennbar ist. Um eine Core Story für Ihr Unternehmen zu schreiben, begeben Sie sich in die Rolle eines Regisseurs, der ein Drehbuch schreiben will. Fragen Sie sich (unter Berücksichtigung all Ihrer Erkenntnisse über Ihre Zielgruppen und die Customer Journey natürlich), welche typische Reise Ihr Kunde durchläuft, bis er zu Ihnen kommt. Wie ist Ihr Held (Protagonist/Archetyp) gestrickt?

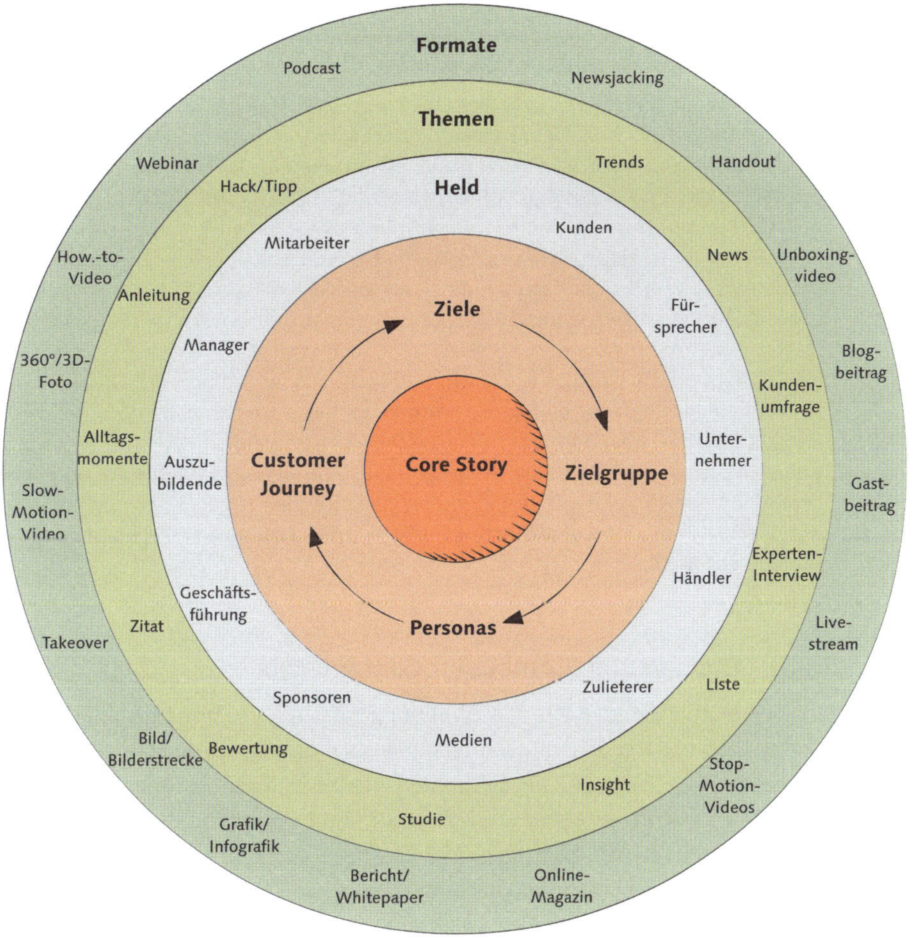

Abbildung 2.10 Das Core Story Canvas: Aus der Core Story ergeben sich Themen und Formate. (Grafik: eigene Darstellung, Umsetzung: Justus Wunschik, bfmg.de)

Ein Beispiel: Die typische Geschichte von eBay Business lautet so: Nate Victor ist noch an der Highschool, als er im Jahr 2000 damit beginnt, Hi-Fi fürs Auto online zu verkaufen. Er träumt davon, etwas aus seinem Leben zu machen, und startet sein Business ganz einfach mit eBay. Heute ist sein Unternehmen Sonic Elektronix überaus erfolgreich. Die Geschichte von Nate ist eBays Referenzgeschichte, die Core Story, die für etliche Business-Kunden steht. Dank eBay haben viele Anbieter vom Schlafzimmer aus ihr Business starten können. Wenn Sie die ganze Geschichte von Nate sehen wollen: eBay hat ihn unter dem Titel »eBay Thanks You – Sonic Electronix eBay« porträtiert (*http://www.youtube.com/watch?v=GTnl0YiRXwM*).

Marketing-Take-away: Was ist Content Marketing?

Content Marketing ist ein Marketingschlagwort und dabei gar nicht so neu. Lego startete bereits in den 1990er Jahren damit, Content Marketing zu nutzen und im Internet nützliche Informationen zu seinen Produkten anzubieten. Dennoch wurden in den letzten Jahren unzählige Beiträge, Whitepaper und Bücher veröffentlicht, wie man mit hochwertigen Inhalten relevante Kunden erreicht, sie aktiviert und involviert. Woran liegt das? Nicht zuletzt haben weitreichende Updates des Google-Algorithmus und das veränderte Kaufverhalten dazu geführt, dass Content Marketing immer stärker als eigene Online-Strategie definiert wird. Unternehmen müssen Content zur Verfügung stellen, um im Web gefunden und von Usern auch in sozialen Netzwerken geteilt werden zu können. Die Inhalte sind nicht werblich, sondern informativ und wollen den Nutzern einen Mehrwert bieten. Sie werden auf der Unternehmens-Website, in Blogs und auf Social-Media-Plattformen verbreitet. Ebenso werden Inhalte in Form von E-Books, Whitepapers, Videos und Newslettern zur Verfügung gestellt. Mit Content Marketing sind also immer die Ziele verbunden, neue Kunden zu gewinnen und bestehende Kunden zu halten. Content Marketing für Social Media ist nur ein Teilgebiet des gesamten Content Marketings.

2.7.2 Themen und Formate im Content-Mix

Im vierten und fünften Kreis von Abbildung 2.10 sehen Sie mögliche Themen und Formate. Keine Sorge, Sie müssen nicht alles davon umsetzen. Fokussieren Sie sich auf drei bis vier Themen, die Sie immer wieder in Ihren Postings behandeln. So generieren Sie stringente und erwartbare Content-Formate mit einem hohen Wiedererkennungswert. Sie können sich auch nur einem Thema widmen. Schauen Sie sich z. B. einmal die Posts von Fernet Branca an, die ihren Markenclaim »Life is bitter« mit nur einem einzigen Format kommunizieren und damit überaus erfolgreich sind. Fernet Branca steckt die meiste Kraft in die Kreation seiner Posts und parodiert dabei vor allem den Zeitgeist von Social Media in Social Media (siehe Abbildung 2.11).

Abbildung 2.11 Fernet Branca parodiert mit seinem Markenclaim »Life is bitter« den Zeitgeist von Social Media. (Quelle: http://www.facebook.com/FernetBrancaDeutschland)

Legen Sie Schwerpunktthemen für Ihre unterschiedlichen Social-Media-Kanäle fest. Zum Beispiel entscheiden sich viele Unternehmen, auf Facebook eher Trends und Alltagsmomente zu posten, bei Instagram den Fokus auf Produkte zu legen und in LinkedIn und XING Studien und Analysen zu veröffentlichen. Das Ziel eines Contents kann aber auch sein, Traffic von Facebook auf den eigenen Blog oder die Landingpage herüberzuziehen, damit die User auf Ihrem Blog Ihre E-Mail-Adresse hinterlegen. Dann muss natürlich alles aufeinander abgestimmt sein. Facebook-Post, Leadmagnet auf dem Blog (z. B. kostenloses Whitepaper) und anschließend Upselling über einen Online-Kurs. Welche Inhalte sich für welchen Kanal besonders eignen, erklären wir in Kapitel 3, »Facebook«, Kapitel 4, »YouTube«, Kapitel 5, »Instagram«, Kapitel 6, »Pinterest«, Kapitel 7, »Messenger Marketing«, Kapitel 8, »Twitter«, Kapitel 9, »Blogs – Ihre Social-Media-Zentrale«, Kapitel 10, »Podcasts«, Kapitel 11, »Experte sein auf XING und LinkedIn«, noch einmal genau.

2.7.3 Mobile-only-Content

Social Media sind nur deshalb so erfolgreich, weil es Smartphones gibt, oder haben Sie schon einmal versucht, auf Ihrem alten Nokia einen Instagram-Post anzusehen? Social Media werden von 75 % der User mobil genutzt, bei Instagram sind es 100 %, bei Facebook mitunter 95 % mobile Nutzung. In Social Media gilt daher nicht *Mobile first*, sondern *Mobile only*. Kreieren Sie Inhalte, die zu 100 % auf Smartphones funktionieren.

Was ist das wichtigste Gut für einen Social-Media-Nutzer? Der Faktor Zeit. Wir sitzen nicht mehr vor unseren Fernsehern mit Fernbedienung und TV-Programm. Wir leben in einer On-Demand-Kultur, und überall lauern interessante Angebote und regelrechte Aufmerksamkeitskiller. Das Social Web ist überfrachtet mit Inhalten, die dem Nutzer Zeit rauben. Was müssen Sie also tun? *Interessant ablenken*. Deshalb müssen Ihre Videos auf den ersten Blick überzeugen (siehe Abbildung 2.12).

Abbildung 2.12 Das ZDF-Video holt die User gleich zu Beginn des Videos ab.

Übrigens: Bilder und Grafiken können innerhalb von einer Zehntelsekunde verstanden werden und funktionieren oft weitaus besser als Videos. Laut einer Studie der Universität Rostock sollten Unternehmen übrigens nicht auf Videos in Social Media setzen.[13] Sie führen laut der Studie zu weitaus weniger Reaktionen und schmälern die Markenidentität, da sie nur »so nebenbei konsumiert« werden. Marken wie die BVG, easyJet und Fernet Branca machen vor, wie man mit einer klaren Botschaft auf einem Bild Viralität erzeugt. Empfohlen sind daher Bilder mit Texten, mit denen sich sofort Emotionen übertragen lassen.

2.7.4 Radikal relevante Inhalte mit Storytelling

Unternehmen rufen immer dann nach »mehr Relevanz«, wenn die Inhalte nicht funktionieren. Doch bevor Sie nach Relevanz schreien, fragen Sie sich doch einmal selbst, ob Sie den Post über die zehn neuen Azubis selbst teilen würden oder ob Sie das Video »Wir wünschen Ihnen eine schöne Weihnachtszeit« auch spannend finden. Wie wäre es stattdessen mit Ihrer persönlichen Neujahrsansprache oder einer Mitarbeiterstory »Vom Azubi zum Abteilungsleiter«? Oft liegen Welten zwischen den Inhalten, die Ihre Zielgruppe spannend findet und dem, was Sie als relevant erachten. Es stimmt, Sie brauchen relevante Inhalte oder besser gesagt: Sie brauchen *radikal relevante Inhalte*. Das ist die Schnittmenge aus den Themen, an denen Ihre Zielgruppe interessiert ist (kurzweiliger Content, unterhaltsame Storys) und den Themen, bei denen Sie wirklich authentisch sind. Und es gibt nur eine Sache, die Ihnen dabei hilft, zu relevanten Inhalten zu gelangen: Storytelling.

Ganz egal, ob Sie ein großes Unternehmen in München oder ein Qi-Gong-Lehrer aus Werder sind, Sie profitieren beide von Storytelling. Unternehmen können heute nur noch am Markt erfolgreich sein, wenn sie spannende Geschichten erzählen. Denn Geschichten sind die einzige Möglichkeit, die Aufmerksamkeit der Kunden zu gewinnen. Seit 25.000 Jahren erzählen sich Menschen Geschichten, früher am Lagerfeuer, heute im Café oder im Social Web. Bevor es Bücher gab, waren Geschichten ein probates Mittel, um Wissen weiterzugeben (»Wenn du jemandem etwas erklären willst, dann erzähle ihm eine Geschichte«). Geschichten ermöglichen einen leichten Einstieg, selbst in komplexe Themen, da sie immer nach dem gleichen Muster (Held, Konflikt, Auflösung) erzählt werden. Diese Erzählstruktur lernen Menschen bereits im Kindesalter, wenn sie die Märchen der Gebrüder Grimm erzählt bekommen. Und an diese Erzählstruktur kann das Gehirn leichter anknüpfen.

13 internetworld.de, 2018, »Social Networks: Unternehmen sollten nicht auf Video-Content setzen«: *http://www.internetworld.de/social-media/zahlen-studien/social-networks-unternehmen-video-content-setzen-1460400.html*

Marketing-Take-away: Red Bulls Marketingstunt

Das bekannteste Beispiel für Storytelling in Social Media ist Red Bull. Die Macher des Energy-Drinks konnten mit dem Stratosphärensprung Felix Baumgartners ihre Kunden emotional erreichen und eine Welle der Begeisterung auslösen. Red Bull schaffte es am 14.12.2012, 8 Mio. Zuschauer vor die Bildschirme zu locken, um den Jahrhundertsprung des Extremsportlers Baumgartner live mitzuerleben. Warum? Weil es eine packende Story ist, bei der Felix Baumgartner zum Helden wird. Die Kosten für Red Bull Stratos belaufen sich laut Schätzungen auf 50 Mio. €. Es wurde mehrfach hinterfragt, ob Aufwand und Marketingnutzen in einem angemessenen Verhältnis zueinander stehen. Laut Berichten von Meedia hat sich der Marketingstunt jedoch gelohnt. Der Erfolg wird auf eine Summe im »mehrstelligen Millionenbereich« geschätzt. Außerdem war der Stunt die erste Live-Sendung, die online mehr Zuschauer als über das Fernsehen erreichte. Was das Social Web betrifft, so hat Red Bull mit Baumgartner Marketinggeschichte geschrieben. Die »Horizont«-Leser wählten Red Bull Stratos zum TV-Event 2012.

2.7.5 Die Vorteile des Storytellings

Verstehen Sie Storytelling nicht falsch. Es geht nicht um Märchenstunde in Social Media, sondern um Marketing! Geschichten können vor allem Komplexität reduzieren. Informationen über Produkte und Dienstleistungen können so wesentlich leichter an den Kunden herangetragen werden. Ein erklärungsbedürftiges Produkt, eine komplexe Dienstleistung mit hohem Kaufrisiko kann somit vereinfacht dargestellt und für den potenziellen Kunden verständlich aufbereitet werden. Geschichten tragen aber nicht nur positiv zum Produktverständnis bei, sondern auch zur Erinnerung. Wenn eine Dienstleistung oder ein Produktkauf einmal mit einer Geschichte verknüpft wurde, wird das so schnell nicht wieder vergessen. Geschichten sind aber auch deshalb wichtig, da die Konsumenten Produkte mit einer einzigartigen Philosophie und einem guten Lebensgefühl kaufen möchten. Storytelling ist eine geeignete Methode, um das zu bedienen, über eine Geschichte, die emotional, sinnstiftend und verständlich zugleich ist. Storytelling ist also auch eine Methode, um Produkte und Services emotional aufzuladen:

- Die Erzählstruktur von Geschichten wird schon in der frühen Kindheit erlernt und gespeichert.
- Geschichten werden immer nach dem gleichen Muster erzählt und sind emotional aufgeladen.
- Geschichten reduzieren Komplexität und erleichtern den Einstieg in ein Thema.
- Geschichten erleichtern die Entscheidungsfindung beim Konsumenten.
- An Geschichten können wir uns 22-Mal besser erinnern als an reine Fakten. Gut erzählt, erhöhen Sie die Markenerinnerung.
- Geschichten haben virales Potenzial.

Marketing-Take-away: Überzeugen Sie mit Storytelling

Die größte Stärke von Storytelling liegt in der Überzeugungskraft. Mit Storytelling können Sie Geschäftspartner überzeugen, Mitarbeiter überzeugen und Kunden davon überzeugen, Ihr Produkt zu kaufen. Ein guter Verkäufer ist der, der Geschichten erzählt, nicht wahr? Doch verwechseln Sie Storytelling nicht mit Imagefilmen oder Produktgeschichten im Erklärfilmformat. Wenn Sie gute Geschichten erzählen wollen, beachten Sie Folgendes:

1. Jede gute Story bedarf eines Grundes, erzählt zu werden. Sie brauchen eine emotional bedeutende *Ausgangssituation*.
2. Jede Story bedarf eines *Helden*. Herausragende Storys im Social Web (HORNBACH – Herrenzimmer, Edeka – #Heimkommen, VW – The Dark Side) werden von einem sympathischen oder polarisierenden Helden getragen.
3. Jede Story bedarf eines *Konflikts*. PR und Marketing reden ungern über Konflikte, aber in Geschichten lieben wir Konflikte.
4. Jede Story bedarf der *Aufmerksamkeit*.
5. Jede Story bedarf der *Viralität*. Ein schlauer Plot arbeitet sich zu einem Höhepunkt hin, verrät aber immer nur so viel, dass der Zuschauer dranbleibt.

In Social Media lassen sich Geschichten auch innerhalb weniger Sekunden erzählen. Das wichtigste Format ist gerade einmal 15 Sekunden lang. Genau, gemeint sind Instagram Stories, Facebook Stories und Snaps. Hier haben Sie nicht viel Zeit, um Held, Konflikt und Ereignisse zu etablieren und müssen schnell auf den Punkt kommen. Reihen Sie Ihre Story-Snippets zu einer großen Story aneinander.

In Abschnitt 4.4, »Storytelling«, erläutern wir, wie Sie Geschichten erzählen, wie Sie einen Helden erschaffen, Konflike einweben und daraus eine unerwartete Handlung machen, die für Aufmerksamkeit im Social Web sorgt.

2.7.6 Best Practice Dr. Bronner's: von der Vision zu User Generated Content

Spätestens jetzt fragen Sie sich: »Wie sollen wir das bewerkstelligen? Woher nehmen wir diesen Content?« Das sind berechtigte Fragen, denn die Bilderstellung und Content-Generierung nimmt viel Zeit in Anspruch. Aber es gibt eine Lösung. Wenn Sie Ihre Vision glaubwürdig vermitteln, danken es Ihnen Ihre Kunden mit Produktbildern, dem sogenannten *User Generated Content*. Ein Beispiel: Die Vision der Seifenherstellers Dr. Bronner's lautet:

> *»Mit Dr. Bronner's kannst Du jeden Tag dazu beitragen, die Welt ein kleines Stückchen besser zu machen. ›We are All-One or None!‹«*

Und damit ist es dem Unternehmen wirklich ernst. Dr. Bronner's Europa-Chef Axel Rungweber formulierte es im brandeins-Interview (Heft 01 Januar 2018) gar noch deutlicher: »Im Grunde geht es uns nicht darum, Seife zu verkaufen. [...] Wir wollen Geld verdienen, um damit etwas zu verändern.« Wie kommt Dr. Bronners nun von dieser Vision zum Absatz seines Produkts? Dr. Bronner's verbindet geschickt Offline- und Online-Marketing und spricht vor allem dort, wo ihre Kunden sprechen. Deshalb initiieren Sie eigene Events wie den »Sea Shepherd Meeresschützertag« und akzentuieren im direkten Gespräch ihre Vision. In Social Media ist Dr. Bronner's die Interaktion mit seinen Kunden und deren Content wichtiger als die reine Reichweitengenerierung. Dieser Kommunikationsansatz, gepaart mit Mundpropaganda, Guerilla-Aktionen und ökosozialen Events, beschert dem Unternehmen Bilder von Kunden, die beispielsweise auf Instagram geteilt wurden. Dieser User Generated Content ist überaus hilfreich, denn er liefert authentische Inhalte von Kunden aus deren ganz persönlicher Nutzerperspektive. Zudem haben Bilder von Kunden den positiven Nebeneffekt des Social Proofs. Viele Kundenbilder deuten auf viele zufriedene Kunden hin.

Abbildung 2.13 Dr. Bronner's nutzt die Bilder seiner Kunden für authentische Produktkommunikation und macht seine Produkte dadurch noch beliebter. (Quelle: http://www.instagram.com/p/BV1fYrIDQhq)

Dr. Bronner's folgt damit dem aktuellen Trend des *Advocacy Marketings*, der Rückbesinnung auf die Stärke tatsächlicher Kundenmeinungen und Empfehlungen im Social Web, anstatt auf Macro-Influencer mit enormer Reichweite, aber geringer Glaubwürdigkeit zu setzen. Nutzen Sie schon die zufriedenen Kundenmeinungen und User Generated Content für Ihr Empfehlungsmarketing? Noch nicht? Dann wird es allerhöchste Zeit!

2.7.7 Die Influencer-Strategie

Erfolgreiches Markenbranding im Social Web kommt heute nicht mehr ohne Influencer Relations oder Influencer Marketing aus. Große Marken und Unternehmen wie Audi, WWF oder TUI arbeiten kontinuierlich mit Influencern zusammen, laden sie zu Vorveröffentlichungen ein, machen einmalige Kampagnen mit ihnen und bauen sich so über die Jahre eine gute Beziehung zu ihren Influencern auf. Influencer sind Personen, die andere Personen aufgrund ihrer Reichweite, ihres Status oder ihrer Berühmtheit beeinflussen (Influencer ist dem englischen Wort *influence*, dt. »Einfluss«, entlehnt). Am besten kann man den Effekt von Influencern bei Lifestyle-Produkten beobachten. Erst wenn Stars, Promis, Musiker und eben Menschen mit einem hohen Einfluss im Social Web eine bestimmte Marke tragen, wird sie zum Trend.

Diesen Prozess kann man auch bei Innovationen, vor allem technischen Innovationen, beobachten. Zur Verbreitung und Alltagsintegration neuer Technik tragen in den unterschiedlichen Stadien unterschiedliche Gruppen bei (sogenannte *Diffusionstheorie*). Zuerst probieren, testen oder kaufen die *Innovatoren* die neuen Produkte oder Technologien. Danach folgen die *Early Adopters* (frühzeitigen Anwender), danach die *Early Majority* (frühe Mehrheit), danach die *Late Majority* (späte Mehrheit) und schließlich die *Late Adopters* (Nachzügler). Influencer können je nach ihrem Themenschwerpunkt in allen Phasen für Kampagnen gebucht werden. Es kommt auf das Produkt an. Fakt ist: Damit Influencer über Sie sprechen oder schreiben, müssen Sie ihnen etwas bieten: monetäre Anreize, Reputation (indem Sie in Aussicht stellen, dass das Bild auf die Social-Media-Kanäle der Marke kommt), Status und Anerkennung.

Google Nexus XP Influencer Outreach

Für die Markteinführung des Google Nexus XP Smartphones nutzte Google Influencer Marketing. Das Unternehmen sprach einflussreiche Geschäftsleute in Deutschland an, die ihr Business vor allem mit dem Smartphone organisieren. Da GeschäftsführerInnen ohnehin schon wenig Zeit haben und viele E-Mails im Tagesgeschäft untergehen, überlegte sich Google etwas Besonderes für ihre Zielgruppe. Google ließ die Influencer mit dem »Nexus-Shuttle« während ihrer Geschäftsreisen abholen und überreichte ihnen ihr ganz persönliches neues Google Nexus XP. Die »Taxifahrten« von A nach B boten genügend Zeit, um sich mit dem neuen Smartphone auseinanderzusetzen und direkt Feedback zu geben. Mit Erfolg: Die CEOs waren begeistert und zogen es sofort in Betracht, zu einem Android-Smartphone zu wechseln. Ihre positiven Eindrücke teilten sie in Social Media mit ihren Fans und Followern. Das gesteigerte Markenbewusstsein konnte man an den Erwähnungen von Google Nexus XP im Social Web messen.

2.7.8 Die fünf Influencer-Typen

Einen sehr guten Eindruck vom Einfluss der Influencer liefert das Video mit dem gleichnamigen Titel »Influencers«: *http://vimeo.com/16430345*. In dem kurzweiligen Video erfahren Sie, welchen Einfluss Kreative, Künstler, Blogger, Sportler auf Trends haben und wie sie es schaffen, einen Trend, der noch nicht im Mainstream angekommen ist, in das Bewusstsein der Menschen zu rücken und dabei Märkte zu verändern. Influencer sind Markenbotschafter. Das können Celebritys sein oder aber YouTuber, die sehr stark vernetzt sind und dadurch Einfluss haben.

Influencer gibt es sowohl offline als auch online. Die WOMMA definiert in ihrem aktuellen »Influencer Guidebook 2013« fünf Arten von Key Influencern (*http://de.slideshare.net/svenmulfinger/womma-influencer-guidebook-2013-pdf*):

1. *Advocates:* Markenfans, die gerne über ihre Lieblingsmarke sprechen und sich sehr markenloyal verhalten. Freunde und Bekannte wissen, dass sie Fan dieser Marke sind, und wenden sich bei konkreten Fragen zum Produkt direkt an sie.
2. *Ambassadors:* Unternehmens- oder Markenbotschafter. Das können Mitarbeiter, aber auch Blogger sein.
3. *Citizen Influencers:* Personen, die offline und/oder online sehr vernetzt sind, einen großen Freundeskreis haben und in Social Media sehr aktiv sind. Ihr Einfluss tritt jedoch eher in Kohorten auf, z. B. mehrere Personen berichten gleichzeitig über einen neuen Trend in Facebook. Der Unterschied zu den Advocates ist, dass Citizens nicht per se Fan einer Marke sind, sondern aufgrund ihrer starken Vernetzung einen enormen Einfluss haben.
4. *Professionals/Occupational Influencers:* Personen, die ihren Einfluss durch ihre Karriere erreicht haben, z. B. Steve Jobs oder Sheryl Sandberg
5. *Celebrity Influencers:* Promis, Stars, Musiker, Schauspieler, die Aufmerksamkeit für die Marke (Brand Awareness) online und offline erzeugen

2.7.9 Micro-Influencer vs. Marco-Influencer

Nach dem Hype um Influencer Marketing differenziert sich die Branche nun zunehmend aus. Eine der wichtigsten Entwicklungen der letzten beiden Jahre ist die Unterscheidung in Macro-Influencer mit sehr viel Reichweite und Micro-Influencer (auch Nischen-Influencer genannt) mit geringerer Reichweite, aber dafür mit Themenführerschaft. 2018 gibt es eine klare Rückbesinnung auf die Advocaten, die Fürsprecher und Lieblingskunden des Unternehmens. Sie sind als Marken- und Unternehmensbotschafter weitaus authentischer als Influencer mit enormer Reichweite – und absoluter Beliebigkeit. Bei Lifestyle-Produkten ist das noch hinnehmbar, aber wie authentisch ist es, wenn DagiBee für eine Finanzprodukt Werbung macht? Die Follower entlarven das sofort als bezahlte Kooperation. *Advocacy Marketing* lautet das Buzzword im Bereich Influencer- und Empfehlungsmarketing.

2.7.10 Die richtigen Influencer finden

Was zeichnet einen digitalen Influencer aus? Ab wann übt ein Nutzer Einfluss auf einen anderen Nutzer aus? Der Altimeter Report »The Rise of Digital Influence« gibt diesbezüglich Auskunft. Laut Altimeter ist das soziale Kapital der Person ein ganz entscheidender Faktor für Influence. Soziales Kapital ist der Katalysator für den Einfluss des Nutzers. Soziales Kapital bezieht sich auf die Beziehungen zwischen Personen und das Netzwerkpotenzial im Freundes- und Bekanntenkreis. Soziales Kapital in Bezug auf Digital Influence kann man anhand von drei Säulen festmachen: Reichweite, Relevanz und Resonanz, wobei Reichweite und Relevanz die Resonanz beeinflussen (siehe Abbildung 2.14).

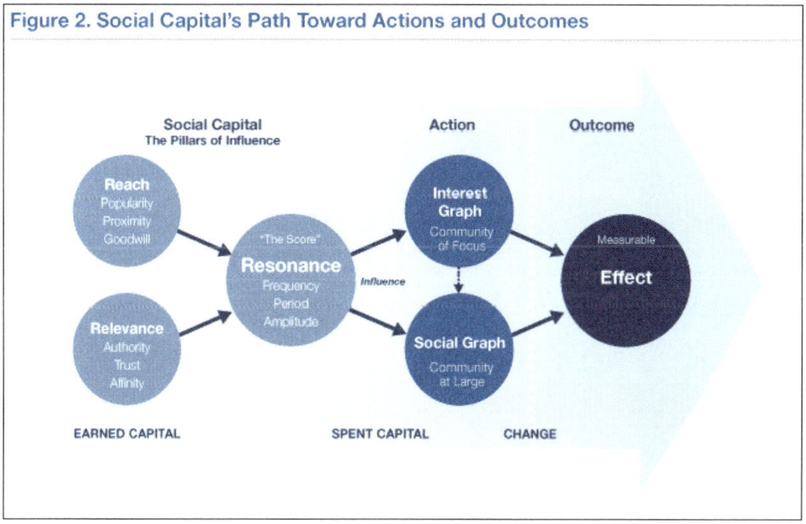

Abbildung 2.14 Digitale Influencer erzeugen durch Reichweite und Relevanz Resonanz im sozialen Netzwerk. (Quelle: Brian Solis, Altimeter, 2012, »The Rise of Digital Influence«, http://de.slideshare.net/Altimeter/the-rise-of-digital-influence)

Reichweite ist also nicht das einzige wichtige Merkmal von Influence. Gemeinsam mit der Relevanz, die durch das Vertrauen in die Person, die allgemeine Autorität der Person und die Themenaffinität (Häufigkeit der Beiträge über ein bestimmtes Thema) beeinflusst wird, bilden sie die Grundlage für Resonanz im Netzwerk, und nur dann kommen tatsächlich messbare Effekte in großen Communitys oder Spezial-Interest-Communitys zustande. Diese Darstellung von Altimeter hilft Ihnen, Ihre Influencer einzuteilen. Große Unternehmen arbeiten bereits mit selbst entwickelten Influencer-Scorings und teilen die User nach diesen Parametern ein. Ohne einen gut sortierten Pool an Influencern, die Sie erreichen möchten, riskieren Sie, wertvolle Zeit zu verlieren, da Ihre Influencer möglicherweise veraltet, irrelevant, am falschen Standort oder nicht empfänglich sind für PR- oder Marketinganfragen. Wie Sie Influencer auf Instagram systematisch ansprechen und welche Plattformen und Tools dabei relevant sind, zeigen wir Ihnen in Kapitel 5, »Instagram«.

2.7.11 Planen Sie Mediabudget ein

Das Zusammenspiel in einem Satz zusammengefasst: Ohne Owned Media keine Paid Media und ohne Paid Media keine Earned Media (siehe Abbildung 2.15). Sie brauchen Paid Media, um Ihren Content zu verbreiten und um für Gespräche und Engagement (Likes, Kommentare, Shares, Klicks) zu sorgen. Damit Ihre Social-Media-Maßnahmen in Social Media von Erfolg gekrönt sind, brauchen Sie eine *gute Story*, die es wert ist, erzählt zu werden *und Media Budget*.

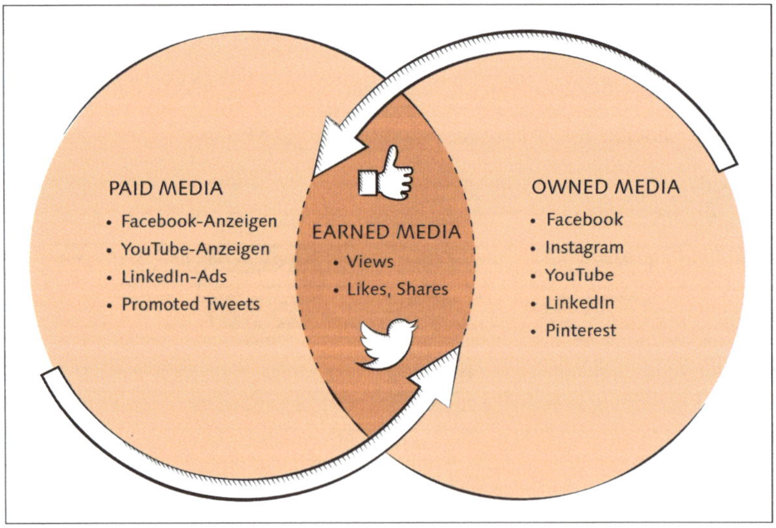

Abbildung 2.15 Nur ein Zusammenspiel aus Paid, Owned und Earned Media führt zu Reichweite und Engagement. (Grafik: Justus Wunschik, bfmg.de)

Erinnern Sie sich noch an den Spot von immowelt, den wir im ersten Kapitel vorgestellt haben? Auch dieser Spot wurde mit Pre-Rolls in YouTube beworben. Sie sehen also. Auch virale Spots kommen ohne Anschub und Seeding nicht mehr aus. Den richtigen Einsatz von Mediabudget für Ihre Inhalte erklären wir in Kapitel 3, »Facebook«, Kapitel 4, »YouTube« und Kapitel 5, »Instagram«. Jedes Social Network verfolgt eigene Mechaniken, die Sie beachten müssen.

2.8 Schritt 6: Erfolg messen und Maßnahmen analysieren

Eine der wichtigsten Fragen, die Social Media Marketing nach sich zieht, ist die Frage nach dem Erfolg. Damit Sie Erfolg messen können, müssen Sie, wie auch im klassischen Controlling, Ziele definieren. Bei der Erarbeitung Ihrer Strategie haben Sie ja bereits Ihre Ziele festgelegt. Diese Ziele können Sie nun anhand von Kennzahlen messen und davon *Key Performance Indicators* (kurz KPIs) ableiten.

2.8.1 Die KPI-Pyramide

Mit KPIs können Sie die Gespräche im Social Web messen. In Abbildung 2.16 sehen Sie die KPI-Pyramide von Andreas Köster von *http://www.monitoring-blog.de*. Er teilt die KPI-Erhebung in drei Ebenen ein. Auf der ersten Ebene sind simple Kennzahlen wie Likes, Follower, Fans, die man einfach ablesen und täglich vergleichen kann.

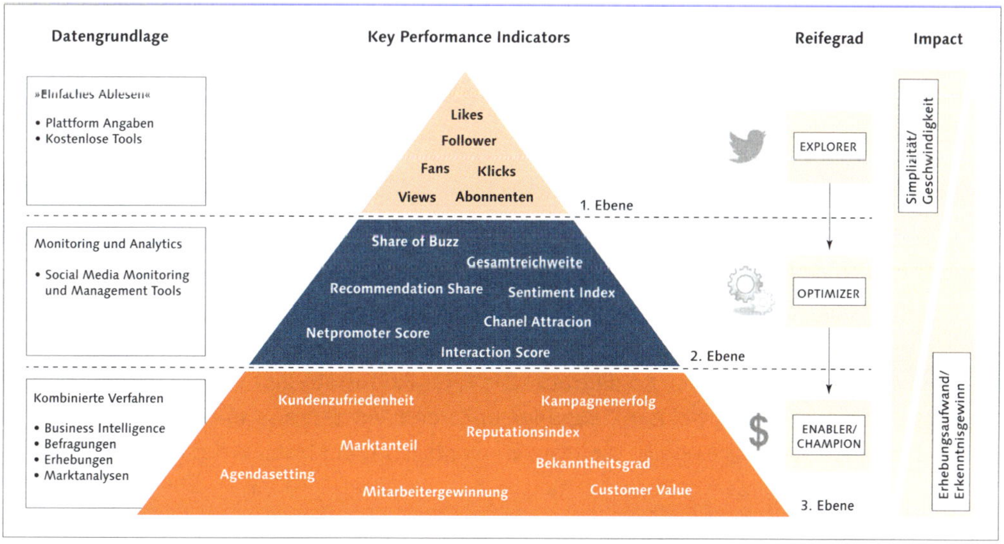

Abbildung 2.16 Die KPI-Pyramide von Andreas Köster zeigt, wie sich Key Performance Indicators quantitativ und qualitativ unterscheiden. (Quelle: www.monitoring-blog.de/2012/12/social-media-erfolgsmessung-schematische-kpi-pyramide)

Auf der zweiten Ebene sind die anspruchsvolleren KPIs gelistet, wie z. B. *Sentiment Index*, *Netpromoter Score*, *Share of Voice* (*Share of Buzz*). Es handelt sich immer um einen Verhältniswert, der mit Zahlen über einen bestimmten Zeitraum erhoben wird. Dafür benötigen Sie Monitoring- und Measurement-Tools oder müssen sie mühevoll selbst berechnen. Auf der letzten Ebene der KPI-Pyramide sind die anspruchsvollen KPIs gelistet, die nur durch Zahlen aus dem Management und allen Abteilungen berechnet werden können.

Marketing-Take-away: Share of Voice

Der *Share of Voice* (auch »Share of Buzz«) ist ein Indikator aus der klassischen Werbung und wird dort aus der Anzahl der Zielgruppenkontakte durch eigene Werbung geteilt durch die Anzahl der Zielgruppenkontakte durch Werbung in der Branche berechnet. Er wurde auf Social Media Marketing entsprechend übertragen.

2.8.2 Erfolg überprüfen – haben Sie Ihre Ziele erreicht?

Mit der KPI-Pyramide lassen sich vor allem Kampagnen messen. Wenn Sie den Kundendialog, die Reichweite und das Community-Engagement messen wollen, verwenden Sie den *Share of Voice*, das *Engagement* (Likes, Kommentare, Klicks) und die *Diskussionsreichweite*. Wollen Sie Markenloyalität, Brand Advocacy und den viralen Erfolg Ihrer Kampagne messen, verwenden Sie die Indikatoren *aktive Markenfans*, *Einfluss der Markenfans* und *Markenfaneffekt*. Für die Qualität Ihres Service und die Verbesserung Ihres Kundensupports messen Sie die *Lösungsrate*, die *Bearbeitungsdauer* und den *Zufriedenheits-Score*. Und um den Grad Ihrer Innovation zu messen, verwenden Sie den KPI *Topic Trends* und den *Ideeneffekt*. Weitere Messgrößen sind: Stimmungsbarometer zur Bestimmung des Sentiments (Stimmungsanalysen: positiv, negativ, neutral), der Online-Reputation (*Net Reputation Score*) und der digitalen Mundpropaganda (*Social Influencer Score*).

Sie fragen sich jetzt vielleicht, welcher KPI sich am besten zum Messen Ihrer Social-Media-Aktivitäten eignet und welche Tools Sie zur Messbarkeit einsetzen können. Für den Anfang empfiehlt sich der Vergleich der Engagement-Rate (auch Interaktionsrate) mit der der Konkurrenz. Die Interaktionsrate gibt Auskunft darüber, wie gut der Content bei der Zielgruppe ankommt. Anstatt also nur auf die Reichweite einer Facebook-Seite zu schielen, können Sie mit der Interaktionsrate das Community-Engagement und die Content-Performance vergleichen. Sie können diesen KPI mit Measurement-Tools erheben oder selbst berechnen. Die Interaktionsrate berechnen Sie, indem Sie alle Likes, Kommentare und Shares einer Seite durch die Anzahl der Fans teilen.

Tipp: die durchschnittlichen KPI-Benchmarks mit der Konkurrenz vergleichen

Um Vergleiche anstellen zu können, sind natürlich Vergleichswerte und Orientierungswerte (*Benchmarks*) nötig. In der noch jungen Disziplin Social Media Marketing sind Benchmarks erst wenig etabliert. Aus Studien und Tests wissen wir, dass der Cost-per-View für Videos in Facebook und YouTube zwischen 0,01 € und 0,10 € liegt. Je nach der Art des Videos (epischer Spot, Video-Snippet, Erklärvideo) kann er auch teurer sein und bis zu 0,40 € pro View betragen. Die Kosten für eine Interaktion (Cost per Enagement, CpE) liegen häufig zwischen 0,20 € und 0,80 € im Durchschnitt. Auch hier kommt es wieder auf die Interaktion an, auf die Sie abzielen. Likes sind günstiger als Kommentare und Nachrichten. Die Kosten pro Klick liegen im Durchschnitt bei 0,40 € bis 0,70 €. Sie wollen Ihren Erfolg in Social Media mit der Konkurrenz vergleichen? Dann nutzen Sie die durchschnittlichen Anzeigenwerte in Facebook. Ein Beispiel: Ihr Konkurrent A postet auf Facebook Videos und Bilder. Mit den Videos hat er insgesamt im Monat Mai 20.000 Views generiert (Views können Sie einfach ablesen). Sie rechnen mit einem durchschnittlichen Cost-per-View von 0,10 €. Der Konkurrent hat also 2.000 € für seine Videos an Mediabudget im Monat Mai ausgegeben. Dann zählen sie alle Interaktionen des Konkurrenten aus, die er mit Bildern und Grafiken gemacht hat. Sie zählen insgesamt 1.200 Engagements (Likes, Shares und Kommentare) und können mit einem durchschnittlichen CpE von 0,30 € den Mediaspend berechnen (360 €). Ihr Konkurrent A hat also insgesamt 2.360 € Mediabudget für den Monat Mai ausgegeben.

2.8.3 Content evaluieren

Da die Basis des Social Media Marketings nun einmal Content ist, müssen Sie regelmäßig Ihren Content evaluieren. Hat er geleistet, was Sie wollten, oder nicht? Welche Formate haben gut funktioniert und welche nicht? Was nicht funktioniert, kann weg. Als Maß für den Erfolg Ihres Contents gelten Reichweite und Interaktionen. Jedes Netzwerk nutzt unterschiedliche Parameter für Reichweite. Vor allem muss man bei YouTube und Facebook zwischen Views und Reichweite unterscheiden. Facebook misst sowohl die Views als auch die Reichweite für ein Videos, bei YouTube sind es nur die Views. Bei den Interaktionen können Sie entweder den Wert der Interaktionen nehmen oder die Interaktionsrate messen (Interaktionen / Reichweite). Viele (kostenlose) Tools berechnen die Interaktionsrate, indem die Interaktionen durch die Anzahl der Fans geteilt werden. Das hat zwar den Vorteil, dass Sie sich sehr gut mit der Konkurrenz vergleichen können (einen Einblick in die Reichweite der Konkurrenz gibt es nicht), allerdings ist die korrekte Interaktionsrate immer Interaktionen geteilt durch Reichweite.

Neben Views und Reichweite können Sie Ihren Content auch im Hinblick auf Performance (Klicks, Nachrichten) hin untersuchen. Sie können z. B. Facebook nutzen, um gezielt Traffic auf Ihre Website zu bekommen und um dort E-Mails für Ihr Webinar, Whitepaper oder Handout zu sammeln. Wie das funktioniert, soll an dem

Beispiel von hepster skizziert werden. hepster ist eine Plattform für situative Versicherungen, d. h., Sie können speziell für Ihren Urlaub Ihr Fahrrad oder Snowboard versichern. Um Kunden dieses Angebot schmackhaft zu machen, erstellte hepster einen Blogbeitrag »Was Du für einen unbeschwerten Skiurlaub brauchst – mit Packliste«. Die Packliste gab es jedoch nicht umsonst, sondern nur per Download und unter Angabe der E-Mail (siehe Abbildung 2.17). 400 Downloads generierte hepster mit der kostenlosen Packliste, 29 davon schlossen nach dem anschließenden Upselling per E-Mail eine Versicherung ab.

Abbildung 2.17 Auf ihrem Blog lockt hepster mit einem kostenlosen Freebie. Die »Packliste« konvertiert anschließend direkt in Sales. (Quelle: http://www.hepster.com/blog/was-du-brauchst-skiurlaub-unbeschwert-mit-packliste/)

2.8.4 Der Medienäquivalenzwert zur Berechnung von Influencer Marketing

Es vergeht keine Woche, in der nicht eine große Tageszeitung über Influencer Marketing als dem neuen »Geschäft mit der Glaubwürdigkeit« (SZ, September 2016) berichtet oder jemand behauptet, Social Media Marketing heiße jetzt Influencer Marketing. Das stimmt so natürlich nicht. Doch bei allem Hype um Influencer Marketing ist bisher noch kaum jemand der Frage nachgegangen, wie man den Erfolg von Influencer Marketing oder Influencer Relations misst. Marketingabteilungen rätseln derweil noch über einen vergleichbaren KPI, um zu messen, was es wert ist, wenn ein Influencer auf seiner Facebook-Seite ein Bild mit einer Marke postet oder wenn eine reichweitenstarke Userin auf Instagram ein Foto von einem Produkt postet oder wenn ein User auf YouTube einen »Haul« hochlädt und darin auch Produkte von Unternehmen zu sehen sind.

Nehmen wir einmal an, Sie organisieren ein Event, etwa einen Pop-up-Store für vegane Kleidung, und wollen über Social Media Aufmerksamkeit für diesen Store über einen Zeitraum von 6 Wochen generieren. Sie laden Presse und Influencer zur Eröffnung ein und regen mit einem speziellen Hashtag, das Sie auf dem Event prominent auf Screens einblenden, dazu an, über das Event in Social Media zu berichten. Sie haben Erfolg. Auf den Social-Media-Profilen der Tageszeitungen und der Influencer erscheinen Posts von Ihrem Event. Wie lässt sich dieser Erfolg aber nun in eine Zahl übersetzen? Wie berücksichtigen Sie, dass nur ein Teil der Facebook-Fans das Posting gesehen haben? Ein Ansatz hierfür ist der *Medienäquivalenzwert*. Die Bewertung der Kommunikationsleistung berechnet sich danach, was es gekostet hätte, die gleiche Leistung (Reichweite und Engagement) zu Marktpreisen einzukaufen, z. B. per Anzeige bei einer Tageszeitung.

Für die Berechnung des Medienäquivalenzwertes müssen Sie »Müßiggang betreiben« und jedes einzelne Posting dokumentieren und die Interaktionen auszählen. Nehmen wir an, ein Onlineshop macht mit einem Influencer gemeinsame Sache. Der Influencer hat 26.000 Fans auf Facebook und teilt ein Foto mit dem Verweis auf den Onlineshop auf seiner Facebook-Seite. Um die Reichweite des Posts zu berechnen, geht man grundsätzlich davon aus, dass die Ausspielrate bei Facebook 8 % beträgt. Das bedeutet, ein Posting auf Facebook erreicht immer nur 8 % der Fans. Die Reichweite beträgt in diesem Fall also 8 % von 26.000 Fans, d. h. 2.080. Nun berechnen Sie den Bruttomediawert, d. h., wie viel Geld Sie hätten ausgeben müssen, um bei Facebook eine Reichweite von 2.080 Usern zu erreichen. Dafür können Sie den Facebook-Anzeigenmanager nutzen oder Durchschnittswerte, die Ihnen Ihre Marketingabteilung mitteilen kann. Ihr Marketing beziffert den TKP (Tausender-Kontakt-Preis)/CPM (Cost per Mille) beispielsweise mit 10 €. Sie hätten also 20,80 € (Bruttomediawert) ausgeben müssen, um 2.080 User anzusprechen. Äquivalent zur Online-Mediawertberechnung kommt nun ein redaktioneller Mehrwert vom Faktor 2 hinzu, d. h., Sie multiplizieren 20,80 € mit 2, ergibt 41,60 € Bruttomediawert. Für die Berechnung des redaktionellen Mehrwertes werden abschließend die Interaktionen des Posts bewertet. Insgesamt zählen Sie bei dem Post 250 Interaktionen, also Likes, Shares und Kommentare. Je 100 Interaktionen mit dem Post wird 1 % des redaktionellen Mehrwertes addiert. In diesem Fall ist es ein Plus von 2 %, also 2 % von 41,60 €, sind 0,83 €. Für das Posting des enorm-Magazins beträgt der Medienäquivalenzwert 41,60 € plus 0,83 € macht 42,43 €. Verglichen mit den Medienäquivalenzwerten aus der klassischen PR ist dieser Wert sehr gering. Die Berechnung des Medienäquivalenzwertes ist nur dann sinnvoll, wenn es sich um Influencer mit hohen Reichweiten handelt. Dennoch können gerade Nischeninfluencer mit geringeren Reichweiten mehr für Awareness, Engagement und Traffic sorgen, da sie authentischer sind.

2.8.5 Conversion messen

Wenn Sie jedoch messen wollen, wie sich Social Media auf den Online-Verkauf Ihrer Produkte ausgewirkt haben, bieten sich Conversion-Berichte vor allem bei Facebook an. In Verbindung mit dem Facebook-Pixel und Tracking-Parametern können Sie *Leadgenerierung* und *Conversion Rate* in Facebook und Instagram ganz genau messen. Die Conversion gibt Auskunft darüber, in welchem Maß die Vorgabe (z. B. Verkäufe) zum Erfolg geführt, »konvertiert«, hat. Sie können *Website-Conversions*, *Kaufbestätigungen*, *Registrierungen*, *Leads* (E-Mails), *Aufrufe von Schlüsselseiten*, *zum Einkaufswagen hinzugefügt* und *sonstige Website-Conversions* messen. Die häufigste Konversion ist die vom Besucher zum Käufer in Ihrem Onlineshop.

Wenn Sie messen wollen, wie sich Empfehlungen (Likes, Shares) in Social Media auf den Verkauf auswirken, wird es schon diffiziler. Die Parameter dafür lauten *Revenue per Share* (»Wie viel Gewinn machen wir pro geteilten Inhalt?«) und *Revenue per Like* (RPL), die Sie *pre-purchase*, also vor dem Kauf, oder *post-purchase*, also nach dem Kauf, berechnen können. Der Anbieter Eventbrite (ein Anbieter zur Vermarktung von Eventtickets in Facebook) erzielt beispielsweise einen Revenue per Share in Höhe von 2,53 US$ post-purchase und einen Revenue per Like in Höhe von 1,34 US$ pre-purchase (Quelle: F-Commerce, Syzygy, 2011).

2.8.6 Return on Investment

Die Frage nach dem *Return on Investment* (ROI) wird immer wichtiger, seit sich Social Media als eigenständige Marketingdisziplin etabliert haben. Denn schließlich müssen Marketingmanager und Agenturen begründen, wofür sie Geld ausgeben und was am Ende dabei herumkommt. Die Frage ist also berechtigt, doch sie wird falsch gestellt. Die Frage nach dem ROI von Social Media ist genauso irreführend wie die Frage nach dem ROI von Zeitungen. Der ROI ist kein Maß für Medien, sondern ein Wirtschaftsmaß, das den Gewinn von Investitionen zueinander ins Verhältnis setzt. Wenn Sie also nach dem ROI Ihrer Social-Media-Investitionen fragen, müssen Sie die Frage so formulieren: Wie haben sich unsere Investitionen in Social Media auf unsere Reputation (*Reputation Index*), den Bekanntheitsgrad unserer Firma (*Net Promoter Score*), unseren Customer Value, unsere Marktdurchdringung (*Market Share*) usw. ausgewirkt?

Unter einer Voraussetzung lässt sich der ROI ganz genau bemessen. Wenn Sie nicht gleichzeitig mehrere Kommunikations- und Marketingmaßnahmen laufen haben (Mundpropaganda lässt sich nie ausschließen) und nur ein Produkt haben. Nur wenn Sie eine Kampagne/Content haben, lässt sich ein kausaler Zusammenhang zwischen Absatz und einer konkreten Social-Media-Maßnahme herstellen. Das ist in den seltensten Fällen so, aber exemplarisch lässt sich der ROI einmal berechnen:

Sie setzen in Facebook eine Kampagne mit dem Ziel »Nachrichten« auf. Ihr Ziel ist es also, dass man Ihnen direkt in Facebook eine Nachricht schreibt. Sie locken den Kunden mit einem Whitepaper, an dem Sie zuvor 2 Tage gearbeitet haben (Aufwand 1.000 €). An Mediabudget setzen Sie 50 € ein und gewinnen 1 neuen Kunden für einen Auftrag über 3.000 €. Für diesen Auftrag arbeiten Sie oder Ihr Mitarbeiter 3 Manntage à 500 € = 1.500 €. Ihr Return on Investment beträgt also 450 €.

Marketing-Take-away: Der ROI der Old-Spice-Kampagne

»Old Spice« ist eine Parfümmarke von Proctor & Gamble, die etwas in die Jahre gekommen war und bei der Käuferschaft eher das Image eines Altherrendufts hinterließ. Deshalb schickten P&G im Februar 2010 während des Super Bowls in Amerika einen Spot ins Rennen (siehe Abbildung 2.18), der anschließend eine Welle der Begeisterung in Social Media auslöste. Das enorme Interesse der User, die das YouTube-Video in den ersten 5 Monaten über 16 Mio. Mal ansahen, machte aus dem Werbespot erst einen viralen Erfolg. In weiterer Folge wurde die Kampagne rund um den charmanten Schauspieler Isaiah Mustafa weiter ausgebaut, der mit Videoantworten auf die Fragen der User in Facebook und Twitter reagierte.

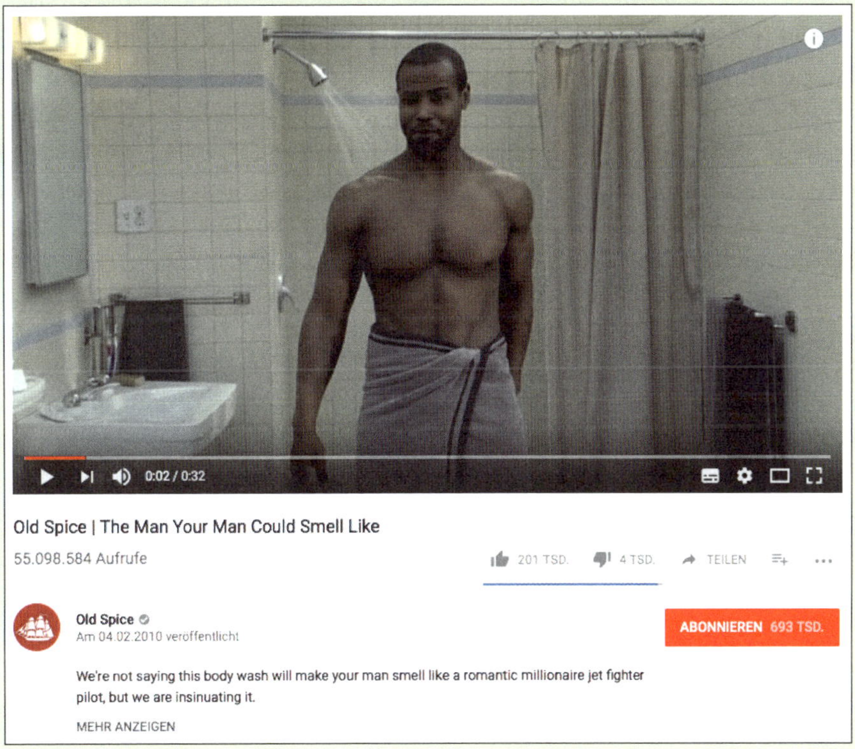

Abbildung 2.18 Der »Old Spice Man« wird als viraler Erfolg gefeiert, aber ist er auch ein Umsatzerfolg? (Quelle: http://bit.ly/OldSpice-YouTube)

Alle Old-Spice-Videos zusammen generierten in dieser Zeit eine Reichweite von 110 Mio. Views, die Interaktion auf der Facebook-Seite stieg um 800 %, die Anzahl der Follower in Twitter stieg um 1.000 %. Doch wie wirkte sich diese Vorzeigekampagne auf die Abverkaufszahlen von Old Spice aus? Der Umsatz des beworbenen Produkts »Red Zone After Hours« ging um 7 % zurück, während die Produktlinie des Old-Spice-Männerduschgels eine Umsatzsteigerung von 106 % im Juni 2010 verzeichnete. Von Juni 2009 bis Juni 2010 stieg der Umsatz dagegen nur um 8 %. Anzumerken ist außerdem, dass in dieser Zeit auch verkaufsfördernde Maßnahmen durch Gutscheine und Aktionen stattfanden, die den Umsatz zusätzlich beeinflusst haben.[14]

2.9 Schritt 7: Die Strategie anpassen

Der Beginn Ihres Social-Media-Engagements ist bereits der Anfang einer Erfolgsspirale nach oben. Die Erfolgsspirale kann nur gelingen, wenn Sie aktiv im Netz sind und messbare Ziele festlegen. Die berechneten Kennzahlen helfen Ihnen bei der Optimierung einzelner Kampagnen. Wenn Sie Kennzahlen messen, ohne vorher ein Ziel festgelegt zu haben, verringert sich die Aussagekraft, und die Erfolgsmessung verkommt zu einem Zahlenspiel. Achten Sie auch darauf, die richtigen und relevanten Zahlen für Ihre KPIs zu erheben.

Jedes Jahr ein neuer Kanal! Viele Unternehmen starten erst einmal mit einem Leitkanal (z. B. Facebook) und spiegeln die Inhalte auf ihre Begleitkanälen (z. B. Twitter und Instagram). Doch jedes Netzwerk funktioniert unterschiedlich und zieht andere Zielgruppen an. Die Mechaniken innerhalb der Netzwerke sind unterschiedlich. Bei Instagram können Sie über Hashtags auf Ihre Inhalte aufmerksam machen, bei Facebook funktionieren Hashtags wiederum gar nicht. Inhalte, die Sie im Instagram Feed posten, können Sie nicht gleichzeitig in Ihren Instagram Stories hochladen. Entwickeln Sie lieber für jeden Kanal eine Strategie, und zeigen Sie dort differenzierbaren Content für die jeweilige Zielgruppe. Um Kanalstrategien zu etablieren, können Sie das POST-Framework nutzen.

2.9.1 Nutzen Sie das POST-Framework

Das POST-Framework (siehe Abbildung 2.19) existiert bereits seit 2008 und wurde von Charlene Li und Josh Bernoff entwickelt. Es ist das Herzstück Ihres Buches »Groundswell«, worin die Autoren betonen, dass erst an letzter Stelle des Strategieprozesses die Auswahl des Social-Media-Tools bzw. -Kanals steht. Nutzen Sie es, um Ihre Kanalstrategie zu entwickeln. Wie funktioniert es? POST steht für

14 SymphonyIRI, BVDW: *www.detailverliebt.de*

People, *Objectives*, *Strategy* und *Technologie*. Das bedeutet, Sie müssen zuerst Ihre Zielgruppe in dem Kanal analysieren und danach die Ziele festlegen. Zur Analyse gehört auch das aktive Zuhören und Unterstützen der User. In welchem Kanal wird über Sie gesprochen, in dem Sie noch nicht aktiv sind? Möglichweise hatten Sie als nächsten Schritt Instagram oder LinkedIn auf dem Schirm, obwohl in einer Facebook-Gruppe ständig über Sie gesprochen wird. Fragen Sie sich daher, ob der nächste Kanal überhaupt zu Ihrer Zielgruppe passt. Was wollen Sie mit dem Kanal erreichen? Schauen Sie sich die kanalspezifischen Mechaniken an, und prüfen Sie, ob das für Sie und Ihr Business überhaupt zusammengeht. Ein Beispiel: Wie realistisch ist es, dass eine Steuerkanzlei schöne Bilder für Pinterest produzieren kann? Steuerbescheide auf Pinterest? Wohl eher nicht. Außerdem: Planen Sie auch zwingend Mediabudget für jeden Kanal ein, z. B. 200 € pro Monat für Instagram Ads wenn Sie mit Instagram starten.

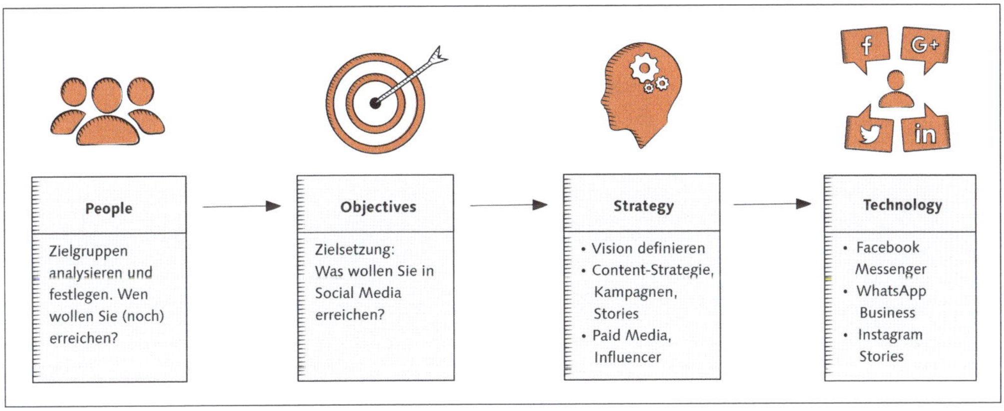

Abbildung 2.19 Mit POST-Framework können Sie neue Social-Media-Kanäle etablieren. (Grafik: Justus Wunschik, bfmg.de)

2.9.2 Fazit – Ihre Social-Media-Strategie in 2 Jahren

Von dem Moment an, ab dem Sie mit Social Media starten, bis zu dem Moment, an dem Sie den tatsächlichen Erfolg messen, brauchen Sie mindestens 2 Jahre. Aber: Social Media bedeuten kontinuierliches Messen und Optimieren. Sie können nahezu in Echtzeit sehen, ob Ihre Inhalte performen oder nicht. Tun Sie das unbedingt, und passen Sie Ihre Strategie und Ihre Taktiken entsprechend an. Seien Sie agil, nicht passiv. Wenn Sie Ihren Social-Media-Zielen treu bleiben, kontinuierlich an Ihren Inhalten arbeiten und den Dialog mit Ihren Kunden suchen, wird sich Ihre Strategie in 2 Jahren auszahlen. Der Erfolg wird sich in den Umsatzzahlen widerspiegeln. Die positiven Kommentare werden sich steigern, die negativen immer mehr aus dem Netz verschwinden. Ihre Verkäufe werden zunehmen, die Abbruchzahlen werden geringer. Sie werden über Ihr Blog neue Kunden generieren, weil der potenzielle Käufer direkt zu Ihrem Blog geführt wird. Sie werden möglicherweise ein Video vielfach im Web verbreitet haben, weil Sie wissen, wie Sie eine spannende Geschichte in Social Media erzählen müssen. Social Media werden Teil Ihrer Firmenphilosophie und Ihrer Kommunikationsstrategie geworden sein. Lassen Sie uns anfangen!

3 Facebook

Der Branchenprimus unter den sozialen Netzwerken bündelt gleich ein ganzes Ökosystem an Plattformen: Facebook, Facebook Messenger, Instagram, WhatsApp und das Werbenetzwerk Audience Network. Damit stehen Firmen und Unternehmern Reichweite und Potenzial für direkte Sales zur Verfügung.

Kennen Sie noch Myspace oder Friendster? Das waren die ersten wirklich weltweit bekannten sozialen Netzwerke. Facebook hat es als erstes Social Network geschafft, eine Monopolstellung einzunehmen und rangiert dabei ganz oben in den Nutzerzahlen. In Deutschland hat sich der Markt in den letzten Jahren stark konsolidiert, ehemals große Player wie wer-kennt-wen.de (WKW), Lokalisten, StudiVZ usw. wurden von Facebook verdrängt und existieren nicht mehr. Etliche Social Networks, die gezielt als Alternative zu Facebook angetreten sind, wie beispielsweise Ello, *http://ello.co*, tsu, *http://www.tsu.co*, Minds, *http://www.minds.com*, oder diaspora, *http://diasporafoundation.org*, und neuerdings Vero, *http://www.vero.co*, haben es oft über den Beta-Status nicht hinausgeschafft oder ihr Geschäftsmodell überdacht und umgewandelt.

Instagram und WhatsApp: Konkurrenz aus den eigenen Reihen

Facebook muss vor allem Konkurrenz »aus den eigenen Reihen« von Instagram und WhatsApp (beide gehören zum Facebook-Konzern) verkraften, trotz der eigenen Messenger-App. Nichtsdestotrotz sitzt Facebook auf einem fast unumstößlichen Thron und baut dessen Fundament nicht zuletzt mithilfe von Zukäufen wie Instagram und WhatsApp kontinuierlich aus und wird so zu einer echten Weltmacht in der digitalen Welt.

3.1 Das größte Social Network

Das mit über 2,1 Mrd. monatlich aktiven Usern größte globale Netzwerk (davon über 1,4 Mrd. täglich aktiv)[1] hat ein beispielloses Wachstum an den Tag gelegt, was User-Zahlen, Traffic auf Websites, Funktionalitäten und mediale Aufmerksamkeit betrifft. Seit seiner Gründung im Jahr 2004 wurde Facebook zu einem der ganz gro-

1 Allfacebook.de, »Nutzerzahlen: Facebook, Instagram, Messenger und WhatsApp, Highlights, Umsätze u.v.m. (Stand Februar 2018)«: *http://allfacebook.de/toll/state-of-facebook*

ßen Portale, das selbst vor Googles Kerngeschäften nicht haltmacht und sich zu einem ernsthaften Player im hart umkämpften Markt des Online-Marketings entwickelt hat. Wie Sie in Abbildung 3.1 sehen, ist Facebook auf dem gesamten Globus allgegenwärtig.

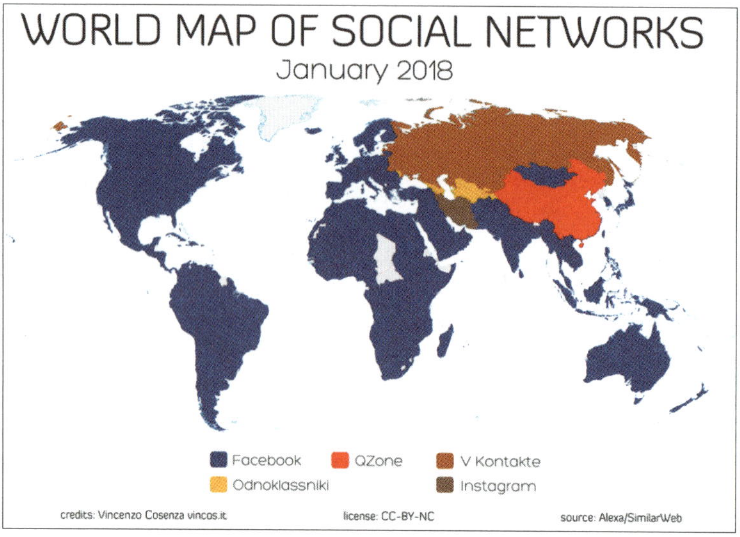

Abbildung 3.1 Facebook ist eine globale Supermacht. Nur wenige Länder wie Russland und China erlauben Facebook nicht. (Quelle: http://vincos.it/world-map-of-social-networks)

Keine Chance für Facebook: In diesen Ländern regieren andere soziale Netzwerke

Es gibt ein paar wenige Länger, in denen Facebook aus verschiedensten Gründen nicht populär oder durch deren Machthaber verboten ist. Diese Länder haben eigene Social Networks, die in manchen Bereichen (Bezahlmöglichkeiten direkt in der App) mittlerweile für Facebook eine interessante Benchmark sind: In Russland gibt es einen Facebook-Klon namens vk.com (früher Vkontakte.ru). In China gibt es gleich mehrere große soziale Netzwerke, vor allem sind Qzone, Weibo, Renren und vor allem die Messaging-App WeChat relevant.

3.1.1 Die Geschichte von Facebook

2004 gründete der Harvard-Student Mark Zuckerberg gemeinsam mit drei weiteren Studenten die Plattform thefacebook.com. Zu Beginn war sie ausschließlich Harvard-Studenten zugänglich, bald darauf wurde sie für alle universitären Einrichtungen und deren Studenten in den USA geöffnet, später dann für Nichtstudenten und User außerhalb der USA, was den Grundstein für den Erfolg von Facebook legte. Heute steht Facebook in über 80 Sprachversionen zur Verfügung und gewinnt User in fast allen Gebieten der Welt.

Facebook ist jedoch vor allem eines: Netzwerk und App zusammen. Der große Vorteil für die Facebook-Nutzung liegt definitiv in der Zentralität der Funktionen und mittlerweile auch der Marktdurchdringung von Optionen, die es bei anderen Netzwerken gar nicht gibt. Egal, ob es um das simple Teilen von Fotos, Videos geht oder etwas ambitionierter um das Einsammeln von Spenden oder der Verkauf von Eventtickets – Facebook macht es möglich. Eine einzige Plattform, die viele Nutzer auf einmal erreicht – auch Ihre Kunden.

3.1.2 Ohne Moos nix los

39,9 Mrd. US$ hat Facebook 2017 an Werbeumsätzen eingefahren und möchte auch in Zukunft seinen Reiz als Werbemedium nicht verlieren (siehe Abbildung 3.2). Böse Zungen behaupten, dass das Newsfeed-Update zu Beginn des Jahres im Grunde nur das Ziel verfolgte, Facebook als Bezahlplattform zu etablieren. Etwas überspitzt könnte man das Update so zusammenfassen: »Tschüss organische Reichweite, hallo Paid Channel«.

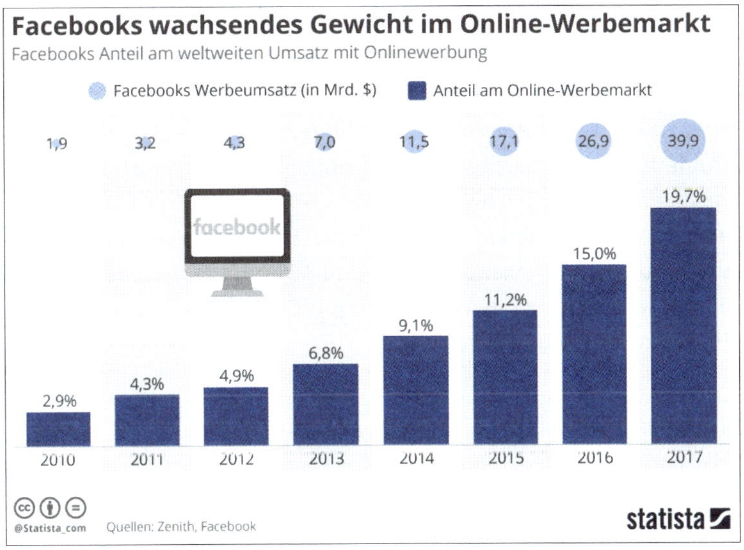

Abbildung 3.2 Fast 20 % des weltweiten Online-Werbemarktes gehen auf Facebooks Einnahmenkonto. (Quelle: http://de.statista.com/infografik/13358/facebooks-anteil-am-weltweiten-umsatz-mit-onlinewerbung)

Genauso wie dem TV als Werbemedium werden die Unternehmen große Budgets an Facebook bezahlen, um Reichweite für Ihre Spots zu erhalten. Von welchen Summen sprechen wir hier? Es ist keine Seltenheit, dass große Marken und Unternehmen zwischen 10.000 € und 50.000 € für eine Kampagne in Facebook ausgeben. Das ist richtig viel Geld, doch vergleicht man diesen Wert mit den Summen, die Unternehmen sonst so für Marketingmaßnahmen (z. B. Sponsorings) ausgeben, sind es immer noch Peanuts. Und noch ein Argument für Facebook-Werbeanzeigen möchten wir Ihnen mitgeben. Für den Social-Media-Experten Gary Vaynerchuck sind Facebook-Anzeigen »grossly underpriced«. Jetzt ist also noch die Chance relativ »günstig« auf Facebook zu werben. Nutzen Sie sie. In zwei bis drei Jahren kann das schon wieder ganz anders aussehen, und der Werbedruck und somit die Kosten können dann enorm gestiegen sein.

Facebook überholt Google

2017 hat Facebook Google erstmals in den Werbeeinnahmen übertroffen. Im 2. Quartal 2017 erzielte Facebook 9,32 Mrd. US$ und übertraf mit 45 % Umsatzsteigerung erstmals Google. Dennoch konnte Google letztes Jahr an anderer Stelle gewinnen. Für viele Webseiten von Zeitungen und Zeitschriften war Facebook bisher immer die wichtigste Quelle für *Referral Traffic* (Besucher, die von Facebook zur Website klicken). Einer Studie der Analytics-Plattform parse.ly zufolge, bei der 2.500 Publisher befragt wurden, ist der Facebook-Referral-Traffic zwischen Februar und Oktober 2017 um 25 % eingebrochen, während der Google-Traffic um 17 % zulegte.[2]

Nichtsdestotrotz bleibt Facebook als Traffic-Quelle für viele Unternehmen unverändert wichtig, und mit durchschnittlich 18,2 % ist Facebook auch der größte Traffic-Lieferant für Website-Betreiber. Weitaus wichtiger bleibt die Frage, wie Sie angesichts der Änderungen am Facebook-Algorithmus mit geringerer Reichweite umgehen und wie Sie sich diese Reichweite zurückholen können. In Abschnitt 3.7, »Facebook-Werbeanzeigen«, erklären wir, wie Ihnen Facebook-Ads dabei helfen können. Haben Sie eigentlich überhaupt schon einmal geprüft, aus welchen sozialen Netzwerken Ihre Besucher kommen? Das geht mit Google Analytics, aber auch mit Analytics-Alternativen wie Piwik Pro.

3.1.3 Facebook-Nutzer bleiben im Newsfeed

Facebook hat jedoch gegenüber Google einige Asse im Ärmel. Während Besucher einer klassischen Website ca. sechs Seitenaufrufe tätigen, sind es bei Facebook rund 15 Seiten. Die User bewegen sich also verstärkt innerhalb des Netzwerkes. Mit neuen Formaten wie Instant Articles, Canvas Ads (siehe Abbildung 3.3) und Collection Ads hält Facebook die Nutzer innerhalb seines Newsfeeds. 31 Sekunden beträgt die durchschnittliche Verweildauer bei Canvas Ads. Verglichen mit den sonstigen geringen Verweildauern bei Facebook-Videos ist das eine halbe Ewigkeit!

2 Onlinemarketing.de, »Facebook Traffic bricht um 25 Prozent ein: Google wieder Top-Quelle für Publisher«: *http://onlinemarketing.de/news/facebook-traffic-einbruch-google-top-quelle-publisher*

Mehr zu diesen Content-Formaten aber später noch in Abschnitt 3.5, »Facebook-Content, der ankommt«. Das bedeutet in Summe, dass Facebook-Nutzer viel Zeit in Facebook verbringen, viele Inhalte konsumieren und dass sie interaktiv sind. All das sind gute Voraussetzungen für Unternehmen, um sich in diesem beliebten und stark frequentierten Raum zu engagieren.

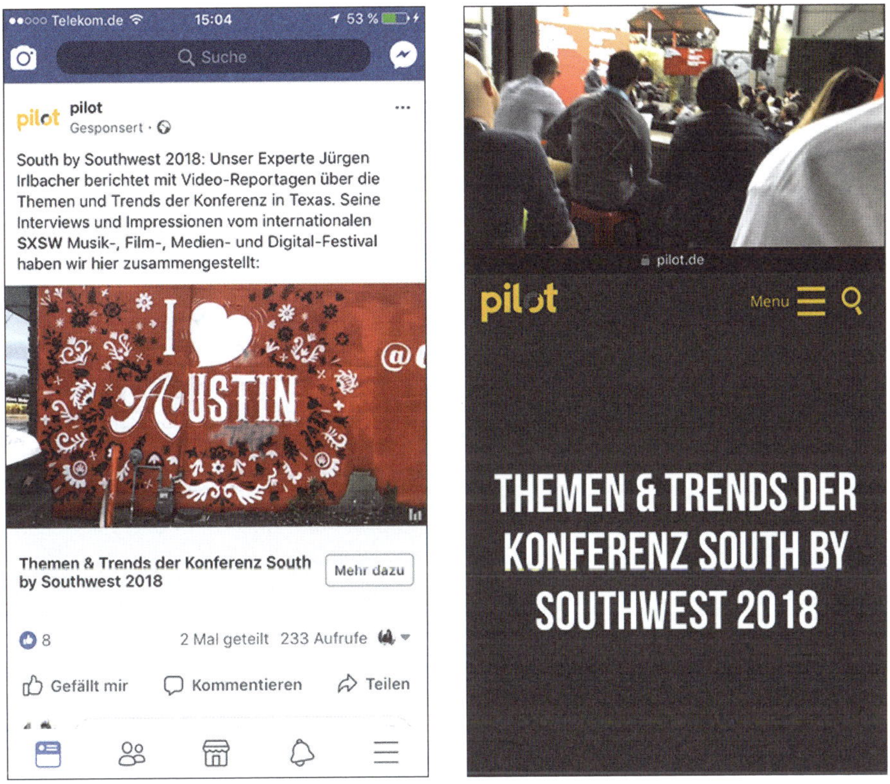

Abbildung 3.3 Canvas Ads halten die Facebook-Nutzer im Feed und punkten mit hohen Verweildauern. (Quelle: mobiler Screenshot Facebook)

3.1.4 Zwischen Imageproblemen und Werbegigantismus

Das größte deutsche Social Network ein Problem: Facebook ist nicht mehr wirklich »Social« und für viele nicht mehr das gemütliche »digitale Wohnzimmer« wie noch vor ein paar Jahren. Die User sind von Datenschutzskandalen wie zuletzt Cambridge Analytica stark verunsichert und haben große Sicherheitsbedenken in Bezug auf ihre Daten. Facebook steckt in der schwersten Krise seit der Gründung vor 14 Jahren. Das macht sich auch in Mark Zuckerbergs Rhetorik bemerkbar. Er entschuldigte sich öffentlich vor dem amerikanischen Kongress und räumte persönliches Versagen ein:

»We didn't take a broad enough view of our responsibility, and that was a big mistake. It was my mistake, and I'm sorry. I started Facebook, I run it, and I'm responsible for what happens here.«[3]

Auch der Markt reagierte. Nach den Schlagzeilen um den Cambridge-Analytica-Skandal im März 2018 fiel die Facebook-Aktie kurzerhand um 20 % (während der Anhörung stieg sie wieder um 5 %).

Datenaffären und der Missbrauch von Daten zur Wahlbeeinflussung sind nicht das einzige schwerwiegende Problem Facebooks. 2017 stand Facebook enorm in der Kritik, Tür und Tor für Rechtspopulismus, Hass und Hetze zu bieten. Um gegen die Hassrhetorik im Netz vorzugehen, gilt in Deutschland seit dem 1. Januar 2018 das NetzDG (Gesetz zur Verbesserung der Rechtsdurchsetzung in sozialen Netzwerken – Netzwerkdurchsetzungsgesetz). Es nimmt Facebook in die Verantwortung gegen Hater vorzugehen, Hasskommentare zu verfolgen und zu entfernen. Beachtet Facebook dies nicht, drohen dem Netzwerk Bußgelder in Höhe von Millionen. Der Konzern beschäftigt nun zusätzlich eine Menge Mitarbeiter, deren einzige Aufgabe es ist, Inhalte zu kontrollieren und zu löschen, wenn sie aufgrund von Ethnizität, nationaler Herkunft, religiöser Zugehörigkeit, sexueller Orientierung, Geschlecht bzw. geschlechtlicher Identität oder schwerer Behinderung oder Krankheit Personen angreifen. Dem Ansehen von Facebook soll es in jedem Fall helfen und daran muss das Netzwerk dringend arbeiten. Denn Hasskommentare und Fake-News sind nicht nur ein Problem für die Facebook-Nutzer, sie schaden auch vor allem Facebooks Image als interessante Werbeplattform.

3.1.5 Videos first!

Zudem wird Facebook durch den enormen Push der Autoplay-Videos immer wichtiger zur Verbreitung von Bewegtbild. Innerhalb von 3 Jahren hat sich Facebook zu einer der größten Plattformen für Videos entwickelt. War einst YouTube die wichtigste Bewegtbildplattform für Unternehmen, so hat Facebook hier mächtig Konkurrenz gemacht. Jetzt heißt es: Schluss mit dem Spiegeln von Inhalten. Nun müssen Sie für YouTube, Facebook *und* Instagram unterschiedlichen Video-Content produzieren und mit Media pushen. Mit steigenden Produktionskosten steigt auch die Bereitschaft, mehr Geld für Facebook-Anzeigen auszugeben, damit eine gewisse Reichweite garantiert ist. Ein schlauer Schachzug von Facebook so vorzugehen, denn somit war und ist es für Unternehmen und Marken verkraftbar, für Reichweite zu bezahlen.

---

3 *http://docs.house.gov/meetings/if/if00/20180411/108090/hhrg-115-if00-wstate-zuckerbergm-20180411.pdf*, 11.4.2018

3.1.6 Facebook Spaces – es ist noch viel Luft nach oben

Wir räumen Facebook ganz bewusst einen durchaus großen Platz in diesem Buch ein. Aus zwei Gründen: Einerseits hat Facebook in so kurzer Zeit schon eine unglaubliche Marktposition und Medienpräsenz erreicht. Andererseits lassen die Visionen und Neuerungen, die von Facebook ausgehen, noch einiges vermuten, z. B. im Bereich der Virtual Reality: Mit der Facebook-App *Spaces* können sich Nutzer mit VR-Brillen in virtuellen Welten treffen, austauschen und Spiele spielen. Gerade jetzt heben Virtual Reality, Augmented Reality und vor allem die 360°-Technologie richtig ab. Laut dem Marktforschungsunternehmen Trendforce.com wird der Markt für Virtual Reality im Jahr 2020 rund 70 Mrd. US$ betragen.

Facebook ruht sich nicht auf seinen Lorbeeren aus und entwickelt sich über den Status eines sozialen Netzwerkes hinaus zu einem geräteübergreifenden Kommunikations-, Informations- und Konsumdienstanbieter. Deshalb wird unserer Meinung nach Facebook zumindest in den nächsten Jahren eine wichtige Rolle bei den Überlegungen von Unternehmen darüber spielen, wo und wie man in Social Media aktiv werden möchte.

3.2 Wer nutzt Facebook? So ziemlich jeder

31 Mio. Deutsche nutzen Facebook, 27 Mio. davon täglich mit ihrem Mobilgerät.[4] In Deutschland ist so ziemlich jeder bei Facebook, außer vielleicht Ihre Kinder. Facebook wächst nach wie vor in den Nutzerzahlen, aber die Jugend nimmt Reißaus vor Facebook. Die Nutzerzahlen bei den 14- bis 19-Jährigen sind seit Jahren rückläufig. Über Facebooks Tochterunternehmen Instagram oder das Audience Network lassen sich Jugendliche aber dennoch sehr gut erreichen. Über das Audience Network können Sie Werbeanzeigen in Partnernetzwerken, wie z. B. Spotify, schalten. Bei den Nutzern ab 60 Jahren wächst Facebook hingegen sehr stark. 70 % der Silver Surfer (siehe Abschnitt 2.4.6, »Zielgruppen-Insights aus Social-Media-Studien gewinnen«) nutzen mittlerweile Facebook (siehe Abbildung 3.4). Spannend auch: Silver Surfer klicken häufiger auf Linkanzeigen. Die Click-Through-Rate liegt bei den Nutzern ab 65 Jahre bei fast 1,5 %.[5] Die jungen Nutzer lassen sich dagegen mit Videos ködern. Videos gehören zu ihrem täglichen Social-Media-Konsum, weshalb die Kontaktwahrscheinlichkeit über Videos bei unter 17-Jährigen weitaus höher ist. Am besten lässt sich in Facebook noch immer die Generation Y ansprechen.

---

4 Allfacebook, 2017, offizielle Facebook-Nutzerzahlen für Deutschland (Stand: September 2017): *http://allfacebook.de/zahlen_fakten/offiziell-facebook-nutzerzahlen-deutschland*

5 W&V Elbdudler-Analyse 2018, »10 Dinge, die Sie über Facebook- und Instagram-Ads wissen sollten«: *http://www.wuv.de/digital/10_dinge_die_sie_ueber_facebook_und_instagram_ads_wissen_sollten*

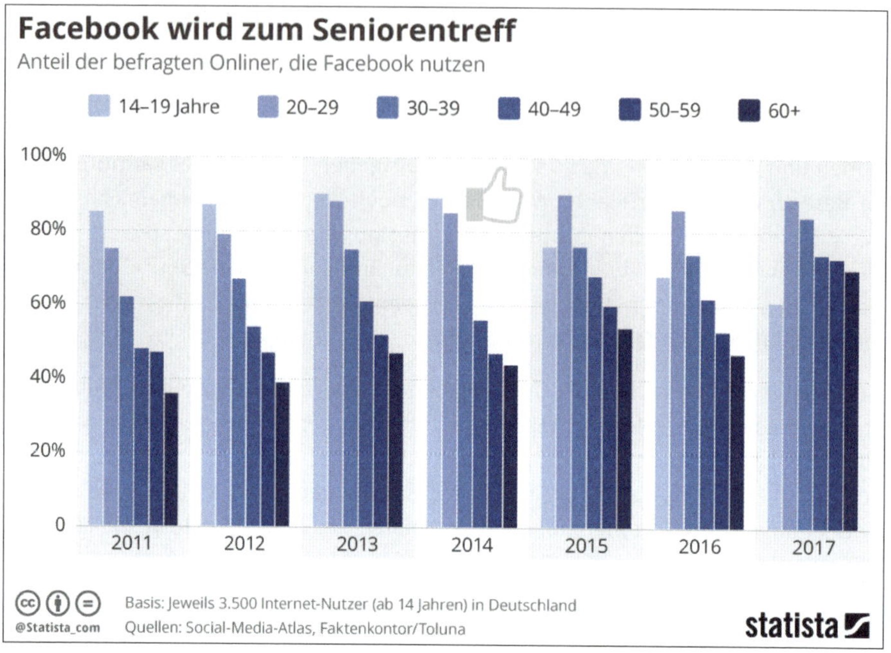

Abbildung 3.4 Facebook ist bei den 20- bis 39-Jährigen am beliebtesten und zieht zunehmend auch ältere User an. (Quelle: Statista, http://de.statista.com/infografik/12932/facebook-wird-zum-seniorentreff/)

3.2.1 Facebook-Nutzung in der DACH-Region

Facebook hat eine imposante Entwicklung der Mitgliederzahlen auch im deutschsprachigen Raum hingelegt. Die vorliegenden Zahlen wurden im September 2017 von Facebook bekannt gegeben. In Deutschland sind knapp 31 Mio. User auf Facebook angemeldet, in Österreich sind rund 3,7 Mio. User relativ beständig registriert, und die Schweiz zählt 3,8 Mio. registrierte und monatlich aktive Nutzer. Das bedeutet, dass in allen drei Ländern eine wirklich relevante Zahl an Internetnutzern in Facebook registriert ist. Besonders hervorzuheben ist, dass in allen drei Ländern die Altersgruppen immer ausgeglichener vertreten sind. Es ist also nicht, wie aus der Entstehungsgeschichte heraus immer wieder behauptet wird, eine reine Plattform für Studenten oder Jugendliche, sondern mittlerweile wirklich ein Netzwerk mit einer breiten Abdeckung.

3.2.2 Nutzer drängen in Facebook-Gruppen

Das Verhalten der Nutzer in Facebook hat sich stark geändert. Der Drang in die Öffentlichkeit scheint für die Nutzer gar nicht mehr so spannend wie zu Beginn von Social Media. War es vor Jahren noch relativ einfach, den Dialog mit Facebook-

Nutzern und Fans zu fördern, ist es heute zunehmend schwieriger, richtige Interaktionen zu schaffen. Die härteste Währung in Facebook sind Kommentare, die die Nutzer immer weniger gern hinterlassen. Fanpagekarma hat herausgefunden, dass ein durchschnittlich aktiver Facebook-User gerade einmal 7,2 Aktionen pro Quartal im gesamten deutschen Facebook macht (etwas posten, liken, teilen oder kommentieren).[6] Jetzt könnten Sie entgegen: »Also wir haben super Interaktionsraten bei unseren Gewinnspielen!« Natürlich können Sie auf diese simple Facebook-Mechanik zurückgreifen, aber damit gewinnen Sie nur Fans, die an Ihren eigentlichen Inhalten überhaupt gar nicht interessiert ist. Unser Tipp: Verzichten Sie auf Gewinnspiele, ansonsten haben Sie auf Ihrer Seite zu viele Gewinnspielnomaden, die Ihr Produkt niemals kaufen würden.

Spannend ist auch zu beobachten, wie sich die Nutzer zunehmend in die Nicht-Öffentlichkeit von Facebook-Gruppen zurückziehen. Für Unternehmen eine sehr interessante Möglichkeit, um wieder für Gespräche zu sorgen, und all das rein organisch. Ein schönes Beispiel, wie das funktionieren kann, ist die Facebook-Gruppe des Magazins »Mein Zaubertopf«, *http://www.zaubertopf.de*, mit 146.000 (!) Mitgliedern. In der Facebook-Gruppe »Thermomix® Rezepte«, *http://www.facebook.com/groups/thermomixgruppe*, werden Rezepte ausgetauscht, geben sich User gegenseitig Tipps und posten Bilder von ihren Gerichten. Die Interaktionen unter diesen Posts sind beeindruckend! Die Dialograte in der Gruppe liegt weit über der der zugehörigen Facebook-Seite »Mein Zaubertopf« des Magazins. Die offenen Fragen der Nutzer sind eine Einladung an die Gruppenmitglieder, Tipps zu geben, was sie liebend gerne tun. Das Magazin deckt mit dieser Gruppe den perfekten »Need« der Zielgruppe ab und bietet ein geschütztes Forum für den Austausch. Und das Beste daran: Auch darüber geschieht Markenbranding.

3.2.3 Facebook involviert seine Nutzer am stärksten

Facebook setzt sich stets hehre Ziele. Nach dem Quartalsbericht 04/2017 hieß es: »*One of the most important things we do is make sure our services aren't just fun to use, but also good for people's well-being and for society overall.*« Bis dato hat es Facebook stets geschafft, durch ständige Weiterentwicklung und Integration neuer Trends den Usern eine Plattform zu bieten, die sie täglich nutzen können und wollen. Und die Zahlen sprechen eine deutliche Sprache: Mehr als die Hälfte der User ist mindestens einmal täglich online. In Amerika verbringen die Facebook-Nutzer 42 Minuten pro Tag bei Facebook (siehe Abbildung 3.5). Die Statistik dürfte in Deutschland ähnlich ausfallen. Über 1 Mrd. Facebook-User nutzen Facebook über

6 Fanpagekarma, 2017, »Der durchleuchtete Fan«: *http://de.slideshare.net/fbmarket/der-durchleuchtete-fan-mit-big-data-und-knstlicher-intelligenz-mehr-ber-die-eigenen-fans-herausfinden*

die mobile Smartphone-App. In Deutschland nutzen 70 % der Nutzer Facebook mobil. Facebook ist eine lebendige Plattform, die absolute Mehrheit der User nutzt diese Plattform regelmäßig. Das bedeutet natürlich für Sie als Unternehmen, dass Sie sich dort präsentieren sollten, wo die Kunden sind: Facebook ist ein virtueller Marktplatz – und ein besonders belebter noch dazu.

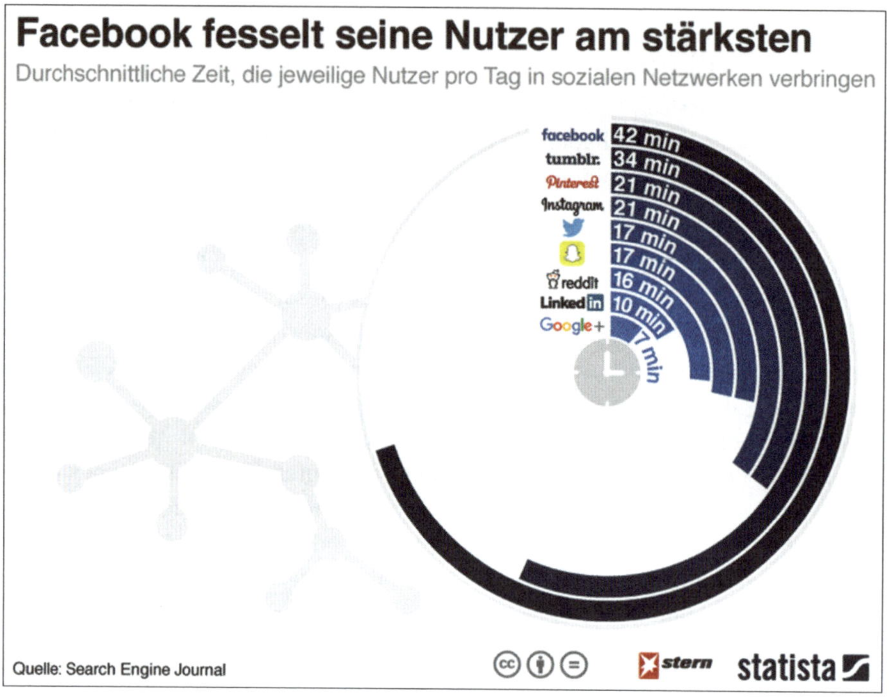

Abbildung 3.5 42 Minuten verbringen die Nutzer täglich in Facebook. (Quelle: Statista, http://de.statista.com/infografik/4519/zeit-pro-tag-in-sozialen-netzwerken/)

3.3 Was Sie mit Facebook erreichen können

Das Wichtigste vorab: Facebook ist eine Dialogplattform, die Sie auch so behandeln müssen. Natürlich lassen sich Sales mit Facebook generieren, doch machen Sie sich eines klar: Nur weil Sie unbedingt verkaufen wollen, sind die Facebook-Nutzer noch lange nicht im permanenten Shopping-Modus. Die Nutzer wollen zumindest erst einmal unterhalten werden, bevor sie kaufen. Langfristig werden Sie ohne Dialog auf Facebook scheitern. Sie haben etwas Spannendes zu sagen? Dann lassen Sie uns loslegen. Folgende Zielsetzungen können Sie mit Facebook verfolgen. Wir empfehlen von Anfang an, die entsprechenden Zielsetzungen mit den relevanten Metriken zu hinterlegen (siehe Abbildung 3.6).

Markenbekanntheit	Engagement	Traffic	Kundenservice	Leads	Sales
Kennzahlen • Post-Reichweite (bezahlt/organisch) • Video-Views • 30-sekündige Views • Meiste gleichzeitige Zuschauer • Time spent	**Kennzahlen** • Interaktionen (Likes, Shares, Kommentare, Nachrichten) • Interaktionsrate • Dialograte	**Kennzahlen** • Website-Traffic • Referral Traffic • Klicks • Click-Through-Rate	**Kennzahlen** • Dialograte • Antwortrate • Öffnungsrate • Antwortzeit	**Kennzahlen** • Conversions • Link-Klicks • Webseiten-Klicks • Anmeldungen	**Kennzahlen** • Kaufabschluss

Abbildung 3.6 Die wichtigsten Ziele und dazugehörigen KPIs bei Facebook (Grafik: Justus Wunschik, bfmg.de)

3.3.1 Markenbekanntheit/Brand Awareness

Stehen Sie gerade am Anfang Ihres Business, oder haben Sie eine Facebook-Seite, die zu wenig Reichweite hat? Dann ist das erste und wichtigste Ziel Markenbekanntheit. Und die lässt sich mit richtig guten Inhalten und Mediabudget gut erreichen. Mediabudget? Sie sollen Geld dafür bezahlen, dass man Ihre Inhalte sieht? Tatsächlich. Die Bezahlschranke ist mittlerweile Standard bei Facebook, wenn Sie noch keine Fans haben. Aber es müssen keine riesigen Summen sein. Auch mit kleineren Budgets über 200 € bis 500 € können Sie Ihre Inhalte verbreiten.

Ein Beispiel: Die Videoproduktionsfirma mrss design aus Hildesheim ist spezialisiert auf Werbefilme und Luftaufnahmen. Sie nutzen Facebook, um ihre Bekanntheit zu steigern und sich als zuverlässiger Anbieter für Videoproduktionen zu etablieren. Das Ziel: »Durch ein prägnantes Auftreten und vor allem regelmäßige Posts, wie Videos und Bilder aktueller Projekte und einen Blick hinter die Kulissen, wollen wir Facebook-Nutzer und letztendlich den Kunden von morgen begeistern. Auf Facebook schlummert die Chance zu einem Kunden, und dieser ist häufig nur einen Like oder eine Nachricht entfernt«, so CEO Markus Bokemüller.[7] mrss design setzt konsequent auf Videoanzeigen von ihren Arbeiten und Kunden, die sie speziell an die Zielgruppe adressieren und mobil ausspielen (siehe Abbildung 3.7). Das Ergebnis: Videos, die im Kopf bleiben und neue Kunden anziehen:

- Steigerung der Bekanntheit um 46 %
- dreifach höherer Return on Investment (ROI) als bei Print-Anzeigen
- zweifache Steigerung der Werbeerinnerung
- um 20 % höhere Wahrscheinlichkeit eines Vertragsabschlusses bei Kunden, die über Facebook kommen.

7 Facebook Business, Erfolgsgeschichte mrss design: *http://www.facebook.com/business/success/mrss-design*

Sie möchten solche Anzeigen für Ihr Business aufsetzen? Dann lesen Sie gleich weiter in Abschnitt 3.7.1, »Nutzen Sie Facebooks Targeting-Möglichkeiten«.

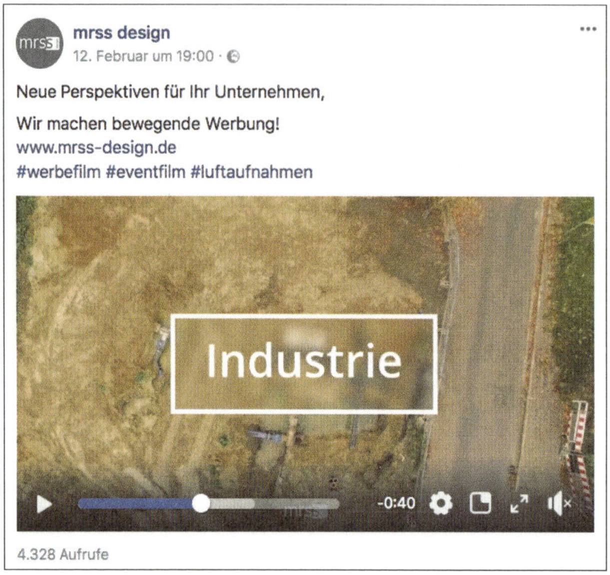

Abbildung 3.7 Mit Videoanzeigen und einem passgenauen Zielgruppen-Targeting gewinnen mrss design neue Kunden. (Quelle: http://www.facebook.com/mrssdesign)

Und was hat's gekostet? Sie möchten wissen, wie viel die Anzeigen gekostet haben? Der durchschnittliche Cost per View variiert je nach Zielgruppe und Machart des Videos zwischen von 0,01 € und 0,10 € pro View. Damit können Sie den Mediaspend für das Video ganz einfach schätzen. 4.328 Views haben das Unternehmen demnach zwischen 43,28 € bis 432,80 € gekostet. Mit einem Video ist es natürlich nicht getan. Das Unternehmen nutzt mehrere Formate und Anzeigen, um Markenbekanntheit zu generieren. Wenn Sie wissen möchten, was beim Erstellen von Video-Content besonders wichtig ist und was Sie dabei beachten müssen, lesen Sie weiter in Abschnitt 3.5.3, »Überzeugen Sie mit Facebook-Videos«.

3.3.2 Traffic für Ihre Website generieren

Wie schon eingangs geschildert, ist Facebook für viele Firmen die wichtigste Traffic-Quelle überhaupt. Wie bringen Sie Facebook-Nutzer am besten auf Ihre Website, auf Ihr Blog oder Magazin? Viele setzen auf sogenannte *Clickbaits*, also Schlagzeilen oder gar Fake-News, die so sehr das Interesse des Nutzers wecken, dass er darauf klickt. Genau auf diese Taktik setzt das Satire-Magazin »Der Postillon« mit Schlagzeilen wie »Nackter Martin Schulz im Handstand fordert EU-weites Vorgehen gegen Fake-News«. Wir möchten Ihnen diese Taktik natürlich nicht empfehlen, es sei denn, Sie unterhalten ein Satire-Magazin. Locken Sie die Nutzer mit einer lesenswerten Studie oder Insights und einem mitreißenden Titel, wie es beispielweise Sandra Holze mit ihren Blogbeiträgen macht (siehe Abbildung 3.8). Sie nutzt eine persönliche Ansprache wie »du«, »dich« oder »Sie« und bietet mit dem Titel »21 folgenschwere Fehler, die dich Kunden kosten« ihren Fans einen Wissensvorsprung, den sie natürlich nicht verpassen wollen. Und noch wichtiger: Sie löst mit ihrem Blogbeitrag auch ihr Versprechen und gibt einen umfangreichen Überblick über unverzeihliche Social-Media-Fehler. Merke: Halten Sie in Ihren Blogbeiträgen, E-Books und Webinaren, was Sie versprechen. Was Sie bei Linkanzeigen in Facebook sonst noch beachten müssen, erfahren Sie in Abschnitt 3.7, »Facebook-Werbeanzeigen«.

Tipp: Verzichten Sie auf Clickbaits

Sie kennen sicher Überschriften wie »Wenn diese Frau gewusst hätte, was sich hinter dieser Tür verbirgt ...«, die einen dazu verleiten (sollen), draufzuklicken, damit man erfährt, wie die Geschichte endet, nur um festzustellen, dass die Headline nicht hält, was sie verspricht. Solche »Klickbetteleien« oder auch Clickbaits haben auf Facebook eine gewisse Zeit gut funktioniert und den Betreibern solcher Clickbaits hohe Interaktions- und Klickzahlen beschert. Facebook lehnt diese Praktiken aber ab und geht seit 2016 auf technischer Ebene gegen solche Methoden vor. Wir empfehlen Ihnen deshalb, gleich gar nicht auf solche Methoden zu setzen.

Abbildung 3.8 Produzieren Sie Inhalte, die langfristig Traffic generieren, aber keine Fake-News. (Quelle: http://www.facebook.com/sandraholzecom)

3.3.3 Kundenbeziehung stärken und direkten Kontakt fördern

In sozialen Netzwerken sind Sie da anwesend, wo es auch ein Teil Ihrer Kunden ist. Immer mehr Zeit verbringen die Menschen in Facebook, allen voran mit dem Facebook Messenger, dem einfachsten und komfortabelsten Weg, schnell zu kommunizieren. Facebook Messenger könnte in baldiger in Zukunft Ihr Hauptkommunikationskanal werden. Denn mit dem Messenger Marketing können Sie tatsächlich »da sein, wo die Kunden sind«, und das will doch am Ende jeder Unternehmer. Mittlerweile gibt es über Facebook-Anzeigen die Möglichkeit, Messenger-Mails zu verschicken. Diese haben im Vergleich zur klassischen E-Mail viel höhere Öffnungsraten. Eine Studie von Modernapp.co zeigt, dass von 100.000 Marketing-E-Mails, die Öffnungsrate via Facebook Messenger 84,3 % betrug und via E-Mail nur 22,87 %.[8] Noch krasser fiel das Ergebnis beim Vergleich der Click-Through-Rates aus. Wurden die Links oder Produkte in den klassischen Mailings nur von 3,26 % der Leser geklickt, waren es beim Facebook-Messenger-Mailing 28,3 %, das entspricht nahezu einer zehnfachen Steigerung! Was das für Sie bedeutet? Wenn Sie Ihren Kunden über Facebook Messenger schreiben, werden viel mehr Menschen Ihren Inhalt öffnen, lesen und klicken. Der Grund: Messenger-Mails sind neu und genießen gerade noch ein unschuldiges Dasein. Deshalb werden sie auch öfter geklickt.

Sie können den direkten Kontakt aber nicht nur über den Messenger fördern, sondern nach wie vor auch über Ihre Facebook-Seite pushen, z. B. mit Q&As oder Umfragen.

3.3.4 Leads generieren

Machen wir uns nichts vor. Es braucht schon viel Zeit, um Kunden zum Kauf zu überzeugen. Schuld daran ist das große Ablenkungspotenzial in Social Media. Wenn die Nutzer etwas kaufen oder eine Beratung in Anspruch nehmen wollen, recherchieren sie erst einmal, vergleichen dann, chatten nebenbei herum und landen irgendwann bei einem Katzenvideo auf Facebook. Doch es gibt einen Weg, wie Sie verhindern, dass aus einem potenziellen Käufer ein Katzenvideozuschauer wird. Sie müssen Leads generieren und in Käufer verwandeln. Ein Lead ist ein nachfassbarer Kontakt und die wichtigste Vorstufe zum Kaufabschluss. Damit Ihr flüchtiger Facebook-Nutzer zu einem nachfassbaren Kontakt wird, brauchen Sie einen *Leadmagneten*. Ein Leadmagnet ist ein kostenloses »Freebie« oder »Goodie«, das Sie dem Nutzer nur im Austausch gegen seine Kontaktdaten (E-Mail) »schenken«. Ein Leadmagnet könnte beispielsweise ein E-Book/Whitepaper sein, ein Webinar, ein Song zum Download, eine kostenlose Erstberatung etc., die der Kunde mit seinen

8 modernapp.co, 2017, »Facebook Messenger Marketing in 2017«: *http://www.modernapp.co/blog/facebook-messenger-marketing-2017*

Kontaktdaten bezahlt (siehe Abbildung 3.9). Nur so können Sie ihn direkt nach dem Download kontaktieren. Übrigens: Wenn Sie bei einem »frischen« Lead innerhalb einer Stunde nachfassen, ist die Wahrscheinlichkeit zum Kaufabschluss siebenmal höher, als wenn Sie erst nach 2 Stunden nachfassen würden.

Abbildung 3.9 Mit einem Leadmagneten gewinnen Sie wertvolle Kunden. (Quelle: http://www.facebook.com/BusinessFactoryG/)

Der Leadmagnet steht im Sales Funnel (Verkaufstrichter) an allererster Stelle (siehe Abbildung 3.10). Er muss einfach zu verstehen sein und ein spezifisches Problem lösen, z. B. »So senkst du die Kosten für deine Traffic-Anzeigen in Facebook«. Helfen Sie dem User mit einem E-Book, einem Webinar und ganz konkreten Kunden-Cases weiter. Die Inhalte müssen nicht nur aus Ihrem eigenen Unternehmen sein. Genauso gibt es spannende Inhalte aus der Branche, aus der Region, artverwandte Themen und vieles mehr. Nutzen Sie Ihre Partner, Lieferanten und Kunden als Informationsquelle oder sogar als Gastautoren oder Gastredner mit einem O-Ton in Ihrem Video.

Zunächst müssen Sie mit dem Leadmagneten möglichst viel Reichweite und Aufmerksamkeit erregen und es so vielen Nutzern wie möglich zeigen. Verwechseln Sie ein Goodie aber nicht mit einem Werbegeschenk. Digitale Goodies sind keine Kugelschreiber, sondern kosten Zeit und Geld. Der Aufwand für ein E-Book oder Video kann schon mal bei ein bis zwei Wochen liegen. Hinzu kommen noch Kosten für Media, denn Sie müssen natürlich Facebook-Anzeigen schalten, um den Leadmagneten bekannt zu machen. Dafür eignen sich Facebook-Traffic-Anzeigen. Doch der Einmalaufwand lohnt sich. Wie Sie in Abbildung 3.9 sehen können, hat die Business Factory mit ihrem Video schon knapp 150.000 Views generieren können und nutzt es immer wieder, um potenzielle Kunden auf das Angebot aufmerksam zu machen. Auf der nächsten Stufe des Funnels würden Sie den Personen, die Ihr Goodie genutzt haben, eine E-Mail mit weiteren Informationen schreiben, z. B. eine E-Mail mit neuen Updates über Traffic-Anzeigen und dort auch schon einmal Ihr Online-Training oder Beratungsangebot platzieren.

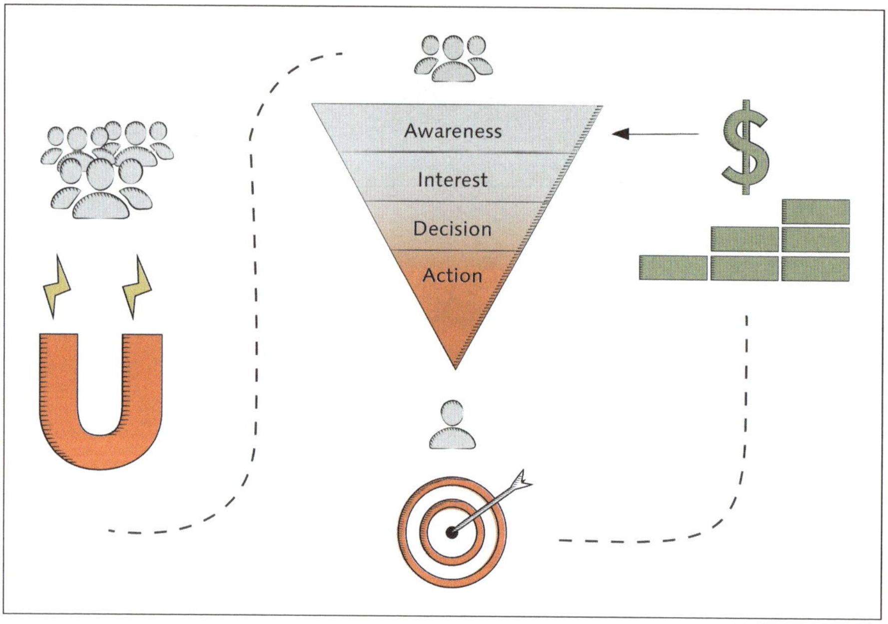

Abbildung 3.10 Kundengewinnung über Leadmagneten und Verkaufstrichter. (Quelle: eigene Darstellung, Grafik: Justus Wunschik, bfmg.de)

Rechtstipp von Sven Hörnich: Kopplungsverbot im Datenschutzrecht

Insbesondere im Zusammenhang mit der Erhebung von Daten zum Zweck der Werbung (beispielsweise für Werbe-Newsletter) wird das sogenannte *Kopplungsverbot* diskutiert. Seit Inkrafttreten der Datenschutz-Grundverordnung (DSGVO) ist dies vor allem unter dem Gesichtspunkt der »Freiwilligkeit« der Einwilligung relevant. Art. 7 Abs. 4 DSGVO gibt insoweit eine Regel vor, die besagt:

> *»(4) Bei der Beurteilung, ob die Einwilligung freiwillig erteilt wurde, muss dem Umstand in größtmöglichem Umfang Rechnung getragen werden, ob unter anderem die Erfüllung eines Vertrags, einschließlich der Erbringung einer Dienstleistung, von der Einwilligung zu einer Verarbeitung von personenbezogenen Daten abhängig ist, die für die Erfüllung des Vertrags nicht erforderlich sind.«*

Die Regelung ist nur leider – häufig im Zusammenhang mit der DSGVO (und auch sonstigen neuen Gesetzen) – nicht ganz eindeutig. In Erwägungsgrund 42 (dort Satz 5) liest man – was für die Werbetreibenden nachteilig ist – ergänzend:

> *»(5) Bei der Beurteilung, ob die Einwilligung freiwillig erteilt wurde, muss dem Umstand in größtmöglichem Umfang Rechnung getragen werden, ob unter anderem die Erfüllung eines Vertrags, einschließlich der Erbringung einer Dienstleistung, von der Einwilligung zu einer Verarbeitung von personenbezogenen Daten abhängig ist, die für die Erfüllung des Vertrags nicht erforderlich sind.«*

Ebenfalls gibt Erwägungsgrund 43 Satz 2 eine sehr strenge Auslegung des Art. 7 DSGVO vor:

> *»(2) Die Einwilligung gilt nicht als freiwillig erteilt, wenn zu verschiedenen Verarbeitungsvorgängen von personenbezogenen Daten nicht gesondert eine Einwilligung erteilt werden kann, obwohl dies im Einzelfall angebracht ist, oder wenn die Erfüllung eines Vertrags, einschließlich der Erbringung einer Dienstleistung, von der Einwilligung abhängig ist, obwohl diese Einwilligung für die Erfüllung nicht erforderlich ist.«*

Aus dem »größtmöglichen« im tatsächlich Gesetz gewordenen Art. 7 Abs. 4 DSGVO wird aber weitestgehend gelesen, dass eine Kopplung grundsätzlich möglich sein muss und das Ergebnis von einer Abwägung der wechselseitigen Interessen abhängig ist.

Klar dürfte sein, dass beispielsweise ein Pharmakonzern den Vertragsschluss und damit die Lieferung eines überlebenswichtigen Medikaments nicht von einer Einwilligung in einen Werbenewsletter oder sonstige datenschutzrechtlich einschneidende Maßnahmen abhängig machen darf. Verständlich dürfte aber beispielsweise andererseits das Interesse eines Autors sein, ein sonst gegen Entgelt angebotenes (mithin den Betroffenen gleichwohl zugängliches) E-Book im Rahmen einer Sonderaktion nur dann kostenlos anzubieten, wenn der Kunde seinen Newsletter abonniert. Der Betroffene hat ja dann die Wahl, das E-Book gegen Entgelt zu erwerben oder kurzzeitig seine Einwilligung zu erklären.

Im letztgenannten Fall bleibt es aber auch bei ausnahmsweise möglicher Kopplung des E-Books an die Werbeeinwilligung an den sonstigen Vorgaben der DSGVO. So ist der Betroffene weiterhin vor Bestellung und Preisgabe seiner Daten gleichwohl transparent über seine Rechte zu belehren (Art. 13, 21 DSGVO). Außerdem darf ihm auch nicht das Recht genommen werden, seine Werbeeinwilligung unmittelbar nach Ausspruch (d. h. jederzeit) zu widerrufen. Im Ergebnis wird es (auch) von der Qualität des Newsletters abhängen, ob der User dem Autoren als Empfänger/Follower erhalten bleibt.

3.3.5 Conversions und Sales

Während man früher Facebook unterstellt hat, alles Mögliche zu sein außer umsatzfördernd, zeigen viele Beispiele aus den letzten Jahren das genaue Gegenteil. Facebook-Commerce funktioniert über Targeting nach Demografie, Locations und Interessen und über Remarketing mit dem Facebook-Pixel fabelhaft. Sobald Sie das Facebook-Pixel auf Ihrer Website einbinden, können Sie aus den gesammelten Daten sogenannte *Website Custom Audiences* aus den Nutzern bilden, die Ihre

Website besucht und dort bestimmte Handlungen durchgeführt haben (z. B. Produkte in den Einkaufswagen gelegt haben). Und wofür ist das besonders geeignet? Natürlich um Nutzer anzusprechen, die bereits Interesse an Ihren Produkten gezeigt haben. Ein Beispiel: ALEX AND ANI ist ein Onlineshop für Schmuckhandwerk und setzt Facebook gezielt ein, um Facebook-Nutzer anzusprechen. Durch die Daten, die das Facebook-Pixel übermittelt, können Sie genau diejenigen Nutzer ansprechen, die Waren bereits in den Warenkorb gelegt haben. Und nicht nur das. Sie können aus dieser speziellen Zielgruppe eine sogenannte *Lookalike Audience* bilden. Das sind Nutzer, die dieser Zielgruppe ähneln. Facebook liefert die Anzeige dann an diejenigen aus, die der Zielgruppe ähnlich sind. Das Ergebnis: 3,3-facher Return on Ad Spend bei Werbeanzeigen, die für Conversions (hier »In den Einkaufswagen«) optimiert sind, im Vergleich zu Traffic-optimierten Anzeigen (siehe Abbildung 3.11).

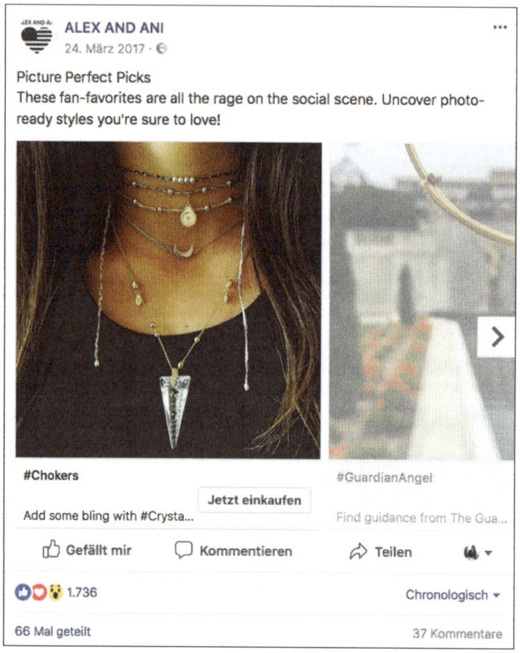

Abbildung 3.11 Erfolgreiches Retargeting mit Website Custom Audiences (Quelle: http://www.facebook.com/alexandaniusa/posts/10155186759429936)

Expertentipp von Steffen Jecke (www.projecter.de): Nutzen Sie Karussell-Anzeigen für Website-Conversions

Karussell-Anzeigen oder auch Multi Product Ads wie in Abbildung 3.11 von ALEX AND ANI, die mehrere Motive in einer Anzeige als Produkt-Slider integrieren, eignen sich im Moment noch sehr gut, um Conversions zu erzielen. Das Format ist noch relativ jung und bei den Nutzern »unverbraucht«.

3.4 Das Facebook-Einmaleins

Aus der Historie heraus hat Facebook unterschiedliche Profilarten definiert, die zum Teil heute noch für Verwirrung sorgen. Profile, Gruppen, Seiten – was ist was? Ist eine Facebook-Seite dasselbe wie eine Facebook-Page? Da sich die Wahl des richtigen Accounts auf den Erfolg des Facebook-Engagements elementar auswirkt, möchten wir zuerst einmal Aufklärung in das Begriffswirrwarr bringen. Beginnen wir gleich einmal mit dem Facebook-Newsfeed-Algorithmus.

3.4.1 Der Facebook-Newsfeed-Algorithmus

Was in den Anfangszeiten von Facebook noch nicht so ein großes Problem war, würde jetzt viele Facebook-User überfordern: In der Summe der Beiträge von Freunden, Gruppen und Seiten, die jede Minute auf die Facebook-User einprasseln, würde die einzelne Information untergehen, und der User würde komplett überfordert zurückbleiben.

Deshalb hat Facebook eine Art Filter eingeführt. Dieser Algorithmus entscheidet nun, welche Inhalte an den einzelnen Facebook-User auch wirklich ausgeliefert, sprich, bei ihm angezeigt werden. Facebook entscheidet also in gewisser Weise, was für uns interessant ist. Dieser Filter tritt vor allem dann in Kraft, wenn gerade besonders viel auf Facebook los ist. Nach dem neuesten Newsfeed-Update ist die Situation für Publisher und Unternehmen mit Facebook-Seiten besonders verschärft. Es lässt sich beobachten, dass es nur noch die Inhalte organisch in den Newsfeed der Nutzer schaffen, die innerhalb weniger Minuten und Stunden enorme Interaktionsraten generieren.

Doch dieses organische Reichweitenglück ist nur ein paar hundert Facebook-Seiten vorbehalten, wie z. B. Made My Day, *http://www.facebook.com/MadeMyDay*, oder Visual Statements, *http://www.facebook.com/VISUALSTATEMENTS*, die mit Zitaten und Sprüchen den aktuellen Zeitgeist der Generation Y wiedergeben und damit »50 % der Millennials in Deutschland erreichen«, so der Gründer Benedikt Böckenförde im Interview mit Lead Digital[9] – und das alles ohne Paid Media (siehe Abbildung 3.12). Visual Statements zahlt bisher keinen Cent an Facebook, um Inhalte zu pushen. Zwar stellt sich auch Böckenförde auf geringere organische Reichweiten aufgrund der Newsfeed-Änderungen ein, hält jedoch an der rein organischen Verbreitung weiter fest. Aber ganz ohne Media-Push kommt Visual Statements doch nicht aus. Seit Juni 2018 lassen sich für alle Seitenbetreiber bei Facebook die geschalteten Anzeigen einsehen, und ein Blick auf die Registerkarte

9 Lead Digital, 2018, »Der Millennial Code«: *http://www.lead-digital.de/visual-statements-millennial-code*

Seiteninfos & Werbung bei Visual Statements, *http://www.facebook.com/pg/VISUALSTATEMENTS/ads*, verrät, dass auch Visual Statements kräftig in Anzeigen investieren. Darunter finden sich vor allem Anzeigen für die Merchandise-Produkte aus dem Onlineshop (bedruckte Tassen, Postkarten, Jahresplaner etc.) und Anzeigen, die die Facebook-Seite generell pushen sollen (Page Like Ads). Ein gesponserter Post fand sich zum Zeitpunkt unserer Recherche (05.07.2018) tatsächlich nicht.

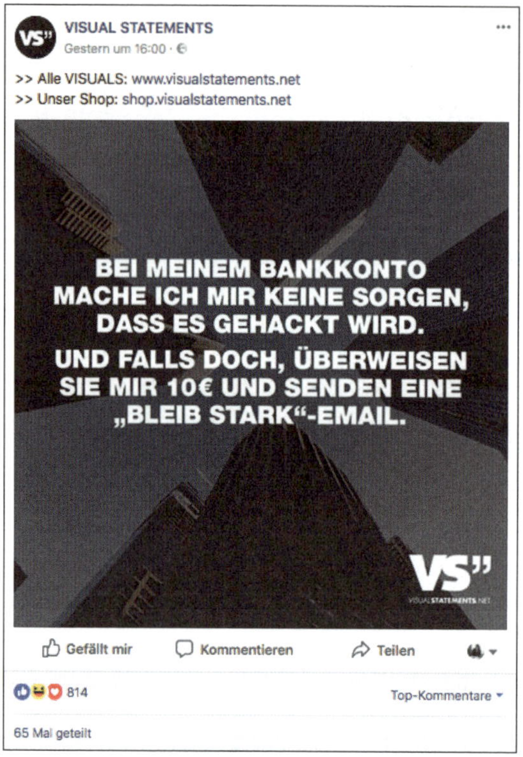

Abbildung 3.12 Durch gute Kreation konnte Visual Statements seit 2011 rein organisch wachsen. (Quelle: http://www.facebook.com/VISUALSTATEMENTS/)

Selbstverständlich können Sie auch Sprüche und Zitate einsetzen, aber dann bitte aus dem Markenkern heraus. Es gibt etliche Seiten, auf denen Sie Sprüche kopieren können, aber im Zweifel kann sich Ihre Zielgruppe damit überhaupt nicht identifizieren. Daher ist es umso wichtiger, Ihre Zielgruppe in Social Media ganz genau zu untersuchen und Personas zu entwickeln, die Sie mit Ihrer Tonalität erreichen. Fisherman's Friend beispielsweise hat in Social Media einen einheitlichen *Tone of Voice* entwickelt. Die etwas markige und herbe Tonalität passt perfekt zur Zielgruppe und spiegelt sich in jedem Posting wieder (siehe Abbildung 3.13). Merke: Inhalte, die gut ankommen, erhalten eine dementsprechende Verbreitung und somit Chance auf höhere Streuung und neue Fans. Anderenfalls verlieren Sie im

Lauf der Zeit einen Großteil der organischen Reichweite und müssen diesen Verlust immer mehr durch bezahlte Reichweite (Werbeanzeigen) ausgleichen.

Abbildung 3.13 Fisherman's Friend sorgt mit markigen Sprüchen, die perfekt zur Marke passen, für Aufmerksamkeit und Interaktionen auf Facebook (Quelle: http://www.facebook.com/fishermansfriend.de)

3.4.2 Die Startlinie – Ihr Facebook-Profil

Sie brauchen lediglich eine gültige E-Mail-Adresse und später einmal eine gültige Handynummer zur Verifizierung, um ein Profil in Facebook anzulegen. Das eigene Profil ist die Basis, um auf Facebook aktiv zu sein. Aktiv bedeutet, eigene Beiträge sowie Fotos und Videos zu veröffentlichen, Inhalte von anderen zu sehen und zu kommentieren und beispielsweise Gruppen beitreten zu können oder bei einer Facebook-Seite »Gefällt mir« zu sagen. Das eigene Profil enthält unterschiedliche Informationen über die eigene Person, angefangen bei Geburtsdatum, Wohnort und Telefonnummer über Ausbildung und den aktuellen Arbeitgeber bis hin zu Hobbys, Lieblingsfilmen, -musik und -büchern, um nur ein paar Beispiele zu nennen. Facebook möchte natürlich, dass die User so viel wie möglich von sich preisgeben, da die immer treffsicherer werdende personalisierte Werbung ein einträgliches Geschäft ist. Was aus der Sicht der User nicht nur auf Gegenliebe stößt, freut die Unternehmer und Werber natürlich in besonderem Maße.

3.4.3 Facebook-Gruppe

Zusätzlich zur direkten Vernetzung mit anderen Usern in Form von Facebook-Freundschaften bietet Facebook die Möglichkeit, Gruppen zu gründen oder einer bestehenden Gruppe beizutreten. Facebook-Gruppen sind für User mit gemeinsamen Interessen geeignet. Hier vernetzen sich User, die beispielsweise gern Mountainbike-Touren machen und nach Gleichgesinnten für die nächste Tour suchen, sich über neues Material oder besonders tolle Strecken austauschen, gebrauchte Gegenstände feilbieten u. v. m. Unternehmen haben aktiv in Gruppen grundsätzlich nichts verloren. Was für Unternehmen jedoch interessant sein kann: Was bewegt meine Zielgruppe? Wonach suchen meine potenziellen Kunden? Gruppen sind also eine gute Möglichkeit, mehr über die Bedürfnisse der Kunden herauszufinden.

Beispiel für Gruppen-Monitoring in Facebook

Wenn Sie z. B. eine Tourismusregion repräsentieren und erstmals ein Mountainbike-Event veranstalten, sollten Sie entsprechende Gruppen auf Facebook suchen, ihnen beitreten und die Diskussionen und geteilten Informationen mitverfolgen. Somit lernen Sie, was die Mountainbiker generell von Veranstaltungen erwarten, was ihnen bei anderen Veranstaltungen gut und was ihnen weniger gut gefallen hat, und können so viele Fehler vermeiden. Sofern Sie nicht zu werblich auftreten, können Sie auch Fragen stellen, sogar konkret in Bezug auf Ihre eigene Veranstaltung.

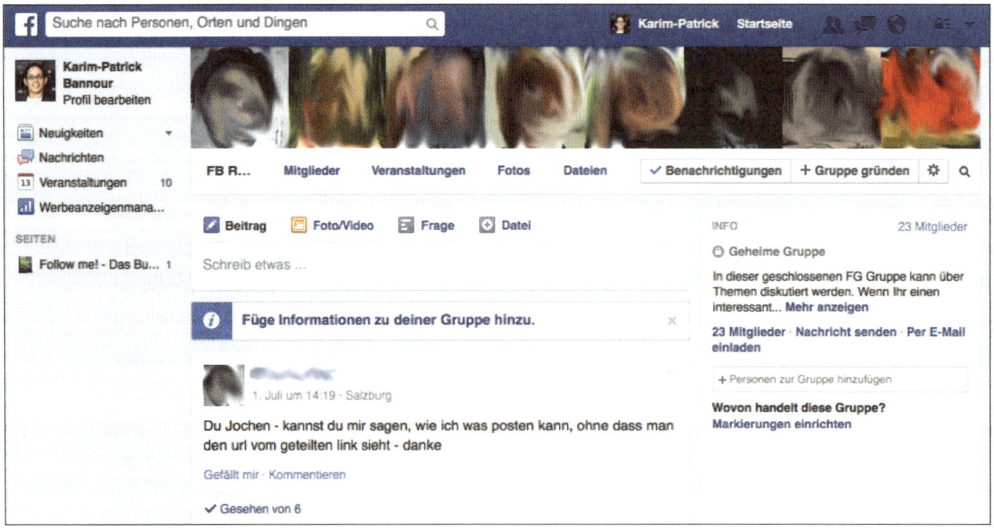

Abbildung 3.14 In geschlossenen oder offenen Gruppen können sich Nutzer mit anderen Nutzern organisieren, austauschen und Dokumente teilen.

Im Rahmen eines professionellen Monitorings sollten Sie Facebook-Gruppen nicht unterschätzen. Suchen Sie in Facebook nach Gruppen, die Ihre Region, Ihre Branche, Ihr Unternehmen oder Ihre Produkte behandeln, treten Sie den Gruppen bei. Hören Sie aufmerksam zu, aber vermeiden Sie jegliche Verkaufsintention, die User würden das nicht gutheißen. Nutzen Sie für die Suche nach Gruppen ganz einfach die Facebook-Suche im blauen Balken. Sie können aber auch selbst eine Gruppe gründen, um für eine von Ihnen organisierte Veranstaltung einen offenen oder geschlossenen Raum zur Verfügung zu haben oder um einzelne Abteilungen miteinander zu vernetzen. Die Anwendungsgebiete sind vielfältig.

Tipp: Eine Gruppe für Ihr Redaktionsteam

Wenn eine Facebook-Seite von vielen verschiedenen Administratoren betreut wird, ist es sinnvoll, eine geheime Gruppe anzulegen (siehe Abbildung 3.14) und alle Administratoren einzuladen, dort Links, redaktionelle Fragen und Themen auszutauschen und zu diskutieren. Das kommt in der Praxis immer häufiger vor und funktioniert erfahrungsgemäß sehr gut. Somit liegen alle Informationen im selben Medium vor und können einfach und schnell untereinander getauscht und diskutiert werden.

3.4.4 Facebook-Seite – der zentrale Anlaufpunkt für Ihre Kunden

Facebook hat für Unternehmen eine eigene Art von Präsenz geschaffen: die Facebook-Seiten. Diese sind für Unternehmen, Organisationen und berühmte Persönlichkeiten gedacht. Im April 2010 wurden seitens Facebook einige Änderungen umgesetzt: Aus den »Facebook-Seiten« wurden »Seiten«, aus »Fan werden« wurde »Gefällt mir«. Um dem Begriffswirrwarr ein Ende zu machen: Egal, ob von Facebook-Seiten, FB-Seiten, Fanpages, Pages oder Unternehmensseiten die Rede ist, es handelt sich immer um genau dieselbe Form von Seiten, die einem Unternehmensauftritt in Facebook dienen. Das gilt nicht nur, weil Facebook das auch in den eigenen Facebook-Richtlinien so definiert, sondern weil es zahlreiche Vorteile gibt, die Facebook-Seiten für Unternehmen zur idealen Kommunikations- und Interaktionsfläche machen.

Einer der unserer Meinung nach besonders großen Vorteile (gegenüber Gruppen und Profilen) ist, dass Facebook-Seiten komplett offen für Suchmaschinen und für nicht registrierte bzw. angemeldete User sind. Damit gehen Reichweite und Sichtbarkeit der Seite über die sowieso schon riesige Anzahl von Facebook-Benutzern hinaus: Jeder Internetuser ist ein potenzieller Besucher Ihrer Facebook-Seite, wenn er entweder die URL kennt oder auf Google ein Suchwort eingibt, das sich in suchmaschinenrelevanten Feldern auf Ihrer Facebook-Seite wiederfindet (z. B. im Namen der Facebook-Seite).

3.4.5 Facebook-Seite erstellen – so geht's

Wir sind tagtäglich mit Anfragen von Seitenbetreibern konfrontiert, die in löblicher Eigenregie und mit großer Motivation selbst eine Facebook-Seite angelegt und dabei Einsteigerfehler gemacht haben, die leider nicht mehr rückgängig zu machen sind. Deshalb ist es uns wichtig, Ihnen hier eine Aufstellung der wichtigsten Punkte zu geben, damit Sie gleich von Beginn an richtig loslegen:

- Um eine Facebook-Seite anzulegen ist ein Profil nötig. Es können jederzeit weitere bestehende Profile von anderen Usern als Facebook-Seitenadministratoren hinzugefügt oder entfernt werden. Um mehrere Seiten anzulegen (beispielsweise auch eine unveröffentlichte Testseite, wo Sie Inhalte prüfen können), brauchen Sie nur Ihr Facebook-Profil. Es besteht keine Notwendigkeit, nur für das Erstellen einer Seite ein eigenes Profil anzulegen, das würde auch den Richtlinien von Facebook widersprechen.
- Überlegen Sie sich vorab den richtigen Seitennamen: Geben Sie Ihrer Facebook-Seite den Namen, unter dem Ihr Unternehmen/Produkt bei Ihren Kunden bekannt ist und unter dem die Seite gefunden werden soll. Sie können den Seitennamen einmalig ändern, danach nur mehr mit entsprechender Dokumentation und Begründung über den Facebook-Support.
- Die Auswahl der richtigen Kategorie entscheidet darüber, welche und wie viele Eingabefelder Sie im Infobereich auf der Seite zur Verfügung haben. Wenn Sie eine Facebook-Seite für ein Restaurant führen möchten, sind für die User vor allem Adresse, Telefonnummer, Öffnungszeiten und Zahlungsmöglichkeiten wichtige Informationen, die schnell auffindbar sein sollten. Die Kategorie LOKALES GESCHÄFT bietet eine Unterkategorie RESTAURANT, die genau diese Felder anbietet. Die Wahl der Seitenkategorie entscheidet auch, ob beispielsweise die Bewertungsfunktion (REZENSION) zur Verfügung steht.
- Befüllen Sie den Inforeiter mit allen relevanten Informationen, die den Besucher Ihrer Seite davon überzeugen können, dass er hier richtig ist. Geben Sie die Unternehmensadresse an, und bieten Sie so viele Unternehmensinformationen wie möglich.
- Wählen Sie ein aussagekräftiges Profillogo und ein Coverbild oder Covervideo aus, die beide einen gewissen Wiedererkennungswert besitzen.
- *Vanity-URL* reservieren. Facebook bietet jedem User und Seitenbetreiber an, eine individuelle URL einzurichten, die man sich im Gegensatz zur standardmäßig vergebenen URL leicht merken kann (Beispiel: *www.facebook.com/viermalvier*). Verwenden Sie bei der Reservierung dieser URL am besten denselben Namen, den Sie auch für die URL Ihrer Website nutzen.

3.4.6 Ihre Fans sprechen viele Sprachen? Das können Sie auch

Die Frage, in wie vielen Sprachen man die eigene Website anbietet, stellt sich bei international tätigen Unternehmen oder in Branchen mit internationaler Klientel (z. B. im Tourismus) relativ rasch und muss oft mit Einschränkungen beantwortet und umgesetzt werden.

Facebook bietet die Möglichkeit, Pinnwandbeiträge zielgruppengerecht zu veröffentlichen (siehe Abbildung 3.15), in zwei Sichtbarkeitsvarianten:

- News Feed-Zielgruppe: Hier wählen Sie aus, wer diesen Beitrag in seinem Newsfeed sehen kann. Wenn aber jemand mit diesem Beitrag interagiert, sehen auch dessen Freunde diesen Beitrag.
- Einschränkungen der Zielgruppe (auch Post-Gating genannt): Damit können Sie sicherstellen, dass wirklich nur Personen aus dieser Zielgruppe das Posting sehen können, egal, wo auf Facebook.

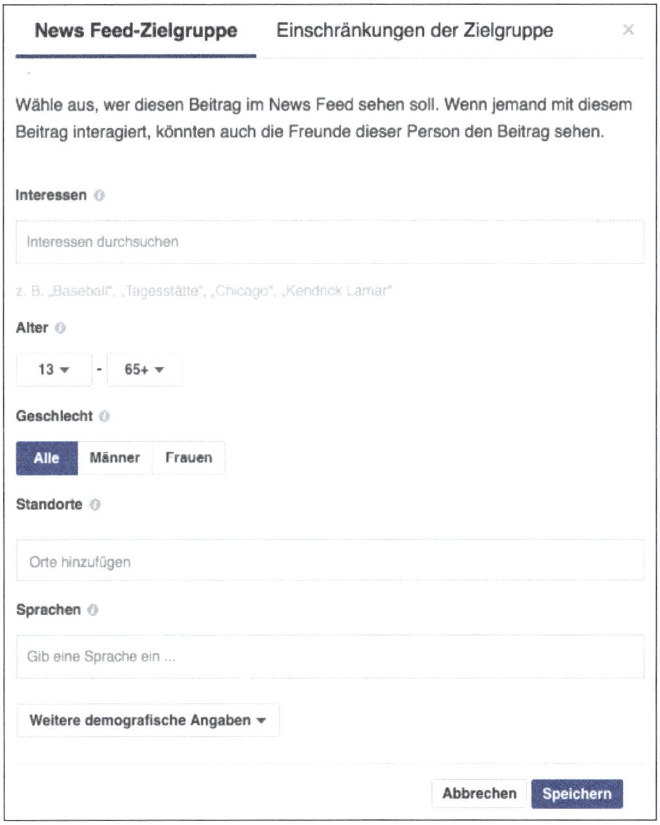

Abbildung 3.15 Sie können jeden Pinnwandeintrag auf eine bestimmte Zielgruppe einschränken.

Sie können bei jedem einzelnen Beitrag einstellen, wer ihn sehen darf. Die Einschränkung erfolgt nach:

- Geschlecht
- Beziehungsstatus
- Bildungsstand
- Interesse
- Alter
- Standorte (Land, Stadt)
- Sprache

Es ist empfehlenswert, sich auf allgemein sehr treffsichere Einschränkungen, wie z. B. SPRACHE, zu konzentrieren, da diese Auswahl am häufigsten der Realität entspricht: Die absolute Mehrheit der User nutzt Facebook in der ihr geläufigsten Sprache. Aufrufen können Sie diese Zielgruppeneinschränkung für Postings im sogenannten Publisher (dort, wo Sie die Postings schreiben) über das Fadenkreuzsymbol. Bei einigen Facebook-Seiten ist diese Funktion standardmäßig nicht aktiviert, in dem Fall können Sie sie über EINSTELLUNGEN • NEWS FEED-ZIELGRUPPE nachträglich aktivieren. Auch wenn Sie auf den ersten Blick negativerweise Ihre Reichweite einschränken, wirkt es sich meist positiv aus, weil der Streuverlust weiter minimiert wird und das Verhältnis Interaktion zu Reichweite besser ist als ohne Newsfeed-Targeting.

3.4.7 Facebook Global Pages und Parent-Child-Struktur

Für international agierende Unternehmen bzw. Marken bietet Facebook sogenannte *Global Pages*: Es gibt eine einzige zentrale Facebook-Seite, die aber inhaltlich und technisch auf verschiedene Regionen zugeschnitten sein kann. Die Regionalseiten werden in der Facebook-Suche nicht dargestellt, dafür verfügen sie über eigene Vanity-URLs.

So gibt es beispielsweise eine einzige Facebook-Seite für die Marke NIVEA, die grafischen Elemente wie Coverbild und Logo sowie die Postings werden auf den einzelnen Zielmarkt angepasst und nur der jeweiligen Zielgruppe zugänglich gemacht (siehe Abbildung 3.16).

Sollten Sie für Ihr Unternehmen oder Ihre Marke eine solche Global-Pages-Lösung benötigen, hilft nur der direkte Kontakt zu Facebook. Eine gute Anlaufstelle ist aber auch unser Kollege Thomas Hutter, der als ausgewiesener Facebook-Spezialist über entsprechende Erfahrungen und Kontakte verfügt. Auf seiner Website finden Sie dazu weitere Informationen: *www.hutter-consult.com/facebook-marketing/facebook-seiten-orte*.

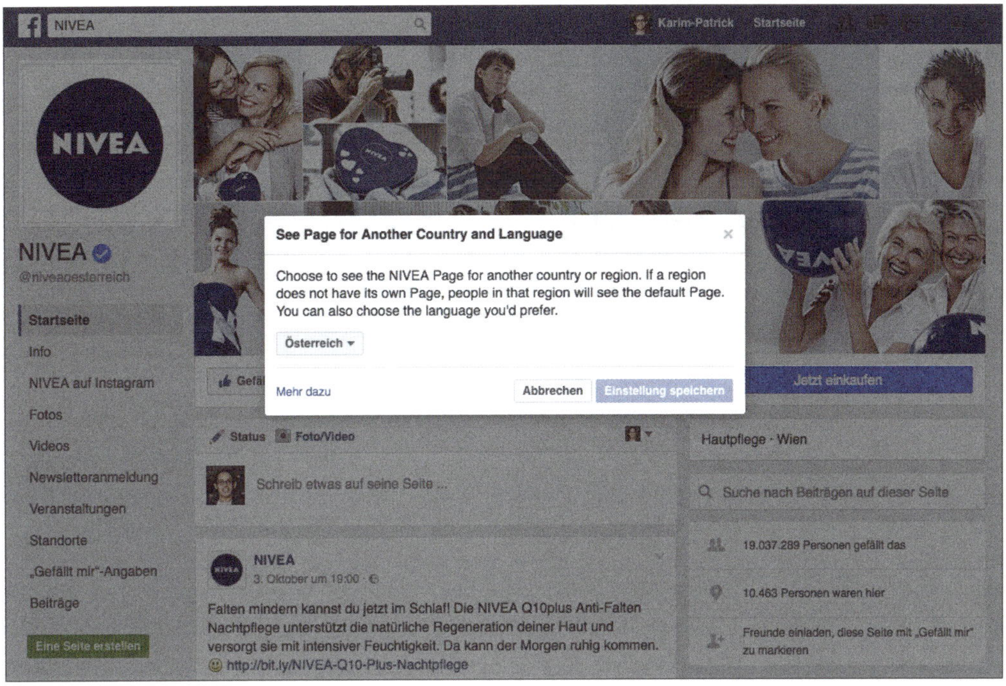

Abbildung 3.16 Eine Facebook Global Page mit Regionsauswahl (Quelle: www.facebook.com/niveaoesterreich)

Unternehmen mit mehreren Standorten/Filialen haben wiederum die Möglichkeit, mit der sogenannten Parent-Child-Struktur die jeweiligen Facebook-Orte (-Standorte) unterhalb einer zentralen Facebook-Seite für den Gesamtauftritt zu bündeln.

3.4.8 Facebook als Bewertungsplattform

Viele Facebook-Seiten verfügen über eine Bewertungs- bzw. Rezensionsfunktion, mit der User der Seite einen bis fünf Sterne vergeben und einen Kommentar dazu verfassen können (siehe Abbildung 3.17). Facebook stellt diese Funktion mit jedem Designupdate prominenter dar und scheint die Bewertungsfunktion gezielt zu pushen. Der Grund dafür liegt auf der Hand: Bewertungen werden von Usern als relevant wahrgenommen und auch aktiv gesucht. Seitenbetreiber sollten also die Rezensionen stärker im Blick behalten und auch gezielt ihre Fans auffordern, Bewertungen abzugeben. In Zukunft werden diese Bewertungen wohl noch stärker auf das Ranking der Facebook-Suche wirken, und Facebook versucht auch diese Inhalte strukturiert zu nutzen und darzustellen. So gibt es unter anderem ein noch wenig bekanntes Places-Verzeichnis, in dem Restaurants, Cafes und andere kommerzielle Plätze nach einem bestimmten Ranking sortiert dargestellt werden: *http://www.facebook.com/places*. Spannend auch: Die Bewertungen bei Facebook werden automatisch von Google gelesen und im Suchergebnis angezeigt.

Abbildung 3.17 Facebook-Bewertungen sind für lokale Anbieter und Dienstleister ein interessantes Tool, um Empfehlungen direkt sichtbar zu machen.

3.4.9 Facebook-Seite bekannt machen

Grundsätzlich sei an dieser Stelle erwähnt, dass Fanzahlen kein alleiniger Maßstab für den Social-Media-Erfolg Ihres Unternehmens sein können. Nicht die Quantität an Fans ist entscheidend, sondern die Qualität der Fans. Was nützen Ihnen Tausende von Fans, wenn diese nicht an Ihrem Unternehmen, Ihren Produkten oder Ihren Informationen interessiert sind? Doch brauchen Sie natürlich relevante Fans, die Ihre Message mit ihren Freunden teilen, damit Sie so zu neuen Fans und Kunden kommen können. Am Beginn steht natürlich immer der engere Umkreis des Unternehmens: die Mitarbeiter und die Kunden. Deren Freunde auf Facebook sollen wiederum im nächsten Schritt erreicht werden und so weiter und so fort.

Machen Sie Ihre Facebook-Seite offline wie online bekannt. Überall dort, wo Kunden sehen können, dass Sie auch auf Facebook vertreten sind, sollten Sie darauf hinweisen. Zögern Sie nicht, Ihre Facebook-URL, z. B. *http://facebook.com/annegrabsmarketing* in allen Ihren Printprodukten oder auf relevanten Plätzen in Ihrem Unternehmen zu positionieren. Das sind vor allem Visitenkarten, Prospekte,

Flyer, Schaufenster, Empfangs-/Kassenbereich Ihres Geschäftslokals, Infoterminals/ LCD-Screens, sogar Bierdeckel und Produktverpackungen.

Besonders wichtig ist es natürlich, jedem Internetuser zu zeigen, dass Sie auch eine Facebook-Seite haben und warum er diese besuchen und abonnieren sollte. Integrieren Sie die Facebook-URL Ihrer Seite in die E-Mail-Signatur, schreiben Sie einen aktuellen Beitrag im E-Mail-Newsletter oder Blog, setzen Sie auf allen Ihren Websites einen Link auf die Facebook-Seite.

DSGVO: Änderungen für Social Plug-ins

Am 25. Mai 2018 ist die Datenschutz-Grundversorgung (DSGVO) in Kraft getreten und mit ihr einige weitreichende Veränderungen für Betreiber von Webseiten. Datenschützern sind schon seit Langem die sogenannten Social Plug-ins ein Dorn im Auge, denn sie ermöglichen einen für den Besucher absolut unbemerkten Datentransfer. Was sind Social Plug-ins? Das »Gefällt mir«-Plug-in (auch Like-Button oder »Gefällt mir«-Button genannt) ist ein kleiner Ausschnitt Ihrer Facebook-Seite und macht es Besuchern leichter, Ihre Seite direkt zu liken. Das Problem: Social Plug-ins wie der »Gefällt mir«-Button sammeln nicht nur Daten von eingeloggten Facebook-Nutzern, sondern auch von denen, die nicht bei Facebook eingeloggt sind oder Facebook gar nicht nutzen! Die neue DSGVO nimmt Seitenbetreiber in die Pflicht, ihre Besucher aufzuklären und eine Einwilligung einzuholen, noch bevor der User sich auf der Seite bewegt. Das bedeutet: Ein »Gefällt mir«-Button darf nur nach ausdrücklicher Einwilligung des Nutzers auf der Website integriert werden. Es gibt jedoch zwei Alternativen: eine 2-Klick-Lösung oder die Sharif-Lösung. Doch es gibt noch weitere Social Plug-ins, die von der neuen Rechtsprechung betroffen sind. Dazu zählt z. B. das Facebook-Kommentar-Plug-in oder das Teilen-Plug-in.

3.4.10 Facebook-Gemeinschaftsseiten claimen

2010 hat Facebook die sogenannten Gemeinschaftsseiten eingeführt. Diese sollen Themen oder Begriffen von allgemeinem Interesse dienen, beispielsweise einem guten Zweck. Grund für diese Einführung war, dass einige Facebook-User diverse Facebook-Seiten rund um Naturkatastrophen oder mit dem Namen bekannter Marken oder Persönlichkeiten angelegt und diese Facebook-Seiten dann für ihre eigenen Zwecke missbraucht haben (hauptsächlich zu Werbezwecken). Das sollen die Gemeinschaftsseiten unterbinden. Seitens Facebook werden allerdings auch Gemeinschaftsseiten zu einem bestimmten Thema/Begriff automatisch angelegt, wenn beispielsweise Mitarbeiter eines Unternehmens in ihrem Facebook-Profil unter »Arbeitgeber« einfach den Namen des Unternehmens eintippen und speichern. Facebook geriet mit dieser Neuerung bei vielen Marketern in die Kritik, weil bei sehr beliebten und bekannten Marken so oft mehrere hundert Gemeinschaftsseiten entstanden. Mittlerweile gibt es für Seitenbetreiber eine Möglichkeit, solche Gemeinschaftsseiten bei Facebook zu beanspruchen (»claimen«). Sie können diese Seite als Duplikat an Facebook melden und dann mit Ihrer offiziellen Facebook-Seite zusammenführen lassen. Gemeinschaftsseiten erkennen Sie häufig daran, dass sie keine »normale« Pinnwand besitzen, sondern Texte aus Wikipedia integriert haben und darunter alle öffentlich zugänglichen Facebook-Beiträge zeigen, die den Namen der Gemeinschaftsseite beinhalten. Außerdem zeigen viele Gemeinschaftsseiten kein Profilbild, sondern ein von Facebook generiertes Platzhaltersymbol.

3.5 Facebook-Content, der ankommt

Im Abschnitt 2.7.1, »Die Content-Strategie«, haben wir Ihnen bereits das *Core Story Canvas* vorgestellt. Sie können darin aus einer Vielzahl von Themen und Formaten auswählen. Wichtig ist natürlich die Definition Ihrer Core Story und dass Sie ganz klar festlegen, wie Sie in Social Media kommunizieren (*Tone of Voice*). Facebook-Nutzer lieben es, wenn eine Marke wiedererkennbaren Content liefert, mit dem sie sich identifizieren können.

3.5.1 Lustiges Infotainment

Laut der aktuellen Adobe Content Consumer Survey 2018[10] haben Inhalte das größte Potenzial, in Social Media geteilt zu werden, wenn sie:

- informativ und nicht allzu werblich sind (45 %)
- authentisch sind (34 %)
- lustig sind (31 %)

Vor dem Hintergrund dieser Ergebnisse ist es wenig überraschend, dass vor allem Facebook-Seiten wie »Made my Day« (*http://www.facebook.com/MadeMyDay*) oder »Die 90er! Wisst ihr noch ...?« (*http://www.facebook.com/die90er*) den größten Erfolg in Social Media haben und atemberaubende Interaktionsraten erzielen. Aber keine Sorge, Sie brauchen sich diese Seiten nicht als Vorbild für Ihren Facebook-Content zu nehmen. Machen Sie sich aber klar, welche Inhalte in Social Media tatsächlich gerne geteilt werden und dass es nicht immer das hochstilisierte Markenvideo ist.

10 Adobe Content Consumer Survey, 2018: *http://blogs.adobe.com/digitaleurope/de/customer-experience-de/viel-information-wenig-werbung-adobe-studie-zeigt-wie-sich-nutzer-inhalte-wuenschen*

Es gibt Alternativen. Beispielsweise hat das Umzugsunternehmen Movinga mit einem denkbar einfachen Facebook-Video über 5 Mio. Views generiert. In dem kurzweiligen Video *http://bit.ly/Movinga* werden die krassesten Pannen bei Umzügen in der ganzen Welt gezeigt – insbesondere wenn Freunde beim Umzug mitgeholfen haben. Am Ende folgt der Call-to-Action: »Wollt ihr euren Freunden das wirklich antun? Ich hab eine bessere Idee – Movinga.« Das Positive an solchen adaptiven Storys ist, dass sie oft bis zum Ende angesehen werden. Die View-Rate ist also besonders hoch und der Call-to-Action am Ende auch gut gesetzt. In Abbildung 3.18 sehen Sie den mobilen Screenshot des Videos. Man sieht deutlich, dass das Video mobil sehr gut funktioniert. Der Text oben im Video ist statisch und erklärt sofort, worum es geht.

Abbildung 3.18 Mit adaptivem Storytelling schafft Movinga ein reichweitenstarkes Video, das 5 Mio. Facebook-Nutzer gesehen haben. (Quelle: http://bit.ly/Movinga)

Um die Facebook-Nutzer zu unterhalten, bietet Facebook vielfältige Möglichkeiten. Einerseits gibt es spannende Formate wie Videos, Livestreams, Umfragen, 360°-Fotos und -Videos sowie Press-and-Hold-Formate. Und auf der anderen Seite können Sie durch gezielte Inhalte, die für Ihre Zielgruppe besonders spannend sind, einen Mehrwert bieten.

3.5.2 Wie oft posten? Die Frage nach der Content-Frequenz

Bei den meisten Unternehmen, die bereits aktiv eine Facebook-Seite betreiben, hat es sich etabliert, dreimal in der Woche auf Facebook zu posten. Häufig ist es eine Empfehlung der betreuenden Agentur, um ihren Kunden mehr Kreation verkaufen zu können. Aber ist dieser Richtwert noch zeitgemäß? Gerade vor dem Hintergrund der sinkenden organischen Reichweite sollten Sie zu häufiges Posten überdenken. Was nützen Ihnen drei Posts pro Woche, wenn die Nutzer, sie dann doch kaum sehen? Außer natürlich Sie schalten Werbeanzeigen und pushen Ihre Beiträge mit Sponsored Posts.

Für diese Content-Frequenz spricht allerdings, dass es immer sinnvoll ist, mehrere Creatives zur Auswahl zu haben, die mit Media gepusht werden. Performt ein Post nicht, wird das Werbebudget dann einfach in den Post gesteckt, der besser performt. Liegen die Abstände zwischen den Posts zu weit auseinander, funktioniert dieses Prinzip natürlich weniger gut. Die Lösung kann sein, dass Sie einfach mehrere Dark Ads im gleichen Zeitraum und für unterschiedliche Zielgruppen schalten. Dann können Sie das maximale aus Ihren Creatives und Ihrem Werbebudget herausholen. Sie wollen wissen, wie das funktioniert? Lesen Sie weiter in Abschnitt 3.7, »Facebook-Werbeanzeigen«. Unsere Empfehlung ist auf jeden Fall, dass Sie Ihre Energie immer in eine gute Kreation stecken sollten. Im Zweifel genügt ein Highlight-Post alle zwei Wochen, den Sie ordentlich mit Media pushen.

3.5.3 Überzeugen Sie mit Facebook-Videos

»We're entering this new golden age of video«, verkündete Mark Zuckerberg 2016. In den letzten Jahren hat Facebook Videos enorm gepusht. Immer öfter tauchten Videos und GIFs im Newsfeed auf, und auch der Launch der Livestream-Technologie 2016 war nicht ganz ohne Grund passiert: Cisco schätzt, dass bis zum Jahr 2021 82 % des globalen Website-Traffics durch Videos generiert werden.[11] Die Zeichen sind eindeutig: Wenn Sie Ihre Zielgruppe langfristig ansprechen und an sich binden wollen, führt in Facebook kein Weg an Videos vorbei. Aufmerksamkeit ist das Gold in Social Media, nach dem alle graben, vor allem mit Videos. Doch die meisten Videos in Facebook erhalten nicht die nötige Aufmerksamkeit. Wie oft scrollen Sie bei Facebook-Videos weiter, weil das Video einfach nur langweilig ist? Sehr oft. 85 % und mehr Nutzer brechen nach den ersten 3 Sekunden Facebook-Videos ab. Allerdings zeigt eine Studie von Facebook/Nielsen, dass auch Videos, die nur 3

---

11 Cisco Visual Networking Index: Forecast and Methodology, 2016–2021: *http://www.cisco.com/c/en/us/solutions/collateral/service-provider/visual-networking-index-vni/complete-white-paper-c11-481360.html*

Sekunden geschaut wurden, die Brand Awareness steigerten.[12] Nichtsdestotrotz: Je länger das Video geschaut wurde, desto höher fielen die Werte für Brand Awareness aus. Sie dürfen sich also sehr wohl darüber ärgern, wenn die Nutzer Ihr Video nach 3 Sekunden abbrechen. Dann war auch die teure Produktion für die Katz. Wie verhindern Sie das? Indem Sie die Gesetzmäßigkeiten im Newsfeed beachten, die wir Ihnen nun vorstellen.

Kickstart zu Beginn

Sie müssen in den ersten drei Sekunden überzeugen. Mit einem *Kickstart*, einem emotionalen Highlight, direkt am Anfang ziehen Sie die User in den ersten Sekunden in die Geschichte hinein. Die wichtigste Botschaft muss gleich danach in den ersten 10 Sekunden erfolgen. Setzen Sie dabei starke visuelle Elemente und ergänzenden Text ein. Wie das Storytelling im Newsfeed aussieht, sehen Sie in Abbildung 3.19.

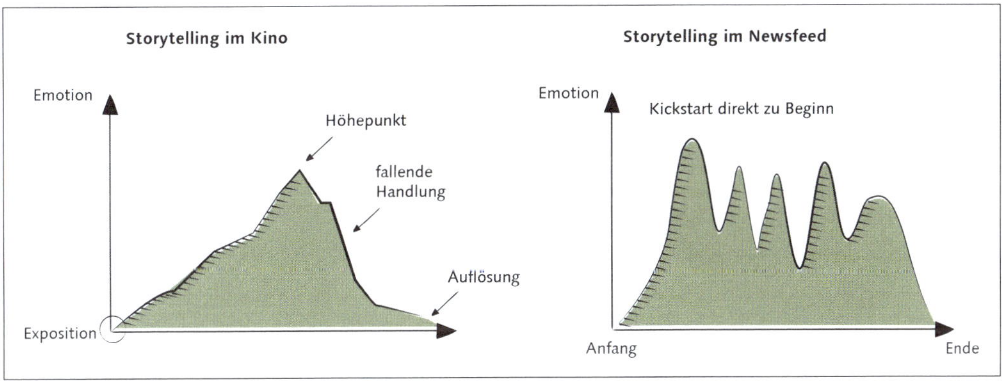

Abbildung 3.19 Storytelling im Newsfeed (Grafik: Justus Wunschik, bfmg.de)

Vertikales Format

In Zukunft werden Sie mit Ihrem Social Media Marketing nur dann erfolgreich sein, wenn Sie es für mobile Endgeräte konzipieren. Social und Mobile sollten nicht voneinander getrennt gedacht werden, sondern Sie müssen sich immer fragen, ob das Video, das Bild, das GIF usw., das Sie posten, auch tatsächlich mobil »funktioniert«. Und mit Funktionieren sind nicht die technischen Voraussetzungen gemeint, sondern ob der Smartsurfer damit auch wirklich abgeholt und unterhalten werden kann. Denn die Aufmerksamkeitsspanne ist bei den Smartsurfern noch geringer als bei Desktop-Usern. Die Herausforderung des mobilen Social Media Marketings besteht darin, dass die Message in den ersten 1 bis 3 Sekunden beim User ankommt.

12 Facebook, 2015, »The Value of Video for Brands«: *http://www.facebook.com/business/news/value-of-video*

Vom Format her empfehlen wir Ihnen deshalb 4 : 5 oder alternativ 1 : 1 (auf keinen Fall 16 : 9), damit das Video vor allem in der mobilen Ansicht funktioniert (siehe Abbildung 3.20). Einer Studie von ScientaMobile zufolge werden 94 % des weltweiten Website-Traffics über das Smartphone-typische Porträtformat generiert.[13]

Smartsurfer werden auf Dauer nur noch Inhalte konsumieren, die zu ihrem jeweiligen Nutzerkontext passen. Social-Media-Inhalte müssen zwingend auf den Nutzer zugeschnitten sein, dabei aber auch zum aktuellen Ort, zur Wetterlage, zur Sinneswahrnehmung und zur Gefühlslage passen und ohne großes Zutun durch den Nutzer bereitgestellt werden. Alles andere wird als irrelevant und störend wahrgenommen.

Abbildung 3.20 Erfolgreiches Storytelling in Facebook funktioniert nur, wenn Sie sich an die Gesetze des Newsfeeds halten. (Quelle: http://facebook.com/hornbach.de/)

13 LA Times, 2015, »Snapchat drives trend toward vertical videos«: *http://www.latimes.com/business/la-fi-snapchat-vertical-video-20150715-story.html*

Ergänzende Untertitel oder Textcharts

Setzen Sie zwingend auch Untertitel oder ergänzende Textcharts ein, denn 80 % der Videos werden ohne Ton konsumiert. Eigene Untertitel lassen sich z. B. mit Adobe After Effects im eigenen Design erstellen. Sie können aber auch ganz einfach Facebook-Untertitel (SRT-Datei) über YouTube erstellen, von YouTube herunterladen und die Datei anschließend wieder bei Facebook hochladen. Von der Länge her sind 1 bis 2 Minuten für längere Storys/Interviews empfohlen. Für Teaser sind 15 bis 30 Sekunden optimal.

3.5.4 Facebook-Livestreams

Die letzten 2 Jahre seit der offiziellen Einführung der Livestreaming-Funktion haben gezeigt, wie gern die Nutzer mittlerweile Liveberichte verfolgen. »65 % der Deutschen konsumieren Live-Inhalte«, bewies eine Umfrage der nextMedia.Hamburg im April 2017. Seit April 2016 bietet Facebook Personen wie Unternehmen die Möglichkeit, mittels Smartphone einfach und schnell einen Livestream einzurichten. Vor Ort bei Veranstaltungen, für Diskussionsrunden, Videocasts oder anderen Liveeinstiegen, bietet Facebook Live eine stabile und kostenlose Möglichkeit, selbst einen Livestream zu erstellen und TV zu spielen. Auch hier war Facebook nicht unbedingt der »Erfinder« oder Early Adopter dieser Technologie, sondern Vorreiter waren hier vor allem Periscope (wurde von Twitter gekauft) und Meerkat (wurde bereits eingestellt). Doch durch die hohe Verbreitung von Facebook und die entsprechend stabile Technologie erfreut sich Livestreaming via Facebook wachsender Beliebtheit. Junge Menschen lieben Livestreams: Jeder Zweite der 18- bis 29 Jährigen deutschen Nutzer verfolgt laut einer Umfrage von nextMedia.Hamburg Livestreams im Internet. Und wenig überraschend: Facebook ist mit 17 % die beliebteste Plattform vor YouTube (13 %) und Twitter (4 %).[14]

Für Facebook-Seiten sind Livestreams eine tolle Möglichkeit, organische Reichweite zu generieren. Das liegt an der Benachrichtigungsfunktion von Facebook und der hohen Relevanzeinstufung von Livestreams im Facebook-Newsfeed. Facebook schickt Nutzern, die häufig mit einer Facebook-Seite oder Profilen interagieren oder vor Kurzem interagiert haben, ein Update, dass die Seite oder der Facebook-Nutzer gerade live ist. Und noch einen weiteren Vorteil bieten Facebook-Livestreams: Sie generieren hohe Interaktionsraten. Die Nutzer kommentieren Facebook-Live-Videos zehnmal häufiger als normale Videos. Seit Kurzem ermöglicht Facebook sogar 360°-Livestreaming – spannend, falls Sie einmal direkt aus dem Büro oder der Lagerhalle livestreamen wollen.

---

14 nextMedia.Hamburg, 2017, »65 % der Deutschen konsumieren Live-Inhalte«: *http://www.nextmedia-hamburg.de/content/blog-detail/artikel/umfrage-von-nextmediahamburg-65-der-deutschen-konsumieren-live-inhalte/*

Hilfreiche Tipps für Facebook-Livestreaming

Das Beste an Livestreams: Sie brauchen dafür nur ein relativ neues Smartphone mit guter Kamera und aktueller Facebook-App, genug Akkulaufzeit und eine hohe Bandbreite der Internetverbindung. Auch wenn Sie bei der Qualität Abstriche machen müssen, muss das nicht heißen, dass Livestreams »einfach so« gemacht werden sollen, und schon gar nicht nebenbei. Mit diesen Tipps punkten Sie mit Ihrem Facebook-Livestream:

- Überlegen Sie sich vorab, was die Nutzer interessieren könnte. Streamen Sie nicht einfach nur von Ihrem Schreibtisch oder aus der Teeküche, es sei denn, es ist wirklich lustig und informativ. Überlegen Sie, an welchen Konferenzen etc. Sie demnächst teilnehmen, und machen Sie sich einen Plan, was Sie live streamen wollen.
- Achten Sie auf gutes Licht/Tageslicht. Streamen Sie nicht von dunklen Räumen. Wenn Sie jemanden interviewen oder selbst interviewt werden, gehen Sie an einen hellen, leisen Ort.
- Als technische Hilfsmittel nutzen Sie am besten ein Gimbal, um mehr Stabilität in Ihren Livestream zu bekommen, und schließen Sie ein externes Mikro (wir empfehlen Ihnen das Rode smartLav+) an. Achten Sie auf eine stabile WLAN-Verbindung.
- Kündigen Sie Ihren Livestream vorher an: Über die Facebook-Live-API können Sie eine Ankündigung für Ihren Livestream kreieren und das Interesse Ihrer Fans wecken. Die Nutzer haben dann die Möglichkeit, sich für eine einmalige Benachrichtigung vor dem Livestream anzumelden.
- Interagieren Sie mit Ihren Zuschauern: Bei einer Facebook-Live-Session können die Zuseher während der Sendung und vor allem live über die Kommentarfunktion eines Livevideos Fragen stellen, und der Kameramann sieht diese direkt am Smartphone und kann sie beispielsweise dem Interviewpartner sofort stellen.
- Professionelles Livestreaming: Sie möchten Ihre Produkte oder Ihre Veranstaltung mit entsprechender Bildqualität und sauberem Ton live streamen? Kein Problem. Facebook-Livestreams können auch von professionellen Kameras gefilmt werden. Dabei hilft Ihnen die Facebook Live-API, eine Programmierschnittstelle, die einen Key liefert, der sich bei Streaming-Diensten, wie z. B. Open Broadcaster Software, einbinden lässt. Damit öffnen Sie den Vorhang für Ihre professionelle Facebook-Show! Die API lässt zudem Umschaltungen zwischen Kameras, Wiederholungen, Bildschirmgrafiken und Spezialeffekte zu.

  Tipp: Wenn Sie öfter livestreamen, nutzen Sie das Tool Vidpresso, *http//www.vidpresso.com*. Damit können Sie benutzerdefinierte Grafiken (Banderole) und Kommentare einbinden. Außerdem erlaubt das Tool Bild-im-Bild- und Split-Screen-Einstellungen – gerade für Konferenzen ein sehr empfehlenswertes Tool.
- Live vom Band: Es ist sogar möglich, einen Livestream vorher aufzunehmen und abzuspielen. Fortlaufende Livestreamings sind aber auch für Museen oder auch für Unternehmen, die ein Timelapse-Video von einer Produktfertigung zeigen wollen, möglich. Allerdings muss es vorher wohl überlegt sein, damit Sie die User nicht verprellen, wenn sie herausfinden, dass der Livestream gefakt war. Oder Sie spielen von Anfang an mit offenen Karten.

Abbildung 3.21 Livestreams mit Live Reactions (Emojis) können Sie programmieren, z.B. mit http://livereactionspoll.com

Wichtig zu erwähnen ist auch, dass Facebook rein technisch kein geschlossener Raum ist. Mittels *API* (Application Programming Interface), einer Schnittstelle, mit der Daten von einem Programm ins Netzwerk eingespielt oder aus dem Netzwerk in ein Programm übertragen werden können, ergänzen viele Softwareentwicklungen die Inhalte oder Funktionalitäten der Portale. Gleiches gilt auch für die sogenannten *Apps* (Applikationen): Das sind Programme, die im sozialen Netzwerk von Usern genutzt werden können und mehr oder weniger nützliche Funktionen bereitstellen. Hier stehen in vielen Fällen nicht die Portalbetreiber, sondern externe und unabhängige Unternehmen dahinter.

3.5.5 Facebook-360°-Fotos

Kaum zu glauben, was technisch aktuell schon möglich ist, aber gerade im Bereich der 360°-Visualisierung hat sich in den letzten Jahren und vor allem Monaten extrem viel getan. Seit nicht allzu langer Zeit ist es auch auf Facebook möglich, Fotos, die mit entsprechenden Apparaten oder Apps im 360°-Format aufgenommen wurden, im vollen Funktionsumfang zu veröffentlichen (siehe Abbildung 3.22). In solch einem Foto können sich die Facebook-Nutzer am Desktop-PC wie auch am Smartphone oder Tablet im Bild frei in alle Richtungen bewegen und somit einen echten

360°-Blick genießen, beispielsweise von einem Gipfel in Ihrer Tourismusregion aus, vom Hotelzimmer Ihres Hotels oder Ihres Restaurants oder auch im Innenraum eines neuen Automodells. 360°-Fotos lassen sich besonders gut einsetzen, um das Engagement mit der Community zu fördern. IKEA nutzt 360°-Fotos gerne als Suchbilder, bei dem die Nutzer ein Produkt auf dem Foto finden müssen (siehe Abbildung 3.22). Für ein 360°-Foto benötigen Sie entweder eine 360°-Kamera, wie beispielsweise die Serie Theta von Ricoh, oder entsprechende Smartphone-Apps, die meist aber Fotos in einer geringeren Auflösung produzieren als extra dafür hergestellte Kameras.

Abbildung 3.22 360°-Suchbilder ermöglichen eine spielerische Auseinandersetzung mit einer Marke. (Quelle: http://www.facebook.com/IKEAdeutschland)

360°-Videos in Facebook können sowohl auf Smartphones als auch auf dem Desktop angesehen werden. Auf Smartphones können die Videos mit Fingertipp aufs Display, auf dem Computer durch das Ziehen mit der Maus angesehen werden. Tipp: Das Hamburger Unternehmen Spice VR hat sich auf Drohnen spezialisiert, die 360°-Videoaufnahmen machen können. Das Besondere daran: Da die Kamera eine Drohne ist und 360° aufnimmt, filmt sie sich nicht selbst. Ansonsten ist dies bei der

360°-Fotografie oder Filmaufnahmen oftmals der Fall, da es ein Stativ oder eine Halterung geben muss. So gibt es auf den Bildern auch keine Crew oder Mitarbeiter zu sehen.

3.5.6 Facebook-Press-and-Hold-Bilder

Mobile first ist die Devise bei Facebook. Mittlerweile gibt es einige Formate, die auch ausschließlich mobil funktionieren. Dazu gehört auch das Format Press and Hold. Der Facebook-Nutzer muss mit seinem Daumen auf das Bild drücken und halten, damit etwas passiert. In Abbildung 3.23 durchbricht der BMW eine Mauer, wenn der Nutzer auf das Bild drückt.

Abbildung 3.23 Facebooks Press-and-Hold-Format ist nur mobil verfügbar und sorgt für Überraschungsmomente.

3.5.7 Seien Sie lustig, aber nicht klamaukig

Etwas Lustiges, Unterhaltsames und Schräges kommt in Facebook immer gut an. Aber wie können Sie als Unternehmen lustig sein, ohne klamaukig zu wirken? Wie viel Witz kann sich ein Unternehmen leisten, ohne andere zu beleidigen? Wie viel Parodie ist erlaubt?

Die Herausforderung bei humorvollen Posts besteht stets darin, die optimale Schnittmenge aus dem Content zu finden, der die Nutzer interessiert, und den Inhalten, bei denen Sie wirklich glaubwürdig sind. Sixt ist ein Unternehmen, das seine Schnittmenge gefunden hat. Seit 1990 setzt Sixt auf Parodie und Satire in seiner Werbung und sagt darüber selbst: »Die Sixt Autovermietung ist bekannt und berüchtigt für ausgefallene und humorvolle Werbung – und das in jeder Spielart.« Sixt macht auch vor Politikern nicht halt, und solche Posts kommen in Facebook natürlich unfassbar gut an (siehe Abbildung 3.24). Übrigens: Die Rechtsprechung ist in diesem Fall auf der Seite von Sixt. Natürlich haben in der Vergangenheit einige Politiker bereits Sixt auf Unterlassung verklagt. Bisher hat Sixt jedoch immer Recht behalten.

Abbildung 3.24 Mit seinen humorvollen Posts sorgt Sixt regelmäßig für Aufsehen in Facebook.

3.5.8 Facebook Canvas

Viele Unternehmen kämpfen damit, dass sie mit der Verbreitung mobiler Endgeräte und der dadurch immer wichtiger werdenden mobilen Tauglichkeit ihrer Internetinhalte nicht Schritt halten können. Das hat auch Facebook erkannt und möchte im Sinne eines zufriedenstellenden Nutzererlebnisses (und natürlich auch, um den Nutzer innerhalb von Facebook zu halten) all jenen Facebook-Seitenbetreibern das Erstellen und Veröffentlichen von einfachen Landingpages erleichtern. Dazu wurde zunächst als Werbeanzeige die Facebook Canvas Ad eingeführt, bald darauf wurde auch das Canvas als Postingformat ausgerollt.

Facebook Canvas bietet im Sinne des Storytellings eine mobiloptimierte, vollflächige Darstellung von Videos, Bildern und Texten, die durch Wischen durchgeblättert werden können. Canvas werden ausschließlich auf mobilen Endgeräten ausgespielt, sind auf schnelle Ladezeiten ausgerichtet und eignen sich vor allem für Kampagnen- und Landingpages mit schönen Bildern, um ein neues Produkt vorzustellen und um mittels Call-to-Action-Button eine Aktion auszulösen, z. B. zum Produkt im Onlineshop zu wechseln. Mehr Infos sowie Praxisbeispiele finden Sie unter: *http://canvas.facebook.com*.

3.5.9 Gewinnspiele auf Facebook

Im Sommer 2013 hat Facebook die Gewinnspielregeln wesentlich gelockert. Seitdem ist es einfach und rechtlich sicher, Gewinnspiele auf Facebook zu veranstalten, bei denen Sie Fans aufrufen, ein Foto von sich mit einem Ihrer Produkte hochzuladen, und das Foto mit den meisten »Gefällt mir«-Klicks und/oder Kommentaren gewinnt den Hauptpreis. Natürlich sind Gewinnspiele noch immer die einfachste Möglichkeit, Interaktionen zu generieren. Gleichzeitig sind Gewinnspiele aber allzu oft zu banal und zielen nur darauf ab, möglichst schnell möglichst viele Nutzer auf die Seite zu holen. Das Problem an der ganzen Sache: Damit ziehen sogenannte Gewinnspielnomaden auf Ihre Facebook-Seite, die den ganzen Tag nichts anderes machen, als nach solchen Gewinnspielen Ausschau zu halten. Überlegen Sie sich daher eine schlaue Mechanik für Ihr Gewinnspiel. Knüpfen Sie das Gewinnspiel beispielsweise an einen guten Zweck. Pro Kommentar spenden Sie 0,10 € an eine gemeinnützige Organisation.

Ungeachtet der Richtlinienerleichterungen müssen Gewinnspiele über entsprechende Teilnahmebedingungen verfügen. Diese können Sie als Facebook-Notiz hinterlegen und verlinken, oder Sie schreiben sie auf Ihre Website und verlinken sie im Postingtext. Außerdem ist es nicht erlaubt, die Teilnehmer aufzufordern, einen Beitrag zu teilen oder Freunde zu markieren (in einem Kommentar oder auf einem Foto). Der Grund dafür ist verständlich: Würde Facebook das erlauben, wäre der Newsfeed vieler Facebook-Nutzer überschwemmt von täglich neuen Gewinnspielen. Auch jetzt schon tauchen solche Gewinnspiele immer wieder auf, weil manche Seitenbetreiber wissentlich oder unwissentlich auf diese Mechanismen setzen (und dabei gegen die Facebook Guidelines verstoßen).

3.6 Tipps fürs Community Management

Für die tägliche Arbeit als Community Manager können wir Ihnen Tools empfehlen, die vor allem bei höherem Anfrage- bzw. Kommunikationsvolumen dabei helfen, nicht den Überblick zu verlieren.

3.6.1 Benachrichtigungsfunktion

Facebook hat vor Längerem eine Benachrichtigungsfunktion eingeführt, die Sie entweder am Desktop-PC oder am Smartphone konsultieren können. Dort sehen Sie aktuell und mit einer Gelesen-Funktion, welche neuen Interaktionen (neue Fans, »Gefällt mir« für einen Beitrag, Kommentare, Bewertungen usw.) oder Nachrichten Ihre Facebook-Seite erhalten hat. Somit verlieren Sie nicht den Überblick, gerade dann, wenn Fans gerne mal einen Kommentar zu einem älteren Beitrag posten, den Sie auf herkömmlichem Wege nicht mitbekommen hätten (weil der Beitrag vielleicht schon so lange her ist, dass Sie ihn nicht mehr in Beobachtung haben). Sie können auch einstellen, ob Sie für jede neue Interaktion eine E-Mail oder SMS bekommen, um so zeitnah reagieren zu können.

3.6.2 Social-Media-Management-Software

Ab einer gewissen Größe einer Facebook-Seite, einer gewissen Anzahl an Facebook-Seiten oder einem entsprechend hohen Anfragevolumen seitens der Facebook-Nutzer empfiehlt es sich, entsprechende Drittanbietertools zu verwenden, die das Incoming der Anfragen nicht nur nach Datum des Eingangs, sondern beispielsweise auch nach Themen oder Kategorien sortierbar machen, mit einer Historie versehen, entsprechenden Abteilungen zuweisen u. v. m., also eine Art Ticketing-Lösung für Facebook. Aus der Vielzahl an Software- und Toolanbietern möchten wir exemplarisch zwei Anbieter nennen, die wir persönlich gerne nutzen: *http://swat.io* und *http://socialhub.io*.

3.6.3 Facebook-Intranet für Unternehmen – Workplace by Facebook

Schon im Januar 2015 stellte Facebook seine Intranetlösung für Unternehmen unter dem damaligen Namen Facebook at Work vor, und einige große Unternehmen durften diese Facebook-Intranet-Kopie bereits vorab einsetzen. Das bekannteste Unternehmen ist die Royal Bank of Scotland, die es bereits für alle 100.000 Mitarbeiter weltweit im Einsatz hat. Seit Oktober 2016 steht Workplace by Facebook, so der neue Name, allen Unternehmen offen.

Workplace by Facebook ist also eine Kopie des »normalen« Facebook, aber eben als Intranetlösung für das jeweilige Unternehmen, eine eigene Instanz, völlig unabhängig von facebook.com. In diesem Intranet stehen so wie im altbekannten Facebook auch folgende Funktionalitäten zur Verfügung: Gruppen, Newsfeed, Workchat, Veranstaltungen, Suche, mobile Apps. Workplace by Facebook zahlt sich vor allem für Unternehmen ab einer gewissen Größe und Anzahl von Standorten aus, ist aber ein logischer und intelligenter Schritt von Facebook, seine Technologien anderweitig einzusetzen.

Diese Intranetlösung ist nicht kostenlos. Je nach Anzahl von Mitarbeitern und Kategorie zahlen Unternehmen 1–3 US$ pro aktivem Nutzer. Mehr Informationen finden Sie unter: *http://workplace.fb.com*.

3.7 Facebook-Werbeanzeigen

An Paid Media führt in Facebook kein Weg vorbei. Anzeigen in Facebook gehören zum fixen Bestandteil jeder Social-Media-Marketing-Strategie. Facebook ist dabei das Netzwerk, in dem die Nutzer am häufigsten Werbung wahrnehmen (siehe Abbildung 3.25).[15] Facebook schafft laufend bessere Rahmenbedingungen für Unternehmen, die auf Facebook kommerzielle Werbung schalten möchten.

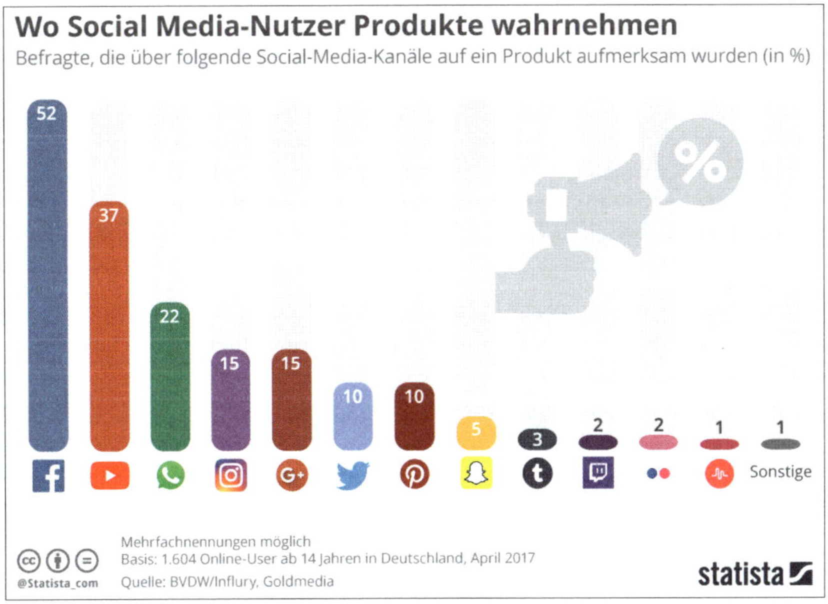

Abbildung 3.25 Über Facebook werden die meisten Nutzer auf Produkte aufmerksam. (Quelle: Studie des BDVW und Influry, Grafik: Statista, http://de.statista.com/infografik/12073/produktwahrnehmung-auf-social-media)

15 BDVW & Influry, 2017, »Bedeutung von Influencer Marketing in Deutschland 2017«: *http://www.bvdw.org/fileadmin/bvdw/upload/studien/171128_IM-Studie_final-draft-bvdw_low.pdf*

Facebook-Werbeanzeigen sind nicht nur großen Marken und Agenturen mit hohen Budgets vorenthalten, sondern auch Firmen und Dienstleistern mit kleineren Budgets. Es reichen bereits 150 € pro Monat aus, um auf Facebook eine Anzeige für einen Monat zu bewerben (5 € Mindestbudget pro Tag). Damit lassen sich die Reichweite und die Conversions in Ihrem Onlineshop erhöhen. Das funktioniert jedoch nur, wenn Sie die Regeln von Facebook beachten und gute Inhalte liefern.

Jede Anzeige wird »native« in den Newsfeed eingebunden. Daher braucht es ansprechende und zielgruppengerechte Anzeigen (daher auch Creatives genannt), die im Facebook-Newsfeed nicht als störend empfunden werden. Kopieren Sie nicht Ihr Online-Banner, sondern nutzen Sie die Mechaniken und Formate, die die Nutzer lieben. Das muss nicht unbedingt wahnsinnig teuer sein, wie das Beispiel vom Frankfurter Brett (siehe *http://www.facebook.com/FrankfurterBrett*) zeigt. Die Macher des Frankfurter Bretts sorgen seit 2016 mit diesem Showreel-Video für Aufmerksamkeit und Sales in Facebook. Creatives müssen nicht kompliziert und teuer sein, sondern sie müssen sich sinnvoll in den Newsfeed einfügen.

Expertentipp von Steffen Jecke (projecter.de): Investieren Sie mindestens 50 % Ihres Budgets in die Bewerbung der Inhalte

Viele Unternehmen investieren hohe Summen in die Erstellung von Inhalten. Mindestens genauso wichtig ist aber deren gezielte Verbreitung. Daher sollten 50 % des Aufwands oder mehr in die Bewerbung und richtige Aussteuerung der Inhalte investiert werden. Im ersten Schritt sollten Sie eine Facebook-Anzeigen-Strategie entwickeln, die sich in Ihre gesamte Marketingstrategie einfügt. Dabei gilt es, Zielgruppen zu definieren, die Customer Journey zu verstehen und Storytelling-Elemente vom Erstkontakt bis zur Bestandskundenpflege einzusetzen.

Der große Vorteil von Facebook ist: Facebook sitzt auf einem Schatz an Informationen, die Sie nutzen können. Kein anderes soziales Netzwerk bietet mehr demografische und aufbereitete Daten von Nutzern als Facebook in seinem Werbeanzeigenmanager. Somit können Sie geschickt Ihre Zielgruppen ansprechen und Streuverluste minimieren. Facebook bietet über seinen Werbeanzeigenmanager einen einfachen Einstieg in ein Werbe-Ökosystem, das immens ist und enorme Vorteile bietet:

- Enormes Potenzial: Von 80 Mio. Unternehmen auf Facebook[16] schalten nur 6 Mio. Unternehmen weltweit Werbung auf Facebook[17], davon 70 % außerhalb der USA.

16 Anzahl der Unternehmensseiten auf Facebook weltweit: *http://expandedramblings.com/index.php/by-the-numbers-17-amazing-facebook-stats*

17 Anzahl der Werbetreibenden auf Facebook weltweit: *http://www.statista.com/statistics/778191/active-facebook-advertisers*

- Facebook erreicht in Deutschland ca. 50 % der im Internet aktiven Menschen. Über das Facebook Audience Network lassen sich auch Zielgruppen außerhalb von Facebook (z. B. über eine externe App wie Spotify) ansprechen.
- Im Verhältnis zu anderen Media- und Push-Kanälen sind die Klickpreise bei Facebook-Anzeigen (noch) günstig: Laut einer Studie von AdEspresso für das 2. Quartal 2016 lag der durchschnittliche Cost per Click (CPC) bei Werbeanzeigen mit dem Ziel Website-Traffic oder -Conversion international bei 0,39 US$.[18]
- Videoanzeigen boomen: Videoanzeigen sind das am stärksten wachsende Werbeformat bei Facebook. Sie funktionieren durch das erfolgreiche Zusammenspiel von Video, Technologie und Targeting. Im Moment beträgt die Betrachtungsdauer von bezahlten Videoanzeigen 5,7 Sekunden gegenüber organischen (nicht bezahlten) Videos mit 16,7 Sekunden.[19]
- »Ältere klicken häufiger« bestätigt die Elbdudler-Studie: Die durchschnittliche Klickrate (Click-Through-Rate) bei über 65-Jährigen liegt bei 1,5 %.[20]
- Teens sind dagegen günstiger zu erreichen: Der Cost per Mille (CPM) lag bei den 13- bis 17-Jährigen bei 2,5 €, und der Cost per View (CPV) ist auch weitaus günstiger als bei den älteren Zielgruppen.
- Die Messung der Ergebnisse ist präzise und funktioniert geräteübergreifend.

Tipp: Nutzen Sie den Facebook Business Manager

Über den Business Manager haben Sie Zugang zu Dynamic Product Ads, eines der attraktivsten Anzeigenformate auf Facebook. Darüber hinaus sind Rechtevergaben deutlich professioneller regelbar (insbesondere bei Personalveränderungen oder Agenturwechsel). Der Business Manager ist ein zentrales Tool, das die Zuständigkeiten und Freigaben zwischen den Accounts (z. B. Seiten, Werbekonten) und den Personen (Mitarbeiter, Agenturen) verwaltet. Im Business Manager ist der Werbeanzeigenmanger als Tool (neben vielen anderen Funktionen) enthalten. Mehr Informationen dazu finden Sie unter: *http://business.facebook.com*.

3.7.1 Nutzen Sie Facebooks Targeting-Möglichkeiten

Sie haben durch Ihre genaue Zielgruppenanalyse schon einige Insights über Ihre Kunden gewinnen können? Sie wissen, welchen Marken Ihre Personas auf Face-

18 AdEspresso, 2017, »The Complete Resource to Understanding Facebook Ads Cost – 2016 Benchmarks!«: *http://adespresso.com/academy/blog/facebook-ads-cost*

19 W&V, 2018, »Paid Social: Tipps für Werbung in den vier größten Netzen«: *http://www.wuv.de/digital/paid_social_tipps_fuer_werbung_in_den_vier_groessten_netzen*

20 W&V, 2018, »10 Dinge, die Sie über Facebook- und Instagram-Ads wissen sollten«: *http://www.wuv.de/digital/10_dinge_die_sie_ueber_facebook_und_instagram_ads_wissen_sollten*

book folgen? Wunderbar. Mit den Targeting-Möglichkeiten von Facebook werden Sie Ihre Freude haben. Aber auch für Unternehmen, Selbstständige und kleine Unternehmen, die noch kein dezidiertes Know-how über ihre Zielgruppe besitzen, sind Facebook-Werbeanzeigen ein spannendes Feld.

Targeting bei Facebook

Auf Facebook können Sie unter anderem folgende Einschränkungen der Empfänger Ihrer Werbeanzeige vornehmen:

- *Standorte:* Sie können nach Ländern, nach Bundesland/Provinz, nach Stadt und sogar nach der Postleitzahl Ihrer Zielgruppe »targeten«. Falls Sie Nutzer ansprechen wollen, die eine lokale Veranstaltung besuchen oder sich im direkten Umfeld Ihres Ladengeschäfts befinden, dann setzen Sie einfach eine Pinnadel mit 1-km-Radius an den gewünschten Ort oder wählen bei einer Stadt NUR AKTUELLE STADT. Alle anderen Kriterien lassen Sie offen und sprechen so Menschen an, die sich in unmittelbarer Umgebung Ihres Zielgebiets befinden.
- *Demografie:* Sie können diese besonders wichtigen Targeting-Informationen gezielt einsetzen und nach Alter, Geschlecht, Beziehungsstatus, Sprachen filtern.
- *Interessen und Verhalten:* Das ist jener Bereich, auf den Facebook und die Werbewirtschaft ein besonderes Augenmerk legen. Für ein präzises Targeting analysiert Facebook die Interessen des Nutzers, Diskussionen in Gruppen, öffentliche Kommentare und eine Vielzahl von Informationen, um die Interessen des Nutzers zu modellieren und ihm passende Anzeigen auszuspielen. Das Wichtigste bei diesem Targeting sind UND-Verknüpfungen von Interessen. So lassen sich optimale Schnittmengen von Nutzern generieren. Tipp: DER BEREICH AUSBILDUNG UND ARBEITSSTÄTTEN wird derzeit noch von wenigen Facebook-Usern im deutschsprachigen Raum ausgefüllt und sollte deshalb als Targeting-Kriterium vernachlässigt werden.
- *Verbindungen:* Hier können Sie auf jene User einschränken, die bereits mit einer Ihrer Facebook-Seiten verbunden sind oder eben noch nicht oder die beispielsweise eine Ihrer Facebook-Apps genutzt haben, wenn Sie so eine im Einsatz haben oder hatten. Beachten Sie, dass diese Einschränkungen nur auf Facebook-Seiten oder -Apps möglich sind, bei denen Sie selbst Administrator oder Werbetreibender sind. Eine andere mögliche Verbindungseinschränkung wäre, nur Freunde von bestehenden Fans zu bewerben.
- *Custom Audiences:* Mit Custom Audiences haben Sie die Möglichkeit, bestehende Kunden oder bereits existierende Fans bzw. mit Ihnen interagierende Facebook-Nutzer anzusprechen. Custom Audiences können aus einer bestehenden Kundendatei, z. B. durch Upload eines E-Mail-Verteilers (EMAIL CUSTOM AUDIENCE), generiert werden. Aber Achtung: Diese Form ist aus Sicht von Datenschützern äußerst bedenklich und wird auch durch das Hashing-Verfahren nicht sicher vor Datenmissbrauch. Wenn Sie diese Methode verwenden wollen, sichern Sie sich unbedingt vorher rechtlich ab!
- *Website Custom Audiences:* Bieten die Möglichkeit des Remarketings mit dem sogenannten Facebook-Pixel. Ist das Facebook-Pixel auf der Website eingerichtet, misst es »Events«, also die Handlungen Ihrer Besucher auf Ihrer Website. Nach diesen

Events können Sie targeten, z. B. nach User die »Kaufen«, eine »Registrierung abschließen«, die »Zahlungsinformationen hinzufügen« usw.

- *Lookalike Audiences:* Das sind Zielgruppen, die Ihren Fans oder den Nutzern, die mit Ihrem Inhalt interagiert haben oder auf Ihrer Website gesurft haben, ähneln. Man nennt sie auch Zwillingszielgruppen. Lookalike Audiences sind recht praktisch, um relevante neue Nutzer zu finden, die Ihrer Zielgruppe ähnlich sind.

Durch die steigende Zahl von Inhalten auf Facebook und die dadurch auch steigende Konkurrenz um die Aufmerksamkeit des einzelnen Facebook-Nutzers wird der bereits erwähnte Facebook-Filter (Newsfeed-Algorithmus) immer »schärfer«. Das bedeutet, dass die durchschnittlichen organischen Reichweiten der meisten Facebook-Seiten immer weiter sinken. Werbeanzeigen sind oft unumgänglich, um die gewünschte Reichweite zu erzielen. Darüber hinaus sind Anzeigen auch präziser als organische Reichweite, da Sie die Zielgruppe individuell festlegen können.

Neben der Nutzung als Media- und Push-Kanal gibt noch einen sehr interessanten Zweitnutzen des Werbeanzeigentools: Marktforschung und Testing. Sie können bereits im Vorfeld einer Kampagne für die Marktforschung herausfinden, wie stark eine bestimmte Zielgruppe in Facebook vertreten ist. Facebook gibt einen Schätzwert (Tacho) dazu aus, welche ungefähre Reichweite und Klicks Sie mit Ihrem Targeting erreichen können. Wichtig vor der Erstellung einer Werbeanzeige ist es, wer die Zielgruppe ist, was die Ziele sind und welche Formate Sie einsetzen wollen.

3.7.2 Mit Facebooks Sales Funnel erzielen Sie maximale Erfolge

Der Werbeanzeigenmanager von Facebook ist nach dem Prinzip eines Sales Funnels (Verkaufstrichters) aufgebaut. Hinter dem Verkaufstrichter verbirgt sich eine abgespeckte Version der AIDA-Formel (Attention – Interest – Desire – Action). Facebook nennt es Bekanntheit, Erwägung und im letzten Schritt Conversion (siehe Abbildung 3.26). Facebook empfiehlt, nach dem Trichterprinzip vorzugehen, wenn Sie etwas auf Facebook verkaufen wollen.

Expertentipp von Steffen Jecke (projecter.de):
Machen Sie aus dem AIDA-Funnel einen AIDAR-Funnel

Lassen Sie den AIDA-Funnel zum AIDAR-Funnel werden (Attention, Interest, Desire, Action, Retention). Der Kontakt zu Ihren Kunden hört nicht beim Kauf auf. Durch gezielte Wiederansprache von Kunden können Sie Cross-Selling betreiben, Wiederkäufe anregen, die Kunden binden und positive Bewertungen einsammeln.

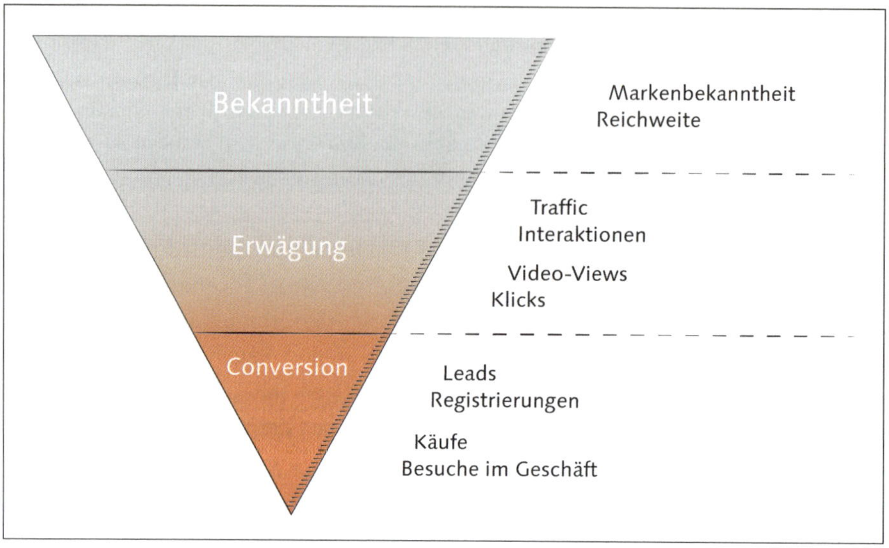

Abbildung 3.26 Aufmerksamkeit erregen, Bedürfnisse wecken und dann verkaufen: Facebook-Werbeanzeigen funktionieren nach dem Prinzip des Verkaufstrichters. (Grafik: Justus Wunschik, bfmg.de)

Dafür müssen Sie zuerst Anzeigen erstellen, die Ihre Marke in Facebook bekannt machen. Das kann beispielsweise ein Video mit dem Ziel Videoaufrufe sein, mit dem Sie für Aufmerksamkeit in Ihrer Zielgruppe sorgen. Anschließend erstellen Sie eine Linkanzeige (Karussell Ad, Collection Ad), mit der Sie möglichst viel Traffic und Klicks für Ihre Website/Ihren Onlineshop generieren. Sie können diese Anzeige mit Custom Audiences speziell an diejenigen ausspielen, die mit Ihrer ersten Anzeige (Videoanzeige) interagiert, die diese also gesehen haben.

Bei der zweiten Linkanzeige haben Sie mit der Integration des Facebook-Pixels zusätzlich die Möglichkeit, eine Lookalike Audience aus allen Website-Besuchern zu erstellen. Facebook spielt dann die Linkanzeige an all die Facebook-Nutzer aus, die Ihren Website-Besuchern ähneln. Wie das funktioniert, erklären wir in Abschnitt 3.8, »Targeting nach Custom Audiences, Website Custom Audiences und Lookalike Audiences«. Die letzte Anzeige sollte eine Linkanzeige mit dem Ziel Conversions sein, die den Deal festmacht und den Facebook-Nutzer zum Kauf bewegt. Wie diese Anzeige aussehen kann und was Sie dabei beachten müssen, erfahren Sie in Abschnitt 3.7.10, »»Mehr dazu« – wie Sie Ihre Facebook-Werbeanzeigen optimal gestalten«.

Auf der Startseite des Facebook-Werbeanzeigenmanagers finden Sie genau die Kategorien des Sales Funnels wieder (siehe Abbildung 3.27).

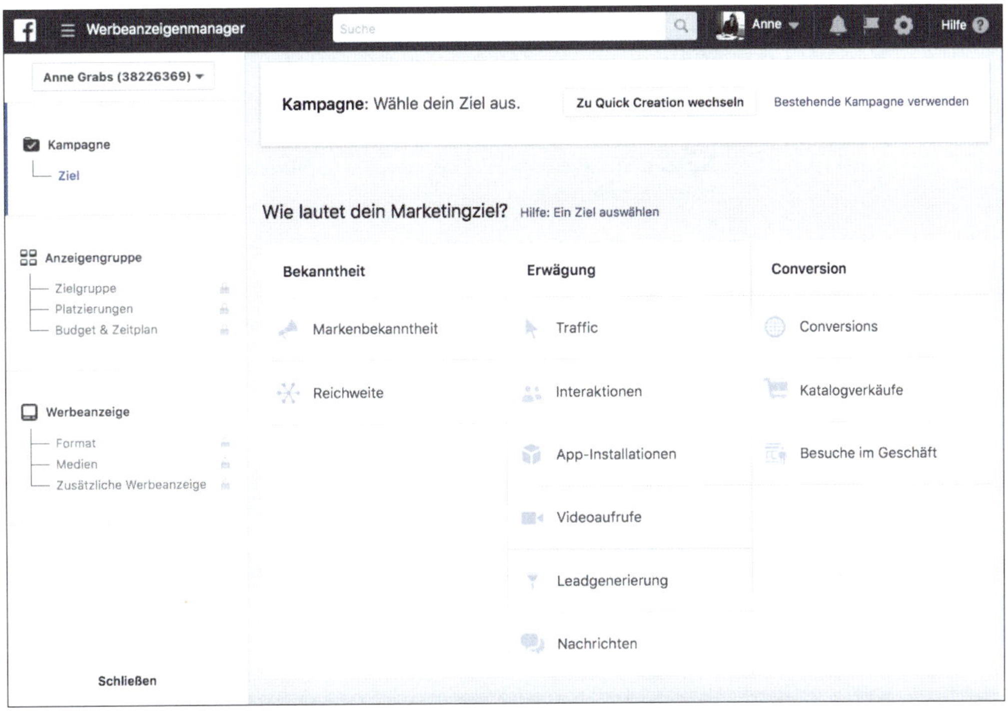

Abbildung 3.27 Facebook bietet im Werbeanzeigenmanager Anzeigenformate nach dem Sales-Funnel-Prinzip. (Quelle: http://www.facebook.com/ads/manage)

3.7.3 Kampagnenziele

Wir möchten nicht jedes Kampagnenziel einzeln erklären, sondern Ihnen mit Tabelle 3.1 einen Überblick verschaffen, damit Sie anschließend Ihre Ziele gut auswählen können. Folgende Begriffe dazu vorab erklärt:

- CPM: Cost per Mille, Kosten für 1.000 Impressionen
- CPC: Cost per Click, Kosten pro Klick auf Webseite/Blog. Es gibt auch »ausgehende Klicks« als Kampagnenziel, die besonders bei Vollbildformaten wie Canvas Ads oder Collection Ads relevant sind.
- CPE: Cost per Engagement (Likes, Shares, Kommentare, Nachrichten)
- CPV: Cost per View, Kosten pro View (3-Sekunden-/10-Sekunden-Video-View oder % des gesehenen Videos); Achtung: Facebook setzt neuerdings auch 2-Sekunden-Video-Views ein. Ähnlich wie die 3-Sekunden-Metrik besitzt dies jedoch keine Aussagekraft. Sie sollten daher immer auf 10-Sekunden-Views schauen und dahingehend optimieren)

- CPO: Cost per Order, Kosten pro Kauf
- CPA: Cost per Aquisition, Kosten pro Conversion Event (Kaufbestätigung, Registrierung, Lead [entspricht dann CPL], Aufruf von Schlüsselseiten)

Ziel	Nutzen Sie dieses Format, wenn Sie ...	Formate	Platzierungen	Wichtigste Kennzahl
Brand Awareness	... Aufmerksamkeit für Ihre noch unbekannte Marke/Ihr Unternehmen generieren wollen.	▸ Bild ▸ Link ▸ Karussell ▸ Slideshow ▸ Video	▸ Facebook ▸ Instagram ▸ Audience Network	CPM
Reichweite	... Ihre Anzeigen so vielen Nutzern wie möglich zeigen wollen (geeignet für Facebook Places).	▸ Bild ▸ Link ▸ Karussell ▸ Slideshow ▸ Video	▸ Facebook ▸ Instagram ▸ Audience Network	CPM
Traffic	... Traffic auf Ihre Website bringen wollen.	▸ Link ▸ Karussell ▸ Video ▸ Collection Ad	▸ Facebook ▸ Instagram ▸ Audience Network ▸ Messenger	CPM, CPC
Interaktionen	... Sie mehr Menschen mit Ihren Inhalten erreichen wollen (Interaktionen: Likes, Kommentare, Shares, Veranstaltungszusagen, »Gefällt mir«-Angaben).	▸ Bild ▸ Video ▸ Slideshow	▸ Facebook ▸ Instagram ▸ Audience Network (»Gefällt mir« nur bei Facebook)	CPM, CPE
App-Installationen	... Sie Nutzer motivieren möchten, Ihre App zu installieren und dort bestimmte Handlungen vorzunehmen.	▸ Link ▸ Karussell ▸ Video	▸ Facebook ▸ Instagram ▸ Audience Network	CPC, Cost per App Install

Tabelle 3.1 Facebook-Kampagnenziele und -Anzeigenformate

Ziel	Nutzen Sie dieses Format, wenn Sie ...	Formate	Platzierungen	Wichtigste Kennzahl
Videoaufrufe	... Sie mit besonderen Storys Aufmerksamkeit für Ihre Marke bekommen und viele Video-Views generieren wollen.	▶ Karussell mit Video ▶ Video ▶ Slideshow	▶ Facebook ▶ Instagram ▶ Audience Network	CPV
Leadgenerierung	... Sie Anmeldungen oder Kontaktdaten von Menschen sammeln wollen, die an Ihren Produkten und Services interessiert sind (z. B. 1 Lead = 1 E-Mail-Adresse).	▶ Bild ▶ Link ▶ Karussell ▶ Slideshow ▶ Video	▶ Facebook ▶ Instagram	CPM, CPA
Nachrichten	... Sie wollen, dass mehr Nachrichten an Sie im Messenger geschickt werden (Ads im Messenger Home, Klicks zum Messenger und gesponserte Nachrichten).	▶ Bild ▶ Karussell ▶ Slideshow ▶ Video	▶ Facebook	CPM
Conversions	... Sie die Käufe in Ihrem Onlineshop oder Handlungen auf Ihrer Website erhöhen wollen.	▶ Link ▶ Karussell ▶ Slideshow ▶ Video Link Ad ▶ Collection Ad	▶ Facebook ▶ Instagram ▶ Audience Network ▶ Messenger	CPM, CPC, CPA, CPO
Katalogverkäufe (Dynamic Product Ads)	... Sie automatisiert Ihr gesamtes Sortiment (Ihres Onlineshops) bei Facebook bewerben wollen (geht nur über Retargeting, Ausnahme Broad Audiences).	▶ Link ▶ Karussell ▶ Collection Ad	▶ Facebook ▶ Instagram ▶ Audience Network	CPM, CPC, CPA

Tabelle 3.1 Facebook-Kampagnenziele und -Anzeigenformate (Forts.)

Ziel	Nutzen Sie dieses Format, wenn Sie ...	Formate	Platzierungen	Wichtigste Kennzahl
Besuche im Geschäft	... Sie Ihr lokales Geschäft bei Menschen in der Nähe bewerben wollen.	▸ Bild ▸ Karussell ▸ Slideshow ▸ Video	▸ Facebook ▸ Instagram	CPM

Tabelle 3.1 Facebook-Kampagnenziele und -Anzeigenformate (Forts.)

Das Ziel *Brand Awareness* sollten Unternehmen und Marken nutzen, die noch unbekannt sind und Markenbekanntheit aufbauen müssen. Der Vorteil dieses Kampagnenziels ist es, dass die Anzeige der Zielgruppe mehrmals angezeigt wird. Die Zeit, die ein Nutzer mit dem Betrachten der Anzeige verbringt, zählt in die Performance der Anzeige hinein und kann dahingehend optimiert werden. Erhebungen von Facebook zufolge kann damit durchschnittlich eine Steigerung des Ad Recalls (Steigerung der Werbeerinnerung) von 60 % generiert werden.[21]

Expertentipp von Steffen Jecke (projecter.de): Nutzen Sie Conversion-Tracking, wenn Sie Inhalte veröffentlichen

Auch wenn Sie keine Conversions im klassischen Sinn verzeichnen, weil Sie beispielsweise ein Blog betreiben, kann es trotzdem sinnvoll sein, Conversions als Ziel auszuwählen. Anschließend optimieren Sie auf Ihre individuell angelegten Conversions, beispielsweise das Lesen von drei Blogartikeln in Folge. Dies führt zu hochwertigeren Website-Besuchern.

Das Kampagnenziel *Reichweite* eignet sich für kleine und mittlere Unternehmen (Yoga-Studio, Physiotherapeut, Friseur). Hat Ihre Facebook-Seite bereits eine gewisse Bekanntheit und Fanbasis, kommen am häufigsten die Kampagnenziele *Traffic*, *Interaktionen*, *Videoaufrufe*, *Leadgenerierung* und *Conversions* zum Einsatz. Eine bereits bestehende Fanbasis ermöglichst die Erstellung von Lookalike Audiences. Übrigens: Anzeigen mit dem Ziel Veranstaltungszusagen können auch sehr sinnvoll und effizient sein. Entscheidend ist, wie hoch die Einnahmen durch einen Besucher sind. Wollen Sie Konzertbesucher mit einem Ticketpreis von 20 € pro Kopf gewinnen, wird es schwer, da die Zielgruppe durch das regionale Targeting sehr klein und dadurch teuer wird. Ist es aber ein Seminar mit 1.000 Euro Kosten, dann kann das Format sehr sinnvoll sein.

---

21 Likeable, 2016, »What You Should Know About Facebook's Brand Awareness Objective«: *http://www.likeable.com/blog/2016/what-you-should-know-about-facebooks-brand-awareness-objective*

Marketing-Take-away: Linkanzeigen sind am beliebtesten

Bei den Anzeigenformaten ist das beliebteste Format eine Linkanzeige. Die eignet sich hervorragend, um für Ihre Website oder Ihr Blog zu werben. 74,8 % der Advertiser setzen dieses Anzeigenformat ein, wie eine Studie von Hubspot & AdEspresso zeigt.[22] Videoanzeigen nutzen 15,1 % der Werber, um Views zu generieren. Videoanzeigen können Sie nutzen, wenn Sie Aufmerksamkeit für Ihr Video generieren wollen. Aber Achtung: Es führt nicht unbedingt zu Interaktionen wie Likes und Kommentaren. Dafür eignen sich Bilder weitaus besser. Facebook zählt zwar Views als Interaktion, aber streng genommen sind Views ein Wert für Reichweite (die Views bei einem YouTube-Video zählen als Reichweite).

Für Betreiber von Onlineshops sind *Dynamic Product Ads* das wichtigste Anzeigenformat. Dynamic Product Ads ermöglichen es, Ihre Produkte aus Ihrem Onlineshop automatisiert auf Facebook zu bewerben und dabei natürlich auch alle Möglichkeiten des Retargetings bei Facebook auszuschöpfen. Das heißt, Sie können innerhalb weniger Minuten aus einem mobilen Onlineshop-Besucher einen Desktop-Käufer machen. Dynamic Product Ads funktionieren nur mit dem Facebook-Pixel und Retargeting. Ausnahme ist der Einsatz von Broad Audiences.

Mit Dynamic Product Ads lässt sich in der Regel ein sehr hoher Return on Ad Spend (ROAS) generieren. Nicht selten ist hier ein Wert von über 10, d. h., für 1 € eingesetzten Werbeetats erhalten Sie 10 € Umsatz. Voraussetzungen für Dynamic Product Ads sind die Integration des Facebook-Pixels in Ihrem Onlineshop, ein Produktdatenfeed, dynamische Zielgruppen (die sich in den letzten sieben Tagen Ihre Produkte in Ihrem Onlineshop angesehen haben) und das Dynamic-Product-Ads-Template.

Tipp: Leitfaden zu Dynamic Product Ads

Dynamic Product Ads sind ein spezielles Teilgebiet der Facebook Werbeanzeigen, das den Rahmen für dieses Buch sprengen würde. Wenn Sie genau daran interessiert sind, empfehlen wir Ihnen den Praxisleitfaden »Facebook Remarketing mit Website Custom Audiences« von projecter.de, *http://www.projecter.de/files/projecter/pdfs/releases/Projecter_WCA_Whitepaper.pdf* oder »Facebook Advertising Pro« von OMR, *http://omr.com/report/produkt/facebook-advertising-pro*. In beiden Whitepapers ist ausführlich dokumentiert, wie Sie Dynamic Product Ads erstellen. Alternativ bietet Facebook einen Implementierungsleitfaden unter *http://bit.ly/DynamicProductAds_01* und einen Best-Practice-Leitfaden unter *http://bit.ly/DynamicProductAds_02* an.

22 Hubspot, »Das Geheimnis hinter erfolgreichen Facebook-Anzeigen«: *http://offers.hubspot.de/erfogreiche-facebook-anzeigen*

Auf die Höhe der Kosten (CPM, CPV, CPC) haben viele Faktoren Auswirkung, ein paar davon können Sie selbst beeinflussen, einige aber nicht. Wie groß die Konkurrenz im Gebotsverfahren ist, können Sie natürlich nicht beeinflussen, Sie können aber die Konkurrenzsituation etwas entschärfen. Achten Sie darauf, dass ...

- ... Sie die Zielgruppe Ihrer Werbeanzeige präzise definieren und es zwischen den Werbeanzeigengruppen keine Überschneidungen gibt.
- ... die Qualität der Werbeanzeige (Bild, Text, Link) und die Kreativität in der Ansprache entsprechend hoch ist. Facebook misst dies unter anderem auch durch die Anzahl der Likes und Shares und wertet das in Form der »Relevanzbewertung«. Je höher diese ist, desto relevanter ist die Werbeanzeige für die Zielgruppe und desto günstiger wird die Anzeige, was Sie durch aktives Anzeigen-Bidding herausholen können.
- ... Sie regelmäßig vorab verschiedene Varianten von Werbeanzeigen testen (A/B-Tests) und die Kampagnen laufend beobachten und optimieren. Um unterschiedliche Anzeigen hinsichtlich ihrer Performance zu testen, bietet Facebook den sogenannten Split-Test (A/B-Test) an. Je mehr Anzeigen Sie in Facebook schalten, desto aufwendiger und mühsamer gestaltet sich das Setup für diese Split-Tests jedoch. Außerdem setzen Split-Tests den Einsatz von bestimmten Mindestbuchungsbudgets voraus. Daher empfehlen wir Ihnen die Alternative mit sogenannten *Dynamic Creatives*. Damit können Sie bis zu 30 unterschiedliche Anzeigen (maximal fünf Titel, zehn Bilder oder Videos, fünf Anzeigentexte, fünf Beschreibungen, fünf Call-to-Actions) gegeneinander testen. Die dynamische Anzeigenerstellung können Sie über den Quick-Creation-Prozess im Anzeigenmanager erstellen. Mehr dazu erfahren Sie direkt im Facebook-Business-Bereich: *http://www.facebook.com/business/help/170372403538781*.

Expertentipp von Steffen Jecke (projecter.de):
Verabschieden Sie sich vom reinen Interessen-Targeting

Die Aussteuerung der Anzeigen nach Interessen sollte immer das letzte Mittel sein. Retargeting, Demografie-Targeting, Custom Audiences und Lookalike Audiences führen in aller Regel zu besseren Ergebnissen als ein reines Interessen-Targeting. Außerdem: Früher wurde oft empfohlen, die Zielgruppen so klein und präzise wie möglich zu gestalten. Sehr enge Zielgruppen führen aber mittlerweile oft zu höheren Kosten. Daher geht die Empfehlung eher dahin, sich auf Zielgruppen im fünfstelligen oder niedrig sechsstelligen Umfang zu konzentrieren.

3.7.4 Facebook-Werbeanzeige aufsetzen

Haben Sie sich für ein Kampagnenziel entschieden? Dann lassen Sie uns loslegen. Mittlerweile hat Facebook den Aufbau von Werbeanzeigenkampagnen gut strukturiert und mit einem logischen Leitfaden versehen: Wählen Sie zuerst das Ziel der

Kampagne, dann die Zielgruppe und die Platzierung, und erst danach platzieren Sie das Werbemittel bzw. das Creative. Die Wahl des entsprechenden Kampagnenziels bestimmt auch, welche Formate und Platzierungen zur Verfügung stehen. Beispielsweise können Sie eine Videoanzeige in Facebook, Instagram und im Audience Network nur dann schalten, wenn das Video zwischen 1 und 15 Sekunden lang ist.

3.7.5 Facebook Dark Page Posts

Als Grundlage für ein Creative dient ein bestehendes Posting einer Facebook-Seite. Sie können aber auch Facebook-Werbeanzeigen erstellen, die nicht auf Ihrer Facebook-Seite sichtbar sind, sogenannte *Dark Page Posts* (auch Dark Ads oder Dark Posts genannt). Die Werbemittel (Video, Bild, Link) laden Sie direkt im Werbeanzeigenmanager hoch. In Abbildung 3.28 sehen Sie ein Beispiel für eine Dark Ad. Auf der Facebook-Seite von Björn Tantau, *http://www.facebook.com/bjoerntantau*, taucht dieser Post nicht auf, sondern er ist nur im Newsfeed des Nutzers zu sehen.

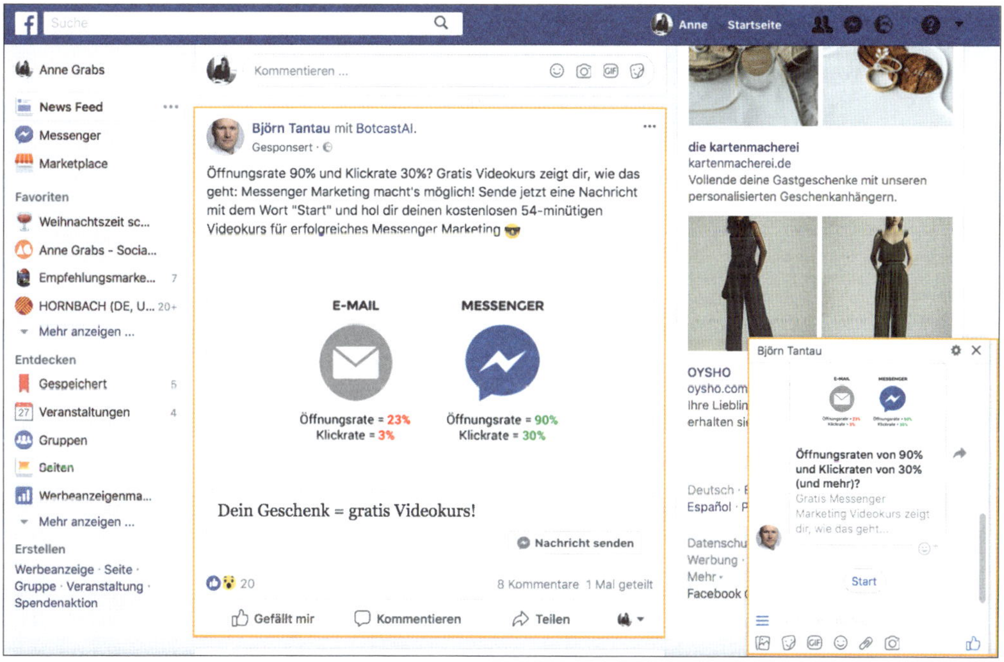

Abbildung 3.28 Beispiel für einen Dark Page Post mit dem Kampagnenziel »Nachrichten«

Expertentipp von Steffen Jecke (projecter.de): Dark Page Posts sind ein essenzieller Bestandteil jeder Anzeigenstrategie

Vor allem, wenn Sie online Produkte verkaufen, sollten Sie auf eine große Anzahl von Dark Page Posts zurückgreifen. Dies ermöglicht es Ihnen, die Inhalte anhand der Zielgruppe oder verschiedener Produkte zu individualisieren. Übrigens: Da Facebook-Nutzer fast nie auf Ihrer Facebook-Seite sind, sondern sich in aller Regel in den Neuigkeiten aufhalten, können Sie organische Beiträge und Dark Page Posts oft nicht voneinander unterscheiden. Dies sollten Sie sich immer vor Augen führen!

Damit beim Schalten Ihrer Facebook-Anzeige auch nichts schiefgeht, gibt es nun eine Schritt-für-Schritt-Anleitung mit allen wichtigen Einstellungen. Der wichtigste Hinweis gleich vorweg: Gehen Sie zur Anzeigenschaltung immer über den WERBEANZEIGENMANAGER. Nutzen Sie auf keinen Fall den Button BEITRAG BEWERBEN (siehe Abbildung 3.29). Weder bei Facebook noch bei Instagram bringt dies die gewünschten Ergebnisse. Das liegt daran, dass der Facebook-Anzeigen-Algorithmus bei Klick auf diesen Button automatisch alle Sprachen auswählt und automatisch auf Interaktionen optimiert und Sie dies nicht mehr ändern können.

Abbildung 3.29 Gehen Sie zur Anzeigenschaltung immer über den Werbeanzeigenmanager oder Business Manager – niemals über den Button »Beitrag bewerben«.

3.7.6 Anzeigenzielgruppe festlegen

Zuallererst müssen Sie im Werbeanzeigenmanager Ihr Anzeigenziel festlegen und anschließend Ihre ZIELGRUPPE festlegen. Sie können zwischen Location (ganz Deutschland oder bestimmte Städte mit Einzugsgebiet), Demografie (ALTER, GESCHLECHT), Sprache, Interessen und Verhalten auswählen. Aber Achtung: Je lokaler Sie ausspielen, desto teurer wird die Anzeige, da sich die Zielgruppe enorm verkleinert.

Geben Sie bei der Sprache auch zwingend die Sprache Ihrer potenziellen Zielgruppe ein, ansonsten kann es passieren, dass Sie in der falschen Zielgruppe Aufmerksamkeit generieren, die Ihnen am Ende nichts bringt. Der Grund: Da viele Werbetreibende Deutsch als Sprache nutzen, wird Facebook Ihre Anzeige insbesondere Menschen ausspielen, die *kein* Deutsch sprechen, sofern Sie diese Einschränkung nicht vornehmen. Wichtig sind auch die Interessen-Einstellungen EINSCHLIESSEN und AUSSCHLIESSEN, mit der Sie Ihre Zielgruppe auf einen genauen Empfängerkreis zuspitzen können.

Wie es funktioniert, sehen Sie in Abbildung 3.30. Sie zeigt das Targeting für eine Videoanzeige. Es sollen alle deutschsprachigen Personen in Deutschland im Alter von 25 bis 50 Jahre, die sich für soziale Medien interessieren UND zwingend auch Facebook-Seitenadministratoren sind, angesprochen werden (EINSCHLIESSEN-Funktion). Ausgeschlossen werden alle Nutzer, die nicht in ihrem Heimatland wohnen. Damit schließen Sie Zielgruppen aus, die zwar Deutschland als Heimatland angegeben haben, aber nicht in diesem Land wohnen, und verhindern damit, dass Sie Interaktionen von ausländischen Nutzern erhalten.

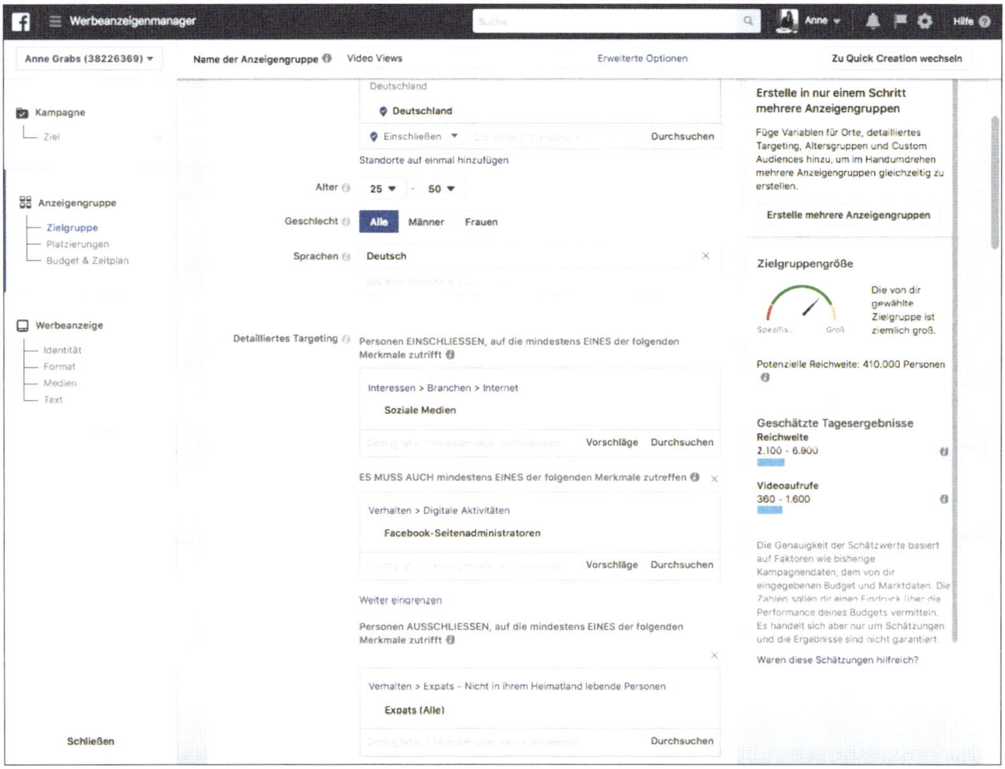

Abbildung 3.30 Im ersten Schritt wählen Sie den Standort, das Alter und die Interessen Ihrer Zielgruppe aus.

Expertentipp von Steffen Jecke (projecter.de): Kombinieren Sie beim Targeting Lookalike- und Custom-Audience-Zielgruppen

Vermeiden Sie ein reines Interessen-Targeting, sondern kombinieren Sie das Targeting lieber mit Lookalike- und Custom-Audience-Zielgruppen. Überschätzen Sie die Präzision und Bedeutung des Interessen-Targetings nicht. Auch wenn Facebook eine sehr gute Datenbasis hat, so führen viele Faktoren dazu, dass die Zielgruppe sich nie zu 100 % auch für die Themen interessiert. Nehmen Sie daher in jeden Fall eine Treffergenauigkeit unter 70 % an. Auch die Ausrichtung auf Konkurrenten ist mit Vorsicht zu genießen. Haben diese ihre Fans beispielsweise über Gewinnspiele gewonnen, dann sind die Nutzer oft für Sie und Ihre Konkurrenz irrelevant.

3.7.7 Interessen Ihrer Personas herausfinden

Bei den Interessen macht es sich bezahlt, wenn Sie Ihre Personas genau analysiert und deren Interessen festgehalten haben. In Abschnitt 2.4.1, »Der Persona-Steckbrief«, haben wir Ihnen bereits gezeigt, wie Sie dabei vorgehen müssen. Bei den Facebook-Interessen können Sie nun diese Interessen eingeben und sogar nach anderen Facebook-Seiten targeten. Das bietet Ihnen die Möglichkeit, die Fans der Konkurrenz zu adressieren. Das geht jedoch nur, wenn die Facebook-Seite der Konkurrenz groß ist und viele Fans hat. Facebook selbst bietet ein spannendes Tool, um zu relevanten Konkurrenz-Seiten zu gelangen. Mit den *Zielgruppen-Insights* von Facebook, *http://www.facebook.com/ads/audience-insights*, können Sie relevante und mit ihrer Zielgruppe korrelierende Facebook-Seiten recherchieren. Wie das geht, sehen Sie in Abbildung 3.31.

Zuerst geben Sie als Land »Deutschland« ein und wählen aus der Liste an Interessen Ihr Hauptinteresse, z. B. Branche »Digitales Marketing«. Dann klicken Sie auf »GEFÄLLT MIR«-ANGABEN FÜR DIE SEITE und unten rechts auf ÄHNLICHKEIT. So sehen Sie, welche Facebook-Seiten die höchste Affinität zu Ihrer Zielgruppe haben und können genau nach diesen Seiten targeten.

Für diese Funktion gibt es im Übrigen ein Chrome-Plug-in, falls Sie mit dem Browser Google Chrome surfen. Es nennt sich FB Audience Insights Plus und ist eine hilfreiche Erweiterung, um neue Interessen herauszufinden.

Wenn Sie mehrere Anzeigen gleichzeitig schalten, achten Sie darauf, dass sich die Interessen der einen Zielgruppe nicht mit den Interessen der anderen Zielgruppe allzu sehr überschneiden. Facebook achtet peinlichst darauf, einem Nutzer nicht mehrmals am Tag Anzeigen von dem gleichen Facebook-Seitenbetreiber zu zeigen (Nicht-Fans sehen maximal zwei Anzeigen einer Facebook-Seite und Fans bis zu vier Anzeigen). Nehmen Sie deshalb auch immer zusätzliche Interessen hinzu.

Eine weitere Möglichkeit, um Affinitäten zwischen verschiedenen Facebook-Seiten und Zielgruppen herauszufinden, ist die Facebook-Suche. Diese Funktion gibt es nur, wenn Sie als Sprache Englisch eingegeben haben. Geben Sie in die Suche einfach ein: »pages liked by people who like [Facebook-Seite]«. Sie erhalten daraufhin Facebook-Seiten, die die Nutzer auch liken.

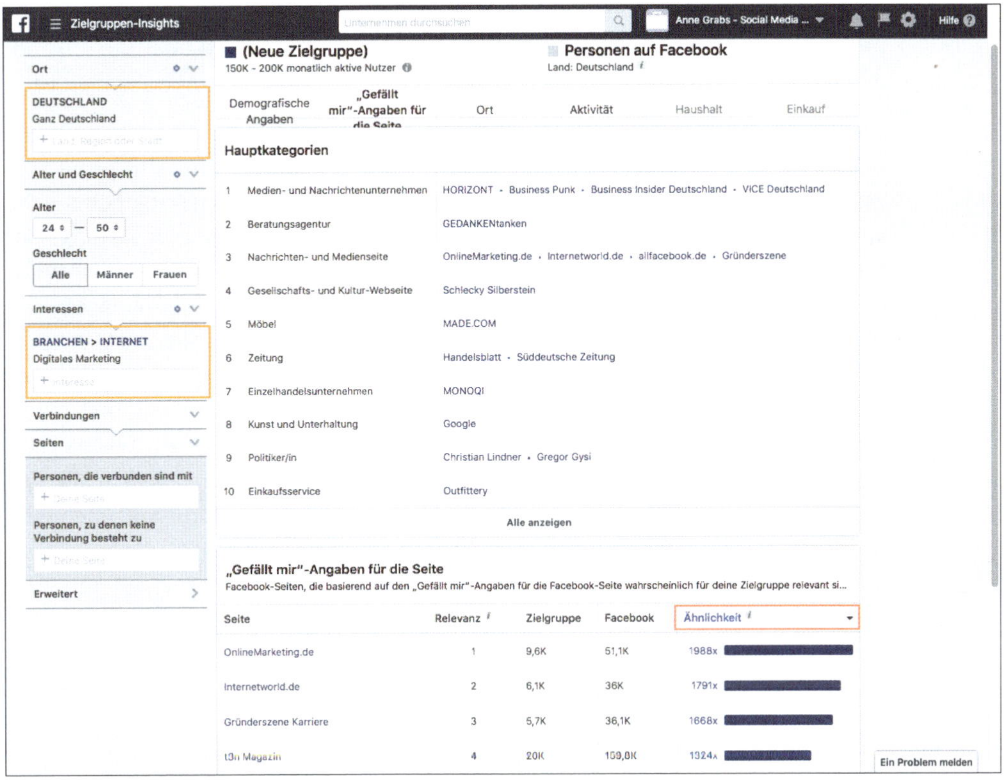

Abbildung 3.31 Mit den Facebook Zielgruppen-Insights finden Sie heraus, welchen Seiten Ihre Zielgruppe am häufigsten folgt – und können darauf targeten. (Quelle: Facebook Business Manager)

Expertentipp von Steffen Jecke (projecter.de): Zielgruppenüberschneidung im Werbeanzeigenmanager checken

Auf der Registerkarte ZIELGRUPPE im Werbeanzeigenmanager finden Sie die Anwendung ZIELGRUPPENÜBERSCHNEIDUNG. Sie zeigt den Grad der Überschneidung zweier Zielgruppen an. Dies ist besonders hilfreich, da sich im ersten Moment sehr unterschiedliche Zielgruppen manchmal trotzdem stark überschneiden können.

3.7.8 Platzierungen

Jetzt können Sie auswählen, ob Sie Ihre Anzeige allen Nutzern (Desktop und mobil) oder nur Desktop-Nutzern oder nur Mobil-Nutzern anzeigen wollen. Auch wenn die Preise für mobile Facebook-Anzeigen aktuell günstiger sind, sollten Sie immer auch Desktop auswählen. Vor allem, wenn Sie online verkaufen, da Conversion

Rates am Desktop fast immer höher sind und dies die höheren Kosten oft überkompensiert. Das alles funktioniert jedoch nur, wenn Ihre Website oder Ihr Angebot mobil optimiert ist und eine reibungslose mobile Customer Journey gegeben ist.

Weiter geht es mit den Platzierungen: Wie Sie in Abbildung 3.32 sehen, bietet Ihnen Facebook hier verschiedene Formate im eigenen Netzwerk FACEBOOK, bei INSTAGRAM, im AUDIENCE NETWORK und im MESSENGER an. Bei FACEBOOK können Sie auswählen, ob Sie Ihre Anzeigen in den Facebook FEEDS, als INSTANT ARTICLES, als IN-STREAM-VIDEOS vor oder während eines anderen Facebook-Videos, in der RECHTEN SPALTE oder als VORGESCHLAGENE VIDEOS (nach dem der Facebook-Nutzer ein Video angesehen hat) anzeigen wollen. Darüber hinaus können Sie Ihre Werbeanzeige bei INSTAGRAM im FEED oder in den STORIES schalten, im AUDIENCE NETWORK (z. B. Spotify) als klassisches NATIV, BANNER ODER INTERSTITIAL, als IN-STREAM-VIDEOS, REWARDED VIDEOS und im MESSENGER auf der STARTSEITE oder als GESPONSERTE NACHRICHTEN schalten. Wenn Sie die Platzierung manuell vornehmen, schränken Sie den Facebook-Algorithmus dabei ein, die beste Platzierung vorzunehmen. Daher ist es unter Umständen besser, die Option AUTOMATISCHE PLATZIERUNGEN zu nutzen (Facebook überprüft in Echtzeit die Performance der Anzeige in den Platzierungen und platziert sie dort, wo es die günstigsten Kosten erzielt).

Expertentipp von Steffen Jecke (projecter.de): Platzierungen performen unterschiedlich

Bei der Einstellung der Platzierungen sollten die einzelnen Platzierungen voneinander getrennt werden, da sie eine sehr unterschiedliche Performance und Darstellung der Anzeigen aufweisen können. Die NEUIGKEITEN AUF DEM MOBILGERÄT haben in der Regel die größte Reichweite, NEUIGKEITEN AUF DEM COMPUTER dafür eine bessere Conversion Rate und RECHTE SPALTE AUF COMPUTER in der Regel die niedrigsten Kosten für 1.000 Impressionen. Auf Anzeigen in MOBILEN APPS DRITTER kann aufgrund der schwachen Performance in der Regel verzichtet werden. Aber es kommt wie immer auf die Zielsetzung an. Ist das Ziel z. B. Reichweite und Sie wählen alle Platzierungen, dann erhalten Sie sehr wahrscheinlich Reichweite in Drittanbieter-Apps und weniger affinen Umfeldern.

Übrigens sind die Kosten für Interaktionen bei Instagram gegenüber Facebook im Moment noch günstiger. Der Werbedruck ist bei Instagram noch geringer (2 Mio. Werbetreibende vs. 6 Mio. Werbetreibende bei Facebook). Daher sind die Anzeigen bei Instagram derzeit noch seltener, fallen deshalb im Instagram-Feed mehr auf und bewirken eine höhere Auseinandersetzung und Interaktion mit der Anzeige. Dies bedeutet aber nicht, dass Sie Ihre Ziele bei Instagram automatisch effizienter erreichen. Es kann sogar sein, dass in Ihrem Fall Instagram schlechter konvertiert und Facebook die bessere Platzierung bietet. Dies sollten Sie vorab unbedingt testen und auswerten, bevor Sie einen Großteil Ihres Budgets auf einen bestimmten Kanal verwenden.

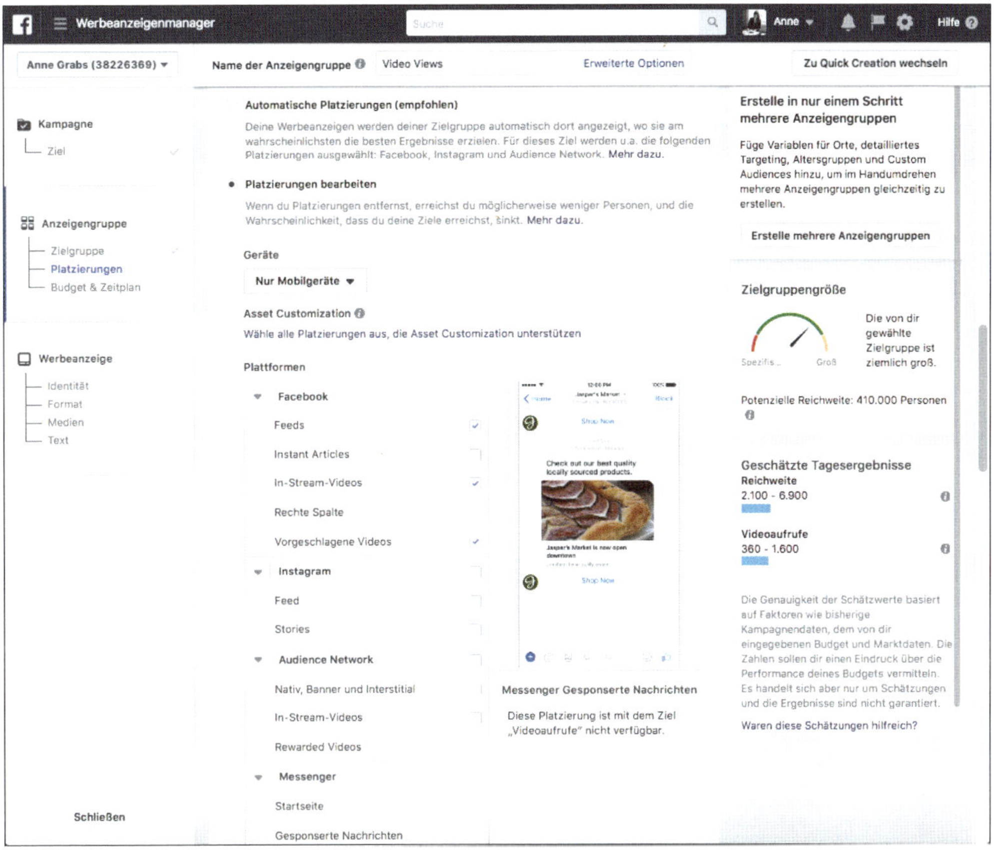

Abbildung 3.32 Facebook bietet gleich mehrere Platzierungen: im eigenen Netzwerk, bei Instagram, Audience Network und im Messenger. (Quelle: Facebook Werbeanzeigenmanager)

Expertentipp von Steffen Jecke (projecter.de): Achten Sie auf klare Anzeigenbilder bei der Platzierung in der rechten Spalte

Wenn Sie die Platzierung RECHTE SPALTE bei den Facebook-Anzeigen nutzen, sollten Sie bei der Auswahl des Creatives auf ein klares und großformatiges Bild ohne Text setzen. Anzeigen in der rechten Spalte werden deutlich kleiner dargestellt und bestehen nur aus Überschrift, Link und Anzeigentext. In der Regel bekommen sie dadurch auch weniger Aufmerksamkeit und generieren weniger Klicks.

3.7.9 Budget und Zeitplan

Zuletzt wählen Sie Budget und Zeitplan Ihrer Anzeige aus. Empfohlen ist, immer eine Gebotsstrategie zu wählen (siehe Abbildung 3.33). Dann nimmt Ihre Anzeige zwar an der Facebook-Ads-Auktion teil und konkurriert somit mit anderen Anzeigen, aber es garantiert Ihnen den besten und günstigsten Preis für Ihre Anzeige.

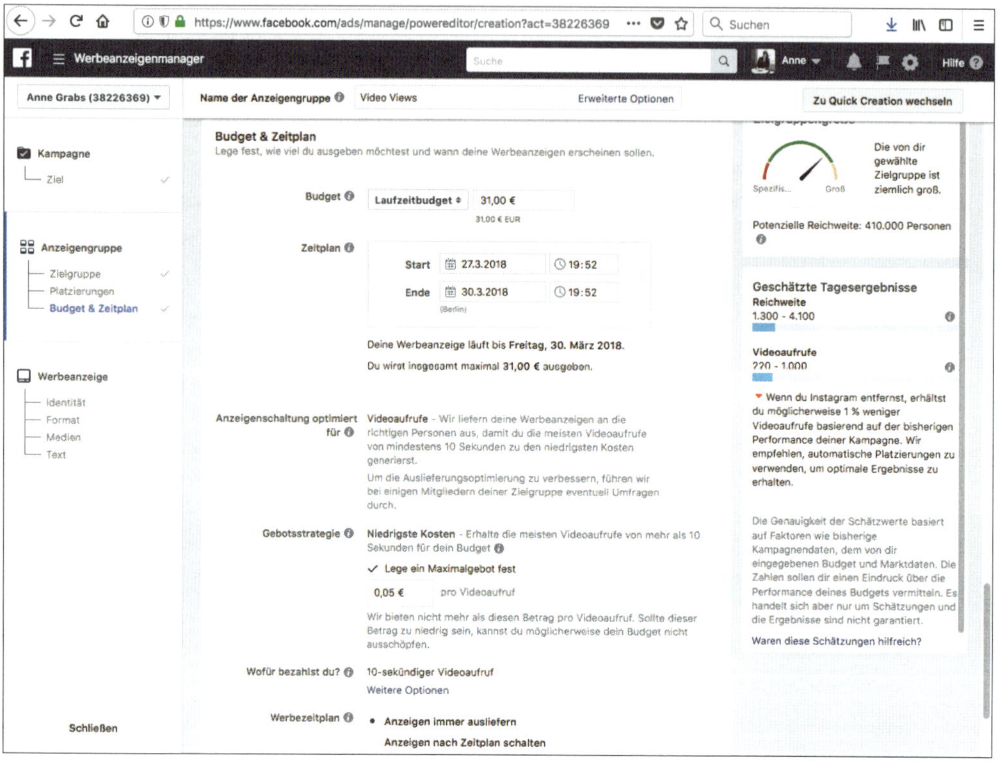

Abbildung 3.33 Mit einer Gebotsstrategie legen Sie Ihr maximales Gebot für Ihr Kampagnenziel fest. (Quelle: Facebook Werbeanzeigenmanager)

Die Facebook-Ads-Auktion ist eine sogenannte Zweitpreisauktion nach dem *Vickrey-Clarke-Groves-Mechanismus*, nach dem auch eBay und Google AdWords verfahren. Demnach gewinnt immer der Bieter mit dem höchsten Gebot, allerdings muss nur das zweithöchste Gebot bezahlt werden. In den meisten Fällen ist das automatische Gebotsverfahren gängiger und empfehlenswerter. Wichtig ist dabei, dass Sie sich überlegen, was Ihnen eine Handlung des Nutzers wert ist. Beispielsweise sollte ein Anbieter eines hochpreisigen Produkts bereit sein, auch 10 € für einen Lead zu bezahlen. Für einen View sollten Sie nicht mehr als 0,05 € bieten.

Für die Anzeige Videoaufrufe haben wir ein Gebot über 0,05 € für einen 10-Sekunden View festgelegt (siehe Abbildung 3.33). Wenn Sie unsicher sind, welches Gebot das richtige ist, verzichten Sie erst einmal auf ein Gebot, und legen Sie nur ein Laufzeitbudget fest, das Sie maximal ausgeben wollen. Hat Ihre Anzeige später eine hohe Relevanzbewertung, können Sie die durchschnittlichen Kosten pro View, pro Engagement oder pro Klick etc. als Referenzwert für Gebote nehmen.

Marketing-Take-away: Reach and Frequency teurer!

Eine besondere Form der Anzeigenbuchung lautet Reach and Frequency, mit der Sie sich zum Festpreis Reichweite und Frequenz für Ihre Kampagne kaufen können. Reach and Frequency wurden eigentlich nur für Agenturen eingeführt, damit diese besser und einfacher Ihre Mediaausgaben abrechnen können. Reach and Frequency ist daher immer die teurere Variante und an dieser Stelle nicht zu empfehlen.

Tipp: Tagesbudget oder Laufzeitbudget

Sie fragen sich vielleicht, wann Sie ein Tagesbudget und wann ein Laufzeitbudget wählen sollten? Generell gilt, dass Sie bestehende Beiträge (Sponsored Posts) nie länger als 2 bis 3 Tage bewerben sollten. Nur wenn der Beitrag besonders gut performt, kann er über die 3 Tage hinaus beworben werden. Sie legen also ein Laufzeitbudget ab dem Zeitraum, ab dem der Post draußen ist, bis maximal 3 Tage danach fest. Bei Dark Ads bietet sich ein Laufzeitbudget über einen längeren Zeitraum an, z. B. wenn Sie über einen Monat mit einem besonderen Angebot (Rabatt) oder Freebie für Ihre Dienstleistung werben wollen. Beim Retargeting auf verschiedene Events sollten Sie Tagesbudgets für Ihre Anzeigen festlegen.

Expertentipp von Steffen Jecke (projecter.de): Nutzen Sie ein Tagesbudget für längerfristige Kampagnen und ein Laufzeitbudget für kurzfristige, saisonale Kampagnen

Für ein dauerhaft aktives Angebot bietet sich das Tagesbudget an, wohingegen Aktionen und saisonale Werbeanzeigengruppen mit einem Laufzeitbudget kontrolliert ausgespielt werden können. Die Höhe des Budgets sollte sich an der Größe der Zielgruppe orientieren. Prinzipiell sollte die Frequenz der Anzeigen immer beobachtet werden. Wird diese zu hoch, dann sollte die Zielgruppe geändert oder das Werbemittel gewechselt werden. Die Verwendung eines Werbeanzeigenplans ist vor allem dann sinnvoll, wenn die beworbenen Inhalte an Öffnungszeiten geknüpft sind oder besonders starke Tageszeiten Budgetpriorität besitzen.

3.7.10 »Mehr dazu« – wie Sie Ihre Facebook-Werbeanzeigen optimal gestalten

Als Nächstes geht es um die optimale Gestaltung einer Facebook-Anzeige, um knackige Überschriften, einprägsame Bilder und Videos und die besten Call-to-Actions. Für den Erfolg Ihrer Anzeige sind dies essenzielle Schritte, die wir hier ausführlich erklären wollen. In Abbildung 3.34 sehen Sie eine typische Anzeige und Ihre einzelnen Bestandteile.

Abbildung 3.34 Typische Facebook-Linkanzeige (Dark Page Post)

1. *Postingtext:* Sprechen Sie Ihre Kunden im Postingtext zwingend mit »du« oder »Sie« an, und greifen Sie ein ganz konkretes Problem auf. Sie können auch schon eine Lösung oder Ihre Innovation im Postingtext beschreiben. Denken Sie an die Anzeige von Björn Tantau zu seinem Videokurs (siehe Abbildung 3.28). Er teasert in seinem Postingtext mit »Öffnungsrate 90 % und Klickrate 30 %? Gratis Videokurs zeigt dir, wie das geht …« bereits die Lösung an.
2. *Überschrift:* Die Überschrift der Anzeige springt sofort ins Auge und wird meist zuerst gelesen. Kurz und knackig formulierte Überschriften eignen sich am besten, um Aufmerksamkeit zu erregen, und motivieren wirklich zum Weiterklicken. Formulieren Sie in der Überschrift ein klares Ziel für den Nutzer, welche Informationen er zu erwarten hat, z. B.: »Mehr Website-Traffic generieren«, »Werden Sie zum Social Media Rockstar«, »Erleben Sie eine unvergessliche Reise« etc.
3. *Anzeigentext:* Der Anzeigentext darf gerne etwas länger sein als die Überschrift. Halten Sie Ihren Text kurz und bündig, und schweifen Sie nicht ab. Der Anzeigentext ergänzt die Überschrift, ohne zu viel zu verraten, und bringt den Nutzer

endgültig dazu, auf die Anzeige zu klicken, z. B.: »Dieser Facebook Sales Funnel beschert Ihnen 100.000 € Umsatz und mehr! Warten Sie nicht länger, und besuchen Sie das kostenlose Sales Funnel Webinar.« Übrigens, wo wir gerade bei kostenlos sind. Wörter wie »kostenlos«, »jetzt«, »neu« und die persönliche Ansprache mit »du« oder »Sie« ziehen die Nutzer am meisten an. Sie signalisieren unserem Gehirn: Wenn Sie das nicht weiterlesen, verpassen Sie etwas. Sie können auch Zahlen in der Überschrift und dem Anzeigentext einsetzen, z. B. »10 % Rabatt«, »10.000 € Umsatz«, »Top 10 Expertentipps«, »Die Nummer 1« oder »100.000 treue Kunden«. Achten Sie darauf, dass der Anzeigentext nicht abgeschnitten wird (mobil wird er meist nicht angezeigt).

4. *Call-to-Action (CTA):* Die besten CTAs sind »Mehr dazu«, »Jetzt einkaufen« und »Registrieren«. Ein bisher selten genutzter und unterschätzter CTA ist »Listen now«, womit gerade Musiker, Bands und Plattenlabels werben sollten.

5. *URL:* Lassen Sie sich die Möglichkeit nicht entgehen, für Ihre URL zu werben.

6. *Bild/Creative:* Was hier an letzter Stelle steht, ist eigentlich der Anfang von allem. Erfolgreiche Facebook-Anzeigen bestehen immer aus einem guten Creative und gutem Targeting. Daher ist es ganz entscheidend, dass Sie ein gutes Bild wählen. Ihr Bild sollte am besten gar keinen Text oder nicht zu viel Text beinhalten. Bei einem Textanteil über 20 %, verringert sich die Reichweite Ihrer Anzeige. Bei extrem viel Text (>50 %) kann es zur vollständigen Ablehnung Ihrer Anzeige kommen. Mit dem Text-Overlay-Tool von Facebook, *http://www.facebook.com/ads/tools/text_overlay*, können Sie ganz einfach überprüfen, ob Ihr Bild zu viel Text enthält.

3.8 Targeting nach Custom Audiences, Website Custom Audiences und Lookalike Audiences

Facebook hat sich vom reinen sozialen Netzwerk hin zu einer ernst zu nehmenden Plattform auch für den E-Commerce entwickelt. Nicht zuletzt hat die Entwicklung rund um das Facebook-Pixel dazu beigetragen, mit dessen Unterstützung das Verhalten der Website-Besucher, die Effizienz und den Nutzen von Facebook als Traffic-Bringer und den ROI von Werbeanzeigen messbar zu machen.

Facebook unterscheidet beim Targeting zwischen Core Audiences, Custom Audiences (sowie Website Custom Audiences als Spezialform der Custom Audiences) und Lookalike Audiences (siehe Tabelle 3.2).

Option	Beschreibung
Core Audiences	Core Audiences sind Zielgruppen, die Sie durch Interessen- und Verhaltens-Targeting erreichen können. Core Audiences eignen sich als Einstiegsinstrument für Facebook-Werbeanzeigen, insbesondere, wenn Sie noch keine große Zielgruppe bei Facebook haben. Wie Sie Core Audiences definieren, haben wir eben in Abschnitt 3.7.7, »Interessen Ihrer Personas herausfinden«, erläutert.
Custom Audiences	Custom Audiences (siehe Abbildung 3.35) sind Zielgruppen, die bereits Interesse an Ihren Produkten und Inhalten gezeigt haben. Das können bereits bestehende Kunden sein, die Sie durch den Upload einer Kundenliste (z. B. aus E-Mail-Adressen oder Handynummern Ihrer Kunden) gezielt bei Facebook ansprechen können. Allerdings ist die Verwendung dieser Funktion datenschutzrechtlich sehr bedenklich und sollte vorab rechtlich abgeklärt werden. Denn es braucht ein klares Opt-in (Einverständnis der Kunden, deren E-Mail-Adresse hochgeladen wird) zur Weiterreichung ihrer Daten an Facebook. Auch wenn die Datenverschlüsselung über das Hashing-Verfahren sauber erscheint, gibt es für den Nutzer keine Möglichkeit, Widerspruch einzulegen. Das Thema Custom Audiences aus Kundendateien haben wir bewusst in diesem Buch ausgeklammert. Custom Audiences können auch aus einer App-Aktivität, Offline-Aktivität (Personen, die mit Ihrem Unternehmen per Telefon, E-Mail interagiert haben), Besuche im Geschäft erstellt werden (siehe Abbildung 3.35). Besonders interessant sind auch Custom Audiences aus einer Interaktion, d. h. Nutzer, die mit Ihnen bzw. Ihren Inhalten bei Facebook bereits interagiert haben. Das ermöglicht, den Nutzer über Storytelling-Ansätze im Sales Funnel weiterzuentwickeln (vom Nutzer, zum Markenliebhaber, zum Käufer, zum Ambassador). Eine Sonderform der Custom Audiences sind *Website Custom Audiences*. Gemeint sind Besucher Ihrer Website, die Sie mit dem Facebook-Pixel messen und danach gezielt ansprechen können.
Lookalike Audiences	Lookalike Audiences sind Zielgruppen, die Ihren Facebook-Fans und Nutzern ähneln. Man nennt Sie auch Zwillingszielgruppen. Lookalike Audiences können auch für Website-Besucher erstellt werden.

Tabelle 3.2 Targeting-Optionen bei Facebook: Core Audiences, Custom Audiences und Lookalike Audiences

Wir wollen Ihnen nun ausführlicher Website Custom Audiences und Lookalike Audiences erklären. Bevor Sie mit Website Custom Audiences starten können, müssen Sie jedoch erst einmal das Facebook-Pixel in Ihre Website oder Ihr Blog integrieren.

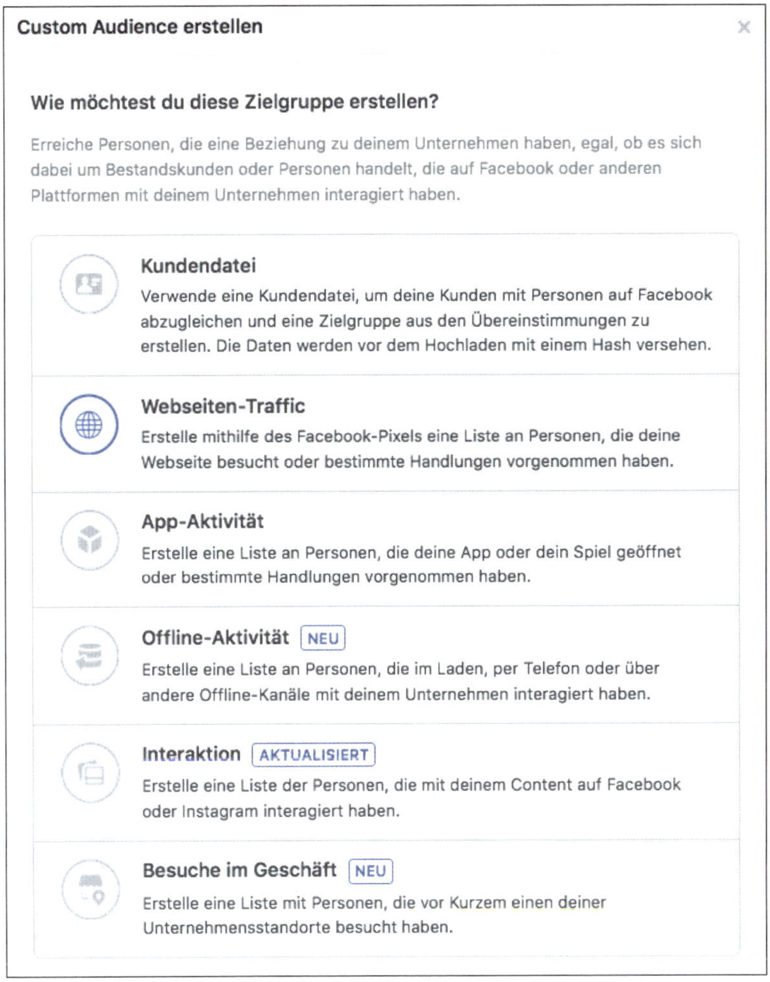

Abbildung 3.35 Custom Audiences können aus dem Tracking verschiedener Aktivitäten und Daten generiert werden. (Quelle: Facebook Werbeanzeigenmanager)

Rechtstipp von Sven Hörnich: Welche Daten sind durch die DSGVO geschützt?

Zum Verständnis einer Vielzahl von Regelungen der Datenschutz-Grundverordnung (DSGVO) (z. B. zur Anonymisierung bzw. Pseudonymisierung) ist erforderlich, zu verstehen, welche Daten überhaupt geschützt sind. Geschützt sind nach Art. 1 Abs. 1 DSGVO personenbezogene Daten. Definiert sind diese in Art. 4 Ziffer 1 DSGVO als solche, die sich auf eine identifizierte oder identifizierbare natürliche Person beziehen. Der Begriff der Identifizierbarkeit hat es »in sich«. Denn »*als identifizierbar wird eine natürliche Person angesehen, die direkt oder indirekt, insbesondere mittels Zuordnung zu einer Kennung wie einem Namen, zu einer Kennnummer, zu Standortdaten, zu einer Online-*

Kennung oder zu einem oder mehreren besonderen Merkmalen, die Ausdruck der physischen, physiologischen, genetischen, psychischen, wirtschaftlichen, kulturellen oder sozialen Identität dieser natürlichen Person sind, identifiziert werden kann«.

Bereits vor Geltung der DSGVO galt nach der Rechtsprechung des Europäischen Gerichtshofes (EuGH) eine IP-Adresse als personenbezogenes Datum, obgleich man als sogenannter Normalbürger die Daten dahinter nur durch staatliche Hilfe (z. B. Gerichtsbeschluss nach dem Urheberrechtsgesetz (UrhG) oder via Strafanzeige und anschließende Akteneinsicht) erlangen konnte. Dies gilt auch nach der DSGVO fort bzw. wird nach der Erläuterung in Erwägungsgrund 26 sogar erweitert. Denn hiernach sollen alle Mittel, die von dem Dritten wahrscheinlich genutzt werden, berücksichtigt werden, um festzustellen, ob eine natürliche Person identifizierbar ist. Diese weite Definition ist insbesondere für das Target-Marketing zu beachten. Um einen Fall aus dem »wirklichen Leben« zu bilden: Will also jemand einen Roman über eine fast fiktive Liebesgeschichte veröffentlichen, erkennt man aber anhand der Schilderungen seines eigenen Lebenslaufs sowie früherer Äußerungen von ihm oder Dritter die betroffenen Personen (gegebenenfalls auch durch umfangreiche Recherchen), so sind diese identifizierbar.

3.8.1 Facebook-Pixel

Das Facebook-Pixel ist ein ganz einfaches Codeschnipsel, das einerseits die Messbarkeit von Website-Verhalten jener Website-Besucher erlaubt, die im Hintergrund in ihrem Browser in Facebook oder in der Facebook-App angemeldet sind, andererseits bietet es die Möglichkeit, diese Website-Besucher zu markieren und für spätere Zwecke wieder nutzbar zu machen. Das Facebook-Pixel lässt sich für folgende Zielsetzungen einsetzen: Retargeting, Lookalike Audiences, Conversion Tracking und Conversion Optimierung, Dynamic Ads, benutzerdefinierte Conversions.

3.8.2 Facebook-Pixel: Beachten Sie die neue DSGVO

Die Nutzung des Facebook-Pixels ist rechtlich umstritten und birgt jede Menge Stolperfallen und Datenschutzrisiken, die Sie vorab klären sollten. Wenn Sie das Facebook-Pixel einbinden, müssen Sie zwingend eine Datenschutzerklärung und einen Cookie-Banner auf Ihrer Website integrieren. Bisher nutzten viele Website-Betreiber die Formulierung: »Diese Website verwendet Cookies ... Durch die Nutzung dieser Website erklären Sie sich mit der Verwendung von Cookies einverstanden. Klicken Sie jetzt auf Zustimmen und Fortfahren.« Diese Formulierung genügt nach der neuen DSGVO nicht mehr. Sie müssen dem Nutzer noch bevor er zustimmt, die Möglichkeit einräumen, dem zu widersprechen. Eine mögliche Umsetzung sehen Sie in Abbildung 3.36.

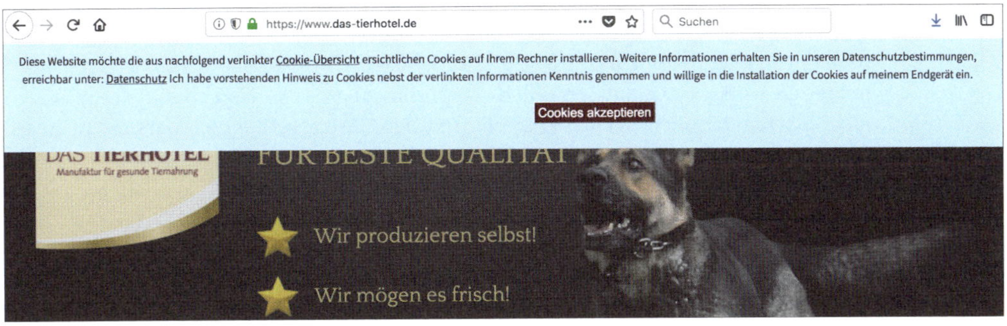

Abbildung 3.36 Korrektes Cookie-Banner nach DSGVO

Rechtstipp von Sven Hörnich: Die sogenannte Cookie-Verordnung über die »Hintertür«? Zur Problematik der »Positionsbestimmung der Konferenz der unabhängigen Datenschutzbehörden des Bundes und der Länder vom 26. April 2018«

Bis etwa einen Monat vor Inkrafttreten der DSGVO waren sich deutsche IT-Rechtsexperten weitestgehend dahingehend einig, dass das Thema Cookies überwiegend wie bislang (nach den Regelungen des Telemediengesetzes, TMG) zu bewerten sei. Lediglich sogenannte HTML5 Storage Objects und Flash-Cookies, die dem Verantwortlichen (sowie Drittanbieter) ein umfangreiches Tracking ermöglichen, sollten nach überwiegender Auffassung der juristischen Literatur an ein Einwilligungserfordernis zu knüpfen sein. Dann wurde das insbesondere seitens der Wirtschaftsvertreter viel kritisierte vorgenannte Positionspapier vom 26.04.2018 veröffentlicht und damit leider sogenannten Abmahnanwälten Tür und Tor geöffnet.

In Kurzform: Cookies könnten auf Grundlage dieses Positionspapiers eigentlich nur noch mit (vorheriger) Einwilligung gesetzt werden (sogenannte Opt-in-Lösung), was aber die meisten am Markt zu findenden Cookie-Banner nicht vorsehen. Es dürfte also zunächst fast (siehe unten) kein Cookie gesetzt werden und müsste mindestens ein Text mit Ankreuzmöglichkeit in etwa wie folgt erscheinen:

> *»Diese Website möchte die aus nachfolgend verlinkter Cookie-Übersicht*
>
> *<a href="/****************" target-"_blank"</a>*
>
> *ersichtlichen Cookies auf Ihrem Rechner installieren.*
>
> *Weitere Informationen erhalten Sie in unseren Datenschutzbestimmungen, erreichbar unter: <a href="/****************" target="_blank"</a>*
>
> *[ ] Ich habe vorstehenden Hinweis zu Cookies nebst der verlinkten Informationen Kenntnis genommen und willige in die Installation der Cookies auf meinem Endgerät ein. Cookies akzeptieren«*

Dabei soll zudem nicht verheimlicht werden, dass es durchaus »datenschutzrechtliche Hardliner« gibt, die die vorstehende Verlinkung der Informationen (Cookie-Übersicht und Datenschutzbestimmungen) als unzureichend ansehen und zur Steigerung der Transparenz das Erfordernis der direkten Aufnahme in das Banner fordern könnten.

Die bisher (auch durch das TMG) erlaubte Opt-out-Lösung (Cookie-Hinweis mit Erläuterung, wie man die Cookies löscht und verhindert) ist also bis zur Existenz erster klärender Gerichtsentscheidungen (die es bei Verfassung des vorliegenden Beitrags noch nicht gibt) mithin nicht rechtssicher und mit dem Risiko verbunden, dass ein mit der Sache befasstes Gericht die Sache so sieht wie die Datenschützer.

Einzig unter den sogenannten Session-Cookies könnte man solche unter die Rechtfertigung des Art. 6 Abs. 1 S. 1 lit. f DSGVO fassen, die für die Nutzung der Website unbedingt erforderlich sind. Was jedoch erforderlich ist/sein wird, wird wohl ebenfalls noch die Gerichte beschäftigen.

Ein Beispiel aus der Praxis: Mehrsprachige Websites verfügen regelmäßig über einen Sprachauswahlbutton. Nach Auswahl der Sprache wird ein Session-Cookie gesetzt, damit der Besucher nicht beim Klick auf einen Link erneut auswählen muss. Ist dies nun »erforderlich«? Behörden wie auch Gerichte könnten entscheiden, dass der Besucher ja die nächste Seite auch wieder übersetzen lassen kann. Außerdem könnte der Websitebetreiber grundsätzlich einen Cookie-Hinweis mit Einwilligung dergestalt verbinden, dass der Besucher über den Cookie und die Möglichkeit der Speicherung der Einstellung informiert wird und selbst entscheiden kann. Dass diese Art von permanenten Hinweisen marketingtechnisch nicht gerade »spannend« ist, ist offenkundig, aber das Beispiel zeigt gut auf, mit welchen rechtlichen Spitzfindigkeiten wir es hier zu tun haben (werden).

3.8.3 Facebook-Pixel einbauen

Das Pixel selbst ist relativ einfach erstellt (im Events Manager im Business Manager) und eingebaut. Um das Facebook-Pixel zu erstellen, rufen Sie den Events Manager auf, *http://www.facebook.com/ads/manager/pixel*. Klicken Sie auf PIXEL ERSTELLEN, benennen Sie das Pixel (z. B. »[Unternehmensname] Pixel«), akzeptieren Sie die Nutzungsbedingungen, und klicken Sie auf den Button PIXEL ERSTELLEN.

Für die Pixel-Integration auf Ihrer Website oder in Ihrem Onlineshop bietet Facebook eine relativ einfache Anleitung und unterstützt dabei folgende Lösungen: WooCommerce, Wix, Shopify, Squarespace, BigCommerce, Magento, Weebly. Ist das Facebook-Pixel erstellt, können Sie es jederzeit über den EVENTS MANAGER (erreichbar über ALLE TOOLS im WERBEANZEIGENMANAGER) erreichen. Klicken Sie auf PIXEL EINRICHTEN (siehe Abbildung 3.37), und Sie werden durch die Pixel-Integration geführt.

Expertentipp von Steffen Jecke (projecter.de): Binden Sie das Facebook-Pixel auf allen Unterseiten im Head-Bereich Ihrer Website ein

Dadurch stellen Sie sicher, dass das Pixel unmittelbar und überall geladen wird und dass möglichst viele Daten erfasst werden können. Damit alles korrekt funktioniert, müssen Events (z. B. Kauf oder Warenkorb) chronologisch nach dem Standardpixel eingefügt werden. Anderenfalls kann das Event nicht korrekt interpretiert werden.

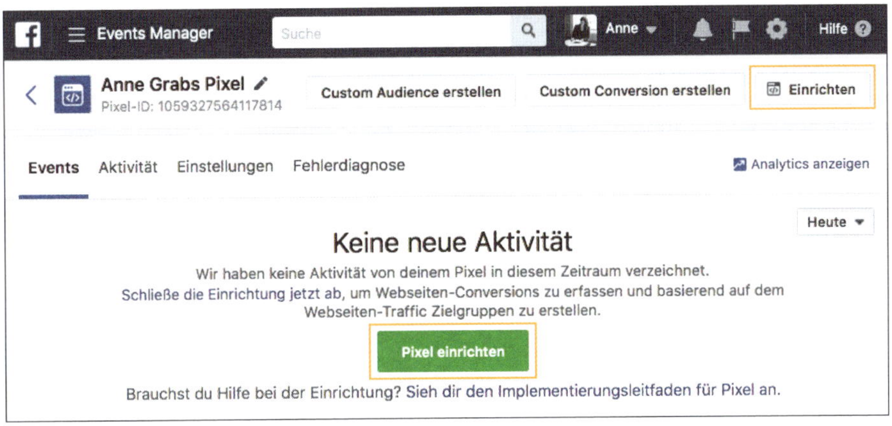

Abbildung 3.37 Pixel-Integration über den Events Manager
(Quelle: Facebook Events Manager)

Anschließend müssen Sie sogenannte Event-Codes einfügen. Das sind Ereignisse bzw. Handlungen auf Ihrer Website. Dort, wo ein bestimmtes Ereignis gemessen werden soll (z. B. auf der Kaufabschlussseite Ihres Onlineshops), fügen Sie das entsprechende Standardereignis dem normalen Pixelcode (der den einfachen Seitenaufruf misst bzw. den User markiert) hinzu, und schon können Sie die Conversions erfassen und auswerten. Vor allem bei performancegetriebenen Werbeanzeigenkampagnen, also wo es um Conversions im Onlineshop geht (Kaufabschlüsse, Registrierungen usw.), hilft das Pixel festzustellen, wie erfolgreich so eine Kampagne tatsächlich ist. Facebook unterstützt Standard-Events wie:

- Kaufen
- Lead generieren
- Registrierung abschließen
- Zahlungsinformation hinzufügen
- In den Einkaufswagen
- Zur Wunschliste hinzufügen
- Kaufvorgang starten
- Suche
- Inhalt anzeigen

Beim Kaufen-Event sollten Sie zudem auch den Warenwert mit übergeben. Haben Sie die nötigen HTML-Kenntnisse, können Sie das selbst machen, oder Sie fragen Ihren Programmierer oder Ihre IT. Damit Sie dynamisches Retargeting nutzen können, ist zudem eine Artikel-ID passend zu den IDs im Produktkatalog notwendig. Tipp: Wenn Sie Google Chrome als Browser nutzen, empfiehlt sich die Erweiterung

Facebook Pixel Helper. Damit können Sie überprüfen, ob das Pixel richtig implementiert ist und ob die Events gemessen werden.

Expertentipp von Steffen Jecke (projecter.de): Bilden Sie die gesamte Customer Journey mit dem Facebook-Pixel ab

Setzen Sie das Pixel nicht nur zum Messen der Conversions ein, sondern bilden Sie möglichst die gesamte Customer Journey ab. Dies gibt Ihnen die Chance, den Nutzer in der Customer Journey gezielt weiterzuentwickeln und Ausstiegspunkte zu identifizieren. Wenn Sie gezieltes Remarketing betreiben wollen, empfehlen wir Ihnen den Einbau inklusive dynamischer Parameter.

Sie haben ein WordPress-Blog oder eine Website über WordPress erstellt und möchten dort das Facebook-Pixel anlegen? Kein Problem. Laden Sie sich dafür das WordPress-Plug-in *Head, Footer and Post injections* herunter (*http://wordpress.org/plugins/header-footer*), aktivieren Sie das Plugin, und geben Sie manuell den Pixelcode aus dem Werbeanzeigenmanager ein. Rufen Sie Ihre Website auf, um Test-Traffic an die Website zu senden. Ist das Pixel richtig integriert, erkennen Sie es an dem grünen Kreis vor dem Pixel. Danach müssen Sie noch das Event »Inhalt anzeigen« anlegen, den Event-Code kopieren und über das WordPress-Plugin unter DESKTOP hineinkopieren, speichern – und fertig.

Alternative Plugins für WordPress sind im Übrigen Tracking Code Manager (*http://de.wordpress.org/plugins/tracking-code-manager*), PixelYourSite (auch für WooCommerce, *http://de.wordpress.org/plugins/pixelyoursite*) und Pixel Caffeine von AdEspresso (*http://wordpress.org/plugins/pixel-caffeine*).

Eine ausführliche Anleitung zur Pixel-Integration auf einem Blog und das Tracking von Newsletter-Anmeldungen liefert übrigens Sandra Holze in Ihrem Blogbeitrag »Wie du das Facebook Pixel in WordPress einbindest um deine Anzeigen zu optimieren«, *http://sandraholze.com/wie-du-das-facebook-pixel-in-wordpress-einbindest-um-deine-anzeigen-zu-optimieren*.

Sie können auch benutzerdefinierte Events anlegen und damit z. B. den Download eines Whitepapers, das Eintragen in den Newsletter oder das Aufrufen einer bestimmten Landingpage tracken. Für eine Custom Conversion müssen Sie einfach die genaue URL der Zielseite angeben, wo der Download des Whitepapers oder die Newsletter-Anmeldung abgeschlossen ist (z. B. »Danke«-Seite).

3.8.4 Website Custom Audiences

Sind das Facebook-Pixel und die Standard-Events integriert, können Sie Website Custom Audiences erstellen. Das Facebook-Pixel markiert alle Website-Besucher (der gesamten Website oder ihrer Teilbereiche) der letzten 1 bis 180 Tage, sammelt sie und bildet dadurch die perfekte Basis für Retargeting-Maßnahmen. Dadurch können Sie Website-Besucher erneut ansprechen.

Gerade die Segmentierung der Website Custom Audiences nach verschiedenen Events ist spannend, denn Website-Besucher verhalten sich ja in der Regel unterschiedlich. Die einen haben schon mal etwas in Ihrem Onlineshop gekauft, andere haben Produkte in den Warenkorb gelegt, andere surfen die ganze Zeit durch ein bestimmtes Sortiment und wieder andere lesen Blogbeiträge. Dieses Website-Verhalten der Nutzer kann als Website Custom Audiences geclustert werden, damit Sie anschließend die Nutzer mit unterschiedlichen Anzeigen ansprechen können. Es lassen sich auch Website Custom Audiences von Käufern erstellen, um sie gezielt als Zielgruppe auszuschließen oder mit Upselling-Produkten (z. B. Schuhkäufer mit Taschen, Plegecremekäufer mit Parfüm etc.) anzusprechen.

Folgende Website Custom Audiences (kurz WCA) aus Website-Traffic sind besonders interessant:

- WCA aus allen Besuchern der letzten 30 Tage: Das ist sozusagen die Standard-WCA, die sich im Anschluss vor allem für die Generierung von Klicks eignet.
- WCA aus Besuchern von bestimmten Unterseiten: Sie wollen Besucher ansprechen, die einen bestimmten Bereich Ihrer Website oder ein bestimmtes Sortiment im Onlineshop ansurfen? Dann targeten Sie nach Besuchern von Unterseiten.
- WCA aus Warenkorbabbrechern: Können Sie mit dem Event »Add to cart« erstellen. Das eignet sich hervorragend, um Kunden, die den Einkauf abgebrochen haben, zurückzugewinnen. Hier ist auch eine Segmentierung nach durchschnittlichen Warenkörben möglich. Sie können diese Besucher mit einer Anzeige »Hast du nicht was vergessen?« oder mit Rabattcodes erneut ansprechen.
- WCA aus Besuchern, die eine bestimmte Zeit auf Ihrer Website oder in Ihrem Onlineshop verbracht haben: Die besten Website-Besucher sind die aktivsten und diejenigen, die viel Zeit auf Ihrer Website verbracht haben. Facebook kann die aktivsten Top 5 %, Top 10 % und Top 25 % der Website-Besucher filtern (Percentile). Tipp: Auch für die Erstellung einer Lookalike Audience aus Website-Besuchern eignet es sich, nach den aktivsten Website-Besuchern zu filtern.
- WCA aus allen Käufern sind ebenfalls interessant für anschließende Cross-Selling-Maßnahmen. Facebook erfasst alle Käufer der letzten 180 Tage. Sie können die Käufer noch etwas spezifizieren und z. B. nur Kunden ansprechen, die mindestens für 50 € eingekauft haben (über den aggregierten Wert »value«) oder Kunden, die in den letzten 180 Tagen zweimal bei Ihnen bestellt haben (über den aggregierten Wert »Frequenz«).

Expertentipp von Steffen Jecke (www.projecter.de): je kürzer die Zeitspanne, desto relevanter die Zielgruppe

Website-Besucher sollten über das Facebook-Pixel nicht länger als 30 Tage angesprochen werden. Je länger die Zeitspanne ist, desto breiter und irrelevanter ist die Zielgruppe. Möglicherweise erinnern sich die Nutzer nicht mehr an den Besuch der Website. Innerhalb von 30 Tage ist die Zielgruppe noch frisch, allerdings auch umso kleiner.

3.8.5 Lookalike Audience

Mittels Lookalike Audiences (auch Zwillingszielgruppen genannt) können Sie Facebook beauftragen, ähnliche Personen als Zielgruppe zu suchen und zu targeten, wie sie in der Custom Audience zu finden sind. Das heißt, Sie nutzen nicht den herkömmlichen Weg des Targetings mittels Interesse, Alter, Geschlecht usw., sondern vielmehr überlassen Sie Facebook, anhand der Profildaten und des Nutzerverhaltens die höchstmögliche Übereinstimmung festzustellen und die Nutzer ins Targeting hineinzunehmen.

Lookalike Audiences können auch auf Basis von Website-Besuchern erstellt werden. Facebook sucht dann nach ähnlichen Usern innerhalb von Facebook, die Ihren Website-Besuchern entsprechen.

Expertentipp von Steffen Jecke (www.projecter.de): Schließen Sie beim Einsatz von Lookalike Audiences Website-Besucher als Zielgruppen aus

Website-Besucher sind oftmals noch in der Zielgruppe enthalten, auch wenn dies eigentlich wenig Sinn ergibt. Schließen Sie sie also als Zielgruppen aus. Lookalike Audiences werden übrigens von Facebook regelmäßig eigenständig aktualisiert. Ändern sich also die Website-Besucher grundlegend, weil man beispielsweise das Sortiment erweitert hat, dann wirkt sich dies auch auf die Lookalike Audiences aus.

3.9 How to: Wie Sie eine Conversion-Kampagne mit kleinem Budget aufsetzen

Conversion-Kampagnen eignen sich nicht nur für große Budgets, sondern Sie können sie auch schon für kleines Geld aufsetzen. Und das gilt auch für die Reichweite. Es macht nichts, wenn Sie noch nicht so viele Besucher wie Amazon, H&M oder Otto in Ihrem Onlineshop haben, auch mit weniger Traffic können Sie eine Facebook Conversion-Kampagne aufsetzen. Wie das funktioniert, zeigt Ihnen der Social-Media-Experte Felix Krüger anhand eines konkreten Beispiels. Für einen Onlineshop wurde eine Conversion-Kampagne mit Website Custom Audiences und Lookalike Audiences bei Facebook und Instagram aufgesetzt.

Zielsetzung

Das Ziel der Conversion-Kampagne lautete, mit einem Budget von 150 GBP (britischer Ad-Account) die Sales im Onlineshop eines Herstellers von Snowboardhandschuhen anzukurbeln. Als besonderes Angebot vor Ostern liefert der Shop in ganz Europa versandkostenfrei. Es handelt sich hierbei um die erste Conversion-Kampagne für den Onlineshop, weshalb noch keine Erfahrungswerte vorhanden sind. Die Schaltung der Kampagne ist stark vereinfacht dokumentiert, den vollen Funktionsumfang zu beschreiben würde hier den Rahmen sprengen.

Zielgruppen

Es wird mit zwei Zielgruppen gearbeitet:

1. Website Custom Audience mit allen Facebook-Usern, die den Shop in den vergangenen 180 Tagen besucht haben: Das betrifft ca. 1.200 User. Budget: 20 GBP
2. Lookalike Audience: Da die Custom Audience nur 1.200 User umfasst, wurden für die wichtigsten Märkte Lookalike Audiences erstellt. Diese werden eingeschränkt, sodass nur User, die wirklich snowboarden, die Ad sehen. Um auf diese Gruppe einzuschränken, wird das Interesse Snowboarden mit dem Interesse an verschiedenen Fachzeitschriften kombiniert. Außerdem sollen nur User im Alter von 18 bis 40 erreicht werden. Budget: 130 GBP

Expertentipp Steffen Jecke (projecter.de): Cluster-Analyse nur bei einer Audience ab 1.000 Personen

Je kleiner die Ausgangsgruppe für Lookalike Audiences, desto willkürlicher ist die aus der Cluster-Analyse entstandene Zielgruppe. Dies kann Streuverluste deutlich erhöhen. Die Audience sollte zwischen 1.000 und 50.000 Personen enthalten. Die Einschränkung des Targetings mit weiteren Kriterien wirkt dagegen.

Setup

Als Erstes wählen Sie das Ziel CONVERSIONS im Business Manager aus und geben einen Namen für die Kampagne an (im Beispiel »Conversions – Free Shipping«). Im Feld CONVERSION unter WEBSITE wählen Sie nun das Conversion-Event KAUF – zumindest in unserem Beispiel – aus und unter ZIELGRUPPE im Feld CUSTOM AUDIENCES dann die Custom Audience mit den Website-Besuchern der letzten 180 Tage. Diese Gruppe wurde im Vorfeld im Business Manager im Bereich ZIELGRUPPEN erstellt. Es wird davon ausgegangen, dass alle Website-Besucher Interesse an der Marke und den Produkten haben, weshalb die Zielgruppe hier nicht weiter eingeschränkt wird.

Bei den Platzierungen wählen Sie nun Automatische Platzierungen aus, da es sich um einen ersten Test handelt. Während der Kampagnenlaufzeit kann die Performance der einzelnen Platzierungen verglichen werden, um schlechter performende Platzierungen zu deaktivieren. Bei Budget & Zeitplan geben Sie nun das Laufzeitbudget (im Beispiel 20 GBP) ein und legen den Kampagnenzeitraum fest (hier 22.3.2018, 18:00 Uhr bis 1.4.2018, 22:00 Uhr).

Im Feld Identität wählen Sie die entsprechende Facebook-Seite und das Instagram-Profil aus. Als Format werden einzelne Bilder verwendet. Unter Bilder laden Sie anschließend die Anzeigenmotive hoch. Für jedes Bild schaltet Facebook eine eigene Anzeige. So kann die Performance der einzelnen Bilder später bequem verglichen werden. Schlechter performende Bilder können Sie dann abschalten. Der Split-Test erfolgt also in Echtzeit direkt in der Kampagne (nicht vorher). Im Feld Links können Sie die URL des Onlineshops, Anzeigentexte, den CTA (z. B. Jetzt einkaufen) auswählen (siehe Abbildung 3.38).

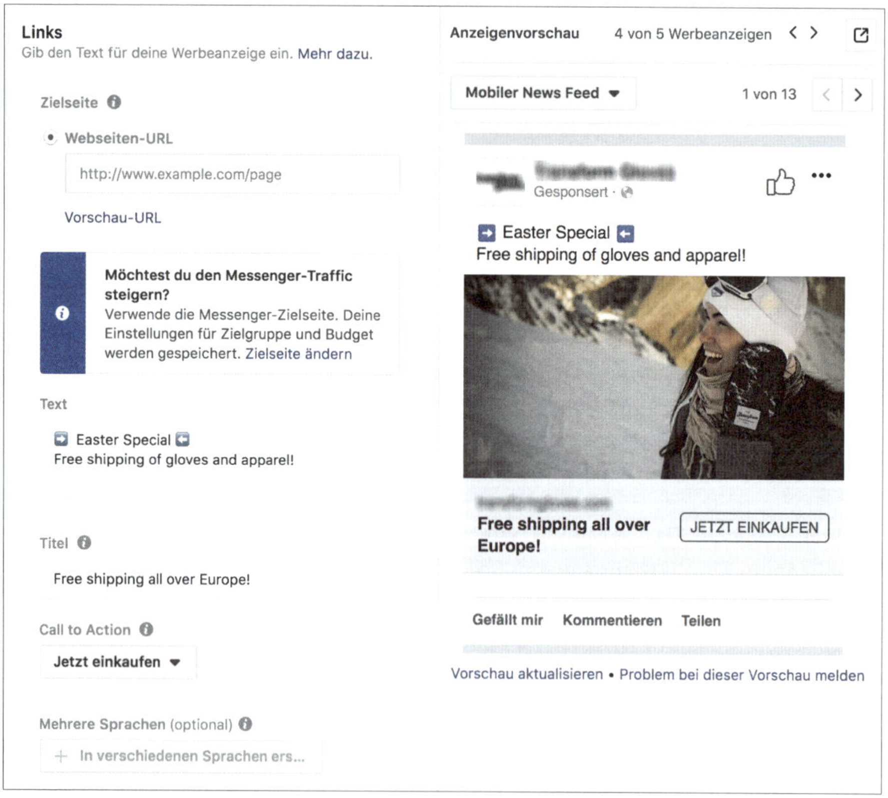

Abbildung 3.38 Eingabe der Conversion-Kampagne (Quelle: Facebook Business Manager, Bild: Felix Krüger)

Im Business Manager sehen Sie nun die fertige Kampagne. Mit einem Klick auf den Kampagnennamen wechseln Sie ins Ad Set Level. Dort kann die Werbeanzeigengruppe markiert und dupliziert werden. Dazu wählen Sie Ursprüngliche Kampagne und klicken auf Duplizieren. Der neuen Anzeigengruppe geben Sie einen Namen, in diesem Fall »Lookalike Audiences«. Als Nächstes kommt das Feld Budget & Zeitplan. Für die Lookalike Audience wird im Beispiel ein größerer Teil des Budgets (120 GBP) ausgegeben, da die Reichweite hier größer ist. Als Zeitraum für die Lookalike-Anzeigen wird hier ebenfalls der 22.3.2018, 18:00 Uhr bis 1.4.2018, 22:00 Uhr festgelegt.

Im nächsten Schritt wählen Sie unter Zielgruppe im Feld Custom Audiences die gewünschten Lookalike Audiences aus (siehe Abbildung 3.39). In diesem Fall handelt es sich um Lookalike Audiences in mehreren Ländern. Diese wurden im Vorfeld im Business Manager im Bereich Zielgruppen erstellt.

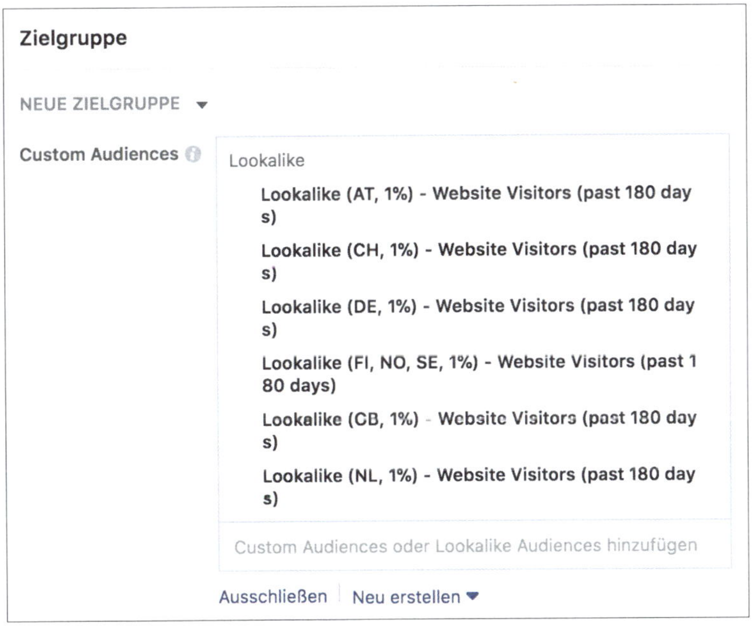

Abbildung 3.39 Eingabe der Lookalike Audiences (Quelle: Facebook Business Manager, Bild: Felix Krüger)

Unter Detailliertes Targeting werden nun noch die gewünschten Interessen hinzugefügt, um möglichst nur User aus der Lookalike Audience zu erreichen, die tatsächlich auch Snowboard fahren. Das Feld Standorte lassen Sie frei, da diese bereits über die Lookalike Audiences für die einzelnen Länder definiert sind.

Dark Social: Warum Google Analytics und Facebook-Anzeigen-Insights unterschiedliche Werte liefern

Facebook-Werbeanzeigenstatistiken und Google-Analytics-Statistiken liefern sehr oft unterschiedliche Ergebnisse, was die Anzahl der Klicks bzw. der Sitzungen betrifft, sehr zum Missfallen der Werbetreibenden. Jedes Tool hat seine eigene Mess- und Verarbeitungsmethode. Meist zeigt Facebook viel höhere Klickzahlen an als Google-Analytics-Sitzungen von Facebook. Ein Grund dafür ist, dass mittlerweile über 80 % der User Facebook via Smartphone App nutzen. Google Analytics misst die Zugriffe aus Apps als »Direct Traffic«. Facebook geht jedoch mit Cross-Device-Tracking vor. Die Lösung: Erstellen Sie immer UTM-Links. Ein UTM-Link ist ein Link, der mit zusätzlichen Keywords hinterlegt wird (z. B. Thema der Anzeige, Datum, Source), damit er in Google Analytics eindeutig identifiziert werden kann. UTM-Links können Sie ganz einfach mit diesem Tool *http://bit.ly/UTMLink* erstellen.

3.9.1 Facebook Collection Ad

Zum Schluss möchten wir Ihnen noch ein spezielles Anzeigenformat vorstellen, das vor allem mobil sehr gut performt und für Onlineshop-Betreiber spannend sein könnte. Collection Ads werden wie Canvas Ads nur mobil ausgespielt und bieten vor allem die Möglichkeit, sehr viele Klicks zu einem günstigen Preis zu generieren.

In einer Collection Ad werden dem Nutzer aktuelle Produkte gezeigt (siehe Abbildung 3.40). Meist beginnt die Collection Ad mit einem Video, darunter sind dann Produkte gelistet. Klickt der Facebook-Nutzer auf die angezeigten Produkte, bleibt er zunächst innerhalb der Facebook-App (Linkklick). Klickt der User weiter (ausgehende Klicks), gelangt er schließlich auf die Website/im Onlineshop, kann jedoch immer noch zu Facebook zurückkehren. Facebook liefert damit ein mobiloptimiertes Kauferlebnis im Newsfeed ohne Absprünge in Apps oder auf externe Websites.

Tommy Hilfiger setzte zu seiner Runaway Show 2016 Collection Ads (auch »Sammlung« genannt) ein und präsentierte aus dem Video zur Fashion Show direkt die gezeigten Produkte in der Collection Ad. So brachte der Designer nicht nur die Show, sondern direkt auch die Produkte auf die mobilen Endgeräte der Nutzer – mit einem guten und kostendeckenden Ergebnis für Tommy Hilfiger: zweifacher Return on Ad Spent, 200 % Return on Investment.

Mit Collection Ads lassen sich neue Kunden gewinnen oder aber die Kaufabsicht steigern. Für die Performancebetrachtung Ihrer Collection Ad ist es im Nachhinein wichtig, vor allem die ausgehenden Klicks zu betrachten.

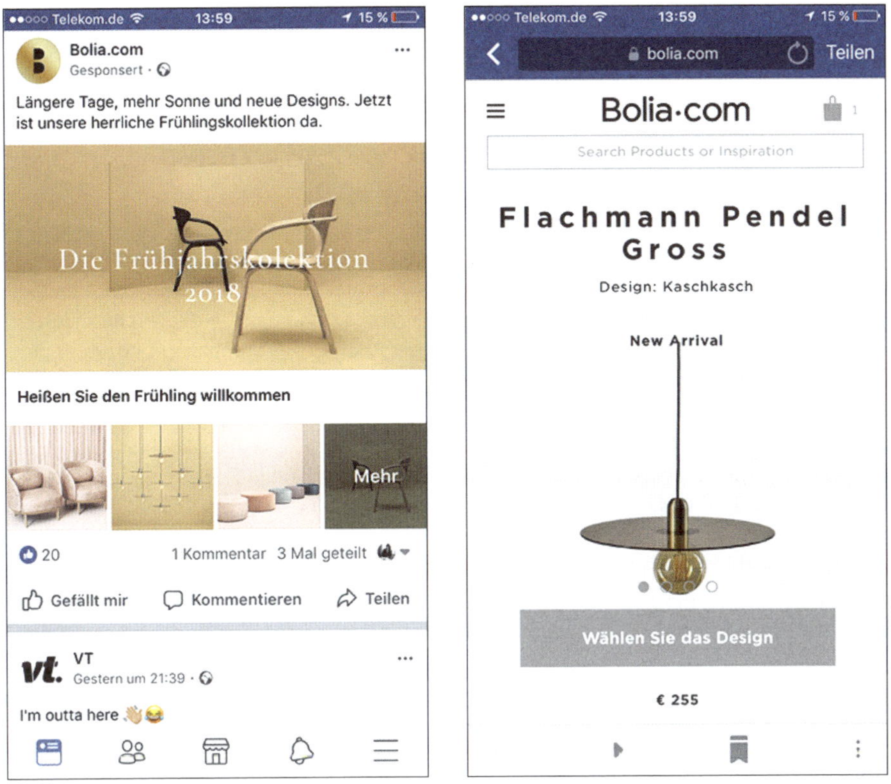

Abbildung 3.40 Facebook Collection Ad von Bolia

3.10 Facebook Analytics

Zuhören, analysieren, adaptieren: Eine der wesentlichen Grundregeln für Social Media gilt natürlich auch für Facebook. Durch Zuhören, sprich Beobachten, lernen Sie, wie die User miteinander kommunizieren, was sie bewegt und interessiert, welche Inhalte sie besonders begeistern und was sie stört. Nicht nur am Beginn ist ein Perspektivenwechsel sinnvoll: Sie sollten regelmäßig »User spielen«. Abonnieren Sie die Seiten Ihrer Marktbegleiter, und beobachten Sie, was wie gut bei deren Fans ankommt und wie Sie es selbst aus User-Sicht empfinden.

3.10.1 Facebook-Seitenstatistiken

Facebook bietet den Seitenadministratoren durchaus aussagekräftige Statistiken. Die Zahlen werden natürlich erst ab einer gewissen Anzahl an Nutzern aussagekräftig.

Die Statistiken sollen Ihnen vor allem helfen, langfristig an der Qualität der Beiträge zu arbeiten und so die Performance Ihrer Facebook-Seite noch weiter zu steigern.

Expertentipp von Steffen Jecke (projecter.de): Analysieren Sie auch die Performance Ihrer Sponsored Posts und Dark Page Posts in Facebook

Nutzen Sie den Export und die Daten aus dem Werbeanzeigenmanager, um ein regelmäßiges Reporting zu erstellen. Das hilft Ihnen, mittel- und langfristige Entwicklungen zu erkennen und daraus die richtigen Schlüsse zu ziehen. Die Insights der Facebook-Seite sollten Sie nicht überschätzen, da bei einer professionellen Anzeigenstrategie die Reichweite der Dark Page Posts oft um ein Vielfaches höher ist. Da die Nutzer die Beiträge im Feed nicht unterscheiden können, ist die Analyse dieser Inhalte mindestens genauso wichtig.

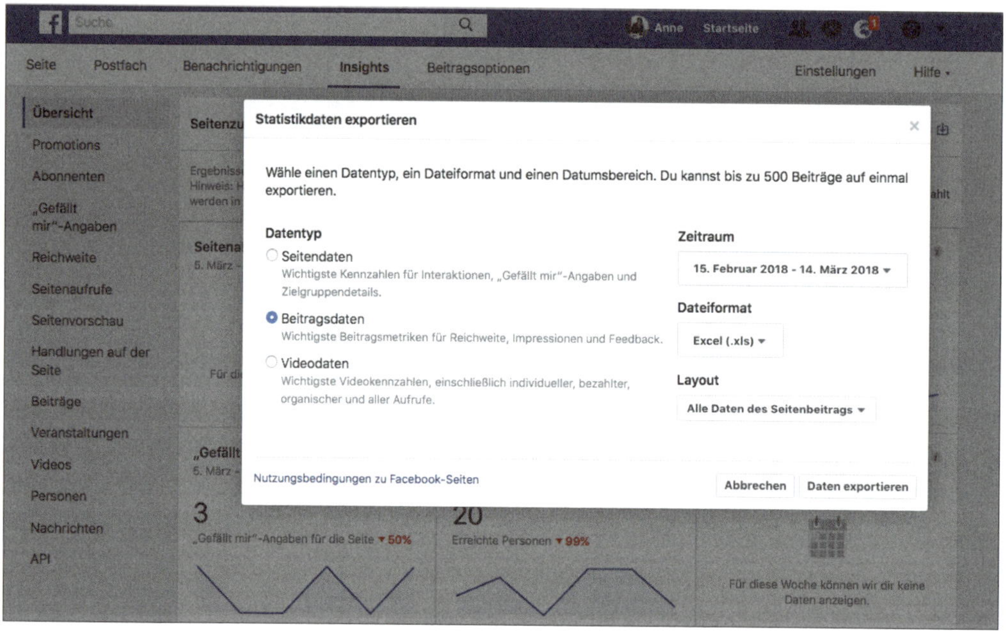

Abbildung 3.41 Mit dem csv-Export »Beitragsdaten« können Sie Ihren Content genauestens untersuchen und die Entwicklung über die Monate analysieren. (Quelle: Facebook-Statistiken)

Sie gelangen zu den Statistiken, indem Sie auf Ihrer Facebook-Seite auf INSIGHTS klicken. Auf der Übersichtsseite zeigt Facebook zunächst für die vergangenen 7 Tage anhand der Gesamtzahl der Fans (»Gefällt mir«-Angaben für die Seite), der Beitragsreichweite und der Interaktionen, wie sich die Performance der Seite in der vergangenen Woche entwickelt hat. Von älteren Zeiträumen können Sie sich über den Befehl DATEN EXPORTIEREN Analysen ziehen. Facebook unterscheidet hier zwischen SEITENDATEN, die Insights über Ihre Zielgruppenstruktur bieten, BEITRAGSDATEN, mit denen Sie vor allem Ihren Content analysieren können, und VIDEODATEN, um Videos genauestens zu analysieren (siehe Abbildung 3.41). Über diesen Export sind jedoch nur Analysen von Posts auf Ihrer Facebook-Seite möglich. Werbeanzeigen, die nicht auf Ihrer Seite veröffentlicht wurden (Dark Posts), werden hier nicht berücksichtigt.

3.10.2 Beiträge

Über das Feld BEITRÄGE in der linken Spalte sehen Sie ebenfalls die letzten Beiträge und können jeden Post noch einmal einzeln betrachten (siehe Abbildung 3.42). Dies ist insbesondere bei Videos sehr spannend, weil Sie dort auch die Absprungrate genau einsehen können.

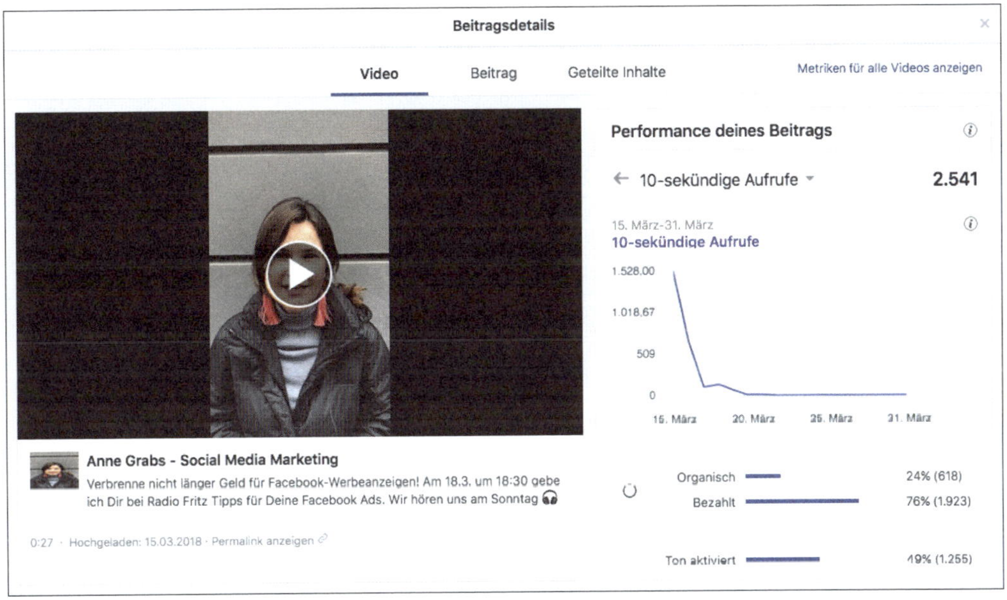

Abbildung 3.42 Beitragsstatistik eines Videos bei Facebook (Quelle: Facebook-Statistiken)

3.10.3 Personen

Unter PERSONEN sehen Sie die Demografie (Alter, Geschlecht) sowie die Herkunft und Sprache der Fans (siehe Abbildung 3.43). Wir empfehlen Ihnen, hier nicht nur regelmäßig zu kontrollieren, wie sich Ihre Fangemeinde zusammensetzt, sondern auch, welche Ihrer Fans Sie tatsächlich erreichen und welche Fans mit Ihnen interagieren. Wenn es hier eklatante Unterschiede gibt, sollten Sie bei Ihrer Redaktionsstrategie nachschärfen.

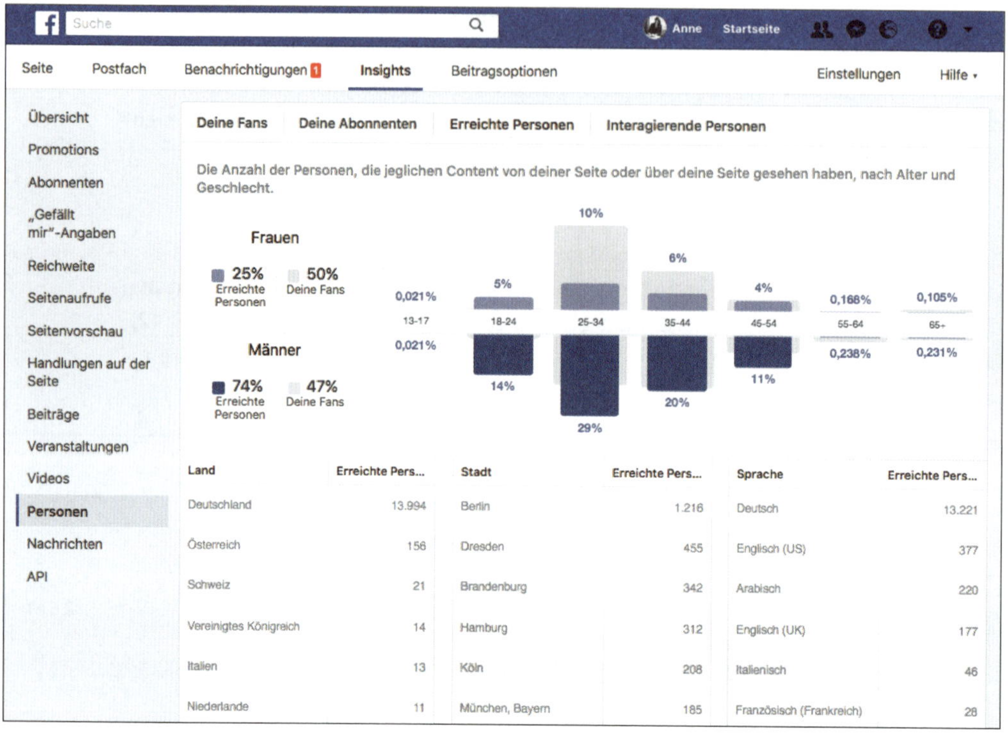

Abbildung 3.43 Facebook bietet mit den Seitenstatistiken einen schönen Überblick darüber, wie alt Ihre Fans sind, welche Sprachen sie sprechen und woher die einzelnen Fans kommen.

Sie sollten sich angewöhnen, die Facebook-Statistiken regelmäßig zu konsultieren. Wenn Sie beispielsweise sehen, dass der Prozentsatz jener Fans, die Englisch sprechen, einen gewissen (von Ihnen zu definierenden) Grad überschreitet, Sie aber Ihre Facebook-Seite bis dato nur auf Deutsch geführt haben, sollten Sie sich überlegen, ob es nicht sinnvoll wäre, beide Zielgruppen in ihrer jeweiligen Muttersprache (oder Profilsprache) zu bedienen.

Expertentipp von Steffen Jecke (projecter.de): Überarbeiten Sie regelmäßig Ihre Content-Strategie

Die Abweichung der Zielgruppe in Abbildung 3.43 ist sehr stark. In allen Zielgruppen waren die Männer für den Content deutlich affiner, während die Verteilung der Fans gleich ist. So extrem sieht man das selten. In diesem Fall sollte unbedingt an der Content-Strategie gearbeitet werden.

Eine andere für Sie relevante Information wäre beispielsweise, dass zu einem bestimmten Datum die Zahl jener Fans, die die Beiträge Ihrer Facebook-Seite in ihren Neuigkeiten verborgen haben oder auf »Gefällt mir nicht mehr« geklickt haben, stark ansteigt. Das würde bedeuten, dass zu diesem Zeitpunkt einige Fans Ihre Beiträge als »zu viel«, zu irrelevant bzw. als Spam wahrnehmen. Darauf sollten Sie dringend reagieren und die Qualität und Häufigkeit der veröffentlichten Beiträge überdenken.

3.11 Fazit

Facebook ist und bleibt einer der wichtigsten Global Player in der Digitalbranche und darüber hinaus. Durch geschickte Akquise (WhatsApp, Instagram) und eine innovationsfreundliche Unternehmensführung werden wir uns in den nächsten Jahren weiter und wahrscheinlich sogar intensiver mit Facebook beschäftigen. Die Erfolgsgeschichte des Facebook Messengers hat gerade erst begonnen, die Ära der Chatbots ebenfalls. Neue Apps oder Funktionen wie Marketplace (zum Anbieten und Nachfragen von Immobilien, Flohmarktartikeln usw.) und weitere Feldversuche wie Messenger Day zeigen, dass Facebook nicht stillstehen möchte.

Facebook wird uns trotz Datenschutzskandal in den nächsten Monaten und Jahren noch weiter beschäftigen, gerade weil die Marktmacht Facebook unwahrscheinlich hoch ist und sich die Nutzung immer mehr auf Smartphones verschiebt. Kennen Sie ein anderes Ökosystem, mit dem Sie die Nutzer besser mobil ansprechen können als mit Facebook? Wir nicht. Und noch sind die Anzeigenpreise ein Schnäppchen verglichen mit den Preisen bei Google. Facebook ist auch hier auf dem besten Weg, von den Ambitionen in Richtung Suchmaschinenmarkt ganz zu schweigen.

Doch wenn Sie unsere Tipps bereits am Anfang dieses Buches gelesen haben, wissen Sie, dass nicht das Tool oder die Technik entscheidet, sondern die Frage, in welchen sozialen Netzwerken im Web Ihre Zielgruppen zu Hause sind. Auch wenn sich gerade im Bereich B2B einiges bei Facebook tut (Fun Fact: Auch Google macht Werbung bei Facebook) ist nicht Facebook, sondern LinkedIn die Plattform für Business-to-Business-Marketing. Mehr dazu lesen Sie in Abschnitt 11.3, »LinkedIn – für internationale Unternehmen«.

Die wichtigste Entscheidungsgrundlage für Ihr Engagement in sozialen Netzwerken ist die Social-Media-Strategie, wie in Kapitel 2 erläutert. Auch wenn wir uns in diesem Buch auf die wichtigsten und größten Plattformen beschränkt haben: Sie werden bei Ihrer Recherche möglicherweise auf soziale Netzwerke und Portale stoßen, die Sie vielleicht vorher noch nicht einmal namentlich gekannt haben. Nehmen Sie sich die Zeit für eine ausführliche und umfassende Recherche, und identifizieren und verorten Sie Ihre Zielgruppen/Ihr Publikum. Gehen Sie strategisch vor, und – besonders wichtig – lernen Sie durch permanentes Analysieren und Hinterfragen.

4 YouTube

Video first! heißt es immer öfter in den Marketingabteilungen. Und tatsächlich: Videos sind für das Social Media Marketing unerlässlich, und gerade YouTube bietet als Suchmaschine und Brandingkanal gleich mehrere Vorteile. Worauf es bei YouTube-Videos ankommt, wie Sie Geschichten erzählen und Ihre Videos verbreiten, erfahren Sie in diesem Kapitel.

YouTube ist die größte, bekannteste und weltweit beliebteste Videoplattform. Sie wurde 2005 gegründet und im November 2006 von Google übernommen. Ein paar Zahlen zur Verdeutlichung der Menge an Videoinhalten und an Interaktion: YouTube ist in 61 Ländern verfügbar. 1 Mrd. Menschen erreicht die Plattform monatlich, davon erfolgen 80 % der YouTube-Zugriffe außerhalb der USA. Über 6 Mrd. Stunden Video werden jeden Monat angesehen – das ist hochgerechnet 1 Stunde für jede Person auf dieser Erde. Laut Marktforschungsinstitut Nielsen erreicht YouTube mehr Erwachsene in den USA im Alter von 18 bis 34 Jahren als jedes Kabel-TV-Netzwerk.

50 % der YouTube-Videos werden mobil geschaut

Pro Minute werden 500 Stunden Videomaterial hochgeladen. Zum Vergleich: Im Mai 2011 waren es noch 48 Stunden. Es steigt also nicht nur der Konsum von Videos, sondern auch die Produktion von Videos, weshalb man die YouTube-Nutzer auch als *Prosumer* bezeichnet. Ein Grund dafür ist definitiv die einfache Möglichkeit, Videos mittels Smartphone in ausreichender Qualität herzustellen und direkt auf YouTube hochzuladen. Die Hälfte aller Videos wird über mobile Endgeräte und Smartphones angesehen.

4.1 YouTube ist das neue Fernsehen

Ein einziger YouTube-Channel kann heute mehr Zuschauer erreichen als die beste Fernsehshow. Deutschlands größter Food-YouTube-Channel z. B., »Sallys Welt«, *http://www.youtube.com/user/sallystortenwelt*, generiert monatlich bis zu 12 Mio. Views, während die letzte erfolgreiche Wetten-Das-Folge gerade einmal 8,5 Mio. Zuschauer hatte. 69 % der 14- bis 18-Jährigen nutzen die YouTube-App täglich, 34 % schauen heute gar kein TV mehr und 36 % gerade einmal 1 Stunde am Tag.[1]

1 Elbdudler Jugendstudie, 2018, »So tickt die Generation Z«: *http://jugendstudie.elbdudler.de*

Noch ist klassische TV-Werbung nicht tot, aber es wird nur noch ein paar Jahre dauern, bis YouTube bzw. Online-Bewegtbild TV ablösen wird. Dann können Sie mit TV-Werbung höchstens noch die Silver Surfer erreichen, aber nicht mehr die Generation Y und erst recht nicht die Generation Z. Für die Generation Z existieren heute bereits Marken und Unternehmen nicht, wenn sie nicht auf YouTube auffindbar sind.

Für Sie heißt das: An Videos kommen Sie in Zukunft also nicht mehr vorbei, vor allem, wenn Sie junge Zielgruppen ansprechen wollen. Die Bedeutung von Videos in Social Media wird auch in den nächsten Monaten zunehmen, nicht zuletzt befeuert durch Facebooks Anstrengungen, ein starker Bewegtbild-Player neben YouTube zu sein. Global geht der Trend schon seit Langem hin zu Video. Im Jahr 2021 werden 82 % des globalen Website-Traffics durch Video generiert, so schätzt es zumindest Cisco.[2] Es stellt sich heute also nicht mehr die Frage, *ob* Sie in Bewegtbild investieren sollten, sondern *wie* Sie das am besten anstellen. Überlegen Sie sich heute Ihre Bewegtbildstrategie, damit Ihr Wettbewerb Sie nicht irgendwann von links und rechts mit Videos überholt. Fangen Sie mit YouTube oder Facebook an. Über Facebook-Videos haben wir bereits ausführlich in Abschnitt 3.5.3, »Überzeugen Sie mit Facebook-Videos«, berichtet, schauen wir uns jetzt YouTube an.

Videostreamingdienste – Netflix, Amazon Prime & Co.

Immer mehr User sehen sich Serien oder bestimmte Sendungen online an. Doch das Verhalten der User verändert sich vom nachträglichen Zugriff auf TV-Inhalte (z. B. weil man eine Fernsehsendung versäumt hat) hin zum ausschließlichen und zeitlich unabhängigen TV-Konsum. So mancher Experte prognostiziert bereits das Ende des klassischen Fernsehens. Was heute sicher noch zu weit gegriffen ist, kann in einigen Jahren aber Realität werden. Vor allem amerikanische Online-Streamingdienste haben das Fernsehverhalten der Europäer in den letzten Jahren extrem verändert. Die wichtigste und bekannteste Plattform dabei ist Netflix. In den USA längst eine fixe Größe nutzen auch im deutschsprachigen Raum mittlerweile sehr viele, vor allem jüngere Menschen Netflix. Dort können die Nutzer für einen fixen monatlichen Preis Filme, Serien und TV-Sendungen ansehen, und zwar auf allen möglichen Endgeräten: vom Fernseher über den Laptop bis hin zur App für Smartphone und Tablet – zum Teil sogar im hochauflösenden Ultra-HD-Format. Zudem werden von den Anbietern, egal, ob Netflix oder Amazon Prime, eigene Serien produziert. Laut der jüngsten Onlinestudie von ARD und ZDF von Anfang Oktober 2016 nutzen aktuell 12 % der Deutschen Amazons Angebot namens Prime Video. Dieses Angebot ist kostenlos im Rahmen von Amazon Prime (ein Mitgliedsbeitrag für Amazon, durch den man versandkostenfrei bestellen kann und aus einem Medienpool von Video, Audio und Radio bestimmte Angebote frei nutzen kann).

2 Cisco Visual Networking Index: Forecast and Methodology, 2016–2021: *http://www.cisco.com/c/en/us/solutions/collateral/service-provider/visual-networking-index-vni/complete-white-paper-c11-481360.html*

4.2 Was Sie mit YouTube erreichen können

YouTube-Videos dienen der kurzen Ablenkung. Anders als bei einem Kinobesuch bringen die YouTube-Nutzer nicht unendlich viel Zeit für Ihre Videos mit. Die Aufmerksamkeitsspanne ist stark verkürzt, ständig gibt es Ablenkung. Deshalb gilt bei YouTube-Videos der Grundsatz: Es muss in den ersten Sekunden knallen, damit Sie das Interesse des Zuschauers gewinnen. Es geht um die kurze Unterhaltung für zwischendurch. Der große Vorteil von Videos: Durch ihre Bewegtheit und Dynamik ziehen Videos die Aufmerksamkeit der User besser auf sich als Fotos, Text oder reines Audio. Sie können dadurch in relativ kurzer Zeit viel Inhalt und eine deutliche Botschaft transportieren. Und genau daran scheitern viele Online-Videos derzeit noch immer: Viele Unternehmen laden noch immer Imagefilme auf YouTube hoch, die sie Jahr für Jahr auf der Messe zeigen. Doch Imagefilme funktionieren auf YouTube nicht. Was Ihre potenziellen Kunden von der Messe sehen wollen sind Ihre Vorträge mit spannenden Insights, Produktinnovationen und Interviews.

Marketing-Take-away: Social Videos in Deutschland sehr beliebt

65 % der deutschen Onliner sind auf Videoplattformen unterwegs. Sie verweilen dort durchschnittlich etwa 15 Minuten. Das bedeutet, Sie können hier mit einem interessanten Video weit mehr User erreichen, als es dasselbe Video allein auf Ihrer Website schaffen würde. Social Videos werden gerne in Netzwerken weiterempfohlen, was Ihre Reichweite nochmals multipliziert. Laut Social Media Magazin betrug die Durchsichtsrate von Videos in Deutschland 79 %[3], was weit über dem liegt, was wir im deutschsprachigen Raum von Social Videos gewohnt sind.

4.2.1 Suchmaschinenplatzierung

Sie waren immer der Meinung, dass YouTube nur für das Markenbranding und Marken wie Coca-Cola und RedBull relevant ist? Das stimmt nur zum Teil, denn YouTube ist die zweitgrößte Suchmaschine der Welt. Immer mehr Nutzer gehen direkt auf YouTube und nicht den Umweg über eine »normale« Suchmaschine, um das gesuchte Video zu finden. Kunden und Käufer nutzen es, um sich über Produkte zu informieren. Das gilt übrigens auch für B2B-Unternehmen. Ein Beispiel: Die Firma Krones AG (siehe Abbildung 4.1), generiert mit ihrem Produktvideo 343.000 Aufrufe (Stand April 2018), das sie bereits 2010 in ihrem YouTube-Kanal hochgeladen hat.

Neben der Suchmaschinenplatzierung ist YouTube auch der perfekte Kanal für das Markenbranding und die Generierung von Reichweite.

3 Social Media Magazin, 2015: *http://www.social-media-magazin.de/2015/06/11/so-teilt-die-welt-die-geographie-des-social-video-sharings*

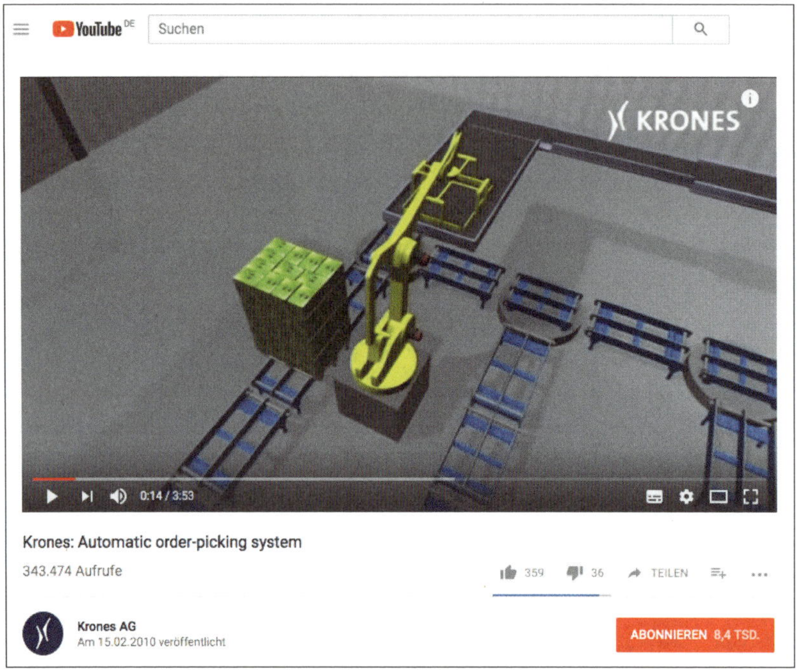

Abbildung 4.1 YouTube funktioniert auch als Suchmaschine. Die Krones AG macht sich das zunutze. (Quelle: http://youtu.be/yU6OwsqETzI)

4.2.2 Markenbranding – Edekas supergeile YouTube-Videos

Die angestaubte Supermarktkette brachte 2014 gemeinsam mit dem damals noch unbekannten Künstler Friedrich Liechtenstein den unheimlich witzigen Spot »Supergeil« heraus und veröffentlichte das Video auf YouTube, wo es innerhalb kürzester Zeit zum viralen Hit wurde. Innerhalb 1 Woche generierte es 4 Mio. Videoaufrufe, bis heute wurde es mehr als 18 Mio. Mal angeklickt (siehe Abbildung 4.2). Liechtenstein wurde über Nacht zum Popstar in Deutschland und als das Gesicht der Kampagne gefeiert, porträtiert und zu Talkshows eingeladen. Jedes Kind kannte ihn nach der Veröffentlichung des Videos. Spätestens nach einem weiteren viralen Hit von Edeka mit H. P. Baxter (Sänger von Scooter) wird Edeka wieder positiv wahrgenommen und verschafft den Menschen einfach ein »supergeiles« Einkaufserlebnis. Der Lebensmittelhändler ist mittlerweile auf den Geschmack von Social Videos gekommen. 2014 feierte Edeka mit seiner »Kassensymphonie«, einer Adaption von Jingle Bells durch Kassentöne, den nächsten viralen Hit (38 Mio. Aufrufe, Juli 2016) und setzte Weihnachten 2015 mit »#Heimkommen« noch eins drauf (*http://youtu.be/V6-0kYhqoRo*, 59 Mio. Aufrufe, April 2018). Die Geschichte über den Opa, der seine Familie per Todesanzeige zum Weihnachtsfest zu sich nach Hause einlädt, hat Millionen Deutsche zu Tränen gerührt.

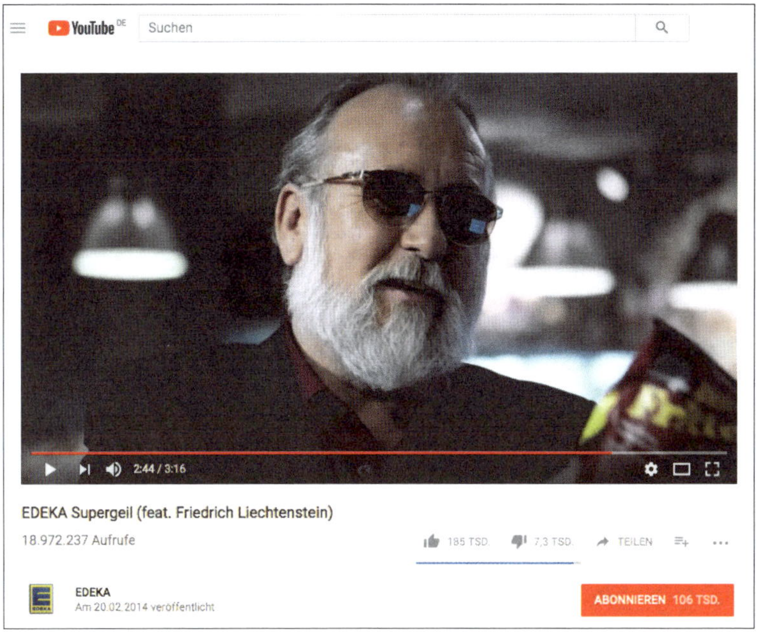

Abbildung 4.2 Edekas virale YouTube-Spots »Supergeil« (Quelle: http://youtu.be/jxVcgDMBU94)

4.2.3 Besseres Ranking in YouTube

Sie haben bestimmt schon einmal YouTube genutzt, um sich ein Bild von Ihrem Urlaubsort zu machen. Das tun auch etliche andere User in YouTube, oft noch bevor sie überhaupt buchen. Angenommen, Sie möchten auf die Malediven fliegen und suchen dafür auf YouTube nach »Malediven«. In den YouTube-Suchergebnissen tauchen gleich vier Videos von YouTubern auf (siehe Abbildung 4.3). All diese Videos sind Kooperationen mit Reiseunternehmen wie Neckermann, Thomas Cook oder direkte Kooperationen mit den Hotelbetreibern. Die Videos ranken in den Suchergebnissen auch nach Jahren (das Video der YouTuberin Bibi ist z. B. bereits 5 Jahre alt) besonders weit oben, weil die Durchsichtsrate der Videos enorm hoch ist. Das liegt vor allem an den Fans der YouTuber. Sie schauen sich die Videos von Anfang bis Ende durch. Neben der Reichweite, die Unternehmen durch Influencer Marketing und Kooperationen mit YouTubern erhalten, ist das Suchmaschinenranking in YouTube der enorme Vorteil von Influencer Marketing mit YouTubern. Würde Neckermann ein 13 Minuten langes Video über die Malediven hochladen, würde sich das kein YouTube-Nutzer so lange ansehen. Merke: Content von YouTube ist nachhaltiger als eigener Content (Owned Media) und rankt aufgrund der hohen Durchsichtsrate besser. Weitere Informationen über Influencer Marketing mit YouTubern lesen Sie in Abschnitt 4.7, »Influencer Marketing – Zusammenarbeit mit YouTubern«.

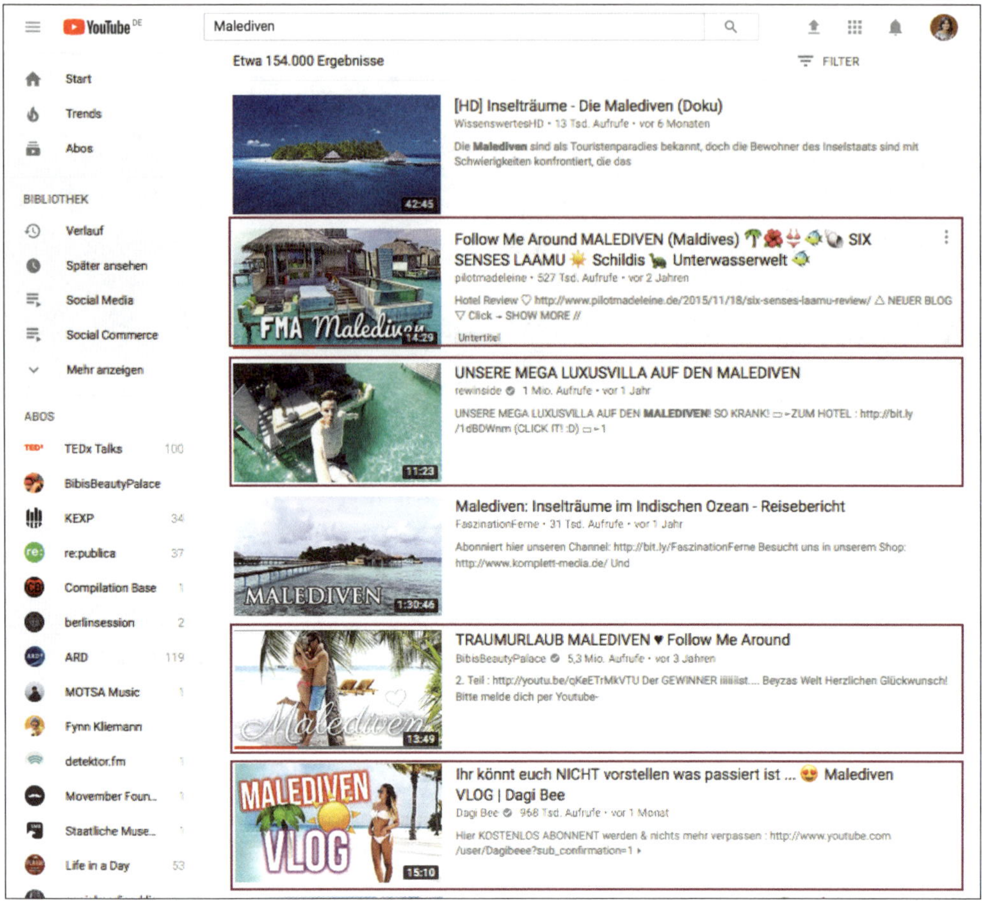

Abbildung 4.3 Wer nach »Malediven« in YouTube sucht, findet die Reiseberichte von YouTubern.

4.2.4 4,8 Mio. Zuschauer – das Phänomen der YouTube-Stars

Humor und Entertainment lautet die Erfolgsformel von YouTubern. Sie beherrschen Unterhaltung und Selbstdarstellung so perfekt, dass sie Millionen von Nutzern erreichen und täglich neue Abonnenten gewinnen. Zum Beispiel unterhält eine der erfolgreichsten YouTuberinnen, Bibi, mit ihrem Channel *www.youtube.com/user/BibisBeautyPalace* 4,8 Mio. Abonnenten und verdient damit jährlich 513.534 €.[4] Der Gaming-YouTuber Gronkh zieht mit seinem YouTube-Channel *http://www.youtube.com/user/Gronkh* 4,6 Mio. Abonnenten an und verdient mit seinen Affili-

4 Statista, 2018, »Die deutschen Top-Verdiener bei Youtube«: *http://de.statista.com/infografik/12773/die-deutschen-top-verdiener-bei-youtube/*

ate-Links und Pre-Rolls geschätzte 358.601 € (siehe Abbildung 4.4). YouTuber zu sein ist ein durchaus einträgliches Geschäft, aber eben auch ein Full-Time-Job, verbunden mit der Bereitschaft, sehr viel von seinem Privatleben preiszugeben. Auch wenn die Videos der YouTube-Stars Gronkh und Bibi so kurzweilig daherkommen, steckt dahinter sehr viel Arbeit. Was können Sie von diesen YouTubern lernen? Für einen erfolgreichen YouTube-Channel brauchen Sie eine authentische Person bzw. einen Moderator mit einer guten Erzählweise und der Fähigkeit, die Community zu unterhalten.

Abbildung 4.4 Die Top-Verdiener bei YouTube: vier YouTuber sind unter den Top 10. (Quelle: Statista, https://de.statista.com/infografik/12773/die-deutschen-top-verdiener-bei-youtube)

4.3 YouTube-Strategie

Schauen Sie sich die Videos von YouTube-Stars wie Bibi, DagiBee, Gronkh usw. ruhig einmal an. Sie kommunizieren anders als klassische Medien. Ihre Videos sind viel kürzer, interaktiver, schneller. Sie bedienen die kurze Aufmerksamkeitsspanne der Nutzer. Sie lassen die Nutzer mitentscheiden, was in der nächsten Folge gemacht oder gezeigt werden soll. Für Sie heißt das: Je besser Sie unterhalten und je mehr Möglichkeiten Sie für Interaktion und Abstimmung in Ihren Videos bieten, desto mehr Abonnenten und Kunden können Sie gewinnen.

Um Ihre YouTube-Strategie zu etablieren, müssen Sie grundlegend wissen, welche Inhalte in YouTube funktionieren. Generell kann man bei YouTube in drei Content-Typen unterscheiden:

- Such-Content: Dieser Content löst Probleme oder beantwortet spezielle Fragen bestehender oder potenzieller Kunden, z. B. »Wie entkalke ich mein Bügeleisen?«, »Wie verlege ich Fliesen im Bad?« etc. Mit Such-Content bieten Sie dem Kunden einen direkten Mehrwert, stiften Nutzen, ohne ihn dabei zu stören.
- Info-Content: Produkt- und Kunden-Cases oder auch Studienergebnisse, mit denen Sie potenzielle Kunden anziehen. Der Aufwand für diesen Content ist höher, hat aber eine längere Halbwertszeit. Guter Info-Content schafft Vertrauen und weckt das Interesse für das Unternehmen und für dessen Produkte.
- Highlight-Content: Kampagnen, die für Aufmerksamkeit sorgen. Damit Sie sinnstiftenden Highlight-Content kreieren, müssen Sie sich intensiv mit Ihrer Marke auseinandersetzen und Storytelling nutzen. Denn Kampagnen sollen Emotionen erzeugen, damit sich Menschen mit der Marke auseinandersetzen und im besten Fall mit ihr identifizieren.

4.3.1 Googles Hero-Hub-Help-Modell

YouTube bzw. Google empfiehlt selbst das sogenannte *Hero-Hub-Help-Modell* für die Content-Erstellung (siehe Abbildung 4.5). Es baut ebenfalls auf den Annahmen auf, dass YouTube-Nutzer die Plattform zur Suche einsetzen und dass sie unterhalten werden wollen.

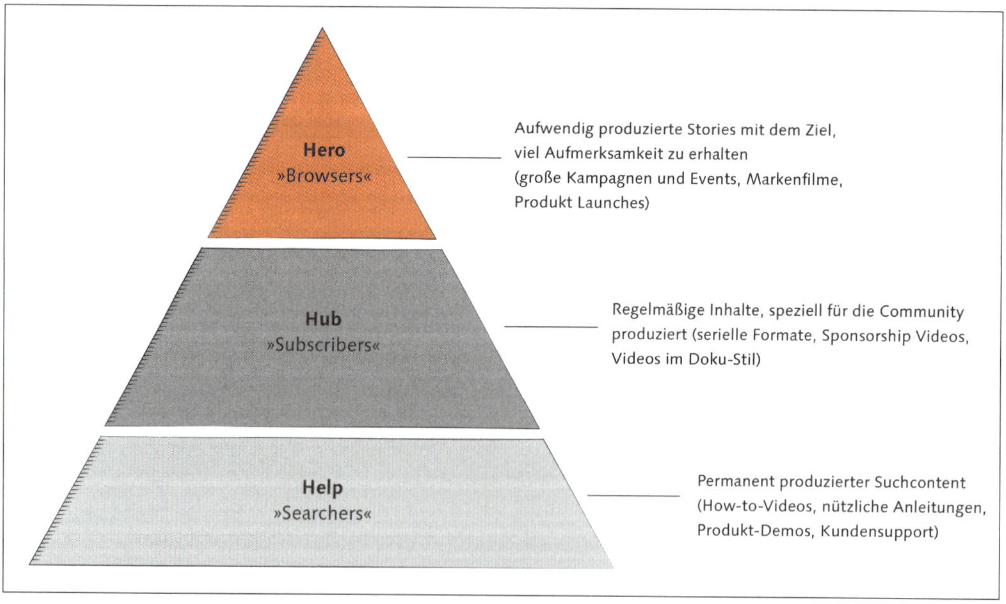

Abbildung 4.5 Nutzen Sie Googles Hero-Hub-Help-Content-Modell für die Planung Ihrer YouTube-Videos. (Grafik: Justus Wunschik, bfmg.de)

Best Practice YouTube-Strategie: HORNBACH

Ein Beispiel für ein Unternehmen, das Googles Hero-Hub-Help-Modell perfekt etabliert hat, ist HORNBACH. Im YouTube-Channel der Baumarktkette finden Sie sowohl Kampagnen als auch hilfreichen Help-Content und Anleitungen aus der Meisterschmiede (z. B. »Terrasse verlegen« etc.). HORNBACH MACHER ist wiederum ein serielles Hub-Content-Format, das Macher aus der ganzen Welt und ihr Projekt porträtiert.

Help-Content

YouTube-Nutzer kennen oft gar nicht Ihr Unternehmen, sondern finden es durch eine bestimmte Suchanfrage (Keyword), über ein vorgeschlagenes Video oder über eine Kategorie. Es sind also viele Wege, die zu Ihren Videos und somit auch zu Ihrem Unternehmen führen. Help-Content können nützliche How-to-Videos, Anleitungen, Produktdemos oder Videos über Serviceleistungen Ihres Unternehmens sein (z. B. »Zalando Bestellung: Schritt für Schritt – Schritt #4: Rücksendung«) sein. Help-Content ist für Searches, also jene YouTube-Nutzer, die etwas auf der Videoplattform suchen. Vor allem wenn es sich um ein erklärungsbedürftiges Produkt handelt, zu dem die Nutzer viele Fragen stellen, lohnt sich Help-Content. Wichtig für die Auffindbarkeit des Help-Contents ist der Einsatz von Video-SEO. Was Sie dabei beachten müssen, erklären wir Ihnen in Abschnitt 4.8.4, »Video-SEO«.

Hub-Content

Hub-Content ist sehr wichtig, um Nutzern einen Mehrwert zu bieten, den Channel zu abonnieren. Konzipieren Sie daher serielle Formate für Ihre Abonnenten (Subscribers). Veröffentlichen Sie diese Inhalte immer an einem ganz bestimmten Wochentag und zu einer bestimmten Uhrzeit (z. B. jeden Mittwoch um 13 Uhr). Abonnenten lieben erwartbaren Content, der immer an einem bestimmten Tag zu einer bestimmten Uhrzeit kommt.

Best Practice LEGO: Serieller Hub-Content

LEGO hat eine Vorreiterrolle in Sachen YouTube-Content und entwickelt passgenauen Content für seine Zielgruppe. Alles hat damit angefangen, dass LEGO-Fans eigene Geschichten mit LEGO-Star-Wars-Figuren kreierten und die Videos auf YouTube stellten. LEGO erkannte die Wünsche und Bedürfnisse seiner Fans und begann, eigene Serien für YouTube zu produzieren, wie z. B. die »LEGO News Show« (siebe Abbildung 4.6). LEGO nutzt seine eigenen Produkte und schafft damit ganz besonderen, unterhaltsamen Content für die Community. Der Fantasie sind dabei keine Grenzen gesetzt. LEGO erfindet in seinen »Webisodes« immer wieder neue Geschichten für seine Zielgruppe. LEGO produziert massenweise Inhalte und organisiert den Content in verschiedenen YouTube-Channels (»LEGO Lab«, »LEGO Family«), in Playlists, die nach Kategorien (»Short Movies«, »Superheros«, nach Städten und Sprachen) sortiert sind. Die Subscriber schätzen die Vielfalt, die sie im YouTube-Kanal von LEGO vorfinden. Sie können jeden Tag eine neue Geschichte sehen.

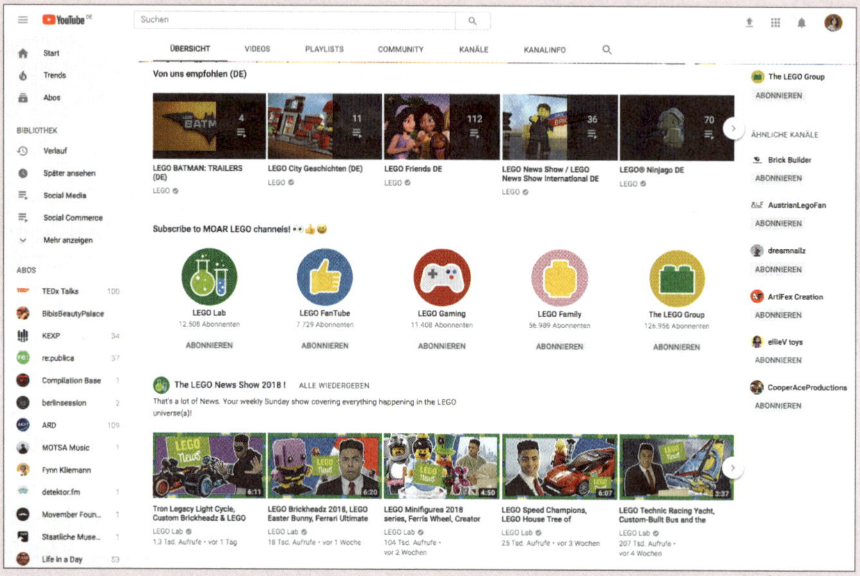

Abbildung 4.6 In den YouTube-Channels von LEGO können die Abonnenten jeden Tag eine neue Geschichte entdecken. (Quelle: http://www.youtube.com/user/LEGO/videos)

Hero-Content

Von Zeit zu Zeit müssen Sie Ihre Marke/Ihr Unternehmen ins Social-Media-Rampenlicht stellen. Dafür müssen Sie Hero-Content erstellen. Da die Produktionskosten für Hero-Content jedoch höher sind als die für Hub- und Help-Content, ist die Häufigkeit von Hero-Content geringer. Nutzen Sie für die Erstellung von Hero-Content die Kunst des Storytellings.

Die größte Stärke von Videos ist das Storytelling. Nutzen Sie es, und erzählen Sie mit Ihren Videos Geschichten, keine Märchenstunde natürlich, sondern reale oder fiktive Geschichten, in denen z. B. Ihr Produkt das Problem eines Kunden löst. Geschichten sind leichter zu verstehen und reduzieren Komplexität. Auch erklärungsbedürftige Produkte können damit verständlich an den Mann oder die Frau gebracht werden.

4.4 Storytelling

Gil Zamora ist Phantombildzeichner und arbeitet für das FBI. Er ist Profi darin, Menschen nach den mündlichen Beschreibungen anderer zu zeichnen. Für die

»Dove Real Beauty Sketches« (siehe Abbildung 4.7) zeichnete er 20 Frauen, die hinter einem Vorhang saßen. Doch er zeichnete sie zweimal. Das erste Mal musste sich die Frau selbst beschreiben, beim zweiten Mal wurde sie von einem der Teilnehmer beschrieben, der sie kurz vorher gesehen hatte. Beide Bilder, die unterschiedlicher nicht hätten sein können, wurden am Ende in einer Galerie ausgestellt und machten die Teilnehmerinnen sprachlos. Denn alle Frauen hatten sich selbst nicht so schön, mitunter sogar hässlicher beschrieben, als sie von den anderen Teilnehmern, Männern und Frauen, wahrgenommen wurden. Den Dargestellten fiel es wie Schuppen von den Augen, wie sehr es ihnen an Selbstbewusstsein mangelte. Denn wo andere ihre Schönheit sahen, erkannten sie nur Fehler. Mit den »Real Beauty Sketches« macht Dove sichtbar, dass jede Frau viel schöner ist, als sie denkt. Und durch die Blume gesagt: »Sei nicht so streng zu dir und sei einfach so schön, wie du bist!« Diese versteckte Botschaft entspricht genau dem Markenkern von Dove und ist seit Jahren das Erfolgsrezept für deren Produktvermarktung.

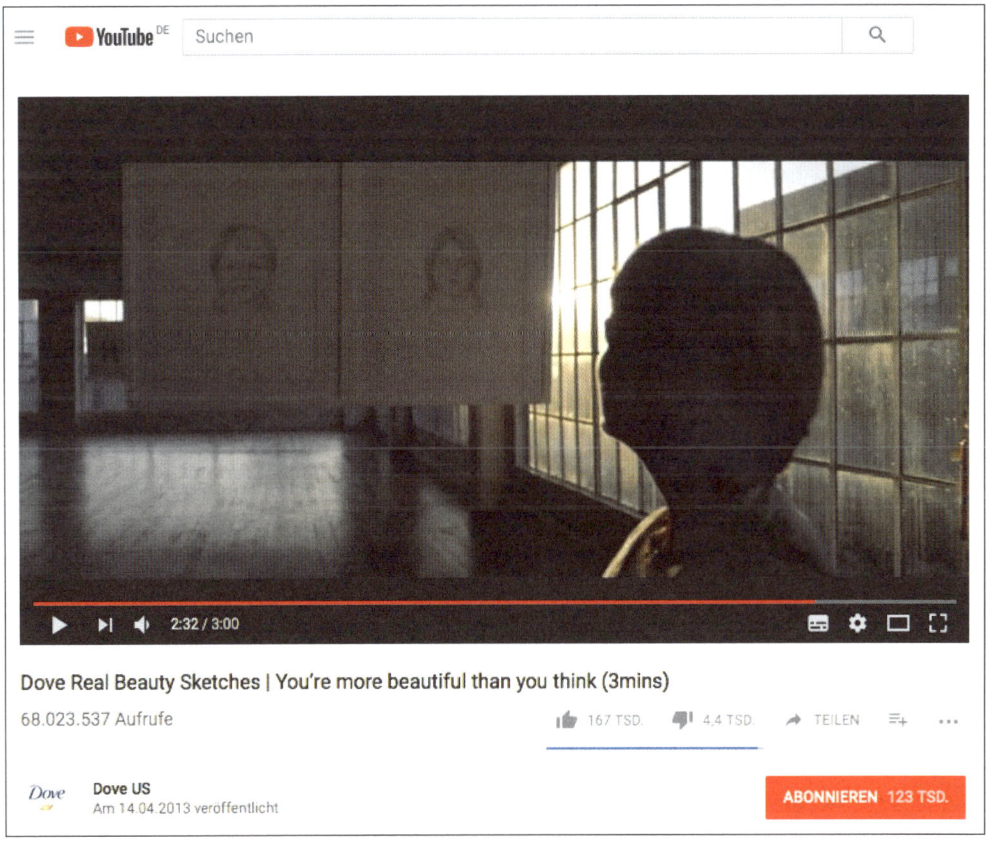

Abbildung 4.7 Mit den Skizzen über die wahre Schönheit einer Frau überrascht Dove seine Zielgruppe auf YouTube. (Quelle: www.youtube.com/watch?v=XpaOjMXyJGk)

4.4.1 Der Aufbau einer Geschichte

Eine Geschichte besteht immer aus einer Botschaft, einem Konflikt, Charakteren und der Handlung. In der Einleitung der Geschichte werden die Charaktere vorgestellt und die Handlung (Ort, Zeit) genannt. Der Konflikt bildet den Auslöser für den Mittelteil der Geschichte. Es können mehrere Ereignisse auftreten, die immer wieder zu Komplikationen bei der Lösung des Konflikts führen. Man nennt sie *kognitive Schleifen* – kleine Geschichten in den Geschichten. Denken Sie an den Film »Inception« oder Netflix-Serien wie »House of Cards«, wo mit immer wieder neuen Konflikten und Geschichten gearbeitet wird. Dies steigert sich dann bis zur Klimax, dem Höhepunkt der Geschichte (siehe Abbildung 4.8). An dieser Stelle ist die Spannung am größten. Der Leser möchte wissen, wie die Geschichte ausgeht und wie der Konflikt aufgelöst wird. Denn mit dem schrittweisen Aufbau der Handlung überlegt sich der Betrachter bereits Lösungen für den Ausgang des Konflikts. Er versetzt sich in die Lage der Hauptfigur (Protagonist), und da er unbedingt wissen möchte, ob seine Lösung oder seine Erwartungen an den Ausgang des Konflikts stimmen, fesselt ihn die Geschichte. Der Erfolg von Netflix-Serien geht übrigens auf Storytelling zurück. Der Leser klickt nicht und der Zuschauer zappt nicht weg. Die Amerikaner wissen einfach, wie man Geschichten erzählt.

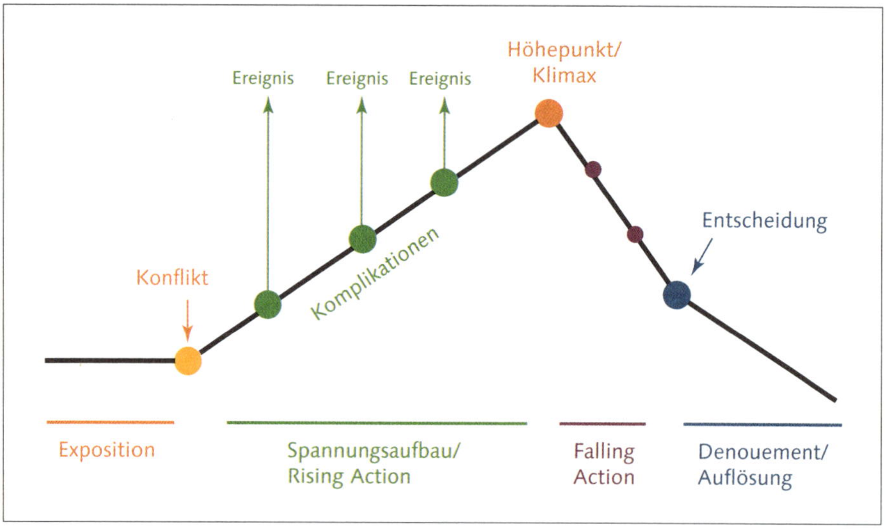

Abbildung 4.8 Der klassische Aufbau einer Geschichte nach Gustav Freytag

Zusätzlich können noch Konflikte zwischen Protagonisten und Antagonisten, wie bei der klassischen Erzählung, eingesetzt werden, um noch mehr Spannung aufzubauen und Konflikte herzustellen. Die Hauptfigur und der Konflikt sind das Wichtigste beim Storytelling. Sie gilt es, sorgfältig auszuwählen. Bei dem Stratosphärensprung von Felix Baumgartner lag der Konflikt darin, wie er trotz des hohen Risikos einen solchen Sprung wagen kann. Der Zuschauer fragt sich automatisch: »Was würde ich in seiner Situation tun? Könnte ich das durchhalten?« Das Besondere an Konflikten in Geschichten ist, dass sie eine »innere« Beteiligung auslösen.

Erzählstruktur von YouTube-Videos

Mit dem traditionellen Aufbau von Geschichten werden Sie den Ansprüchen des Publikums in Social Media nicht gerecht. Die klassische Erzählstruktur arbeitet auf einen Höhepunkt und ein überraschendes Ende hin. Die Onliner wollen aber schon in den ersten Sekunden des Videos in eine Geschichte hineingezogen werden. YouTube-Nutzer entscheiden sich in den ersten 3 Sekunden, ob sie das Video weiter ansehen oder wegklicken. Erfolgreiche YouTuber arbeiten deshalb mit einem *Kickstart*, einem emotionalen Höhepunkt, direkt zu Beginn des Videos und zeigen, worum es in dem Video geht, z. B. durch lustige Outtakes vom Dreh oder die witzigste Szene aus dem Video. Danach folgt keine schrittweise Handlung, sondern es reihen sich weitere emotionale Highlights aneinander.

4.4.2 Die Heldenreise

Eigentlich hat jeder Mensch das Gefühl, sich zeit seines Lebens auf einer Reise und auf der Suche nach Erkenntnis, Vollkommenheit und Glück zu befinden. Storytelling setzt da an und zeigt einen möglichen positiven Ausgang dieser Suche und präsentiert dann z. B. das beste Auto (Freiheit). Die Heldenreise beschreibt die Suche nach Erkenntnis, die jeder Mensch im Leben zu bewältigen hat und die sich aus dem Spannungsfeld Individuum vs. Gesellschaft ergibt. Was also bei einer Heldenreise passiert, ist, dass der Held sein Ego opfert, um die Bedürfnisse der Gesellschaft aufzuzeigen und zu organisieren (der Ruf).

Dabei verlässt der Held seine gewohnte Welt, freiwillig oder unfreiwillig, bewusst oder unbewusst, physisch oder nur mental, und geht in eine neue unbekannte Welt, wo er Abenteuer besteht und Erfahrungen sammelt, die ihn und die Welt, wie er sie bisher kannte, verändern. Zuletzt kehrt er zurück in seine Heimat, um von seiner neuen Erkenntnis zu erzählen. Der Held ist der Archetyp, der die gewohnte Welt hinter sich lässt, was keiner gerne macht. Er tritt aus dem alten Trott heraus, weil er einen Mangel verspürt, und opfert in einem dramatischen Konflikt sein Ego, wodurch er eine höhere Erkenntnis erlangt und in die alte Welt zurückkehrt, um seine Erfahrung mit der Gemeinschaft zu teilen. Er meistert also stellvertretend für alle anderen wichtige Herausforderungen (siehe Abbildung 4.9).

Deshalb war der Stratosphärensprung von Red Bull so extrem erfolgreich: Der Held siegt über die Naturgesetze und überwindet den Tod. Grandioses Storytelling! Braucht jetzt jeder einen zweiten Felix Baumgartner? Die Antwort ist: nein. Je nachdem, was Sie erzählen wollen, können Sie mit fiktionalen Hauptfiguren und Stereotypen arbeiten, also Personen, die Ihren Kunden am ehesten ähneln. Wichtig ist, dass Sie die Figur auch wirklich zum Helden machen. Der Held muss einen unerfüllten Wunsch haben oder nach einer Lösung für ein Problem suchen. Es handelt sich um eine interessante Persönlichkeit mit einer klaren Haltung und Einstellung. Der Held muss sich während der Geschichte verändern bzw. eine Transformation durchleben.

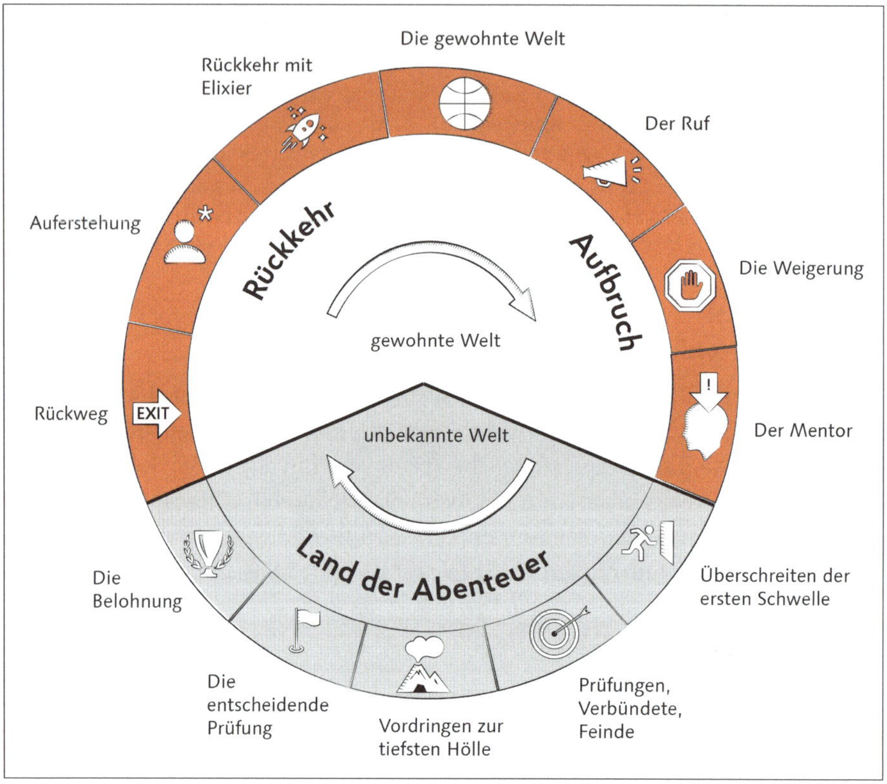

Abbildung 4.9 Heldenreise nach Vogler, http://heldenreisesite.wordpress.com, (Grafik: Justus Wunschik, bfmg.de)

4.4.3 Geschichten brauchen Konflikte

Nach Jonathan Gottschall lassen sich gute Geschichten auf folgende Formel bringen: Story = *Hauptfigur* + *Dilemma* + *Befreiungsversuch*.

Das Problem: Viele Marketingabteilungen scheuen sich vor Konflikten und gehen bei der Konzeption der Story lieber »auf Nummer sicher«. Doch genau dadurch fehlt der Story »das Salz in der Suppe«: ein tiefer, symbolischer Konflikt. Übrigens kann man hier den Marketern eigentlich keinen Vorwurf machen, denn ihr Verhalten ist erst einmal ganz natürlich. Es ist schon paradox: Im normalen Leben scheuen wir Konflikte, aber in Geschichten lieben wir sie. Denn Menschen sehnen sich stets nach einer höheren Erkenntnis. Und echte, tiefe Erkenntnis entsteht nur in Konfrontation mit Konflikten. Der uralte Wunsch nach Geschichten – und darin liegt der eigentliche Schatz des Storytellings – entspringt einem kollektiven Wunsch nach Fortentwicklung der Menschheit durch Erkenntnis. Das wiederum lehren uns Dramaturgie, Mythologie und Psychologie. Oder wie es Dramaturg Robert McKee schreibt:

> *»A story expresses how and why life changes.«*

Deshalb müssen Sie unbedingt einen Konflikt in Ihre Story einbauen. Das meiste Konfliktpotenzial liegt in dem Streben nach etwas, nach Sicherheit und Stabilität, nach Gemeinschaft und Liebe, nach Freiheit und Unabhängigkeit, nach Selbstverwirklichung und Entfaltung. Schreiben Sie über eines dieser vier Grundbedürfnisse. Sie eignen sich hervorragend als Leitmotiv für eine gute Geschichte. Fokussieren Sie sich dabei immer auf ein Motiv. Schaffen Sie einen Helden, der nach Freiheit strebt, aber für diese Freiheit Opfer bringen muss und durch Ihre Hilfe zu einer neuen Erkenntnis erlangt. Unternehmen müssen sich beim Storytelling immer als Enabler positionieren (siehe Abbildung 4.10). Was Gandalf in »Der Herr der Ringe« war, sind Sie, wenn Ihr Protagonist eine Lösung für sein Problem sucht. Präsentieren Sie sich am besten am Ende der Geschichte oder im Outro des Videos als Lösungsgeber und nicht am Anfang oder bei der Klimax. Erst bei der Entscheidung und Auflösung der Story treten Sie in Erscheinung.

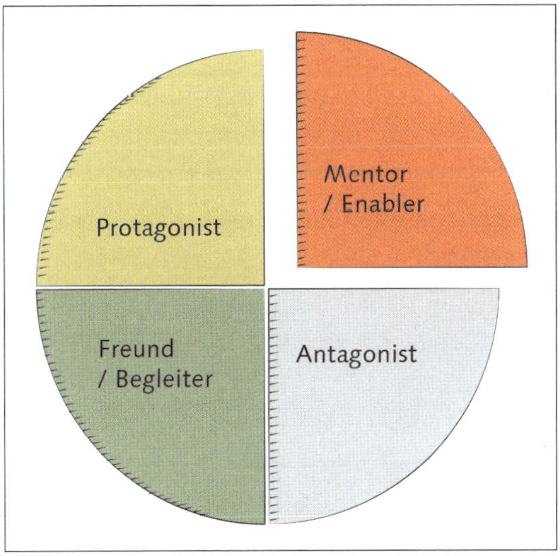

Abbildung 4.10 Unternehmen müssen sich beim Storytelling als Enabler präsentieren. (Grafik: Justus Wunschik, bfmg.de)

4.4.4 Entwickeln Sie eine spannende Geschichte

Als Ausgangsbasis für Geschichten eignen sich die »6 Buttons of Buzz«, die Mark Hughes in seinem Buch »Buzzmarketing: Get people to talk about your stuff« beschreibt: Tabus und Lügen, Überraschendes, Abscheuliches, Humorvolles und Komisches, Außergewöhnliches, Geheimnisse. Wenn Sie sich dennoch schwertun, einen Aufhänger für Ihre Geschichten zu finden, fangen Sie an, Fragen zu stellen. Das klingt so banal, aber viele Unternehmerinnen und Unternehmer wie auch Marketingabteilungen haben kaum noch Zeit für neugieriges und interessiertes Fragen. Aber ich versichere Ihnen, indem Sie fragen, gelangen Sie auch zu Ideen für Ihre Geschichten. Fragen Sie sich z. B.:

- Gibt es Kunden, die mit unseren Produkten und Dienstleistungen Außergewöhnliches erlebt haben?
- Gibt es herausragende Kunden-Cases, die sich seit Jahren Kollegen erzählen und aus denen man eine Geschichte machen kann?
- Haben wir bei uns Mitarbeiter, die beruflich oder privat Besonderes geleistet haben?
- Welche positive Geschichte wird unter den Mitarbeitern immer und immer wieder erzählt?
- Gibt es Liebesgeschichten zwischen Mitarbeitern oder zwischen Mitarbeitern und Kunden, die so einmalig sind, dass sie erzählt werden sollten?
- Welche Topmanager in unserem Unternehmen sind durch ein bemerkenswertes Zitat im Unternehmen bekannt und welche Geschichte verbirgt sich hinter dem Zitat?
- Welche Geschichte können wir über die Entstehung der Firma erzählen? Welche Persönlichkeiten stecken dahinter? Was haben diese Persönlichkeiten aufgegeben, um die Firma zu gründen? Was war der Antrieb, und was war der Auslöser?
- Was ist die größte Leistung, die wir seit der Gründung erreicht haben? Was bewegte die Gründer damals, was bewegt sie heute?
- Wie produzieren wir unsere Produkte im Detail? Gibt es Geschichten, die wir über Zulieferer aus anderen Ländern erzählen können? Wie regeln wir die reibungslose Zusammenarbeit?
- Welche kuriosen Beiträge oder Suchbegriffe findet man im Social Web über uns? Welche Geschichte könnte man darüber schreiben?

Fragen Sie nicht nur sich selbst, fragen Sie auch die Mitarbeiter: die oben und die unten, die langjährigen, die loyalen, die kritischen, die unbequemen, die neuen und die potenziellen. Fragen Sie auch die Kunden und im Umfeld: alte und treue

Kunden, Freunde, Stakeholder, Zulieferer, den Postboten, die Putzfrau, den Bürgermeister usw.

Nachdem Sie jetzt alles über den Aufbau einer Geschichte erfahren und Ideen erhalten haben, welchen Aufhänger Ihre Geschichte haben kann, müssen Sie selbst loslegen und eine Geschichte schreiben. Leichter gesagt als getan, nicht wahr? Im Grunde genommen ist es aber ganz einfach. Nehmen Sie ein Blatt Papier, einen Stift, und fangen Sie damit an:

1. *Es war einmal …:* Beschreiben Sie zu Beginn den Held Ihrer Geschichte, wo und wann er lebt.
2. *Jeden Tag …:* Beschreiben Sie die Szenerie und den Alltag des Helden.
3. *Aber, eines Tages …:* Ab jetzt verändert sich die bisherige Welt des Helden. Durch ein besonders Ereignis, einen auslösenden Vorfall wird die Routine durchbrochen. Der Held gerät in einen Konflikt, den Sie für das Publikum ausführlich beschreiben müssen.
4. *Daraufhin …:* Der Held setzt sich allmählich mit seinem Dilemma auseinander, geht erste Lösungsversuche an.
5. *Und dann …:* Der Held verändert sich während seiner Lösungsversuche, auch das Scheitern kennzeichnet ihn. In ihm findet eine fundamentale Veränderung statt. Beschreiben Sie diese ausführlich.
6. *Bis schlussendlich …:* Der Held kann das Problem lösen oder findet mit Ihrer Hilfe zu einer Lösung und wird erlöst.

Marken mit vielen Views auf YouTube sind unter anderem Google, Red Bull, Samsung, Coca-Cola und Apple. Aber Sie können auch ohne Millionen von Aufrufen einen erfolgreichen YouTube-Kanal führen. YouTube selbst braucht diesen Content für seine Videoplattformen und betont daher immer wieder, wie wichtig es sei, guten Content auf YouTube zu veröffentlichen. Wie das geht, machen uns vor allem die YouTube-Stars vor, die auch einmal bei null angefangen haben. Einfallsreichtum, hohe Technikaffinität und Humor sind wichtige Voraussetzungen für den Erfolg auf YouTube.

4.4.5 Storytelling für B2B-Unternehmen

Nun sind Sie vielleicht kein Händler in der Lifestyle- oder Fashion-Industrie, sondern ein B2B-Unternehmen, das Lösungen für Unternehmen anbietet. Sie verkaufen komplexe und erklärungsbedürftige Dienstleistungen an Ihre Kunden, die Sie bisher am besten im direkten Gespräch mit dem Kunden verkauft haben. Dennoch kann YouTube auch für Ihr Unternehmen zur Steigerung des Firmenimages, zur

Markenpositionierung und für einen besseren Kundenservice nützlich sein. Folgende drei Videoformate können Sie nutzen (siehe Tabelle 4.1).

Content-Idee	Erläuterung
Unternehmensfilm	Der Unternehmensfilm ist der All-Time-Favorite vieler Unternehmen. Da Videos auf YouTube unterhalten müssen, müssen Sie Ihren Unternehmensfilm emotional aufladen: mit starken Bildern und einer kräftigen Sprecherstimme. Einen wirklichen Mehrwert für den User bieten sie nicht, sie sind aber für die Marken- bzw. Unternehmenspositionierung sinnvoll. Welche Quellen können Sie für Geschichten anzapfen? Schauen Sie in die Firmengeschichte oder das Firmenmanifest. Erzählen Sie doch eine Geschichte über die Entstehung und Gründung Ihrer Firma. Erzählen Sie von Ihrer Vision und den Umständen, unter denen Sie gegründet haben. Das wird nicht nur die YouTube-Nutzer, sondern auch Ihre (potenziellen) Kunden unterhalten.
Kunden-Cases	Best Practices und Kunden-Cases sind für B2B-Firmen sehr wichtig. Gerade wenn Sie Services im Dienstleistungsbereich anbieten, müssen Sie Ihre Lösung beschreiben, und das geht am besten anhand ganz konkreter Beispiele und Referenzen. Insbesondere Best Practices und Kunden-Cases interessieren Firmenkunden, damit sie sehen können, wen Sie bereits beraten haben und wie erfolgreich Sie dabei waren. Machen Sie aus Ihrer Referenzliste spannende Geschichten. Kunden-Cases bieten alles, was eine gute Geschichte ausmacht: einen Protagonisten, der ein Problem hat und es dank Ihrer Hilfe lösen konnte. Als herausragendes Beispiel für gelungene Kunden-Cases sei an dieser Stelle Microsoft genannt: *http://news.microsoft.com/stories*.
Tutorials und Erklärfilme	Tutorials, Manuals, Erklärfilme und Webinare haben das größte Aktivierungspotenzial bei den YouTube-Nutzern und bieten Ihren Kunden den größtmöglichen Nutzen. Denn in Tutorials und Erklärfilmen greifen Sie die konkreten Anliegen Ihrer Kunden auf. Sie liefern Lösungen für Probleme und Antworten auf häufig gestellte Fragen. Gegenüber dem Image- und Produktfilm erzielen Tutorials in der Regel höhere Reichweiten und eine längere Betrachtungsdauer. Daher überlegen Sie, welche Serviceanfragen Ihre Kunden häufig stellen bzw. welche Fragen häufig auftauchen. Was davon können Sie in einem Erklärfilm oder Tutorial aufgreifen und erläutern? Sie finden bestimmt eine Menge Ideen, oder schauen Sie einfach in Ihre FAQ.

Tabelle 4.1 YouTube-Content-Ideen für B2B-Unternehmen

4.5 Storydoing

Wenn Ihnen die Suche nach einem Konflikt schwergefallen ist und Sie sich noch immer darüber die Haare raufen, ist vielleicht *Storydoing* der richtige Kniff für Sie. Mit Storydoing greifen Sie ein gesellschaftliches (Konflikt-)Thema oder den aktuellen Zeitgeist auf (z. B. »Smartphones machen krank«) und lassen Teilnehmer in einer Versuchsumgebung darauf antworten, etwas machen oder ausprobieren. Die Antworten sind beim Storydoing nicht vorgegeben. Es passiert einfach, indem die Protagonisten etwas machen. Die Reaktionen werden gefilmt, anschließend geschnitten und die Ergebnisse (mit positivem Ausgang oder Appell) als Zusammenschnitt präsentiert. Der positive Twist ist die eigentliche Stärke von Storydoing. Im Newsfeed der Nutzer, der meist mit Negativschlagzeilen überfrachtet ist, sorgen solche Videos für enorme Aufmerksamkeit für Marken und für eine lange View-Dauer (hohe Durchsichtsrate).

Übrigens hat Coca-Cola bereits 2014 das Thema Smartphones aufgegriffen und den »Social Media Guard« erfunden: Eine Halskrause, ähnlich wie sie Hunde oder Katzen nach einer OP tragen, bewirkte, dass man endlich wieder vom Smartphone aufschaute, siehe *https://youtu.be/_u3BRY2RF5I*. Storydoing kann aber weitaus mehr sein als Parodien auf gesellschaftliche Trends. Richtig gut gemachtes Storydoing bewirkt eine tatsächliche Auseinandersetzung mit einem konfliktbehafteten Thema.

4.5.1 Storydoing Heineken: Die Haltungskampagne 2017

2017 war eindeutig das Jahr der Haltungskampagnen. Edeka setzte auf #Vielfalt, AirBnB zeigte #WeAccept und auch Heineken lieferte mit #OpenYourWorld eine der wichtigsten wertorientierten Kampagnen. Sie alle rückten zwischenmenschliche Werte wie Toleranz, Offenheit und Empathie in den Vordergrund ihrer Kommunikation. Heineken war besonders erfolgreich und generierte mit seiner Kampagne #OpenYourWorld eine Reichweite von 40 Mio. Views und 4.180 Kommentare bei YouTube (siehe Abbildung 4.11).

Insgesamt konnte Heineken ein positives Sentiment von 91 % messen, d. h., 91 % der Gespräche zur Kampagne waren positiv. Das Ergebnis ist verblüffend, denn die Kampagne fußte auf brisanten Themen wie Feminismus, Transgender und globaler Erderwärmung und hätte somit auch nach hinten losgehen können. Doch die positiven Reaktionen gehen auf das einmalige Konzept zurück. Heineken hatte im Vorfeld der Kampagne eine Studie an der Goldsmiths University in Auftrag gegeben, die ergab, dass »common ground« die Basis für Empathie und Toleranz und somit für Offenheit zwischen zwei Menschen ist. Deshalb lies Heineken in seiner Kampagne Menschen mit komplett unterschiedlichen Einstellungen nicht einfach drauflosdiskutieren, sondern sie mussten zunächst eine Brücke bauen. Diese Brücke war –

wer hätte es geahnt – eine Bar, an der die TeilnehmerInnen anschließend Bier trinken und über ihre Einstellungen und Vorurteile reden konnten. Die Reaktionen waren nicht vorher abgesprochen, sondern kamen natürlich. Das Commitment der Teilnehmer inspirierte auch die Nutzer in Social Media, die z. B. kommentierten:

> *»We need more conversations like this. With or without the beer. Tolerance is learned. We all have stories. Seek first to understand, then be understood.«*

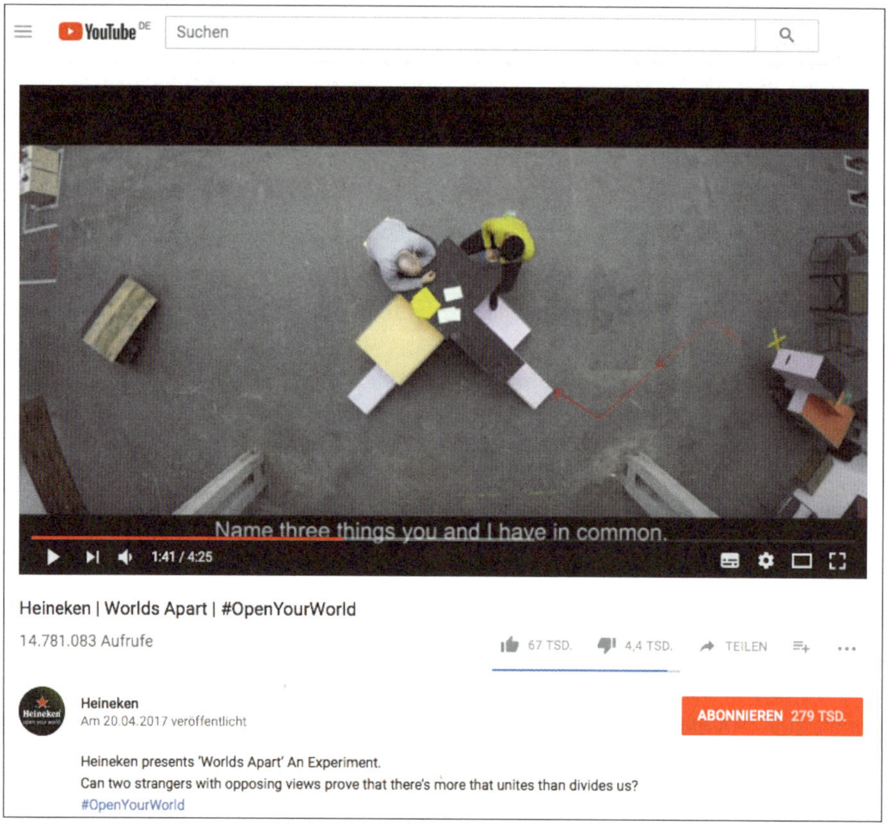

Abbildung 4.11 Heineken nutzt für seine Haltungskampagne Storydoing. (Quelle: http://youtu.be/8wYXw4K0A3g)

4.5.2 Storydoing Always: #LikeAGirl

Durch einen besonderen Insight entstand 2014 die Storydoing-Kampagne #LikeAGirl von Always. Das Video demonstriert eingängig, wie sich Vorurteile und Etikettierungen von Geschlechtern nach der Pubertät entwickeln und bei Mädchen und Jungen im Teenageralter manifestieren (siehe Abbildung 4.12). Die Kampagne sorgte weltweit für Diskussionen und Resonanz in Social Media. Gerade das Ausmaß dieser Diskussion zeigt, wie wichtig das Thema heutzutage ist, und genau dadurch wird die Marke Always neu wahrgenommen. #LikeAGirl ist das Vorzeigebeispiel für Storydoing, weil Always hier den Mut hatte, über ein polarisierendes Gesellschaftsthema zu sprechen, ohne direkt eine Lösung zu haben, sondern lediglich ein Gesprächsangebot.

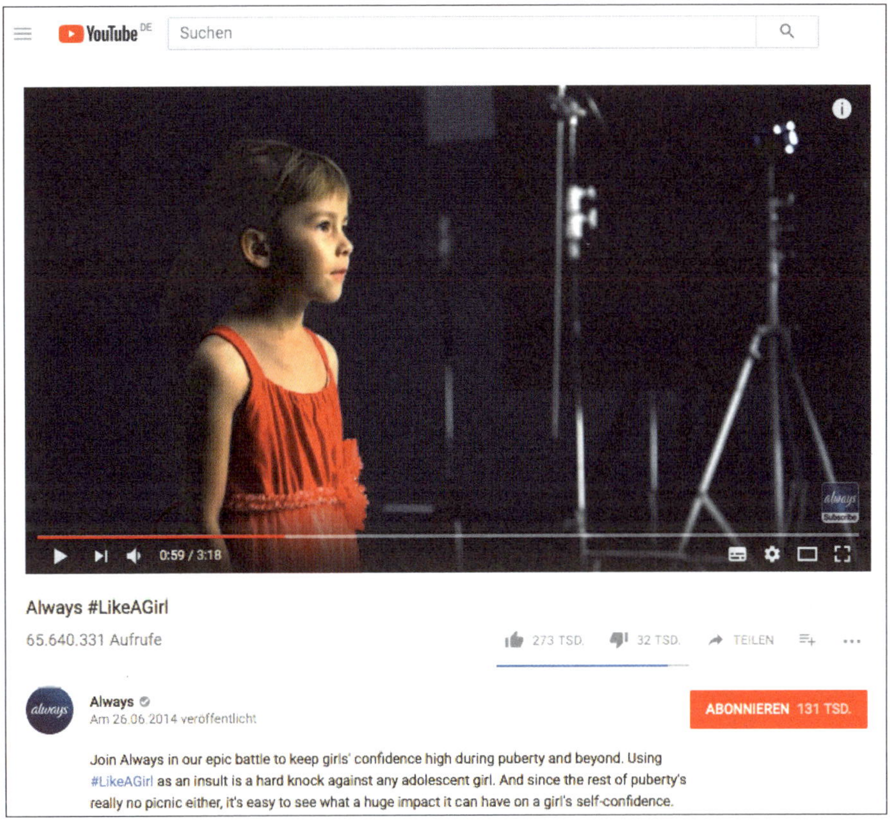

Abbildung 4.12 Best Practice Storydoing: #LikeaGirl von Always (Quelle: http://youtu.be/XjJQBjWYDTs)

4.5.3 Sales mit Storydoing

Dass Sie mit Storydoing auch Sales ankurbeln können, zeigt das Storydoing-Beispiel von Philips. Philips hatte 2013 das »Wake-up Light« auf den Markt gebracht und über klassische PR vermarktet. Das Ergebnis: Niemand kaufte es. Philips ging deshalb neue Wege und nutzte Storydoing zur Bekanntmachung des Produkts. Die Lampe imitiert den Sonnenaufgang und erleichtert es den Menschen, aufzuwachen und in den Tag zu starten. Und wie kann man diesen Effekt am besten zeigen? Indem man diese Lampe Menschen in der dunklen Winterjahreszeit kostenlos zur Verfügung stellt und ihre Erfahrungen zeigt. Philips ging dafür in den dunkelsten Ort Norwegens und ließ die Lampe während der dunkelsten Tage des Jahres testen.

Anschließend sammelte Philips die Erfahrungsberichte und veröffentlichte die ganze Aktion auf YouTube. Die Testerinnen und Tester berichteten in den YouTube-Videos wie folgt: »Es hat echt gut funktioniert. Es fühlt sich wirklich so an, als würde die Sonne langsam ins Zimmer scheinen«.

Merken Sie den Unterschied? Anstatt lang und breit zu erklären, was dieses Produkt alles kann, zeigt Philips anhand persönlicher Erfahrungsberichte, dass es Menschen wirklich helfen kann. Und auch hier war in der klassischen Heldenreise alles angelegt: Die Menschen in Norwegen litten unter der Dunkelheit im Winter, Philips schenkt ihnen das Licht, tritt somit als Retter auf den Plan und macht ihr Leben ein kleines bisschen schöner (Philips = Enabler).

Best Practice: Flugsuchmaschine Momondo

Nicht nur für Marken, auch für Online-Anbieter eignet sich Storydoing. Die Flugsuchmaschine Momondo hat dies 2016 mit seiner Studie »The DANN Journey« vorgeführt. Aufhänger für die Studie, an der 67 Menschen aus der ganzen Welt teilnahmen, war das übergeordnete Thema Vorurteile. In dem Video wurden den Teilnehmerinnen und Teilnehmern die Ergebnisse ihres DNA-Tests präsentiert (siehe Abbildung 4.13).

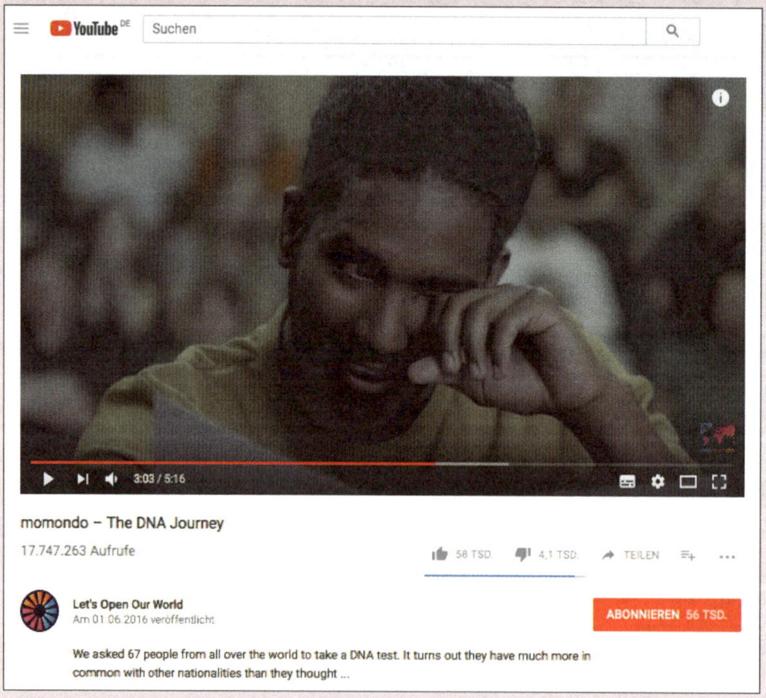

Abbildung 4.13 »An open world begins with an open mind« – Momondo sorgt mit seiner Haltungskampagne für Aufmerksamkeit und Gespräche in Social Media. (Quelle: http://youtu.be/tyaEQEmt5ls)

Das Ergebnis war für viele eine Überraschung: Ein Isländer ist eben nicht zu 100 % isländisch, ein Spanier nicht zu 100 % spanisch usw., sondern hat Vorfahren aus der ganzen Welt. Momondo schließt mit dem Worten »You have more in common with world than you think« und motiviert seine Nutzer über diesen Twist, ihre eigene Identität zu hinterfragen (indem sie die Welt bereisen). Das spricht vor allem junge Nutzer an, die auf Identitätssuche und bereit sind, ihre Vorurteile gegenüber anderen Ländern und Erdteilen dieser Welt zu überdenken. Mit überzeugender Wucht in Social Media: Auf YouTube generierte Momondo bis heute 17 Mio. Aufrufe (Stand April 2018). Noch erfolgreicher war das Video jedoch bei Facebook. Dort erzielte es 29 Mio. Aufrufe, generierte über 18.000 Likes und über 40.000 Shares).

4.6 Virale YouTube-Kampagnen

90 % der Videos auf YouTube verbreiten sich durch gegenseitige Empfehlung der User. Die Videos werden an Freunde und Bekannte per E-Mail gesendet oder im eigenen Social-Media-Profil gepostet, und die Freunde teilen das Video wiederum mit ihren Freunden usw. Diesen Weiterempfehlungseffekt nennt man virale Verbreitung. Das Video verbreitet sich durch digitale Mundpropaganda und hat eine hohe *Sharebility*. Wenn man ein Video viral verbreiten möchte, sind einige wichtige Regeln zu beachten, denn sie unterscheiden sich von klassischen TV-Kampagnen. Social Videos sind kurz, manchmal nur ein paar Sekunden lang. Virale Videos weisen außerdem sehr viele Kommentare auf. An der Anzahl der Kommentare erkennen Sie häufig, ob sich ein Video »natürlich« viral verbreitet hat oder ob eine Firma beauftragt wurde, Views zu generieren. Malcolm Gladwell leitet in seinem Buch »Tipping Point« die Erfolgsfaktoren Virus, Vermittler und Nährboden ab. Der Tipping Point ist laut Gladwell, *»die Biografie einer Idee, und die Idee ist sehr einfach: Sie besagt, dass man die dramatische Verwandlung von unbekannten Büchern in Bestseller oder den Anstieg des Rauchens unter Teenagern oder das Phänomen der Mundpropaganda oder eine ganze Anzahl von anderen geheimnisvollen Veränderungen im Alltagsleben am besten versteht, wenn man sie sich als Epidemie vorstellt. Ideen und Produkte und Botschaften und Verhaltensweisen verbreiten sich genauso wie ein Virus.«*

4.6.1 Das Virus

Das »Virus« ist die Videobotschaft, eine Geschichte, ein Interview usw. Das Virus muss so interessant sein, dass sich der Betrachter dazu aufgefordert fühlt, das Video weiterzuempfehlen. Der Inhalt des Videos kann überraschend, humoristisch, sinnstiftend, bedeutungsvoll, erschreckend, vergleichend, inspirierend usw. sein. Wenn das Video die Zuschauer überzeugt, erzeugt es einen sogenannten *Stickiness-Faktor*, d. h., die User bleiben gewissermaßen an dem Video kleben, schauen es sich mehrmals an und leiten es an ihre Freunde weiter.

4.6.2 Die Vermittler

Die Vermittler dienen als Verstärker und sorgen dafür, dass sich das Video verbreitet. Die Vermittler sind sehr gut in unterschiedlichsten sozialen Gruppen vernetzt. Durch ihre Interessen und ihre ausgeprägte Kommunikationsfähigkeit schaffen sie es, Informationen innerhalb kürzester Zeit an die richtigen Personen zu kommunizieren.

4.6.3 Der Nährboden

Den Nährboden bilden die User. Sie bestimmen letztlich, ob sich das Video viral verbreitet oder nicht. Jede noch so gute Geschichte kann trotz Weiterempfehlungen und Videoseedings sein Zielpublikum verfehlen, wenn dieses den Inhalt des Videos ablehnt. Möchten Sie ein Video viral verbreiten, sollten Sie diese drei Faktoren beachten: Inhalt, Zielpublikum und Weiterempfehlungen, d. h., Sie sollten genügend Möglichkeiten zur Teilhabe bieten.

Virale Verbreitung on the go

Beim Videokonsum spielen insbesondere die Endgeräte eine Rolle, auf denen die Videos angeschaut werden. Smartphones, wie z. B. das iPhone von Apple, ermöglichen es den Menschen, die Inhalte jederzeit und an jedem Ort anzuschauen. U-Bahn, Pausenhof und Parkbank sind die neuen »Wohnzimmer«, von denen aus die Videoplattformen angesteuert werden. Mit Smartphones und deren integrierter Videokamera ist es außerdem leichter geworden, eigene Videoinhalte schnell und einfach auf Videoplattformen hochzuladen.

4.6.4 FIRST KISS: Das viralste Video aller Zeiten

Der Moment, in dem sich zwei Menschen zum ersten Mal küssen, ist einmalig, aufregend und manchmal auch ein bisschen komisch. Der erste Kuss ist das Sahnehäubchen in jeder Hollywood-Schmonzette. Er funktioniert aber auch als Werbefilm für ein Fashion-Label. Das beweist das virale Video »FIRST KISS« des Mode-Labels Wren (siehe Abbildung 4.14). Die junge Modedesignerin Melissa Coker, die 2007 mit dem Label Wren startete, schuf 2014 gemeinsam mit Filmemacherin Tatia Pilieva den viralsten YouTube-Hit aller Zeiten.

In »FIRST KISS« küssen sich fremde Menschen vor laufender Kamera zum allerersten Mal. Anfangs noch zaghaft, vorsichtig und schüchtern, küssen sie sich nach einigen Sekunden sehr leidenschaftlich, manche teilweise enthemmt, ohne die Kamera überhaupt noch wahrzunehmen. Musikalisch untermalt wird das Video mit dem Song »We might be dead by tomorrow« von der Musikerin Soko, die übrigens auch im Video mitspielt. Jeder, der das Video sieht, ist entzückt, gerührt und verzaubert.

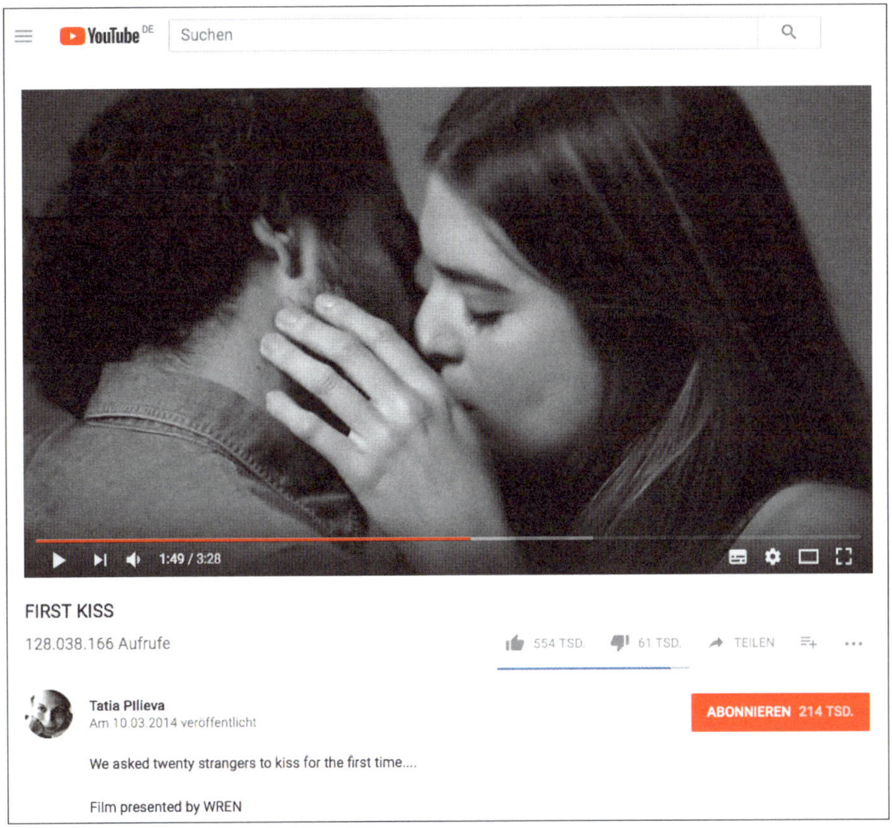

Abbildung 4.14 »FIRST KISS« – der viralste YouTube-Spot aller Zeiten (Quelle: http://youtu.be/IpbDHxCV29A)

Viele Nutzer im Netz waren jedoch völlig *entzaubert*, als herauskam, dass das Video nicht einfach nur der Film einer begabten Regisseurin ist, sondern das Werk des Fashion-Labels Wren. Melissa Coker warb damit für ihre kommende Herbstkollektion bei der Fashion Week. Die Protagonisten im Video trugen ihre aktuelle Kollektion. Die Nutzer kritisierten weniger, dass sich diese besondere Story am Ende als Marketing-Gag entpuppte, sondern stellten die Authentizität des Videos infrage. Coker beteuerte, dass es weder ein Drehbuch gab und sich die Paare zum ersten Mal gesehen hatten. Es waren anscheinend Schauspieler und Mitarbeiter der Firma, die alle unentgeltlich teilgenommen hatten. Tatsächlich wirkt das Video an vielen Stellen einfach zu perfekt – aber das muss Werbung ja auch sein. Vielleicht waren die vielen Agenturen und Werber von Elitepatner, ParShip, Beate Uhse und und und einfach nur neidisch, dass sie nicht auf so eine einfache Idee gekommen sind. »FIRST KISS« ist definitiv auch unser viraler YouTube-Liebling.

Der Erfolg von »FIRST KISS« im Zeitraffer

Das Video generierte in den ersten 48 Stunden über 20 Mio. Views mit 133.000 Likes und 16.000 Kommentaren. Nach 4 Tagen waren es bereits 46 Mio. Views und bis heute, Stand: August 2018, wurde es 131 Mio. Mal angesehen. Der Erfolg des Videos lässt sich aber auch an den zahlreichen Nachahmern, Parodien und unterschiedlichen Neufassungen und Interpretationen des Videos ablesen.

4.6.5 Blendtec: Will it blend?

Wie vermarktet man ein ganz normales Haushaltsgerät – einen Mixer – in YouTube? Man könnte Rezepte für Smoothies zeigen und demonstrieren, zu welchen Höchstleistungen ein solches Gerät fähig ist. Die Firma Blendtec aus Amerika, die ebenfalls Mixer herstellt, zeigt seit 2007 auf ihrem YouTube-Kanal, dass sie selbst iPods, iPhones oder iPads mixen können. In der Anmutung eines 1980er-Jahre-Videos schreddert Versuchsleiter Tom Dickson tatsächlich die Apple-Produkte im Blendtec-Mixer. Am Ende kommt ein Pulver heraus und das Rätsel ist gelöst: »Yes, it blends!« Auch wenn viele Nutzer die Videos kritisieren, da sie verharmlosen, wie gefährlich es ist, wenn man selbst zu Hause Elektrogeräte und Ähnliches mixt, gehören die Videos von Blendtec zu den viralen Hits auf YouTube (siehe Abbildung 4.15).

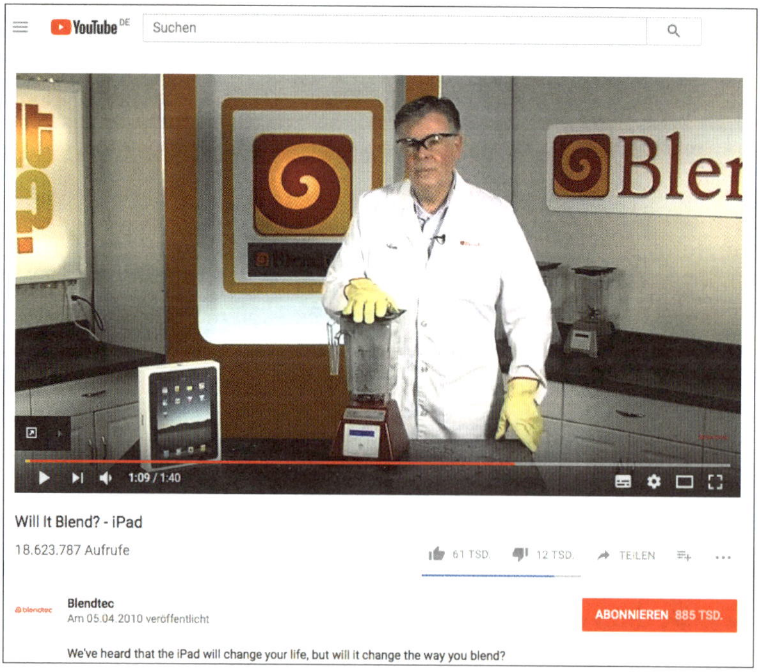

Abbildung 4.15 »Will it blend?« – Blendtec lässt nichts unversucht, seinen Mixer auf den Prüfstand zu stellen. (Quelle: http://youtu.be/lAl28d6tbko)

4.6.6 VW The Force: Nicht nur was für Star-Wars-Fans

»The Force« wurde von Volkswagen während des Super Bowls XLV ausgestrahlt und erzielte auch in YouTube eine hohe Reichweite. Leider hat Volkswagen das Video aus seinem YouTube-Kanal gelöscht. In YouTube existieren aber noch Kopien, z. B. von Autoblog (siehe Abbildung 4.16) und zahlreiche Adaptionen des Spots. Der Streisand-Effekt hat hier wieder ganze Arbeit geleistet. Damit dieser Werbespot zu einem viralen Hit wurde, hat man zwei wichtige Elemente miteinander vereint: Zum einen konnte man dank des gezeigten Darth Vaders auf die große Fangemeinde der Star-Wars-Fans zurückgreifen, zum anderen spiegelte die Geschichte eine Situation wider, in die man sich auch selbst hineinversetzen konnte.

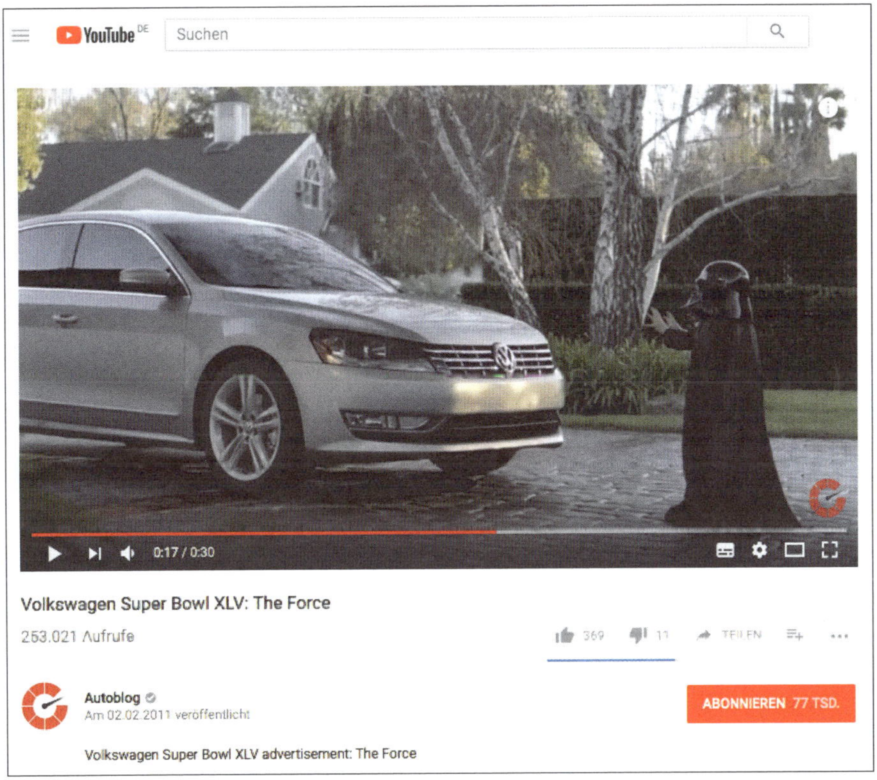

Abbildung 4.16 Volkswagens »The Force« – nicht nur bei Star-Wars-Fans ein Erfolg (Quelle: http://youtu.be/lhzwmYRXPp4)

Zu sehen ist ein kleiner Junge, bekleidet mit schwarzem Umhang und schwarzer Maske als Mini-Darth-Vader, der an einer Waschmaschine, einem Hund, einer Puppe und sogar einem Butterbrot seine Superkräfte ausprobieren will – leider ohne Erfolg. Doch plötzlich startet, nachdem der Junge seine Hand bewegt hat, der Motor des Passats der Familie. Der Grund: Drinnen im Haus steht der Vater und hat via Fernbedienung den Motor gestartet. Der kleine Darth Vader freut sich über seinen Erfolg, ohne zu wissen, woher dieser gekommen ist. Das Video erhielt über 60 Mio. YouTube-Views, 227.000 Likes direkt in YouTube sowie unzählige Shares in Social-Media-Netzwerken wie Facebook und Google+.

Greenpeace parodiert VW

Auch Greenpeace nutze den Hype um das Video und parodierte in »VW Darkside« den überaus erfolgreichen viralen Star-Wars-Werbeclip. Ziel war es, den deutschen Autokonzern für die Umsetzung strengerer Emissionsziele und schärferer CO_2-Grenzwerte zu gewinnen. Auch dieses Video erhielt über 2 Mio. Views und große Aufmerksamkeit, siehe *www.youtube.com/watch?v=9z8mZ6eubVw*.

Bei einem viralen Markenvideo ist die Marke häufig nicht sofort für den Nutzer erkennbar. Dies klärt sich erst im Abspann des Videos, mitunter wird die Marke gar nicht genannt, und der Betrachter kann nur raten, wer hinter dem Video steckt, so wie in unserem Beispiel. Was zählt, ist die Idee des Videos. Wenn sich der Inhalt wie ein Virus im Netz verbreitet, sprechen wir von einem viralen Effekt. Solche Effekte können auch Sie mit unterhaltsamen Videos, Bildern und Sprüchen auslösen. Der große Vorteil ist, dass die Inhalte im Internet nicht verschwinden. Sie können von den Usern immer wieder aufgerufen werden. Dadurch findet eine permanente Auseinandersetzung mit Ihrer Marke statt. Erwarten Sie aber nicht, dass Ihr letzter Werbespot wirklich einen viralen Effekt auslösen wird, es sei denn, er ist so beliebt, dass die User ihn von selbst ins Netz stellen und verbreiten.

4.6.7 Idea is King

Wie man mit einer humoristischen und einfachen Idee Erfolg haben kann, zeigt der Clip »Planemob« von Germanwings aus dem Jahr 2010. In Anlehnung an den Begriff *Flashmob* (kurzer, spontaner Menschenauflauf mit dem Ziel, eine Botschaft zu verkünden) erstellte die beauftragte Agentur ein Video an Bord der Konkurrenz-Airline easyJet (siehe Abbildung 4.17). Mit ein paar Pappschildern bewaffnet und einer Handykamera ausgestattet, nahmen sie die Schwächen der Konkurrenz auf die Schippe (freie Platzwahl, zusätzliche Kosten für Services). Das gefiel der Jury in Cannes so gut, dass sie den Film mit einem Löwen auszeichnete.

Die beauftragte Agentur LLR hat auf Videoseeding (Streuung des Videos und Bekanntgabe auf Social-Media-Plattformen) verzichtet und konnte dennoch für das Originalvideo über 470.000 Views generieren (Stand: Juni 2016). Ob das verwackelte Video heute jedoch immer noch so gut ankommen würde, ist zu bezweifeln. In Zeiten von günstigen Steadycams für GoPro und Smartphone sollten Sie dringlichst auf ein scharfes Bild bzw. stabiles Video achten. Wenn Sie also solch eine Kampagne planen, achten Sie auch auf eine exzellente Ausführung.

Abbildung 4.17 Mit einfachen Mitteln zum YouTube-Hit – Germanwings-Clip »Planemob« (Quelle: http://youtu.be/kwM8bQ7Sk-A)

Rechtstipp von Sven Hörnich: Rechte Dritter sowie das Lauterkeitsrecht beachten

Wichtig ist bei der Beauftragung von Agenturen – so »hip« sie auch rüberkommen mögen –, dass Sie sich nach deutschem Recht weder auf einen sogenannten gutgläubigen Rechtserwerb noch auf deren (vorgebliche) Rechtskenntnisse verlassen dürfen. Kopiert beispielsweise Ihre Agentur rechtswidrig Inhalte Dritter oder verstößt deren noch so spannendes Konzept gegen das Lauterkeitsrecht, so haften Sie (auch) als Auftraggeber hierfür mit. Zwar haben Sie theoretisch einen Rückgriffsanspruch gegen die Sie beratende Agentur, jedoch ist der (gerade bei kleinen Unternehmen) schwer realisierbar. Zudem wird ein damit verbundener Imageschaden schwer finanziell im Rahmen des Schadenersatzes abzubilden sein.

4.6.8 Mitmachvideo – die Königsklasse des Videomarketings

Ein kongenialer viraler Spot ist der französischen Agentur Buzzmann mit »A hunter shoots a bear« gelungen. Der Zuschauer sieht die bekannte Szene des Jägers in Gesellschaft eines Bären. Bevor der Jäger schießt, wird der User am Ende des Videos dazu aufgerufen, zwischen Schuss oder keinem Schuss zu wählen. Das Video wird verlängert und mit einem Trick versehen: Der Jäger greift aus dem Video auf das rechte Werbefeld zum Tipp-Ex und löscht das Wort »erschießt« in der Videoüberschrift (siehe Abbildung 4.18). Nun kann der User frei entscheiden, ob es »Ein Jäger liebt einen Bären« oder was auch immer heißen soll. Je nachdem, welches Wort vom User eingegeben wurde, folgt zum Abschluss ein entsprechendes Video, in dem beispielsweise der Jäger dem Bären einen Heiratsantrag macht. Das Video hat innerhalb eines Monats über 8,3 Mio. Views eingespielt. Die User sind überaus begeistert von diesem Video, das gerade durch das aktive Eingreifen des Users so erfolgreich ist.

Abbildung 4.18 Interaktive und virale YouTube-Kampagne von Tipp-Ex

Marketing-Take-away: Längere Verweildauer bei Mitmachvideos

Durchschnittlich verweilt der YouTuber 2 Minuten bei einem Video, bei dem Tipp-Ex-Video waren es im Durchschnitt 6 Minuten. Klar, er hatte ja auch Spaß dabei, die unterschiedlichen Videoausgänge zu erproben. Interaktive Werbespots erzeugen eine weitaus höhere Verweildauer und mehr Customer Involvement als Videos ohne Mitmachoption.

4.7 Influencer Marketing – Zusammenarbeit mit YouTubern

Erfolgreiche YouTuber beeinflussen die Wahrnehmung von Produkten und Dienstleistungen und sind als Meinungsführer und Meinungsmacher für Ihr Business sehr interessant. Um YouTuber als Influencer für Ihr Unternehmen zu gewinnen, müssen die relevanten YouTuber zunächst identifiziert und anschließend persönlich überzeugt werden, mit Ihnen zusammenzuarbeiten. Das ist die größte Herausforderung, denn YouTuber erhalten ständig Anfragen mit kostenlosen Goodies und werden dazu aufgefordert, über dieses oder jenes Produkt zu schreiben. Sie sind daher besser beraten, YouTubern wirklich etwas zu bieten: Das sind vor allem monetäre Anreize und die Freiheit für den Dreh. Denn YouTuber wollen das Produkt auf ihre Art und Weise im Video platzieren. Machen Sie bei Ihrer Anfrage also nicht gleich inhaltliche Vorgaben, sondern laden Sie den YouTuber zu sich ein, oder vereinbaren Sie ein Treffen. Mit Anreizen wie Anerkennung, Reputation oder Status können Sie bei YouTubern weniger punkten, denn sie verdienen mit YouTube ihren Lebensunterhalt, und für sie zählt das Feedback der Community. Natürlich werden YouTuber auch hellhörig, wenn ein großer Konzern oder ein interessantes Unternehmen anfragt. Auch Bibi zögerte nicht lange, als sie von Warner Music für eine Rolle im neuen Musikvideo von RedOne »Don't you need somebody« angefragt wurde, und sagte zu: *http://youtu.be/m-2rrLcFph0*.

YouTube-Stars gehen nur dann eine Kooperation ein, wenn es wirklich zu ihnen passt und sie sicher sein können, dass sie damit nicht ihre Community verprellen. Jetzt stellen Sie sich einmal vor, Sie hätten morgen eine E-Mail in Ihrem Postfach, in der Sie gebeten würden, für eine Marke kostenlos Werbung zu machen. Würden Sie das einfach so tun? Sicherlich nicht. Sie sind Unternehmer und wollen für Ihre Leistung auch Geld erhalten. Erfolgreiche YouTuber sind genauso Unternehmer wie Sie selbst. Ihr YouTube-Kanal ist ein Full-Time-Job, und sie haben meist einen Manager bei den Netzwerken wie Mediakraft oder TubeOne.

4.7.1 Arten der Zusammenarbeit

YouTuber eignen sich nicht nur für eine kurzfristige Kooperation, sondern auch zur langfristigen Zusammenarbeit. Wichtig ist dabei die kontinuierliche Pflege der Beziehung zu dem YouTuber, denn er ist gut vernetzt mit anderen YouTubern und wird eine gelungene Kooperation gerne weiterempfehlen.

- Produktplatzierung durch YouTuber: Sie bezahlen den YouTuber, damit er Ihre Produkte in seinem Video erwähnt, z. B. Juliencos Zusammenarbeit mit Dragon Mania Legends, siehe *http://youtu.be/s7EQMGHcNT0*.
- YouTuber als Testimonial: Der YouTuber ist das Testimonial für Ihren YouTube-Kanal, z. B. Stylediaries von Bonnie Strange für Otto.de, siehe *http://youtu.be/5Jd31eclpwc*.
- Crossmediale Kooperation: Der YouTuber ist Teil einer crossmedialen Kampagne in TV, Social Media & Co., z. B. Bibi im Musikvideo von NeckermannReisen, siehe *http://youtu.be/Baczooh1I4k*.

4.7.2 Keine fertigen Konzepte oder Drehbücher

YouTuber wünschen sich bei Kooperationsanfragen vor allem eins: künstlerische Freiheit. Sie befinden sich in einem Spannungsfeld, ihre Community zu pflegen und weiter aufzubauen und auf der anderen Seite mit dem Kanal auch Geld verdienen zu müssen. Empfehlen sie direkt oder indirekt ein Produkt in ihrem Video, darf das die Community nicht stören, und das Unternehmen muss die Inszenierung zufrieden machen. Für Bibi von BibisBeautyPalace gilt beispielsweise die Maxime: keine inhaltlichen Vorgaben von Unternehmen. Der Videodreh muss zu 100 % frei sein. Andere YouTuber sagen, sie werben nur mit Produkten, über die sie auch ohne Geld berichten würden. Die YouTube-Stars stören sich daran, wenn sie Anfragen mit einem fertigen Konzept erhalten. Oğuz Yilmaz vom YouTube-Kanal Y-Titty fordert daher: »Die Unternehmen können sich das Geld für Konzepte sparen und dem Influencer geben. Im besten Fall liefert das Unternehmen ein Briefing, der Influencer entwickelt daraufhin das Konzept.« Machen Sie also nicht den Fehler, den YouTuber mit einem fertigen Konzept, Drehbuch oder Skript zu überfordern. Die Zusammenarbeit müssen Sie dennoch in einem Vertrag fixieren und den Leistungskatalog aufschreiben. Klären Sie dabei vor allem die Quantität der Beiträge und in welchen zusätzlichen Social-Media-Kanälen der YouTuber etwas postet.

4.7.3 Kennzeichnung der Kooperation

Influencer Marketing wird immer öfter auf Konferenzen diskutiert. Unternehmen haben erkannt, wie wichtig die Ansprache von Influencern ist, seien es Audi, TUI oder WMF. Sie alle buhlen um die Gunst der Meinungsführer. Immer mehr Juristen werden zurate gezogen, wenn es um die Kennzeichnung dieser Kooperation geht. Denn wer das nicht macht, betreibt sogenannte Schleichwerbung, und die ist in Deutschland nicht erlaubt. Die YouTuber müssen jedoch deutlich zwischen Werbung und redaktionellen Inhalten unterscheiden (sogenanntes *Trennungsgebot*), sonst handelt es sich um Schleichwerbung und ist rechtswidrig. Mittlerweile gehen auch die YouTuber dazu über, gesponserte Videos zu kennzeichnen, z. B. mit »Unterstützt durch Produktplatzierung« (Beispiel siehe *http://youtu.be/s7EQMGHcNT0*).

4.8 Der YouTube-Kanal – Ihre Videozentrale

Wenn Sie sich auf YouTube registrieren, können und müssen Sie das mit Ihrem bestehenden Google-Konto tun. So brauchen Sie sich nicht noch einen weiteren User-Namen mit Passwort zu merken. Beachten Sie aber, dass damit auch automatisch der Name des Google-Kontos zum YouTube-Kontonamen wird. Das ist vor allem relevant, wenn Sie auf YouTube einen eigenen Kanal nutzen möchten. Sie sind dann auch automatisch in Google+, dem sozialen Netzwerk von Google, angemeldet. Umgekehrt können Sie natürlich Ihr Google+-Konto für eine Anmeldung auf YouTube verwenden.

Der YouTube-Kanal ist das zentrale Element und wird im Prinzip automatisch mit Ihrer ersten Registrierung auf YouTube angelegt. Damit erhalten Sie auch eine individuelle URL, z. B. *www.youtube.com/user/IhrFirmenname*. Auf einem YouTube-Kanal werden alle Videos gesammelt dargestellt, die von diesem Kanalbetreiber hochgeladen wurden (siehe Abbildung 4.19).

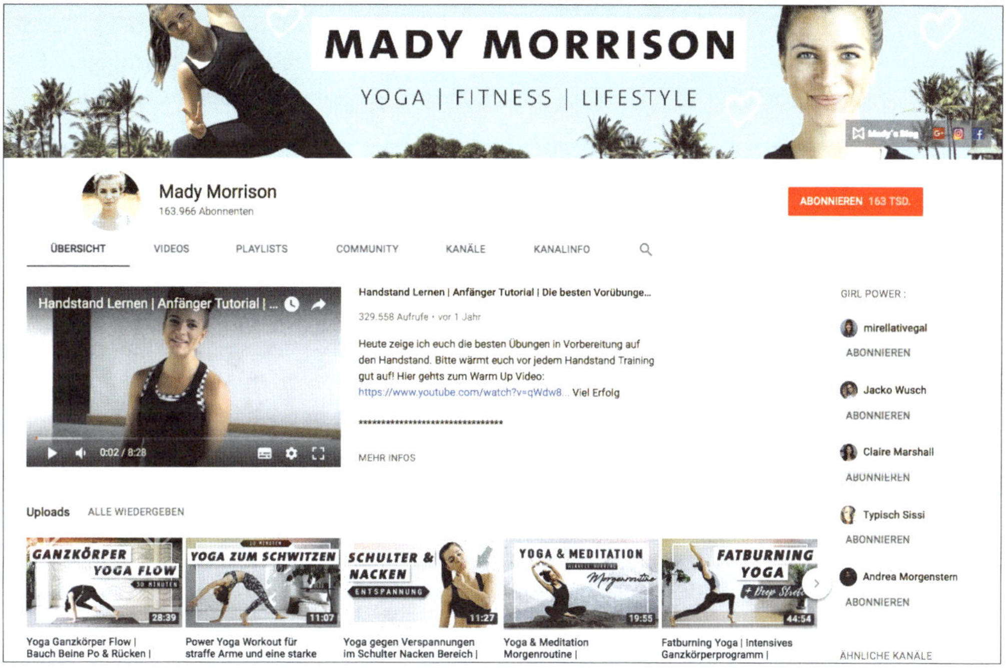

Abbildung 4.19 Der YouTube-Kanal der YouTuberin Mady Morrison (Quelle: http://www.youtube.com/madymorrison)

YouTube stellt Marken, Musikern und Festivals sogenannte *Branded Channels* mit besonderen Designelementen und Funktionalitäten zur Verfügung.

YouTube-Design: Alles im Einheitslook

YouTube überarbeitet immer wieder sein Design, um es nutzerfreundlicher zu gestalten. In der Vergangenheit konnte man noch verschiedene Farb- und Hintergrundeinstellungen vornehmen, die jetzt aber der Vergangenheit angehören. Im Moment können Sie einfach nur ein Hintergrundbild und Ihr Logo hochladen, verschiedene Reiter (VIDEOS, PLAYLISTS, KANÄLE, DISKUSSION, KANALINFO) festlegen, die Kanalinfo bearbeiten und einzelne Videos in Playlists organisieren. Halten Sie Ihren Kanal aktuell, und sehen Sie sich in regelmäßigen Abständen Designänderungen an.

4.8.1 YouTube-Kanal einrichten

Das Einrichten eines eigenen YouTube-Kanals ist für Privatpersonen und Unternehmen grundsätzlich kostenfrei (ausgenommen Custom Brand Channel). Das Tolle an den kostenlosen YouTube-Kanälen ist, dass Sie diese nach eigenen Designvorgaben individuell gestalten und auf Ihre Marke oder Ihr Unternehmen optisch abstimmen können. Füllen Sie das Profil, entweder sofort bei der Anmeldung Ihres YouTube-Kontos oder später in Ihrem YouTube Studio, vollständig aus. Besonders wichtig sind der Profilname, die Website, die Kanalbeschreibung und der Name des Unternehmens sowie dessen Standort. Zudem können Sie in den Kanaleinstellungen die *Kanaltags* – beschreibende Schlagwörter für Ihren YouTube-Kanal – hinzufügen. Eine Liste der beliebtesten YouTube-Kanäle finden Sie auf *www.youtube.com/channels*.

YouTube-Kanal langfristig nutzen

Es zahlt sich langfristig aus, einen erfolgreichen Kanal zu etablieren. Besonders erfolgreiche YouTube-Kanäle haben viele Abonnenten. Jeder Kanal kann von anderen Usern abonniert werden, die bei Interaktionen und Uploads automatisch informiert werden. Somit sorgen Sie für eine automatische Verbreitung Ihrer Inhalte.

Besonders angesagt sind derzeit Videos aus den Kategorien Musik, Comedy, Film, Unterhaltung und Gaming. In Deutschland erzielt unter anderem der YouTube-Kanal Y-Titty, *www.youtube.com/user/YTITTY*, die meisten Abos (3,1 Mio. Abonnenten, Stand: Juni 2016) und Aufrufe. Der Name Y-Titty ist die Abkürzung für »YouTube Dummies«. YouTube Dummies war ein vorheriges Projekt von Y-Titty, bei dem Videos im Stil von Jackass gedreht wurden. Der Kanal wird von Philipp Laude, Matthias Roll und Oğuz Yilmaz betrieben, die auf unterhaltsame Weise Sketche, Kurzvideos und Parodien auf YouTube präsentieren. Es gibt sogar einen Wochenplan dazu, wann neue Videos hochgeladen werden. Die Kommunikation mit den Fans erfolgt über soziale Netzwerke wie Facebook und Twitter sowie über Kommentare unter den Videos, die in den Kommentare-Kommentier-Shows – kurz KomKomShows – beantwortet werden. Damit hat das Trio quasi ein eigenes Videoformat in YouTube etabliert. Mit über 2,9 Mio. Abonnenten und über 552 Mio. Videoaufrufen war Y-Titty bis Anfang Juni 2014 der meistabonnierte YouTube-Kanal Deutschlands. Seither rangiert das Trio hinter Gronkh, *www.youtube.com/user/Gronkh*, der 4,1 Mio. Abonnenten hat (Stand: Juni 2016) auf dem zweiten Platz. Y-Titty ist nicht bloß ein Hobby von drei Freunden: Seit 2011 kann die Gruppe von den Videoeinnahmen leben, d. h., die Befüllung des YouTube-Kanals ist zum Beruf geworden. Y-Titty ist YouTube-Partner, wodurch das Trio über Werbung Geld verdient. Mittlerweile hat Y-Titty ein richtiges Werbenetzwerk mit zahlreichen weiteren YouTube-Kanälen, Single-Veröffentlichungen und Product Placements aufgebaut.

4.8.2 So werden Sie auf YouTube erfolgreich

Vielleicht haben Sie schon einen YouTube-Kanal gestartet und einige Videos hochgeladen. Aber so richtig klappt es nicht mit den Follower-Zahlen, und auch die Community reagiert nicht so, wie Sie es sich gewünscht haben? Grundsätzlich kann man sich von den YouTube-Stars eine Menge abschauen. Sie beherrschen es, die YouTube-Community zu aktivieren, sie zu Abonnenten zu machen und mit ihren Videos bei Laune zu halten. Dafür nutzen YouTuber Formate wie »Follow me around«, »Morning Routine« oder auch »Pranks«. Folgende Tipps möchten wir Ihnen an die Hand geben, um auf YouTube noch erfolgreicher zu werden.

Sharebility erhöhen

Greifen Sie aktuelle Themen auf, die zu Ihrer Marke passen. Checken Sie mithilfe der YouTube-Trends, *www.youtube.com/feed/trending*, welche Videos gerade oft angesehen werden, und prüfen Sie, ob es aus Markensicht passen würde, den Trend aufzugreifen und ein ähnliches Video zu produzieren.

Interaktivität steigern

Lassen Sie die User mitbestimmen, was in der nächsten Folge passieren soll. Erfolgreiche YouTuber fragen Ihre Community z. B. direkt im Video, ob sich die Fans eine weitere Folge davon wünschen, und lassen sie es mit einem Video-Like (»Daumen nach oben«) zeigen. Bitten Sie Ihre Zuschauer um konkrete Fragen als Kommentar, und beantworten Sie diese Fragen direkt im Folgevideo. Bitten Sie die Zuschauer, Ideen und Videos einzureichen, und binden Sie Teile der eingesendeten Videos im nächsten Video ein. Vergessen Sie dabei nicht, den Namen des Users im Video zu nennen.

Auffindbarkeit erhöhen

Machen Sie How-to-Videos und Tutorials zu häufig gestellten Fragen zu Ihren Produkten und Dienstleistungen, z. B. zu Lieferung und Versand, Aufbau, Handhabung, Service. Versandhändler Zalando hat über den Bestellprozess bei Zalando eine Videoserie veröffentlicht (siehe Abbildung 4.20). Um das so ansprechend und einfach wie möglich darzustellen, nutzt Zalando Erklärfilme. Mit kurzen Erklärfilmen kann man sehr einfach und vor allem sehr attraktiv seine Inhalte kommunizieren. Erklärfilme eignen sich, um lange Texte, wie Tutorials und Anleitungen, vereinfacht zu erklären. Seien wir mal ehrlich: In den allermeisten Fällen sind die Kunden zu faul, sich online lange und komplizierte Texte durchzulesen, und wählen stattdessen lieber ein Video, das sie unterhält und informiert.

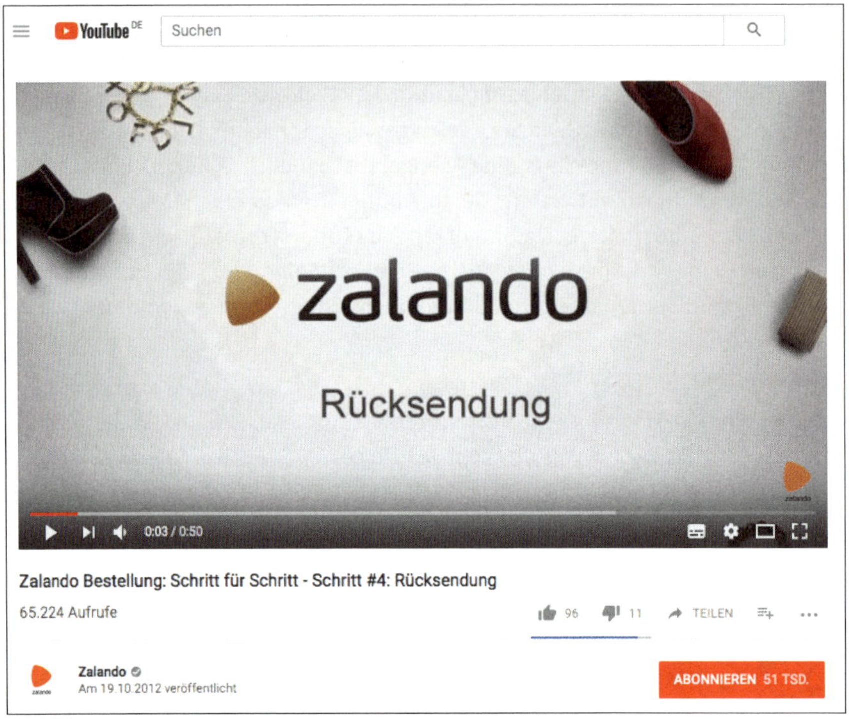

Abbildung 4.20 Die Kunden wollen wissen, wie der Bestellvorgang bei Zalando abläuft – Zalando beantwortet die Frage mit einem Erklärfilm. (Quelle: http://youtu.be/8Fqz7UPwMNQ)

Nutzen Sie YouTube Suggest

Um an Ideen für interessante Videos zu kommen, helfen die Insights aus dem Social Media Monitoring und YouTube Suggest. Wenn Sie in YouTube den Buchstaben [B] eingeben, schlägt YouTube Ihnen genau die Wörter oder Phrasen vor, die häufig in YouTube gesucht werden, z. B. »bibis beauty palace«, »battlefield 1«, »bushido«, »bonbon« oder »böhmermann«. Das geht im Übrigen auch bei Fragen. Geben Sie einmal die Wortphrase »Wie mache ich ...« ein, Sie werden staunen, wonach die Leute suchen.

Dialog erhöhen

Greifen Sie die Videokommentare auf, und beantworten Sie diese, oder beziehen Sie Stellung, wenn User Sie mit Vorwürfen konfrontieren.

Targeting

Sie möchten mit Ihren Inhalten eine bestimmte Zielgruppe ansprechen? Machen Sie eine Videoserie (»Webisodes« oder »Diaries«). Veröffentlichen Sie spezielle Videos für eine bisher vernachlässigte Zielgruppe.

Konsistenz

Veröffentlichen Sie Ihre Videos immer am gleichen Tag, z. B. an jedem Mittwoch.

Call-to-Action

Laden Sie die Besucher am Ende des Videos (Endcard) dazu ein, mehr von diesem Content anzusehen, das Video zu liken und Ihrem YouTube-Kanal zu folgen. Leiten Sie sie auf Ihre Website, um dort mehr über das Projekt/die Marke zu erfahren oder sie zum Kauf zu führen.

Crossmedia

Die Verlinkung innerhalb des Videos ist sehr wichtig für die weitere Verbreitung in Social Media und Earned Media, wie Website, Webshop oder Blog. Nutzen Sie die Annotations-Funktion, die Ihnen YouTube zur Verfügung stellt, und allen Platz im Beschreibungstext des Videos, um Ihre Links zu platzieren. Verwenden Sie keine Bit.ly-Links, sondern am besten eigene Links mit Tracking-Pixel, damit Sie anschließend sehen, wie viele User über genau dieses Video zu Ihrem Onlineshop gekommen sind.

Zusammenarbeit mit Influencern

Für große und kleine Unternehmen ist die Zusammenarbeit mit Influencern unerlässlich. Genauso wie auf Instagram sind auch auf YouTube Influencer ein Garant für hohe Reichweite. Gerade wenn es um Kampagnen geht, führt kein Weg an Influencern vorbei.

Videoseeding

Videoseeding geistert schon seit der ersten Auflage von »Follow me!« in Social Media herum. Gemeint ist damit die optimale Verbreitung des Videos. Denn es genügt nicht, das aufwendig produzierte Video einfach nur auf Ihre Website zu stellen. Was müssen Sie tun? Einmal müssen Sie das Video bei reichweitenstarken Portalen (z. B. Buzzfeed) platzieren, was Aufgabe der Social PR ist. Oder Sie nehmen ganz viel Mediabudget in die Hand und hohe Streuverluste in Kauf. Wenn Sie kein allzu großes Mediabudget haben und Ihre Streuverluste minimieren wollen, nutzen Sie Google AdWords bzw. YouTube-Videoanzeigen für ein zielgerichtetes Targeting und Seeding Ihres Videos. Das Targeting bei YouTube Ads ist dank Googles Datenbasis enorm. Das Targeting ist möglich für folgende Kategorien (kombinierbar):

- Demografie: Sie bewerben Ihr Video zielgerichtet nach Alter, Geschlecht und Familienstatus.

- Interessen: Sie bewerben Ihr Video zielgerichtet nach den spezifischen Interessen der Zuschauer.
- Remarketing: Sie erreichen User, die bereits Kontakt hatten mit dem Video, dem YouTube-Kanal, der Website, der App.
- Placements: Ihr Video wird genau vor einem bestimmten Video oder in bestimmten Kanälen platziert.
- Themen: Sie bewerben Ihr Video video- bzw. kanalspezifisch, d. h. nach den Themen, die der Zuschauer gerade sucht und ansieht.
- Keywords: Sie platzieren Ihr Video zielgerichtet gemäß den Suchbegriffen bzw. Keywords Ihres Videos.

Für ein Video aus der Automobilbranche könnte das Targeting folgendermaßen lauten:

- Interessen:
  - Autoliebhaber
  - Autos und Fahrzeuge → Kraftfahrzeuge → Kraftfahrzeuge (nach Marke) → BMW
- Placements
  - Kanäle und Videos mit Autothemen
  - Kanäle und Videos der Konkurrenz
- Themen
  - Automobilindustrie
- Keywords
  - Sicherheit

4.8.3 YouTube Analytics

Mit YouTube Analytics gewinnen Sie einen Überblick über Ihre Community auf YouTube. Um einen Einblick zu erhalten, klicken Sie in Ihrem YouTube Studio auf ANALYTICS. YouTube liefert Ihnen zunächst eine Übersicht über die Performance Ihrer Videos der letzten 28 Tage. Schauen Sie sich ruhig auch die Performance Ihrer Videos über die Zeit an, indem Sie oben rechts einen längeren Zeitraum (LETZTE 90 TAGE oder DAS BISHERIGE JAHR) anschauen (siehe Abbildung 4.21).

Wenn Sie im linken Menü auf DEMOGRAFIE klicken, sehen Sie, wie Ihre Community beschaffen ist. Sie sehen dann, wie die Geschlechterverteilung in den einzelnen Altersstufen ist und in welchen Teilen der Erde Ihre Videos abgerufen werden (siehe Abbildung 4.22).

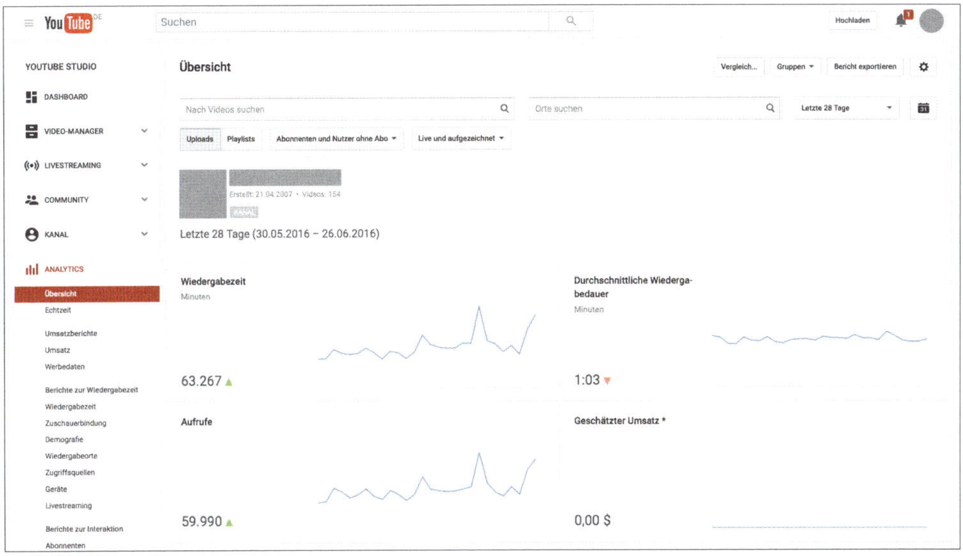

Abbildung 4.21 YouTube Analytics bietet vielfältige Statistiken über die Performance Ihrer Videos und über Ihre Community.

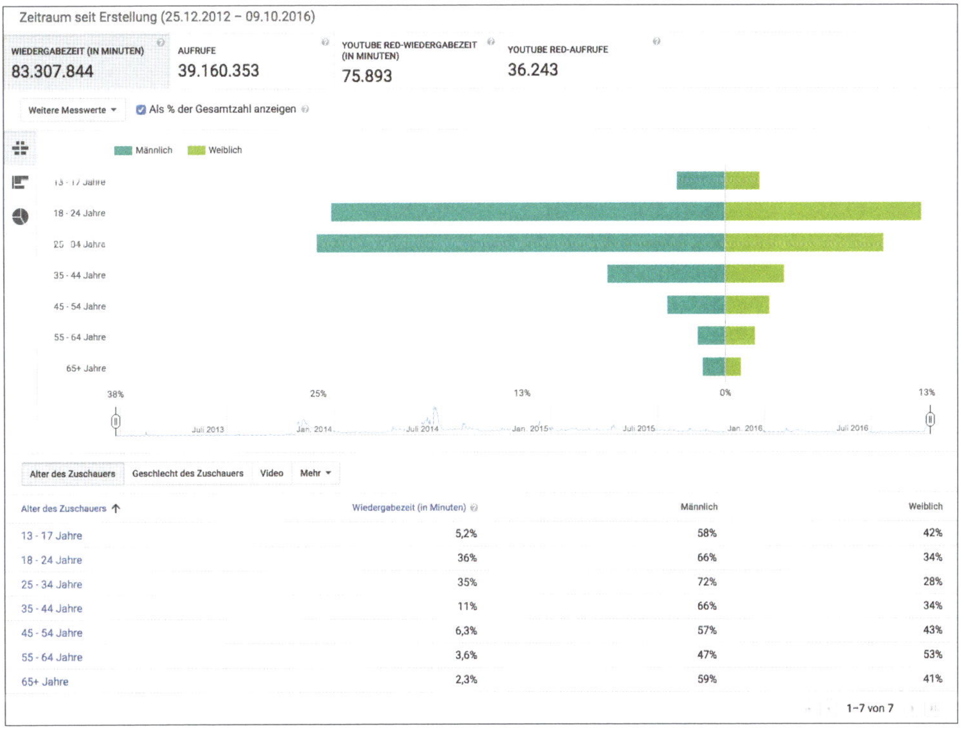

Abbildung 4.22 Mit YouTube Analytics erfahren Sie, welche User Sie bisher ansprechen.

Insights pro Video

Für jedes Video bietet YouTube eigene Statistiken, die sogenannten *YouTube Insights* (siehe Abbildung 4.23). Dieses Tool liefert Ihnen wichtige Informationen über die Entwicklung der Performance des Videos: die Zahl der Videoaufrufe, Top-Länder, geschätzter Umsatz pro Video, Zugriffsquellen, Geschlecht, Wiedergabeorte. Mit all diesen Infos können Sie viel über das Publikum des jeweiligen Videos herausfinden und möglicherweise die Streuung weiter optimieren, also das Video dort platzieren, wo es noch mehr von den gewünschten Usern sehen können und sollen.

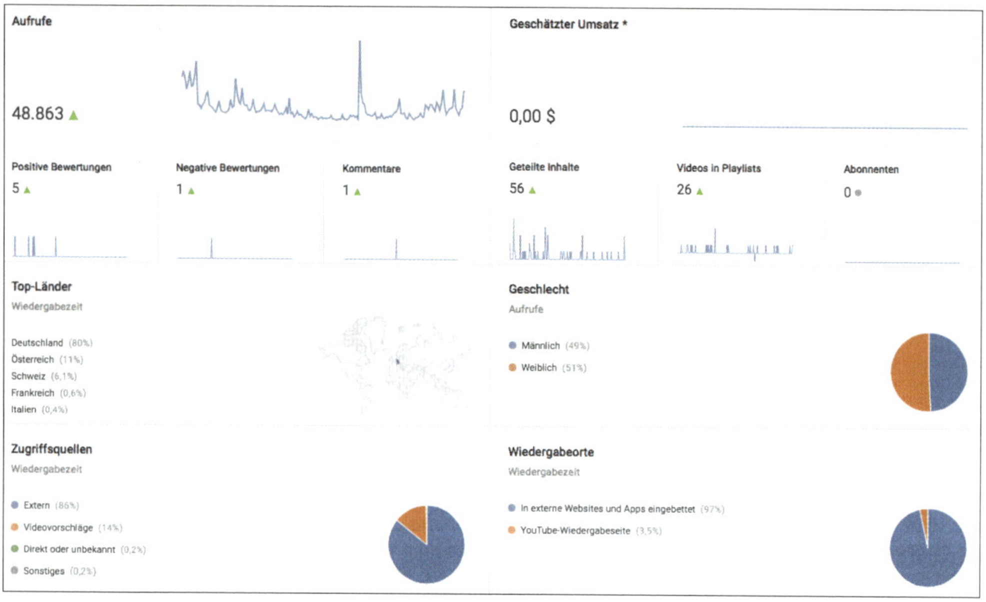

Abbildung 4.23 Die YouTube Insights pro Video

4.8.4 Video-SEO

Um Videos zu verbreiten, müssen Sie mehrere Dinge beachten. Erstens müssen Sie das Video auf die richtigen Videoplattformen (z. B. YouTube, Vimeo) hochladen. Beim Upload werden suchmaschinenrelevante Überschriften und Schlagwörter vergeben, damit Ihr Video in Google besser gefunden werden kann (Video-SEO). Suchmaschinenoptimierung ist vom Grundsatz »Content is King« geprägt. Man geht davon aus, dass mit vielen Inhalten die User im Web abgefangen werden können. Um Websites besser positionieren zu können, werden entsprechende Inhalte mit den relevanten Keywords des Produkts oder der Dienstleistung veröffentlicht. Ziel ist es, im Google-Ranking unter den Stichwörtern möglichst weit vorn zu stehen. Aus diesem Grund erstellt man spezielle Landingpages, die den User direkt zur Angebotsseite führen sollen. Für eine wirksame Suchmaschinenoptimierung sind die richtig verfassten Inhalte (Content) von fundamentaler Bedeutung.

Video-SEO ist die Verknüpfung von Videoinhalten und Suchmaschinenoptimierung (kurz SEO für Search Engine Optimization). Video-SEO hat zum Ziel, dass die Videos im Suchergebnis höher gereiht werden. Die Suchmaschinen haben bereits erkannt, dass Videoinhalte für die User interessant und relevant sind. Deshalb gibt es standardmäßig in Suchmaschinen die Option, sich die Bilder- und Videoergebnisse anzeigen zu lassen. Zusätzlich listet beispielsweise Google Bilder und Videos auf der ersten Suchergebnisseite als Vorschaubild. Solche Suchergebnisse werden häufiger geklickt, da sie mehr Aufmerksamkeit auf sich ziehen als die reinen Textlinks. Damit Videos in Google gut gelistet werden, müssen die Regeln der SEO bei Videoplattformen angewendet werden. Dazu folgt nun mehr.

4.8.5 YouTube-Ranking-Faktoren

Das Ranking eines Videos in YouTube hängt von verschiedenen Faktoren ab (siehe Abbildung 4.24). Dazu gehören onVideo-Faktoren wie Video-Keywords, Titel und Relevanz des Videos, der Einfluss der YouTube-Nutzer (in Abbildung 4.24 User Aktion und Empfehlungen genannt) und die Kanalstärke selbst. Weiterhin tragen folgende Faktoren zur Sichtbarkeit des Videos bei:

- Frequenz: Wie oft wurde das Video in welcher Frequenz betrachtet?
- Bewertungen: Wie viele Likes/Dislikes hat das Video erhalten?
- Playlists: Wie oft taucht das Video in den Playlists anderer User auf?
- Einbindung: Wie oft wurde es auf Websites eingebunden?
- Engagement: Wie viele Videoantworten gibt es? Ist das Video eine Videoantwort zu einem populären Video?
- Reichweite: Wie viele Abonnenten hat der Kanal?

Kanalstärke

Mit dem Aufsetzen eines YouTube-Kanals schaffen Sie die Basis für die Faktoren Vertrauen und Autorität (siehe Trust in Abbildung 4.24). Trust meint Maßnahmen, die das Vertrauen in den Kanal erhöhen, die sowohl zu einem besseren Ranking als auch zu einer besseren Auffindbarkeit führen. Die Darstellung und grafische Aufmachung des Kanals, das Playlist-Konzept und die kontinuierlichen Videouploads tragen dazu bei, dass sich die Anzahl der Video-Views und die Anzahl der Abos erhöhen und vor allem damit YouTube den Kanal als vertrauenerweckend einstuft. Als weiterer relevanter Faktor für die Kanalstärke wird die Verknüpfung des YouTube-Kanals mit einem Google+-Konto angeführt. Diese Verknüpfung können Sie in Ihrem YouTube-Konto einrichten. Die Autorität eines Kanals wird durch Textinformationen, Playlists und externe Links erhöht. Geben Sie in Ihrem YouTube-Kanal daher Links zu Ihrer Website und zu Social-Media-Kanälen an.

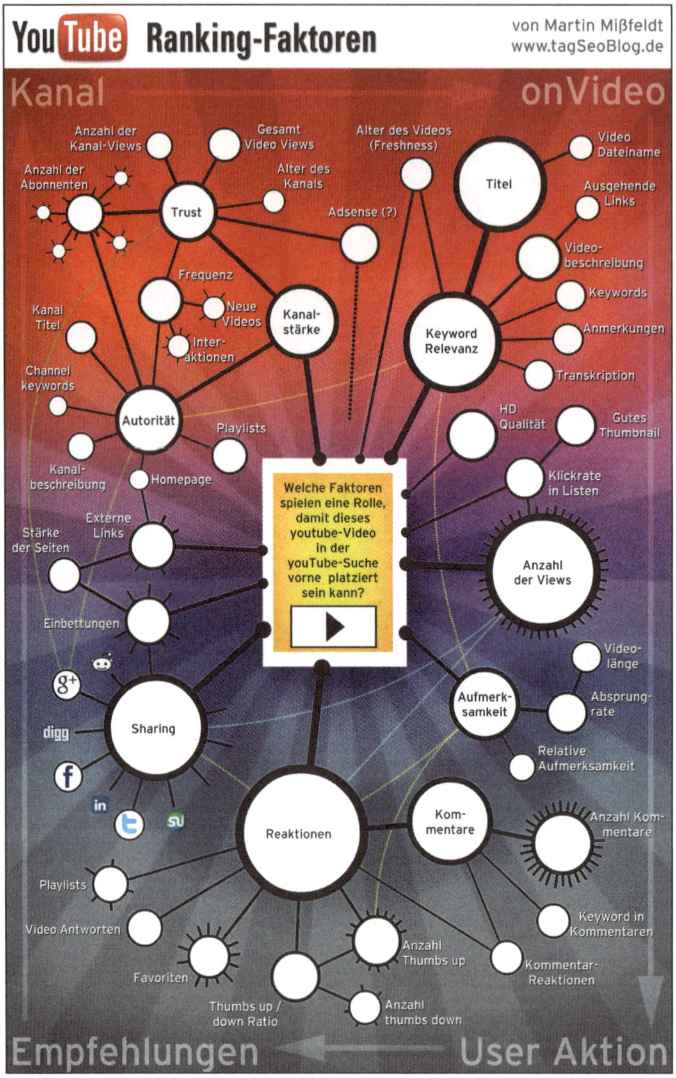

Abbildung 4.24 YouTube-Ranking-Faktoren (Quelle: Martin Mißfeldt, http://www.tagseoblog.de/video-seo-youtube-ranking-faktoren-infografik)

onVideo

Um die Sichtbarkeit des Videos in der YouTube- und Google-Suche zu steigern, müssen Sie onVideo-Maßnahmen ergreifen, also das Video optimieren. Bereits der Name der Videodatei wie auch ausgehende Links tragen zum Ranking des Videos bei. Besonders wichtig bei der Suchmaschinenoptimierung von YouTube-Videos ist die Betitelung, Beschreibung und Verschlagwortung des Videos. Damit im Titel und in der Beschreibung die richtigen Schlagwörter vorkommen, werden die relevanten

Stichwörter in einer Keyword-Recherche ermittelt. Sie werden nachher als Tags übernommen.

4.8.6 Tipps für ein besseres YouTube-Ranking

1. Optimieren Sie auf ein bis maximal drei Keywords.
2. Geben Sie das Haupt-Keyword unbedingt im Titel des Videos an.
3. Der Beschreibungstext sollte etwa 200 bis 300 Wörter lang und verständlich geschrieben sein (keine Schachtelsätze und eine Aussage pro Satz).
4. Platzieren Sie wichtige Links zu Ihrer Website und das Kampagnen-Hashtag relativ weit oben im Beschreibungstext.
5. Platzieren Sie die Neben-Keywords als Zwischenüberschriften im Beschreibungstext.
6. Nutzen Sie eine Top-Headline im Beschreibungstext, die zum Lesen auffordert.
7. Achten Sie auf eine angemessene Keyword-Verteilung im Text.
8. Setzen Sie Variationen des Keywords ein, d. h. Singular, Plural, zusammengeschrieben oder getrennt.
9. Geben Sie die relevanten Keywords als Tags an.
10. Nutzen Sie auch die Keywords in der Playlist-Bezeichnung und -beschreibung

Lassen Sie Ihr Video von YouTube empfehlen

Wenn Sie ein YouTube-Video direkt auf der Plattform ansehen, empfiehlt Ihnen YouTube am Ende des Videos ähnliche Videos und spielt sie direkt ab. Die Basis dieser Empfehlungen bildet unter anderem die Ähnlichkeit zwischen Videotitel, Beschreibung und Tags des gesehenen Videos und anderer Videos auf YouTube. Es wäre doch toll, wenn Ihr Video als Empfehlung zu anderen passenden, besonders beliebten Videos erschiene. Die Betonung liegt dabei auch auf inhaltlich passend: Sie sollten nicht wahllos Tags und Keywords zu Ihrem Video packen, die dem Inhalt des Videos nicht entsprechen. Garantieren kann Ihnen natürlich niemand, dass Ihr neues Video als Empfehlung nach einem beliebten und viralen Video mit Millionen Views tatsächlich erscheint. Aber einen Versuch ist es wert. Vor allem hilft es Ihnen auch bei der YouTube-Suche. Für den Fall, dass Ihr Video tatsächlich einschlägt, schafft es das Video auch auf die YouTube-Startseite unter die beliebtesten Videos, aber dazu brauchen Sie wirklich einen viralen Knaller.

4.9 YouTube-Werbung

YouTube ist mit 1 Mrd. Nutzer weltweit ein reichweitenstarkes Medium und mittlerweile das werbeumsatzstärkste Videoportal der Welt. YouTube ist dazu übergangen, mit Videoanzeigen direkt in den Videos zu werben (z. B. Pre-Rolls vor dem

Video) und mit Werbeformen wie Video-Mastheads seine Plattform als Werbefläche zu vermarkten. Vor den meisten Videos wird Videowerbung geschaltet, die der Nutzer entweder nach 5 Sekunden wegklicken kann oder 20 oder 30 Sekunden ansehen muss, bevor er zum eigentlichen Video gelangt. Allerdings bietet YouTube-Werbung einen entscheidenden Vorteil gegenüber klassischer TV-Werbung: Sie können sie viel granularer aussteuern, also Targeting nutzen. Das geht sogar so weit, dass Sie Ihre Videowerbung vor einem ganz bestimmten Video schalten können.

Da die User soziodemografische Daten wie Alter, Geschlecht und Interessen hinterlassen, kann YouTube die Werbung danach einstellen. Dies bewirkt einen geringeren Streuverlust, der bei klassischer TV-Werbung im Vergleich dazu besonders hoch ist. Im Fernsehen richten sich die Inhalte an eine fast undefinierbare Masse. Auf YouTube können Sie die Zielgruppen direkt nach deren Interessen und Vorlieben ansprechen und somit zielgerichtetes Videoseeding betreiben. Folgende Anzeigenformate können Sie in YouTube nutzen.

4.9.1 Video-Mastheads

Video-Mastheads sind die großen Banner auf der YouTube-Startseite, die sowohl auf dem Desktop als auch mobil angezeigt werden, wenn der User YouTube besucht. Sie sind aufgrund der hohen Reichweite sehr teuer. YouTube verspricht jedoch 100 % Share of Voice. Der Masthead kann mittlerweile auch als dynamische Anzeige (siehe Abbildung 4.25) gebucht werden. Zum Start der neuen Staffel von »Narcos«, warb Netflix mit einem 360°-Masthead.

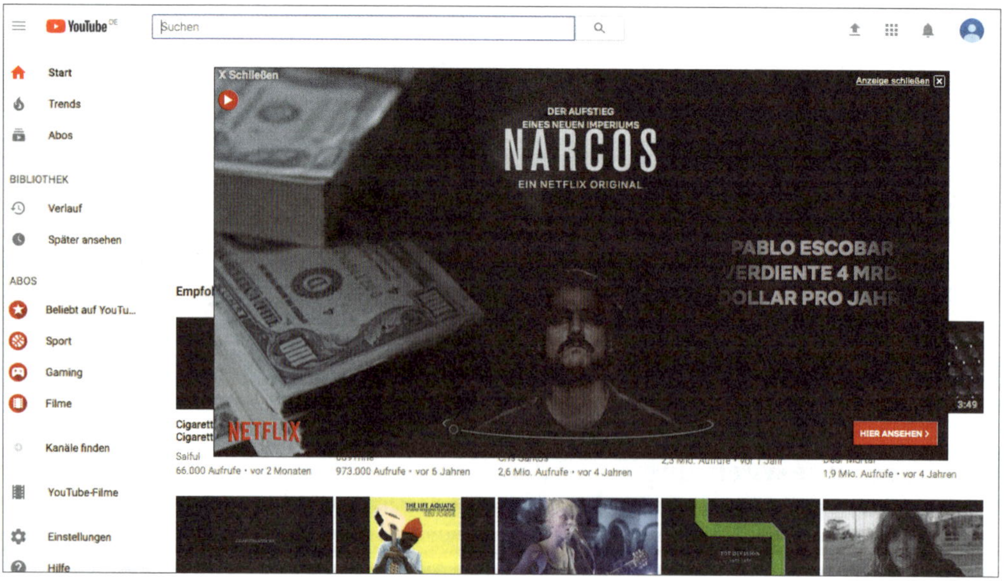

Abbildung 4.25 Masthead bei YouTube

4.9.2 YouTube-Anzeigenformate

Neben dem Masthead bietet YouTube noch weitere Anzeigenformate. Das wohl gängigste Anzeigenformat ist die *überspringbare Videoanzeige*. Sie ist sowohl bei Werbetreibenden als auch bei den Nutzern weitaus beliebter als das Format *nicht überspringbare Videoanzeige*, das die Nutzer als extrem nervig empfinden. YouTube will sie deshalb 2018 abschaffen und gab 2017 bekannt:

»As part of that, we've decided to stop supporting 30-second unskippable ads as of 2018 and focus instead on formats that work well for both users and advertisers.«

Displayanzeigen

Displayanzeigen werden rechts neben dem Video (❶ in Abbildung 4.26) und über der Liste der Videovorschläge platziert. Bei größeren Videoplayern können diese Anzeigen unter dem Player eingeblendet werden. Plattform: Desktop-Computer; Spezifikationen: 300 px × 250 px oder 300 px × 60 px.

Overlay Anzeigen

Halbtransparente Overlay-Anzeigen werden im unteren Bereich von Videos eingeblendet (❷ in Abbildung 4.26). Plattform: Desktop-Computer; Spezifikationen: Bild- oder Textanzeigen (468 px × 60 px oder 728 px × 90 px).

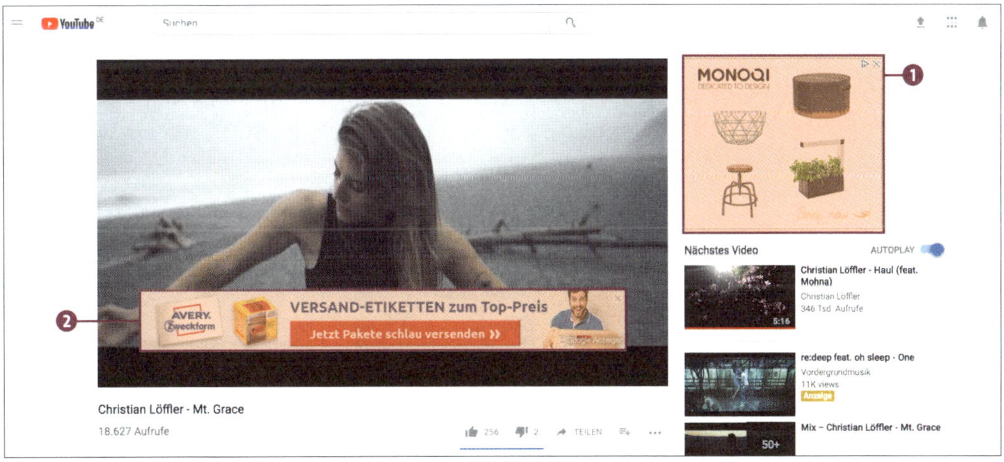

Abbildung 4.26 Displayanzeigen (1) und Overlay-Anzeigen (2) bei YouTube

Überspringbare Videoanzeigen

Überspringbare Videoanzeigen kann der Nutzer nach 5 Sekunden wegklicken. Die Wiedergabe der Videoanzeige erfolgt im Videoplayer. Diese Anzeigen werden vor (Pre-Roll), während (Mid-Roll) oder nach dem Hauptvideo (Post-Roll) geschaltet.

Plattform: Desktop-Computer, Mobilgeräte, Fernseher und Spielekonsolen; Spezifikationen: Wir empfehlen Ihnen eine Länge von 20 Sekunden (maximal 60 Sekunden). Zusätzlich können Sie ein optionales Companion-Banner buchen (❶ in Abbildung 4.27) und einen CTA-Button (❷ in Abbildung 4.27).

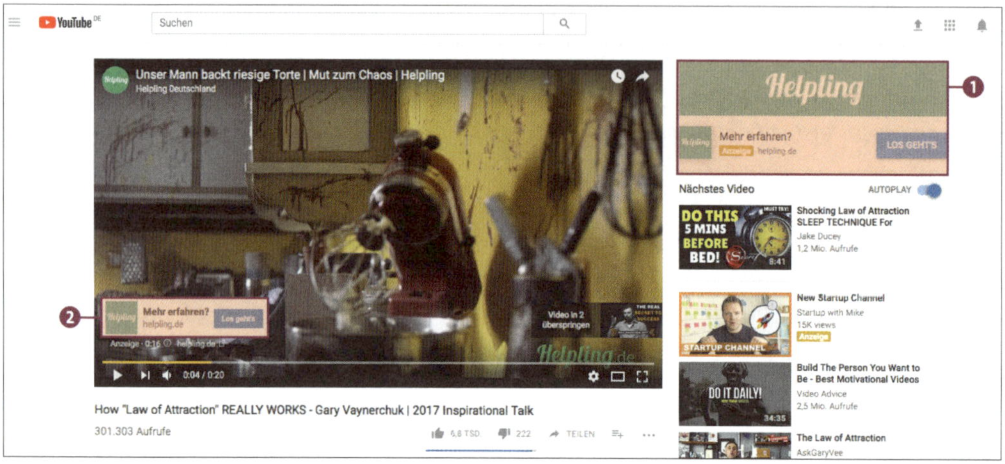

Abbildung 4.27 Beispiel für eine überspringbare Videoanzeige bei YouTube

Sonderform 360°

Auch als 360° lassen sich Videoanzeigen bei YouTube schalten, wie es beispielsweise Columbia Sportswear mit seiner 360°-Videoanzeige »Passing the Torch« gemacht hat (*http://youtu.be/NmGOQuSDFmM*, siehe Abbildung 4.28). Durch den Klick auf das Feldsymbol oben links im Video kann der User durch das 360°-Video navigieren.

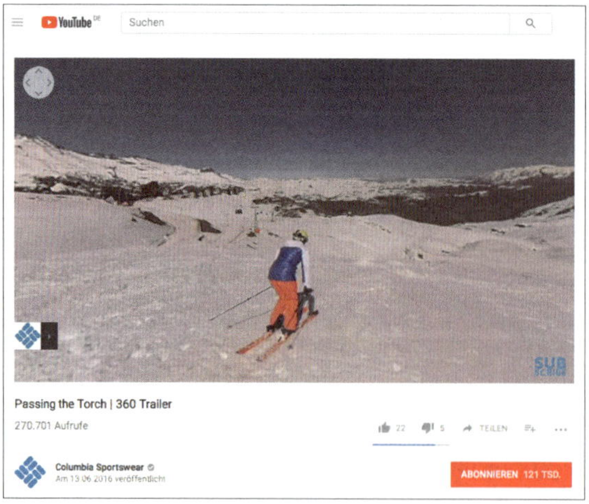

Abbildung 4.28 Beispiel für eine 360°-Videoanzeige bei YouTube (Quelle: http://youtu.be/NmGOQuSDFmM)

Nicht überspringbare Videoanzeigen

Noch können Sie nicht überspringbare Videoanzeigen buchen, womit Sie dem Nutzer die Anzeige mehr oder weniger aufs Auge drücken. Sie müssen also selbst entscheiden, ob Sie den User mit Ihren Videos penetrieren oder es ihm freistellen wollen, ob er Ihnen zuhört. Nicht überspringbare Videoanzeigen sind teurer als die überspringbaren Videoanzeigen. YouTube empfiehlt eine Höchstlänge von 20 Sekunden.

Bumper Ads

Eine echte Alternative zu nicht überspringbaren Videoanzeigen sind *Bumper Ads*, mit denen Sie sich schnell und wirkungsvoll präsentieren können. Eine Google-Studie aus dem Jahr 2017 zeigt: Bumper-Anzeigen führen zu einer signifikanten Steigerung der Anzeigenerinnerung. Google hatte 605 Kampagnen untersucht und festgestellt, dass die Anzeigenerinnerung durch Bumper-Videos positiv beeinflusst wird. Neun von zehn Bumper-Anzeigen führten zu einer signifikanten Steigerung der Anzeigenerinnerung, durchschnittlich erhöhte sich der Wert um 38 %.[5]

Bumper Ads sind nicht überspringbare Videoanzeigen mit einer Länge von maximal 6 Sekunden, die vor der Wiedergabe des Videos angesehen werden müssen. Die Herausforderung dieses Videoformats besteht natürlich darin, in 6 Sekunden zu überzeugen UND einen Call-to-Action zu platzieren. Konzentrieren Sie sich deshalb auf eine klare Botschaft mit kurzen Videosequenzen oder Highlights aus dem Kampagnenvideo. Nutzen Sie dabei nicht zu viel Text. Bumper Ads können Sie vielseitig einsetzen, z. B. als Kampagnenteaser für ein längeres Kampagnenvideo oder als Teil Ihrer Mediastrategie in Kombination mit Print und OOH-Kampagnen.

Best Practices:

- Die Supermarktkette Asda zeigte in 6 Sekunden die Kickversuche zweier Geschwister und bewarb damit sein Outdoorspielzeug: *http://youtu.be/3RkyieqcOBE*.
- Corona fügte in seinem 6-sekündigen Slow-Motion-Video weitere Effekte hinzu und fusionierte die Wasserspritzer im Video mit der Grafik seiner Bierflasche (siehe Abbildung 4.29): *http://youtu.be/cgxCica4dfE*.

Weitere Best Practices finden Sie im YouTube Leaderboard für Bumper Ads, das regelmäßig die Top 20 der weltweit besten 6-sekündigen YouTube-Werbevideos kürt, *http://bit.ly/LeaderboardBumperAds*. Sie können Bumper Ads für Desktop- und Mobilgeräte buchen.

---

5 ThinkwithGoogle, 2017, »Aufmerksamkeit in 6 Sekunden: Bumper Ads richten sich nach den Sehgewohnheiten des Publikums«: *http://www.thinkwithgoogle.com/intl/de-de/marketing-kanaele/youtube/bumper-anzeigen-auf-youtube-kleine-geschichten-mit-grosser-wirkung/*

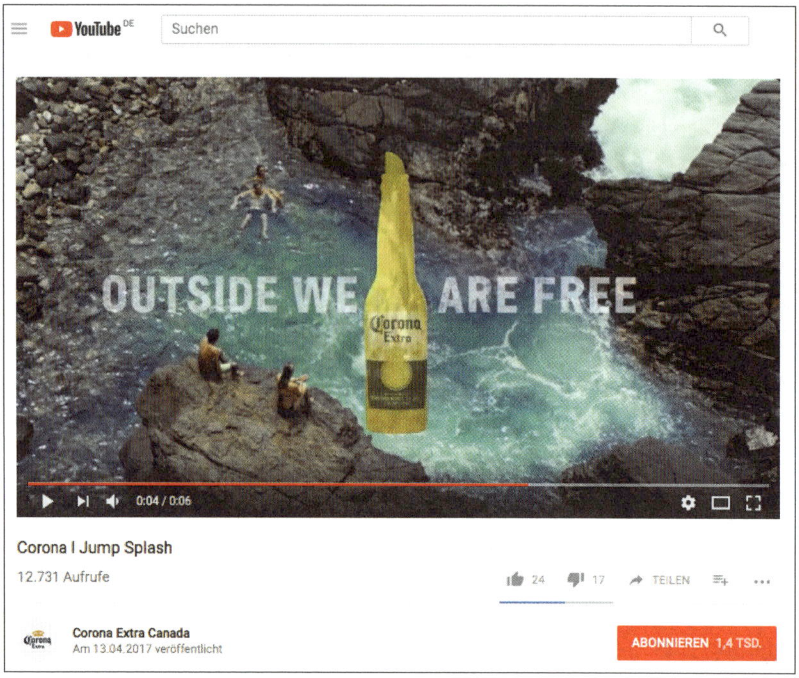

Abbildung 4.29 Kreativer Ansatz: Bei dem Bumper Ad von Corona verschmelzen Video und Grafik. (Quelle: http://youtu.be/cgxCica4dfE)

TrueView-Videoanzeigen

TrueView-Videoanzeigen können Sie über Google AdWords buchen und dadurch sehr granular targeten. Wenn Sie also eine Videoanzeige vor einem ganz bestimmten (reichweitenstarken) Video schalten wollen, gehen Sie über TrueView.

Eine Optimierung ist hinsichtlich der *Gebote* (d. h. CPC, Cost per View), Demografie, *Interessen* (d. h. Zielgruppen mit gemeinsamen Interessen oder kaufbereite Zielgruppen), des Video-Remarketings, *Placements* (d. h. YouTube-Kanäle, YouTube-Videos, Websites) und der *Themen* (z. B. Automobil), *Keywords*, *Ausschlüsse* möglich. Anders als beim CPM-Preismodell (Cost per Mille, d. h. Kosten für 1.000 Impressions) fallen bei der Schaltung dieser Anzeigen nicht jedes Mal Kosten an. YouTube wirbt also 5 Sekunden lang kostenlos für Ihre Marke oder Ihr Unternehmen, erst danach können tatsächlich Kosten anfallen. Ein View bei diesen Videos wird erst ab 30 Sekunden gezählt oder wenn der User mit dem Video interagiert, z. B. auf den Call-to-Action, auf Infokarten und Companion-Banner klickt. Wichtig bei diesen Videoanzeigen ist die Konzeption des Videos. Aufgrund des starken Targetings, das Sie in jedem Fall ausnutzen sollten, sehen nur diejenigen Nutzer diese Videoanzeige, die auch wirklich neugierig darauf sind. Sie lenken den Nutzer mit Ihrem Video ab, ohne dass er es als störend empfindet. Dafür muss das Video ihm dann aber auch einen Mehrwert bieten. YouTube empfiehlt im Übrigen längere Produktdemos, Kundenmeinungen oder Anleitungsvideos.

Bei den TrueView-Videoanzeigen gibt es ebenfalls mehrere Anzeigenformate:

- In-Search-Anzeigen: Die Videoanzeige erscheint über oder rechts neben den normalen YouTube-Suchergebnissen.
- In-Display-Anzeigen: Die Videoanzeige erscheint neben Videos auf der YouTube-Wiedergabeseite. Sobald sich ein Nutzer ein Video auf YouTube ansieht, erscheint die Videoanzeige.
- In-Stream-Anzeige: Die Videoanzeige erscheint als Pre-Roll, Mid-Roll oder Post-Roll in YouTube-Partnervideos jeglicher Länge. Die Anzeige läuft 5 Sekunden, dann entscheidet der Nutzer, ob er sie überspringen will oder sich den Rest ansehen möchte.

Nutzen Sie bei der Konzeption Storytelling. Dann werden Sie Erfolg mit diesen Anzeigen haben. Laut YouTube sollten diese Videos eine Länge von mindestens 12 Sekunden und maximal 3 Minuten haben. Das Video muss auf YouTube gehostet werden. Diese Anzeigen sind auch in YouTube-Videos zu sehen, die auf anderen Websites oder in anderen Apps eingebettet sind. Infos zu den Werbemöglichkeiten auf YouTube finden Sie unter *www.youtube.com/advertise*.

Marketing-Take-away: Klickraten bis zu 4 %

15 % bis 45 % der Nutzer überspringen eine Anzeige nicht, sondern sehen sie sich an. Einige Werbetreibende erzielten mit TrueView-In-Stream-Anzeigen Klickraten von bis zu 4 %. Das ist drei- bis viermal mehr als bei anderen Videoanzeigenformaten.

4.10 Exkurs: Weitere Videoplattformen

Neben YouTube gibt es noch ein paar weitere Videoplattformen, die für Ihre Zielgruppe spannend sein könnten. Der Blick über den Tellerrand lohnt sich, wenn Sie sich einmal Vimeo und Tumblr genauer ansehen.

4.10.1 Vimeo

Vimeo ist keine Plattform zur reinen Streuung von Videos oder für klassische Marketingkampagnen, sondern ein zentrales Netzwerk für qualitativ hochwertige Inhalte. Das Portal ermöglicht die Erstellung sogenannter persönlicher Streams, in denen Videos anderer Benutzerprofile gesammelt, kommentiert und bewertet werden können. Das machen sich Videokünstler und Videoprofis aus dem Video- und

Filmbereich zunutze. Vimeo bietet also einen professionellen Rahmen für Filme und Videos mit einem hohen künstlerischen und qualitativen Anspruch.

Tipp: Auch kommerzielle Inhalte auf Vimeo

Was lange Zeit nicht möglich war, hat sich für Vimeo zu einem einträglichen Geschäftszweig entwickelt: die kommerzielle Nutzung der Plattform für Unternehmen. So gibt es nun den kostenpflichtigen Dienst Vimeo Pro. Dort können Sie kommerzielle Videos auf Vimeo hosten und die Darstellung so anpassen, dass man das Hosting von Vimeo nicht erkennt (ein eigenes Logo hochladen oder die Webumgebung äußerlich anpassen). Zudem können die Seiten unter eigenen Domains gehostet werden. Für die nicht kommerzielle Nutzung existiert weiterhin das normale Vimeo.

4.10.2 Vimeo Best Practice

Der Konzern Olympus PEN hat zur Feier des 50-jährigen Jubiläums der Marke PEN die Internet-User über seine Website aufgerufen, eigene Videobeiträge zum Jubiläum zu produzieren und sie entweder auf die offizielle Website oder auf eine der gängigen Videoplattformen hochzuladen, darunter auch Vimeo (siehe Abbildung 4.30). Da es sich bei den Videos um von Usern selbst erstellte und hochgeladene Beiträge handelte, ging das mit den Vimeo-Richtlinien konform.

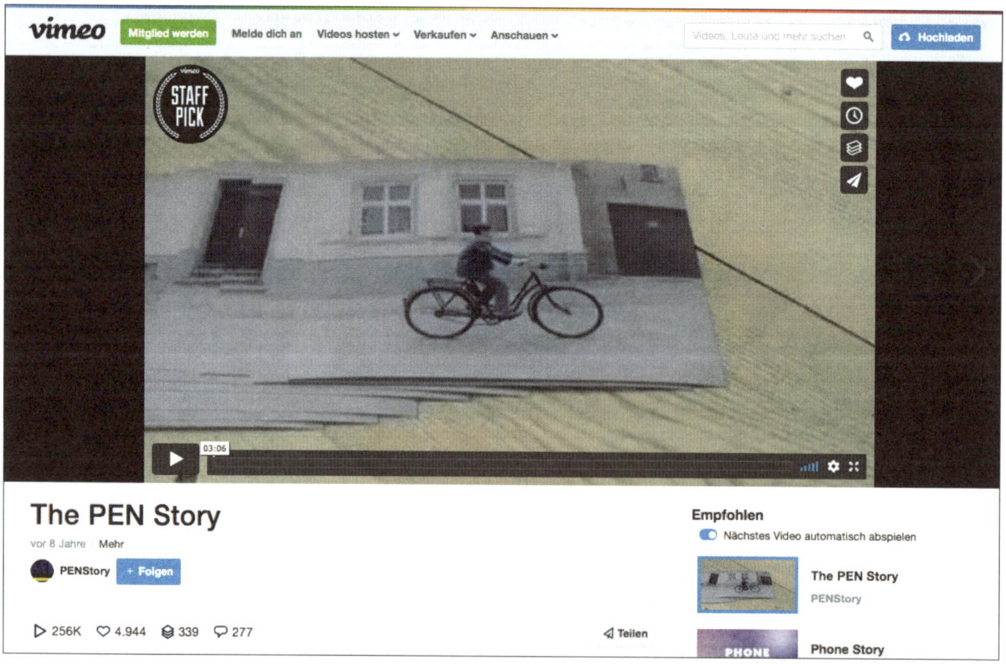

Abbildung 4.30 »The PEN Story« erzielte über 250.000 Video-Views auf Vimeo. (Quelle: http://vimeo.com/5520752)

4.10.3 Tumblr

Tumblr ist eine Bilder-, GIF- und Video-Plattform und streng genommen eine Blogsoftware. Es gibt ca. 250 Mio. Tumblr-Blogs, 100 Mio. Beiträge werden täglich bei Tumblr geteilt. Tumblr ist bei Jugendlichen beliebt, die meisten Nutzer sind unter 20, und 74 % nutzen es auf ihren mobilen Endgeräten. Bei den Nutzern ist ein Content-Mix aus Rebloggen und eigenen Bildern beliebt. Das Rebloggen ist bei Tumblr sehr wichtig. Ein Tumblr-Blog ist oft als reines Reblog konzipiert, bei dem ausschließlich Inhalte geteilt werden, ohne eigene einzustellen. Viele User nutzen Tumblr auch als Fototagebuch. Besonders oft werden GIFs auf Tumblr geteilt. Sie machen 90 % des Contents aus. Das Bemerkenswerte an Tumblr ist das lange Engagement, das weitaus größer ist als bei anderen sozialen Netzwerken. Die User verbringen mitunter Wochen in Tumblr, wenn sie einmal begeistert sind. Unternehmen, die in Tumblr aktiv werden wollen, müssen den Content gut auswählen. Das verlangt viel Arbeit bzw. ein permanentes Recherchieren nach interessanten GIFs. Das macht viel Spaß – leider fehlt vielen Unternehmen dafür jedoch die Zeit neben all den anderen sozialen Netzwerken. Für manche Unternehmen kann Tumblr jedoch eine wahre Content-Nische darstellen, denn das Netzwerk erlaubt einiges mehr als z. B. Facebook.

4.11 Webinare

Webinare sind eines der wichtigsten Tools, um Ihre Produkte und Dienstleistungen online zu verkaufen. Egal, ob Sie Coach, Fitnesstrainer oder Lösungsanbieter im B2B-Bereich sind, mit Webinaren sollten Sie sich unbedingt beschäftigen. Eines der Best Practices ist Kayla Itsines, *http://www.kaylaitsines.com*, eine Fitnesstrainerin, die online Mitgliedschaften für ihre Fitness-Programme verkauft. Das Ganze natürlich im kostenpflichtigen Abo! Die beiden wichtigsten Vorteile von Webinaren liegen in ihrer Langlebigkeit und hohen Skalierbarkeit. Mit Webinar-Software können Sie Ihre Webinare aufzeichnen und auf YouTube, Facebook usw. hochladen und monetarisieren. Das heißt: Sie ködern Ihr Zielpublikum mit einem kostenlosen Webinar, zeichnen es auf und bieten es als Online-Kurs gegen Geld an.

4.11.1 How-to Webinar

Um das zu erreichen, was Kayla geschafft hat, müssen Sie sich fragen, *was* Sie erreichen möchten und *wie* Sie das erreichen möchten. Sie brauchen ein wettbewerbsfähiges Produkt oder eine Dienstleistung, die Sie neuartig, innovativ und unterhaltsam in Social Media präsentieren. Machen Sie sich also über Ihre Positionierung Gedanken und wie Sie zu Ihrem Publikum sprechen wollen. Sobald Sie sich darüber im Klaren sind, welches exklusive Wissen Sie welchen Zielgruppen in welcher Tonalität anbieten wollen, brauchen Sie nur noch ein Tool, mit dem Sie das umsetzen.

4.11.2 Webinar-Software

Es gibt eine Menge Anbieter professioneller Webinar-Tools, die alle Vor- und Nachteile haben. Wir möchten Ihnen in Tabelle 4.2 einige vorstellen und empfehlen Ihnen zudem, die verschiedenen Anbieter vorab zu testen, damit Sie Ihre passende Software finden. Denn abhängig davon, was genau Ihre Zielsetzung ist, wie viele Teilnehmer Sie gewinnen wollen (100 vs. 10.000 pro Live-Webinar), ob Sie Ihr Logo einbinden und wie viele Co-Moderatoren es geben soll usw., ergibt sich pro Anbieter ein anderes Preis-Leistungs-Verhältnis.

Software	Vorteile	Zusatzfunktionen	Kosten	Nachteile
Webinar Jam	Co-Moderator, individualisierbar, automatische Aufzeichnung, gutes Preis-Leistungs-Verhältnis	Chat, Umfragen, Whiteboard, Upload von Präsentationen, Einbinden von Videos	479 US$ pro Jahr, bis zu 6 Co-Moderatoren, 1000+ Teilnehmer	Auswertung nur über Webinar Jam
Edudip	Serientermine, günstiges Einstiegstool, Test mit bis zu 10 Teilnehmern bis 45 Minuten kostenlos	Chat, Umfragen, Whiteboard, Bildschirm teilen	69 €pro Monat, 1.000 Teilnehmer	nur 1 Moderator, zusätzlich 29 € pro weiterem Moderator
GoToWebinar	Co-Moderator, individualisierbar, gute Ton- und Bildqualität	Chat, Umfrage, unbegrenzte Webinardauer, automatisierte E-Mails	199 US$ pro Monat	hohe Kosten, kein Livestreaming
Zoom	Co-Moderator, Livestreaming YouTube und Facebook, durchdachtes Tool mit Analysefunktion	Whiteboard, Umfragen, Bildschirm teilen	14,99 US$ pro Monat, + 40 US$ für Webinarfunktion für 100 TN, + 100 US$ für 500 TN	Webinar-Funktion extra dazubuchen

Tabelle 4.2 Auswahl verschiedener Webinar-Software

Wir können Ihnen Webinar Jam und Zoom als Webinar-Lösungen empfehlen. Beide bieten ein gutes Preis-Leistungs-Verhältnis mit unterschiedlichen Funktionen.

Tipp: Kostenlose Alternative Google+ Hangouts

Mit Google+ Hangouts sind Videochatkonferenzen möglich, an denen unbegrenzt viele Menschen teilnehmen können, wenn das Hangout als öffentlich deklariert wird. Dann benötigen die Teilnehmer nur den genauen Default-Link zur Konferenz. Die Teilnehmerzahl für Co-Moderatoren ist auf zehn begrenzt, da sonst die Kommunikation unüberschaubar wird. Allerdings empfehlen wir Ihnen nicht mehr als drei bis fünf Co-Moderatoren, da es sonst zu unangenehmen Echos kommt. Die Teilnahme erfolgt per Computer über den Chrome-Browser oder per Smartphone-App, die einzige Bedingung ist ein Google+-Konto. Außerdem ist es möglich, die gesamte Kommunikation aufzunehmen und das Video dann in YouTube zu veröffentlichen. Ist das Video kürzer als 2 Stunden, kann man es in YouTube auch noch bearbeiten und zuschneiden. Google+ Hangouts eignen sich beispielsweise für Gespräche mit Experten, Fragestunden, Interviews usw.

4.11.3 Webinar konzipieren

Wie lange sollte so ein Webinar dauern? Wie lange sollten Sie reden, bis Sie Fragen aus dem Chat aufgreifen? Was ist der richtige Mix aus Vortrag und Diskussion? All das sind Fragen, die Sie spätestens dann beschäftigen, wenn Sie im Webinar sitzen. Deshalb ist es ratsam, sich schon vorher mal ein paar Gedanken darüber zu machen.

- *Kurze Vorstellung und direkter Start ins Thema:* Viele Webinare beginnen mit einer langatmigen Begrüßungsrunde, besonders schlimm ist es bei Live-Webinaren mit Co-Moderatoren. Für das Publikum ist das eine Beleidigung. Vergessen Sie nicht: Ihre Teilnehmer haben sich für Sie Zeit genommen. Manche haben sich extra frei genommen, einige möglicherweise ihr Mittagessen verschoben, andere bleiben noch länger im Büro, um Ihnen zuzusehen. Schwafeln Sie daher zu Beginn nicht lang herum, sondern kommen Sie gleich auf den Punkt. Sagen Sie kurz, wer Sie sind, und sprechen Sie dann das Publikum an.
- *Thematisieren Sie ein Problem:* Ganz richtig. Sprechen Sie ein Problem oder eine Herausforderung Ihres Zielpublikums an, z. B. »Tun Sie sich auch schwer damit ...«, »Kennen Sie das Problem ...«, »Ärgern Sie sich über ...«. Richtig, da wären wir wieder beim Thema Storytelling und der Suche nach einem Konflikt. Thematisieren Sie ein Problem, denn das holt Ihre Zuschauer da ab, wo sie gerade sind.
- *Experte sein:* Nun können Sie Ihren Expertenstatus etablieren und dem Publikum sagen, warum gerade Sie dieses Problem lösen können und um welche Lösungen/Tricks/Hacks/Innovationen es in den nächsten 45 Minuten gehen wird.

Achtung: Gerade bei einem kostenlosen Webinar geht jetzt Fachwissen vor Dauerwerbesendung. Tragen Sie zunächst 40 Minuten Ihr Fachwissen hervor, bevor Sie den Call-to-Action (»Buchen Sie mich für eine Beratung«, »Kommen Sie in meinen Online-Kurs« etc.) platzieren. Der Call-to-Action kommt zum Schluss! Geben Sie so viele Tipps und Tricks wie möglich preis – und wie nötig. Natürlich wollen Sie an dieser Stelle nicht alles verraten (das sollen die Teilnehmer ja im kostenpflichten Online-Seminar erfahren), aber Sie müssen dem Publikum auch ein paar Leckerbissen bieten, damit Sie sie von sich überzeugen. Fokussieren Sie sich auf drei bis fünf Take-aways.

- *Call-to-Action:* Fassen Sie die Take-aways nach 40 bis 45 Minuten noch einmal zusammen und gehen Sie nun zu Ihrem Angebot über. Was lernen die Teilnehmer in Ihrem weiterführenden Online-Kurs? Bieten Sie ein exklusives Angebot (Frühbucherpreis) für die Teilnehmer.

Egal, ob Webinar, Online-Seminar oder Livevideo – früher oder später müssen sich Unternehmen damit auseinandersetzen, und wir raten Ihnen: besser heute als morgen. So oder so geht der Trend eindeutig hin zur Digitalisierung von Dienstleistungen. Warum Sie dann nicht auch gleich zu Geld machen? Webinare sind ein geeignetes Tool, um mehrere Menschen gleichzeitig zu coachen und anschließend – ganz ohne Mehraufwand – zu monetarisieren. Wie das funktioniert? In Kapitel 2, »Social-Media-Strategie«, haben wir bereits über Laura Seiler berichtet. Zwei Jahre lang hat sie über ihren Podcast, ihren YouTube-Channel und Webinare enorm viel Content generiert, den sie nun als Online-Kurs »Rise Up & Shine University« für 329 € pro Person verkauft.

4.12 Fazit

Tauchen Sie ein in die Welt der Social Videos, und werden Sie selbst zum Storyteller! Sie müssen nicht die virale Kampagne des Jahrtausends entwickeln (auch wenn das natürlich toll wäre), um Ihren Inhalten eine entsprechende Verbreitung zukommen zu lassen. Entwickeln Sie eine spannende Geschichte, die es wert ist, erzählt zu werden. Egal, ob Fiktion oder ein reales Fallbeispiel, suchen Sie nach einem guten Grund, eine Geschichte zu erzählen. Wenn es um ein professionelles YouTube-Video geht, holen Sie sich Hilfe bei Agenturen, Filmemachern und Kameraleuten. Oder stellen Sie sich einmal selbst vor die Kamera, und bieten Sie ein Webinar für Ihre Kunden an. Sorgen Sie dafür, dass Ihre Fotos, Videos und andere Inhalte von den Zielgruppen gefunden werden können. Geben Sie dem Content die richtigen und relevanten Keywords mit. Streuen Sie die Inhalte überall da, wo Ihre potenziellen Kunden im Web unterwegs sind. Damit können Sie die Reichweite der Inhalte und Ihrer Message wesentlich steigern.

5 Instagram

Instagram Stories sind das neue Facebook. Sie bieten für Marken, Unternehmen und Selbstständige ein mächtiges Storytelling-Tool, um Reichweite und Aufmerksamkeit zu generieren.

Nutzen Sie Instagram noch nicht, um Ihre Zielgruppen zwischen 18 und 39 Jahren zu erreichen? Dann wird es aber Zeit! Instagram ist ein mobiles Social Network, das 15 Mio. Nutzer in Deutschland nutzen (Stand August 2017). Weltweit zieht Instagram bereits 1 Mrd. angemeldete Nutzer an, davon 300 Mio. täglich aktive Nutzer von Instagram Stories. Ebenfalls interessant: 80 % der Instagram-Nutzer folgen mindestens einem Unternehmen, vorausgesetzt die Inhalte sind relevant und unterhaltsam. Was ist das Besondere an Instagram? Die Social App trifft den Zeitgeist der Generation Z und Y. Sie bietet alles, was sich die Nutzer von einem Social Network heutzutage wünschen: kurzweilige Unterhaltung, Storytelling und Inspiration »on the go«. Das macht sich auch in höheren Interaktionsraten bemerkbar. Bei Instagram sind die Nutzer sehr aktiv und liken und kommentieren um ein Vielfaches mehr als bei Facebook. Laut einer Studie von Forrester erzielen Topmarken bei Instagram eine 58-mal höhere Interaktionsrate pro Follower als bei Facebook und 120-mal höher als bei Twitter.[1]

5.1 Instagram goes Shopping

Immer mehr Unternehmen erkennen, dass man Nutzer mit kleinen quadratischen Bildern, Videos und Instagram Stories erreichen kann. 38 % der B2C-Unternehmen in Deutschland gaben in der Umfrage des Bundesverbandes E-Commerce und Versandhandel (bevh) 2016 an, Instagram für den interaktiven Handel zu nutzen.[2] Eine große Erleichterung für Unternehmen bieten hier die Instagram-Business-Profile. Damit können Sie Ihre Facebook-Seite mit Ihrem Instagram-Profil verknüpfen und den Instagram-Nutzern drei Möglichkeiten zur direkten Kontaktaufnahme bieten

1 Hootsuite, 2016, »Zahlen und Fakten: Was Sie schon immer über Instagram wissen wollten«: *http://blog.hootsuite.com/de/zahlen-und-fakten-was-sie-schon-immer-ueber-instagram-wissen-wollten/*

2 bevh, 2016, »Die Wirtschaftslage im deutschen Interaktiven Handel B2C 2015/2016«: *http://www.bevh.org/uploads/media/160607_Praesentation_Haendlerstudie_.pdf*

(Shop/Wegbeschreibung, Anruf, E-Mail siehe Abbildung 5.1). 25 Mio. Business-Profile existieren bereits weltweit (im Juli 2017 waren es noch 15 Mio.).

Eine weitere spannende Innovation für Händler ist Instagram Shopping. Seit März 2018 gelangen Instagramer direkt per Mausklick zu den angezeigten Produkten auf Bildern und müssen nicht länger den Umweg über die Instagram-Bio gehen (siehe Abbildung 5.1). Diese Funktionalität steht Unternehmen – ganz egal, welcher Größe oder welchen Umsatzes – zur Verfügung, die ihr Business-Profil auf Instagram mit einem Facebook-Shop (z. B. mit Shopify) oder einem Produktkatalog verknüpft haben. Wenn Sie Shopbetreiber sind, hat hier Instagram das ultimative Feature für direkte Sales geschaffen, das Sie sich nicht entgehen lassen sollten. Was müssen Sie als Erstes dafür tun? Ein Business-Profil anlegen. Mehr dazu in Abschnitt 5.3.1, »Legen Sie ein Instagram-Business-Profil an«.

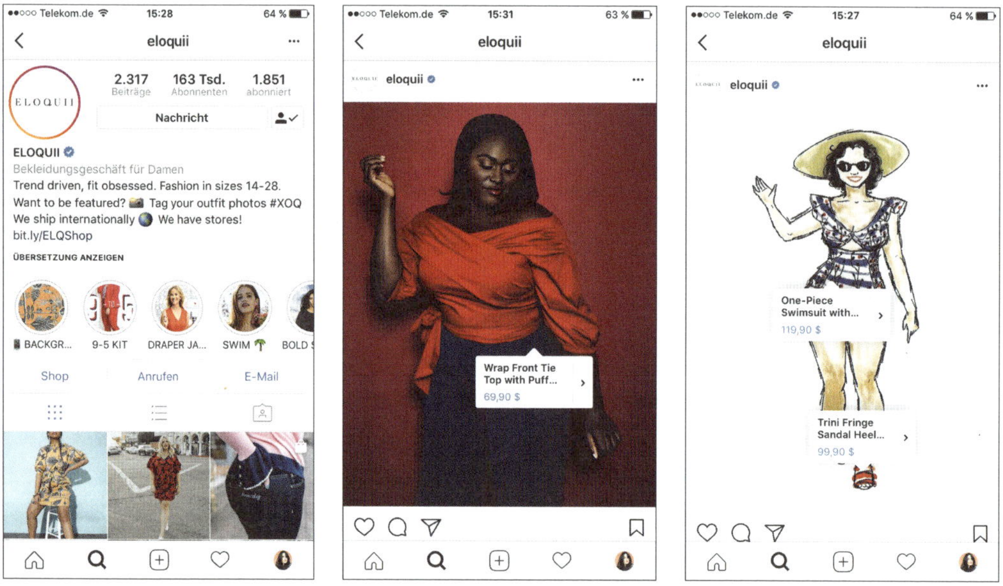

Abbildung 5.1 Seit April 2018 können Händler nun auch direkt Social Selling bei Instagram betreiben. (Quelle: http://www.instagram.com/eloquii)

Die größte Herausforderung bei Instagram besteht aber immer noch: Die externe Verlinkung auf Webseiten, Blogbeiträge und Artikel ist nur für Instagram-Profile ab 10.000 Followern möglich (Funktion SWIPE UP, siehe Abbildung 5.2). Oder Sie sorgen dafür, dass Ihr Instagram-Profil verifiziert wird (»blauer Haken«). Damit wird die Echtheit Ihres Instagram-Profils überprüft, und Sie können die Swipe-up-Funktion auch ohne 10.000 Follower nutzen. Die Verifizierung ist seit August 2018 für Marken, Institutionen und Persönlichkeiten über die Einstellungen im Instagram

Profil möglich (»Verifizierung beantragen«). Voraussetzung dafür ist ein öffentliches Profil mit mindestens einem Beitrag und Profilfoto. Die Verifizierung läuft über Ausweiskopie.

Abbildung 5.2 Beispiele für externe Verlinkung mit »Swipe up«-Funktion in Instagram Stories (ab 10.000 Instagram-Followern)

5.2 Warum Sie auf Instagram aktiv werden sollten

Man könnte ja meinen, dass die Social-Media-Nutzer irgendwann einmal genug von all den Inhalten haben, die täglich auf sie einprasseln. Doch das Gegenteil ist der Fall. Die Menschen lieben Content, und für Bilder, Videos, und Bewegtbild bietet Instagram einfach die beste, leicht zu bedienende App. Zu Beginn hat Instagram vor allem durch seine unzähligen Filter gepunktet, womit die Nutzer ihren Schnappschüssen einen Retro-Look einhauchen konnten. Die Filter für Bilder im Instagram-Feed werden aber immer seltener genutzt. Für Instagramer gilt die Regel »weniger ist mehr«. Sie nutzen Helligkeit, Kontraste und Schatten und setzen dabei meist andere Apps ein, wie z. B. Snapseed oder Lightroom.

Heute sind es die Instagram Stories, die die App für die Nutzer so attraktiv macht. Wenn Sie also auf Instagram erfolgreich werden wollen, sollten Sie im Moment insbesondere Stories posten und darin möglichst oft Umfragen stellen, andere Accounts verlinken, Ihren Standort durch Geotagging markieren und darin Hashtags verwenden. Die Funktionen und Gadgets bei Instagram ändern sich stetig, aber das Ziel ist immer das gleiche: Es geht den Nutzern um die kunstvolle und unterhaltsame Inszenierung ihres Alltags, um ästhetisch ansprechende Bilder und um witzige Stories. Manche Nutzer beherrschen diese Inszenierung so gut, dass Sie zu Berühmtheiten auf Instagram werden, aka Influencer.

5.2.1 Was Sie von Influencern lernen können

Seit Jahren erobern vor allem Models, Musiker, Blogger, Fotografen und Künstler die Plattform. Sobald sie über eine gewisse Reichweite verfügen, spricht man von Influencern. Bekannte Beispiele sind natürlich Models wie Lena Meyer-Landrut (*http://www.instagram.com/lenameyerlandrut*) oder YouTuberinnen wie Bibi (*http://www.instagram.com/bibisbeautypalace*) oder Laserluca (*http://www.instagram.com/laserluca*), die Millionen Follower nach sich ziehen.

Es gibt jedoch auch interessante Beispiele von Künstlern und Fotografen, wie z. B. Lukas Schramm (*http://www.instagram.com/lukasschramm*), Desirée De León, die mit ihrem Instagram-Profil »dcossyle« (*http://www.instagram.com/dcossyle*) alltägliche Gegenstände in Kunstwerke umdeutet. Ähnlich kunstvoll inszeniert Food-Artist Samantha Lee (*http://www.instagram.com/leesamantha*) ihre Bilder (siehe Abbildung 5.3). Um ihre Kinder für gesundes Essen zu begeistern, drapiert sie liebevoll Zutaten, sodass jedes Gericht eine kleine Geschichte erzählt. Über 700.000 Instagram-Nutzer folgen ihren Kunstwerken.

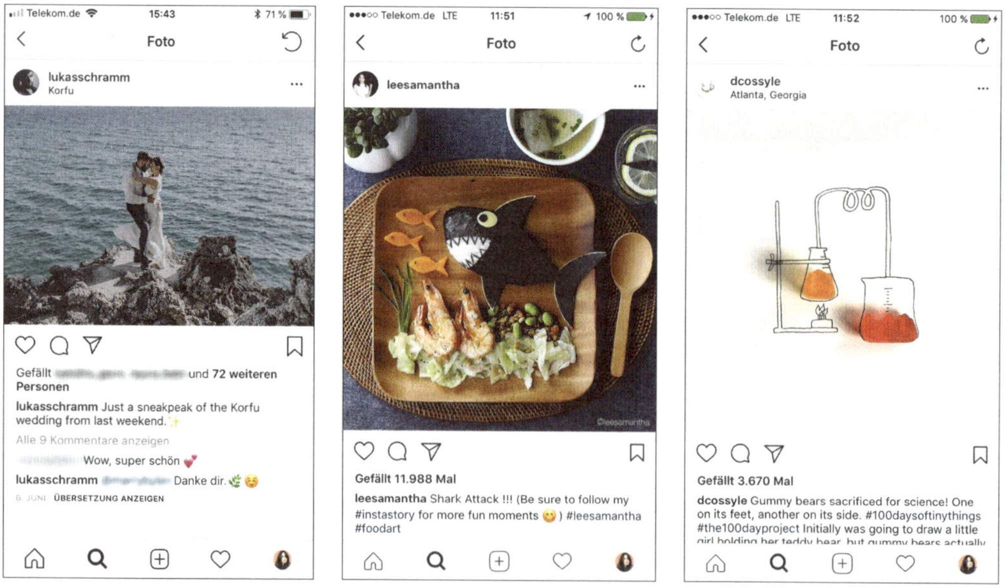

Abbildung 5.3 Auch Fotografen, Künstler und Designer buhlen um die Aufmerksamkeit der Nutzer auf Instagram.

In Deutschland sind in den letzten Monaten vor allem die Instagram-Profile von Musikern und Rappern wie Ufo361, Capital Bra, Bonez MC oder Gzuz gewachsen. Sie legten mitunter ein Follower-Wachstum von über 500 % hin, wie InfluencerDB und Online Marketing Rockstarts herausfanden.[3] Ihr Erfolgsrezept? Sie dokumentieren mit Instagram Stories minutiös ihren Alltag und spielen dabei alle Möglichkeiten und Funktionalitäten durch, d. h. gegenseitige Cross-Verlinkung, gemeinsame Stories mit anderen Influencern, Geotagging, Hashtagging usw.

Eine der spannendsten Influencerinnen in Österreich ist derzeit Madeleine Alizadeh alias @dariadaria_com auf Instagram. Man kann sie sowohl als Influencerin als auch als »Socialebrity« bezeichnen, also als jemanden, der seine Berühmtheit durch soziale Medien erlangt hat. Als Bloggerin und durch den im Netz dargestellten Lebensstil hat sie sich eine Expertise zum Thema Nachhaltigkeit aufgebaut und ist nun begehrte Kooperationspartnerin von Unternehmen. Sie hat viele Freunde in sozialen Netzwerken und ist gut vernetzt. Die Menschen schätzen ihren Rat und vertrauen ihr. Aber sie muss auch achtgeben, ihrer Linie treu zu bleiben und nicht zu viele Kooperationen mit Unternehmen einzugehen, damit ihre Glaubwürdigkeit nicht darunter leidet.

Rechtstipp von Sven Hörnich: Zum aktuellen Verhältnis von Datenschutz- und Fotorecht

Im Vorfeld des Inkrafttretens der Datenschutz-Grundverordnung (DSGVO) gab es eine rege Diskussion zu deren Abgrenzung zum Kunsturhebergesetz (KUG). Letzteres regelt insbesondere in dessen §§ 22 und 23 die Frage, ob ein Bildnis einer Person verwertet (z. B. online gestellt) werden darf. Das Problem ist dabei, dass ein Bildnis einer (erkennbaren) Person zugleich ein personenbezogenes Datum ist. Beide gesetzlichen Regelungen beziehen sich insoweit auf »identifizierbare« Personenbilder, unterscheiden sich jedoch in ihren Rechtsfolgen. Es stellt sich die Frage, ob das KUG von der jederzeitigen Möglichkeit des Widerrufs einer Einwilligung überlagert bzw. die komplette journalistische oder künstlerische Fotografie von Personen damit ausgehebelt werden könnte. Die DSGVO sieht insoweit in Art. 85 Abs. 2 eigentlich eine sogenannte »Öffnungsklausel« vor, die es den Mitgliedsstaaten erlaubt hätte, eine Sonderregelung zugunsten des Journalismus oder auch der Kunstfreiheit zu schaffen. Dies hat der deutsche Bundesgesetzgeber jedoch im Zuge der Neufassung des Bundesdatenschutzgesetzes (BDSG) nicht getan. Umso mehr ist daher eine praxisnahe Entscheidung des Oberlandesgerichts Köln vom 18.06.2018, Az. 15 W 27/18, zu begrüßen. Darin vertritt das OLG Köln im Wesentlichen die Ansicht, dass es keines neuen Gesetzes im Hinblick auf Art. 85 Abs. 2 DSGVO bedurfte, da es das KUG schließlich schon gab. Sich aber darauf zu verlassen, dass alle Gerichte es so sehen werden, dürfte aktuell jedoch vor einer Entscheidung des Bundesgerichtshofes (BGH) »gewagt« sein.

3 OMR, 2018, »HipHop rasiert Instagram: Diese zehn »Influencer« sind 2017 am krassesten gewachsen«: *http://omr.com/de/10-am-staerksten-gewachsenen-influencer-2017*

5.2.2 Das Geheimnis der Influencer

Man kann Influencer Marketing ja lieben (es bringt Reichweite und Sales) oder hassen (es ist unfassbar teuer), und dennoch machen Influencer einiges besonders richtig, wovon Sie lernen können. Um genau diese Geheimnisse herauszufinden, hat die Agentur Jung von Matt/SPORTS in Kooperation mit Brandnew IO eine Influencer-Studie »Behind the Hype« veröffentlicht und darin alle Beiträge von fast 700 Top-Influencern über 2 Jahre auf Instagram untersucht. Die Studie offenbart einige Insights, die sowohl für Instagram-Anfänger als auch alteingesessene Instagramer spannend sein dürften:

- *Länge des Postingtextes (Copy):* Erfolgreiche Instagram-Posts weisen eine lange Copy auf. 35 Wörter gelten als optimal.
- *Punktuation*: Beiträge mit Fragezeichen erreichen statistisch signifikant höhere Interaktionsraten. Stellen Sie also unbedingt Fragen in Ihren Bildunterschriften.
- *Hashtags:* Je erfolgreicher ein Influencer wird, desto weniger Hashtags werden benutzt. Pro-Tipp: Lieber fünf richtig relevante Hashtags als 30 beliebige Hashtags.
- *Timing:* Die ersten 45 Minuten sind entscheidend, ob der Post erfolgreich wird. Am erfolgreichsten sind Posts, die um 18:30 Uhr gepostet werden.
- *Interaktionsraten:* Je jünger die Follower, desto höher die Interaktionsraten. Die höchsten Interaktionsraten gibt es bei den Themen Fotografie und Musik.
- *Sponsored Posts:* Es hat keine negativen Auswirkungen, wenn ein Post als »Sponsored« deklariert wird oder nicht.

Sie können die Studie unter *http://www.influencer-secrets.com/* downloaden.

Rechtstipp von Sven Hörnich: Zum aktuell wohl rechtlichen Hauptproblem des sogenannten Influencer Marketings

Das rechtliche Hauptproblem des sogenannten Influencer Marketings ist nicht neu, aber tritt in dieser Form besonders zutage. Insbesondere die älteren Leser werden sich an alte TV-Formate erinnern, in welchen Gäste eine ganze Sendung lang »am Rad drehten« oder geheimnisvolle »Türchen« öffnen ließen, um sich dann von einem eloquenten Sprecher aus dem Off für ca. 30–60 Sekunden anhören zu dürfen, welch wahnsinnig spannendes, neumodisches, tolles, formschönes oder auch hochtechnisiertes Produkt sie nunmehr ihr Eigen nennen dürften. Gepaart war all dies zumeist nicht nur mit (leicht übertrieben wirkendem) Staunen und Applaudieren seitens des Publikums, sondern auch mit einem durchgängigen Schriftzug »Dauerwerbesendung!«. Auch für Influencer gilt die Verpflichtung, dass werbende Inhalte klar erkennbar sein müssen. Zudem muss unter anderem auch der dahinterstehende Auftraggeber klar identifizierbar sein (siehe unter anderem die insoweit lesenswerten Paragrafen § 6 Telemediengesetz – TMG – sowie § 5a Gesetz gegen den unlauteren Wettbewerb – UWG). Unter diesen Gesichtspunkten dürften eine Vielzahl von Influencer-Marketing-Kampagnen aktuell rechtlich unzureichend gekennzeichnet sein, was im Fall einer Inanspruchnahme teuer werden kann; dies zudem nicht nur für den Influencer selbst, sondern auch für den Auftraggeber oder gegebenenfalls eine zwischengeschaltete Agentur. Der Umfang der Kennzeichnungsverpflichtung hängt dabei vom Medium ab. Der Zusatz »Sponsored by« ist übrigens nach einschlägigen Gerichtsentscheidungen unzureichend.

5.2.3 Instagram Stories überholen Snapchat

Seit dem Launch der Instagram Stories im August 2016 hat sich die Stories-Funktion stark etabliert und innerhalb weniger Monate konnte Facebook mit seinem »Snapchat-Klon« an Snapchat vorbeiziehen. Abbildung 5.4 zeigt, dass im Februar 2017 weltweit schon mehr User Instagram Stories nutzten als Snapchat.

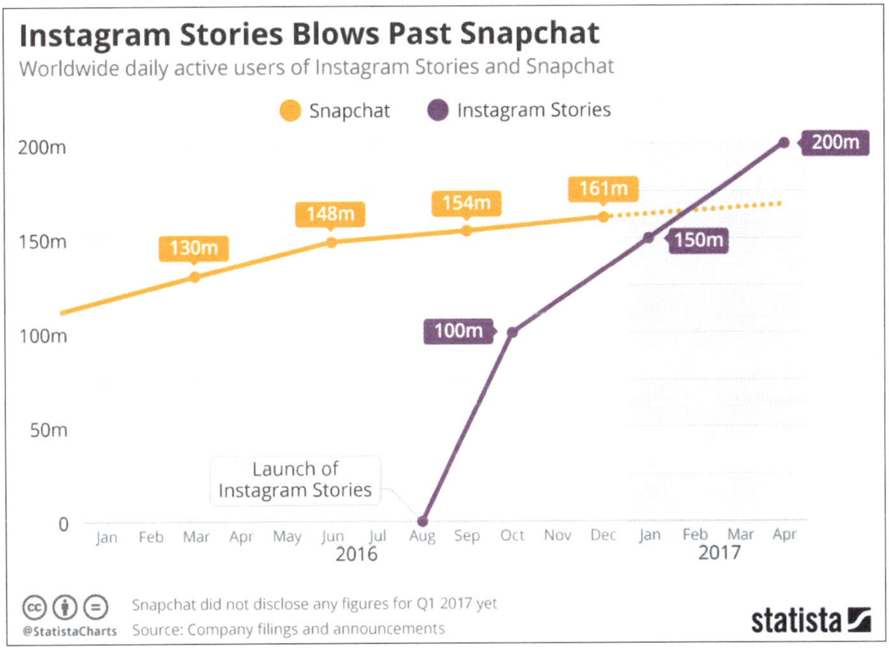

Abbildung 5.4 Instagram Stories ziehen an Snapchat vorbei. (Quelle: http://www.statista.com/chart/9086/daily-active-users-instagram-stories-snapchat)

Ein Drittel der am meisten angesehenen Stories kommen von Marken und Unternehmen. Auch der Ton wird weitaus öfter eingeschaltet als bei Facebook-Videos. Durchschnittlich werden 60 % aller Instagram Stories mit Ton abgespielt.[4]

---

4 Futurebiz, 2018, »Instagram Statistiken für 2017: Nutzerzahlen, Instagram Stories, Instagram Videos & tägliche Verweildauer«: *http://www.futurebiz.de/artikel/instagram-statistiken-2017*

Instagram Stories – das neue Facebook?

Gerade einmal die Hälfte aller Unternehmensprofile auf Instagram veröffentlicht mindestens einmal pro Monat eine Instagram-Story. Instagram Stories sind noch ein neues Format für die User und noch nicht so abgegriffen wie der Feed. Verglichen mit den Postingraten bei Facebook ist der »Content-Druck« bei Instagram Stories also noch gering. Das sollten Sie ausnutzen und täglich eine Story hochladen.

Ein schönes Beispiel für die Nutzung von Instagram Stories ist das Ladengeschäft Nandi mit angegliedertem Onlineshop *http://www.nandistore.com*. Sie nutzen Instagram Stories, um auf neue Produkte und Aktionen hinzuweisen (siehe Abbildung 5.5). Das Schöne an den Stories ist, dass die Fotos anders als im Feed nicht »hochstilisiert« sein müssen. Sie können die verschiedenen Funktionalitäten in den Stories (Boomerang, Superzoom, Fokus, Stop-Motion) nutzen, um Produkte zu highlighten.

Abbildung 5.5 Best Practice der Instagram Stories (Quelle: http://www.instagram.com/nandi.berlin)

Also, worauf warten Sie noch? Starten Sie mit Instagram Stories. Sie sind noch unsicher? Dann folgen Sie erst einmal ein paar Profilen, Influencern und Konkurrenten und schauen, was die so machen. Aber haben Sie Mut. Sie können Ihre Story auch vorab filmen und anschließend hochladen. Wenn Sie sich also verhaspeln, ist das halb so schlimm, und Sie fangen noch einmal von vorn an. Außerdem können Instagram Stories als Highlights gespeichert werden und so den Instagramern noch länger zur Verfügung gestellt werden. Mehr zu Instagram Stories erfahren Sie in Abschnitt 5.4, »Instagram-Storytelling«.

5.2.4 Welche Zielgruppen können Sie bei Instagram erreichen?

Die wichtigste Zielgruppe bei Instagram sind die 18- bis 35-Jährigen. Wenn Sie eine Zielgruppe in diesem Alter haben, führt an Instagram kein Weg vorbei, insbesondere für B2C-Firmen. Die Nutzer unter 25 Jahren nutzen Instagram täglich 32 Minuten im Durchschnitt, bei den über 25-Jährigen sind es 24 Minuten.[5] Aktuelle Studien belegen, dass 80 % der Instagram-Nutzer mindestens einem Unternehmen auf Instagram folgen, 37 % folgen bis zu fünf Unternehmens-Accounts und 32 % der Nutzer sogar noch mehr – rein aus Sympathiegründen. Spannend auch: Zwei von drei Besuchern von Instagram-Unternehmensprofilen sind noch gar keine Follower des Unternehmens, sondern schauen sich die Profile aus reinem Interesse an. Ergo: Die Nutzer schauen sich gerne den Content von Unternehmen an – vorausgesetzt er ist relevant.

Neben Food, Fitness und Musik sind auch Lifestyle-Brands rund um Fashion und Streetstyle auf Instagram sehr beliebt. Blogger, Stylisten, Fotografen buhlen um die Aufmerksamkeit der Instagram-User. Belohnt werden vor allem jene Profile mit Engagement und Follower-Zahlen, die sich authentisch und natürlich zeigen. Doch natürlich bedeutet auf Instagram nicht ungeschönt. Im Gegenteil. Micro-Influencer wie tifmys, stahlpink oder alexandrapolunin (siehe Abbildung 5.6) verwenden viel Zeit und Aufwand auf die Pflege ihrer Instagram-Profile und verbringen manchmal Stunden mit dem Fotografieren und Bearbeiten der Fotos.[6] Nicht selten ist bei erfolgreichen Instagramern ein ganzes Team mit Fotograf, Filmer und Stylist mit am Set. Mehr über Micro-Influencer erfahren Sie in Abschnitt 5.5.1, »Macro- oder Micro-Influencer?«.

Bloggerin und Instagramerin Anna Pillatzki:
»Ich poste täglich mindestens fünf Instagram Stories«

Anna Pillatzki vom Modeblog tifmys (Abkürzung für »This is for my sister«), *http://tifmys.com*, bloggt seit 2 Jahren und nutzt Instagram, um Aufmerksamkeit für ihr Blog zu generieren. Für Instagram investiert sie 7 bis 10 Stunden pro Woche (zwei Shootings pro Woche gemeinsam mit einem Fotografen). Sie empfiehlt, ein bis zwei Posts pro Tag und täglich fünf Stories zu veröffentlichen (also zwei- bis dreimal so viele Stories wie Posts). Wer noch am Anfang steht, sollte ihrer Meinung nach Instagram nicht als alleinigen Social-Media-Kanal etablieren, sondern zusätzlich ein Blog/Vlog oder einen Podcast starten. Der Erfolgsfaktor für Instagram liegt für sie definitiv in der Regelmäßigkeit. Das bringt am meisten organische Reichweite. Bisher setzt Anna noch kein Mediabudget für die Bewerbung ihrer Instagram-Beiträge ein.

---

5 Futurebiz, 2017, »Instagram Statistiken für 2017: Nutzerzahlen, Instagram Stories, Instagram Videos & tägliche Verweildauer«: *http://www.futurebiz.de/artikel/instagram-statistiken-2017*

6 The truth behind instagram photos, 2015: *www.boredpanda.com/truth-behind-instagram-photos-cropping-chompoo-baritone*

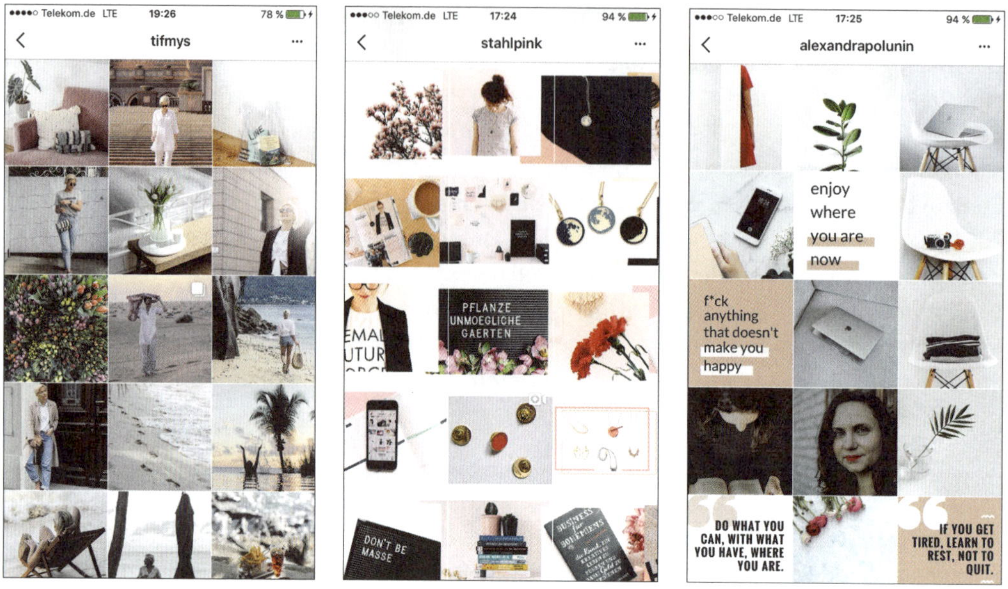

Abbildung 5.6 Eine perfekt arrangierte Handtasche, wunderschöne Schnittblumen, Shootings bei Sonnenuntergängen – im Instagram-Feed inszenieren Instagramer ihren Alltag. (Quellen: http://www.instagram.com/tifmys, http://www.instagram.com/stahlpink, http://www.instagram.com/alexandrapolunin)

5.3 How to Instagram

Damit Sie aus Ihrem Instagram-Kanal das Maximum herausholen, möchten wir Ihnen gleich zu Beginn ein paar Tipps mitgeben. Für viele Unternehmen ist das wichtigste Ziel ein schnelles Follower-Wachstum. Und wir können Sie gut verstehen. Denn die externe Verlinkung in Instagram Stories steht im Moment noch nur Instagram-Profilen ab 10.000 Followern zur Verfügung. Aber das sollte nicht zu blindem Aktionismus führen. Und es gibt auch noch andere Key Performance Indicators (KPIs), die für Instagram wichtig sind: Impressionen, Reichweite, Aufrufe, Klicks.

Falls Sie also darüber nachdenken, Follower zu kaufen oder einen Instagram-Bot einzusetzen, der automatisiert Instagram-Profilen folgt und entfolgt, Posts likt und kommentiert – lassen Sie es. Das künstliche Treiben von Follower-Wachstum schadet im Zweifel Ihrem Ansehen und kann sogar dazu führen, dass Ihr Account von Instagram gesperrt wird. Setzen Sie anstelle von Automatisierungstools lieber auf guten Content mit spannenden Storys, Community Management und Instagram-Ads. Es spricht also überhaupt nichts dagegen, den Content von Instagram-Nutzern, die Ihnen folgen, die ähnliche Hashtags verwenden oder zu Ihrer Zielgruppe passen, zu liken und Ihnen so etwas Aufmerksamkeit zu schenken.

5.3.1 Legen Sie ein Instagram-Business-Profil an

Unternehmen sollten natürlich immer ein öffentliches Business-Profil verwalten, um gefunden zu werden und den vollen Funktionsumfang von Instagram nutzen zu können (Kontaktmöglichkeiten, Statistiken, Instagram-Anzeigen). Die Umstellung auf den Business-Account geht spielend leicht, wenn Sie bereits bei Instagram und Facebook angemeldet sind: Loggen Sie sich über Ihr Handy bei Instagram ein, gehen Sie auf Ihr Profil, und klicken Sie dann oben rechts auf das Zahnradsymbol EINSTELLUNGEN. Wählen Sie ZUM UNTERNEHMENSPROFIL WECHSELN. Verbinden Sie nun Ihr Instagram-Profil mit der dazugehörigen Facebook-Seite. Dazu müssen Sie Administrator der Facebook-Seite sein. Sobald die beiden Konten verbunden sind, werden die Daten automatisch von Ihrer Facebook-Seite auf das Instagram-Konto übertragen. Stellen Sie sicher, dass Sie eine Adresse, eine Telefonnummer und eine Geschäftsadresse angeben, damit Kunden Sie kontaktieren können. Klicken Sie auf FERTIG, und schon haben Sie einen Instagram-Business-Account. Wenn Sie Instagram-Ads schalten oder die Shoppingfunktion nutzen wollen, ist diese Verknüpfung zwingend notwendig.

Nun müssen Sie noch Ihre Instagram-Bio (»Bio« ist die Abkürzung für Biografie und sollte schnell einen Überblick über Ihren Account geben) einpflegen und ein Impressum verlinken. Bei Ihrer Instagram-Bio können Sie auch Emojis verwenden (siehe erstes Bild in Abbildung 5.7).

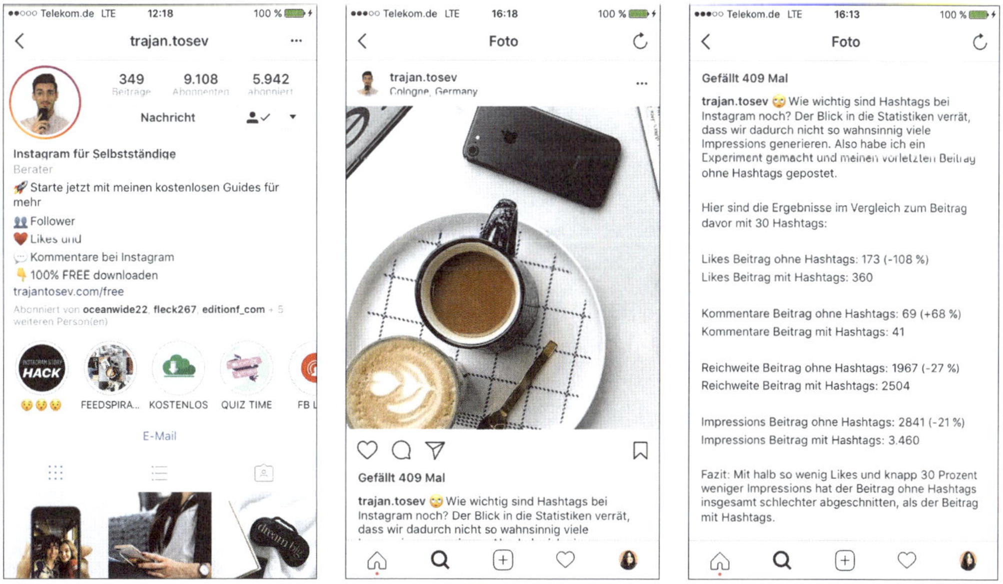

Abbildung 5.7 Einige Instagramer nutzen ihr Profil als Blog und posten sehr lange Texte in der Bildunterschrift. (Quelle: http://www.instagram.com/trajan.tosev)

Tipp: Mehrere Links in der Instagram-Bio platzieren

Die meisten Unternehmen haben ja nicht nur einen Link, den sie platzieren wollen, sondern gleich mehrere (z. B. Website, Onlineshop, Blog, Facebook-Seite, YouTube-Kanal usw.). Mit Linktree, *http://linktr.ee*, können Sie einen Link erstellen, der auf eine Website bei Linktree verlinkt und alle weiterführenden Links anzeigt. So kann der Instagram-Nutzer direkt entscheiden, ob er in Ihrem Shop stöbern oder lieber Ihren YouTube-Kanal besuchen will.

Jetzt können Sie loslegen. Instagram ist kinderleicht in der Handhabung. Sie brauchen keine Speicherkarte, kein Fotobearbeitungsprogramm, sondern einfach ein Smartphone mit der installierten Instagram-App. Sie können Bilder, Videos und Instagram Stories posten und anderen Nutzern folgen – und natürlich können die Bilder und Videos gelikt und kommentiert werden. Manche nutzen Instagram als Hauptkanal zur Kundenansprache und posten dort sehr ausführliche Texte ähnlich wie in einem Blog. Damit lassen sich die Nutzer noch persönlicher und direkter ansprechen. Einziger Nachteil: Bei Google werden die Inhalte dennoch nicht gefunden. Als Ersatz für das Blog kann Instagram derzeit nicht verstanden werden.

5.3.2 Posten Sie täglich hochwertige Inhalte

Hochwertige und relevante Inhalte sind natürlich immer entscheidend für den Erfolg eines Posts. Übrigens werden ein bis zwei Posts pro Tag als Optimum angesehen. Wenn möglich sollten Sie in jedem Fall eine Story pro Tag hochladen.

Stories

Laden Sie Instagram Stories hoch: Erzählen Sie in mehreren kurzen Sequenzen eine Geschichte. Nutzen Sie Sticker (Hashtags, Geotagging, GIFs, Umfragen) für Ihre Story. Mehr dazu in Abschnitt 5.4, »Instagram-Storytelling«.

Bilder

Fotografieren Sie bei gutem Tageslicht, und achten Sie darauf, ein zentrales Motiv auf dem Bild abzubilden. Nutzen Sie die Rasterfunktion, um gerade Bilder zu schießen, oder die App SKRWT im Anschluss, um die Bilder wieder gerade zu rücken. Nutzen Sie die Filter anderer Apps, etwa Cortex Camera und Snapseed, für besseres und strahlenderes Tageslicht und VSCO für die richtigen Filter (besser als Instagram-Filter). Setzen Sie ruhig auch Texte und Zitate bei Ihren Posts ein. Zitate sollten immer auf einem starken Kontrast stehen (siehe Abbildung 5.8).

Trennen Sie die Hashtags von der Bildunterschrift, und veröffentlichen Sie sie in einem separaten Kommentar, das wirkt aufgeräumter und lässt sich besser lesen. Wenn Sie Bilder von anderen Instagramern hochladen (Regrams), schreiben Sie unbedingt den Namen des Urhebers (Instagram-Profils) in die Bildunterschrift (siehe ellegermany rechts in Abbildung 5.8). Generell betreten Sie eine rechtliche Grauzone, wenn Sie fremden Nutzer-Content hochladen. Grundsätzlich ist der Upload von anderem Content nur erlaubt, wenn Sie sich vorab das Einverständnis holen. Bei vielen Firmen ist es jedoch Usus, den Content anderer Instagram-Nutzer unter Nennung des Namens hochzuladen.

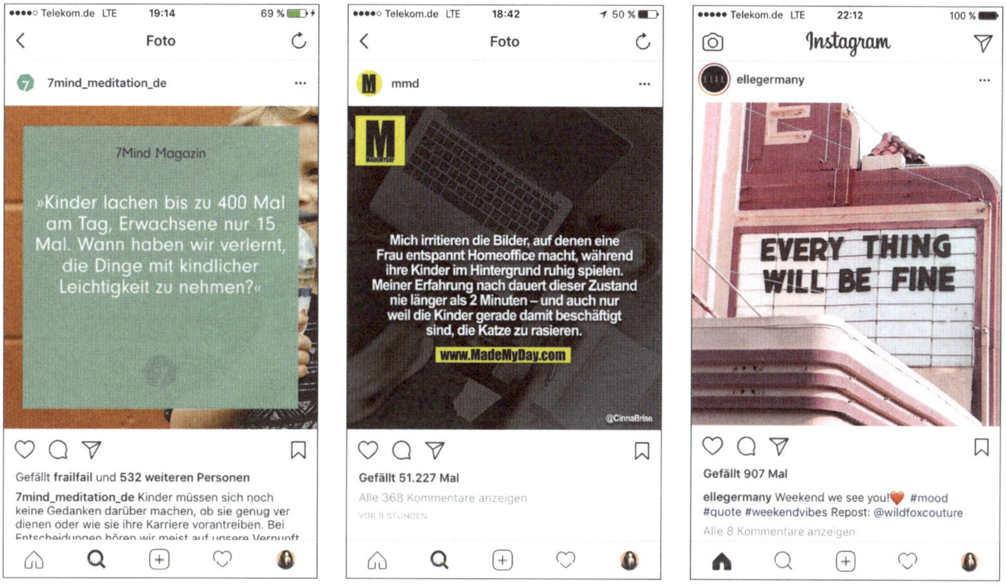

Abbildung 5.8 Beispiele für Typo-Posts bei Instagram

Videos

Sie haben eine neue Produktlinie, oder ein neuer Kurs erscheint demnächst? Nutzen Sie Instagram-Videos für eine kurze Ankündigung. Setzen Sie kreative Videos um, und zeigen Sie ungewohnte Posen, Orte oder Situationen. Veröffentlichen Sie ein Video, das eine Übung, Anleitung, einen Gesichtsausdruck etc. an den verschiedensten Orten der Welt zeigt.

Produzieren Sie Videos, die mit Ihrer Marke in Verbindung stehen. Machen Sie z. B. ein How-to-Video. Egal, ob Sie Müsli oder Werkzeug verkaufen, es ist nur logisch, Videos zu veröffentlichen, wie man sich eine Müsli-Bowl macht oder ein Bett selbst baut. So verbinden Sie zwei Elemente, den aktuellen Food- oder DIY-Trend und Ihr Produkt.

5.3.3 Der Feed als Gesamtkunstwerk

Instagram bietet die perfekte Inszenierung für Ihre Produkte. Und das Beste daran: Nirgendwo sonst lieben die Nutzer Produktbilder so sehr wie bei Instagram. Laut einer Studie von L2 enthielten von 200 untersuchten internationalen Marken die beliebtesten Posts auch Produktbilder (60 %).[7] Die Nutzer scrollen sich bei Instagram also gerne durch Ihre Produktwelt. Aber nur unter einer Bedingung: Sie müssen bei Ihren Bildern das Maximum an Ästhetik zeigen. Verabschieden Sie sich also von der Idee, Ihre normalen Produktkatalogbilder zu posten. Um den Instagram-Nutzern ein möglichst intensives Produkterlebnis bei Instagram zu bieten, inszenieren immer mehr Unternehmen ihren Feed als ganzheitliches Gesamtkunstwerk. Dabei wird immer eine Themenreihe aus drei Bildern kreiert, die eine spezielle Farbwelt und Tonalität zeigt (siehe Abbildung 5.9).

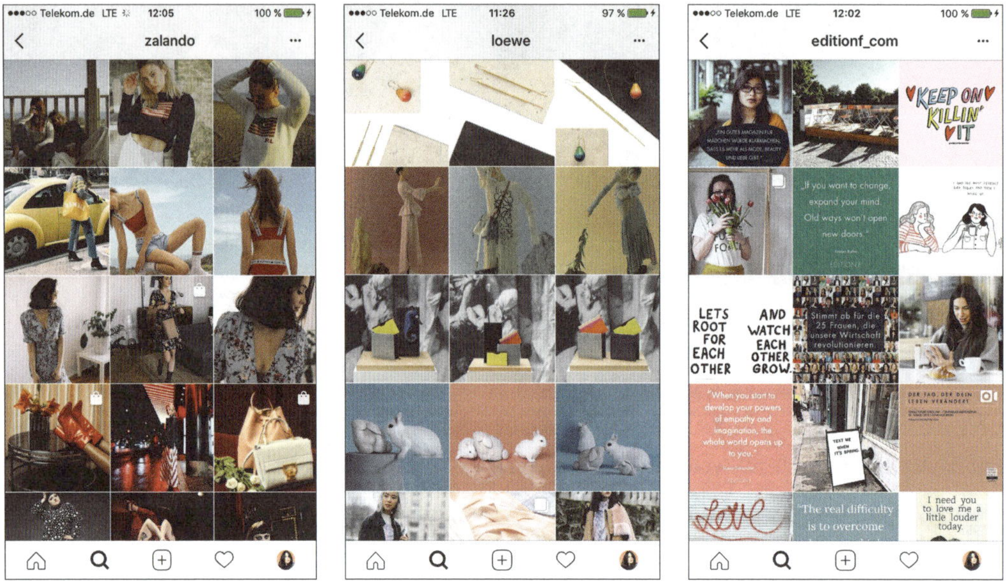

Abbildung 5.9 Zalando, Loewe und EditionF kreieren mit ihrem Instagram-Feed ein Gesamtkunstwerk, das die Nutzer zum Verweilen einlädt. (Quellen: http://www.instagram.com/zalando, http://www.instagram.com/loewe, http://www.instagram.com/editionf_com)

Onlineshops wie Zalando oder Loewe setzen bei ihrer Produktinszenierung auf das Prinzip des Gesamtkunstwerkes. Für Publisher, Blogger und Dienstleister sei es aber empfohlen, Text und Zitate einzusetzen. Im Feed fallen diese Posts mehr auf und können von den Nutzern leichter rezipiert werden. Platzieren Sie also zwischen den Bildern auch unbedingt Zitate wie es EditionF macht (siehe rechts in Abbildung 5.9), *http://www.instagram.com/editionf_com*.

7 Hootsuite, 2016, »Zahlen und Fakten: Was Sie schon immer über Instagram wissen wollten«: *http://blog.hootsuite.com/de/zahlen-und-fakten-was-sie-schon-immer-ueber-instagram-wissen-wollten*

5.3.4 Kostenlose Bilder- und Videodatenbanken

Am besten ist es immer, wenn Sie eigene Bilder und Videos verwenden. Allerdings kann es unter Umständen günstiger sein, Bilder oder Videos einzukaufen. Achten Sie unbedingt darauf, dass die Inhalte zu Ihrer Marke und Bildsprache passen. Folgende Bilderplattformen können Sie nutzen:

- Adobe Spark: Adope Spark ist eine mobile App, die eine Reihe kostenloser Bilder und Text-Overlays zur Verfügung stellt. Auch Instagram Stories lassen sich damit erstellen (animierte Fotos): *http://spark.adobe.com*
- Canva: Kostenlose Bilder, die Sie direkt für das Instagram-Format anpassen können, finden Sie bei Canva: *http://www.canva.com/de_de*
- Stocksnap: Stocksnap bietet eine große Auswahl an Bildern unter Creative-Commons-Lizenz. Sie müssen in der Bildunterschrift den Urheber erwähnen: *http://stocksnap.io*
- Pexels: Ebenfalls eine große Auswahl an Bildern aus verschiedenen Kategorien finden Sie bei Pexels. Auch diese Bilder stehen unter der Creative-Commons-Lizenz: *http://www.pexels.com*
- Unsplash: Bei Unsplash gibt es »Beautyful free images«, die Sie kostenlos verwenden und bearbeiten können: *http://unsplash.com*
- Life of Pix: Life of Pix bietet sehr hochauflösende Bilder, die Sie kostenlos verwenden können: *http://www.lifeofpix.com*
- Life of Vids: Ist das Life of Pix für Videos: *http://www.lifeofvids.com*
- Hyperlapse: Mit der Hyperlapse-App können Sie sehr einfach Hyperlapse-Videos erstellen, also Videos im Zeitraffer. Besonders gut funktioniert das an exponierten Stellen wie Straßenkreuzungen, Berggipfeln oder an einem Ort mit viel Bewegung.
- Ripl: Mit der Ripl-App können Sie Animationen und Slideshows erstellen. Das Tool eignet sich besonders für Veranstaltungsankündigungen.

5.3.5 So erhöhen Sie die organische Reichweite trotz Instagram-Algorithmus

Trotz der Einführung des Algorithmus bei Instagram lassen sich im Durchschnitt 25 % Ihrer Follower noch immer organisch erreichen, während es bei Facebook nur 5 % bis 10 % sind.[8] Nach der Übernahme von Instagram durch Facebook 2012 hatte der Mutterkonzern immer wieder angekündigt, seinen Newsfeed-Algorithmus Stück für Stück für Instagram ausrollen zu wollen. 2017 war es dann so weit

8 *http://www.socialbakers.com/blog/2734-3-data-driven-reasons-why-instagram-marketing-works*

mit der Begründung, dass 70 % der Nutzer die Inhalte im Instagram Feed verpassen. Nun werden die Posts im Feed nicht mehr chronologisch angezeigt, sondern »vorgefiltert«. Mit einem Unterschied zu Facebook: Wenn Sie Ihren Feed immer weiter nach unten scrollen, tauchen am Ende doch noch alle Posts Ihrer Follower auf. Der Instagram-Algorithmus sortiert dabei nach …

- … der Wahrscheinlichkeit, dass Sie der Inhalt interessiert.
- … der Verbindung zur Person.
- … der Aktualität des Posts.

Was können Sie tun, damit Sie eine hohe organische Reichweite erhalten? Das Wichtigste – und das haben viele Unternehmen im Zuge der Professionalisierung von Social Media vergessen – ist es, Fragen zu stellen. Natürlich ist es unumgänglich, qualitativ hochwertige und für die Zielgruppe interessante Posts zu veröffentlichen, aber bei aller Inszenierung und Hochstilisierung der Posts sollten Sie sich im Postingtext immer an Ihrer Follower wenden und Fragen stellen.

Marketing-Take-away: Der Instagram-Algorithmus lernt mit

Der Instagram-Algorithmus lernt in Echtzeit mit und gewichtet die Inhalte ständig neu. Dabei spielt es eine wichtige Rolle, mit wem der Instagram-Nutzer Kontakt hatte, welche Posts ihm gefallen, mit wem er Direktnachrichten austauscht, wonach er sucht und welche Marken, Orte, Produkte er in seinen Posts »hashtaggt«. Interessant ist auch, dass gerade wieder eine Rückwärtsbewegung zur chronologischen Sortierung stattfindet. Nach der Einführung des Instagram-Algorithmus hatten sich die Nutzer echauffiert, und Instagram kündigte im März 2018 eine Neusortierung der Beiträge an. Snapchat zog sofort nach und zeigt nun Beiträge wieder chronologisch.

5.3.6 Erhöhen Sie Ihre Reichweite mit Hashtags

Hashtags spielen auf Instagram eine ganz bedeutende Rolle, da durch sie kommuniziert wird und die Hashtags die Suche nach Bildern ermöglichen. Gibt ein Nutzer beispielsweise den Hashtag #welltravelled in die Suche ein, erscheint in seiner Explore-Ansicht ein Foto- und Videostream in Endlosschleife, der alle Fotos und Videos anzeigt, die genau in diesem Moment mit diesem Hashtag markiert und veröffentlicht wurden. Das jeweils neueste Foto oder Video mit diesem Hashtag wird immer auf Platz 1 dieser Ansicht angezeigt (siehe Abbildung 5.10).

Beliebte Hashtags werden häufig verwendet und haben ein hohes Volumen (3,4 Mio. Beiträge für #welltravelled). Auch wenn die Posts nur wenige Sekunden auf erster Position zu sehen sind und schnell von neuen Posts verdrängt werden, sind Hashtags immer noch gerade für Instagram-Starter eine gute Gelegenheit, um Reichweite für die Posts zu generieren und neue Follower zu gewinnen.

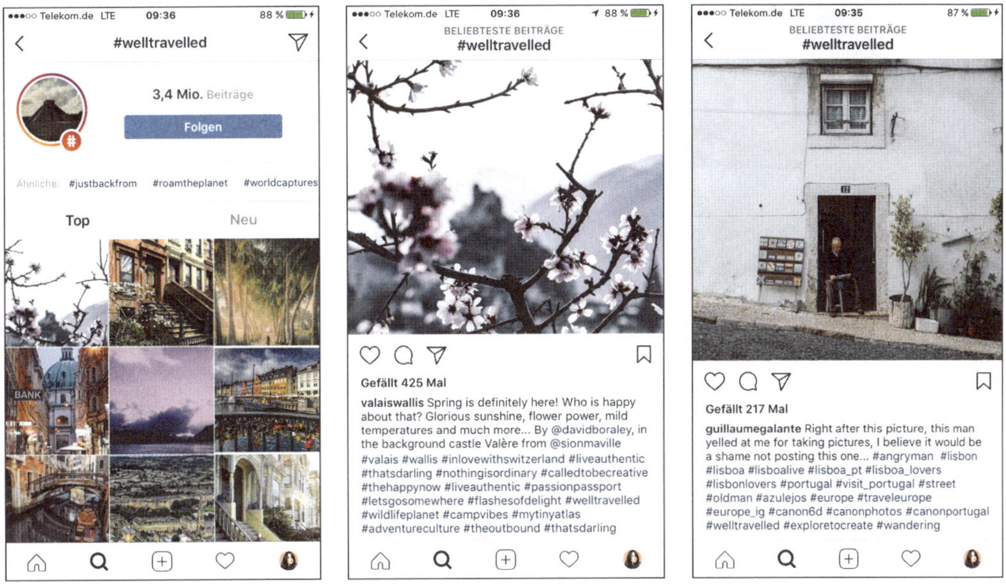

Abbildung 5.10 Über die Hashtag-Suche gelangen Sie zu neuen Nischen-Hashtags.

Die Zahl der Hashtags, die Sie auf Instagram pro Beitrag vergeben können, ist auf 30 begrenzt. Verwenden Sie am besten fünf bis zehn wirklich passende Nischen-Hashtags anstelle von 30 populären Hashtags. Übrigens sind die meisten Hashtags auf Instagram auf Englisch, z. B. #picoftheday #naturelovers, weshalb Instagram gerade für Brands, die international unterwegs sind, so wichtig ist. Wenn Sie ein Unternehmen in Deutschland sind und eine deutsche Zielgruppe haben, schreiben Sie am besten auf Deutsch und nehmen die englischen Nischen-Hashtags hinzu.

5.3.7 Nutzen Sie Nischen-Hashtags

Da die populären Hashtags mittlerweile etwas überstrapaziert sind, ist es nützlich, sich immer wieder neue Hashtags zu suchen, die zu Ihrem Content passen und gerade in der Community angesagt sind. Gerade kleine Instagram-Accounts sollten nicht die populären Hashtags nutzen, sondern mit den richtigen Hashtags ihre Nische finden. Die Nutzer »hashtaggen« sich durch Instagram und entdecken immer wieder neue Bilder und neue Accounts. Verwendet man also sehr beliebte Nischen-Hashtags, dann kann man mit seinen Foto- oder Videobeiträgen seine spitze Zielgruppe erreichen. Nischen-Hashtags mit einem Volumen im fünfstelligen bis unteren sechsstelligen Bereich eignen sich dafür am besten.

Um relevante Hashtags zu finden, können Sie die Website *http://displaypurposes.com* nutzen. Sie geben einen Hashtag ein, und die Website generiert passende Nischen-Hashtags (siehe Abbildung 5.11).

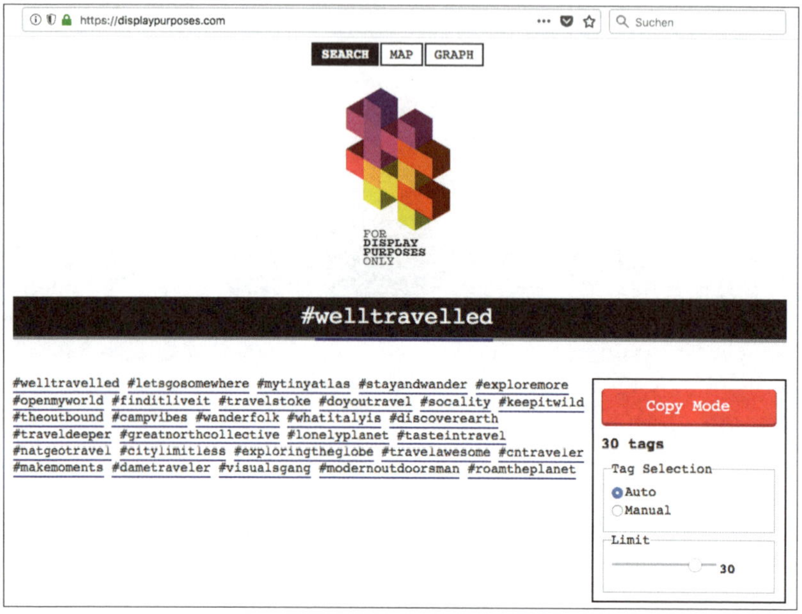

Abbildung 5.11 Mit Displaypurposes finden Sie innerhalb weniger Sekunden relevante Nischen-Hashtags. (Quelle: http://displaypurposes.com)

Finger weg von #Followforfollow oder #Likeforlike

Von Hashtags wie #likeforlike oder #followforfollow, mit denen man bewusst zeigt, dass man nur auf der Suche nach Followern ist, sollten Sie unbedingt absehen. Diese Engagement-Fänger wirken bei professionellen Unternehmensprofilen höchst unseriös.

5.3.8 Generieren Sie User Generated Content

Zwei Posts pro Tag, 60 Posts pro Monat – das erscheint Ihnen ganz schön viel? Das Gute ist, Sie können bei Instagram User Generated Content nutzen und Ihr Profil zum Content-Selbstläufer machen. Marken wie GoPro (*http://www.instagram.com/gopro*), Kapten&Son (*http://www.instagram.com/kaptenandson*) oder BMW (*http://www.instagram.com/bmw*) machen vor, wie Instagram zur Content-Maschine wird, ohne dass Sie viel dafür tun müssen. 70 % bis 90 % der Posts sind *User Generated Content*, d. h. Bilder von Instagram-Nutzern, die z. B. BMW noch einmal postet (siehe Abbildung 5.12). BMW hat dafür den offiziellen Hashtag #BMWrepost eingeführt, mit dem die Instagram-Nutzer ihre Posts taggen können. So kann BMW alle Posts mit diesem Hashtag ansehen, filtern und interessante Nutzer anschreiben. Für eine erfolgreiche User-Generated-Content-Strategie müssen Marken und Nutzer gleichermaßen profitieren. Für die Markenfans ist es eine Auszeichnung, im offiziellen Instagram-Profil ihrer Lieblingsmarke gezeigt zu werden. Durch die

Erwähnung und Verlinkung ihres Instagram-Accounts gewinnen sie außerdem noch ein paar Follower hinzu. Das sind die »5 seconds of fame« für Instagram-Nutzer. Die Marke selbst gibt visuell den Takt vor und muss selbst immer wieder außergewöhnliche Fotos und verschiedene Blickwinkel liefern. Nur so empowern Sie die Nutzer und Fans, originellen Marken-Content für Sie zu produzieren.

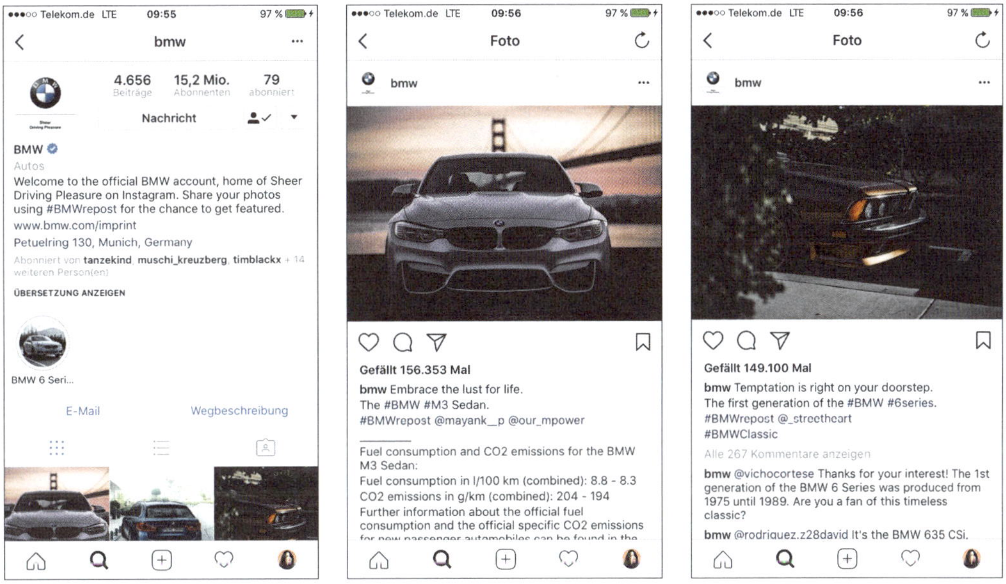

Abbildung 5.12 Jedes zweite Bild ist von Instagram-Nutzern.
(Quelle: http://www.instagram.com/bmw)

Es müssen jedoch nicht nur große Marken sein, für die sich User Generated Content lohnt. Ein weiteres Beispiel ist das Instagram-Profil »I have this thing with floors« (*www.instagram.com/ihavethisthingwithfloors*) aus Amsterdam. Die Userin hatte vor ein paar Jahren begonnen, Fotos von Mustern zu posten und damit einen ganz eigenen Stil von Floor-Photography auf Instagram entwickelt. Mittlerweile lebt der Account ausschließlich von User Generated Content. Die Nutzer machen selbst Fotos und taggen diese mit dem Hashtag #ihavethisthingwithfloors, die dann von der Inhaberin des Profils kuratiert werden.

5.3.9 Shop our Instagram

Wenn Sie User Generated Content haben, ist der nächste logische Schritt, diesen auch auf der Website oder in Ihrem Onlineshop zu zeigen, um die Kaufentscheidung positiv zu beeinflussen. Die Marke Lala Berlin bietet in ihrem Onlineshop unter »Shop Instagram« einen endlosen Feed aus Instagram-Fotos, die direkt mit dem Produkt im Onlineshop verlinkt sind (siehe Abbildung 5.13).

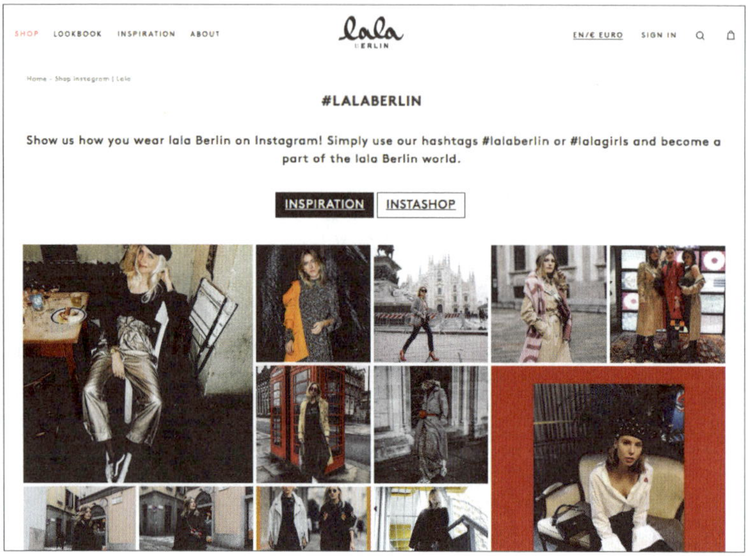

Abbildung 5.13 Im Onlineshop von Lala Berlin können die Nutzer direkt über Instagram shoppen. (Quelle: http://www.lalaberlin.com/shopinstagram)

Der Onlineshop puravida bracelets (*http://www.puravidabracelets.com*), konnte mit der Integration von User Generated Content seine Conversions um 13 % steigern (siehe Abbildung 5.14). Sie nutzen den amerikanischen Anbieter Foursixty, *http://foursixty.com*.

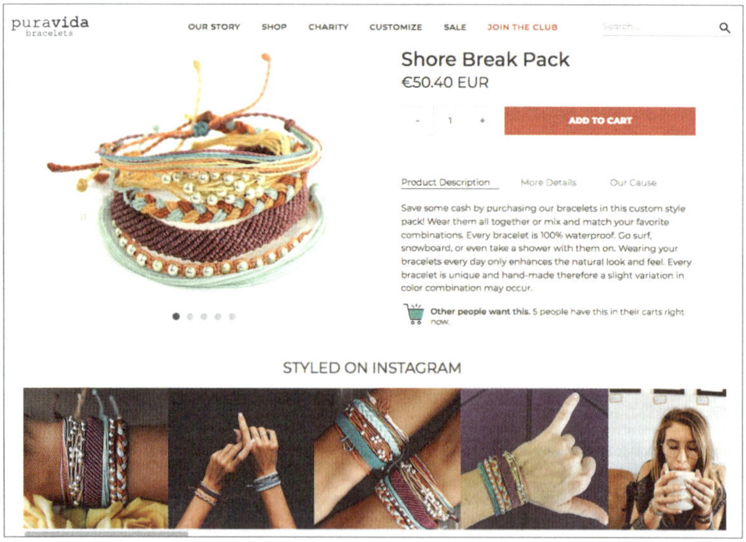

Abbildung 5.14 Der Onlineshop puravida bracelets zeigt zu jedem Produkt die passenden Moods aus Instagram. (Quelle: http://www.puravidabracelets.com/products/shore-break-pack)

In Deutschland setzen viele Unternehmen auf Olapic, um Shopping Gallerys in ihrem Onlineshop zu integrieren (siehe Abbildung 5.15). Olapic ist ein Tool, das automatisch gesetzte Hashtags filtert und dann Anfragen an Instagram-Nutzer zur Verwendung des Bildes schickt. Über ein Dashboard können Sie manuell die Freigabe für anzufragende Bilder erteilen.

Abbildung 5.15 Granit nutzt Olapic für seinen Instashop im Onlineshop. (Quelle: http://www.granit.com/de/granitway)

Übrigens: Um an User Generated Content zu gelangen, können Sie auch in Instagram Stories dazu aufrufen, wie es beispielsweise Foodspring in seiner Story gemacht hat (siehe Abbildung 5.16). Fragen Sie bei der Verwendung des Bildes immer vorher das Einverständnis des Nutzers ab. So sind Sie auf der rechtssicheren Seite.

Abbildung 5.16 Aufruf für User Generated Content bei Foodspring
(Quelle: http://www.instagram.com/foodspring)

5.4 Instagram-Storytelling

Instagram Stories ersetzen zunehmend den Instagram-Feed. Manch einer sagt sogar, Instagram Stories seien das neue Facebook. Instagram Stories sind extrem beliebt, und Sie sollten sich dafür auf jeden Fall eine Strategie überlegen.

Gewähren Sie Einblicke hinter die Kulissen. Auch wenn es für Sie banal erscheint, posten Sie Videos aus Ihrem Alltag, wenn z. B. eine neue Lieferung eintrifft, Sie einen neuen Kunden gewonnen haben, Sie einen zufriedenen Kunden treffen etc. Große Modemarken posten Instagram Stories von Shootings oder dem Backstage-Bereich von Modeschauen, ebenso lässt sich vorzüglich von Events per Videobotschaft berichten. Sei es eine Bootsfahrt am See, das Zusammenstellen der Giveaways, die Eröffnungsrede des CEO – nutzen Sie die Möglichkeit des Storytellings, um die Aufmerksamkeit der User zu erhalten.

5.4.1 Reichweite erhöhen durch Geotagging

Durch Instagram Stories können große wie kleine Unternehmen Aufmerksamkeit und Reichweite für ihr Profil generieren. Mit dem Markieren des Standortes (*Geotagging*, siehe Abbildung 5.17) lässt sich mitunter die Reichweite Ihrer Story verfünffachen und das rein organisch! Mit dem Location-Sticker können Sie ganz einfach den Standort hinzufügen. Standardmäßig erscheint der Standort dann in bunten Lila-Pink-Tönen. Mit einem Doppelklick auf den Standort wird er grau.

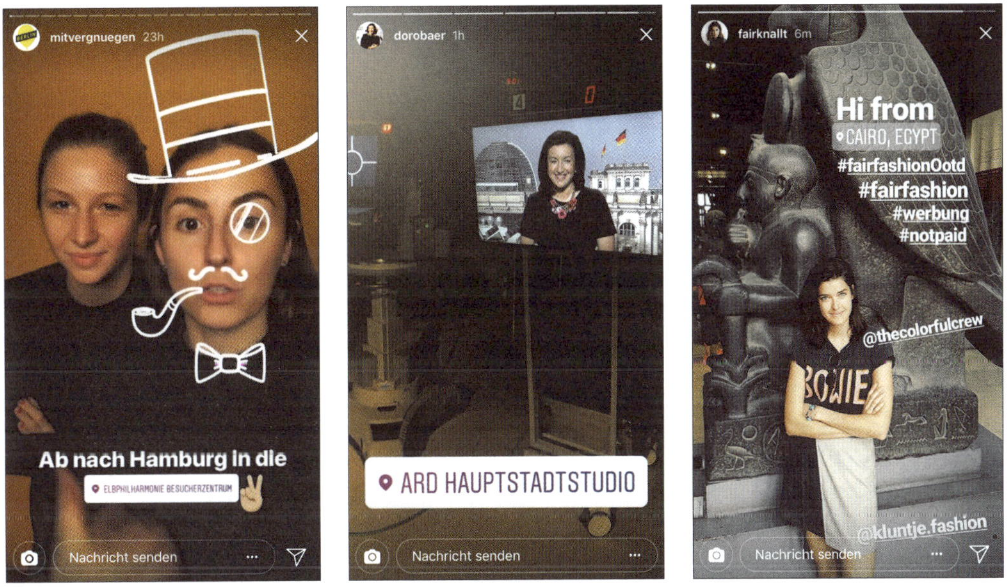

Abbildung 5.17 Beispiele für Geotagging mit dem Location-Sticker (Quellen: http://www.instagram.com/mitvergnuegen, http://www.instagram.com/dorobaer, http://www.instagram.com/fairknallt)

Achten Sie bei Ihren Stories also unbedingt darauf, Hashtags und Locations zu markieren. Tipp: Sie können mehrere Hashtags in einer Story hinter einem GIF oder Sticker verstecken.

Tipp: Kürzen Sie lange Videos mit dem Story Splitter

Instagram Stories sind immer nur 15 Sekunden lang. Wenn Sie ein längeres Video für eine Instagram Story aufbereiten wollen, nutzen Sie die App *Story Splitter* (verfügbar für iOS- und Android-Smartphones). Sie splittet automatisch die Story in 15-sekündige Videos.

5.4.2 Unterhalten Sie mit Boomerangs und GIFs

Boomerangs zählen zu den beliebtesten Story-Funktionen. Natürlich gibt es auch noch eine Reihe anderer Funktionen, etwa die normale Videoaufnahme, Superzoom, Rewind (sehr witzig bei Rauch, Seifenblasen etc.), Fokus, Stop-Motion. Die Instagram-Nutzer, Influencer, Marken und Onlineshops aber lieben Boomerangs. Boomerangs loopen eine Sequenz vor und zurück und erstellen dabei ein kurzes Video von etwas 2 bis 4 Sekunden. Springt jemand von einem Sprungbrett ins Wasser, so wird das Hineinspringen und wieder Herausspringen aus dem Wasser gezeigt. In Abbildung 5.18 sehen Sie ein paar Ideen für Boomerangs: Eine Schaukel, die vor- und zurückschwingt, zwei Kaffeetassen, die sich zuprosten oder eine Kleiderstange, die nach links und rechts rollt. Boomerangs in Kombination mit GIFs sind ein tolles Story-Feature, um spielerisch und unterhaltsam aus dem Hier und Jetzt zu berichten.

Abbildung 5.18 Marken und Influencer nutzen die Boomerang-Funktion in Kombination mit GIFs. (Quellen: http://www.instagram.com/f_o_l_k_d_a_y_s, http://www.instagram.com/templecoffee, http://www.instagram.com/lalaberlin)

Instagram hat eine Fülle von witzigen GIFs und schlägt Ihnen die topaktuellsten vor. Am besten eignen sich immer emotionale GIFs, die ein Gefühl in Ihrer Story verstärken, z. B. wenn Sie sich über etwas freuen oder stolz auf etwas sind. Suchen Sie nach GIFs mit den Schlagwörtern Yes, Strike, Success. Sie können auch CTA-GIFs einsetzen, wie z. B. Sale (siehe Lala Berlin in Abbildung 5.18) oder Swipe up. Falsch machen können Sie bei Boomerangs mit GIFs eigentlich nichts. Es lohnt sich also, hier ein bisschen etwas auszuprobieren.

5.4.3 Erstellen Sie Umfragen

Instagram Stories bietet eine einfache Möglichkeit, um Umfragen zu erstellen. Sie können Fragen stellen, die die Nutzer einfach mit ja oder nein beantworten, oder Antwortvorschläge vorgeben (siehe Abbildung 5.19). Pro-Tipp: Veröffentlichen Sie nach der Umfrage-Story direkt das Ergebnis der Umfrage.

Abbildung 5.19 Umfragen in Instagram Stories erhöhen die Verweildauer in der Story. (Quellen: http://www.instagram.com/suhrkampverlag, http://www.instagram.com/mitvergnuegen)

Verlinken Sie in Ihren Instagram-Stories auch andere Accounts, wenn Sie gemeinsame Stories hochladen. Markieren Sie auch die Produkte anderer Marken und Onlineshops (Möbel, Kleidung, Accessoires).

5.4.4 Gehen Sie live

Mittlerweile sind auf Instagram Livestreams mit bis zu 60 Sekunden Länge möglich. Besser ist jedoch eine kürzere Laufzeit, da die Aufmerksamkeitsspanne der User (besonders mobil) immer kürzer wird. Aktuelle Livestreams werden im Instagram-Feed oben links angezeigt (anstelle der Push-Benachrichtigung bei Facebook-Livestreams). Instagram-Livestreams eignen sich hervorragend, um Ihre Events (Messen, Konferenzen, Interviews, Workshops, Sales-Events) zu begleiten und einen Einblick in die Geschehnisse vor Ort zu geben. Achten Sie jedoch auf einen guten Ton vor Ort. Wenn Sie Interviews führen, stecken Sie ein externes Mikro an. Wenn Sie einen Vortrag filmen, stellen Sie sicher, dass der Ton laut genug ist.

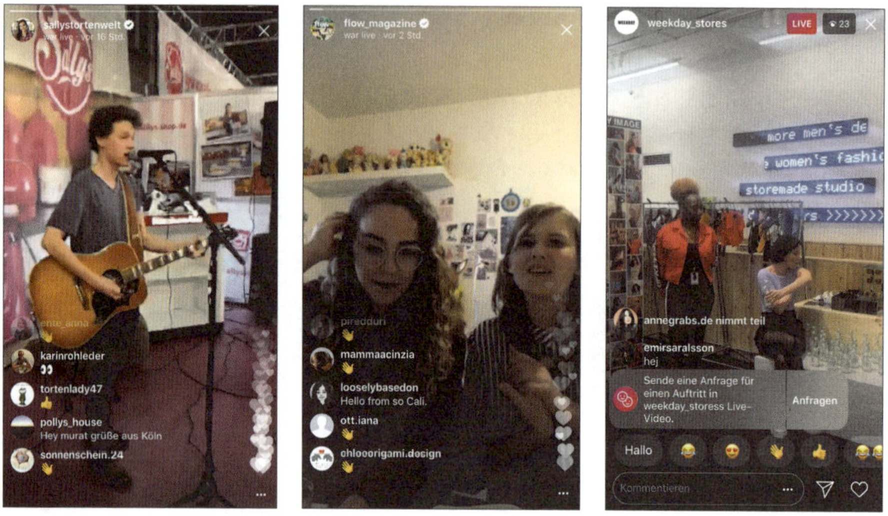

Abbildung 5.20 Instagram-Livestreams eignen sich für Event-Kommunikation genauso wie für Influencer-Kooperationen oder Workshops gemeinsam mit anderen Instagramern. (Quellen: http://www.instagram.com/sallystortenwelt, http://www.instagram.com/flow_magazine, http://www.instagram.com/weekday_stores)

5.4.5 Nutzen Sie Apps zur Bearbeitung von Stories

Instagram entwickelt seine App stets weiter und fügt regelmäßig neue Features hinzu, wie zuletzt das Musik-Feature, mit dem Sie kostenlos und GEMA-konform Ihren Stories Musik hinzufügen können. Dennoch gibt es bereits einige Apps, mit denen Sie noch kreativere Stories machen können. Hier sind einige davon:

VSCO

Die Filter bei den Instagram Stories sind schnell erschöpft. VSCO bietet einige mehr für Ihre Videos. Probieren Sie es einfach aus. Schöne Filter für Ihre Fotos bieten die Apps Snapseed und Lightroom (keine Videos).

Unfold

Unfold ist eine perfekte App fürs Storytelling. Wie in einem Fotoalbum gibt es schöne Textvorlagen und Masken, um Fotos und Texte aneinanderzureihen. Gerade wenn Sie nicht selbst in Photoshop die Fotos und Video vorbasteln wollen, ist Unfold eine gute Alternative für Storytelling »on the go«.

InShot

Wenn Sie besonders bunte Hintergründe mögen, ist InShot die richtige App für Sie. Sie können Videos bunt einrahmen oder ein Hintergrundfoto zu Ihrem Video hinzufügen. Ein Kampagnenvideo kann so mit zusätzlichen Informationen angereichert werden.

5.5 Influencer Marketing

Nach dem anfänglichen Hype um Influencer Marketing hat sich die Marketingdisziplin mittlerweile etabliert. Nicht nur die Kennzeichnung von Markenkooperation (gesponserter Post) ist Pflicht, sondern mittlerweile müssen durch ein Urteil des Landgerichts (LG) Berlin (Urteil vom 24.05.2018 – Az. 52 O 101/18) auch solche Beiträge von Influencern als Anzeige markiert werden, die unbezahlt sind. Übersetzt: Wenn ein Influencer in seiner Instagram Story oder seinem Feed ein Bild von sich mit einem Markenprodukt hochlädt, muss zwangsweise »Anzeige« oder #Werbung dazugeschrieben werden, auch wenn kein Geld von der Marke geflossen ist.

Die Qualität der Fotos und Stories ist oft so hoch wie bei Kampagnen-Shootings. Das führt natürlich auch zu einem Anstieg der Honorare. Models, Fotografen und Food-Blogger verdienen bei Instagram laut Statista das meiste Geld. Durchschnittlich verlangt ein Instagram-Model für einen gesponserten Beitrag 434 US$ (siehe Abbildung 5.21). Für die Studie wurden 500 internationale, vorwiegend englischsprachige Influencer im Januar 2017 befragt. Die Angaben beruhen auf Selbstauskünften.

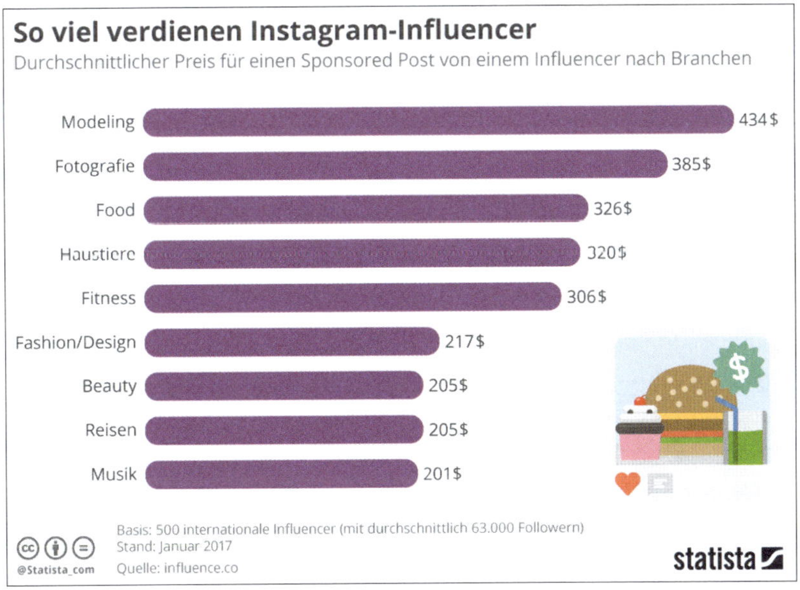

Abbildung 5.21 Ein durchaus einträgliches Geschäft: Berufsziel Instagram-Influencer (Quelle: http://de.statista.com/infografik/8495/verdienst-von-influencern-pro-sponsored-post)

Wenn Sie Aufmerksamkeit für Ihre Marke generieren wollen oder ein neues Lifestyle-Produkt in den Markt drücken wollen, führt an Influencer Marketing kein Weg vorbei. Die gute Nachricht: Influencer Marketing funktioniert gerade auf Instagram besonders gut. Die wichtigste Frage, die Sie sich jedoch zu Beginn stellen müssen, ist, ob Sie auf einen sehr reichweitenstarken (und teuren) Macro-Influencer setzen oder einen nischigeren (und oft günstigeren) Micro-Influencer buchen wollen.

5.5.1 Macro- oder Micro-Influencer?

Beim Influencer Marketing stellen Sie sich zuallererst die Frage, was Sie erreichen wollen, und definieren ein Ziel. Wollen Sie maximale Reichweite und Aufmerksamkeit? Wollen Sie Traffic für Ihre Website oder Ihren Onlineshop? Wollen Sie langfristige Kooperationen mit Influencern eingehen und einen Pool von geeigneten Influencern aufbauen?

Mit der Professionalisierung der Branche ergeben sich auch immer wieder strategische Fragestellungen. Die wichtigste Frage, die Sie beantworten müssen, ist die, ob Sie auf einen Macro-Influencer oder mehrere Micro-Influencer setzen wollen. Macro-Influencer bieten natürlich großartige Reichweiten und eignen sich vor allem, um Aufmerksamkeit zu generieren. Einen gesponserten Beitrag auf dem Profil eines Macro-Influencers sehen Millionen von Usern. Sie kaufen sich damit einen Beitrag zur besten Sendezeit der Social Media. Und das kostet. Macro-Influencer rufen schon einmal Honorare zwischen 50.000 € und 150.000 € pro Post bzw. für eine Kooperation (mit Beitrag im Feed und Instagram Story) auf. Enorm hohe Kosten sind nicht der einzige Nachteil von Macro-Influencern. Hinzu kommt auch die Beliebigkeit der Markenkooperationen. Macro-Influencer gehen eine Kooperation nach der anderen ein, um die Früchte ihrer Reichweite (und investierten Arbeit) zu ernten. Bei Deutschlands erfolgreicher Instagram-Influencerin Pamela Reif, *http://www.instagram.com/pamela_rf*, geben sich wöchentlich Marken wie Douglas, PUMA und Calzedonia die Klinke in die Hand.

Eine Alternative sind deshalb Micro-Influencer, die zwar über weniger Reichweite verfügen, dafür aber authentischer sind, mehr Engagement erzeugen und zudem noch günstiger sind. Micro-Influencer sind in der Regel keine Celebritys, sondern User mit weniger als 10.000 Followern, die selbst anstreben, Macro-Influencer zu werden. Dafür investieren sie sehr viel Zeit: Shootings, Community Engagement, Q&A. Gerade für längerfristige Kooperationen lohnt es sich, einen Pool an Micro-Influencern aufzubauen, die Sie immer wieder einsetzen. Und dann gibt es noch Influencer mit noch weniger Reichweite (500 bis 1.500 Follower). Das sind die Local Heros aus dem Kiez, dem Stadtteil oder Dorf, die bereits offline für Gesprächsstoff in ihrem Freundes- und Bekanntenkreis sorgen. Hier steckt ebenfalls Potenzial für das sogenannte *Advocacy Marketing* und die Generierung von User Generated Content. Wie sich jedoch Advocacy Marketing vor den aktuellen Gerichtsurteilen gestaltet, ist eine Frage, die Ihnen nur Ihr Rechtsanwalt beantworten kann.

Marketing-Take-away: Deichmann gründet Influencer-Club

Mit der Gründung eines eigenen Influencer-Clubs mit Weiterbildungsmöglichkeiten für Influencer hebt Deichmann Influencer Marketing aufs nächste Level. Die Marke versteht es, diese interessierte Zielgruppe zu umgarnen, und schafft ein Angebot, das Influencer gut nutzen können und das sie somit an die Marke Deichmann bindet.

5.5.2 Instagram-Influencer-Kooperationen

Als Unternehmen gibt es viele Varianten, um mit Influencern zusammenzuarbeiten:

- Sie können Influencern Produkte zur Verfügung stellen.
- Sie können Kooperationen eingehen, also Influencer bitten, über Ihr Produkt zu berichten, die Gegenleistung kann ein monetärer Wert sein (Advertorial).
- Sie können Influencer als Testimonials anwerben (z. B. für Fotos oder Texte).
- Sie können Instagram-Takeovers durchführen, bei dem der Influencer Ihr Instagram-Profil für einen gewissen Zeitraum übernimmt und Ihren Account mit seinen Bildern, Videos und Stories bespielt.

Takeovers sind für beide Seiten eine Win-win-Situation. Sie holen einen einflussreichen Instagramer auf Ihr Profil und bieten abwechslungsreichen Content, und der Instagramer kann eine neue Zielgruppe erreichen. Deshalb ist gerade bei Takeovers die Auswahl des Influencers so enorm wichtig. Übrigens lassen sich Takeovers auch mit Mitarbeitern durchführen.

Wichtig ist immer eine große Schnittmenge zwischen der Marke und den Themen des Influencers. Ein sehr gelungenes Beispiel ist das Takeover des Instagram-Profils der Skimarke Völkl durch den zweifachen Ski-Weltmeister Andri Ragettli. Völkl ließ seinen Instagram-Account für 3 Tage von dem Skistar übernehmen (Takeover). Er zeigte mehrere Freeskiing Stunts und sorgte für frischen Wind auf dem Instagram-Profil von Völkl (siehe Abbildung 5.22). Ein weiterer positiver Effekt war, dass dadurch eine neue Zielgruppe (Follower von Andri Ragettli) und somit neue Fans für das Instagram-Profil von Völkl gewonnen werden konnten.

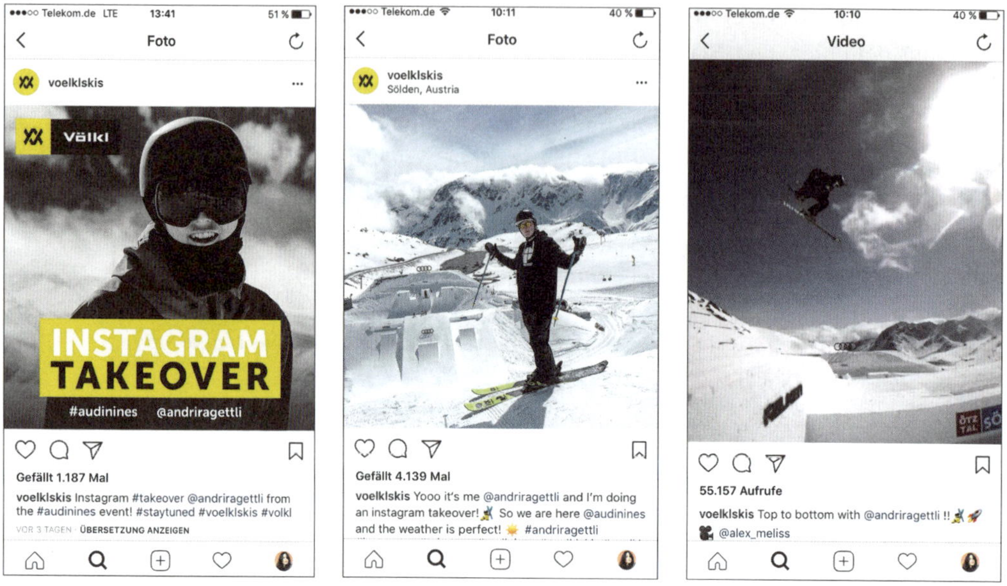

Abbildung 5.22 Freeskier Andri Ragettli übernimmt für eine Woche den internationalen Instagram-Account der Skimarke Völkl. (Quelle: http://www.instagram.com/voelklskis)

5.5.3 Kennzeichnungspflicht bei gesponserten Beiträgen

Influencer genießen ein hohes Ansehen bei ihren Followern. Sie werden für ihre Individualität und ihre »neutrale Sichtweise« geschätzt. Das beißt sich mit bezahlten Unternehmenskooperationen. Andererseits sind Influencer auf das Geld oder die kostenlosen Hotelübernachtungen angewiesen, denn sie finanzieren ihre Channels und ihren Lifestyle – eine Zwickmühle. Um ihre Follower nicht zu verprellen, versuchen Influencer noch immer so unauffällig wie irgendwie möglich, ihre Partnerschaften mit Unternehmen zu kennzeichnen. Die gängige Praxis ist nach wie vor die Kennzeichnung mit dem Hashtag #ad oder #werbung, was jedoch laut dem Gesetz gegen den unlauteren Wettbewerb (Nr. 11 d. Anh. zu § 3 Abs. 3 UWG, § 5a Abs. 6 UWG), dem Telemediengesetz (§ 6 TMG) und dem Rundfunkstaatsvertrag (§ 58 RStV) unzulässig ist. Die gesetzlichen Regelungen bestehen nebeneinander. So heißt es z. B. im RStV § 58 Abs. 3 in Verbindung mit § 7 Abs. 3:

> *»Werbung muss als solche leicht erkennbar und vom übrigen Inhalt der Angebote angemessen durch optische und akustische Mittel oder räumlich abgesetzt sein.«*

Korrekt wäre demnach die sichtbare Kennzeichnung mit BEZAHLTE PARTNERSCHAFT MIT [MARKE/UNTERNEHMEN], wie Sie es in Abbildung 5.23 sehen können und mit »Ad/Anzeige« zu Beginn des Postingtextes. Influencer müssen in Instagram Stories mit dem #Werbung ihre Promotions, Markenerwähnungen, Ortserwähnungen und die Erwähnungen von anderen Accounts kennzeichnen – auch wenn der/die oder das erwähnte Produkt/Marke oder Lokal dafür nicht bezahlt hat und es sich nur um eine Empfehlung handelt. Ist die Kennzeichnung unzureichend, drohen Strafen in Höhe von 250.000 €.

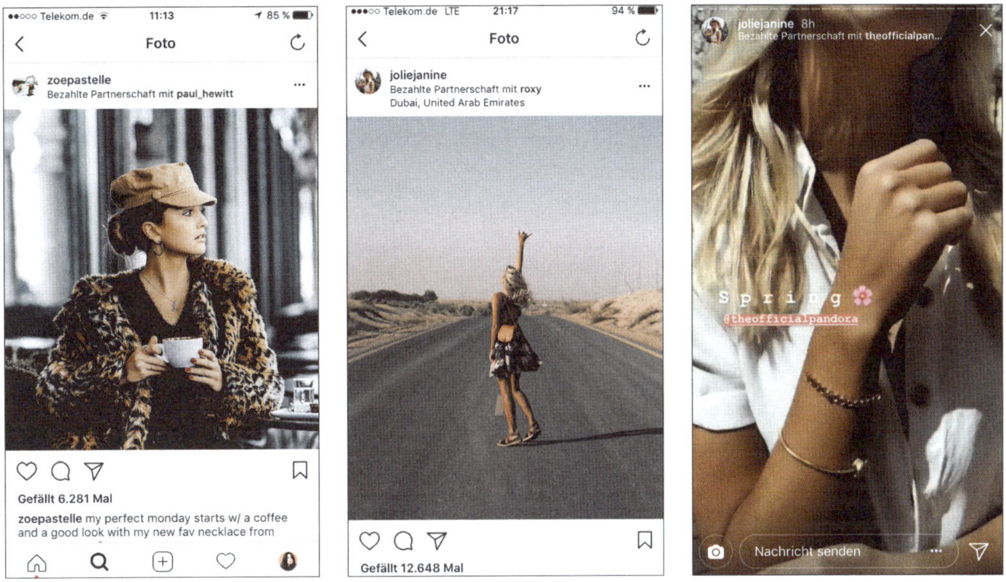

Abbildung 5.23 Richtige Kennzeichnung für gesponserte Beiträge im Instagram-Feed und in Instagram Stories (Quellen: http://www.instagram.com/zoepastelle, http://www.instagram.com/joliejanine)

Tipp: Leitfaden zur Kennzeichnung von Influencer-Posts
Die Landesmedienanstalten haben einen Leitfaden zur Kennzeichnung herausgegeben, den Sie unter folgendem Link herunterladen können: *http://bit.ly/Landesmedienanstalten*

5.5.4 Tipps für die Influencer-Ansprache

Wie treten Sie an Influencer heran, die mitunter täglich 100 Kooperationsanfragen erhalten, von denen sie fast 90 % ablehnen? Jessica Weiss von Deutschlands bekanntem Modeblog »Journelles« wählt z. B. so aus: »Ich schreibe nur über Themen, über die ich auch ohne Geld schreiben würde.« Klar, denn es muss ja authentisch bleiben. Oğuz Yilmaz, der bis 2015 Teil des erfolgreichen YouTube-Channels Y-Titty war, kritisierte Anfragen von Unternehmen, die mit einem fertigen Konzept an ihn herantreten. Er fände es besser, gemeinsam und in Abstimmung ein Konzept für die Zusammenarbeit zu erstellen. Influencer mögen es, selbst kreative Ideen einbringen zu können. Hier sind zehn Tipps für die Zusammenarbeit mit Influencern:

1. Legen Sie Rahmenbedingungen für die Kooperation mit dem Influencer fest. Halten Sie fest, was wann wo veröffentlicht wird und wie viele Postings es zu welchen Bedingungen auf welchen Kanälen geben wird.
2. Machen Sie keine inhaltlichen Vorgaben, sondern geben Sie dem Influencer seinen künstlerischen Freiraum, denn nur er kennt seine Zielgruppe am besten.
3. Vertrauen Sie dem Influencer. Seine Authentizität ist unbezahlbar und seine Glaubwürdigkeit ebenso.
4. Suchen Sie nur Influencer aus, die auch langfristig zu Ihrer Marke passen. Der Brand Fit von Marke und Influencer muss stimmen.
5. Influencer sind Multitasker, die auf vielen Social-Media-Channels eine hohe Reichweite haben. Nutzen Sie diese.
6. Behandeln Sie Influencer exklusiv, und schaffen Sie außergewöhnliche Aktionen für sie, z. B. exklusive Infos vor einer Veröffentlichung oder Pre-Events vor dem Launch. Übrigens: Die Glossybox, eine Überraschungs-Beauty-Box, die monatlich zu einem gewissen Abo-Preis an die Kunden versandt wird und die mit neuen Kosmetikprodukten gefüllt ist, wurde im ersten Schritt nur an Blogger und Influencer, nicht an Kunden verschickt und sorgte so für eine enorm positive Berichterstattung.
7. Die Reichweite eines Influencers sollte nicht das ausschließliche Kriterium sein. Wichtig ist auch die Relevanz in der entsprechenden Zielgruppe. Faktoren wie Brand Fit, die Inhalte und die Tonalität des Influencers spielen eine weit wichtigere Rolle.
8. Denken Sie an die rechtlichen Rahmenbedingungen, wenn Sie mit Influencern zusammenarbeiten.[9]

#instameet: Das »Get together« mit Influencern

Ein #instameet ist ein Treffen unter Instagramern. Dabei geht es darum, andere User kennenzulernen und gemeinsam auf Fotojagd zu gehen. Es gibt verschiedene Möglichkeiten, solche #instameets, auch als #instawalk bekannt, zu veranstalten. Die Instagram-Community ist weltweit vernetzt (#igersaustria, #igersgermany oder #igersswitzerland) und schlägt immer wieder Themen vor, zu denen man #instawalks veranstalten kann. Charakteristisch für so ein Treffen ist ein gemeinsam gewähltes Hashtag, unter

9 Influencer treffen auf Marketers bei der #inreach, 2015: *https://medium.com/@exitmedia/influencer-treffen-auf-marketers-bei-der-inreach-972621794351#.z7rk1ajw9*

dem Fotos hochgeladen werden. So erhält man eine tolle Übersicht über die beim Event geschossenen Bilder.

Vor allem im Tourismus ergeben sich viele Möglichkeiten für #instameets. Dabei gibt es zwei Vorgehensweisen: Entweder man lädt einige wenige Influencer zu einem Treffen ein und legt den Fokus dabei auf die Qualität und Reichweite der Influencer, oder man organisiert eine offene Veranstaltung, an der beliebig viele User teilnehmen können. Bei der zweiten Variante geht es mehr um Quantität als um Qualität. Die Inhalte können weniger kontrolliert werden, und die Qualität der Fotos ist stark schwankend. Ein Beispiel wäre ein #instameet während einer Konferenz. Wenn viele Teilnehmer bei einem #instameet mitmachen und fotografieren, sorgt das für eine gute Reichweite der Veranstaltung.

5.5.5 Wie finden Sie Influencer?

Es gibt Tools, wie z. B. InfluencerDB (*http://www.influencerdb.net*), Deep Social (*http://deep.social*), Takumi (*http://takumi.com*) oder Reachbird (*http://reachbird.io*), mit denen Sie Influencer identifizieren können. InfluencerDB und Deep Social eignen sich für die Suche nach Macro-Influencern, während Takumi und Reachbird auch Micro-Influencer listen. Nicht immer sind Daten aus diesen Tools aussagekräftig, und im Zuge des Datenschutzskandals von Facebook hat sich Facebook entschlossen, die Instagram-API zu beschneiden, wodurch die Analysemöglichkeiten von Instagram-Accounts eingeschränkt sind. Deshalb ist es ratsam, noch einmal jeden potenziellen Influencer genauer zu analysieren.

Die gängige Praxis ist dabei eine Erstanalyse mit InfluencerDB (siehe Abbildung 5.24) und eine Folgeanalyse mit *http://hypeauditor.com*, um die Profile auf Fake-Follower hin zu untersuchen. Alternativ können Sie auch über eine Influencer-Agentur, wie z. B. Pulse Advertising, Incircles oder Lucky Shareman, gehen und passende Influencer finden lassen. Aber Achtung: Fragen Sie unbedingt die relevanten KPIs des Influencers ab, und lassen Sie sich Screenshots schicken. Wichtig sind nicht nur Reichweite und Interaktionsrate, sondern auch Aufrufe, View-Through-Rate (Aufrufe/Follower) der Stories und wie viele Nutzer eine Story im Durchschnitt verlassen.

Tipp: Bei Influencer-Kooperationen Geschlecht, Alter und Herkunft der Follower vergleichen

Insbesondere bei Kooperationen mit Influencern sollten die Zielgruppen-Insights von Alter, Geschlecht und Herkunft (nur im Business-Profil verfügbar) einmal überprüft und abgeglichen werden. Welche Zielgruppe sprechen Sie hauptsächlich an und welche der Influencer? Sind beide deckungsgleich oder lassen sich vielleicht mit der Kooperation Zielgruppen aus einem anderen Segment ansprechen? Lassen Sie sich davon auf jeden Fall aktuelle Screenshots schicken.

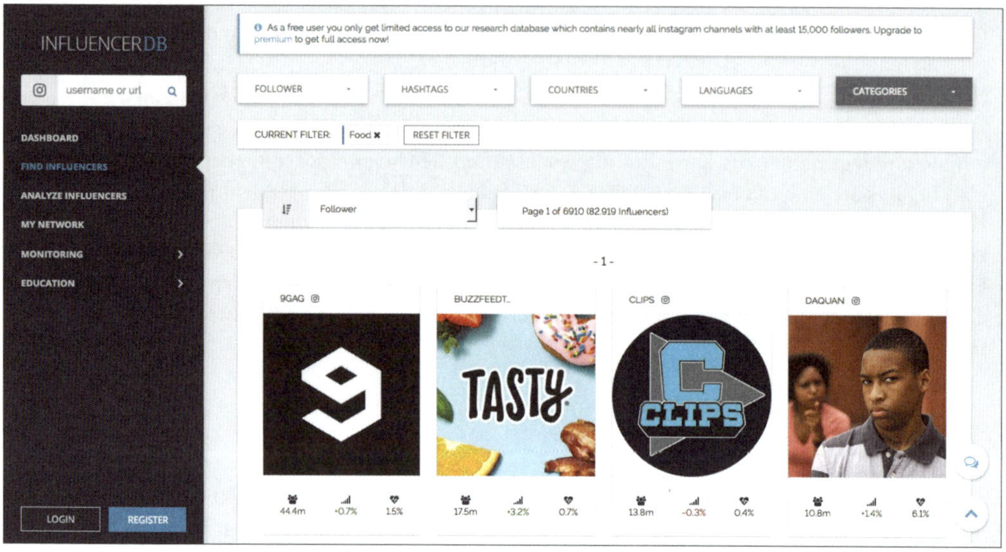

Abbildung 5.24 Mit InfluencerDB können Sie Influencer nach Land, Sprache und Kategorien suchen. (Quelle: http://www.influencerdb.net)

5.6 Instagram-Erfolg messen

Instagram-Analytics sind ein Kapitel für sich. Analysen sind nur in der App möglich und können nicht exportiert werden (in der letzten Auflage konnten wir Ihnen noch Analysetools wie Iconosquare und SocialRank empfehlen, doch Facebook hat die Instagram-API nach dem Datenschutzskandal beschnitten). Sowohl für interne Reportings als auch für Influencer-Analysen müssen Sie im Moment wieder nur mit der App und mit Screenshots arbeiten. Folgende Kennzahlen sind bei Instagram relevant.

5.6.1 Instagram-Kennzahlen und KPI

Diese Kennzahlen können Sie alle in den Instagram-Analytics ablesen und anschließend ausrechnen. Zu den Analysen gelangen Sie oben rechts auf Ihrem Business-Profil (Analysesymbol).

- *Follower und Follower-Wachstum:* Für viele Unternehmen wohl immer noch die wichtigste Kennzahl. Follower sind alle Menschen, die einem Instagram-Profil folgen, auch Abonnenten genannt. Das Follower-Wachstum ist auch im Vergleich mit der Konkurrenz interessant. Tracken Sie daher auch das Follower-Wachstum der Konkurrenz mit.

- *Impressionen und Impressionen pro Post:* Impressionen sind die Anzahl aller, die Ihren Beitrag gesehen haben. Impressionen pro Post ist der Durchschnitt, wie viele Impressionen Sie im Durchschnitt erreichen.
- *Reichweite:* Reichweite ist eine Unterart der Impressionen. Reichweite meint die Anzahl der Personen, die Ihren Beitrag gesehen haben. Wenn ein Instagram-Nutzer Ihren Beitrag zweimal gesehen hat, geht dies nur einmal in die Wertung der Reichweite ein. Die Reichweite ist daher der bessere KPI.
- *View-Through-Rate:* Um abzuschätzen, wie viele Follower eine Story im Schnitt anschauen, berechnen Sie die View-Through-Rate (Reichweite einer Story/Follower).
- *Interaktion und Interkationsrate (Engagement Rate):* Interaktionen sind alle Aktionen der Nutzer auf Instagram (Like, Kommentar, Speicherung). Die Interaktionsrate oder Engagement Rate berechnet das Verhältnis zwischen Followern und Interaktionen. Die Interaktionsrate ist wichtig im Hinblick auf die Loyalität der Follower und für die Analyse eines Influencers ein wichtiger KPI.
- *Linkklicks und Click-Through-Rate (CTR):* Um Traffic zu messen, sind Linkklicks die wichtigste Kennzahl. Messbar wird dies beispielsweise, wenn Sie Tracking-URLs (eigene, bit.ly oder UTM-Parameter) verwenden. Sie können Linkklicks über Ihr Profil oder über Stories generieren (ab 10.000 Followern). Die Click-Through-Rate einer Story berechnet sich aus Story-Klicks durch Impressionen.
- *Conversion Rate:* Über die Anzahl der Linkklicks und die Anzahl der abgeschlossenen Events (Kauf, Registrierung für Newsletter, Download eines Whitepapers) lassen sich auch Conversion Rates für Instagram berechnen.
- *Aufrufe/Video-Views:* Ebenfalls eine wichtige Kennzahl ist die Anzahl der User, die Ihr Video im Feed mindestens drei Sekunden lang angesehen haben.

Marketing-Take-away: In 15 Monaten vom Küchentisch-Business zum einträglichen Geschäft

Handyketten von dem Berliner Label XouXou sind gerade der neueste Trend und im Grunde die beste Lösung für ein allgegenwärtiges Problem – das Handysuchen. Gründerin Yara Jentzsch Dib kam die Idee, weil sie selbst händeringend nach einer Lösung für ihr Smartphone suchte. Durch ihre Erfahrung mit Makramee kam ihr die Idee, eine Handykette aus Kordel zu machen. Den ersten Prototyp führte sie in ihrem Berliner Kiez spazieren und verschenkte einige Handyketten an ihre Freunde, die das Produkt in ihrem Wirkungskreis bekannt machten. Nach und nach entwickelte sich ganz nach dem Schneeballeffekt eine enorme Nachfrage nach diesem Produkt (siehe Abbildung 5.25).

Und angefangen hatte alles am Küchentisch während Yaras Elternzeit. Waren es zu Beginn im April 2017 nur 100 Stück pro Woche, die sie vor allem online verkaufte, stieg die Nachfrage innerhalb der nächsten 15 Monate auf über 1.000 Stück pro Woche – Tendenz steigend. Das Erfolgsrezept waren Mundpropanda und Geschenke an Freunde, die regelmäßig auf die Handykette angesprochen wurden. Das löste eine regelrechte Sogwirkung aus. In den Geschäften, wo es XouXou-Ketten zu kaufen gibt, sind die beliebten Modelle meist schon nach wenigen Tagen ausverkauft. Mit den steigenden Absätzen stiegen auch die Sichtbarkeit und die zahlreichen Empfehlungen auf Instagram. XouXou-Handyketten werden so oft in Instagram Stories und in Bildern verlinkt, dass die Gründerin gar nicht dazu kommt, alle zu teilen. »Ich hätte mir das nie träumen lassen, dass das so durch die Decke gehen würde. Ich habe einfach immer weitergemacht. Auf Instagram gibt es so viele Empfehlungen und massig Content von begeisterten Kunden. Ich freue mich so sehr, dass wir damit einen Trend losgetreten und anscheinend eine wirkliche Lösung gefunden haben. Instagram haben wir dabei einiges zu verdanken«, so die Gründerin Yara im Interview.

Abbildung 5.25 Durch Mundpropaganda und Instagram innerhalb weniger Monate zum angesagten Lifestyle-Produkt: die Handyketten von XouXou, (Quelle: http://www.instagram.com/p/BgEBER1jB0f)

5.7 Instagram-Anzeigen

Seit Mitte 2015 hat sich Instagram für den Werbemarkt vollständig geöffnet. Nun können Sie Werbeanzeigen direkt über den Werbeanzeigenmanager bei Facebook buchen oder über die Instagram-App. Letzteres haben wir getestet und würden es Ihnen nicht empfehlen. Gehen Sie für die Anzeigenbuchung immer über Facebook. In Tabelle 5.1 sehen Sie, welche Ziele Sie mit Instagram-Anzeigen erreichen.

Ziel	KPI	Anzeige optimieren auf …
Bekanntheit für Produkt, Marke, Unternehmen steigern	Reichweite, Impressionen, CPM (Kosten pro 1.000 Impressionen)	Impressionen
mehr Engagement für Posts generieren (mehr Interaktionen mit Seitenbeiträgen)	CPE (Kosten pro Interaktion)	Interaktionen
Traffic auf der Website erhöhen	CPC (Kosten pro Klick)	Klicks auf Links, CTR (Click-Through-Rate)
Produkte aus dem Onlineshop verkaufen	CPL (Kosten pro Lead/Conversion), ROAS (Return on Ad Spend)	Conversion, wenn Zielgruppe größer als 300.000, Impressionen und Klicks, wenn Zielgruppe kleiner als 300.000
Downloads für die App generieren	Kosten pro App-Install	CTR (Click-Through-Rate)
Videoaufrufe generieren	CPV (Kosten pro Video-View)	Videoaufrufe, 10-Sekunden-Videoaufrufe

Tabelle 5.1 Ziele von Instagram-Anzeigen, KPI und Optimierungspotenziale

Instagram-Video-Ads sind zwar aufwendiger in der Erstellung, aber sie erzielen bessere Conversions und verursachen vergleichsweise geringere Kosten als bei Facebook. Instagram hat eine Case Study des Kids-Fashion-Labels »Sparkle in Pink« veröffentlicht, das mit Video-Ads auf Instagram Werbung machte, *www.instagram.com/sparkleinpink*. Durch die Video-Ads konnten sie ihre Online-Verkäufe um 9 % monatlich ankurbeln und zahlten durchschnittlich 1 bis 3 US$ für einen neuen Kunden. Die Kosten pro neu gewonnenem Kunden waren sechsmal günstiger als bei anderen Social-Media-Anzeigen.

Instagram-Anzeigen stehen bei vielen Marken und Unternehmern noch an zweiter oder dritter Stelle ihres Paid-Media-Budgets und bieten daher den enormen Vorteil, Reichweite und Conversions (noch) zu günstigen Preisen zu bekommen. Zudem herrscht in bestimmten Bereichen noch nicht so viel Werbedruck, wie beispielsweise bei Facebook. Im Moment sind es vor allem Online-Händler, die Instagram-Anzeigen gezielt für Conversions einsetzen. Sie setzen vor allem auf Dynamic Ads und Retargeting-Anzeigen, die direkt mit dem Onlineshop verlinkt sind (Link Ad, Carousel Ad) und höchsten ROAS (Return on Ad Spend) erzielen (siehe Abbildung 5.26).

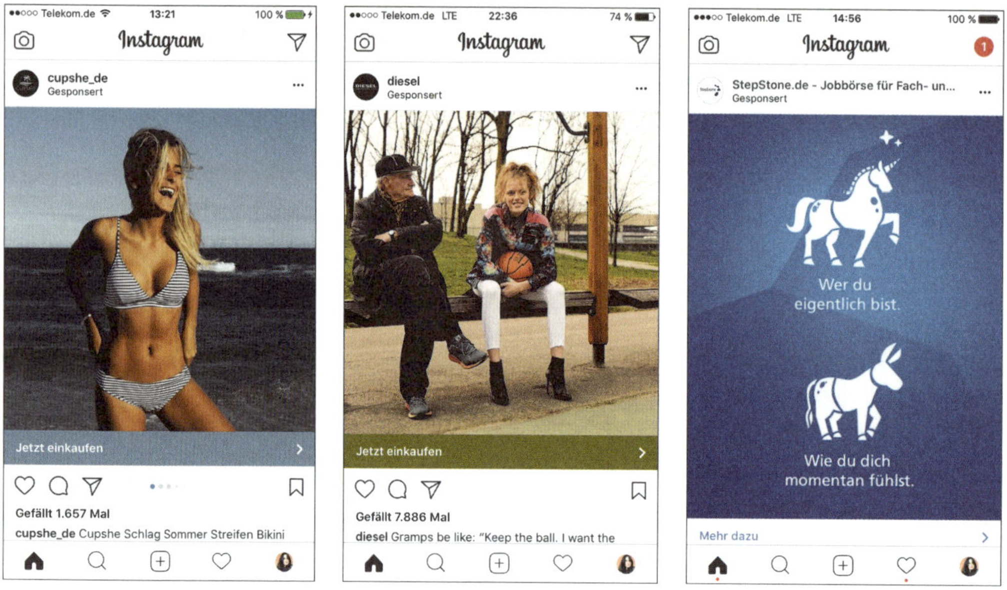

Abbildung 5.26 Bei Betreibern von Onlineshops das beliebte Werbemittel: Instagram-Anzeigen. Auch für die Platzierung von Jobanzeigen ist Instagram eine spannende Werbeplattform.

Alle Instagram-Werbeanzeigen sind mit einem GESPONSERT-Symbol oben rechts und einem Button mit dem jeweiligen Call-to-Action versehen. Die Bildunterschrift Ihrer Werbeanzeige wird unter dem Bild, Video oder Karussellformat angezeigt. Man kann auch ohne Instagram-Account Werbung auf Instagram schalten. Der Nachteil: Die Ads können dann nicht kommentiert werden. Voraussetzung dafür ist allerdings ein Facebook-Account. Der Name und das Bild einer Facebook-Seite werden für die Instagram-Werbeanzeige verwendet.

5.7.1 Pushen Sie Ihren hochwertigen Content

Viele Unternehmen investieren mehr und mehr Zeit in die Erstellung von hochwertigem und einzigartigem Instagram-Content, der sich von Facebook unterscheidet.

Das ist auch gut so. Noch besser ist es aber, wenn diesen Content dann auch möglichst viele Nutzer sehen. Um Ihre hochwertigen Inhalte zu pushen, können Sie Instagram-Werbeanzeigen über Facebook buchen. Sie bauen den Post mehr oder weniger im Werbeanzeigenmanager nach. Die Anzeige sieht im Stream genauso aus wie der Post, nur dass sie mit dem »Gesponsert«-Symbol versehen ist. Wie Sie in Facebook Anzeigen schalten, erklären wir in Abschnitt 3.7.4, »Facebook-Werbeanzeige aufsetzen«. Die Systematik für Instagram ist dabei die gleiche. Sie wählen bei den Platzierungen einfach INSTAGRAM. Und zuletzt muss natürlich garantiert sein, dass die mobile Customer Journey, die Sie mit Ihrer Anzeige anstoßen, auch einwandfrei auf mobilen Endgeräten funktioniert

Marketing-Take-away: Erstellen Sie Anzeigen, die sich von der Masse abheben

Wenn Sie auf Instagram erfolgreich werben wollen, muss Ihre Anzeige auch in die extrem visuell geprägte und mobil genutzte Plattform Instagram passen. Fragen Sie sich dabei, ob Ihr Content einen Mehrwert für die Nutzerinspiration bietet. Addiert Ihre Anzeige etwas zu dem Nutzererlebnis hinzu oder geht sie eher unter im Feed? Seien Sie dabei selbstkritisch, versetzen Sie sich in die Lage des Nutzers, der immer auf der Suche nach etwas Neuem ist. Vergleichen Sie einmal die Anzeigen der Marken Cupshe und Diesel in Abbildung 5.26. Die Anzeige von Diesel sticht im Instagram-Feed heraus, während die Anzeige von Cupshe aussieht wie jede zweite Instagram-Anzeige eines Onlineshops.

5.7.2 Instagram-Story-Ads

Ein weiteres interessantes Werbeformat sind Instagram-Story-Ads, also 15 Sekunden lange Videos, die zwischen zwei Instagram Stories platziert werden. Sowohl Hersteller und Händler als auch App-Vermarkter setzen dieses Werbeformat mehr und mehr ein (siehe Abbildung 5.27), da sich damit direkter Traffic auf die Website oder in den Onlineshop und Conversions generieren lassen (Käufe, App-Downloads etc.).

Instagram-Story-Ads erscheinen immer nur dann, wenn ein User mehrere Stories anschaut. Es stehen Marketern die gleichen Targeting-Möglichkeiten zur Verfügung wie bei Facebook-Anzeigen. Wenn Sie also einen Onlineshop für Schuhe haben und auf User targeten, die mit hoher Wahrscheinlichkeit Sneaker kaufen, dann wird die Anzeige auch nur diesen Usern angezeigt. Beats by Dre testete beispielsweise verschiedene Instagram-Story-Ads und konnte dadurch die Klickrate um 15 % im Vergleich zu anderen Kanälen steigern. Dies wirkte sich auch positiv auf die Verkäufe aus, die um 29 % gesteigert werden konnten (Quelle: *http://business.instagram.com/success/beats-by-dre*).

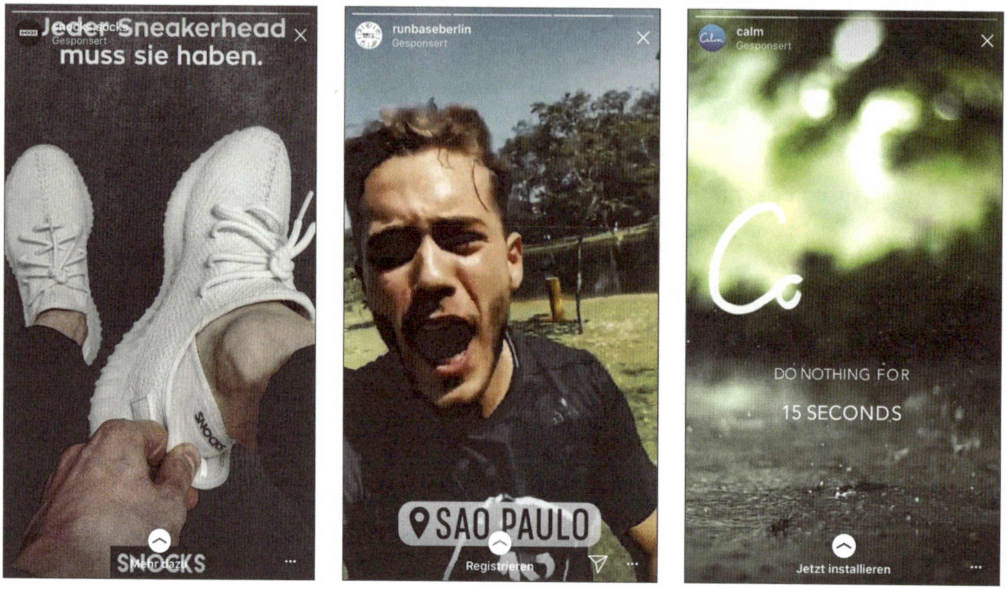

Abbildung 5.27 Instagram-Story-Ads sollten aussehen, wie eine Instagram Story.

Wichtig ist vor allem, dass die Instagram-Story-Ad wie eine ganz normale Story aussieht. Kopieren Sie also bitte nicht Ihr animiertes Banner, das Sie sonst als Programmatic Ad in Online-Magazin & Co. schalten. Überlegen Sie sich verschiedene Storytelling-Ansätze für Ihre Instagram-Story-Ads. Am besten eignen sich Stories mit tatsächlichen Personen. Sie können also mit einem einfachen 15-sekündigen Aufsager eines Mitarbeiters, des Geschäftsführers, eines Testimonials oder dem Gesicht der Marke eine sehr gute Instagram-Story-Ad erstellen. Wichtig ist dabei nur, dass er/sie die Message in 15 Sekunden auf den Punkt bringt.

Relativ neu sind Carousel-Instagram-Story-Ads. Damit können Sie hintereinander drei Story-Ads à fünf Sekunden schalten. Daraus ergeben sich wieder spannende Storytelling-Formate.

5.7.3 Fünf Gebote für Instagram-Story-Ads

Die vielseitigen Funktionalitäten der Smartphones erlauben mit ihrer Sensorik und den Touch-Funktionalitäten einen besonders interaktiven Dialog und sorgen so für ein hohes User Engagement. Neue mobile Werbeformate setzen daher auf Nutzerengagement, weniger auf Abrufzahlen. Aber die mobile Werbung der Zukunft muss sich auch optisch, gestalterisch und inhaltlich an die Umgebung anpassen:

- *Zeigen Sie relevanten Content:* Anstatt den User in seinem Flow zu unterbrechen, gilt es, den jeweiligen Nutzungsmoment zu identifizieren und damit die User Experience zu unterstützen. Schaffen Sie willkommene Pausen statt störender Unterbrechungen!
- *Nutzen Sie Storytelling:* Überraschen Sie den User, und erzählen Sie eine spannende Geschichte über Ihr Produkt oder Ihre Dienstleistung, und sorgen Sie so dafür, das Nutzerengagement zu steigern. Sprechen Sie oder Ihr Testimonial direkt in die Kamera, so als würden Sie ein persönliches Video für einen Freund aufnehmen.
- *Seien Sie transparent:* Je offener der Werbetreibende gegenüber dem User ist, desto eher gewinnt er das Vertrauen der User. Vor allem bei Influencer-Kampagnen ist die deutliche Kennzeichnung mittlerweile zwingend.
- *Passen Sie die Werbemittel an die Zielgruppe an:* Die mobile Werbung muss für die Zielgruppe relevant sein, ihre persönlichen Interessen widerspiegeln und zum Kontext passen, in dem der User gerade unterwegs ist. Die Zielgruppenauswahl im Facebook-Werbenetzwerk bietet diesbezüglich schon unglaublich breite Wahlmöglichkeiten, die auch für Instagram gelten. Dazu zählt auch *Programmatic Advertising*, bei dem auf Basis der vorliegenden Nutzerdaten gezielt auf den Nutzer zugeschnittene Werbebanner ausgeliefert werden. Werbeflächen werden nicht mehr manuell über den klassischen Werbeeinkauf für eine beliebige Anzahl von Einblendungen gemietet, sondern nutzerbezogen und individuell für eine einzelne Einblendung eingekauft. Die Individualisierung der Werbeflächen geschieht dabei über einen Auktionsprozess, bei dem, nach der Überprüfung der Nutzerrelevanz für die Kampagne des Werbetreibenden, der Höchstbietende den Zuschlag erhält und das Werbebanner aussteuern darf. Dieser Prozess dauert üblicherweise nur wenige Millisekunden.
- *Machen Sie Ihre Website mobil:* Neben der App ist es auch wichtig, eine funktionierende mobile Website aufzusetzen, damit User, die mobil surfen, eine entsprechend optimierte Website vorfinden. Am besten geht das mit dem sogenannten *Responsive Webdesign*. Der wesentliche Unterschied zwischen einer mobilen Website und einem Responsive Design besteht darin, dass das Layout einer responsiven Website so flexibel gestaltet wird, dass es auf Computer-Desktop, Tablet und Smartphone eine gleichbleibende Benutzerfreundlichkeit bietet und der Inhalt gänzlich und schnell vom Besucher aufgenommen werden kann. Beim Responsive Webdesign wird nur eine einzige Version der Website erstellt, die sich an das jeweilige Ausgabeformat anpasst. Besonders sichtbar wird dies beim Layout, das sich je nach Breite des Browserfensters entsprechend verändert.

5.8 IGTV

Nach dem Siegeszug gegenüber Snapchat attackiert Instagram jetzt auch YouTube mit dem neuen IGTV (Instagram TV). Seit Juni 2018 können nun auch Videos mit bis zu 60 Minuten Länge mithilfe der neuen App IGTV hochgeladen werden – allerdings nur im Hochformat (siehe Abbildung 5.28). Das Smartphone-Format macht vertikale Videos noch salonfähiger und wer weiß, vielleicht schauen wir in ein paar Jahren ja Kinofilme im Hochformat. Die junge Zielgruppe, die keine Lust mehr auf Fernsehen hat, spricht es jetzt schon an. Um möglichst viel Reichweite und Aufmerksamkeit für den neuen Service zu generieren, ist die neue App in die Instagram-App integriert.

Abbildung 5.28 Mit IGTV will Instagram vor allem Influencer und Content-Creater (Blogger, YouTuber) ansprechen, aber auch Firmen, die viel Content produzieren. Sie sollen ihre aufwendigen Videos künftig auch auf Instagram hochladen – aber bitte im Hochformat. (Quelle: http://www.instagram.com/ohhhmhhh)

Die Frage, die Sie und viele andere Unternehmen sich jetzt stellen, lautet, wo soll man jetzt Videos am besten veröffentlichen? Im Feed, in der Story oder bei IGTV? Und welche Formate sind überhaupt für IGTV interessant, und wo lässt sich die meiste Reichweite erzielen? Da in IGTV derzeit noch keine Inhalte gepusht oder beworben werden können, sind Videoanzeigen in Instagram Stories oder im Instagram-Feed noch das verlässlichere Format für Reichweite. Das Schöne an IGTV sind die Sichtbarkeit in der App und der Neuigkeitseffekt. Trotz der enormen Länge, die das Format IGTV bietet, nutzen die Content Creators, Influencer und Unternehmen diesen Platz noch nicht. Die meisten Videos sind nicht länger als drei Minuten. Am häufigsten sind Best-of-Videos zu sehen, also schöne Zusammenschnitte von Events, Happenings und Fotoshootings. Neben den Best-of-Videos können Sie bei IGTV aber Tutorials, Interviews oder Webinare posten. Probieren Sie es einfach aus, und achten Sie auf das Hochformat. Oder nehmen Sie ein Video vom letzten Jahr, und lassen Sie es ins Hochformat zuschneiden. Posten Sie es, und schauen Sie sich die Statistik nachher an.

5.9 Instagram Publishing Tool

Zuletzt noch ein Hinweis zum Thema Content veröffentlichen auf Instagram. Bis vor Kurzem konnten Sie Content auf Instagram nur vom Smartphone aus veröffentlichen. Mittlerweile geht das auch über Social-Media-Management-Tools, wie z. B. SocialHub, *http://socialhub.io/de* (siehe Abbildung 5.29).

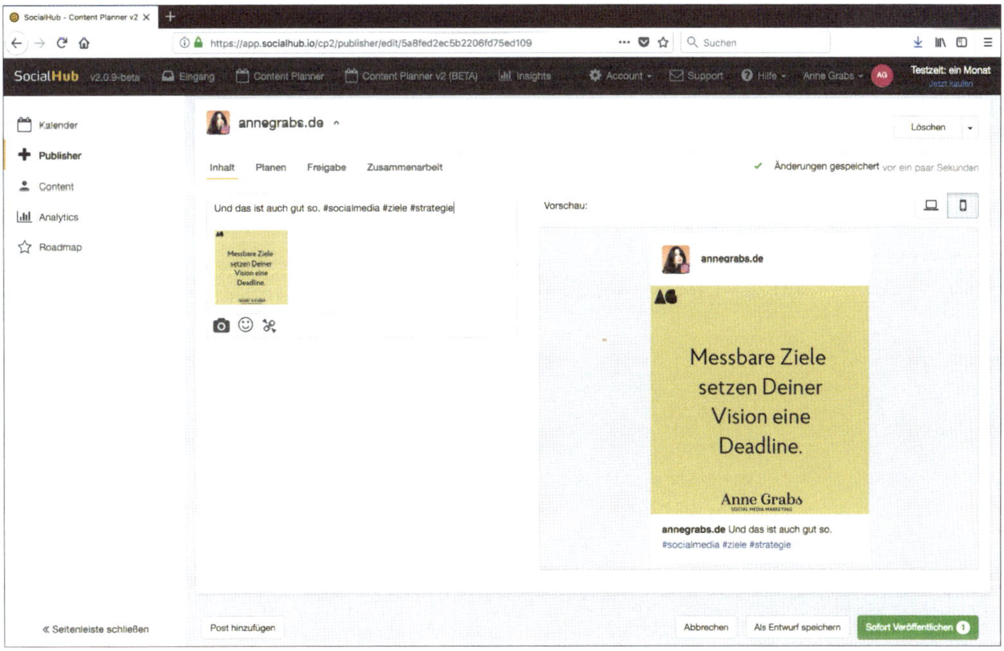

Abbildung 5.29 Mit SocialHub könnten Sie vom Desktop aus auf Instagram veröffentlichen.

5.10 Fazit

Instagram wird auch in den nächsten Monaten sowohl an Nutzerzahlen als auch an Werbekunden kräftig wachsen. Immer mehr Nutzer wandern von Facebook zu Instagram ab. Und es ist nur eine Frage der Zeit, wann der Instagram-Feed von den Instagram Stories abgelöst wird. Bereits jetzt generieren über ein Drittel der Unternehmen ihre Impressions mit Instagram Stories, wie SocialBakers im Juli 2018 ermittelte.[10]

Für Start-ups, kleinere und große Onlineshops, App-Anbieter sowie selbstständige Designer, Künstler, Dienstleister bietet Instagram ein perfektes Umfeld, um mit Geschichten Nutzer und Kunden zu gewinnen – und das zu günstigeren Preisen bei besseren Conversions. Das zeigen Beispiele wie das der ADEN Business School, die mit ihren Instagram-Anzeigen (Carousel Ads) einen siebenfachen ROAS (Return on Ad Spend) generieren konnten:

> *»Instagram bietet aktuell mit die günstigsten Kosten pro Lead (CPL) im Medienvergleich, den zweitkürzesten Conversion-Zyklus und steht in puncto SQL-Gewinnung verglichen mit anderen Medien auf Platz vier. Es ermöglicht uns zudem schnellere Fortschritte bei der Erlangung von IQLs (Information-Qualified Leads) als bei anderen Medien.«*[11]

Eines ist auf jeden Fall sicher. Die Werbebudgets für Instagram werden in den nächsten Monaten ansteigen, und Sie sollten lieber zu früh als zu spät einsteigen, um noch von günstigen Anzeigenpreisen und hohen Reichweiten zu profitieren.

---

10 SocialBakers, 2018, »Instagram Engagement: Everything You Need to Know [Exclusive Stats]«: *http://www.socialbakers.com/blog/instagram-engagement?id=2807*

11 Instagram Business, »ADEN Business School: Diese internationale Hochschuleinrichtung fand die Zielgruppe für ihr Graduiertenprogramm mithilfe einer Carousel Ad-Kampagne.«: *http://business.instagram.com/success/aden-business-school*

6 Pinterest

Extrem kaufbereite Nutzer, langlebige Inhalte und qualitativer Traffic sind nur drei von vielen Argumenten, warum Pinterest für Ihr Marketing enorm wichtig ist. Wie Sie von dem unterschätzten Sales-Kanal profitieren können, zeigen wir Ihnen in diesem Kapitel.

Lange Zeit flog Pinterest unter dem Radar der Marketingabteilungen. Gerade einmal 30 % der weltweiten Unternehmen nutzten 2017 Pinterest für ihr Marketing. Pinterest-Marketing in Unternehmen war damit weit abgeschlagen hinter Facebook (94 %), Instagram (66 %) und Twitter (62 %).[1] Woran das liegt, lässt sich nur vermuten. Möglicherweise sehen viele Unternehmen das Potenzial von Social Media nur in Bezug auf den Kaufabschluss und betrachten die Kauferwägungsphase in der Customer Journey nicht genauer. Social Shopping beginnt aber weit vor dem finalen Kaufabschluss, und genau da setzt Pinterest an. Bei Pinterest werden alle Phasen der Customer Journey und die Momente vor dem Kauf abgedeckt. Die Nutzer kommen zu Pinterest und suchen nach neuen Ideen, die sie ausprobieren möchten, und ziehen dabei in Erwägung, ein Produkt zu kaufen. 55 % der Pinner nutzen Pinterest, um zu shoppen und um Produkte zu finden.[2] 93 % nutzen es, um direkt Käufe zu planen.[3]

2018 sollte Ihr Pinterest-Dornröschenschlaf also definitiv vorbei sein. Denn die visuelle Suchmaschine bietet Unternehmen derzeit das größte Potenzial, Produkte und Ideen zu präsentieren, dadurch qualitativen Traffic auf die Website und in den Onlineshop zu bringen, die für Sales und Abverkäufe sorgen.

1 Statista, 2017, »Anteil der Unternehmen, die folgende Social Media Plattformen nutzen weltweit im Januar 2017«: *http://de.statista.com/statistik/daten/studie/71251/umfrage/einsatz-von-social-media-durch-unternehmen*

2 Kleiner Perkins, 2016, »2016 Internet Trends Report«: *http://www.kleinerperkins.com/perspectives/2016-internet-trends-report*

3 Kantar Millward Brown, 2015, »Pinterest and the Power of Future Intent«: *http://www.millwardbrowndigital.com/pinterest-and-the-power-of-future-intent*

6.1 Sechs gute Gründe, warum Sie Pinterest nutzen sollten

Bei Pinterest geht es um das visuelle Entdecken. Pinterest ist also streng genommen kein soziales Netzwerk, sondern eine visuelle Suchmaschine, die den Nutzern dabei hilft, Dinge zu entdecken und Dinge zu tun, die sie lieben. Oder anders gesagt: Pinterest-Nutzer wissen zu Beginn vielleicht nicht genau, was sie bei Pinterest suchen, aber sie wissen es, sobald sie es sehen. Pinterest soll den Nutzern dabei helfen, ihr Leben zu gestalten, zu organisieren und zu planen. Bei Pinterest gibt es zwar soziale Funktionen, wie z. B. die Gruppenpinnwand, die Kommentarfunktion oder die Ausprobiert-Funktion, aber sie sind nicht der Schwerpunkt von Pinterest. Vielmehr ist hier der Name Programm. »Pinterest« setzt sich zusammen aus *pin* = anheften und *interest* = Interesse. Es geht darum, die Nutzer mit vielen Ideen und Produktinspirationen zu vernetzen – *nicht* mit Freunden. Sie müssen die Nutzer also mit Ihren Produkten und Ideen vernetzen.

Marketing-Take-away: Pinterest ist keine User-Generated-Content-Plattform

Pinterest ist keine Plattform, um Content von Usern zu nutzen oder sie zur Content-Erstellung aufzurufen. Zwar können die Nutzer auch selbst Inhalte einstellen (User Generated Content), aber die Selbstdarstellung durch den Upload eigener Bilder ist kein Schwerpunkt der Plattform. Dies tun die Nutzer eher auf Instagram und Snapchat.

6.1.1 Kaufentscheidungen beginnen bei Pinterest

Bei keinem anderen Netzwerk ist die Bereitschaft zu kaufen so groß wie bei Pinterest. 90 % der Pinterest-Nutzer (auch Pinner genannt) sagen, dass ihnen Pinterest dabei hilft, Kaufentscheidungen zu treffen, und 66 % kaufen ein Produkt, nachdem sie es auf Pinterest gesehen haben.[4] Pinterest verführt außerdem zum Kauf. 72 % der Pinner gaben an, dass sie Pinterest dazu inspiriert, Produkte zu kaufen, auch wenn sie gerade gar nicht auf der Suche danach waren. 60 % nutzen Pinterest, um sich Anregungen und Ideen zu holen, während Suchmaschinen (48 %), Tipps von Freunden (41 %) und andere Social-Media-Plattformen (35 %) dafür weit weniger zurate gezogen werden. Pinterest wird auch gerne im Store oder Ladengeschäft eingesetzt. Laut der Kantar Millward Brown Studie schauen 45 % der mobilen Nutzer auf Pinterest, während sie shoppen.[5]

4 Pinterest, 2018, »Here's how people shop on Pinterest«: *http://business.pinterest.com/en/blog/heres-how-people-shop-on-pinterest*

5 Kantar Millward Brown, 2015, »Pinterest and the Power of Future Intent«: *http://www.millwardbrowndigital.com/pinterest-and-the-power-of-future-intent*

6.1.2 Sehr kaufbereite Nutzer

Pinterest-Nutzer sind hochmotiviert, ein Produkt zu kaufen, und in der Customer Journey schon recht am Ende ihrer Kaufreise angelangt. Pinterest setzt da an, wo Kunden denken: »Ich brauche ein Hochzeitskleid«, »Ich brauche eine neue Lampe«, oder »Ich brauche eine paar neue Schuhe.« Das gilt insbesondere in den Kategorien Fashion und Home.

Pinterest nutzen die Nutzer ähnlich wie Google, allerdings mit dem Unterschied, dass der Fokus auf Ideen liegt. Marken können ihre Kunden viel früher im Inspirationsprozess abholen und ihnen Ideen zum Ausprobieren liefern.

6.1.3 Steigende Nutzerzahlen

Weltweit wird Pinterest von 200 Mio. Menschen genutzt. Die meisten Nutzer sind zwischen 25 und 54 Jahre alt. Mehr als die Hälfte der 200 Mio. monatlich aktiven Pinner kommt aus Ländern außerhalb der USA.

In Deutschland nutzen 3 bis 4 Mio. Menschen Pinterest. Im deutschsprachigen Raum haben sich die Nutzerzahlen 2016 verdreifacht und 2017 verdoppelt. In der Zielgruppe der 18- bis 29-Jährigen nutzt jeder vierte Deutsche Pinterest.[6] Bei Pinterest verweilen die Pinner doppelt so lang wie auf anderen Social-Media-Kanälen, und 80 % der Zugriffe kommen über mobile Endgeräte. Bemerkenswert: Jeden Tag merken sich deutsche Pinner 3,5 Mio. Ideen auf ihren Pinnwänden. Die Mehrheit der Inhalte, die Nutzer sich merken, kommen aus professionellen Quellen, z. B. von Marken, Verlagen oder Influencern.

70 % der deutschen Pinterest-Nutzer sind weiblich, aber die Männer ziehen nach. 40 % aller Neuanmeldungen weltweit kommen von männlichen Nutzern (70 % YoY-Wachstum). In den USA erreicht Pinterest 83 % der Frauen zwischen 25 bis 54 Jahren, die merklich den Haushalt regeln und für Einkäufe zuständig sind. Sie nutzen Pinterest vor allem in den Kategorien Essen und Trinken, Style und Beauty. 78 % dieser Zielgruppe geben an, dass Ihnen Marken-Content auf Pinterest dabei hilft, Ideen umzusetzen.[7]

Marketing-Take-away: 80 % nutzen Pinterest mobil

Die Zahl dürfte Sie wenig überraschen. Pinterest wird sehr stark mobil genutzt, weshalb auch Ihre Inhalte mobil optimiert sein müssen. Derzeit liegt die Nutzung bei 85 %, dürfte aber in den nächsten Jahren noch mehr ansteigen.

6 Pinterest, »Statistiken zu Pinterest«: *http://de.statista.com/themen/1996/pinterest*

7 Pinterest Business, »How to connect with the Deciders«: *http://business.pinterest.com/en/blog/how-to-connect-with-the-deciders*

6.1.4 Pinterest-Content wirkt länger

Pinterest-Content arbeitet länger für Sie als beispielsweise Facebook- oder Twitter-Content. Die Halbwertszeit eines Pins beträgt laut Wiselytics 3,5 Monate.[8] Das heißt, Sie können mit einem Pin auch noch nach Wochen, Besucher auf Ihre Website oder in Ihren Onlineshop bringen.

Bei Facebook liegt die Halbwertszeit durchschnittlich bei 90 Minuten. Wenn Sie es mit Media pushen und einen Facebook Sponsored Post machen, können Sie die Halbwertszeit noch auf 2 bis 3 Tage strecken. Doch danach ist der Post »entwertet«. Es lohnt sich also für Sie, in Pinterest zu investieren, aber Sie müssen Zeit mitbringen. Der Erfolg eines neuen Pinterest-Boards lässt sich erst richtig nach 3 bis 6 Monaten messen. Auch spannend: Ein Pin wird durchschnittlich elfmal gepinnt.

6.1.5 Pinterest ist ein Traffic-Garant

Pinterest gewinnt als Traffic-Lieferant mehr und mehr an Bedeutung. Im 2. Halbjahr 2017 generierte Pinterest 7,5 % des gesamten Web-Traffics (siehe Abbildung 6.1).

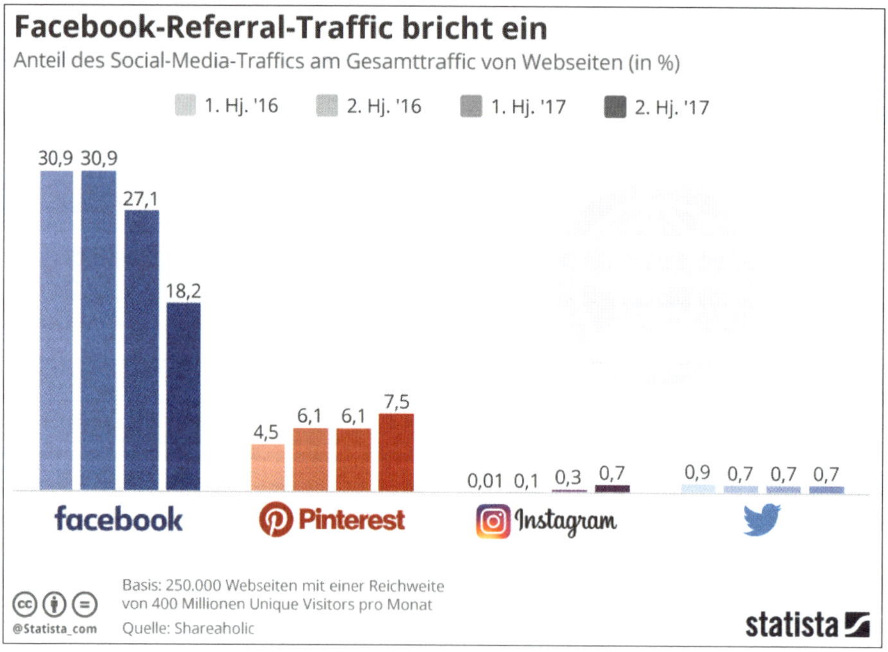

Abbildung 6.1 Pinterest wird zweitwichtigster Traffic-Lieferant für Website-Betreiber. (Quelle: http://de.statista.com/infografik/13025/anteil-des-social-media-traffics-am-gesamttraffic-von-webseiten)

8 Wiselytics, 2104, »Your tweet half-life is 1 billion times shorter than Carbon-14's«: *http://www.wiselytics.com/blog/tweet-isbillion-time-shorter-than-carbon14*

Während Facebooks Refferal-Traffic dramatisch einbricht und es Unternehmen immer schwerer haben, Facebook-Nutzer zu erreichen (vor allem organisch!), kommt nun Pinterest ins Spiel und ist im Moment zweitwichtigster Traffic-Lieferant unter den Social-Media-Plattformen noch vor Instagram und Twitter. Das Tolle daran: Unternehmen können dort kostenlos Content einstellen und mit ein paar Tricks organischen Traffic für ihre Website, ihren Shop oder ihr Blog generieren. Denn in Pinterest wird unter jedem gepinnten Bild die Original-URL hinterlegt. Beim Klicken auf diese Bilder verlässt der Nutzer Pinterest und generiert Traffic für andere Internetseiten, Blogs oder Onlineshops. Auch nicht angemeldete User können auf gepinnte Bilder klicken und landen auf externen Webseiten. Wie Sie das anstellen, erfahren Sie in Abschnitt 6.3, »How to Pinterest«.

6.1.6 Shops, Dienstleister, Blogger – Pinterest ist für alle da!

In Deutschland wird jeden Tag 3,5 Mio. Mal gepinnt. Insgesamt gibt es 32 Pinterest-Kategorien, die beliebtesten sind Food, DIY, Home, Beauty und Fashion:

- Food: 21 Mrd. Pins
- Fashion: 21 Mrd. Pins
- Home: 16 Mrd. Pins
- Beauty: 8 Mrd. Pins

Eine steigende Zahl an Bloggern und Start-ups im Bereich Food verwendet mittlerweile Pinterest, um die Besucherzahlen auf die Website, das Blog und in den Shop zu bringen. Und das mit Erfolg: Das Online-Magazin »Springlane« generiert 89 % seines Web-Traffics über sein Pinterest-Profil.

Maggi ist eines der Best-Practice-Beispiele in Deutschland, wenn es um erfolgreiches Pinterest-Marketing geht. Food ist eine der stärksten Kategorien bei Pinterest und auch Maggi.de generiert Traffic über Pinterest. Durch Rezepte-Pins und saisonale Pinnwände konnte Maggi.de die monatlichen Pins und Klicks um das Zehnfache steigern (siehe Abbildung 6.2). Lisa Stiewee, Communication Manager bei Maggi, ist überzeugt, dass sich Pinterest perfekt eignet, um mehr Sichtbarkeit für Maggi zu generieren:

> *»Unser Ziel ist es, unseren Kunden das bestmögliche Erlebnis zu bieten, wenn sie in der digitalen Welt mit unserer Marke interagieren. Dabei spielt Pinterest eine wichtige Rolle, denn dort können sie Maggi-Rezepte entdecken, sammeln und ausprobieren. Und das alles ganz einfach, mit ein paar wenigen Klicks.«*[9]

9 Pinterest Business, »Mit wenigen Klicks Maggi-Rezepte entdecken, sammeln und ausprobieren«: *http://business.pinterest.com/de/success-stories/maggi*

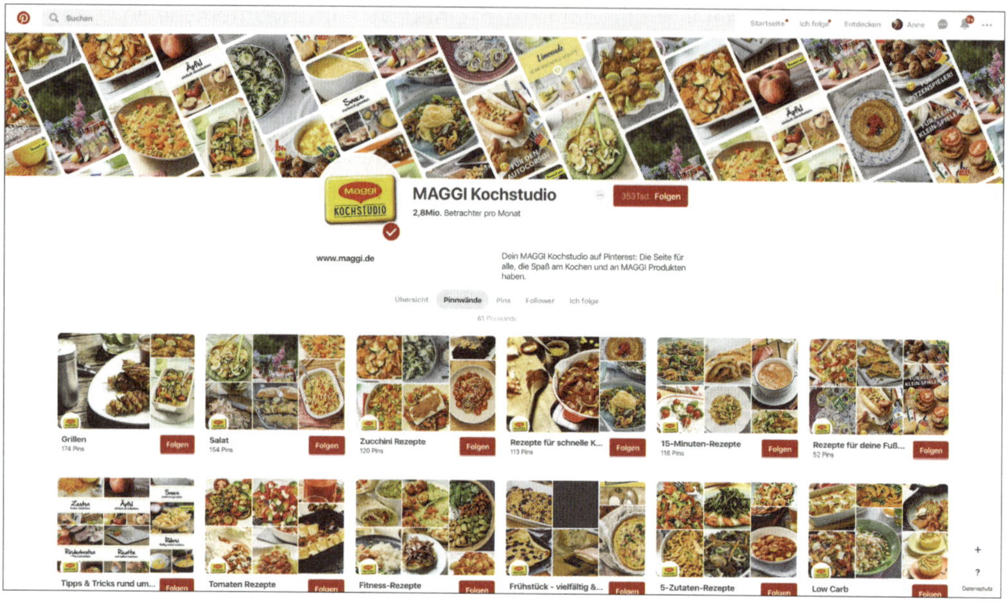

Abbildung 6.2 Pins von Maggi sind die visuellen Anstupser für neue Rezepte mit Maggi. (Quelle: http://www.pinterest.de/maggikochstudio)

Maggi setzt zudem die neuen Pinterest-Pincodes überaus erfolgreich auf seinen Verpackungen ein. Die Pincodes sind erst einmal nur auf den Produktverpackungen im Maggi-Kochstudio-Store in Frankfurt sichtbar, aber Maggi plant eine Ausweitung über den Store hinaus. Im März 2018 hatte Pinterest Pincodes im deutschsprachigen Markt zusammen mit der Nestlé-Lebensmittelmarke Maggi, der Interior-Marke Urbanara und dem Magazin »Brigitte« gelauncht. Über das Scannen eines Pincodes auf einer Produktverpackung gelangten die Kunden auf kuratierte Pinnwände von Maggi mit wechselnden Rezepten und weiteren hilfreichen Inhalten, wie z. B. How-tos und Zutatenwissen. Die Kunden konnten mithilfe dieses Pincodes ganz einfach passende Bilder und Rezepte aufrufen.

Pinterest ist jedoch nicht nur Onlineshops, Händlern und Herstellern vorbehalten. Sie können es genauso gut nutzen, wenn Sie Dienstleistungen und Beratungen, also digitale Produkte (Webinare, Online-Kurse, E-Books) anbieten. Die Beraterin für digitales Marketing, Claudia Heimgart, *http://www.pinterest.de/claudiaeasymarketing*, gewinnt einen Großteil ihrer Kunden über Pinterest. Dafür setzt sie vor allem Grafiken mit Text ein, die bei Pinterest oft besser funktionieren als Fotos oder Bilder ohne Text (siehe Abbildung 6.3).

Pinterest eignet sich eigentlich für jeden B2C-Anbieter mit einer Website. Die einzige Ausnahme sind lokale Ladengeschäfte ohne Website, Onlineshop und/oder Blog. Für sie eignet sich Pinterest eher nicht.

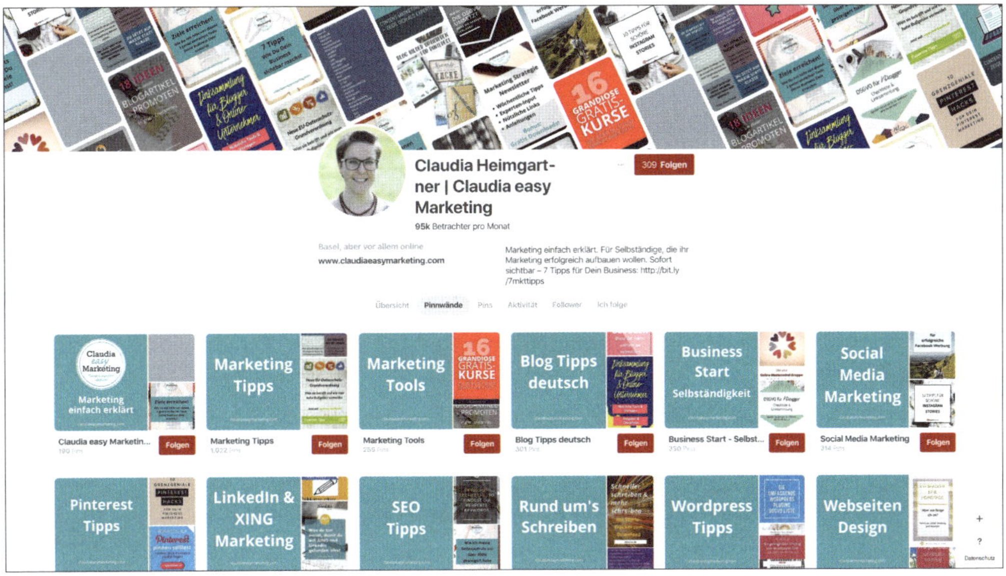

Abbildung 6.3 Auch als Dienstleister können Sie mit Pinterest erfolgreich sein. (Quelle: http://www.pinterest.de/claudiaeasymarketing/boards)

6.2 Wie funktioniert Pinterest?

Auf virtuellen Pinnwänden sammeln die Nutzer Bilder, Grafiken, Videos, Anleitungen (= Pins) von Produkten, für die sie sich interessieren. Die Nutzer können entweder direkt in Pinterest zu interessanten Bildern kommen, oder sie merken sie sich direkt von einer Website, einem Blog, einem Onlineshop auf ihrer Pinnwand, vorausgesetzt diese Website hat den »Pin it«-Button (oder »Merken«-Button) integriert. Die Pinner wählen verschiedene Kategorien und legen die Bilder in ihrer persönlichen Pinnwand ab. Eine Kategorie wäre z. B. Food, darunter legt man Bilder von Essen ab. Beliebte Fotos sind jene zu den Themen Wohnen, Styling oder Essen.

Die Nutzer können auf mehreren Wegen zu einem Pin gelangen. Am häufigsten sehen sie direkt auf der Startseite einen relevanten Pin. Sie können aber auch über das Profil eines Nutzers bzw. einer Marke oder über die Suche zu einem Pin finden (siehe Abbildung 6.4). Jeder Pin ist mit einer Website verknüpft und kann angeklickt werden. So gelangen die Nutzer auf Ihre Website oder in Ihren Onlineshop.

Übrigens sind viele der Meinung, dass Hochzeit die größte Kategorie bei Pinterest sei, aber sie findet sich eher als Unterkategorie in den jeweiligen Hauptkategorien wieder (Hochzeitstorte bei FOOD, Hochzeitsdeko bei STYLING, Hochzeitskleid bei FASHION etc.).

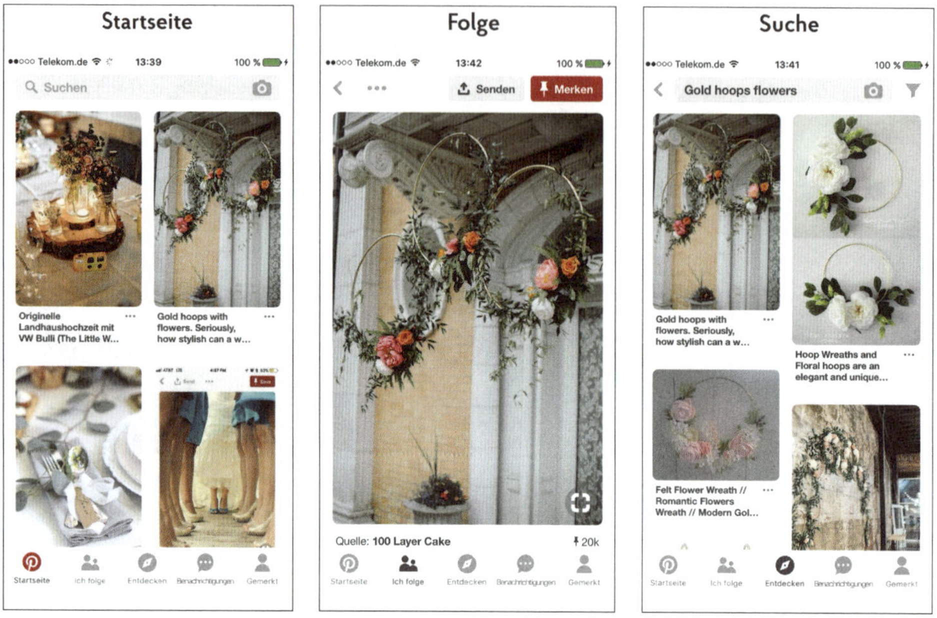

Abbildung 6.4 Bei Pinterest führen viele Wege zum Pin.

Rechtstipp von Sven Hörnich: Urheberrechtliche Fragen und Risiken beim Teilen und »Teilenlassen« von Inhalten

Beim Teilen von Inhalten ist zunächst die Vorfrage zu klären, ob der Ursprungsinhalt lediglich verlinkt wird oder tatsächlich kopiert (mithin vervielfältigt und erneut öffentlich zugänglich gemacht wird):

1. Werden fremde Inhalte, die legal online gestellt wurden, lediglich verlinkt, ohne dass hierfür irgendwelche Sperren überwunden werden müssen (z. B. Passwortschranken umgangen oder sonstige Schutzmaßnahmen vereitelt werden), so ist dies urheberrechtlich neutral. Nach Auffassung des Europäischen Gerichtshofes ist dies noch nicht einmal eine urheberrechtlich relevante »Verwertung«.
2. Anders sieht es bereits beim Verlinken fremder Inhalte aus, wenn diese rechtswidrig online gerieten (z. B. der Stream eines aktuell im Kino laufenden Films ... oder auch ein Foto ohne ausreichende Lizenz). Hier kann es passieren, dass der verlinkende User mit haften muss. Dass zudem derjenige, der den Inhalt ursprünglich online stellte, rechtswidrig handelt, dürfte auf der Hand liefen.
3. Beim tatsächlichen »Kopierenlassen« im Wege des Teilungsvorgangs ist seitens des Teilenden zu beachten, dass es nach bundesdeutschem Recht keinen gutgläubigen Rechtserwerb gibt. Der den Inhalt Übernehmende kann sich also nicht darauf berufen, das Foto/den Film in gutem Glauben, es sei ursprünglich legal zugänglich gemacht worden, übernommen zu haben. In der Praxis haften dann häufig alle in einer Kette (oder einem Netz) befindlichen Übernehmenden neben dem Originaltäter als Gesamtschuldner.

4. Seitens (insbesondere) des ersten Online-Stellers des Inhalts ist zudem zu beachten, dass ihm oft im Fall einer Inanspruchnahme seitens des Rechteinhabers die weitergehenden Nutzungen Dritter zurechenbar sind. Gibt er so beispielsweise eine strafbewehrte Unterlassungserklärung gegenüber dem Rechteinhaber ab, so kann das »Stehenlassen« nach Rechtsprechung des (deutschen) Bundesgerichtshofes als Verstoß dagegen gewertet werden. Er müsste sich also nicht lediglich um die Löschung der eigenen Online-Stellungen, sondern auch sämtlicher »geteilter« Inhalte bemühen (und diese Bemühungen beweissicher dokumentieren). Unterlässt er dies, können ihn empfindliche Vertragsstrafeforderungen treffen.

6.2.1 Neue Funktionalitäten

Pinterest entwickelt stets neue Funktionalitäten für seine Nutzer. Beispielsweise können Sie mit der visuellen Suche ein Produkt auf einem Pin »heranzoomen«, und Pinterest sucht gleiche oder ähnliche Pins auf der Plattform. Eine noch innovativere Funktion ist die Lenses-Funktion (siehe Abbildung 6.5). Wenn Sie das nächste Mal im Urlaub, bei Freunden oder in einem Store ein Produkt entdecken, können Sie es fotografieren, und Pinterest sucht ebenfalls ähnliche oder idente Pins heraus. Und zuletzt darf auf einer Plattform mit sehr kaufbereiten Nutzern natürlich nicht die Shoppingfunktion fehlen. Die Funktion »Shop the Look« gibt es bereits in Deutschland.

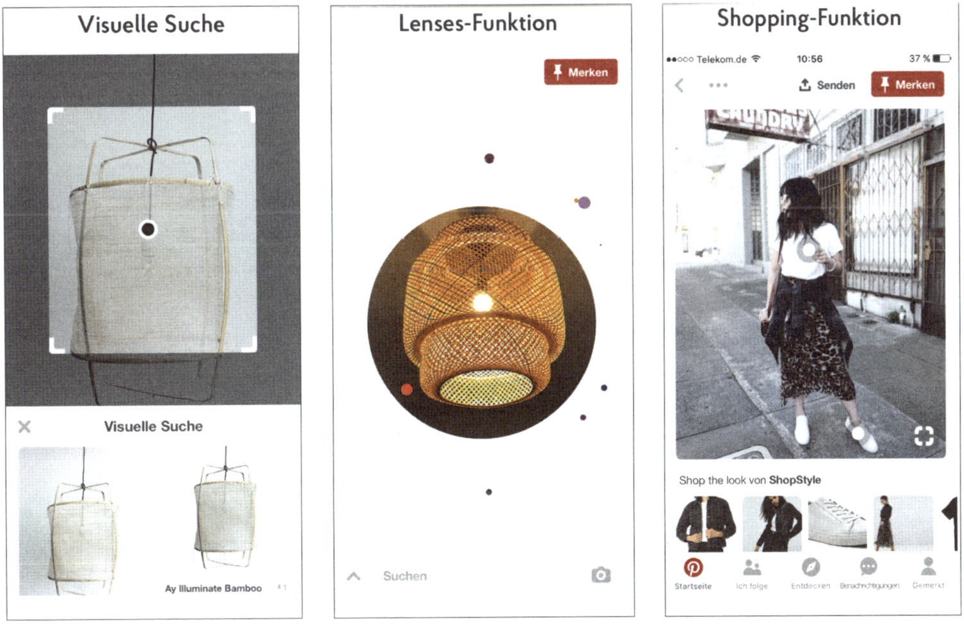

Abbildung 6.5 Pinterest begeistert seine Nutzer mit neuen Funktionen wie der visuellen Suche, Lenses- und Shopping-Funktion. (Quelle: Screenshots Pinterest-App)

Pincodes

Pinterest hat im März 2018 Pincodes im deutschsprachigen Markt eingeführt, eine Funktion zum visuellen Entdecken von Ideen. Unternehmen, die Pincodes bereits einsetzen, sind etwa Maggi, die Interior-Marke Urbanara und das Magazin »Brigitte«. Nach ersten Erfolgen setzt das Magazin »Brigitte« die Pincodes ganzjährig im Heft ein. Nach dem erfolgreichen Launch gibt es mittlerweile weitere Partnerschaften mit Edeka, Ikea, Ich liebe Käse (Géramont) und dem österreichischen Magazin »Wienerin«.

Pincodes sind Codes, die vom Nutzer gescannt werden können und die dann auf eine Pinnwand mit kuratierten Ideen und Produkten von Marken oder Medien weiterleiten. Die Inhalte auf der Pinnwand sind inspiriert von dem, was der Nutzer in der realen Welt sieht, beispielsweise ein Produkt oder Magazin. Pincodes verlinken auf eine Pinnwand oder ein Profil auf Pinterest, und Marken können sie überall einsetzen, am Point of Sale, auf Verpackungen, in Magazinen oder auf Werbematerialien. Nutzer können Pincodes mit der Kamerafunktion in der Pinterest-App scannen, und jeder Nutzer mit einem Unternehmensprofil kann einen Pincode erstellen.

Urbanara nutzt Pincodes, um seine Kunden vor und nach dem Kauf ihrer Produkte mit Ideen zu inspirieren. Die Pincodes sind auf Postern im Flagship Store in Düsseldorf sowie im Sommerkatalog platziert. Über den Scan des Codes werden Kunden auf Pinnwände rund um die neue Sommerkollektion weitergeleitet. Mit dem Kauf einer Wolldecke erhalten Kunden zudem einen Flyer mit einem Pincode, der sie auf eine Pinnwand mit Ideen und Pflegetipps speziell zu diesem Produkt führt.

6.3 How to Pinterest

Pinterest ist keine Plattform, bei der Sie kurzfristige Erfolge erzielen, sondern langfristig planen müssen. Daher ist es – wie bei jeder anderen Social-Media-Plattform auch – essenziell, dass Sie sich von Anfang an eine Strategie überlegen, mit welchen Inhalten Sie die Nutzer begeistern wollen. Neben den Inhalten ist es auch enorm wichtig, dass Sie Ihre Website »Pinterest-freundlich« machen und den Merken-Button integrieren.

Tipp: Pinterest ausprobieren

Wenn Sie bei Pinterest gerade Neuland betreten, lohnt es, sich mit Pinterest erst einmal im privaten Modus vertraut zu machen. Dabei müssen Sie sich weder mit Ihrem Unternehmensnamen noch mit Ihrem Klarnamen anmelden, sondern können mit einem Fantasienamen ganz still und heimlich die Plattform testen und dabei nichts falsch machen. Nutzen Sie Pinterest am besten mit Google Chrome, denn dort können Sie einen speziellen »Pin it«-Button installieren. Wenn Sie nun auf einer Website schöne Bilder sehen, können Sie diese Bilder direkt über die Schaltfläche für Pinterest übernehmen und auf Ihrer Pinnwand sichern.

6.3.1 Erstellen Sie ein Pinterest-Unternehmensprofil

Um selbst ein Pinterest-Profil zu erstellen, melden Sie sich zuallererst auf Pinterest mit Ihrer gültigen E-Mail-Adresse an oder registrieren sich via Facebook-Account. Füllen Sie Ihre Pinterest-Kurzinfo aus. Die Kurzinfo ist so etwas wie Ihre Visitenkarte und sollte die wichtigsten Informationen und Links auf einen Blick bieten. Verfassen Sie eine kurze und knackige Kurzinfo, wie z. B. DaWanda (*http://www.pinterest.de/dawanda_germany*), Westwing (*http://www.pinterest.de/westwingde/*, siehe Abbildung 6.6) oder ePubli (*http://www.pinterest.de/epubli*).

Wenn Sie bereits ein Pinterest-Profil haben, wandeln Sie es in ein kostenloses Unternehmensprofil um. Dabei verbinden Sie das Profil mit Ihrer Website und können sehen, welche Bilder und Grafiken von Ihrer Website gepinnt wurden. Pro-Tipp: Über die URL *http://www.pinterest.de/source/IHRE-WEBSITE* können Sie sehen, welche Links Ihrer Website bereits bislang bei Pinterest gepinnt wurden. Über diesen Link können Sie Ihr Profil kostenlos umwandeln: *http://www.pinterest.de/business/convert*. Wenn Sie Hilfe bei der Verifizierung Ihrer Domain/Website brauchen, können Sie diese Hilfe-Seite nutzen *http://help.pinterest.com/en/articles/claim-your-website*.

Durch das Unternehmensprofil können Sie *Rich Pins* beantragen, die automatisch Metadaten von Ihrer Website ziehen, von der sie gepinnt wurden. Durch das Unternehmensprofil haben Sie Zugriff auf ausführliche Pinterest-Analytics und können Pinterest-Anzeigen nutzen, sobald sie in Deutschland verfügbar sind.

Tipp: Verifiziertes Pinterest-Profil

Ein verifiziertes Pinterest-Profil erhalten Sie nur von Pinterest direkt. In der Regel erhalten dies nur Unternehmen, die sehr aktiv in Pinterest sind und täglich professionellen Content hochladen. Sprechen Sie Ihren Pinterest-Ansprechpartner dafür an.

6.3.2 Beachten Sie diese Pinterest-Faustregeln

Jetzt können Sie Pinnwände anlegen und Pins hochladen. Sie brauchen mindestens eine Pinnwand (auch Board genannt), um Pins hochzuladen. Für die optimale Content-Erstellung gelten folgende Faustregeln: die *Rule of Thumb 5-50-5* und die *Rule of Thumb 80 : 20*. Die erste Regel bedeutet, Unternehmen sollten mindestens fünf Pinnwände auf ihrem Unternehmensprofil haben, 50 Pins pro

Pinnwand einstellen und fünf Pins pro Tag auf ihrer Pinnwand merken (besser 20). Als Verhältnis für eigenen vs. fremden Content auf einem Board empfiehlt Pinterest die Regel 80 : 20, d. h. 80 % eigene Pins und 20 % Repins von anderen Profilen.

Sie können innerhalb von Pinterest selbst schöne Bilder und passende Pins sichten und für Ihre eigene Pinnwand nutzen. Geben Sie dafür einen Suchbegriff in die Suchleiste ein. So erhalten Sie eine Übersicht über alle Pinnwände und Bilder, die diesen Suchbegriff beinhalten. Tipp: Suchen Sie nach englischen Begriffen, um das beste Suchergebnis zu erzielen.

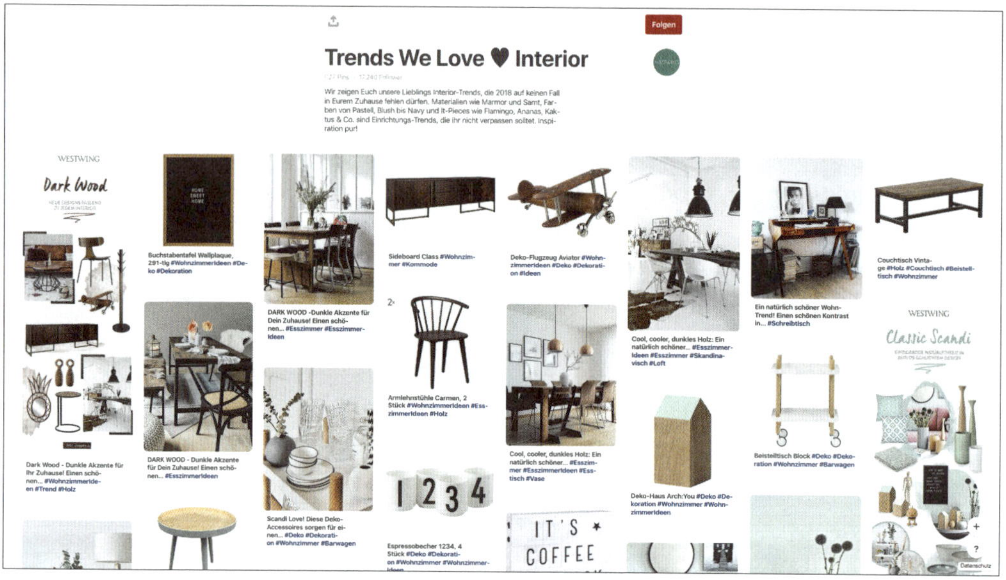

Abbildung 6.6 Mixen Sie bei Ihren Pinnwänden inspirierende Bilder mit Produktbildern. (Quelle: http://www.pinterest.de/westwingde/trends-we-love-interior)

6.3.3 Erhöhen Sie die Sichtbarkeit mit saisonalen Inhalten

Saisonale Inhalte und Trends sind bei Pinterest besonders wichtig. Überlegen Sie sich also, mit welchen Inhalten und Produkten Sie auf Jahreszeiten, Saisonales und Trends reagieren können (Abbildung 6.6 zeigt ein Beispiel). Das kann eine Pinnwand mit Ideen für Muttertagsgeschenke sein, eine Pinnwand mit DIY-Ideen oder eine Inspirations-Pinnwand über vertikale Gärten. Ebenfalls beliebt sind Listen z. B. »Die 10 wichtigsten Gartentrends 2018«, »5 Tipps für Teppiche«. Egal, ob Sie Tipps und Tricks, Listicals (Listen) oder Anleitungen erstellen, die wichtigste Regel für Ihren Pin lautet: Er muss nützlich sein.

Pinterest veröffentlicht immer zum Ende des Jahres eine Liste mit den 100 wichtigsten Trends aus den Kategorien Essen und Trinken, Wohnen, Mode, Beauty,

Wellness, Kinder, Reisen, Feiern etc. und fördert dabei spannende Insights zutage. Zum Beispiel stieg die Suche nach »Flusskreuzfahrten« im Jahr 2017 um 346 %, nach »Pompon-Dekor« um 444 %, nach »Selbstfürsorge« um 537 % und nach »Rezepte mit ätherischen Ölen« um 689 %.[10] Um optimal auf Trends und Saisonales zu reagieren, müssen Sie früh dabei sein. Ostern beginnt bei Pinterest im Januar. Das heißt, im Januar müssen die Pinnwände für Ostern stehen und sichtbar sein.

6.3.4 Erstellen Sie vertikale Pins

Wenn Sie Pins hochladen, erstellen Sie Bilder im vertikalen Format 2 : 3 (Empfehlung: 600 px × 900 px). Das ist das optimale Format, das auch auf mobilen Endgeräten in der Pinterest-App am besten funktioniert. Vertikale Pins eignen sich am besten für den mobilen Screen und erzielen höhere Engagement- und Klickraten. Übrigens können auch mehrere Pins von einer Website oder Landingpage auf einer Pinnwand verlinkt werden. Setzen Sie gezielt Text-Overlays auf Ihren Pins ein, um Ihre Pins deutlich erkennbar zu machen (siehe Abbildung 6.7).

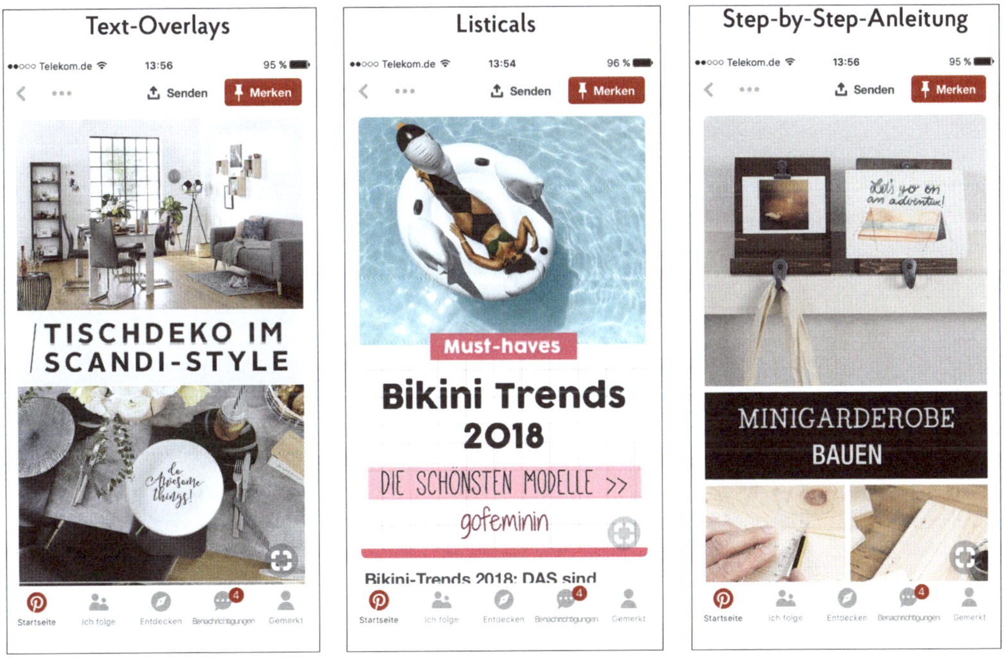

Abbildung 6.7 Pins mit Text-Overlays springen schnell ins Auge und wecken das Interesse der Pinner.

10 Pinterest, 2017, »Pinterest 100: Diese Trends müsst ihr 2018 ausprobieren«: *http://newsroom.pinterest.com/de/post/pinterest-100-diese-trends-muesst-ihr-2018-ausprobieren*

6.3.5 Pinterest-SEO – Ihre Pins wollen gefunden werden

Der Titel und die Beschreibung des Pins sind enorm wichtig für die Sichtbarkeit und Auffindbarkeit. Mit etwas Nachhilfe schaffen Sie es, dass Ihre Pins über die Suche Ihre potenziellen Kunden erreichen. Damit die Bilder auf der Bilderplattform ihren Zweck erfüllen, ist es wichtig, dass Sie die relevanten Keywords sinnvoll auf dem Bild und in der Bildunterschrift platzieren. Nicht nur Keywords und Hashtags spielen dabei eine Rolle. Es fängt schon bei dem Dateinamen an.

Dateiname

Ja, Sie haben richtig gelesen: Sogar der Dateiname eines Bildes ist suchmaschinenrelevant. Normalerweise tragen Bilddateien so kryptische Dateinamen, wie z. B. *29823429.jpg* oder *DCIM-23384.jpg*, je nachdem, welches Fabrikat der Fotoapparat oder Scanner hat, über den die Bilder gespeichert wurden. Sie sollten vor dem Upload der Fotos darauf achten, dass Sie ihnen individuelle Dateinamen mit relevanten Keywords verpassen, das hilft beim Gefundenwerden.

Beispiel

Machen Sie aus dem Dateinamen *29823429.jpg* einfach *gasthaus_xy_ortsangabe_gastgarten.jpg*, und schon haben Sie für jemanden, der ein Gasthaus an einem bestimmten Ort mit Gastgarten sucht, die richtigen Keywords verpackt.

Titel des Pins

Der Titel (bzw. die Bildüberschrift) ist ein zentrales Element. Er taucht bereits in der Übersicht des Suchergebnisses auf und soll kurz und prägnant aussagen, worum es in diesem Bild geht.

Beschreibung des Pins

In der Beschreibung notieren Sie kurz und prägnant, welchen Mehrwert der Pin bietet. Platzieren Sie hier auch die Hashtags. Die Hahstags helfen dem Pinner, einen Überblick über die Bildinhalte zu bekommen – und vor allem helfen sie beim Gefundenwerden über die Suche. Schauen Sie auch, welche Hashtags für bestimmte Trends am beliebtesten sind. Beispielsweise wird der Hashtag #urbangarden besonders gern für alle Themen rund um Garten verwendet.

Alt-Text

Pinnt ein Nutzer ein Bild von Ihrer Website, wird der Alt-Text direkt als Pin-Beschreibung herangezogen. Achten Sie also darauf, dass der Alt-Text hinterlegt ist. Am besten wählen Sie hier eine aussagekräftige Beschreibung. Wenn Ihr Bild also eine Anleitung für ein Hochbett ist, dann schreiben Sie im Alt-Text »In 5 Stunden ein eigenes Hochbett bauen – die einfachste Anleitung der Welt«.

Rechtstipp von Sven Hörnich: Vergessen Sie bei Ihren eigenen Werken nicht, sich auch als Urheber darunter auszuweisen

Nicht selten sieht die (einzige) Verteidigungsstrategie der Verletzer in Urheberrechtsprozessen so aus, dass diese die Urheberschaft des Anspruchstellers oder gegebenenfalls Rechtsinhaberschaft des ausschließlich Nutzungsberechtigten bestreiten. Während letztgenannter in diesem Fall (einige den urheberrechtlichen Profis bekannte prozessuale Besonderheiten gedanklich an dieser Stelle aus Platzgründen beiseitegeschoben) recht häufig den Urheber als Zeugen der Urheberschaft und der ausschließlichen Rechteeinräumung benennen können, steht dann der Urheber in eigenen Prozessen regelmäßig vor dem Dilemma, für sich selbst und seine Urheberschaft nicht als Zeuge auftreten zu können. Der (dt.) § 10 Urheberrechtsgesetz (UrhG) sieht hierfür aber eine Hilfestellung vor. Er enthält nämlich (unter anderem) eine gesetzliche Vermutung dahingehend, dass derjenige, der auf Vervielfältigungsstücken eines erschienenen Werkes oder auf dem Original eines Werkes der bildenden Künste in der üblichen Weise als Urheber bezeichnet ist, bis zum Beweis des Gegenteils als Urheber des Werkes angesehen wird. Es muss also dann, wenn der Originalurheber ein solches Vervielfältigungsstück mit seiner Benennung als Urheber vorlegt, der Verletzer darlegen und gegebenenfalls beweisen, dass er oder ein sonstiger Dritter Urheber des Werkes ist. Dies gilt auch für eine Bezeichnung, die als Deckname oder Künstlerzeichen des Urhebers bekannt ist.

Der Originalurheber hat mithin ein erhebliches Interesse daran, dass (was ihm ohnehin nach § 13 des dt. UrhG zusteht) er unter seinem Foto, Text oder sonstigen Werk als Urheber benannt wird, um gegebenenfalls im Rahmen eines Prozesses von dieser gesetzlichen Vermutung zu profitieren. Ein Vervielfältigungsstück eines Werkes im Sinne von § 10 Abs. 1 UrhG liegt übrigens entgegen einer weitläufigen Fehleinschätzung nach einer Entscheidung des (dt.) Bundesgerichtshofes auch dann vor, wenn ein Werk in das Internet gestellt worden ist (siehe BGH, Urteil vom 18.09.2014, Az. I Z R 76/13). Übrigens sollten Sie dabei eher Formulierungen wie »Urheber: Name«, »Fotograf: Name« oder »Autor: Name« nutzen als das »hippe« »Copyright by: Name«. Copyright heißt wörtlich nur »Kopierrecht« und bedeutet nicht zwingend, dass die genannte Person auch Urheber ist. Allerdings sind erfahrungsgemäß die Gerichte hierbei im Rahmen der Auslegung der Floskel recht kulant, da dieser Irrglaube der Urheber bezüglich des ©-Zeichens allgemein bekannt ist.

6.3.6 Rich Pins

Wenn ein Nutzer ein Produkt auf seiner Pinnwand pinnt, werden automatisch die Informationen, die bei dem Produktlink hinterlegt sind, als Titel, Beschreibungstext, Autor etc. in Pinterest gezogen. Doch die Texte, die dadurch mitunter generiert werden, sind nicht immer auf dem aktuellen Stand. So kann es passieren, dass der beliebteste Pin von Ihrer Website einen Titel und Beschreibungstext zeigt, der nicht aktuell ist. Die Lösung: Rich Pins. Mit Rich Pins werden die Zusatzinformationen zu einem Produktlink von Pinterest erkannt, dargestellt und Änderungen automatisch aktualisiert. Um diesen Service von Pinterest nutzen zu können, müssen Sie sich bewerben und zunächst Ihre Website/URL bestätigen lassen. Zusätzlich müssen Sie an Ihre Website ran und die Metatags zu den Produkten in Ihrem Onlineshop bzw. Ihren Artikeln im Online-Magazin/Blog überarbeiten. Pinnt ein Nutzer danach von Ihrem Onlineshop oder Blog, zieht sich der Rich Pin automatisch die hinterlegten Metadaten. In Deutschland sind Rich Pins für Rezepte, Artikel und Produkte verfügbar:

- *Rezept-Rich-Pin:* Der Rezept-Rich-Pin gehört zu den erfolgreichsten Rich-Pin-Formaten und ist für alle Unternehmen, die im Bereich Food, Essen und Trinken aktiv sind, essenziell. In einem Rezept-Rich-Pin können Titel, Zutatenliste, Zubereitungsdauer und Portionierungen angegeben werden. Das ist besonders praktisch für Pinner, die den Pin für ihren direkten Einkauf nutzen wollen.
- *Artikel-Rich-Pin:* Der Artikel-Rich-Pin ist für Publisher und Blogger enorm wichtig. In dem Pin können Sie Titel, Beschreibungstext und gegebenenfalls den Autor hinterlegen. Damit können sich Pinner eine bebilderte Leseliste zusammenstellen, ähnlich wie Bookmarks, nur mit Bildern.
- *Produkt-Rich-Pin:* Der Produkt-Rich-Pin ist für Betreiber von Onlineshops das Maß der Dinge. Es können Produktinformationen, Verfügbarkeiten, Preise und die Angabe des Shops in einem Produkt-Rich-Pin hinterlegt werden.

Es lohnt sich, wenn Sie sich die Mühe machen und Ihre Website mit Metadaten anreichern. Wenn Sie selbst nicht so technisch veranlagt sind, sollten Sie den Entwickler Ihrer Website um Hilfe bitten.

Marketing-Take-away: Auf Pinterest ist Einfallsreichtum gefragt

Um mit potenziellen Kunden in Kontakt zu treten, erstellte Living Royal, ein Unternehmen, das sich auf den Verkauf von witzigen Socken spezialisiert hat, eine Pinnwand, die eine Mischung aus ansprechenden Pins (mit Lifestyle-Charakter) und einfachen Produktfotos zeigte. Das Unternehmen experimentierte mit verspielten Werbebotschaften und nutzte Text auf den Bildern, um Interaktion zu fördern. So schaffte man es, mit einem Pin 33.000 Interaktionen zu erreichen, die Bekanntheit zu steigern und Traffic von Pinterest in den Onlineshop zu bringen.

6.3.7 Integrieren Sie den Merken-Button auf Ihrer Website

Starten Sie einen profitablen Traffic-Kreislauf, und integrieren Sie den Merken-Button auf Ihrer Website (siehe Abbildung 6.8): Die Nutzer können damit viel einfacher ihre Lieblingsartikel und Produkte von Ihrer Website auf ihre Pinnwand in Pinterest ziehen und sich merken. Sie teilen dadurch mehr von Ihren Inhalten mit ihren

Followern bei Pinterest. Diese Follower entdecken die Pins, klicken auf Ihre Website und pinnen ebenfalls diesen Link. ELLE Deutschland hat allein durch die Integration des Merken-Buttons auf seiner Website (Desktop und mobil) das Engagement um 1.000 % erhöhen können.[11] Dadurch erhöhte sich auch die Click-Through-Rate (Klicks von Pins auf die Website) um 4.000 %. Die Integration des Merken-Buttons machte sich direkt bemerkbar. Bereits 4 Wochen nach der Integration des Merken-Button wurden dreimal so viele Pins von elle.de gesammelt wie zuvor.

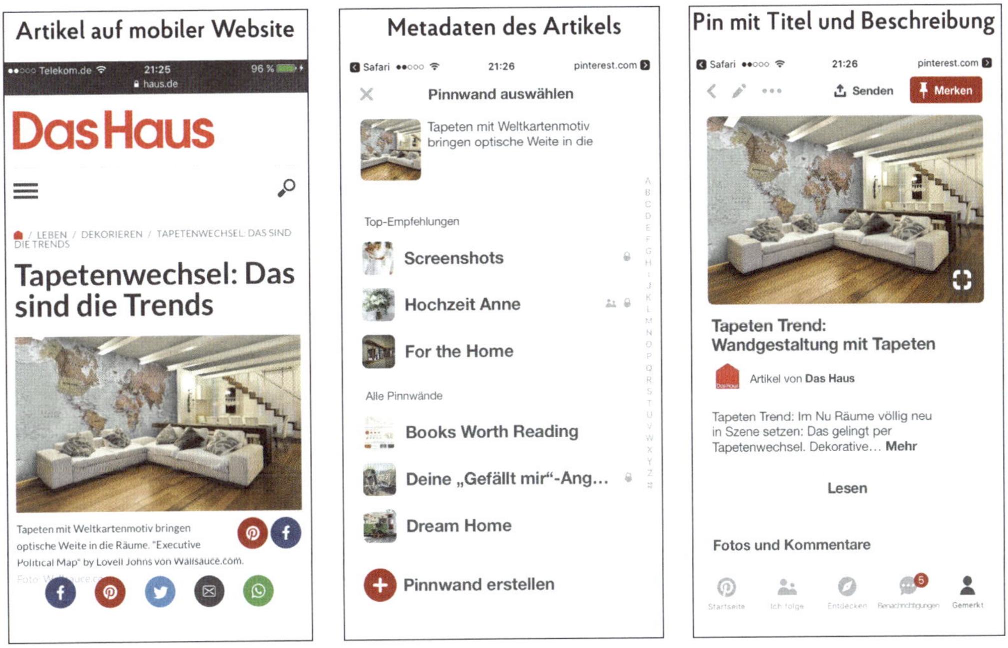

Abbildung 6.8 Mit der Integration des Merken-Buttons setzen Sie einen profitablen Traffic-Kreislauf in Gang, hier am Beispiel von DasHaus. (Quelle: http://www.haus.de)

6.4 Werbung auf Pinterest

Pinterest baut sein Werbenetzwerk stetig weiter aus. Erst vor Kurzem hat Pinterest Video-Ads gelauncht und reagiert damit wie Facebook, Snapchat und Instagram auf den anhaltenden Bewegtbildtrend. Bisher sind Pinterest-Video-Ads nur in Großbritannien und den USA im Einsatz.

11 Pinterest Business, »ELLE Deutschland: Den Traffic steigern und Leserinnen gewinnen«: *http://business.pinterest.com/de/success-stories/elle-germany*

Promoted Pins

Pinterest-User stellen hohe Ansprüche an die Ästhetik ihrer Pins. Soll ein Produkt demnach bei den Nutzern der Plattform ankommen und häufig geteilt werden, muss das Produkt sehr attraktiv gestaltet sein. Laut den Nutzern wird Werbung auf Pinterest (Promoted Pins) oft als weniger störend empfunden als beispielsweise bei Facebook, da sich die (Werbe-)Bilder nur sehr schwer von »normalen« Bildern unterscheiden lassen. Wenn ein User z. B. nach dem Begriff »schwarzes Abendkleid« auf Pinterest sucht, bekommt er neben Fotos von Usern auch Bilder von »schwarzen Abendkleidern« angezeigt, die Werbung sind.

Bis dato kann erst in den USA und Großbritannien Werbung auf Pinterest geschaltet werden. Pinterest bietet in den USA auch Kauf-Buttons neben den Bildern an, über die man dargestellte Artikel direkt erwerben kann. Der Roll-out in deutschsprachige Länder steht laut Insidern kurz bevor. Zum Start der Werbeaktivitäten auf Pinterest empfehlen wir Ihnen, Werbung (Bilder, Werbebotschaften, Produktmerkmale), die in anderen bezahlten Kampagnen gut funktioniert hat, auch auf Pinterest zu testen. Wichtig sind auch hier die Suchbegriffe, also die Tags, die Sie für die Beschriftung Ihrer Bilder verwenden. Sinnvoll ist es, bekannte bzw. markenbezogene Suchbegriffe zu verwenden. Das erhöht die Conversion Rate und ermöglicht es Usern, die bereits nach Ihren Produkten suchen, diese auch zu finden.

Cinematic Pins

Bei Cinematic Pins handelt es sich um eine Art Video-Ad: Promoted Pins werden als Animation dargestellt und bewegen sich nur, wenn die Nutzer die Seitenansicht bewegen. Die volle Animation wird erst dann eingeblendet, wenn User die Anzeige anklicken. Die Werbung wird im Vollbild dargestellt. Dabei bezahlen die Werbekunden nach Repins, Klicks auf Anzeigen und Close-up-Ansichten von Pins. Ebenfalls neu ist ein Werbemodell, bei dem die Kunden nur dann für Promoted Pins bezahlen, wenn Nutzer eine im Pin beworbene App installieren.

Zudem macht es durchaus Sinn, mit anderen Unternehmen auf Pinterest zusammenzuarbeiten und gemeinsame Pinnwände zu gestalten. Das geht natürlich nicht mit jedem Produkt oder Unternehmen, aber solange eine ähnliche Zielgruppe erreicht wird, kann das zu einer Steigerung der Follower-Zahl auf Pinterest führen. Auf diese Weise kooperierten Etsy und homebase (Start-up für Einrichtung) und zeigten eine gemeinsame Pinnwand zum Thema Einrichtungstrends.

6.4.1 Pinterest Featured Collections

Eine kostenlose Möglichkeit, um Reichweite auf Pinterest zu bekommen sind die Featured Collections. Sie tauchen im Bereich ENTDECKEN auf der Pinterest-Startseite auf und sind erkennbar am Pinterest-Logo (siehe Abbildung 6.9).

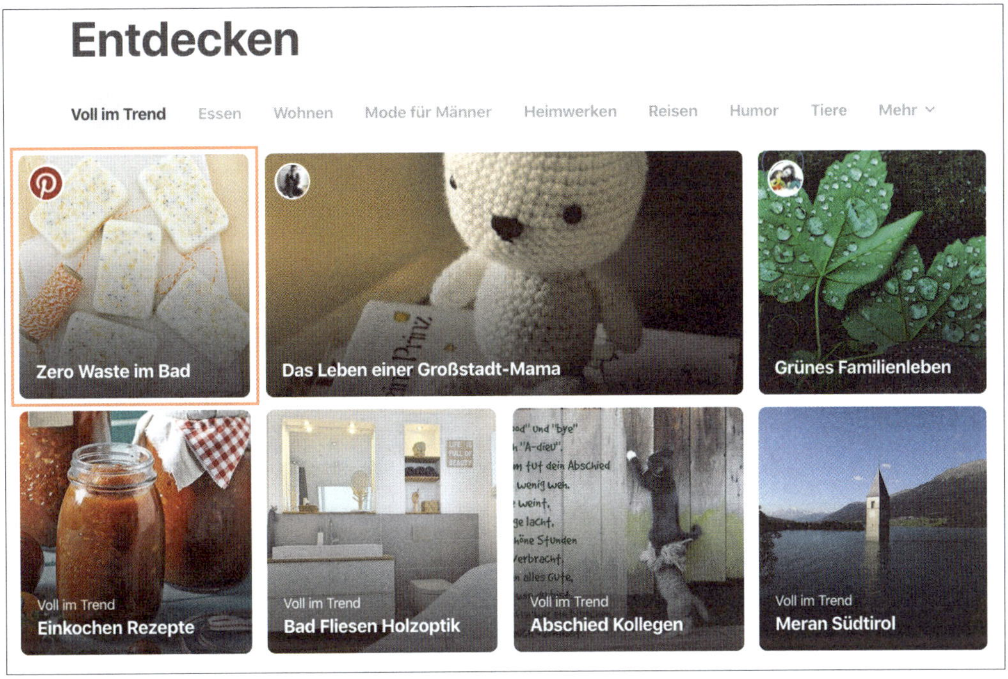

Abbildung 6.9 In den Pinterest Featured Collections promotet Pinterest Boards von Unternehmen und Pinterest zu bestimmten Trends und Themen.

Auch für die Pinterest Featured Collections müssen Sie sich bewerben. Voraussetzung für die Aufnahme ist, dass Sie bereits Pinterest-Best-Practices umsetzen, d. h. regelmäßig saisonale Boards erstellen, die Rule of Thumb 5-50-5 beachten, den Merken-Button auf der Website integrieren, Rich Pins haben. Abonnieren Sie den Pinterest-Newsletter zu den Featured Collections. Darin werden Themen des Monats bekannt gegeben, für die Sie sich mit einer speziellen Pinnwand bewerben können.

6.4.2 Pinterest-Promotion

Eigentlich ist es selbsterklärend, aber natürlich sollten Sie auch Ihre Website/Ihren Onlineshop und Ihre Reichweite auf anderen Social-Media-Kanälen nutzen, um auf Ihr Pinterest-Profil aufmerksam zu machen. Das kann ein Post bei Facebook (siehe Abbildung 6.10) oder auch eine Facebook Carousel Ad sein, eine Erwähnung im Newsletter, eine Landingpage oder ein Banner auf Ihrem Onlineshop (siehe Abbildung 6.11).

Abbildung 6.10 Homify nutzt seine Facebook-Seite, um sein Pinterest-Profil zu promoten. (Quelle: http://www.facebook.com/homifyDE)

Abbildung 6.11 Dr. Oetker bewirbt sein Pinterest-Profil direkt auf seiner Website. (Quelle: http://www.oetker.de/pinterest.html)

6.5 Pinterest-Analytics

Pinterest-Analytics stehen nur Unternehmensprofilen zur Verfügung. Daher ist es auch so wichtig, dass Sie Ihr Profil in ein Unternehmensprofil umwanden (siehe Abschnitt 6.3.1, »Erstellen Sie ein Pinterest-Unternehmensprofil«).

Mit Pinterest-Analytics erhalten Sie Einblicke, welche Pins und Pinnwände besonders gut performen, welche Inhalte sich die Nutzer von Ihrer Website merken und womit Sie am meisten interagieren. Pinterest-Analytics können Sie über diesen Link *analytics.pinterest.com* aufrufen oder links oben in Ihrem Unternehmensprofil ansteuern.

6.5.1 Pinterest-Metriken

Die wichtigste Währung für erfolgreiches Pinterest-Marketing ist der Referral Traffic von Pinterest zu Ihrer Website. Damit Sie diesen steigern und Optimierungspotenziale für Ihre Inhalte identifizieren können, sollten Sie diese Erfolgsmetriken im Auge behalten:

- *Unique Audience:* Wie viele Personen haben Sie in den letzten 30 Tagen mit Ihren Inhalten erreicht?
- *Impressionen:* Wie oft wurden Ihre Inhalte von Nutzern gesehen?
- *Pins gespeichert (Repin):* Wie viele Ihrer Pins wurden von Benutzern auf der Plattform gespeichert?
- *Klicks:* Wie viele Klicks kamen von Pinterest zu Ihrer Website?
- *Pins erstellt:* Wie viele Pins wurden von Ihrer Website erstellt?

Pinterest teilt seine Analytics in die Bereiche Profilanalyse, Zielgruppenanalyse und Website-Analyse ein.

6.5.2 Profilanalyse

Die Profilanalyse bietet Ihnen aufschlussreiche Insights, wie Ihre Pins und Pinnwände performen und welche Inhalte am besten funktionieren. Die wichtigsten Metriken sind hier *Impressionen* (Reichweite) Ihrer Inhalte auf Pinterest, *Klicks* von Pinterest auf Ihre Website, *gespeicherte Pins* und Pins, die von Nutzern von Ihrer Website erstellt wurden. Diese Analysen helfen Ihnen, Ihre Content-Strategie zu überarbeiten, neue Formate zu identifizieren und mit neuen Themen zu experimentieren.

6.5.3 Zielgruppenanalyse

Mit der Zielgruppenanalyse erfahren Sie, wer mit Ihren Pins interagiert, und erhalten soziodemografische Insights über Ihre Follower. Die Erfolgsmetriken für die

Zielgruppenanalyse sind *Viewer*, d. h. eine aggregierte Anzahl von Betrachtern, die in den letzten 30 Tagen Ihre Inhalte gesehen haben (gilt auch, wenn der Pin nur erscheint und nicht angesehen wurde), und *Interaktionen*, also die Anzahl der Pinterest-Nutzer, die mit Ihren Pins interagiert haben (Klicks, Repins, Nahaufnahme). Mit diesen Insights können Sie Ihre Content-Strategie überprüfen und speziellen Content für Ihre Zielgruppe kreieren.

6.5.4 Website-Analyse

Die Website-Analyse gibt Aufschluss darüber, wie Ihr Website-Content bei Pinterest performt. Damit können Sie die Reichweite Ihrer Pins analysieren. Die zentralen Erfolgsmetriken lauten: *Impressionen*, d. h., wie viele Nutzer erreichen Sie auf Pinterest, *Klicks* von Pinterest auf Ihre Website, *Interaktionen*, d. h. gespeicherte Pins und von den Nutzern erstellte Pins (ursprüngliche Pins).

Tipp: Planen und analysieren Sie Ihren Pinterest-Content mit einem Tool

Unternehmen, die sehr aktiv auf Pinterest sind, sollten Tailwind, *www.tailwindapp.com*, ausprobieren. Damit können Sie sowohl Ihren Content für Pinterest planen und Bilder direkt in Ihre Boards laden als auch Statistiken über die Beliebtheit Ihrer Pinterest-Boards und über Ihr Follower-Wachstum abrufen (siehe Abbildung 6.12).

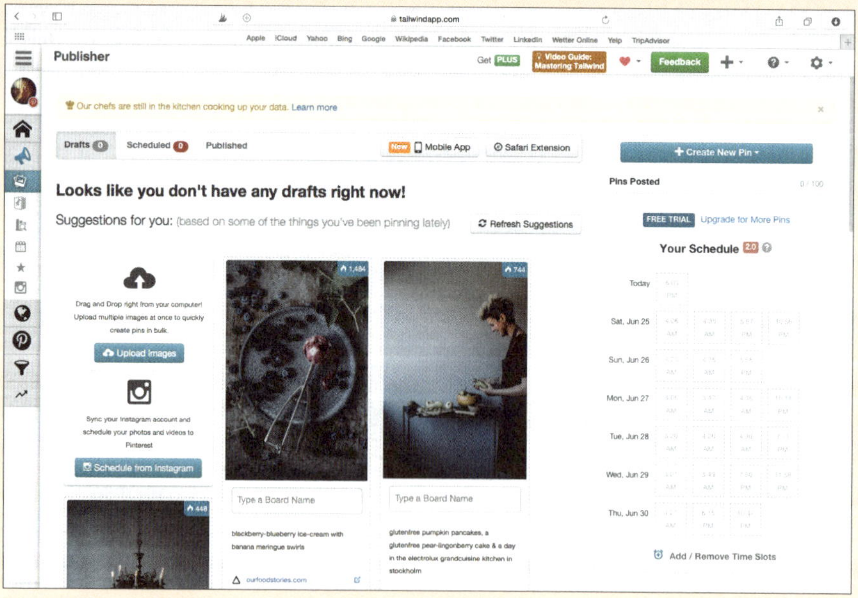

Abbildung 6.12 Tailwind ist das perfekte Tool, um Ihren Content für Pinterest und Instagram zu organisieren. (Quelle: www.tailwindapp.com)

6.6 Fazit

Wenn Sie noch nicht bei Pinterest sind, dann sollten Sie jetzt damit anfangen. Machen Sie den Check, und überprüfen Sie mit der URL-Abfrage *http://www.pinterest.de/source/IHRE-WEBSITE*, ob bereits von Ihrer Website fleißig gepinnt wird. Wenn dort ein paar Dutzend Pins zu sehen sind, sollten Sie schleunigst mit Pinterest anfangen.

Auch wenn Sie bereits bei Pinterest aktiv sind, nutzen Sie verschiedene Optimierungspotenziale, um noch mehr aus Ihrem Profil herauszuholen. Generell lässt sich sagen, dass Pinterest folgende Optimierungsstrategien belohnt:

- Binden Sie den Merken-Button auf Ihrer Website ein, um den Referral Traffic und die Markenbekanntheit zu steigern.
- Aktivieren Sie Rich Pins (bewerben und Website überarbeiten).
- Stellen Sie auf Unternehmensprofil um, und überarbeiten Sie Ihr Profil.
- Überarbeiten Sie die Beschreibungstexte Ihrer Pins, und platzieren Sie Hashtags.
- Erstellen Sie vertikale Bilder.
- Pinnen Sie regelmäßig Inhalte, die gesucht werden oder die saisonal relevant sind.

7 Messenger Marketing

Messenger Marketing ist derzeit der wichtigste Kanal, auf den Sie als Marketer setzen sollten. Es verspricht hohe Reichweiten bei enormen Öffnungs- und Klickraten. Wir zeigen Ihnen in diesem Kapitel, wie Sie Messenger Marketing einsetzen können.

Das Smartphone ist zum ständigen Begleiter und zum wichtigsten Kommunikationsmedium der Gegenwart geworden. 56-mal täglich schauen Jugendliche zwischen 18 und 24 Jahren auf Ihr Smartphone.[1] Dabei ist es schon längst nicht mehr simples Kommunikationsgerät, sondern Schweizer Taschenmesser mit grenzenlosem Einsatzspektrum, der Alleskönner für jede Lebenslage. Telefonieren ist dabei Nebensache. Gerade einmal 32 % telefonieren täglich mit dem Smartphone. Viel regelmäßiger werden WhatsApp und E-Mails verwendet. Messenger sind als Kanal noch komplett unverbraucht, und die Nutzer sind extrem aufgeschlossen. Laut der YouGov-Jugendstudie ist jeder Fünfte der Meinung, dass WhatsApp und Chats mit Unternehmen schon längst überfällig sind.[2] Kurzum: Ihre Kunden werden Sie in Zukunft nur noch mobil erreichen, und mit Messengern eröffnet sich gerade eine weitere Marketingdisziplin, die Sie nicht verpassen sollten.

7.1 Messaging-Apps beliebter als Social Networks

Was viele gar nicht wissen: Messaging-Apps sind schon seit 3 Jahren beliebter als die weltweit größten Social Networks (siehe Abbildung 7.1). Seit 2015 ziehen die vier größten Messaging-Apps (Facebook Messenger, WhatsApp, WeChat und Viper) mehr Nutzerzahlen an, als die vier größten Social Networks (Facebook, Instagram, Twitter, LinkedIn). Messenger Marketing wird auch in den nächsten Jahren die Nase vorn haben, und Messenger werden zu den wichtigsten Plattformen im digitalen Ökosystem. Nur langsam springen die Marketer auf diesen Trend auf. Jetzt ist der beste Zeitpunkt, um mit wirklich guten Angeboten einen Messenger-Kanal aufzubauen.

1 Lead Digital, 2018, »Deloitte-Studie zu Smartphones«: *http://www.lead-digital.de/smartphone-studie*

2 elbdudler, »Jugendstudie 2018«: *http://jugendstudie.elbdudler.de/*

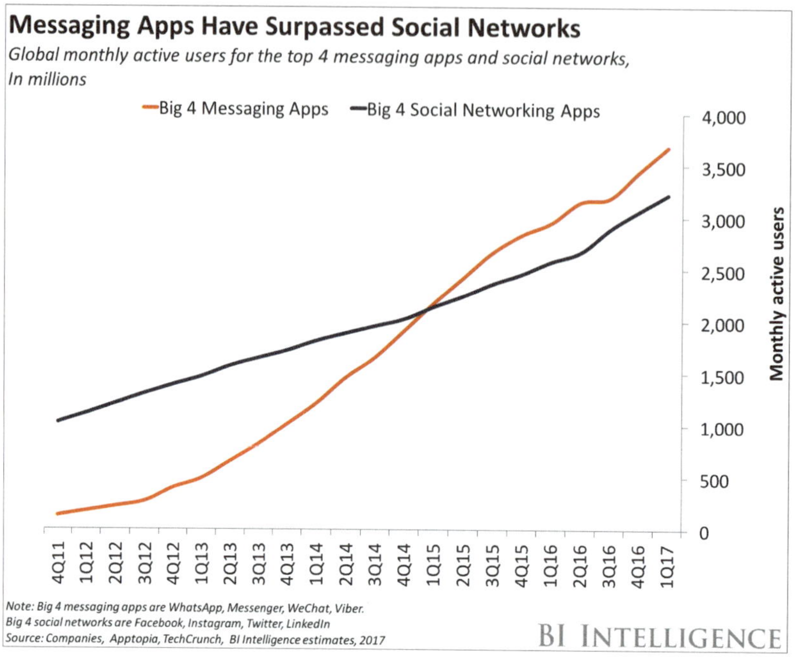

Abbildung 7.1 Messenger wie WhatsApp, Snapchat, Viber oder WeChat haben heutzutage mehr Reichweiten und aktive User als die größten Social-Media-Plattformen zusammen. (Quelle: Business Insider, http://www.businessinsider.de/the-messaging-app-report-2015-11)

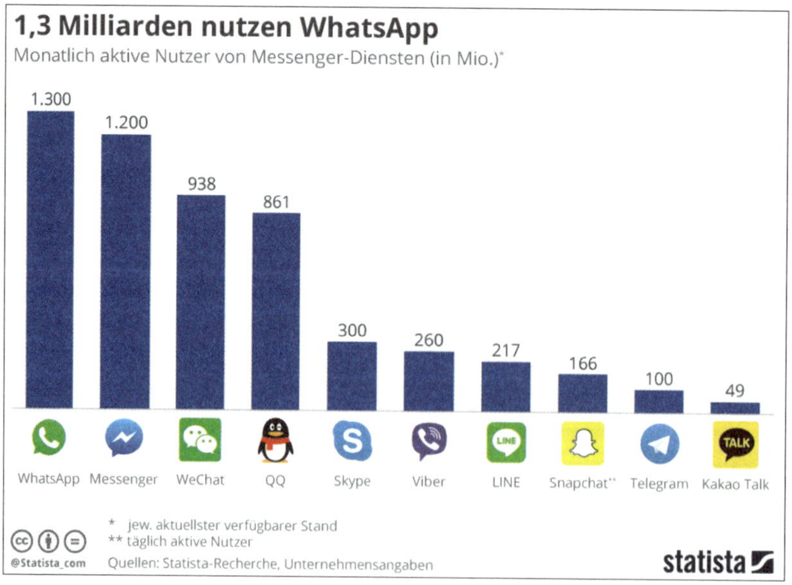

Abbildung 7.2 Unter allen Messengern ist WhatsApp der beliebteste. (Quelle: Statista, http://de.statista.com/infografik/10309/monatlich-aktive-nutzer-von-messenger-diensten)

Der Grund für den Aufschwung der Messenger liegt definitiv bei der rasanten Verbreitung von Smartphones. Messaging-Dienste wie WhatsApp, Facebook Messenger oder Snapchat haben maßgeblich dazu beigetragen, dass sich die Nutzung des Smartphones in den letzten Jahren so stark verändert hat (siehe Abbildung 7.2). Auch mobile Gesundheits- und Fitness-Apps sowie Dating-Apps wie Tinder oder die Spiele-App Pokémon Go haben eine steigende mobile Nutzung befeuert. WhatsApp hat sich als Nachfolge von SMS nahezu bei allen Bevölkerungsschichten etabliert. Noch interessanter ist der Facebook Messenger, denn er ist flexibler und einfacher einzusetzen, um über einen Chatbot Produkte zu verkaufen oder über mobile Newsletter Traffic auf die Website/in den Onlineshop zu bringen.

7.1.1 Das Smartphone ist ständiger Begleiter

Das Smartphone ist aus dem Alltag der Deutschen nicht mehr wegzudenken. Im Jahr 2017 besaßen erstmals mehr Deutsche ein Smartphone als einen PC.[3] Durch Smartphones steigt auch die Nutzungsintensität des mobilen Internets. Mittlerweile surfen gleich viele Deutsche mit dem PC wie mit dem Smartphone im Internet. Die Nutzer »kleben« regelrecht an ihren Smartphones.

> *»In der Regel ist mein Smartphone das Letzte, was ich abends in der Hand habe, und das Erste, auf das ich nach dem Aufwachen schaue. Beim Zähneputzen schaue ich aufs iPhone, auf dem Weg zur Arbeit auch. Dann natürlich in der Mittagspause, auf dem Weg zur Toilette und in der Freizeit sowieso.«*[4]

Geht es Ihnen auch so? Ist das Smartphone auch das Erste und Letzte, was Sie am Morgen und am Abend ansehen? Dann geht es Ihnen wie 41 % der Deutschen. Laut Statista warfen 41 % der befragten Smartphone-Nutzer in der ersten Viertelstunde nach dem Aufwachen einen ersten Blick auf ihr Handydisplay.[5]

Die aktuelle Smartphone-Studie von Deloitte[6] zeigt ganz deutlich die Durchdringung des Smartphones in allen Bevölkerungsschichten und in allen Lebensbereichen. Menschen im Alter von 18 bis 24 Jahren schauen 56-mal auf ihr Smartphone, Rentner nur neunmal täglich. Das Smartphone wird fast immer und überall genutzt. Am liebsten zu Hause als Second Screen, unterwegs, im Wartezimmer, in Bus und Bahn, bei der Arbeit und im Geschäft (siehe Abbildung 7.3).

3 Kantar TNS, 2017, »TNS convergence monitor 2017«: *http://www.tns-infratest.com/presse/presseinformation.asp?prID=3593*

4 Horizont.net, 2016: *www.horizont.net/marketing/kommentare/Gastbeitrag-Die-fuenf-Gebote-fuer-mobile-Werbung-138928*

5 Statista, 2017, »Das Smartphone (fast) immer im Blick«: *http://de.statista.com/infografik/11079/erster-und-letzter-blick-auf-das-smartphone*

6 Deloitte, 2018, »Immer und überall: Smartphone bestimmt unseren Alltag«: *http://www2.deloitte.com/de/de/pages/presse/contents/studie-2018-im-Smartphone-Rausch.html*

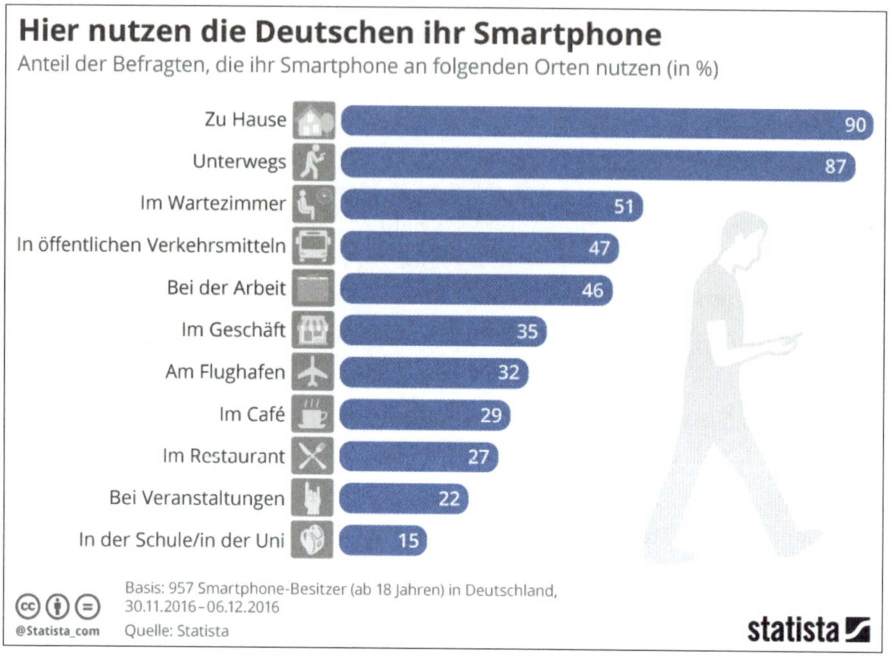

Abbildung 7.3 Die Deutschen nutzen ihr Smartphone am häufigsten zu Hause, unterwegs oder im Wartezimmer. (Quelle: Statista, http://de.statista.com/infografik/8070/wo-die-deutschen-ihr-smartphone-nutzen)

7.1.2 Weniger telefonieren, mehr Socializing

Telefonieren wird immer mehr zur Nebensache. Nur noch knapp ein Drittel der Mobilfunknutzer nutzt mindestens einmal täglich die klassische Sprachtelefonie. Telefonate wirken zunehmend aufdringlich, während Konversationen per Text, Bildern und GIFs die Norm sind und Messaging rasant ansteigt. Für 50 % ist das Smartphone das perfekte Medium für Nachrichtenkonsum, ein Drittel setzt es für die Nutzung von Social Media ein, 15 % für Spiele und 12 % für Fotografie und Videos.

Welchen Stellenwert Smartphones inzwischen beim Socializing haben, verdeutlicht auch die Studie des amerikanischen Marktforschungsunternehmens InsightsNow, das im Auftrag von AOL und der Marketingagentur BBDO die Motive für die Nutzung von Smartphones untersuchte. Wie in Abbildung 7.4 zu erkennen, nimmt Socializing mit dem Smartphone den zweiten Platz nach »Me time« (Unterhaltung) ein. Auch interessant: Shopping rangiert an dritter Stelle und somit noch vor den Motiven Selbstorganisation, Aktivitätenplanung, Informationssuche und Selbstdarstellung. Laut Studie wenden Smartsurfer 19 % ihrer gesamten Smartphone-Nutzungsdauer für das Socializing auf.

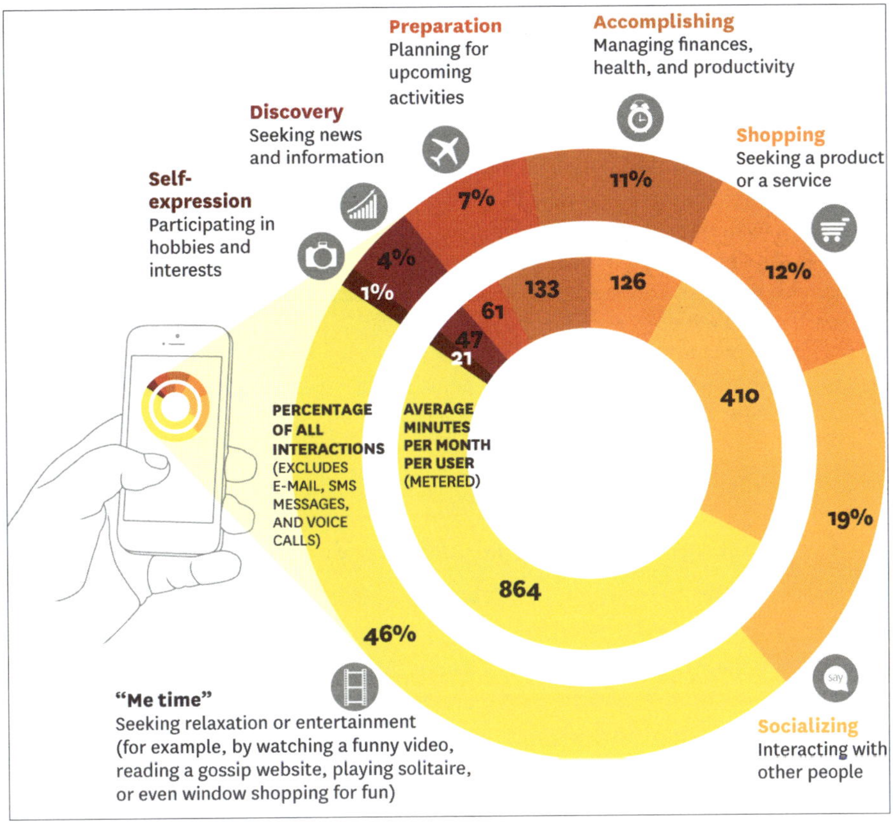

Abbildung 7.4 Socializing steht an zweiter Stelle für Smartsurfer.
(Quelle: http://hbr.org/2013/01/how-people-really-use-mobile/ar/1)

7.1.3 Second Screen – warum Sie Ihre Kunden nur noch mobil erreichen

Wer heute den Fernseher einschaltet, hat gleichzeitig sein Smartphone bei sich und den Laptop oder sein iPad auf dem Couchtisch liegen. Der Second Screen dient dazu, neben dem Fernsehen (First Screen) auch gleichzeitig das Internet zu nutzen. Denken Sie an den sonntäglichen Tatort, der jedes Mal eifrig auf Twitter unter dem Hashtag #tatort kommentiert wird. Andere Serien und Staffeln wie »The Voice of Germany« (#tvog) oder »Germanys next Topmodel« (#GNTM) profitieren ebenfalls vom Second Screen. Und nicht zu vergessen der Mobile Commerce. Endlich können die Zuschauer direkt nach der Werbeeinblendung im TV online und mobil losshoppen! Die Begriffe der Screen-Nutzung haben sich in den letzten Jahren weiterentwickelt – von der Second-Screen-Nutzung hin zur Multi-Screen-Nutzung. Während man unter dem Begriff Second Screen die parallele Nutzung von Fernsehen und Internet versteht, bezeichnet Multi Screen die gleichzeitige Nutzung von mehreren Endgeräten. Ein Beispiel dazu: Während Sie fernsehen, surfen Sie mit Ihrem Tablet oder Laptop und beantworten gleichzeitig WhatsApp-Nachrichten.

Social TV: Die lebendige Tatort-Community

Der Tatort lebt von seiner Community im Social Web. Auf Twitter zwitschert die Fangemeinde während der Sendung heftig miteinander. Mitunter empfinden die Zuschauer das Geschehen auf Twitter als unterhaltsamer und spannender als das, was am Bildschirm flimmert. Die Macher des Fernsehkrimis haben auf die Beliebtheit der Serie in Social Media mit einer App geantwortet: Zu jeder TV-Premiere bietet die Tatort-App das Second-Screen-Angebot »Live ermitteln« an. Die potenziellen Täter, Motive etc. erscheinen sukzessive und parallel zum Handlungsstrang. Aber auch in Social Media, besonders auf Twitter, zwitschert die Fangemeinde während der Sendung heftig miteinander.

7.1.4 Messenger Marketing ist auf dem Vormarsch

Die Kunden wollen Messenger Marketing und gehen heute proaktiv auf die Facebook-Seiten von Unternehmen, um dort ihre Anfrage, Retoure oder Beschwerde loszuwerden. Führen Sie sich das vor Augen. Messenger Marketing ist Push- und Pull-Kommunikation zugleich. Laut dem State of Chatbots Report antworteten die meisten Befragten (37 %), dass sie Chatbots nutzen würden, um in einem Notfall, eine schnelle Antwort zu erhalten. 35 % würden Chatbots nutzen, um ein Problem zu lösen, weitere 35 % um detaillierte Informationen zu einem Problem zu erhalten.[7]

7.2 Was Sie mit Messenger Marketing erreichen können

Messenger Marketing lässt sich sowohl zur Pull- als auch zur Push-Kommunikation einsetzen. Und es verspricht dabei enorme Öffnungs- und Klickraten, die mitunter zehnmal so hoch sind wie bei klassischen Newslettern und Mailings. Laut einer Studie von modernapp.io betrug die durchschnittliche Öffnungsrate bei Messenger-Mails 90 %, während klassische Mailings nur auf eine Öffnungsrate von 23 % kommen. Die durchschnittliche Klickrate bei Messenger-Mails betrug 30 %, während sie bei klassischen Mailings nur auf 3,3 % kam (siehe Abbildung 7.5). Die Studie

7 The 2018 State of Chatbots Report: *http://blog.drift.com/wp-content/uploads/2018/01/2018-state-of-chatbots-report.pdf*

zeigt das immense Potenzial von Messenger Marketing, und wir empfehlen Ihnen ausdrücklich, Messenger Marketing von heute an zu priorisieren. Noch nie war es so einfach, mit seiner Zielgruppe persönlich ins Gespräch zu kommen.

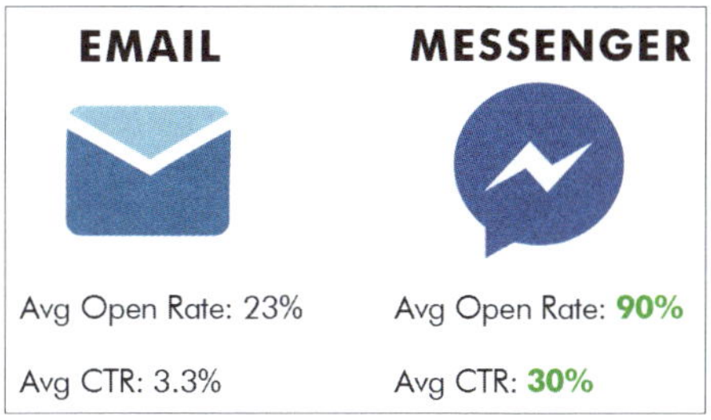

Abbildung 7.5 Messenger Marketing bietet Öffnungs- und Klickraten, von denen das Newsletter-Marketing nur träumen kann. (Quelle: http://smarketingcloud.com/content/facebook-messenger-marketing-for-business)

7.2.1 Chatten und Produkte verkaufen

Die Medienwelt der Nutzer ist permanent im Wandel. Messenger sind die jüngste und wichtigste Veränderung in der digitalen Kommunikation. Was sich jedoch nicht ändert, ist die Freude der Nutzer an Entertainment. Vielleicht ändert sich die eine oder andere Mechanik (Stichwort Gamification), aber das Interesse an spannendem Content bleibt. Wenn Sie Messenger Marketing richtig einsetzen, zeigen Sie Ihrer Zielgruppe, dass Sie auf der Höhe der Zeit kommunizieren. In Kombination mit Chatbots ergibt sich mit Messengern die Möglichkeit, Unterhaltungen mit Mehrwert zu schaffen und nebenbei noch Produkte zu verkaufen. Ricardo Caetano, Global Creative Strategist bei Facebook Creative Shop, ist überzeugt:

> *»The Messenger Platform enables businesses to build experiences that facilitate connection with customers, create meaningful interactions and ultimately drive results.«*[8]

Das Beispiel von LEGO (siehe Abbildung 7.6) zeigt, wie ein perfekter Chatbot aussieht. Im Grunde genommen ist dieser Chatbot eine Geschenke-App, mit der man über wenige Klicks zu passenden Geschenkideen für die Kleinen gelangt. Unterhaltsam und ganz in LEGO-Tonalität werden die wichtigsten Anhaltspunkte (Alter, Vorlieben) abgefragt und passende Produkte vorgeschlagen.

8 The Drum, 2017: *http://www.thedrum.com/news/2017/11/23/meet-lego-s-facebook-messenger-chatbot-ralph-helpful-alternative-bricks-and-mortar*

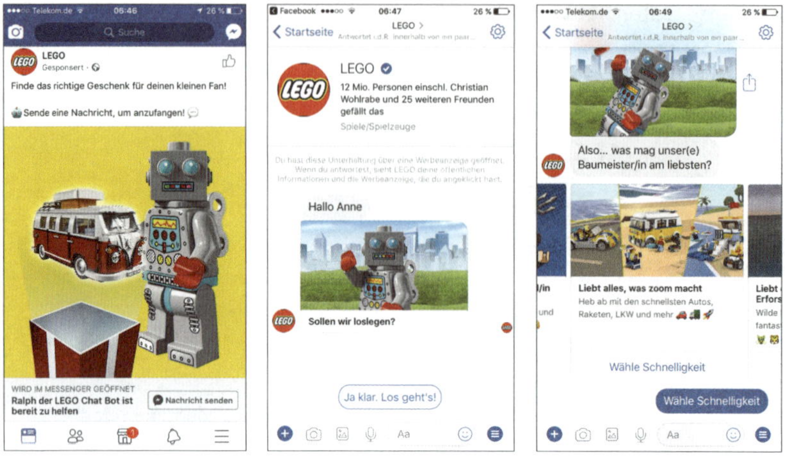

Abbildung 7.6 Chatten und Produkte verkaufen – der LEGO-Chatbot »Ralph« macht es vor.

7.2.2 Kunden erreichen, wenn sie gerade Zeit haben

Zu welcher Tageszeit sind Menschen am besten zu erreichen? Genau, am Abend und wenn sie zu Hause sind. Dann lesen sie Nachrichten, schauen bei Facebook und Instagram rein und chatten via WhatsApp. Es ist der beste Zeitpunkt für Nachrichtensender und Tageszeitungen, um sie mit den Nachrichten des Tages zu versorgen. Genau aus diesem Grund nutzen Tageszeitungen wie die Berliner Morgenpost, die Süddeutsche Zeitung usw. WhatsApp-Gruppen, um Nachrichten zu pushen. Entweder posten sie ganz in der Frühe um 7 Uhr oder in der Zeit zwischen 17 und 20 Uhr, um die Abonnenten mit den wichtigsten Nachrichten zu versorgen (siehe Abbildung 7.7).

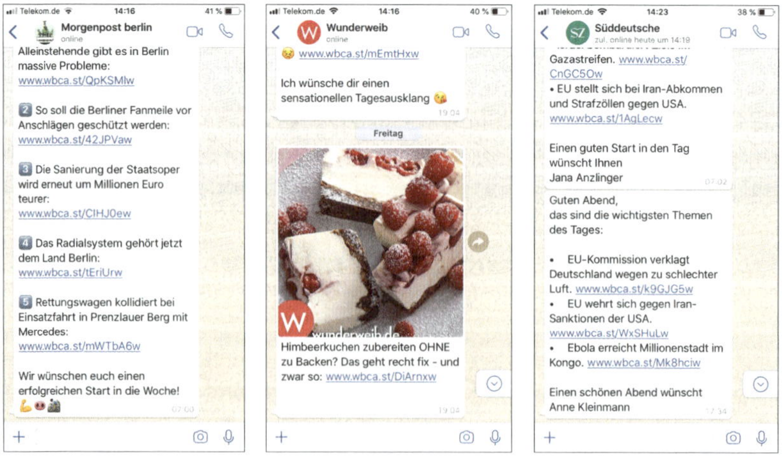

Abbildung 7.7 Mit WhatsApp erreichen Sie Ihre Kunden zur perfekten Tageszeit.

7.3 Facebook Messenger

Als Facebook den Messenger in eine eigene Smartphone-App ausgliederte, waren die Fragezeichen und das Unverständnis für diesen Schritt bei Nutzern und Experten gleichermaßen groß. Mittlerweile ist klar, dass dieser Schritt strategisch langfristig und gut durchdacht war. Der Facebook Messenger hat seine Ausgliederung gut überstanden und hat sich als eigenständige Lösung mit vielen nützlichen und auch spannenden Features etabliert. Mehr als 1,3 Mrd. Menschen nutzt weltweit den Messenger, Tendenz stark steigend. Facebook arbeitet laufend an der Erweiterung der Funktionalitäten und wird auch in den nächsten Monaten viel dafür tun, dass sich die App weiter als Kommunikationstool Nummer eins etabliert.

7.3.1 All-in-one-App für Konsumenten

Facebook verfolgt das Ziel, dass die gesamte mobile Kommunikation über eine App, nämlich den Facebook Messenger, laufen soll. Der Messenger soll zum Allzwecktool werden. Bestellungen, Einkäufe und Buchungen sollen direkt und bequem über den Messenger vorgenommen werden. Deshalb arbeitet man auch ständig an Weiterentwicklungen. Das vorrangige Ziel ist ganz klar die Weiterentwicklung der Bots, da Unternehmen ihre Produkte über die Chatbots verkaufen können. Für Facebook sind die Chatbots deshalb die Zukunft eines »Internets der Konversation« und finanziell sehr reizvoll.

Die Idee, den Facebook Messenger als Allzweckportal zu nutzen, ist nicht neu: Der chinesische Internetgigant Tencent hat mit WeChat (in China Weixin) bereits ein solches Multifunktionstool geschaffen. WeChat ist bereits sehr tief in den Alltag seiner Nutzer eingedrungen, denn man kann z. B. bereits Überweisungen über den Messenger tätigen. Facebook will mit dem Messenger ein einheitliches Kommunikationswerkzeug zwischen Kunde und Unternehmen schaffen. Ob Shopping, Ticketbuchungen oder Kundenservice – ohne Login und Sprung zwischen anderen Apps soll der Messenger in Zukunft ein zentraler Knotenpunkt sein. Der wichtigste Vorteil des Facebook Messengers: Er hat bereits die Aufmerksamkeit der Nutzer. Der User muss keine weitere App herunterladen, sondern kann in seiner vorhandenen digitalen Kommunikationsumgebung eine Unterhaltung starten.

Der Messenger wird immer mehr zur One-Stop-Lösung für Konsumenten, was wir an folgendem Beispiel visualisieren möchten:

- Sie möchten Informationen über eine internationale Gabelflugstrecke und kontaktieren die Fluglinie auf Facebook über den Messenger (entweder über den Button auf der Facebook-Seite oder über ein Onsite-Chatfenster auf der Website oder über die Suche im Messenger).

- Das Flugunternehmen antwortet Ihnen und stellt Ihnen ein Programm inklusive Angebot zusammen.
- Sie buchen das Angebot. Mit einem einzigen Klick werden Ihre Facebook-Profildaten (Name, Geburtsdatum, Ort, Handynummer usw.), aber auch Zahlungsinformationen (Kreditkarte) übernommen und die Buchung somit vollständig ausgeführt.
- Sie erhalten das Ticket direkt im Messenger als Scancode (Barcode, QR) und können mit diesem Ticket am Schalter einchecken.
- Ein paar Tage vor Abflug möchten Sie noch Sperrgepäck dazubuchen bzw. eine Umbuchung veranlassen, was Sie ebenfalls direkt im Messenger durchführen können.

Sie sehen an unserem Beispiel, dass es auf eines hinausläuft: Sie haben eine einzige Smartphone-App, in der alle Informationen zusammengefasst bzw. zusammengeführt werden, immer in der Hosentasche und sofort nachvollziehbar für alle Beteiligten. Dass das bald Realität sein wird, zeigen aktuelle Entwicklungen und erste Praxisbeispiele von KLM Royal Dutch Airlines.

KLM: Boarding und Check-in via Facebook Messenger

Schon heute können KLM-Kunden bei ihrer Buchung eine Verbindung mit ihrem Facebook Messenger herstellen und somit direkt im Messenger die Buchungsbestätigung, eine Check-in-Erinnerung, die Boardingkarte in digitaler Form (Scancode) und aktuelle Updates zum Flugstatus erhalten sowie Livechats und Umbuchungen durchführen.

7.3.2 Facebook-Messenger-Chatbots

Facebook hat in den letzten beiden Jahren mit Hochdruck an der Entwicklung von Bot-Schnittstellen gearbeitet. Mit Erfolg: Chatbots werden mehr und mehr zu den neuen Apps und funktionieren innerhalb des Messengers. So müssen sich die User nicht mehr von Facebook wegbewegen. Zu den bekanntesten Chatbots in Deutschland zählen unter anderem der Chatbot Novi, der Chatbot Mildred der Lufthansa (siehe Abbildung 7.8) oder der Bote der Sparkasse (siehe Abbildung 7.9).

Der Facebook-Messenger-Bot der Sparkasse (siehe Abbildung 7.9) ist Teil einer groß angelegten mobilen Kampagne, in der ein Geldeintreiber die Hauptrolle spielt. Das Muskelpaket begegnet dem User, sobald er mit dem Chatbot ein Gespräch beginnt. Das Muskelpaket soll aber nicht Furcht einflößen, sondern bietet sehr nützliche Dienste an, z. B. Schulden eintreiben, Partys organisieren etc. In Social Media also ein echter Mehrwert für einen Zahlungsdienst. Über Facebook-Messenger-Marketing sagt Pieter Snoeck von Jung von Matt/SPREE im Interview mit WhatsBroadcast.com:

»Messenger sind Dark Social Kanäle, sie haben einen privaten Charakter. Wenn man als Marke da einen Platz ergattern kann zwischen den Freunden der User, dann hat das einen höheren Wert als einfach in einem Social Media Feed aufzutauchen.«[9]

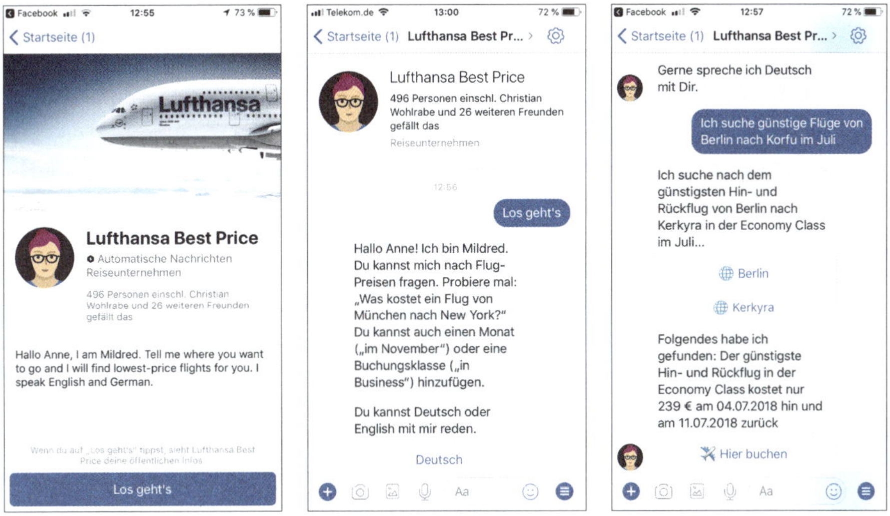

Abbildung 7.8 Noch ohne Flugbuchung direkt im Messenger, aber dafür in Sekundenschnelle zum günstigsten Flug: Mildred, der Facebook-Messenger-Bot der Lufthansa

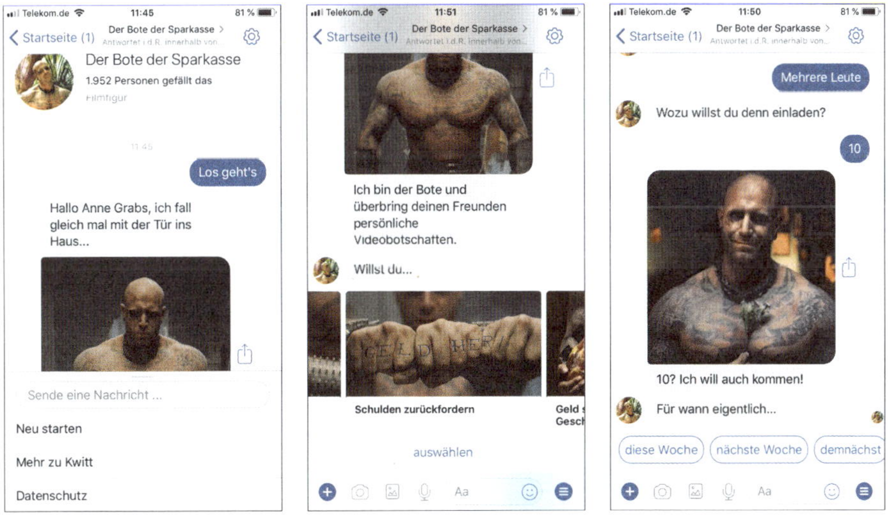

Abbildung 7.9 Der Bote der Sparkasse – ein Muskelpaket, das Schulden eintreibt und Partys organisiert

9 WhatsBroadcast.com, »Kwitt Bot: Die Macher Jung von Matt/ SPREE«: *http://www.whatsbroadcast.com/de/content/kwitt-bot-die-macher-jung-von-matt-spree*

7.4 Chatbots – die Kommunikation der Zukunft

Chatbots sind Kommunikationsassistenten, die versuchen, wie Menschen zu kommunizieren. Und das funktioniert so: Man sagt dem Computer oder Smartphone, was man möchte, z. B. neue Turnschuhe, und tippt oder spricht es ein. Anschließend spuckt der Chatbot eine Antwort aus. Der Chatbot fragt einen nach Größe, Farbe und Preis und liefert Vorschläge aus dem Onlineshop. Mit weiteren Spezifikationsfragen kann der Bot die Wünsche des Kunden weiter herausfinden. Ein Beispiel dafür wären Bots, die Kunden bei einer Hotelbuchung bis hin zur Zimmerauswahl unterstützen.

Chatbots sind Apps, die sich für Messenger-Plattformen wie Facebook, WhatsApp, WeChat oder Telegram programmieren lassen. Sie ermöglichen die automatisierte Kommunikation mit einem Computerprogramm. Diese »Chat-Roboter« sind in der Lage, eine schriftliche Konversation mit Menschen zu führen, sie zu beraten und ähnlich einem Callcenter-Mitarbeiter den Kunden z. B. bis zum Kaufabschluss zu führen. Deshalb sagen Experten den Chatbots eine große Zukunft voraus und feiern es als das neue Kommunikationsmittel: Und in einem Tool, mit dem man mit einem Unternehmen/einer Marke genauso chatten kann wie mit einem Freund, steckt tatsächlich viel Potenzial, welches Sie nicht auf der Straße liegen lassen sollten.

Eine Chatbot-Kommunikation kann also z. B. die Übersetzung eines Verkaufsgesprächs in die Online-Welt sein. Das wird möglich, weil sich das Verhalten der Kunden verändert und viele User die schriftliche Kommunikation via Chat dem persönlichen Gespräch vorziehen. Ob schriftlich oder per Spracherkennung, Chatbots assistieren den Menschen im Alltag oder Beruf und erledigen eigenständig Aufgaben, für die bislang telefoniert oder durch Websites und Apps navigiert werden musste. Mit ihnen findet das Suchen und Finden gleichzeitig statt. Zudem durchschauen und speichern Chatbots das Nutzerverhalten der User: So wissen sie nach einiger Zeit, welche Intentionen hinter den Aktionen der User stehen. Es gibt bereits vorgefertigte Module, die einfach implementierbar sind, wie z. B. Fragen nach dem Wetter. Der Chatbot erkennt, was der User will, sowie den Ort und den Zeitpunkt.

Chatbots sind kein neues Phänomen, es gibt sie bereits seit den 1960er Jahren. Damals nahm ELIZA, programmiert von Joseph Weizenbaum, als erste virtuelle Psychotherapeutin ihren Dienst auf. In Asien sind Bots bereits weit verbreitet und technologisch auf hohem Niveau im Einsatz. Auf dem in China sehr populären Messenger WeChat bieten Millionen von Shops ihre Produkte an, man kann viele Arten von Informationen und Unterhaltungen abrufen.

7.4.1 Kundenservice via Chatbot

In den nächsten Monaten wird wohl keiner mehr am Thema Chatbots vorbeikommen, der den Facebook Messenger regelmäßig für die Kommunikation mit Unternehmen nutzt. Chatbots sind Programme, die auf technisch primitive oder sogar intelligente Art und Weise mit Menschen kommunizieren können. Bots oder Chatbots gibt es schon länger, aber mit dem Messenger als Plattform haben Chatbots erstmals die Chance, ein größeres Publikum und vor allem entsprechend viele Entwickler und Einsatzgebiete zu finden.

Chatbots sollen in Zukunft einen (Groß-)Teil der Kundenanfragen an Unternehmen beantworten können, ohne dass unternehmensseitig je ein Mensch tatsächlich in die Konversation eingreifen muss. Nur in Ausnahmefällen, bei besonders schwierigen Anfragen oder Fällen, die der Chatbot nicht beantworten kann, muss es eine Fallback-Lösung geben und ein Mensch weiterhelfen.

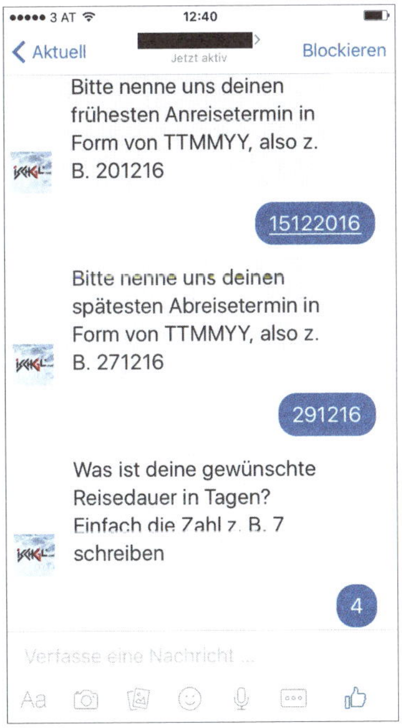

Abbildung 7.10 Ein fiktives Beispiel für einen Messenger-Chatbot einer Tourismusregion: Facebook-Messenger-Chatbots können einen Teil der Anfragen automatisiert beantworten und sollten auch intelligent genug sein, um verschiedene Schreibvarianten zu verstehen oder sogar semantisch Sätze zu verstehen und laufend dazuzulernen.

Technisch primitive Chatbots liefern vordefinierte Antworten auf Fragen mit wenigen Auswahlmöglichkeiten. Beispiel: Sie kontaktieren eine Reiseplattform über den

Facebook Messenger. Sie möchten ein Hotel buchen (Sie schreiben: »Ich möchte ein Hotel in Berlin buchen«), und der Chatbot liefert als Gegenfrage: »Wie viele Sterne soll das Hotel haben?«, dazu eine Auswahl von 1–5 Sternen, die Sie anklicken können. Der Chatbot muss keine künstliche Intelligenz besitzen, um Ihre Anfrage und Ihre Antwort zu verstehen. Er kann einerseits die Art der Anfrage (»Hotel«) und den nachgefragten Ort (»Berlin«) auslesen und erhält Ihre Antworten nach einem vorgefertigten Schema (siehe Abbildung 7.10).

Ausgefeite Chatbots, die entsprechende Datenbanken und Technologien für künstliche Intelligenz nutzen (die auch von Facebook zur Verfügung gestellt werden), lernen mit jeder Anfrage dazu und sollen beispielsweise auch Mundart verstehen lernen. Bei den Chatbots stehen wir erst am Anfang der Möglichkeiten und der praktischen Umsetzungen, doch der Ausblick ist vielversprechend.

7.4.2 Intelligente Assistenten

Verfügen Bots über eine künstliche Intelligenz, spricht man auch von *Intelligent Personal Assistants*. Entwickler und Unternehmen sehen die Zukunft von Bots in proaktiven, intelligenten Personal Assistants. Erste Versionen von Apples Siri, Amazons Alexa, Microsofts Cortana oder Viv weisen bereits in diese Richtung. Die Personal Assistants sollen den Nutzern Wünsche erfüllen, die sie selbst noch nicht kannten, und verschiedene Dienste in sich integrieren. Die Idee ist, dass ein Dialog im Messenger eine App ersetzen kann.[10]

Ein weiteres Beispiel dafür, wie praktisch solch ein Bot sein kann, ist ein Rezepte-Bot, der einem neue Rezepte vorschlägt. Der Chatbot lernt mit den an ihn gestellten Fragen mit und bietet seinen Nutzern immer bessere Rezeptvorschläge an. So reicht z. B. ein Schlagwort wie »Tomate«, und der Chatbot liefert sofort kreative Rezeptideen.

7.4.3 Conversational Commerce

Der Begriff *Conversational Commerce* wurde von Chris Messina 2015 erstmals verwendet. Der Chef-Developer des Fahrtendienstes Uber versteht darunter Geschäfte, die via Kommunikation am Smartphone zustande kommen und abgeschlossen werden. Chris Messina ist überzeugt davon, dass *Concierge-Style Services*, darunter versteht er Dienstleistungen jeglicher Art, wie z. B. ein Gespräch mit der Bank, Informationen über einen verspäteten Flug, den Kauf von Produkten etc.,

10 TrendOne Futuregram, 2016, »Chatbots: Künstliche Intelligenz im Messenger«: *http://futuregram.trendone.com/?gclid=CM-cxcvW2cOCFfAyOwodn3UAzQ*

beispielsweise in Zukunft via Chatbot erfolgen werden. Auch die Abrechnung wird dank Hinterlegung einer Kreditkarte/PayPal in Zukunft einfach via Chatbot funktionieren.

Unterschiedliche Arten von Bots

Shopping Bots sind als klassische Einkaufsunterstützung zu sehen. Sie unterstützen Nutzer bei der Auswahl von Produkten oder Dienstleistungen und begleiten sie bis zur Bestellung/Bezahlung. Sie übernehmen auch Funktionen des klassischen Kundenservice, z. B. bei Umtausch, Garantiefragen, Erinnerung für Online-Check-in etc. Diese Art von Bots werden oft unter dem Begriff *Conversational Commerce* zusammengefasst.

Mediabots als Kuratoren und Unterhalter

Mediabots bieten ihren Nutzern personalisierten, auf sie abgestimmten Content. Dies kann eine Leseempfehlung zu einem Forbes-Artikel über die bevorstehenden Wahlen sein oder aber auch der Hinweis auf interessante Bücher.

Human Ressources Bots

Recruiting Bots können die HR-Abteilungen in Zukunft bei der Auswahl ihrer Bewerber unterstützen. Vor einem Bewerbungsgespräch können Bots einfache Aufgaben des Büromanagements übernehmen, z. B. einen passenden Termin für ein Bewerbungsgespräch finden. Auch eine Aufgabenverteilung könnte über Chatbots stattfinden.

Social Bots für das Privatleben

Social Bots helfen dabei, Freundschaften zu pflegen und mit Bekannten in Kontakt zu bleiben, ähnlich dem bisherigen Facebook Messenger. So kann ein Social Bot aber auch z. B. eine Nachricht nach Ableben einer Person verschicken. Hier finden Sie eine Übersicht über verfügbare Bots: *https://botlist.co*

Was spricht für den Einsatz von Chatbots?

- immer erreichbar
- schneller Zugriff
- hoher Unterhaltungswert
- hoher Service
- barrierefrei
- Common Knowledge: Wissen, auf Basis der Antworten von vielen

7.5 Snapchat

Snapchat existiert bereits seit 2010 und wurde von drei Studenten der Stanford University gegründet. Im angloamerikanischen Raum ist Snapchat längst etabliert und hat 191 Mio. täglich aktive Nutzer weltweit. Aktive Nutzer öffnen die Snapchat-App im Durchschnitt 25-mal pro Tag und verbringen 30 Minuten pro Tag in Snapchat.[11] In Deutschland nutzen zwischen 5 und 10 Mio. Menschen Snapchat. Darunter sind vor allem Nutzer im Alter von 16 bis 29 Jahren, die Snapchat vor allem als Messaging-App nutzen.

7.5.1 Instagram schlägt Snapchat

Der Instagram-Klon von Snapchat funktioniert mittlerweile besser als das Original und generiert in Deutschland mehr Reichweite als Snapchat (siehe Abbildung 7.11). In Deutschland nutzen zwar immer noch viele Teens Snapchat, jedoch lediglich als Messaging-App. Das eigentliche Story-Feature bei Snapchat nutzen nur noch die wenigsten. Bei Instagram jedoch sind es gerade die Instagram Stories, die die App beflügeln.

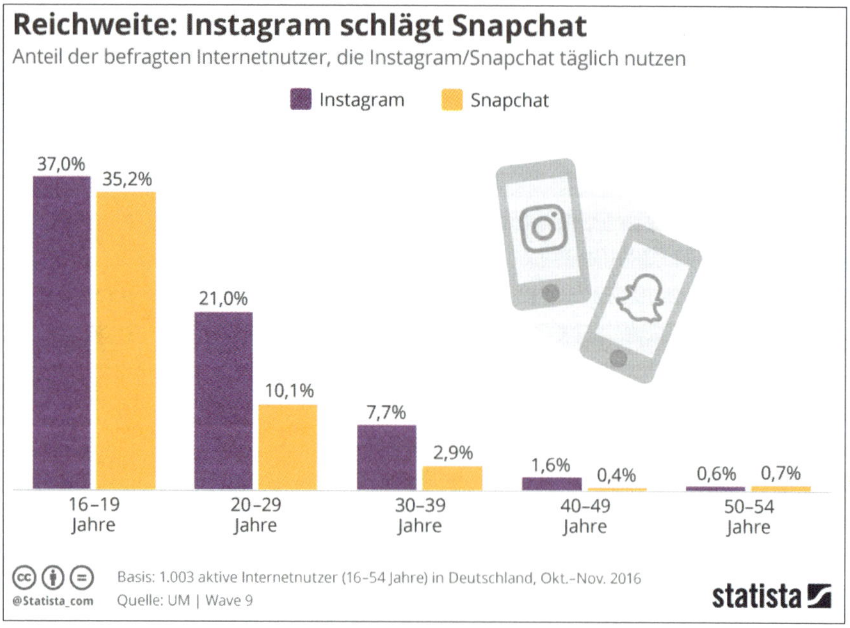

Abbildung 7.11 Der Snapchat-Klon Instagram Stories generiert mittlerweile mehr Reichweite als das Original. (Quelle: Statista, http://de.statista.com/infografik/9099/taegliche-nutzung-von-instagram-und-snapchat/)

11 Snapchat for business: *http://forbusiness.snapchat.com*

7.5.2 Jugendliche wollen unter sich sein

Früher waren Jugendliche (13- bis 23-Jährige) bei Facebook unter sich, doch die starke Verbreitung hat dazu geführt, dass auch ihre Eltern, Großeltern und Nachbarn anfingen, Facebook zu nutzen. Die Jugendlichen fühlen sich mehr und mehr in ihrer »Privatsphäre« gestört und halten sich zurück, ihre Inhalte, wie z. B. die Bilder der letzten Party, zu teilen. Die logische Konsequenz: Sie wandern in ein anderes Netzwerk ab, wo sie sich ungestört fühlen. Für die meisten Jugendlichen ist dieses Netzwerk Snapchat.

Snapchat als Marken- und Branding-Kanal

Die erfolgreichsten Accounts auf Snapchat sind jene, die es schaffen, Geschichten zu erzählen. Der FC Bayern München liefert z. B. Bilder und Videos von aktuellen Spielen. Auch einige Spieler des FC Bayern München nutzen die Plattform, um über witzige Szenen aus ihrem (Berufs-)Alltag zu snappen. Bayern-Star David Alaba bekam während der Fußball-Europameisterschaft sogar Snapchat-Verbot, weil er aus dem offiziellen Teamquartier snappte, einem sehr privaten Aufenthaltsbereich der Fußballspieler.

7.5.3 Das Leben ist kurz – Inhalte sind vergänglich

Das Alleinstellungsmerkmal von Snapchat ist die Vergänglichkeit der Inhalte (*ephermeral message*). Snapchat wird daher oft unter dem Schlagwort *Ephemeral Messaging* diskutiert. Die Schnappschüsse, die der User in Snapchat an Freunde sendet, können vom Empfänger maximal 10 Sekunden lang angesehen werden, dann werden sie automatisch gelöscht. Das heißt, die Bilder, die man schickt, sind viel privater und authentischer, da man sie im Normalfall an nur eine Person adressiert und nicht wie in Facebook an 300 Freunde. Sender und Empfänger stehen auf Snapchat in unmittelbarem Austausch. Im Story-Feature sind alle Videos und Bilder, die in MEINE STORY gepostet werden, 24 Stunden lang als hintereinandergelegter Filmstreifen abrufbar.

Was den sogenannten Snapchattern am Benutzen der App so gefällt, ist die Authentizität und Verspieltheit, die so bis dato kein anderer Social-Media-Dienst anbietet. Der Spaßfaktor beim Erstellen und Teilen der Fotos und Videos mit den verschiedenen Filtern, Lenses und zahlreichen weiteren internen Funktionen scheint ungebrochen. Die Snapchat-Nutzer schätzen vor allem aber auch die Möglichkeit, sehr private und persönliche Einblicke zu bekommen und mithilfe der mehr oder weniger spontanen Snaps am Leben und Alltag anderer teilzuhaben. Mittlerweile gibt es auf Snapchat auch schon den einen oder anderen Star, wie z. B. DJ Khaled, der seine Popularität nutzt, um sein Business zu steigern.

7.5.4 Wie funktioniert Snapchat?

Ein sogenannter *Snap* kann ein gerade aufgenommenes Video oder Foto sein. Man kann sich entscheiden, ob dieser Snap direkt an Freunde verschickt, in den MEMORIES gespeichert oder in die Story gepostet wird. Zu entscheiden ist nun, ob jeder oder nur die eigenen Kontakte Snaps schicken können. Dies kann in den Einstellungen jederzeit geändert werden. Die MEMORIES sind ein Speicherort für Snaps. Man kann jederzeit auf diesen Speicherort zugreifen und Snaps (erneut) verschicken. Verwendet man einen Snap aus den MEMORIES, ist das für die Empfänger als solches erkennbar, da ein weißer Rahmen um den Snap erscheint. Darauf steht auch, wie lange sich der Post schon in den eigenen Aufnahmen befindet.

Eine *Story*, also Geschichte, ist eine Art individueller Channel, der aus einer Aneinanderreihung von Snaps besteht. Innerhalb von 24 Stunden verschwinden die verbreiteten Fotos und Videos von allein. Nur anhand der Views, die man bei den einzelnen Snaps zu sehen bekommt, kann man erkennen, wie viele Freunde man hat. Sie können automatisch auf öffentlich gestellt sein, sodass jeder Zugang dazu hat, auch wenn man selbst nicht mit der Person befreundet ist. Egal, ob sie nur an Freunde oder in die Story gehen – aufgenommene Bilder und Videos können mit Texten, Filtern (Farbe, Temperatur, Location, Zeit, Datum, Akkustand), selbst gemachten bunten Zeichnungen, Lenses, 3D-Stickern, Emojis und jetzt auch Bitmojis verschönert werden. Eigene Snaps können vor dem Versenden gespeichert werden. Innerhalb eines Privatchats sind außerdem Anrufe, Videoanrufe, Sprachmemos und das Speichern von Texten oder geteilten Inhalten aus dem Discover möglich. Mittels eines Screenshots erscheinen Bilder in der Galerie. Ist man dafür zu langsam, darf man bis zu zwei Wiederholungen am Tag gratis durchführen.

Um ein Video in eine Story hochzuladen, drückt der Nutzer maximal 10 Sekunden lang auf den Aufnahme-Button, schmückt das Video mit Emojis oder kurzen Kommentaren und lädt es dann in MEINE STORY. Es geht bei diesem Messaging-Dienst nicht darum, ästhetisch ansprechende Bilder, wie etwa bei Instagram, zu versenden, sondern um authentische und lustige Einblicke in den Alltag des Users. Seit Kurzem gibt es mit der Funktion MEMORIES auch die Möglichkeit, Videos und Fotos auf Snapchat dauerhaft abzurufen, sie verschwinden nicht mehr nach einem Tag.

Während Facebook von vielen Usern dazu genutzt wird, sich eine nachhaltige, coole Online-Präsenz aufzubauen, so ist dies bei Snapchat anders. Snapchat erhebt diesen Anspruch gar nicht, sondern will nur eine Momentaufnahme aus dem Leben des Users zeigen. Durch die Kurzlebigkeit der Inhalte werden auch viele intime bzw. private Bilder oder Selfies verschickt. Es ist also eine neue Art der Kommunikation durch Bilder oder Videos und weniger durch Text. Die Inhalte überzeugen nicht durch ihre durchdachte Ästhetik, sondern durch die Momentaufnahme oder Situationskomik. Snapchat bietet mit seinen LENSES auch ein Feature an, mit dem man Stunden verbringen und dabei sehr viel Spaß haben kann. Mit diesen Linsen können Sie Ihr Gesicht und Ihre Stimme verzerren. Die meisten Videoaufnahmen werden mit Linsenfilter gemacht und hochgeladen. Dafür müssen Sie in Snapchat auf Videoaufnahme gehen, Selfie-Mode wählen und dann ein paar Sekunden mit dem Finger auf dem Smartphone auf Ihr Gesicht drücken, bis ein Raster erscheint.

7.5.5 Unterhalten Sie auf Snapchat

Nun sind Sie dran. Laden Sie sich die Snapchat-App herunter, und probieren Sie es aus. Aber da ist auch schon das Problem: Die Usability bei Snapchat ist schrecklich und erinnert eher an einen komplizierten Produktkauf in einem veralteten Onlineshop als an eine fancy Smartphone-App. Aber geben Sie nicht auf. Es geht allen am Anfang so. Haben Sie die Snapchat-Nutzung einigermaßen verstanden, kommen auch schon die nächsten Fragen: Was in aller Welt sollen wir da als Unternehmen posten? Ein Video darf maximal 10 Sekunden lang sein? Welche Message können wir in so kurzer Zeit überhaupt transportieren? Starten Sie einfach mal mit einem »Hallo«. Machen Sie ein Bild von sich oder dem, was Sie gerade tun, swipen Sie nach links, und fügen Sie die Uhrzeit ein oder nutzen Sie die Geolocating-Funktion von Snapchat, und fügen Sie den Ort hinzu, von dem aus Sie snappen. Auf Snapchat hat vieles Platz, was sonst in Social Media bisher keinen Platz (mehr) hatte. Fotos von der Firmenfeier waren eigentlich verpönt und gehörten der Vergangenheit der Social-Media-Startphase vor 10 Jahren an. Jetzt haben sie wieder Platz.

Um der Herausforderung erfolgreicher Snapchat-Kommunikation Herr zu werden, hilft natürlich ein Blick auf Marken, die schon länger bei Snapchat sind, so z. B. Bild, Bunte, Spiegel Online oder Sky Sport (siehe Abbildung 7.12).

Abbildung 7.12 Schnell, laut, kurzweilig – die Snaps von Sky Sport wirken wie eine permanente Werbeunterbrechung und bieten der Zielgruppe maximale Unterhaltung.

Snapchat als Recruiting-Tool

Da Jugendliche mittlerweile nur noch Snapchat nutzen, müssen Recruiting-Maßnahmen in Zukunft auch via Snapchat stattfinden. Wie das geht, zeigt die Techniker Krankenkasse. Azubis und Mitarbeiter der TK kommunizieren in Snapchat alias »TK-Karriere«. Das Team postet täglich Storys, in denen die Mitarbeiter ganz authentisch und unterhaltsam über ihren Job bei der TK sprechen. Die User können mitverfolgen, wie ein Arbeitstag bei der TK aussieht, welche Ausflüge und Schulungen sie machen und live miterleben, wie es den Azubis geht. Snapchat-Freunde werden natürlich auch dazu aufgefordert, Fragen zu stellen, die direkt von den Mitarbeitern beantwortet werden (siehe Abbildung 7.13). Authentischer kann ein Unternehmen nicht aus dem Mitarbeiteralltag kommunizieren – Chapeau!

Abbildung 7.13 Die Techniker Krankenkasse nutzt Snapchat als Recruiting-Tool und chattet aktiv mit ihren Snapchat-Freunden (Snapchat-Screenshot von TK-Karriere).

7.5.6 Bieten Sie einen Mehrwert

Der Erfolg der Snapchat-App wird auf drei Merkmale zurückgeführt: *Connectivity*, *Easy Media Creation* und *Ephemerality*. Über die Kurzlebigkeit der Inhalte und die permanente Verbindung mit dem mobilen Social Web, die Snapchat so besonders machen, haben wir schon berichtet. Snapchat ist aber gleichzeitig auch so charmant, weil man ganz einfach Inhalte hochladen kann. Was jetzt gerade passiert, kann so einfach wie noch nie dokumentiert werden. Warum also nicht vom Montagmorgen-Meeting snappen?

Nehmen Sie sich ein Beispiel am Europäischen Parlament. Sie snappen unter dem User-Namen »europarl« und gewähren ihren Snapchat-Freunden einen Blick hinter die Kulissen des Parlaments. Sie sehen Impressionen aus dem Parlamentsgebäude, erfahren, was in der kommenden Woche ansteht, oder hören Geräusche, wenn die Plenarsitzung beginnt. Und ganz ehrlich: Wenn das Europäische Parlament Snapchat kann, können Sie es doch erst recht!

Alles, was Sie bisher nicht in Social Media gepostet haben, ist bei Snapchat erlaubt – Hauptsache es ist spannend, informativ und Social Rock'n'Roll. Mittlerweile können Sie in Snapchat auch Bilder vom Smartphone hochladen und bearbeiten, so wie Sie es vielleicht von Instagram her kennen. Am beliebtesten auf Snapchat sind jedoch Bewegtbildstorys aus dem Hier und Jetzt. So postet das Unternehmen Cisco (siehe Abbildung 7.14) live von Veranstaltungen und überlässt dabei die Dokumentation vor Ort seinen Mitarbeiterinnen. Der Snapchat-Channel wird bewusst unter dem Namen »WeAreCisco« geführt und soll bestehenden Mitarbeitern und potenziellen Kollegen als Inspiration dienen, was gerade so in dem Unternehmen passiert.

Abbildung 7.14 Von Mitarbeitern für Mitarbeiter: der Snapchat-Channel von Cisco »WeAreCisco«

Best Practice TacoBell

Die Systemgastronomie-Kette TacoBell (@tacobell) ist generell ein Early Adopter von Snapchat und setzt immer wieder tolle Aktionen um. Beispielsweise posteten sie ein lustiges und interaktives Rätsel nach dem Motto »Finde den Fehler« beim Vergleich zweier Bilder. Die Antworten konnten die User anschließend an TacoBell schicken. TacoBell hat Snapchat auch schon eingesetzt, um über neue Produkte zu informieren: TacoBell informierte die Snapchat-User vorab und nutzte ein Vorschaubild, um die Spannung aufzubauen. Anschließend wurde mit einem Kurzvideo vom Event das neue Produkt präsentiert. Zusätzlich zu der eigenen Aktivität auf Snapchat launchte TacoBell im Mai 2011 eine gesponserte Kampagne mit einem Filter, der den Kopf des Nutzers in Form eines Tacos zeigte. Ein Inhouse-Team arbeitete über 6 Wochen daran, und die Arbeit zahlte sich aus: Die Markenkampagne erreichte an einem Tag über 224 Mio. Views. Das Budget von 750.000 US$ machte sich anschließend in einem Cost per View von 0,3 Cents bemerkbar. Der Erfolg des Einsatzes von Snapchat zeigt sich außerdem in der täglich steigenden Follower-Zahl von TacoBell (über 225.000 Follower).

7.5.7 Wie machen Sie Ihren Snapchat-Kanal bekannt?

Da man einzelne Accounts in Snapchat noch nicht bewerben kann, werben die meisten Unternehmen auf Ihren bestehenden Social-Media-Kanälen für Ihren Snapchat-Account. Dabei ist es besonders wichtig, den genauen User-Namen zu posten, da nur darüber der Snapchat-Account gefunden werden kann. Die zweite Möglichkeit ist das Adden über den Snapcode. Dafür müssen die User einen Screenshot vom Snapchat-Profilbild machen. Dann müssen Sie in Snapchat auf das Geistsymbol gehen und ÜBER SNAPCODE ADDEN. Das Bild wird daraufhin gescannt und erkannt (siehe Abbildung 7.15).

Abbildung 7.15 Den Snapcode können Sie auch auf Ihren Produktverpackungen platzieren und als Kampagnen-Add-on einsetzen. (Quelle: http://forbusiness.snapchat.com)

Viele Unternehmen und Institutionen posten den Snapcode mehrmals in den Social-Media-Profilen, wenn sie z. B. von einem speziellen Event berichten oder live streamen. Die Schirn Kunsthalle in Frankfurt am Main. (Snapchat-Name SCHIRNSNAPS), Vorreiter in Sachen Social Media Marketing für Kunstinstitutionen und Museen, postet ihren Snapcode wiederkehrend auf Instagram (siehe Abbildung 7.16).

Abbildung 7.16 Die Schirn Kunsthalle kommuniziert den Snapchat-Nutzernamen bei speziellen Anlässen und Events. (Quelle: Screenshot von Schirn Snapchat)

7.5.8 Werbung auf Snapchat

Neben den kostspieligen Discovery-Channels bietet Snapchat mittlerweile drei Arten von bezahlbaren Ads an (siehe Abbildung 7.17): Snap Ads (ähnlich Instagram

Story Ads), gesponserte Filter und Lenses, die über einen bestimmten Zeitraum und in einem speziellen Gebiet (Geofence) gebucht werden können. Beispiele für Filter und Lenses sind Kinostarts, nationale Fußballereignisse, Feiertage usw. Die Kosten für Snap Ads liegen in der freien Auktion zwischen 3 und 8 US$.

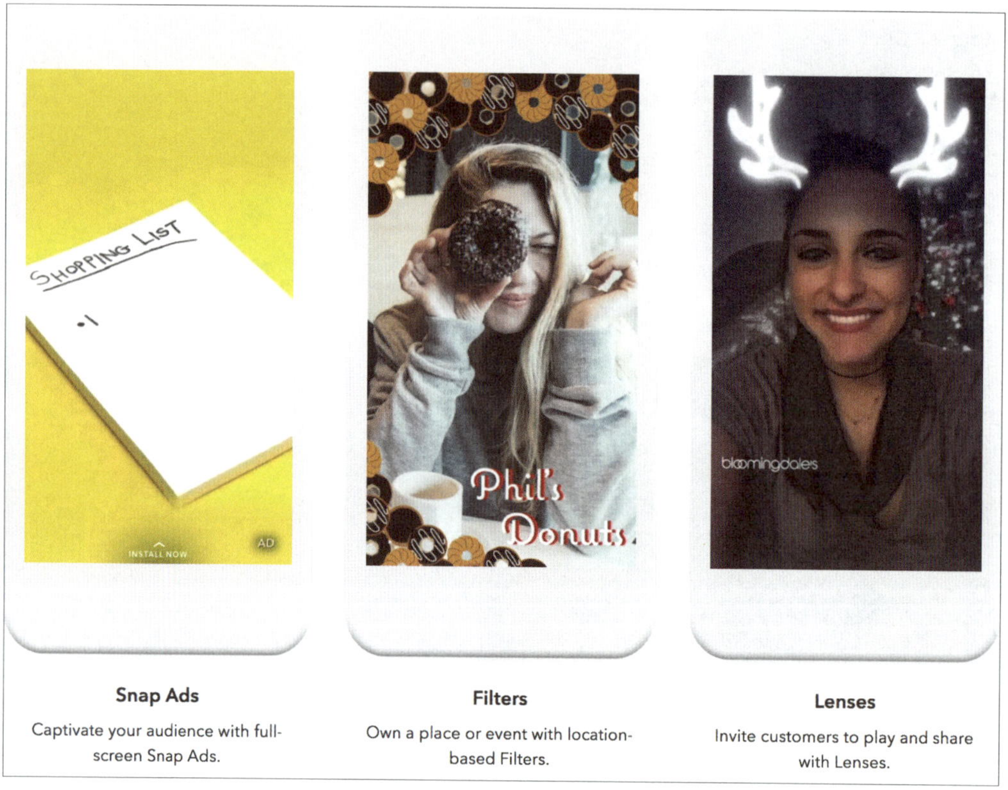

Abbildung 7.17 Werbemöglichkeiten bei Snapchat
(Quelle: http://forbusiness.snapchat.com/ad-products)

7.5.9 Snap Ads

Snap Ads funktionieren am besten, wenn Sie reale Menschen in realen Situationen zeigen. Die Brillenmarke Ace & Tate zeigte in ihrer Snap Ad z. B. eine Kundin, die gerade die Home-try-on-Box erhalten hatte. In dem Video zeigt sie lediglich die Box mit den unterschiedlichen Brillenfassungen. Kein weiterer Text, kein Aufsager, kein Call-to-Action. Lediglich das Banner »Kostenlos zu Hause anprobieren« verwies auf die Testbox. So mutet die Snap Ad wie eine ganz normale Snapchat Story an und ist für die Nutzer eine willkommene Pause statt störender Werbeunterbrechung.

Abbildung 7.18 Das Snap Ad von Ace & Tate sieht aus wie eine ganz normale Story. (Quelle: mobiler Screenshot bei Snapchat)

7.5.10 Snapchat-KPIs – Erfolg in Snapchat messen

Anders als in anderen Social-Media-Kanälen, wo sehr stark auf Reichweite und Fanzahlen fokussiert wird, zählen in Snapchat vor allem die Abrufzahlen der einzelnen Videos und das Engagement durch Screenshots. Die Statistiken in Snapchat können Sie abrufen, indem Sie in MEINE STORY rechts auf die drei Punkte klicken. Dann öffnet sich das Fenster mit den Statistiken zu den einzelnen Storys. Sie können für jedes einzelne Video sehen, welcher User es angesehen hat und wie viel Screenshots davon gemacht wurden.

7.6 WhatsApp

1,5 Mrd. Nutzer verzeichnete der Messaging-Dienst im Januar 2018 weltweit. 70 % der Deutschen nutzen die Nachrichten-App WhatsApp für ihre tägliche Kommunikation. In Deutschland gibt es mittlerweile mehr WhatsApp- als Facebook-

Nutzer. Täglich werden 30 Mrd. Nachrichten über WhatsApp verschickt. Das sind nicht nur Textnachrichten, sondern auch Medien wie Bilder, Videos und Sprachnachrichten, die in Sekundenschnelle übertragen werden. Bilder können dabei ähnlich wie bei Snapchat bearbeitet werden (mit Smileys, Paintfunktion etc.). WhatsApp war zu Beginn vor allem bei Teenagern beliebt, weil sie dort unter sich kommunizieren konnten (anders als bei Facebook, wo mittlerweile auch ihre Eltern sind) und das Versenden der Nachrichten kostenlos ist. Es gibt viele beliebte Funktionen, wie etwa die Gruppenchats, bei denen mehrere Personen gemeinsam kommunizieren können, und man sieht, wer eine Nachricht erhalten und gelesen hat. WhatsApp hat auch eine Desktop-Version veröffentlicht namens WhatsApp Web. Damit kann man per kostenlosen Webclient auf seinen WhatsApp-Account zugreifen und Nachrichten am PC verschicken.

WhatsApp hat bei Kindern und auf Diensthandys nichts zu suchen

Das Mindestalter für die Nutzung von WhatsApp wurde mittlerweile auf 16 Jahre angehoben. Auf Diensthandys sollten Sie WhatsApp nicht installieren, da hier die Problematik des Datenschutzes gegeben ist. WhatsApp greift schon bei der Installation auf sämtliche gespeicherten Namen und Telefonnummern zu (übrigens auch Snapchat). Dabei werden auch die Daten Dritter erfasst, die selbst gar nicht mit den Messengern kommunizieren. Jeder geschäftliche Kontakt wandert so auch zu Facebook.

WhatsApp gehört zum Facebook-Imperium von Mark Zuckerberg. Facebook hat die Instant-Messaging-App WhatsApp für 19 Mrd. US$ gekauft. Der Kauf von WhatsApp ist ein Versuch, die eigene Präsenz auf mobilen Geräten zu stärken. Der mobile Markt ist ein wichtiger Zukunftsmarkt, nicht nur in der westlichen Welt, sondern vor allem in Schwellen- und Entwicklungsländern, wo das Thema Smartphone bzw. mobile Telefonie erst am Anfang steht. In Indien ist beispielsweise WhatsApp auf einigen Smartphones bereits vorinstalliert und wird vor allem aufgrund der kostenlosen Nutzung sowie der werbefreien Zone geschätzt. Doch mit der werbefreien Zone wird es bald schon vorbei sein. Im Mai 2018 kündigte Facebooks Messenger-Chef David Marcus an, dass sich WhatsApp für Werbung öffnen möchte. Die Kehrtwende hängt mit dem Austritt des WhatsApp-Gründers Jan Koum zusammen. Dieser hatte sich stets gegen Werbung im Kurznachrichtendienst ausgesprochen. Doch mit dem Weggang der Gründer scheint nur auch der Weg geebnet, mit dem Messenger Geld zu verdienen.[12]

12 t3n, »Whatsapp bekommt Werbung: So will Facebook mit dem Messenger Geld verdienen«: *http://t3n.de/news/whatsapp-bekommt-werbung-1076329*

7.6.1 Kunden wünschen sich WhatsApp-Kommunikation

Anders als Sie vielleicht vermuten, wünschen sich die Nutzer geradezu Kommunikation via WhatsApp! Jeder Fünfte hält die Kommunikation mit Unternehmen über WhatsApp für schon längst überfällig. Dies ist das Ergebnis der YouGov-Studie »WhatsApp im Kundenkontakt«.[13] Die Studie ergab außerdem, dass für jeden dritten WhatsApp-Nutzer die Kontaktfunktion über soziale Netzwerke oder Apps oftmals unkomplizierter ist als über andere Wege (z. B. per E-Mail, Post, Telefon).

7.6.2 WhatsApp ist Push- und Pull-Marketing zugleich

Viele Medienhäuser (RTL, ProSiebenSat.1, Deutsche Welle), Zeitungen und Verlage (Süddeutsche, Morgenpost Berlin) bieten mittlerweile einen WhatsApp-Newsletter an, um aktuelle Nachrichten an ihre Zielgruppe zu pushen. Mit dem WhatsApp-Newsletter zur Reality-Show »Promi Big Brother« erreicht ProSiebenSat.1 »den User/Zuschauer an seinem *persönlichsten* Touch-Point, dem Homescreen seines Handys. Das ist ein wertvoller USP«, so Carsta Maria Müller im Interview mit WhatsBroadcast.com.[14] WhatsApp-Marketing geht jedoch nicht nur in Richtung Push-Kommunikation, sondern kann auch für den Kundenservice sinnvoll eingesetzt werden. Beispiele hierfür sind Intersport Hübner oder auch Daimler (siehe 7.6.3, »Servicemarketing mit WhatsApp«). Die meisten setzen dabei auf den Anbieter WhatsBroadcast, *http://www.whatsbroadcast.com/de*. Die Kosten für den Service sind nach Abonnenten und Channels gestaffelt. Für 69 € monatlich können Sie den Service erstmalig nutzen und ausprobieren, wie groß die Nachfrage bei diesem Channel ist.

Sales mit WhatsApp

Insbesondere der Tourismus profitiert von Newsletter-Marketing mit dem Kurznachrichtendienst. Egal, ob Online-Buchungsportale wie Urlaubspiraten oder Urlaubsguru, Transportunternehmen wie die Deutsche Bahn, Urlaubsorte, Hotels oder Urlaubsgebiete, wie z. B. »Hochkönig« oder »Rügenzeit« – WhatsApp lohnt sich im Hinblick auf die Reichweiten, Öffnungsraten und Klickraten. Durch die Push-Notification auf dem Smartphone werden 90 % der WhatsApp-Newsletter in den ersten 15 Minuten geöffnet.

---

13 YouGov, 2017, »Jeder Fünfte hält Nutzung von WhatsApp in der Kommunikation mit Unternehmen für längst überfällig«: *http://yougov.de/news/2017/07/05/jeder-funfte-halt-nutzung-von-whatsapp-der-kommuni*

14 WhatsBroadcast.com, »7 Fragen an ... Warum Promi Big Brother auf WhatsApp Marketing setzt!«: *http://www.whatsbroadcast.com/de/content/warum-promi-big-brother-auf-whatsapp-marketing-setzt*

Erstaunliche 750.000 User haben den WhatsApp-Newsletter der Urlaubspiraten abonniert (siehe Abbildung 7.19). Noch eindrucksvoller sind jedoch die Klickraten. Bis zu 85 % beträgt die Klickrate des mobilen Newsletters. Verglichen mit den Klickraten bei Desktop-Newslettern, Bannern oder Social-Media-Posts ist das eine gigantische Zahl. Daniel Palm, Chatbot Specialist bei der Holidaypirates GmbH, ist überzeugt, dass Unternehmen auf WhatsApp ein ganz anderes Verhältnis zu ihren Usern bekommen als auf anderen Kanälen.[15] Gegenüber WhatsBroadcast verriet Daniel Palm außerdem, dass der WhatsApp-Kanal innerhalb von 14 Monaten mehr Abonnenten generierte als der E-Mail-Newsletter, der über 6 Jahre lang aufgebaut wurde.[16]

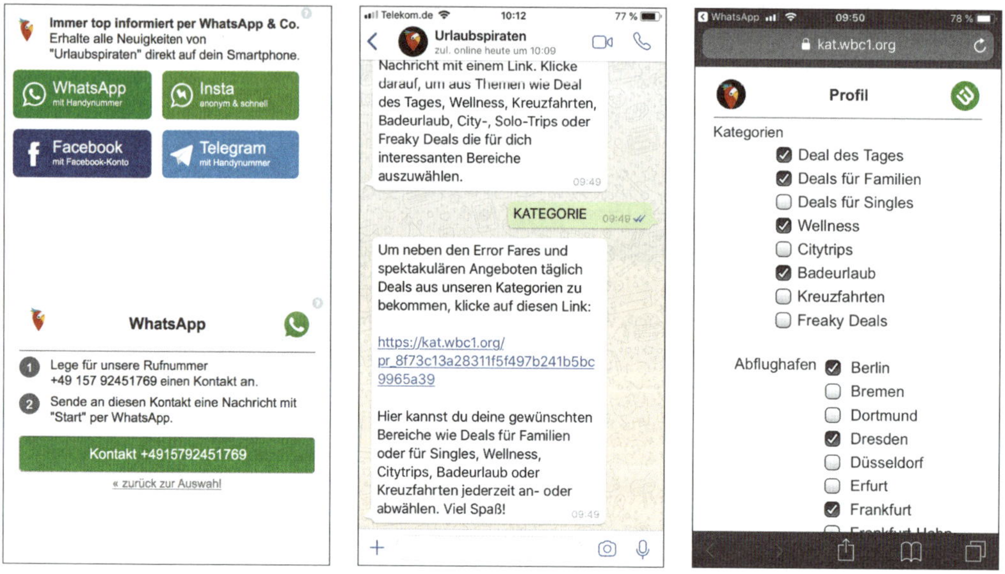

Abbildung 7.19 Um einen WhatsApp-Newsletter zu bestellen, müssen die Nutzer die WhatsApp-Telefonnummer auf ihrem Smartphone speichern und eine Nachricht »Start« an diese Nummer senden. Bei Urlaubspiraten können die Nutzer zusätzlich Kategorien angeben, für welche Angebote sie sich besonders interessieren.

7.6.3 Servicemarketing mit WhatsApp

Auch im Servicemarketing ist WhatsApp eine gute Ergänzung zur Serviceline. Intersport Hübner nutzt WhatsApp für die persönliche Beratung seiner Kunden. Über

15 WhatsBroadcast, »7 Fragen an ... WhatsApp und Messenger Marketing bei den Urlaubspiraten«: *http://www.whatsbroadcast.com/de/content/7-fragen-an-urlaubspiraten-whatsapp*

16 WhatsBroadcast, »Kundenkommunikation via Messenger: Per WhatsApp in den Urlaub«: *http://www.whatsbroadcast.com/de/content/kundenkommunikation-via-messenger-per-whatsapp-urlaub*

WhatsApp können die User Fragen zu gewünschten Produkten, deren Verfügbarkeit usw. stellen (siehe Abbildung 7.20).

Abbildung 7.20 Intersport Hübner bietet seinen Kunden direkten Service via WhatsApp an.

Auch im Personalmarketing ist WhatsApp bereits im Einsatz. Daimler nutzte etwa den Messaging-Dienst, um Bewerbern Fragen zum Bewerbungsprozess zu beantworten. Bei einem Pilotprojekt konnten mehr als 100 Teilnehmer eine Daimler-Mitarbeiterin aus dem internationalen Traineeprogramm Career einen Tag lang über WhatsApp begleiten und sie direkt zu Aufgaben, Jobeinstieg und Karriere befragen.

7.7 Internationale Messaging-Dienste

Geografisch betrachtet hat die Beliebtheit von WhatsApp Grenzen. So sind in Japan die Messaging-Dienste Line und Viber, in China WeChat oder auch KakaoTalk in Korea die vorherrschenden Messenger-Apps, während in Deutschland, Spanien, Indien, Brasilien, Mexiko und Italien WhatsApp auf je über 90 % der Smartphones installiert ist.

Das chinesische Pendant zu WhatsApp, WeChat, ist da mit seinen Usern schon sehr viel weiter und wird auch immer internationaler. WeChat-Nutzer verschicken über die App nicht mehr nur einfache Nachrichten. Laut der Studie nutzen bereits über 30 % Payment-Funktionen, Tendenz steigend. 70 % der Payment-Nutzer geben so im Monat rund 14 € aus. Ein Großteil der Nutzer greift auf Mediendienste über WeChat zu, fast die Hälfte hat schon Telefonrechnungen über WeChat abgerechnet. Aber auch Kinotickets oder Smartphone-Top-ups werden via WeChat konsumiert. Über einen In-App-Shop lassen sich zusätzliche Inhalte wie animierte Emoticons oder Aufkleber erwerben. WeChat wird von Tencent herausgegeben, einem großen chinesischen Telekommunikationskonzern.

Mithilfe der Social-Network-Funktionen Shake, Look around und Flaschenpost kann man mit WeChat-Benutzern in der Nähe Kontakt aufnehmen. Es werden automatisch Kontakte zu anderen Anwendern vorgeschlagen, die ebenfalls gerade irgendwo auf der Welt ihr Handy schütteln. Dabei achtet das Programm auf eine gute geografische Durchmischung. Die Funktion Look around ist praktischer, da diese Kontaktsuchende nach ihrer Distanz sortiert. Nutzer können also sehen, wer in einem Umkreis von bis zu 10 Kilometern gerade die gleiche Funktion verwendet – *shake to response* anstelle von *click to respond*.[17] Auch die japanischen Messenger Line und Viber sind in Teilen Asiens auf dem Vormarsch. Viber heißt jetzt »Rakuten Viber«, genauso wie der japanische Konzern, der die App übernommen hat.

WeChat als multifunktionale App

Watsons, die führende Drogeriekette in Asien, nutzt WeChat bereits seit einigen Jahren sehr erfolgreich: In Malaysia gibt es eine Verknüpfung zum Onlineshop, in China verwalten User ihre Kundenkarte in WeChat, und mittels Shake-Funktion können sich die Kunden Rabatte erschütteln. Viele weiter Beispiele für den Einsatz von WeChat gibt es hier: *http://blog.wechat.com/2015/09/07/embracing-the-wechat-lifestyle*.

7.8 Kundenansprache mit Beacons

Unter der Beacon-Technologie versteht man die direkte Kundenansprache per Funk. Sie wird als eine der zukunftsträchtigsten Technologien angesehen, denn Beacons verbinden den Point of Sale mit der digitalen Welt. Beacons sind kleine Bluetooth-Sender. Die Funksender schicken Signale während des Einkaufs an den Shopper vor Ort, der die App des Unternehmens installiert und Bluetooth aktiviert haben muss.

Bluetooth an sich ist keine neue Anwendung, es hat seine Stärken bei der Übertragung von Daten. Gerade im Bereich der Plakatwerbung wurde Bluetooth bereits

17 eConsultancy, 2016, »Marketing in China: Where mobile and content marketing are driving change«: *https://econsultancy.com/blog/67968-marketing-in-china-where-mobile-and-content-marketing-are-driving-change*

vielfach eingesetzt, denn damit lassen sich Kampagnen sinnvoll erweitern und bieten die Möglichkeit, den Kunden noch stärker zu involvieren. Bluetooth ist ein Funkübertragungsstandard, der mittlerweile in nahezu allen Handys/Smartphones installiert ist. Der Handynutzer muss Bluetooth einschalten, um Daten kostenlos zu empfangen oder zu senden. Auf diese Weise können Daten einfach und schnell übertragen werden.

7.8.1 Bluetooth 4.0 erleichtert den Traum von Connected Devices

Derzeit erlebt Bluetooth eine Renaissance, vor allem wegen des geringen Energieverbrauchs und neuer Services wie Apples iBeacon, das sich für Lösungen von Smart Devices eignet. Ein Beispiel: Mithilfe der Bluetooth-Technologie lässt sich etwa ein Türschloss so programmieren, dass es sich automatisch öffnet, wenn sich ein Gerät mit Bluetooth 4.0 und der notwendigen Berechtigung nähert. So können also Türen mittels »digitalen Schlüssels« geöffnet werden.

Auch der Handel setzt wieder verstärkt auf Bluetooth. Mithilfe des iBeacon-Programms können Kaufhäuser ihren Kunden bei Eintritt in den Laden aktuelle Informationen und Angebote auf deren Smartphone schicken. iBeacon kann auch als Navigationshilfe oder für bargeldloses Zahlen verwendet werden. Apple etwa vernetzt in den USA seine Shops mit Bluetooth. Wer die Werbung via Bluetooth nicht will, schaltet die Bluetooth-Funktion am Smartphone einfach ab. Ein Problem, mit dem sich viele bislang herumschlagen, ist die mangelnde bzw. stark schwankende Reichweite des Beacon-Signals. Auch WLAN-Verbindungen können die Funkstärke beeinflussen.

7.8.2 Der Vorteil von Bluetooth-Werbung

Unternehmen können mit Bluetooth-Interaktionen vor allem junge, mobile Menschen in Großstädten erreichen. Generell eignet sich Bluetooth für die Verbreitung von digitalem Content wie Fotos, Videos oder Audiodateien. Da die Bluetooth-Übertragung auch ohne Internetanbindung funktioniert, können Sie damit auch Kunden erreichen, die noch nicht zu den Smart Natives gehören. Setzen Sie Bluetooth in der Außenwerbung oder bei Ambient Media ein, um zusätzliche, interessante Inhalte an die Zielgruppe weiterzugeben.

Ikea bietet seinen Kunden via Beacons ein abwechslungsreiches Einkaufserlebnis. Betritt man das Einkaufshaus und aktiviert man die Bluetooth-Funktion am Smartphone, erhält man mit Beacons an verschiedenen Punkten Informationen, Gratisangebote im Restaurant oder Produktinformationen via Push-Nachricht, vorausgesetzt, man hat die IKEA-App installiert. Da diese Technologie noch nicht so weit verbreitet ist, werden Kunden an vielen verschiedenen Touchpoints über die Beacons-Technologie informiert. Am Parkplatz sehen sie bereits Plakate, die ihnen erklären, wie das Ganze funktioniert, beim Eingang, im Restaurant oder gar auf den Toiletten. Ergänzt werden diese Maßnahmen durch E-Mail-Newsletter-Kampagnen und Direct Mailings.

Tipp: Bluetooth-Werbung mit Social Media verknüpfen

Damit sich die Kampagne noch besser verbreitet, integrieren Sie zusätzlich zum Download auch Social Media: »Dir gefällt diese Aktion? Dann teile sie mit deinen Freunden!« Die Smartsurfer, die Sie ohnehin mit der Aktion ansprechen, können davon in ihrem Netzwerk berichten.

7.9 Virtual Reality

Oculus Rift, Samsung Gear, Google Cardboard – 3D-Brillen, die aktuell die Welt bedeuten, waren schon in den 1980er Jahren ein Megatrend. Während 1985 der erste Teil von »Zurück in die Zukunft« über die Bildschirme lief, entwickelte die NASA eine 3D-Brille namens VIVED, um die Welt so realistisch wie möglich in 3D erlebbar zu machen. 1995 stellte Nintendo seinen Virtual Boy vor, eine Spielkonsole mit VR-Helm und Gamepad. Dennoch hat es lange gedauert, bis aus der Vision wirklich Realität wurde. Für die VR-NERDS reichen die Anfänge von VR sogar bis ins Jahr 1932 zurück.[18] Etwa 80 Jahre später kaufte Facebook den 3D-Brillenhersteller Oculus VR für etwa 2 Mrd. US$, denn das Unternehmen wettet, dass »immersive Virtual und Augmented Reality zu etwas Alltäglichem werden«. Große Unternehmen investieren jetzt reichlich Geld, um beim erwarteten Durchbruch von VR ganz vorn mitzuspielen. Wir beantworten in diesem Abschnitt die Frage, ob auch für Sie die Zeit reif ist für Virtual Reality.

7.9.1 Was ist Virtual Reality (VR)?

Virtual Reality ermöglicht es, an Orte zu reisen und Dinge zu erleben, die uns ansonsten nicht zugänglich sind. Nun steigen die ersten großen Marken ein. VR ist eine künstliche, vom Computer erzeugte Realität, die z. B. via VR-Brille (z. B. der Oculus-Rift-Brille von Google) erlebt werden kann. Man kann sie auf zwei Arten nutzen: einerseits, um künstliche Umgebungen für Video- oder Computerspiele sichtbar zu machen, andererseits als Simulationsgerät/Trainingsumgebung, z. B. für Piloten.[19]

---

18 VR NERDS, »Die Geschichte der virtuellen Realität«: *www.vrnerds.de/die-geschichte-der-virtuellen-realitaet*

7.9.2 Reality Check: VR kann dank des Smartphones jeder

Es hat sich also einiges getan seit »Zurück in die Zukunft«, vor allem in Sachen Technologie. Das Smartphone ist heute das Schweizer Taschenmesser für alle Lebenslagen: Messaging, Telefonieren, E-Mails, Gaming, Online-Check-in und -Banking. Apples Videotelefonie Facetime nutzen inzwischen viele Familien ganz selbstverständlich für ihre sonntäglichen Konferenzen, sozusagen als Kaffee und Kuchen übers Smartphone. So wundert es nicht, dass sich Menschen völlig hilflos, »nackt« und aufgeschmissen fühlen, wenn sie einmal ihr Smartphone vergessen haben.

Mit der rasanten Verbreitung von Smartphones ist auch die Akzeptanz für Technologie, Tools und Apps gestiegen. Diese Akzeptanz ist wichtig, damit sich Trends wie Virtual Reality durchsetzen und nicht als Nischenthema scheitern. Der Virtual Boy von Nintendo ist in den 1990er Jahren gescheitert, weil Eltern Sorge hatten, er könne die Sehstärke ihrer Kinder beeinträchtigen. Heute gehen wir mit dem Smartphone ins Bett und nehmen es am Morgen als Erstes in die Hand. 81 Minuten verbringen wir im Durchschnitt täglich mit dem Smartphone. Der permanente Kontakt mit unserem Handy ist selbstverständlich geworden. Wenn es vor einigen Jahren noch völlig verpönt war, mit Handy auf die Toilette zu gehen, wissen wir heute, dass gerade am stillen Örtchen E-Mails geschrieben und Facebook-Profile gecheckt werden. Insofern sind Google Cardboards eine tolle Erfindung für all diejenigen, die VR direkt mit dem Smartphone nutzen wollen.

7.9.3 VR-Shopping – die Revolution des Einkaufens?

Couchshopping mit dem Smartphone oder Laptop könnte schon bald durch Virtual Reality revolutioniert werden. Denn VR-Brillen haben zwei Vorteile: Sie lassen den Zuschauer komplett in das Geschehen eintauchen (Immersion) und können eine starke Emotionalität zwischen ihm und dem Geschehen und/oder Personen herstellen. Im ersten VR-Kino Deutschlands beispielsweise sitzen die Brillenschauer auf Drehstühlen, denn das Zuschauen mit VR-Brille ist so immersiv, dass sie sich permanent hin- und herbewegen und wild gestikulieren.

Gegenüber den bisherigen zweidimensionalen Onlineshops haben die Ansätze des Virtual-Reality-Shoppings immense Vorteile. Kunden können Gegenstände viel genauer und detaillierter ansehen. Sie könnten einen Avatar von sich selbst mit allen Maßen erstellen, um so das Kleid virtuell anzuprobieren. Der Reiseveranstalter Thomas Cook UK hat sich die Vorteile von Virtual Reality zunutze gemacht und in Zusammenarbeit mit Samsung Gear die Virtual Holiday Experience »Try before

19 Augment.com, »Virtual reality vs. augmented reality«, 2016: *www.augment.com/blog/virtual-reality-vs-augmented-reality*

you fly« gestartet. Thomas Cook ließ Urlaubsinteressierte über die Samsung-Gear-VR-Brille außergewöhnliche 360°-Videos von ihren Wunschdestinationen ansehen, wie z. B. mit einem virtuellen Helikopterflug über Manhatten oder einem Unterwasservideo beim Schnorcheln in der Bucht von Sharm-el-Sheikh. Audi setzt Oculus Rift zu Testfahrten mit seinen Designern oder zur Konfiguration ein. Somit kann der Kunde live alle Features erleben und wahrnehmen.

Thomas Cook und Audi sind schöne Beispiele. Sie machen aber auch deutlich, dass VR-Shopping noch in den Kinderschuhen steckt. Für die Zukunft ist es denkbar, dass ganze Shopping Malls in 3D eingescannt werden, um darin shoppen zu gehen. Das wäre ebenso für Pop-up-Stores möglich, die somit ihre zeitliche Begrenzung in den virtuellen Raum ausdehnen könnten. Denkbar sind auch Produktdemos mit Verkäufern und Influencern wie JLo oder YouTube-Stars. Kunden betreten mit ihrer VR-Brille einen Shop, wo sie von einem Star beraten werden – sozusagen Curated Shopping in 3D.

Virtual Reality wird gerade heiß diskutiert, und es wird nicht lange dauern, bis die Anbieter auf den Markt strömen. Dabei müssen Sie zwischen sinnvollen und weniger sinnvollen Software- und Hardwareanbietern unterscheiden können. Vergessen Sie auch nicht, dass Sie eine gute Story für Ihr VR-Projekt entwickeln müssen.

7.10 Fazit

Eines ist klar. Sie erreichen heute vor allem junge Zielgruppen nur noch mobil. Das Smartphone ist nicht einfach nur ein Telefon oder Kommunikationsgerät – es ist die Verlängerung des eigenen Ichs. Fragen Sie einmal in Ihrem Freundes- und Familienkreis, wie die heute 14-Jährigen Snapchat & Co. tatsächlich nutzen und ob sie Content von Marken oder werbliche Inhalte wahrnehmen. Die Sache ist, viele merken davon nicht einmal etwas, wenn sie die Apps nutzen. In Zukunft wird uns also die Frage beschäftigen, wie man die Inhalte in Snapchat so platziert und über andere Social-Media-Channels pusht, damit die User wirklich damit interagieren.

Messenger Marketing hat enorme Vorteile gegenüber anderen Marketingdisziplinen. Messenger und Chatbots verteilen Ihre Inhalte maximal und direkt auf das Display Ihrer Zielgruppe. Ohne Medienbruch. Ohne Spamfilter. Der Content wird direkt und ungefiltert zugestellt und erhält eine hohe Aufmerksamkeit durch die Push-Notification auf dem Smartphone. Das wiederrum verspricht enorm hohe Öffnungsraten und für die Nutzer eine optimale User Experience ohne Medienbruch.

8 Twitter

Twitter ist weder Blog noch soziales Netzwerk, sondern Echtzeitmedium aufgrund seiner Dynamik und Aktualität, und das mit 280 Zeichen. Richtig verstanden und genutzt, ist es ein perfektes Tool, um mit Kunden und Journalisten in Dialog zu treten, Feedback zu bekommen oder es als Vertriebskanal zu nutzen.

Was haben der US-Präsident, Sängerin Katy Perry und Schauspieler Ashton Kutcher gemeinsam? Genau: Sie alle twittern. Sie müssen aber nicht erst reich und berühmt werden, bevor Sie twittern dürfen.

Abbildung 8.1 Janis Krums twitterte 2009 vom Flugzeugabsturz der US Airways im Hudson River. Es war das erste Bild vom Unglücksort und sorgte vor den Berichten herkömmlicher Medien für Schlagzeilen. (Quelle: http://twitpic.com/135xa)

In Twitter zwitschern Sie gleichberechtigt mit anderen Persönlichkeiten um die Wette. Die große Stärke von Twitter ist die Kommunikation »in Echtzeit«. Auf Twitter erfahren Sie mitunter von Weltgeschehnissen, noch bevor Zeitungsverlage und Medienhäuser davon in Kenntnis gesetzt werden. Internetnutzer und Smartsurfer betreiben auf diese Art echten Bürgerjournalismus. Das wohl bekannteste Beispiel dafür ist die Landung des Flugzeugs im Hudson River im Januar 2009, *http://twitpic.com/135xa*. Davon machte der New Yorker Janis Krums am 15. Januar 2009 mit seinem Handy ein Foto und lud es direkt in Twitter hoch (siehe Abbildung 8.1) mit der Kurznachricht: »*There's a plane in the Hudson. I'm on the ferry going to pick up the people. Crazy.*« Da er so zeitnah von der Landung berichtete, kam das Foto innerhalb kürzester Zeit in klassische Medien, und Janis Krums wurde zum perfekten Beispiel für modernen Bürgerjournalismus in Echtzeit.

8.1 Über das Twitterversum

Twitter wurde im Jahr 2006 gegründet, um seinen Nutzern die Möglichkeit zu bieten, auf einer öffentlich zugänglichen Website eine spontane Statusmeldung zu veröffentlichen, ganz nach dem Motto: »Was machst du gerade?« Twitter wird heute fälschlicherweise noch oft vorgeworfen, dass viele User genau diese Frage mit einer banalen Antwort versehen und die Inhalte auf Twitter somit völlig belangloser Natur seien. Die Realität beweist aber das Gegenteil.

Twitter hat weltweit 336 Mio. monatlich aktive Nutzer (Stand: Januar 2018). Da Twitter ein offenes Netzwerk ist und die Tweets auch in der Google-Suche erscheinen, werden Tweets von 500 Mio. Usern gelesen, ohne angemeldet zu sein. Die letzten veröffentlichten Zahlen zur Twitter-Nutzung in Deutschland stammen aus dem Jahr 2016. Demnach erreicht Twitter in Deutschland 12 Mio. Nutzer.[1] Allerdings dürfte man diese Zahl mit einem großen Fragezeichen versehen, denn Twitter verheimlicht, wie aktiv diese Nutzer tatsächlich sind, und versteckt sich hinter schwammigen Formulierungen: »*Die von uns kommunizierten zwölf Millionen versteht sich als eine Summe aus eingeloggten und ausgeloggten Nutzern, die monatlich zu Twitter kommen.*« Das sind also alle Nutzer, die im letzten Monat irgendetwas auf Twitter gemacht haben – egal, ob nur für 10 Sekunden oder täglich mehrere Stunden. Die deutsche ARD/ZDF-Onlinestudie kommt auf 1,8 Mio. wöchentlich aktive Twitter-Nutzer und 0,6 Mio. täglich aktive Twitter-Nutzer in Deutschland.[2]

1 Zeit.de, 2016, »Twitter nennt erstmals Nutzerzahlen für Deutschland«: *www.zeit.de/digital/2016-03/soziale-medien-twitter-nutzerzahlen-deutschland*

2 Christian Buggischs Blog, 2018, »Social Media und Messenger – Nutzerzahlen in Deutschland 2018«: *http://buggisch.wordpress.com/2018/01/02/social-media-und-messenger-nutzerzahlen-in-deutschland-2018*

Die Angaben zur Twitter-Nutzung im deutschsprachigen Raum (DACH) schwanken je nach Quelle, denn offizielle Zahlen werden von Twitter nicht bekannt gegeben. Wir schätzen, dass es etwa 3 Mio. aktive Nutzer sind. In Österreich gibt es ca. 140.000 Twitter-Accounts, und die Hälfte davon dürften aktive Twitter-User sein.[3] Twitter wird im deutschsprachigen Raum nicht so intensiv genutzt wie beispielsweise in Nordamerika, Großbritannien oder im arabischen Raum. Unsere Kunden fragen oft, warum sie Twitter überhaupt verwenden sollten, da doch die Zahl der aktiven Twitterer in Deutschland, Österreich und in der Schweiz relativ gering ist. Für die PR-Arbeit, die Ansprache von Influencern und Real Time Advertising ist Twitter gegenwärtig aber unverzichtbar, denn nur so erreichen Sie Redakteure und Journalisten heute direkt und schnell.

8.2 Was Unternehmen mit Twitter erreichen können

Die Kommunikation in Twitter ist öffentlich und ohne Hierarchie. Jeder kann mit jedem auf Augenhöhe kommunizieren. Es ist kein Problem, mit einem Firmenchef oder einer leitenden Person ins Gespräch zu kommen. Twitter ist unkonventionell und bietet seinen Nutzern offenen Austausch und direkten Kontakt. Das ermöglicht Kunden, Journalisten und Firmen auf direktem Wege anzuschreiben.

8.2.1 Ansprache von Journalisten und Influencern

Journalisten und Blogger nutzen Twitter sowohl zu Recherchezwecken als auch zum Verbreiten ihrer Nachrichten. Bekannte Journalisten und Blogger, wie z. B. Richard Gutjahr (siehe Abbildung 8.2), haben eine hohe Reichweite dank ihrer Follower und sind für Sie wichtige Multiplikatoren zur Verbreitung Ihrer Nachrichten.

Wenn Ihre Tweets von den richtigen Journalisten und Meinungsmachern retweetet (geteilt) werden, bringt Ihnen das eine enorme Reichweite. Noch dazu profitieren Sie von dem Ansehen des Influencers in Twitter. Wenn Richard Gutjahr Ihre News teilt, muss das etwas Interessantes sein. Häufig geteilte Tweets sind auch langlebig. Wenn Sie beispielsweise nach »Hudson Airplane Landing« in Google suchen, wird der Link mit dem Twitter-Bild von Janis Krums, *http://twitpic.com/135xa*, immer noch auf der ersten Seite in Google gelistet, obwohl die Landung nun schon etliche Jahre her ist.

3 Statista, 2017, »Anzahl der Nutzer von Twitter in Österreich in ausgewählten Monaten von Januar 2012 bis März 2016 (in 1.000)«: *http://de.statista.com/statistik/daten/studie/296135/umfrage/twitter-nutzer-in-oesterreich*

Abbildung 8.2 Journalist und Blogger Richard Gutjahr auf Twitter (Quelle: http://twitter.com/gutjahr)

Journalisten in Twitter kommunizieren jedoch anders als in Tageszeitungen. Das müssen sie auch, denn sie haben ja nicht allzu viel Platz. Es gilt, in 140 Zeichen kurze Sätzchen zu schreiben und Informationen auf den Kern zusammenschrumpfen. Die Tweets erinnern also oft eher an Schlagzeilen und unterscheiden sich ganz stark von langen Pressemitteilungen. Wenn Sie also mit Twitter starten, folgen Sie den bekannten Profilen, die Ihnen Twitter vorschlägt, damit Sie ein Gefühl dafür bekommen, wie in Twitter kommuniziert wird.

8.2.2 Regionale Kundenbindung

Für Unternehmen ist Twitter die Chance, eine persönliche Kundenbeziehung durch direkten Kontakt aufzubauen. Der Kunde erfährt hier anstelle einer kühlen Beratung per Telefon-Hotline oder E-Mail authentischen Service von Personen, die wirklich erreichbar sind. Der Vorteil besteht darin, dass die Twitter-Kommunikation öffentlich und transparent geschieht: Das hat einerseits positive Auswirkungen auf das Image des Unternehmens, kann aber auch helfen, langfristig den Supportaufwand zu verringern. Somit ist ein öffentlicher Frage-Antwort-Bereich über Twitter möglich, der den Kundensupport wesentlich verbessert, für die Kunden wie auch für das Unternehmen.

Best Practice: #weilwirdichlieben –BVG-Charmeoffensive

Für den deutschen Nah- und Fernverkehr ist Twitter das perfekte Tool, um über aktuelle Störungen oder Verspätungen schnell und einfach zu informieren. Viele Nutzer melden sich nur deshalb einmalig bei Twitter an, um den aktuellen Fahrplan ihrer Verkehrsbetriebe abzurufen. Das ist zwar eine nützliche Sache, aber die Meinung über die öffentlichen Verkehrsmittel ist dennoch allerorts gleich. In ganz Deutschland wird über sie geschimpft, genörgelt und gepöbelt. In Twitter gehört es ja fast schon zum guten Ton, über verspätete Züge zu schreiben (Warum eigentlich? Haben die Leute nichts Besseres zu erzählen?).

Auch die Berliner Verkehrsbetriebe standen bei ihren Kunden nicht im besten Licht. Genau deswegen starteten sie 2015 mit einer Image-Kampagne #weilwirdichlieben auf Twitter. Am 12. Januar 2015 twitterten sie unter *@BVG_Kampagne* zum ersten Mal: »Hallo Berlin! Wir eröffnen hiermit unseren #weilwirdichlieben-Account. Mit Herz und Hashtag. Einsteigen bitte!« Doch zunächst einmal erntete die BVG nur Häme und Spott für den Account. Das Hashtag #weilwirdichlieben entfaltete sein Kritikpotenzial im gesamten Social Web. Die Kampagne war für die Twitter-User nur ein Anlass, sich über überfüllte Busse, verpasste Anschlüsse, fehlende Aufzüge und zänkische Busfahrer zu beschweren. Ein Shitstorm, wie er im Buche steht (wir berichten übrigens ausführlich über Shitstorms in Kapitel 12, »Social Media Monitoring und Online Reputation Management«), rollte über die BVG hinweg. Und nicht nur das. Fast alle etablierten Medien und Online-Magazine berichteten schon 24 Stunden nach dem Kampagnenstart mit Negativschlagzeilen wie »Kampagne mit Stotterstart: #weilwirdichlieben: BVG erntet Häme« (BZ Berlin, 13.01.2015), »Twitter-Nutzer lästern über Berliner Verkehrsbetriebe« (RP Online, 13.01.2015) oder »#WeilWirDichLieben wird zum Kummerkasten der Berliner Verkehrsbetriebe« (Buzzfeed, 13.01.2015) über die Charmeoffensive der BVG.

Doch die BVG wären nicht die Berliner Verkehrsbetriebe, wenn sie damit nicht umgehen könnten. Sie waren auf den Shitstorm vorbereitet und hatten ihn von Anfang an einkalkuliert. Anstatt Beschwerden zu sammeln und Entschuldigungen auszusprechen, konterte die BVG mit Witz und bewies, dass Social Media auch Spaß machen können. Hier einige Beispiele vom Schlagabtausch zwischen BVG und seinen Followern:

- User *@JWendlinger*: »#gutenmorgen #berlin hier tauschen sich die Leute schon vor 8 über Methrezepte und Kokspreise aus. Informiert in den Tag. #weilwirdichlieben« / Antwort *@BVG_Kampagne*: »Wir nehmen ja nur 2,70 für einen Trip.«
- User *@MryiaJackalope*: »Kottbusser Tor. Übergang zur U1, zum Bus und zur offenen Heroindrogenszene Berlins. #weilwirdichlieben« / Antwort *@BVG_Kampagne*: »Wenn wir eine Patentlösung zum Drogenproblem haben, werden wir Politikberater. Bis dahin sind unser Job die U1 und der Bus.«

- User *@uwesinha*: »Ich wollte im U-Bhf. Mehringdamm einen lustigen #weilwirdichlieben–Tweet posten, hatte aber erst am Adenauerplatz wieder Netzempfang.« / Antwort *@BVG_Kampagne*: »Funklöcher, unsere Form der Kritikvermeidung.«
- User *@schmidtlepp*: »Kindergruppe, Promiansagen, es riecht nach Kot, neben mir ein Vater, der seinem Kind laut aus einem Pixibuch vorliest. #weilwirdichlieben« / Antwort *@BVG_Kampagne*: »Igitt: Kinder!«

Die BVG hat also von Anfang an Kritik einkalkuliert und es zugelassen, dass man ihnen widerspricht. Aber anstatt zu beschwichtigen und höflich Verständnis einzuwerben, antwortete die BVG mit Berliner Schnauze, eben genauso wie seine Fahrgäste, die bei Problemen kein Blatt vor den Mund nehmen. Für die BVG-Sprecherin Petra Reetz war eines klar: »Wir haben gesagt, wir haben nur eine Chance: Wir müssen so sein wie die da draußen.« Aus PR- und Marketingsicht war das die einzige Möglichkeit, aus der Abwärtsspirale von Kritik und Problemdiskussionen herauszukommen. Mit rauem Berliner Charme und einer klaren Botschaft rückt die BVG wieder näher an seine Fahrgäste heran. Die Antworten kann man auch so lesen: »Hey, wir sind nicht perfekt und bemühen uns, dass es besser wird, aber wir sind trotzdem deine BVG und auch ein bisschen dein Berlin. Darüber kannst du jetzt schimpfen, du kannst aber auch darüber lachen und dich mit uns darüber lustig machen.«

Abbildung 8.3 Die BVG traut sich Ironie zu – die Berliner lieben es. (Quelle: http://twitter.com/BVG_Kampagne/status/737286665576828929)

Der erste Wendepunkt der Kampagne kam dann am 20. März 2015 durch einen Beitrag in dem bekannten Blog »Schlecky Silberstein« mit der Headline »Top 9 BVG-Tweets – Social Media kann auch Spaß machen«, *www.schleckysilberstein.com/2015/03/top-9-bvg-tweets-social-media-kann-auch-spas-machen*, in dem der Autor die mutige Kommunikationsweise der BVG lobte. Mittlerweile hat die Kampagne mehrere Preise erhalten, z. B. den Deutschen Preis für Onlinekommunikation 2016. Neben der mutigen Kommunikation hat die BVG bei seiner Image-Kampagne ein paar weitere Sachen ganz richtig gemacht: Erstens hat sie die erste Negativ-Welle erfolgreich ausgesessen und ist nicht in Panik verfallen. Zweitens hat sich die BVG durch vorinstallierte Spezial-Accounts wie *@BVG_UBahn* oder *@BVG_Tram* rechtzeitig abgrenzen können und den Usern Hinweise geliefert, wo sie Antworten auf ihre konkreten Beschwerden erhalten. Drittens hat die Chefetage der BVG sie nach der Regel »Sage nichts, was du nicht selber hören könntest« machen lassen. Das ist sehr mutig und einmalig für Social-Media-Kommunikation. Auch in den Postings, die die BVG auf Twitter und in ihren Social-Media-Kanälen absetzt, nimmt sie sich selbst auf die Schippe. Berliner U-Bahnen sind ja bekanntlich überfüllt. Die BVG hat auch gleich die Lösung dafür (siehe Abbildung 8.3): »Übrigens: Wer keine Nachbarn mag, ist bei uns falsch.«

Best Practice: Allianz

Dass auch konservative Branchen, wie etwa die Versicherungsdienstleister, den Schritt in die unkonventionelle Echtzeitkommunikation wagen sollten, zeigt das Beispiel Allianz. Social Media Manager Markus Walter begann 2009 unter dem Channel *@allianz_de* zu twittern (siehe Abbildung 8.4).

Mit Twitter lassen sich laut Markus Walter für die Allianz folgende Ziele verfolgen und verwirklichen: 1. Monitoring, Dialog und Krisenkommunikation, 2. Imagebuilding, Networking und Trendscouting, 3. klassische Unternehmenskommunikation. Das gelinge, indem man neben dem aktiven Zuhören auch schnell sei, beweglich und immer up to date. Seiner Ansicht nach hat sich die Corporate-Kommunikationskultur bei der Allianz ganz maßgeblich aufgelockert.[4]

Das Beispiel zeigt, dass auch Finanzdienstleister den Dialog mit Kunden via Twitter suchen können. Mittlerweile hat die Allianz eine Vielzahl von Twitter-Kanälen für verschiedene Zwecke: *@Allianz_hilft* für Finanz- und Versicherungsfragen sowie Versicherungsinfos, das Allianz-Kundenmagazin *@1890allianz* usw.

4 PR Blogger, 2011: *http://pr-blogger.de/2011/02/07/markus-walter-8-social-media-management-by-allianz*

Abbildung 8.4 Finanz- und Versicherungsdienstleister wie die Allianz nutzen die Echtzeitkommunikation. (Quelle: http://twitter.com/allianz_de)

8.2.3 Informationen schnell und einfach verbreiten

Twitter ist ein Echtzeitmedium. Nachrichten, Inhalte und Links werden innerhalb kürzester Zeit breit gestreut – vorausgesetzt, es handelt sich um eine Information, die für die breite Masse interessant ist. Das ist insbesondere für Ihre Krisenkommunikation wichtig, wenn es gilt, schnell, direkt und konkret zu einem Vorwurf Stellung zu beziehen. Auf Twitter werden viele Inhalte mittels *Retweet* einfach weitergeleitet.

Gerade Medienhäuser und Blogger können durch ihre Reichweite Informationen oft schneller und breiter streuen als sie selbst oder Ihre PR-Abteilung. Beispielsweise stammten die beliebtesten Tweets zum Spiel der Deutschen Nationalmannschaft gegen Schweden (#GERSWE) von der FAZ und der BILD. Wichtig ist es dennoch, dass Sie diese Informationen bereitstellen, ob auf Ihrer Website oder in Social Media.

8.2.4 Wertvolles Feedback zu Produkten

Durch die Beschränkung auf 280 Zeichen sind Twitter-Beiträge kurz und prägnant, und so sind auch die Beiträge und Kommentare der User. Durchaus unverblümt und direkt werden positive wie negative Erlebnisse, Erfahrungen und Meinungen kommuniziert. Twitter verhilft Ihnen zu einem schnellen und breiten Überblick über das Feedback zu bestimmten Produkten oder zu Ihrem Unternehmen. Sie müssen nur die Scheu davor verlieren, sich dem Feedback zu stellen. Es ist so oder so in der Welt, auch wenn Sie es nicht möchten oder versuchen, es zu ignorieren. Besser ist es, wenn Sie Feedback proaktiv einfordern und nutzen.

Best Practice: dm alverde auf Twitter

alverde ist die Eigenmarke des Drogeriemarktes dm für den Bereich Naturkosmetik. Unter *www.twitter.com/dm_alverde* kommuniziert alverdes Produktmanagerin Helena direkt aus der dm-Zentrale (siehe Abbildung 8.5). Die Nutzer wissen also, wer die Inhalte postet, und können mit ihr direkt in Kontakt treten. alverde spiegelt auf Twitter mehr oder weniger seinen Instagram- und Facebook-Content (kein eigener Twitter-Content) und führt Gewinnspiele durch. Es werden aber auch Kundenwünsche diskutiert, Veranstaltungen angekündigt, und es wird über neue Produkte informiert. Die Meinungen sind nicht immer positiv. Manchmal sind Kunden enttäuscht, weil Produkte aus dem Sortiment genommen wurden. alverde bietet in diesem Fall alternative Produkte an oder verweist auf Produktinnovationen.

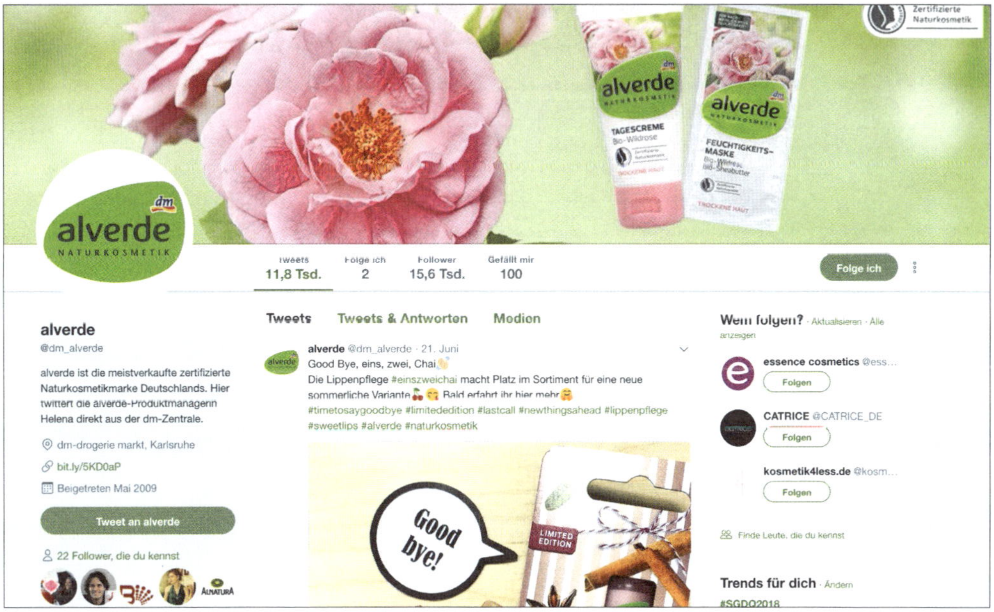

Abbildung 8.5 Der Twitter-Kanal von alverde (Quelle: http://twitter.com/dm_alverde)

8.2.5 Kundensupport durch Expertenstatus

Der Kundensupport wird üblicherweise via E-Mail und Telefon gewährleistet. In Twitter sind Support und Beratung öffentlich. Das hilft Ihnen, Ihr Expertenwissen zu kommunizieren. Das ist im Social Web wichtig, denn Sie konkurrieren hier nicht nur mit Ihren Wettbewerbern, sondern auch mit den Meinungsführern und Influencern, die Ihre Produkte im Social Web bewerten und weiterempfehlen. Nur durch einen ausgezeichneten Kundensupport und News vom Experten können Sie dem entgegenwirken. Dafür müssen Sie aber in einen wertschätzenden und aufmerksamen Kontakt mit Ihren Kunden treten.

Mit ihrem Twitter-Support versucht auch die Deutsche Telekom, Hilfestellung für ein breites Produktspektrum zu geben und Fragen der Kunden in Echtzeit zu beantworten (siehe Abbildung 8.6). Im Minutentakt twittern die Telekom-Mitarbeiter via *@telekom_hilft*, *http://twitter.com/telekom_hilft*, und beantworten Fragen zu DSL-Geschwindigkeiten, Online-Services sowie Telekom-Tarifen und Verträgen.

Abbildung 8.6 Die Telekom hilft und ihre Twitter-Gemeinde (Quelle: http://twitter.com/Telekom_hilft)

Twitter-Fake @telekom_hilft

Trotz der Twitter-Hilfe muss die Telekom mit Kritik zurechtkommen. Ein User hat sich 2011 den Spaß gemacht, über den Account *@telekom_hiIft* Servicelücken der Telekom zu parodieren. Entdecken Sie den »Schönheitsfehler« dieses Accounts? Anstelle des kleinen »l« in »hilft« setzte der User ein großes »I«, und schon war der Fake-Account perfekt. Auf die Frage eines Kunden: »Kann man in Ihrem Shop auch WLAN-Kabel kaufen?«, antwortete der Fake-Account beispielsweise: »Sind Sie bescheuert? ^nm.« Das Namenskürzel »nm« gab dem Fake-Account noch zusätzliche Autorität. Lange hat der Spaß natürlich nicht angehalten. Die Telekom ließ den Account sperren.

Rechtstipp von Sven Hörnich: Was können Sie tun, wenn Ihr Twitter-Account gefakt wird?

Im Fall von Fake-Accounts sind nach deutschem Recht einerseits die originären Namens- und/oder Markeninhaber betroffen und andererseits auch Dritte, die das Angebot für echt halten. Die Fallgestaltungen gehen über das Telekom-Beispiel weit hinaus. So sind in meiner beruflichen Praxis auch Fake-Accounts von Schauspielern, Musikstars und -sternchen in diversen Social Communitys ein Thema, die dort fleißig Fans und von diesen wiederum Daten sammeln. Die Frage aus Sicht der »Parodierten« ist zunächst, in welche Rechtsposition eingegriffen wird. Markenrechte und/oder Unternehmenskennzeichen greifen regelmäßig nur bei Handeln im geschäftlichen Verkehr und bei Verwechslungsgefahr (§ 14 Markengesetz – MarkenG).

Aber Vorsicht an Nachahmer: Geschäftliches Handeln kann schon durch ein paar Werbebanner auf der sonst »ach so privaten Website« vorliegen. Einer Verwechslungsgefahr bedarf es nicht bei sogenannten bekannten Marken (z. B. Marken diverser Koffeingetränke). Wenn das Markenrecht nicht greift, ist vielleicht § 12 Bürgerliches Gesetzbuch (BGB) einschlägig, der die unbefugte Namensanmaßung verbietet. Aus Sicht der »Abnehmer« wiederum kann sich je nach Fallgestaltung ebenfalls ein Anspruch ergeben, so beispielsweise wegen Betrugs, soweit der Adressat im Glauben, es mit einem Popstar zu tun zu haben, Vermögensdispositionen traf. Im vorstehenden Beispiel lag das Problem bzw. der Fehler des Nachahmers übrigens vor allem darin, dass der Name tatsächlich sehr leicht verwechselt werden konnte. Hätte der Nachahmer einen stärkeren Abstand zum Telekom-Zeichen gesucht, wäre sein Handeln marken- bzw. namensrechtlich vielleicht eher von der Kunstfreiheit gedeckt und damit »unantastbar« geworden. Von einer direkten Übernahme der Originaltexte bzw. deren Bearbeitung wäre dann aber noch immer im Hinblick auf ein mögliches Urheberrecht an dem Text abzuraten gewesen.

Best Practice: Twitter-Support von Microsoft

Microsoft betreibt über Twitter einen erfolgreichen Support-Kanal für die Spielkonsole Xbox (siehe Abbildung 8.7). Ein eigenes Team scannt das Web und vor allem Twitter mittels Monitoring-Tools auf Erwähnungen diverser Keywords rund um das Produkt ab. Sie reagieren proaktiv, wenn ein User ein Problem oder eine Frage in seinem eigenen Profil postet, sprechen den User direkt auf Twitter an und bieten Hilfe.

Die User reagieren positiv überrascht und sind zufrieden mit diesem Support. Auf *http://twitter.com/xboxsupport* vereint das Team mittlerweile über 1,1 Mio. Follower (Stand: Juni 2018). Microsoft ist sich sicher, dass Supportanfragen via Telefon oder E-Mail damit proaktiv vorweggenommen und verhindert werden können und dass die Zufriedenheit dieser Kunden besonders hoch ist.

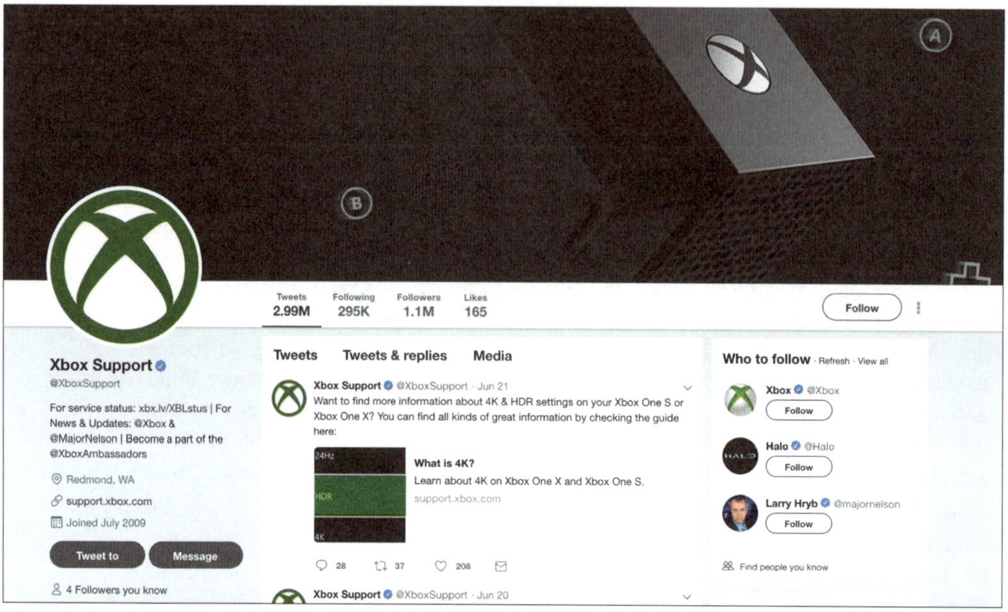

Abbildung 8.7 Bei Fragen rund um das Produkt Xbox ist @XboxSupport die erste Anlaufstelle für Twitter-affine Kunden. (Quelle: http://twitter.com/xboxsupport)

8.2.6 Den neuesten Wissensstand zu einem Themengebiet erfahren

Wenn Sie sich in ein neues Thema einlesen möchten, ist Twitter das ideale Medium dafür. Sie müssen nur den richtigen Twitter-Usern folgen, die viel zum gewünschten Thema kommunizieren und sich selbst als Experten zu diesem Thema profilieren möchten. Diese User versuchen, so viele relevante Informationen und Links wie möglich zu twittern. So können Sie es sich in Zukunft sparen, lange Wege zu Veranstaltungen auf sich zu nehmen, vorausgesetzt, das Publikum vor Ort twittert. Beispielsweise wird jedes Jahr breit und ausgiebig von der »DLD Conference« getwittert. Sie müssen aber gar nicht zwingend vor Ort dabei sein, um interessante Inhalte dieser renommierten Konferenz mitzubekommen. Über die Twitter-Suche können Sie sich ganz einfach alle aktuellen Nachrichten über die Konferenz mit dem Hashtag #DLD anzeigen lassen, so das tagesaktuelle Geschehen mitverfolgen und am Ende sogar Zusammenfassungen lesen.

8.2.7 Die Konkurrenz beobachten

Sie sind auf Twitter transparent, und so ist es auch Ihre Konkurrenz. Über Twitter können Sie schneller neue Branchentrends mitbekommen. Sie können das Kundenfeedback verfolgen, das Ihre Konkurrenz erhält, und dadurch auch Ihre eigene Produktentwicklung vorantreiben und auf konkrete Wünsche in Ihrer Branche reagieren.

8.3 Was passiert, wenn Sie Twitter ignorieren?

Ebenso wie in Facebook werden auch in Twitter immer wieder Markenpräsenzen von Markenfans initiiert. Im Juni 2009 hatten Marco Bereth und Michael Umlandt einen Twitter-Account für das ZDF gestartet. Der damalige Account *@zdfonline* wurde von den beiden Hobbyjournalisten mit News gefüttert und galt fast 2 Jahre vermeintlich als offizieller Twitter-Auftritt des Fernsehsenders. Durch ihren offiziellen Status konnten sie sich sogar das Twitter-Konto *@zdfneo* sichern, das lange Zeit ebenfalls von einem »Fake-Twitterer« befüllt worden war. Mit wachsender Follower-Anzahl stieg aber auch das Risiko, das ZDF könnte dahinterkommen und sie abmahnen. Deshalb informierten die beiden die Fernsehzentrale, und im April 2011 kam es zu einem Treffen, bei dem das ZDF ausgesprochen entspannt reagierte und den beiden Botschaftern direkt einen Job in der Firmenzentrale in Mainz anbot. Daraufhin durften die beiden Fans offiziell unter *@ZDF* twittern, *http://twitter.com/ZDF*. Das ZDF hat in dieser Sache vorbildlich reagiert und sofort erkannt, dass es sich lohnt, das Engagement von Markenfans zu belohnen, denn eines ist sicher: Dadurch hat das ZDF die besten Markenbotschafter, die es in Deutschland für den Sender gibt, gewonnen.

Rechtstipp von Sven Hörnich: Wer ist hier im Recht?
Nach deutschem Recht das ZDF!

Es lag nach hier vertretener Auffassung sogar ein Handeln im geschäftlichen Verkehr vor, was zur Anwendbarkeit des Markenrechts führte. Unabhängig davon, dass »ZDF« als Marke bekannt ist (§ 14 Abs. 2 Ziffer 3 MarkenG) lag zudem zwischen den Dienstleistungen Verwechslungsgefahr vor (§ 14 Abs. 2 Ziffer 2 MarkenG). Dieses Vorgehen ist damit keinesfalls zur Nachahmung empfohlen, da je nach Fallgestaltung auch eine Strafbarkeit im Raum steht (§ 143 MarkenG). Selbst bei rein »privaten« Accounts bzw. privater Nutzung derartiger Zeichen wäre das ZDF durch das Namensrecht gemäß § 12 BGB geschützt.

Die Journalisten hatten damit in rechtlicher Hinsicht eine gehörige Portion Glück und reihen sich ein in Überlieferungen der Medienwelt, wie diejenige eines vormaligen Chefs eines holländischen Piratenfunks, dessen Programm schlicht so gut war, dass man ihn – statt einer Verfolgung – als Mitarbeiter einstellte.

8.4 Die Funktionsweise von Twitter

Twitter ist also ein Microblogging-Dienst. Statt eines Blogs bzw. eines Blogbeitrags werden in Twitter nur Kurznachrichten mit 280 Zeichen verfasst. Sie können die Kurznachrichten anderer Personen abonnieren, die öffentlich sichtbar sind. Twitter ist eigentlich kein klassisches soziales Netzwerk und bezeichnet sich auch nicht als solches, aber es entwickelt sich in diese Richtung. Das zeigen auch das neue Design und die erweiterten Funktionalitäten.

Rechtstipp von Sven Hörnich: Achten Sie in besonderem Maße auf die Rechtmäßigkeit der Ihrerseits hier bereitgestellten Inhalte

Twitter ist in besonderem Maße auf das »Teilen« von Inhalten angelegt. Dies ist marketingtechnisch sinnvoll, aber birgt besondere Risiken für den Fall, dass einmal Inhalte rechtswidrig verwertet wurden. Nach der Rechtsprechung des (dt.) Bundesgerichtshofes beinhaltet eine sogenannte Unterlassungsverpflichtung (eine rechtswidrige Handlung erneut zu begehen) regelmäßig auch die Pflicht, einen anhaltenden und zurechenbaren rechtswidrigen Zustand zu beseitigen. Während eine Werbebroschüre aber eingestampft oder ein Radio- bzw. TV-Werbeclip zurückgezogen werden kann, ist dies bei Werbung über soziale Netzwerke regelmäßig nicht so einfach. Daher sollten auch etwaig genutzte Inhalte vorab einer besonderen Prüfung unterzogen werden.

- *Tweet:* Beginnen wir mit der Essenz von Twitter, dem Tweet. Dieser darf seit November 2017 280 Zeichen statt bisher 140 Zeichen lang sein.
- *Stream/Timeline:* Als Stream oder Timeline bezeichnet man den Nachrichtenstrom eines Twitter-Users. Im Stream werden alle Ihre Statusmeldungen veröffentlicht. Den Stream eines Users (Name des Twitter-Accounts) erreichen Sie immer unter der URL *http://twitter.com/USERNAME*.
- *Bio (Biografie):* In der Bio erläutern Sie, worüber Sie schreiben und wer schreibt. Bei Corporate-Twitter-Accounts werden die Namen abgekürzt. Als Kürzel verwendet man z. B. »^AG«, #AG oder »/AG« für Anne Grabs. Bei der Deutschen Bahn, *http://twitter.com/db_bahn*, nutzt man die ersten beiden Buchstaben des Vornamens und kürzt z. B. Simon mit »/si« ab.
- *Follower:* Follower sind die Personen, die Ihre Nachrichten (Ihren Twitter-Account) abonniert haben. Wenn Sie etwas auf Twitter veröffentlichen, sehen das Ihre Follower in ihrem Stream.
- *Following:* Unter Following sind die Personen angegeben, denen Sie folgen, d. h. deren Nachrichten Sie abonniert haben. Indem Sie unter dem Profilbild eines Users auf FOLLOW klicken, folgen Sie dem Nachrichtenstrom des Nutzers.
- *Tweeps oder Tweeple:* Tweeps ist eine Abkürzung für Twitterer, also die Nutzer in Twitter. Tweeple setzt sich aus Twitter und People zusammen.
- *Links:* Seit Mai 2016 werden Links und Bilder in Twitter nicht mehr als Zeichen gezählt und nehmen somit keinen Platz mehr weg. Sie können also einfach Ihre eigenen Links posten. Wenn Sie dennoch wissen wollen, wie oft Ihr Link geklickt wurde, und keine Zeit haben, eine Tracking-URL zu erstellen, lohnt es sich, mit einem Linkverkürzer wie bit.ly oder ow.ly von Hootsuite zu arbeiten.
- *Direct Message (private Nachrichten):* Mit der Funktion Direct Message (DM) können Sie Nachrichten privat an einen Follower senden. Direct Messages sind nicht öffentlich einsehbar (im Gegensatz zu *@Replies*).

- *Retweet (RT):* Retweeten bedeutet, eine Twitter-Meldung zu zitieren. Sie twittern die Meldung eines anderen Users mit Quellenangabe noch einmal, d. h., Sie geben sie an Ihre Follower weiter.
- *Mentions (@-Erwähnungen):* Wenn Sie von einem Twitterer öffentlich mittels @-Funktion angeschrieben werden, zeigt Ihnen Twitter das unter den *Erwähnungen* an. Wurde einer Ihrer Tweets zitiert bzw. retweetet, zeigt Ihnen das Twitter ebenfalls in dieser Liste an. Mentions werden auch als Erfolgskriterium genutzt, um herauszufinden, ob die eigenen Tweets es wert waren, erneut gesendet zu werden.
- *#Hashtag:* Hashtags sind eine der wichtigsten Funktionen auf Twitter. Tweets werden mit Hashtags bestimmten Themen zugeordnet und sorgen für Orientierung im Netzwerk. Hashtags werden mit dem Rautezeichen (#) kenntlich gemacht. Wenn Sie in Twitter erfolgreich sein wollen, müssen Sie Hashtags verwenden. Bei der Auswahl der richtigen Hashtags helfen Tools wie RiteTag, *http://ritetag.com*, oder Hashtagify.me, *http://hashtagify.me*. Häufig sind gewisse Hashtags bereits etabliert, wie beispielsweise das Hashtag #fail für Fehler an einem Produkt, beim Service usw.
- *Listen:* Mittels Listen können Sie Ihre Follower Gruppen zuordnen. Sie können selbst Listen erstellen oder anderen Listen folgen. Von vielen Twitterern werden Listen dazu genutzt, die für sie nicht relevanten Follows herauszufiltern. Listen können entweder privat oder öffentlich zugänglich sein. Sie können beispielsweise eine Liste empfehlenswerter Twitterer zu einem bestimmten Thema zusammenstellen. Ein Beispiel für eine öffentlich geteilte Liste ist jene der auf Twitter aktiven EU-Parlamentarier: *http://twitter.com/Europarl_EN/lists/all-meps-on-twitter*.
- *Search:* Mit der Twitter-Suche können Sie sowohl nach Twitter-Accounts (thematisch oder direkt nach User) als auch nach Themen, Branchen oder Konkurrenten suchen. Mit der erweiterten Suche können Sie auch nach Sentiments (positiven wie negativen) zu Begriffen suchen: *https://twitter.com/search-advanced*.

Tipp: Hashtags könnten missbraucht werden

Einige Unternehmen, die versuchten, Hashtags in Form gezielter PR-Kampagnen einzusetzen, scheiterten an konzeptionellen Fehlern, dem eigenen Imageproblem oder dem Hohn der Community. Beispiel: McDonald's USA wollte die Twitter-Community auffordern, positive Erlebnisse mit McDonalds' unter dem Hashtag #MCDStories zu twittern. Doch viele User nutzten die Gelegenheit, negative Erfahrungen mit dem Unternehmen oder Negativpresse rund um die Konzernpraktiken öffentlich anzuprangern.[5]

5 *http://mashable.com/2013/10/19/hijacked-hashtags*

8.5 Wie kommt man ins Gespräch mit 280 Zeichen?

Die Kommunikation in Twitter ist so unterschiedlich wie die Menschen selbst. Einige nutzen es zum Plaudern mit Gleichgesinnten. Die meisten beziehen hier ihre Nachrichten, da auf Twitter immer die neuesten Nachrichten stehen. Damit Sie die neuesten Nachrichten erhalten, müssen Sie den richtigen Twitterern folgen. Die Twitter-Meldungen gelangen immer ungefiltert in Ihren Nachrichtenstrom. Das mag auch einer der Gründe sein, warum Twitter zu Beginn etwas unübersichtlich wirkt. Jeder User folgt unterschiedlichen Accounts und schafft sich so seine eigene Sprechblase.

8.5.1 Folgen Sie den richtigen Twitterern

Twitter ist erst ab 80 bis 100 abonnierten Twitter-Accounts sinnvoll. Und es macht nur Spaß, wenn Sie den richtigen Twitterern folgen. Auf *http://twitter.com/who_to_follow* werden Ihnen ein paar Twitterer empfohlen. Sie können nach Interessen und Themen (Musik, Unterhaltung, Sport, Lustiges) wählen. Twitter listet die bekanntesten Twitterer in diesen Kategorien auf. Neben den Vorschlägen von Twitter können Sie aber auch bei anderen Twitter-Usern nachsehen, wem diese folgen. Gerade wenn Sie einem wichtigen Journalisten folgen, finden sich in seiner Follower-Liste bestimmt weitere interessante Persönlichkeiten.

Wenn Ihnen gefolgt wird, d. h. Sie neue Follower haben, prüfen Sie, ob der Twitter-Account Interessantes für Sie bereithält. Meistens sind es die gleichen Themen oder ist es die gleiche Branche, die Sie mit einem anderen Twitterer verbindet. Bedanken Sie sich gerade zu Beginn bei neuen Followern. Twitter-Trends und Twitter-Charts eignen sich auch, um zu erfahren, welche Twitterer und welche Tweets besonders gern gelesen werden. Twitter-Trends finden Sie auf *http://twitter.com/i/discover*.

Tipp: Twitter-Ranking deutscher Marken

Auf der Website von Stefan Borchert, *www.stefan-borchert.de/index.php?section=service_twittermarken_follower*, finden Sie ein aktuelles Ranking von deutschsprachigen Marken auf Twitter.

8.5.2 Follower zu sein, ist unverbindlich

Twitter ist unverbindlicher als Facebook, was die Beziehungen zwischen den Usern angeht. Sie können heute jemandem folgen (»followen«, seine Inhalte abonnieren) und morgen seine Twitter-Inhalte wieder abbestellen (»entfolgen« oder »unfollow«). Sie folgen meist unbekannten Personen, weshalb Sie erst testen müssen, ob die Informationen des Users Sie wirklich interessieren. Jeder User hat eigene Themen und eine eigene Schreibweise. Deshalb eignet sich Twitter besonders, die eigene Expertise auf einem Gebiet darzustellen. Pro Statusmeldung müssen Sie sich auf 280 Zeichen beschränken. Da bleibt nicht viel Platz. In Sachen Unternehmenskommunikation stellt das eine große Herausforderung dar.

8.5.3 Machen Sie Twitter zur Chefsache – oder lassen Sie es

»Dax-Chefs sind Social-Media-Muffel« – so titelte das Handelsblatt im Februar 2018. Die einzigen Ausnahmen sind in Deutschland derzeit SAP-Chef McDermott und Daimler-Chef Zetsche, wobei Zetsche nicht direkt twittert, sondern auf LinkedIn unterwegs ist. Bill McDermott (*@BillRMcDermott*) ist einer der wenigen CEOs eines großen deutschen Unternehmens, der diese persönliche Ansprache auf Twitter beherrscht und einsetzt, und das mit Erfolg (41.000 Follower). Warum halten sich so viele deutsche Firmenchefs in Twitter & Co. zurück? Wahrscheinlich liegt es daran, dass es noch immer Unsicherheiten und viele unbeantwortete Fragen im Umgang mit Social Media gibt. Doch in Social Media präsent zu sein, ist genauso wichtig wie die eigene Visitenkarte im Portemonnaie. Dass sich der Weg ins Social Web für Unternehmer und CEOs lohnt, zeigen nicht nur die weltweit bekannten Beispiele von Elon Musk (*@elonmusk*, 22 Mio. Follower) und dem T-Mobile-USA-Chef John Legere (*@johnlegere*, 5,7 Mio. Follower), sondern auch deutsche Gründerinnen, wie z. B. Julia Boesch (*@julia_b0sch*, Gründerin von Outfittery), Verena Pausder (*@VerenaDE*, Gründerin von Fox&Sheep und HABAdigital, siehe Abbildung 8.8) oder Verena Hubertz (*@verenahubertz*, Gründerin von Kitchen Stories).

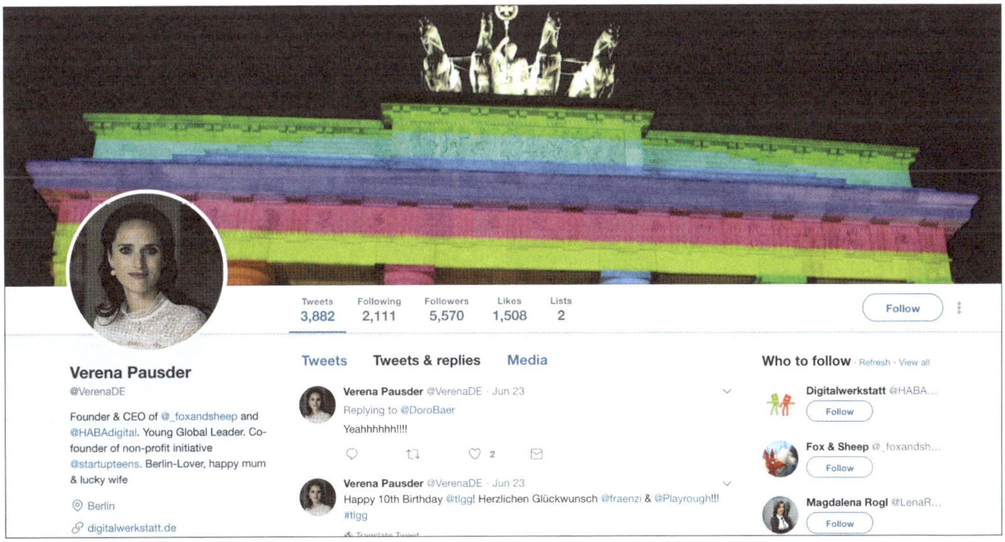

Abbildung 8.8 Gründerinnen wie Verena Pausder machen vor, wie sich Twitter für das eigene Agenda-Setting nutzen lässt. (Quelle: http://twitter.com/VerenaDE)

Folgen Sie diesen Beispielen von Unternehmern und Gründerinnen. Allerdings gibt es eine Bedingung: Sie müssen selbst twittern oder zumindest die Mechanik verstehen und klare Statements für Twitter formulieren können. Denn nur durch den täglichen Austausch mit den Followern wissen Sie, wie Sie auf Nachrichten, Retweets, Lob und Kritik reagieren müssen.

8.5.4 Was twittern?

Sollen Sie persönliche Befindlichkeiten oder seriöse Statusmeldungen twittern? Weder das eine noch das andere ist zu 100 % richtig. Twitter lebt von interessanten Nachrichten in Echtzeit und Inhalten von Mensch zu Mensch, nicht von Inhalten, die Medienmacher produzieren. Twitter ist der richtige Ort, um seine persönliche Meinung zu Politik, Wirtschaft usw. kundzutun, aber das muss natürlich in einem gewissen Rahmen passieren, ohne zu beleidigen oder Ähnliches. Emotionale und zu private Tweets, wie z. B. Äußerungen über Mitarbeiter, sind natürlich nicht angebracht und schaden allenfalls Ihrem Online-Ruf.

Gleichzeitig ist Twitter nicht die Verlängerung Ihrer PR-Abteilung. Mit ausschließlich kühlen PR-Antworten werden Sie bei den Usern nicht landen können, denn Ihre Kunden setzen voraus, dass sie in Twitter individuell behandelt werden. Erzählen Sie von Ihrem Alltag als Geschäftsführer, Marketing- oder Produktionsleiter. Lassen Sie die User teilhaben an den Geschehnissen in Ihrem Unternehmen. Antworten Sie anderen Usern auf deren Meldungen. Zitieren Sie spannende Beiträge anderer User (Retweet). Posten Sie Links zu Themen, über die Sie sich gerade informieren. Kündigen Sie auf Twitter Facebook-Einträge, Blogbeiträge, Pressemitteilungen und Neuigkeiten über Ihre Website mit dem entsprechenden Link an. Wenn Sie ein neues Video oder Foto hochgeladen haben, schicken Sie einen Link auf Twitter raus (Facebook, YouTube, Flickr usw. ermöglichen automatische Verknüpfungen zu Twitter).

Teilen Sie Ihre Tipps und Tricks zu Produkten mit. Stellen Sie Fragen, oder machen Sie direkt eine Umfrage mit Twtpoll, *http://twtpoll.com*. Das Gleiche gilt für Ihre Mitarbeiter. Geben Sie Ihren Angestellten die Möglichkeit, Geschichten aus dem Alltag des Unternehmens zu erzählen. Beispielsweise könnte der Praktikant von seinen ersten Erfahrungen im Unternehmen berichten. Oder der Marketingassistent schreibt, dass er auf dem Weg zum Fototermin für die neue Produktkampagne ist. Wichtig ist immer, den Usern etwas Spannendes mitzuteilen, was sie dazu einlädt, Ihren Stream weiter zu verfolgen und Ihre Tweets weiterzuleiten (retweeten). Natürlich müssen alle Nachrichten immer im Einklang mit der Wahrung von Firmengeheimnissen, insbesondere im Hinblick auf die Konkurrenz, veröffentlicht werden. Das muss vorab in einer Twitter-Schulung und im Redaktionsplan geregelt sein.

Best Practice: World Economic Forum

Ein gutes Beispiel, wie man Twitter im Team kontinuierlich als Themenkanal und zur Öffentlichkeitsarbeit nutzen kann, ist der Twitter-Account des World Economic Forums (WEF) in Davos (Schweiz). Auf *http://twitter.com/DAVOS* stehen insgesamt fünf Mitarbeiter zur Verfügung, um Fragen zu beantworten, interessante Tweets weiterzuleiten und einen Überblick über relevante Themen und Diskussionen zu bieten (siehe Abbildung 8.9). Mit immerhin 588.000 Followern gibt es hier ein breites Publikum und eine beachtliche Reichweite für das Pressebüro des WEF.

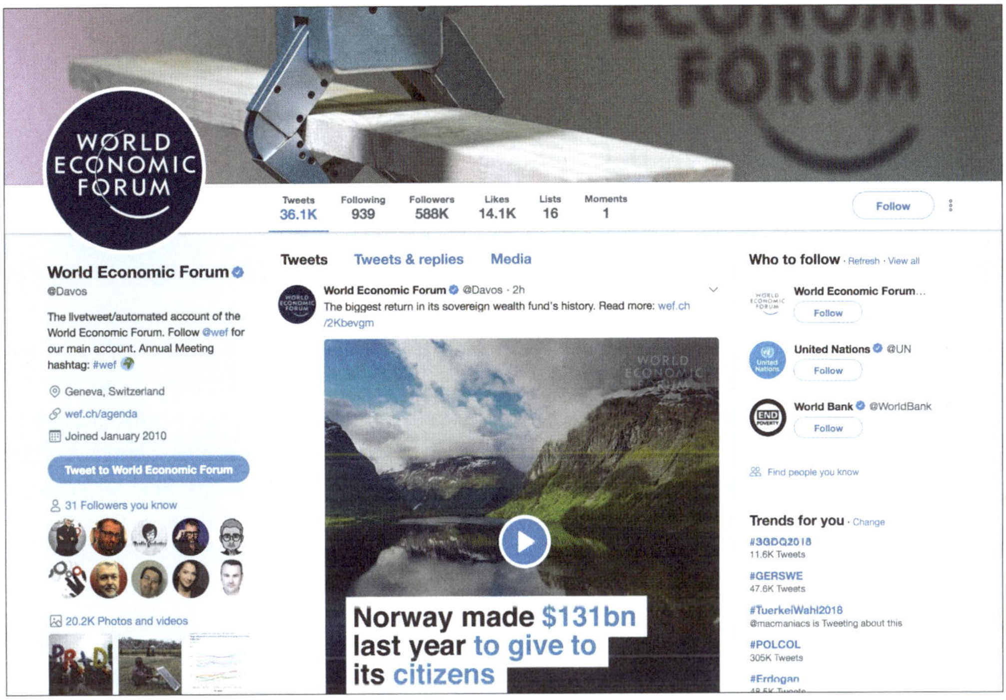

Abbildung 8.9 Twitter-Account des WEF (Quelle: http://twitter.com/DAVOS)

8.5.5 Hilfreiche Twitter-Tipps für den Anfang

Ihren ersten Tweet sollten Sie am besten jetzt senden. Jetzt. Wirklich jetzt. Manche Unternehmen tun sich schwer damit. Aber scheuen Sie sich nicht davor. Schon bald werden Sie das Echo Ihrer Follower vernehmen, und es wird Ihnen richtig Freude bereiten!

- Formulieren Sie die ersten Wörter aussagekräftig.
- Schreiben Sie maximal 100 Zeichen, damit Ihre Tweets auch noch von anderen einfach retweetet werden können.

- Nutzen Sie Linkverkürzer, um die Linkklicks zu messen.
- Verwenden Sie kurze, prägnante Infos (keine Füllwörter).
- Schreiben Sie neue Follower direkt und persönlich an (keine automatischen Messages!).
- Senden Sie, wenn möglich, einen direkten Link zum Artikel.
- Retweeten Sie interessante Infos anderer User, Branchenmeldungen und News, aber nicht in Dauerschleife.
- Verwenden Sie Hashtags, das erleichtert die Kategorisierung, allerdings maximal zwei Hashtags pro Tweet.
- Reichern Sie Ihre Tweets mit Imagelinks an.

8.5.6 Twitter im Unternehmen – wer darf twittern und wer nicht?

Im Grunde ist das keine Frage des Dürfens, denn mitunter tun es Ihre Mitarbeiter längst. Aber wenn alle Ihre Angestellten außer Ihnen privat wie auch beruflich twittern, gehen Sie als Chef unter. Die goldene Regel der Social-Media-Kommunikation – Authentizität – gilt besonders in Twitter. Sie überzeugen in Twitter, wenn Sie als Chef selbst kommunizieren und dabei auch Ihre Mitarbeiter zu Wort kommen lassen. Dafür eignet sich besonders ein *Corporate-Twitter-Account*. Dass Twitter zwar als Spielerei daherkommt, im wirtschaftlichen Sinn aber purer Ernst ist, haben unsere Beispiele von Reputationsschäden eingangs schon gezeigt. Damit Twitter professionell genutzt wird, müssen alle im Unternehmen betroffenen Mitarbeiter entsprechend geschult werden. Dabei können folgende Fragen auftauchen:

- Was schreibe ich wann und in welcher Art und Weise?
- Wie verhalte ich mich bei einem negativen Kommentar?
- Wie gehe ich mit einer Serviceanfrage um, wenn ich sie nicht direkt beantworten kann?
- Wie generiere ich Follower?
- Wie trete ich mit potenziellen Kunden in Kontakt?

Mit einer Twitter-Schulung können Sie unterschiedliche Szenarien durchspielen und Lösungen für Kompetenzprobleme finden. Es ist wichtig, das gesamte Unternehmen über die Social-Media-Aktivitäten in Twitter aufzuklären. Da Sie immer wieder Inhalte von verschiedenen Abteilungen benötigen, genügt es nicht, nur das Marketing einzubinden, stattdessen müssen alle Abteilungen mit einbezogen werden. Ein fundierter Redaktionsplan nimmt für Sie die gröbsten Hürden in Twitter. Da es hier um hochaktuelle Echtzeitkommunikation geht, müssen Sie bereits im Vorhinein die internen Kommunikationswege klären und das Krisenverhalten definieren.

8.5.7 Unterwegs twittern

Echtzeitkommunikation funktioniert am leichtesten, wenn Sie gerade unterwegs sind. Sie fahren gerade Taxi oder sitzen in der U-Bahn? Sie warten auf den nächsten Flieger? Sie befinden sich auf der Fahrt zu einer Konferenz? In den Momenten, in denen Sie gerade warten oder nichts zu tun haben, können Sie Twitter sinnvoll nutzen. Teilen Sie anderen Twitterern mit, was Ihnen unterwegs auffällt. Retweeten Sie interessante Tweets, die Sie gelesen haben.

Die Twitter-App selbst ist sowohl auf iPhone, Android, BlackBerry und Windows Phone als auch auf Tablets verfügbar. Darüber hinaus sind die meisten Twitter-Apps wie Hootsuite, Echofon und Tweetdeck auf dem iPhone und auf Android-Smartphones verfügbar. Wenn all das nicht geht, können Sie immer noch unter *http://m.twitter.com* von unterwegs twittern.

8.6 Wie Sie Ihren Twitter-Account gestalten

Sie können Ihren Twitter-Account grafisch an Ihr Firmendesign anpassen. Das gewährleistet einen hohen Wiedererkennungswert Ihrer Website auf dem Twitter-Konto und verhindert etwaige Verwechslungen. Mit einem attraktiven und aussagekräftigen Headerbild können Sie dem User signalisieren, dass er hier richtig ist. Dazu bietet es sich an, die verschiedenen Autoren, die den Account betreuen, ebenfalls im Headerbild mit Foto, Name und Kürzel vorzustellen, so wie es die Deutsche Bahn und viele andere bereits machen. Achten Sie darauf, dass das Profilbild aussagekräftig und nicht verpixelt ist.

Tipp: Gewünschter Twitter-Account schon vergeben?

Für den Fall, dass der gewünschte Twitter-Name schon vergeben ist, weil eine andere Person diesen bereits reserviert hat, ihn aber brachliegen lässt: Twitter hat bereits mehrfach angekündigt, Accounts mit mehr als 6 Monaten Inaktivität auf Anfrage wieder zur Registrierung freizugeben. Sie können über das Supportformular auch Markenrechtsansprüche geltend machen: *http://support.twitter.com/forms*. Gehen Sie diesen Weg allerdings erst dann, wenn Kontaktversuche oder Übernahmegespräche mit dem bisherigen Inhaber des Twitter-Accounts erfolglos waren.

Um Twitter sinnvoll nutzen zu können, empfiehlt es sich, mit Listen zu arbeiten, aber noch viel besser ist es, eine geeignete Software zu verwenden. Insbesondere benötigen Sie eine Software, die es ermöglicht, Filter für bestimmte Keywords (eigener Firmen- oder Produktname, Konkurrenz, Branche) anzulegen. Dann werden Ihnen Tweets von den Usern angezeigt, die zu dem gesuchten Keyword geschrieben haben. Sie können zwar auch über *www.twitter.com* Suchen speichern und aufrufen, allerdings ist dies weniger übersichtlich. Viel einfacher ist es für Sie, wenn Ihnen die Filter nebeneinander aufgelistet werden. Twitter-Filter sind sehr nützlich, um Zeit zu sparen. Sie lesen dann einfach nur die Tweets unter dem entsprechenden Keyword und ersparen es sich, alle Tweets der Accounts zu durchsuchen, denen Sie folgen. Dann wird Twitter nicht zur Überforderung, sondern Sie können sich ganz einfach und zielgerichtet mit Twitter beschäftigen. Zwei Twitter-Anwendungen, die Filter, zeitversetztes Twittern, Linkverkürzung und die Verknüpfung mehrerer Social-Media-Konten (Facebook, Blog, LinkedIn) ermöglichen, seien an dieser Stelle erwähnt: Hootsuite und TweetDeck. Uns persönlich und vielen unserer Kollegen gefällt Hootsuite am besten, deshalb möchten wir Ihnen nun die unternehmerische Nutzung von Hootsuite im Detail veranschaulichen.

8.6.1 Hootsuite

Hootsuite ist eine webbasierte Anwendung. Das bedeutet, Sie müssen nur die Website *www.hootsuite.com* aufrufen, sich anmelden und können die Anwendung von jedem Computer aus nutzen. Ein großer Vorteil von Hootsuite ist, dass Sie darüber nicht nur das Twitter-Konto, sondern auch Ihr Facebook-Profil, Ihre Facebook-Seite, Ihren LinkedIn-Account, Ihr WordPress-Blog, Ihre Google+-Seite und einige Profile mehr verwalten können. Hootsuite ist Ihre Nachrichtenzentrale, von der aus Sie Informationen in die sozialen Netzwerke streuen. Sie können mehrere Twitter- und Social-Media-Konten gleichzeitig mit Hootsuite verwalten. In der kostenlosen Version ist die Zahl der betreuten Accounts auf fünf beschränkt. Im Bedarfsfall können Sie beispielsweise mehrere Accounts mit demselben Inhalt befüllen, indem Sie sie per Mausklick einfach »hinzuschalten«.

Themen verfolgen

Mit Hootsuite können Sie mittels Filter Ihre individuelle Twitter-Timeline zusammenstellen. Dazu nutzen Sie einfach die Funktion ADD STREAM/SEARCH. Sie können zehn Streams pro Social-Media-Konto anlegen. Wählen Sie also die wichtigsten Keywords aus, und schauen Sie regelmäßig nach, was dazu geschrieben wird. So können Sie Konkurrenzkäufer finden, die gerade etwas über ein Konkurrenzprodukt twittern. Beobachten Sie Ihren direkten Konkurrenten in seiner Twitter-Kommunikation. Bedanken Sie sich bei Twitterern, die sich lobend über Ihr Produkt geäußert haben, oder helfen Sie bei Fragen weiter, wenn Sie etwas Relevantes dazu beitragen können.

Twitter-Beiträge zeitlich versetzt posten

Bei vielen unserer Kunden kommt ein Hootsuite-Feature besonders gut an: Sie können Beiträge zeitversetzt senden oder als Entwurf speichern. Wenn Sie also zufälligerweise gerade Zeit finden, sich ein paar Tweets zu überlegen, können Sie diese in Hootsuite verfassen und jeweils ein Veröffentlichungsdatum in der Zukunft definieren. Erst zu diesem Zeitpunkt wird der Beitrag von Hootsuite veröffentlicht. Damit sind Sie aber nach wie vor dafür verantwortlich, den Beitrag nach dem Zeitpunkt seiner Veröffentlichung auf Feedback, Fragen und Kommentare hin zu checken.

Warum Hootsuite unserer Meinung nach so empfehlenswert für Unternehmen ist und sich sehr gut als Corporate-Tweet-Anwendung eignet? Sie können damit verschiedenen anderen Hootsuite-Usern Zugang zu einem oder mehreren Ihrer Social-Media-Accounts in Ihrem Hootsuite freigeben. Alles in allem ist es ein absolut praktisches Tool, das in der Teamversion kostenpflichtig ist. Es gibt auch eine Version für Apple iPhone und Android-Smartphones, die in der Basisversion ebenfalls kostenlos ist und gegen Aufpreis zusätzliche Features enthält. Darüber hinaus eignet sich Hootsuite als Monitoring- und Controlling-Tool.

Hootsuite stellt ein einfaches Monitoring, das die Anzahl der Klicks nach Region sowie die Topseiten und Toplinks aufführt, zur Verfügung. Dabei wird auf den URL-Verkürzer ow.ly von Hootsuite zurückgegriffen. Allerdings ist dieser Report immer nur für die letzten 14 Tage einsehbar. Daten über diesen Zeitraum hinaus sowie ausführliche Profildaten (Erwähnungen durch Influencer, Follower-Wachstum, Twitter-Sentiment usw.) sind nur mit der kostenpflichtigen Version Hootsuite Pro verfügbar.

Marketing-Take-away: Vermeiden Sie automatisierte Nachrichten

Auch wenn es praktisch und zeitsparend erscheint, Facebook-Updates in Twitter zu exportieren oder vice versa von Twitter in Facebook zu posten, hat es sich mittlerweile bewährt, je nach Netzwerk oder Plattform eine entsprechende Nachricht zu formulieren. Der Vorteil von individualisierten Postings ist, dass Sie Personen im Beitrag hervorheben (»Taggen« in Facebook) und ansprechende Vorschaubilder generieren können. Das erhöht die Aufmerksamkeit und führt zu mehr Klicks.

8.6.2 TweetDeck

TweetDeck wird ebenfalls sehr gern von der Twitter-Gemeinde genutzt. Mittlerweile wurde das Tool von Twitter aufgekauft. Unter *http://tweetdeck.twitter.com* rufen Sie Ihren Twitter-Stream auf und erhalten einen Überblick mit bis zu fünf Spalten. In die Spalten können Sie verschiedene Streams laden, z. B. Notifications, Mentions, Messages und Searches. Ergänzend dazu gibt es auch eine Version für iPhones und Android-Smartphones. TweetDeck ist sowohl für Windows- als auch für Mac-Rechner verfügbar. Es bietet ebenfalls Filterfunktionen und zusätzlich die Möglichkeit, Twitterer in Gruppen einzuteilen. Das hilft Ihnen, Ihre abonnierten

Twitter-Konten z. B. nach Branchen einzuteilen und Themen zuzuordnen. Außerdem können Sie über TweetDeck ebenfalls andere Plattformen wie Facebook verwalten.

Wenn Sie in Twitter schnell wachsen wollen, Ihnen aber die Zeit fehlt, hilft das Tool Narrow, *http://narrow.io*. Narrow ist ein charmantes Tool, denn es folgt nach dem Festlegen bestimmter Hashtags automatisch relevanten Nutzern und favorisiert deren Tweets. Das spart Ihnen jede Menge Zeit und der Nutzer fühlt sich geschmeichelt, weil Sie ihm Anerkennung für seine Tweets geben.

8.6.3 Zur richtigen Zeit twittern

Wann sind meine Follower online und besonders aktiv? Genau diese Frage beantwortet das kostenlose Tool ManageFlitter, *http://manageflitter.com*, mit dem Sie über einen beweglichen Zeitstrahl sehen, wann die beste Zeit zum Posten ist, und direkt im Tool Ihre Posts planen können. Das Tool liefert die Insights nicht nur für Twitter, sondern auch für Facebook und LinkedIn. Ein smartes Tool, das Sie unbedingt ausprobieren sollten. ManageFlitter eignet sich ebenfalls zum Monitoren von Followern und Unfollowern. Crowdfire, *www.crowdfireapp.com*, bietet einen ähnlichen Service.

8.6.4 Sollte man Tweets löschen?

Gerade bei den ersten Gehversuchen in Twitter taucht immer wieder die Frage auf, inwieweit Tweets gelöscht werden können. Technisch gesehen ist es immer möglich. Tweets zu löschen ist aber im Sinne der Authentizität ungern gesehen. Wenn Sie tatsächlich kurz nach Absenden der Nachricht feststellen, dass Sie etwas falsch geschrieben haben, können Sie den Tweet löschen. Insbesondere wenn der Tweet unangenehme oder rechtliche Konsequenzen nach sich ziehen könnte, sollte er schnellstens gelöscht werden. Dabei kommt es auf Ihre Schnelligkeit an, denn dieser Tweet könnte schon von jemand anderem retweetet worden sein.

8.7 Twitter für den Vertrieb nutzen?

Ist es möglich, Twitter als reines Verkaufsinstrument zu nutzen? Ja, natürlich! Sie können Twitter für den Vertrieb nutzen, wenn Sie ihn auch als solches kennzeichnen bzw. die Follower darauf hinweisen, dass Sie auch Produkte und Angebote posten. Der PC-Hersteller Dell beweist seit Jahren, dass Twitter und Vertrieb kein Widerspruch sind. Unter *http://twitter.com/delloutlet* hat der Computerhersteller einen reinen Verkaufskanal eingerichtet (siehe Abbildung 8.10).

Abbildung 8.10 Dell nutzt Twitter aktiv zum Vertrieb seiner Produkte.
(Quelle: http://twitter.com/delloutlet)

Dell hat über 1,36 Mio. Follower und spricht sein Publikum mit Neuigkeiten über Dell, mit neuen Dell-Produkten und -Angeboten sowie speziellen Aktionen an. Mit seinen Tweets konnte Dell nach eigenen Angaben bereits Millionenumsätze in Höhe von 6,5 Mio. US$ allein durch Twitter generieren. Damit hat der Dell-Account Marketinggeschichte in Twitter geschrieben. Es lohnt sich, neben dem Verkaufskanal zusätzlich einen Twitter-Support anzulegen, an den sich die User auch bei technischen Problemen wenden können.

Dazu bietet sich, wie bei Dell, die Nutzung von Gutscheincodes an, wenn Ihr Onlineshop über solch eine Funktion verfügt. Alternativ können Sie mit bit.ly oder ow.ly eine spezielle Tracking-URL einrichten und diese über Ihren Twitter-Account in Verbindung mit einem speziellen Angebot verschicken. Wenn Sie diese URL ausschließlich über Twitter und für dieses Angebot verwenden, können Sie halbwegs zuverlässig nachverfolgen, wie viel Ihre Twitter-Aktionen bringen.

Praxisbeispiel: Hotelbuchung via Twitter

Die Hotelkette Loews Hotels & Resorts hat Ende 2013 ein sogenanntes Social Reservation Tool gestartet. Interessenten können den hoteleigenen Account *@Loews_Hotels* mit dem Hashtag #BookLoews anschreiben, ein Mitarbeiter der Kette antwortet dann via Twitter und beginnt mit der Beratung. Ist man sich einig, erhält der Interessent einen Link zu einem externen, abgesicherten Tool, um die Buchung mittels Eingabe persönlicher Daten und Zahlungsinformationen abzuschließen.

Viele Twitter-Accounts werden erfahrungsgemäß gemischt genutzt. Das funktioniert, wenn der Verkaufs- bzw. Vertriebsgedanke nicht überhandnimmt. Ein gutes Beispiel im deutschsprachigen Raum ist der OTTO-Versand, der auf *http://twitter.com/otto_de* Kundendienst, Angebote und Informationen über das Unternehmen bzw. relevante Themen verträglich miteinander mischt.

Social Selling: Der Pop-up-Tweet-Shop von Marc Jacobs

Der Fashion-Brand Marc Jacobs ist es mit dem Pop-up-Tweet-Shop gelungen, die Online- mit der Offline-Welt perfekt zu verbinden: Während der Öffnung des Pop-up-Shops konnten die Kunden vor Ort Instagram-Fotos oder Twitter-Beiträge mit dem Hashtag #MJDaisyChain hochladen und diese »Social Currency« im Shop gegen ein kleines Geschenk eintauschen. Gleichzeitig nahmen sie an der Verlosung eines MJ-Produkts teil. Das Unternehmen profitiert vom User Generated Content und der dadurch erzeugten Reichweite. Für Pop-up-Stores, die ohnehin nur temporär geöffnet sind und nur ein lokales Publikum anziehen, sind solche Aktionen ein absolutes Muss, um die Offline-Begeisterung auch in die Online-Welt zu transportieren.

8.7.1 Werbung in Twitter

Je nach Ihrer Zielsetzung stehen Ihnen bei Twitter ähnlich wie bei Facebook unterschiedliche Anzeigenformate zur Verfügung (siehe Abbildung 8.11). Es lassen sich mit Twitter-Ads sowohl Tweets als auch Apps, Accounts und Videos bewerben. Auf für das Retargeting bietet Twitter eine Lösung an. Besonders beliebt ist das Anzeigenformat des *Tweet Engagements* (siehe Abbildung 8.12), das häufig im Twitter-Feed auftaucht. Mit dem Ziel *Followers* haben die Veranstalter von Cirque de Soleil direkt 360 Follower pro Tag generiert und zusätzlich im gleichen Kampagnenzeitraum 340 Follower pro Tag organisch über Twitter. Das Anzeigenformat *Awareness* eignet sich übrigens im Fall eines Shitstorms, um so schnell wie möglich sehr viele Menschen mit einem klaren Statement zu den Vorwürfen vom Gegenteil zu überzeugen.

Unter *http://business.twitter.com/en/solutions/twitter-ads.html* werden Sie Schritt für Schritt durch die Anzeigenwelt von Twitter durchgeführt.

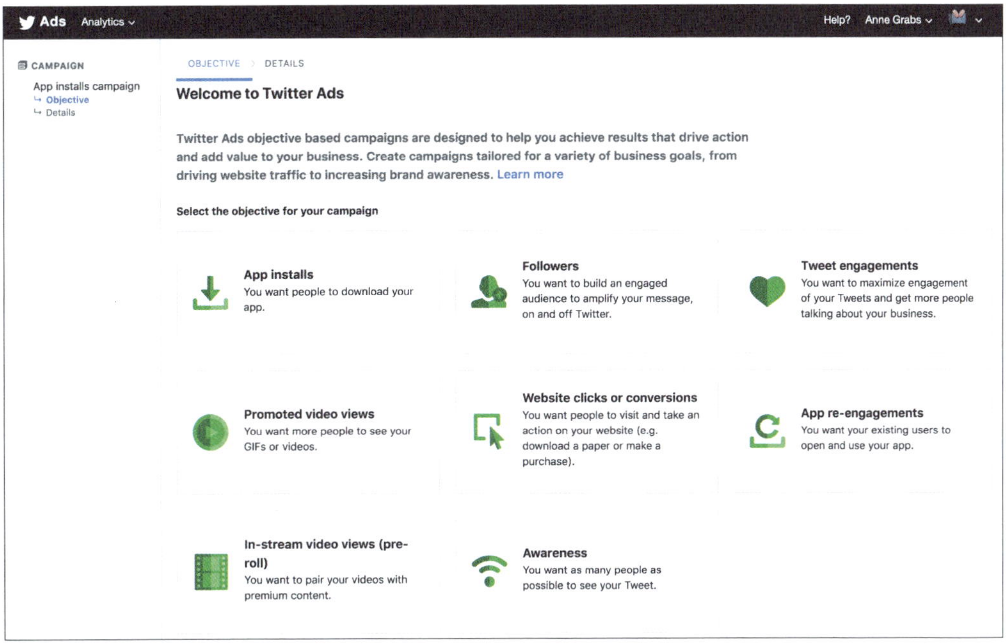

Abbildung 8.11 Twitter bietet für unterschiedliche Zielsetzungen entsprechende Anzeigenformate.

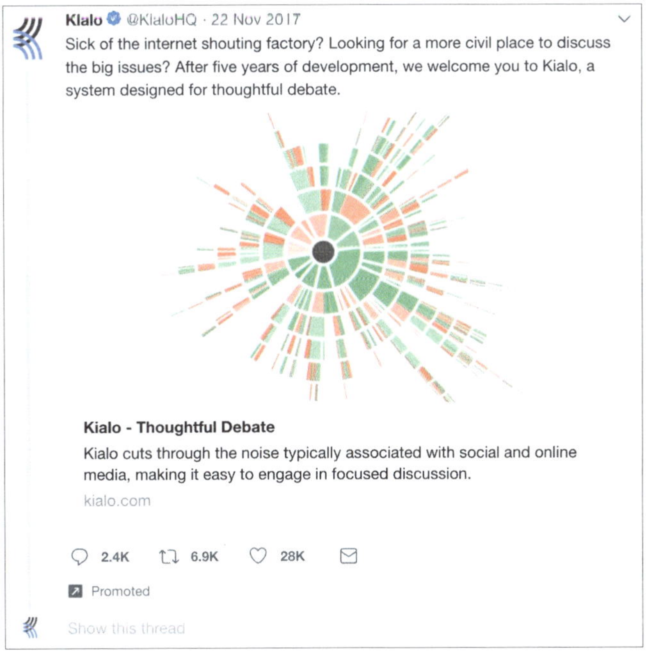

Abbildung 8.12 Gesponserter Tweet von Kialo

8.7.2 Twitter-Metriken

Zwei der wichtigsten Twitter-Metriken für die Erfolgsmessung von Werbung in Twitter lauten *Cost per Follower* und *Cost per Engagement*. Der Cost per Follower (Kosten pro Follower) liegt bei durchschnittlich 2,50 bis 4 US$. Wenn Sie in Twitter-Anzeigen investieren, um neue Follower zu gewinnen, können Sie sich an dieser Metrik orientieren. Cost per Engagement (CPE) ist eine Metrik, um die Kosten für das User-Engagement zu messen. Den Cost per Engagement messen Sie durch Klicks + Favoriten + Retweets + *@Replies/Impressions/Mediaspend*. In der Regel liegt er zwischen 0,75 und 2,50 US$.

8.8 Twitter Analytics

Der Erfolg in Twitter ist abhängig von Ihrer Zielvorgabe. Twitter eignet sich insbesondere für die Social-Media-Kommunikation und den Service in Echtzeit, sodass der Dialog ausschlaggebend für den Erfolg ist. Ihren Twitter-Erfolg messen Sie daher anhand der Engagements mit Kunden, die Sie durch Twitter gewonnen haben (siehe Abbildung 8.13).

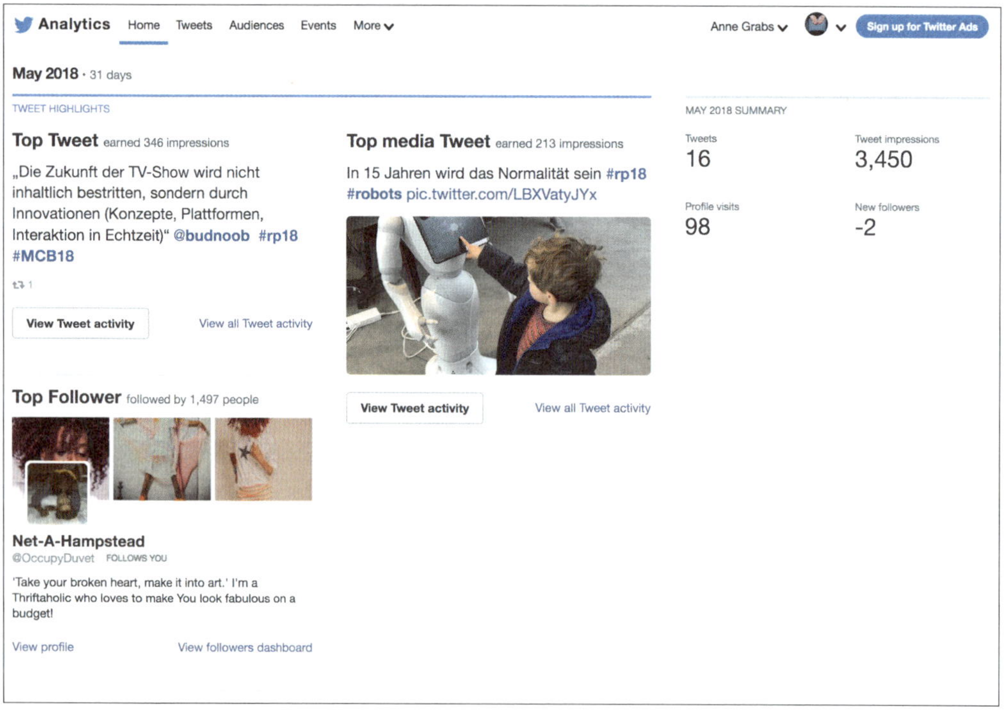

Abbildung 8.13 Twitter Analytics bieten Monat für Monat eine Gesamtübersicht über die Reichweite und die Top Tweets.

Eine positive Markenreputation und einen guten Kundenservice danken Ihnen die Twitterer in der Regel mit positiven Tweets. Prüfen Sie das *Sentiment* (positiv/negativ/neutral) aller Tweets, die mit Ihrer Marke in Verbindung stehen. Die *Retweets* dienen der Berechnung des *Share of Voice* (SoV) in Twitter. Die Anzahl der Linkklicks ist die Grundlage für die Berechnung von Klickraten, wenn Sie Twitter als Verkaufskanal oder für bestimmte Marketingaktionen einsetzen.

8.9 Fazit

Im gesamten Social-Media-Marketing-Mix hat Twitter in den letzten Jahren etwas an Bedeutung verloren, aber dennoch nutzen es noch immer einige User, und es ergeben sich durch die Offenheit des Netzwerkes spannende Dialogmöglichkeiten. Auch wenn Twitter etwas Eingewöhnungszeit benötigt, ist es ein tolles Tool, um in Echtzeit auf Trends und Themen zu reagieren und echtes Agenda-Setting zu betreiben. Des Weiteren lassen sich mit Twitter Kundenwünsche herausfinden, wertvolles Feedback zu Produkten gewinnen, die Konkurrenz beobachten und Service in Echtzeit realisieren. Möchten Sie Twitter nicht aktiv nutzen, da Ihnen der Platz zu gering erscheint oder die Funktionsweise für Sie zu kompliziert ist, sollten Sie jemanden in Ihrem Unternehmen suchen, der für die kurze und prägnante Kommunikation und den Dialog auf Twitter geeignet ist. Verwenden Sie Twitter als Sprachrohr nach außen, und schulen Sie Ihre Mitarbeiter in Presse und Marketing in diesem Tool. Alternativ haben Sie die Möglichkeit, Twitter nur zum Monitoring von Kunden und Konkurrenz einzusetzen. Dann können Sie wenigstens sofort reagieren, wenn positive oder negative Nachrichten über Sie verbreitet werden.

9 Blogs – Ihre Social-Media-Zentrale

Blogs erleben derzeit ein Revival. Egal, ob Food-, Fashion- oder Reiseblogger – Blogs sind beliebt wie nie zuvor. Es geht dabei um die persönliche Erfahrung des Autors und authentisches Storytelling. Auch immer mehr Unternehmen schätzen Blogs als Plattform, um über ihre Firmenphilosophie, Entwicklungen und Produkte zu berichten.

Durch die Blogosphäre haben sich die klassischen Grenzen zwischen Medienproduzenten und Medienkonsumenten aufgelöst: Während lange Zeit klassische Medien wie Print, Radio und TV die Inhalte produzierten, die der Zuschauer, Zuhörer und Leser nur konsumieren konnte, können die Blogger eigenständig Inhalte im Internet veröffentlichen und einem weltweiten Publikum zugänglich machen. Kein Verlag oder Medienunternehmen kann diese Blogger mehr daran hindern, ihre Inhalte mit anderen Menschen zu teilen. Blogger werden daher als *Prosumenten* bezeichnet, da sie gleichzeitig Inhalte produzieren und konsumieren (andere Blogbeiträge lesen und kommentieren). Was zu Beginn als Journalismus von Amateuren abgetan wurde, ist heute eine gängige Alternative zu Mainstream-Medien. Früher wurden Blogger nur als Tagebuchschreiber im Internet wahrgenommen, heute greifen klassische Medien oft Themen aus Blogs auf. Vor allem Lifestyle-Zeitschriften arbeiten stark mit Bloggern zusammen, es gibt z. B. Bloggerkolumnen oder Bilderstrecken, in denen die Outfits der Blogger vorgestellt werden.

Neben qualitativ sehr hochwertigen Blogbeiträgen gibt es selbstverständlich auch weniger anspruchsvolle Beiträge. Fakt ist jedoch, dass die Blogosphäre den Journalismus stark beeinflusst hat und es weiterhin tut.

Marketing-Take-away: Was ist eigentlich ein Blog?

Ein Blog ist eine chronologisch strukturierte Website, die in Form eines Online-Tagebuches oder Journals geführt wird (siehe Abbildung 9.1). Daher stammt auch der Name »Blog« als Kurzform für »Weblog«, also Webtagebuch. Heute verzichten die meisten Blogger und Bloggerinnen jedoch auf die Angabe des Tages und der Uhrzeit in ihren Blogs. Im Backend bleibt aber die chronologische Sortierung nach dem Eintrag des Beitrags bestehen, und der jüngste Beitrag wird immer zuerst angezeigt. Der chronologische Aufbau hat zur Folge, dass der jüngste Beitrag ganz oben steht, der älteste ganz unten. Ursprünglich sind Blogs entstanden, um mit möglichst geringem technischen Aufwand eigene Inhalte im Web zu veröffentlichen. Was bis zu dem Zeitpunkt nur über ein oft komplexes Content-Management-System (kurz CMS) auf dem eigenen Server möglich war, wurde durch die Blogtechnologie enorm erleichtert. Denn die meisten

Bloganbieter stellen kostenlos eine eigene Website (meist als Subdomain) zur Verfügung. Über eine einfache Eingabemaske kann der User seine Beiträge veröffentlichen. Es sind übrigens beide Artikelformen erlaubt: »der« Blog und »das« Blog. Wir haben uns für das Blog entschieden.

Abbildung 9.1 Ein Blog erkennt man an regelmäßigen und sortierten Blogbeiträgen. (Blog: http://www.neverever.me)

9.1 Von privaten Blogs bis Corporate Blogs

Ein Blog kann privat, d. h. nur an ausgewählte Leser gerichtet, oder öffentlich geführt werden. Unternehmensblogs, die von einem oder mehreren Mitarbeitern geführt werden, gibt es natürlich auch. Die Liga der stärksten Corporate Blogs führt übrigens Mercedes Benz mit dem mb-Passion-Blog an (*http://blog.mercedes-benz-passion.com*), gefolgt vom EURONICS-Trendblog (*http://trendblog.euronics.de*) und dem Ritter-Sport-Blog (*http://www.ritter-sport.de/blog*). Das Ranking ist das Ergebnis des Blogger-Relevanzindex von Faktenkontor und news aktuell, bei dem die rund 2.000 Blogs im deutschsprachigen Raum analysiert und gerankt wurden.[1] Unter den 30 stärksten Corporate Blogs finden sich auch das Blog der Bayrischen Staatsoper (*http://blog.staatsoper.de/startseite.html*), das Inspirationsblog von farbenmix.de (*http://inspiration.farbenmix.de*) oder das Fotoblog Neunzehn72 (*http://neunzehn72.de*, siehe Abbildung 9.2).

1 Presseportal.de, 2018, »Top 30: Die erfolgreichsten Corporate-Blogs im deutschsprachigen Raum«: *http://www.presseportal.de/pm/6344/3877792*

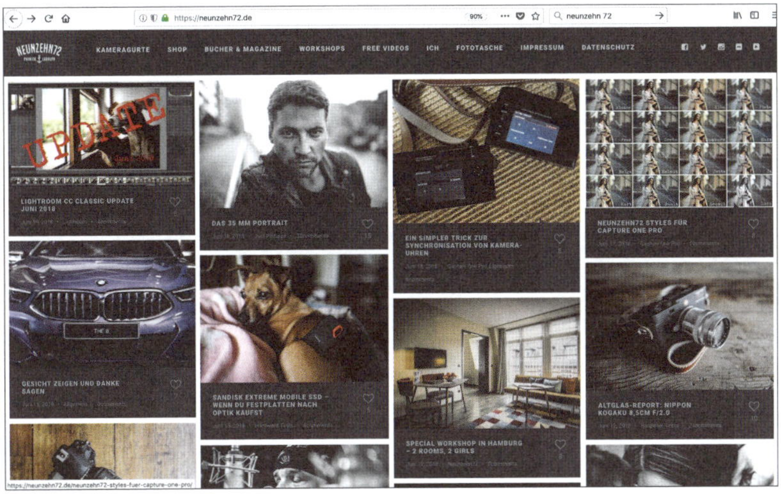

Abbildung 9.2 Chronologischer Aufbau, Kommentarfunktion und die Hervorhebung des Autors sind deutliche Merkmale für ein Blog. (Blog: http://neunzehn72.de)

Am besten schneiden jedoch die Blogs der Automobilbranche ab. Unter den ersten zehn finden sich sowohl wie erwähnt Mercedes Benz auf Platz 1 als auch Opel (Platz 5), Audi (Platz 8) und Daimler (Platz 10) wieder. Audi bezeichnet sein Blog als »Story Hub der Audi Kommunikation«, der sich kaum noch von einer Website unterscheiden lässt (siehe Abbildung 9.3) und Magazincharakter hat. Der große Vorteil der Blogtechnologie ist, dass der Blogger seine Inhalte selbst verwaltet und die Rechte nicht an ein Unternehmen abgibt. Die leichte Bedienbarkeit der Blogsoftware führte zu einer regelrechten Explosion an Blogs.

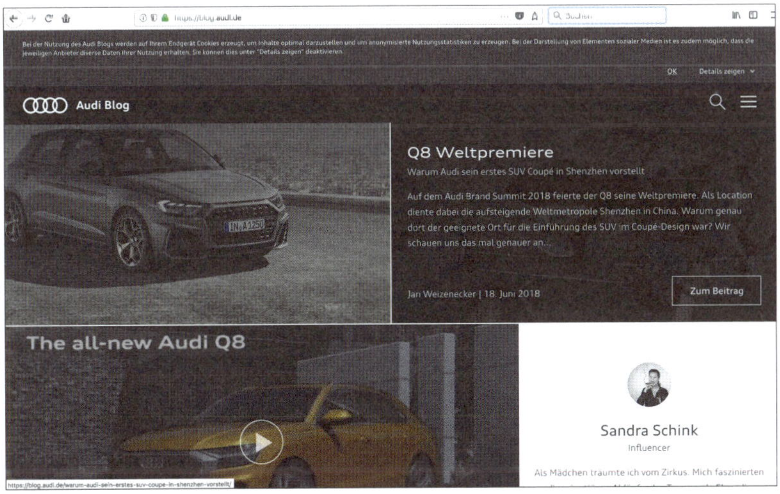

Abbildung 9.3 Das Audi-Blog unterscheidet sich von einer Website nur noch geringfügig und hat eher Magazincharakter. (Blog: http://blog.audi.de)

9.1.1 Wie die Blogosphäre die Medienlandschaft beeinflusst

Die Blogosphäre ist die Welt der Weblogs, in der sich Blogger und Leser vernetzen, Inhalte lesen oder austauschen und miteinander kommunizieren. Die Blogosphäre kann somit als das soziale Netzwerk der Blogger verstanden werden. Dank der Vernetzung können sich aktuelle Inhalte extrem schnell weltweit verbreiten. Die Verbreitung erfolgt nicht zuletzt so schnell, weil die Blogs dank ihrer Software untereinander vernetzt sind und miteinander kommunizieren (z. B. werden durch RSS-Feeds oder Atom-Feeds Inhalte von Blogs in einem Reader-Programm sofort angezeigt). Durch weitere Funktionalitäten wie *Permalinks* (dauerhafter Link), *Trackbacks* (automatische Information, wenn ein Link in einem anderen Blog erscheint) und *Pingbacks* (dadurch sieht man, wer auf sein Blog verweist), wird eine Blogosphäre zu einem dynamischen Informationsgebilde.

Über die Themen, mit denen sich die deutsche Blogosphäre beschäftigt, lässt sich Folgendes berichten:[2]

- Am häufigsten wird zu den Themen Freizeit und Hobby, Lifestyle und Mode, Gesundheit und Ernährung sowie Reisen und Touristik gebloggt.
- Der deutsche Blogger ist durchschnittlich zwischen 30–39 Jahre alt und bloggt seit mehr als 3 Jahren.
- 70 % der deutschen Blogger geben an, mit ihrem Blog Geld zu verdienen.
- 40 % der Einnahmen werden durch Advertorials, 20 % durch Affiliate Links, 15 % durch andere Quellen verdient.

In Österreich sieht die Blogosphäre etwas anders aus. Bei einer Bloggerumfrage, durchgeführt von digitalschmankerl.at (2015), an der 459 Blogger teilnahmen, zeigten sich folgende Ergebnisse:[3]

- Fast 20 % bloggen seit weniger als 1 Jahr.
- Der Großteil der Blogger ist zwischen 18–40 Jahre alt.
- 62 % der Blogger sind laut Umfrage Frauen.
- 36 % der Blogger gaben an, mit ihren Blogs Geld zu verdienen.
- Gebloggt wird vor allem über Persönliches, Essen und Reisen, ähnlich wie in Deutschland.
- WordPress ist die beliebteste Bloggerplattform.

2 Umfrage 2015 durch basta!media, 1.149 Blogger wurden befragt: *www.basta-media.de/weblog/entry/blogger-umfrage-2015-so-sieht-die-blogosphaere-in-deutschland-aus-1*

3 Mehr zur Studie unter: *www.digitalschmankerl.at/oesterreich-blogger-2015*

Die Nutzung von Blogs erfolgt also aus persönlichen, beruflichen oder anderen Gründen, demnach vielfältig sind die Formen und Inhalte. Es gibt viele verschiedene Arten von Blogs, die wir hier im Einzelnen vorstellen.

Persönliches Blog

Die Autoren schreiben über ihre privaten Interessen und werden nur zum Teil von der Öffentlichkeit wahrgenommen. Ein persönliches Blog kann ein Reisetagebuch zu einer Weltreise sein, ein tumblr-Blog über den Schulalltag oder ein Blog über die bevorstehende Hochzeit.

Fach- bzw. Expertenblog

Diese Art von Blog hilft, sich als Experte in einem speziellen Fachgebiet zu positionieren. Das kann ein Expertenblog zum Thema Bauen sein, ein Blog zu Elektromobilität oder ein Fußballtrainer, der Insights über seine tägliche Arbeit gibt.

Journalistenblog

Journalisten sehen Blogs oft als zusätzliche Kommunikationsplattform und veröffentlichen dort ihre Texte über aktuelle Ereignisse, Themen, die in den klassischen Medien keinen Platz gefunden haben. Sie nutzen Blogs, um ihre Glaubwürdigkeit und Authentizität zu stärken und um mit ihren Lesern zu kommunizieren.

Corporate Blog

Unter dieser Blogform versteht man Unternehmensblogs. Mitarbeiter oder Chefs berichten über den Alltag im Unternehmen.

Magazinblog

Blogs, die als Ergänzung zu Magazinen oder Zeitschriften erscheinen, fallen hierunter. Oftmals ähneln Magazinblogs in der Aufmachung einem Printmagazin, verwendet wird aber meist eine Blogsoftware wie WordPress.

Mischblogs

Das sind Blogs, die von Privatpersonen geführt werden und auf denen über die verschiedensten Dinge geschrieben wird.

Watchblog

Hier wird kritisch über Unternehmen oder Firmen berichtet. Diese Blogs dienen dem Zweck, eine bestimmte Organisation zu hinterfragen oder aber auch Ungereimtheiten aufzudecken. Beispiele dafür sind in Deutschland *http://www.bildblog.de* und in Österreich *www.kobuk.at*. Diese Blogs decken auch journalistische Fehler auf.

Videoblogs

Auf diesen Blogs werden hauptsächlich Videos veröffentlicht.

Fotoblogs

Ein Fotoblog kann ein Fotoalbum in Blogform sein oder eine kommerzielle Plattform für Fotografen. Oftmals werden die Bilder gleich mobil vom Smartphone aus veröffentlicht.

Autorenblogs

Im deutschsprachigen Raum haben sich in den letzten Jahren vor allem Autorenblogs etabliert. Mehrere Autoren und Blogger schreiben dabei gemeinsam zu einem bestimmten Thema. Ein sehr bekanntes deutsches Autorenblog ist *www.carta.info*. Dort schreiben verschiedene Autoren gemeinsam zum Thema Politik, Ökonomie und digitale Öffentlichkeit. Für das Blog bringt das den Vorteil, dass regelmäßig neue Blogbeiträge verfasst werden. Blogs, die über längere Zeit keine neuen Inhalte zur Verfügung stellen, verlieren in kürzester Zeit ihre Stammleserschaft. Carta.info lädt darüber hinaus häufig zu Gastbeiträgen ein. Es finden sich immer wieder Autoren und Blogger aus verschiedenen Branchen zusammen, um gemeinsam an einem Thema zu schreiben. Die Autorenvielfalt bewirkt gleichzeitig abwechslungsreiche Beiträge. Auch für Ihre Branche ist es sinnvoll, ein Autorenblog in Betracht zu ziehen. Möglicherweise arbeiten Sie eng mit anderen Unternehmen zusammen, jedes mit seinem eigenen Schwerpunkt. Oder Sie stehen in direkter Kooperation mit einer anderen Branche (Beispiel Technik und Medizin) und wollen diese Kombination thematisch abbilden. Beide Unternehmen oder Branchen profitieren von diesem Autorenblog. Denn je mehr Beiträge Sie verfassen, desto mehr Besucher erhalten Sie und desto mehr Zielgruppen sprechen Sie an.

9.2 Warum Sie bloggen sollten

Immer mehr Unternehmen auch im deutschsprachigen Raum haben bereits ihr eigenes Blog gestartet. Manches Blog ist ein Experiment geblieben, aber zahlreiche Firmenblogs haben die Vorteile des Bloggens für sich erkannt und informieren die Öffentlichkeit über unternehmensrelevante Neuigkeiten. Mit Blogs können Sie neue Kunden gewinnen und treue, interessierte Kunden ausführlich informieren. Die Kommentarfunktion bei Blogs war lange Zeit die größte Errungenschaft von Blogs, da sie erstmalig den Dialog zwischen Unternehmen oder Einzelpersonen mit den Lesern ermöglichte. Allerdings ist durch die Datenschutz-Grundverordnung (DSGVO) die Kommentarfunktion gerade schlecht besprochen. Wenn jemand einen Kommentar auf einem Blog hinterlässt, werden Daten von Kunden (Name,

E-Mail-Adresse) hinterlassen. Diese Daten müssten dann streng auch gespeichert und abgelegt werden. Einige Blogger stellen die Kommentarfunktion ab, andere wiederum löschen gänzlich ihr Blog.

Rechtstipp von Sven Hörnich: Zur datenschutzrechtlichen Behandlung der Kommentarfunktion in Blogs

Blogs sind datenschutzrechtlich dann in der Datenschutzerklärung gesondert zu berücksichtigen, wenn dem Besucher eine Kommentarfunktion zur Verfügung steht. Der Inhalt der hierdurch aufzunehmenden Zusatzpassagen sowie rechtlichen Zusatzfunktionen hängt vom Umfang der im Einzelfall erhobenen und verarbeiteten Daten sowie deren Weitergabe ab. Zudem muss der kommentierende User vor Absenden seiner Inhalte auf die geplante Datenverarbeitung hingewiesen sowie gegebenenfalls (je nach Umfang der Erhebung und Verarbeitung) dessen Einwilligung eingeholt werden. Empfohlen wird zudem das sogenannte Double-Opt-in-Verfahren auch für Kommentatoren, um missbräuchliche Kommentare Dritter (z. B. peinliche Posts in fremdem Namen) zu vermeiden.

Die genaue Formulierung hängt von Ihrer technischen Umsetzung im Einzelfall ab. Erheben könnten Sie neben dem Kommentar aber auf Grundlage einer Einwilligung (Art. 6 Abs. 1 S. 1 lit. a) DSGVO) grundsätzlich die E-Mail-Adresse (auch zwecks Double-Opt-in), das Alter (mindestens 16 Jahre, siehe Art. 8 Abs. 1 S. 1 DSGVO) sowie freilich den Kommentartext. Auch die zeitweilige Erhebung der IP-Adresse kann hier zur Vermeidung oder gegebenenfalls Aufklärung von strafbaren Handlungen auf Grundlage einer Interessenabwägung (Art. 6 Abs. 1 S. 1 lit. f DSGVO) vertretbar sein. Über all dies sowie die Widerspruchs- und Widerrufsmöglichkeiten (Art. 13, 21 DSGVO) ist aber der Kommentator vor bzw. bei Abgabe des Kommentars zu belehren und die etwaige Einwilligung zu Beweiszwecken zu protokollieren. Je nach technischer Ausgestaltung und Themengebiet des Blogs – z. B. falls die Kommentare die Gefahr der Erhebung sogenannter besonderer personenbezogener Daten birgt (siehe Art. 9 DSGVO) – können hier weitere Anforderungen hinzukommen, wozu jedoch ein ausreichend spezialisierter Rechtsberater ohne erhebliche (mithin ohne kostenintensive) Recherchen dann Rede und Antwort stehen kann.

Kommentare können sicherlich ein Blog stärken, jedoch bestehen zwei wesentliche rechtliche Problemfelder:

1. Zunächst kann der Blogger unter Umständen für rechtswidrige Kommentare Dritter haften. Der Umfang seiner eigenen Sorgfaltspflichten hängt unter anderem davon ab, ob er die Kommentare generell erst prüft und dann freischaltet oder diese standardisiert durch Dritte (ähnlich einem Forum) veröffentlicht werden. Insoweit kommt eine Haftung als Täter (im Fall des sogenannten »Sichzueigenmachens« der Kommentare) sowie als sogenannter Störer (z. B., wenn der Kommentar trotz Hinweises auf dessen Rechtswidrigkeit nicht gesperrt wird) infrage. Gerade im Zusammenhang mit der sogenannten Störerhaftung stellt sich regelmäßig auch die Frage nach der ausreichenden Reaktionszeit des Bloggers auf Hinweise Dritter, was vom jeweiligen Einzelfall abhängt. Provoziert der Blogger z. B. am Freitagabend mit einem sehr kontrovers zu diskutierendem eigenen Post offenkundig eine umfangrei-

che Diskussion der Nutzer, kann er sich danach nicht »entspannt« ins Wochenende verabschieden und der Sache seinen Lauf lassen.

2. Zudem werden die Kommentatoren durch ihre Posts oder sonstige gespeicherte Daten (z. B. deren IP für den Fall rechtswidriger Handlungen) regelmäßig identifizierbar sein, was sich in etwaigen Einwilligungen (z. B. im Rahmen des Kommentierungsvorgangs) sowie (im Fall des Art. 6 Abs. 1 S. 1 lit. f DSGVO) in zumindest transparenten Belehrungen niederschlagen muss.

Blogs können ebenso für ein effizienteres Projektmanagement innerhalb Ihres Unternehmens eingesetzt werden, insbesondere um den Arbeitsprozess für alle Mitarbeiter transparenter zu machen. Das Unternehmen IBM nutzt interne Blogs seit Jahren für ihr Wissensmanagement und hat damit sehr gute Erfahrungen gemacht. Da wir in diesem Buch hauptsächlich den Marketingaspekt von Blogs beleuchten möchten, gehen wir nicht weiter auf Blogs von Solopreneuren oder Firmenblogs ein. Wir zeigen Ihnen, wie Sie ganz leicht Ihr eigenes Blog starten können. Und wir zeigen auf, wie Sie mit Ihren relevanten Bloggern in Kontakt kommen und von potenziellen Kunden gefunden werden können.

9.2.1 Welche Vorteile bietet ein Blog für Unternehmen?

- Sie haben eine eigene Plattform zur Verfügung, über die Sie direkt *mit den Zielgruppen in Kontakt* treten und kommunizieren können, unabhängig von Gatekeepern wie Journalisten, Medien und Werbetreibenden.
- Sie können Ihre *Reichweite erhöhen*, da Sie von Usern über Empfehlungen oder Suchmaschinen gefunden werden, die bis dato von Ihnen noch nichts wussten (und umgekehrt).
- Sie können *Marktforschung betreiben*: Stellen Sie Fragen, und Ihre Zielgruppe wird sie beantworten. Über Ihr Blog werden Sie andere Blogger finden und kennenlernen, die bereits über Ihr Unternehmen oder eines Ihrer Produkte geschrieben haben. Auch so kommen Sie zu sehr relevantem Feedback und wichtigen Informationen über Kundenzufriedenheit, -bedürfnisse und das Konsumverhalten Ihrer Zielgruppen. Das direkte Feedback Ihrer Kunden hilft, die Qualität Ihrer Produkte und Leistungen zu verbessern: Kritik kann schmerzen, aber dafür haben Sie die Möglichkeit, direkt und öffentlich darauf zu reagieren und die Kritik zum Anlass zu nehmen, im konkreten Fall und für die Zukunft daran zu arbeiten, den Auslöser der Kritik zu vermeiden.
- Blogs helfen, menschlich zu wirken, authentisch zu sein. Das Buzzword *Authentizität* hört man überall, aber es hat sich seine Stellung auch verdient: Die Konsumenten haben genug von der Hochglanzkommunikation und Strahlemann-Werbung der letzten Jahrzehnte. Sie wollen wissen, ob das Unternehmen bzw.

seine Produkte das Richtige für sie sind und warum. Außerdem glauben Konsumenten vor allem der Meinung anderer Konsumenten und am allermeisten jener ihrer Freunde. Hier schließt sich der soziale Kreis wieder.

- Sie können Kompetenz und Autorität im Fachgebiet zeigen: Jedes Unternehmen verfügt über *Expertenwissen*. Mit einem Blog können Sie Ihr Know-how nach außen kommunizieren. Von den zufriedenen Stammkunden werden Sie als Experte wahrgenommen, sonst würden sie nicht wiederkommen und ihren Freunden von Ihnen erzählen. Das kann man mit einem Blog untermauern und langfristig verankern.
- Sie können sich *vom Wettbewerb abheben*: Durch die Möglichkeit, unbegrenzt viele Beiträge zu vielen verschiedenen Themen zu schreiben, haben Sie mit einem Blog das Tool, um sich von anderen abzuheben: nicht durch Diffamierung der Konkurrenz, sondern durch das Überzeugen mit Ihren Stärken.
- Ein Blog hilft Ihnen, bei den relevanten Zielgruppen an *Einfluss* zu *gewinnen*: Wenn Sie konsequent Ihren Themen treu bleiben und regelmäßig zu diesen Themen gute Beiträge schreiben, werden Sie immer mehr als Experte auf diesem Gebiet wahrgenommen. Ihre Souveränität wird steigen. Es wird immer mehr Leute geben, die Ihren Beiträgen absolut vertrauen.
- Ein Blog hilft außerdem dabei, die eigene *Online-Reputation* zu *steigern*: Sie haben negative Bewertungen über Ihr Unternehmen im Social Web entdeckt? Außerdem stehen diese Bewertungen ganz oben in Google? Keine Sorge. Nehmen Sie die Kritik ernst, und versuchen Sie zukünftig, den genannten Fehler zu vermeiden. Sprechen Sie das Problem aktiv im Blog an, und erklären Sie, wie Sie aus den Fehlern gelernt haben. Keiner ist perfekt, und das wissen die Menschen da draußen auch.

Suchmaschinen lieben Blogs

Ein Blog lebt davon, dass regelmäßig Beiträge verfasst werden. Dadurch wird mittel- und langfristig die Menge an Blogbeiträgen immer größer. Damit wird nicht nur das Blog »gefüttert«, sondern auch die Suchmaschinen, die gern auf Blogs zurückgreifen, werden damit bestückt. Warum? Suchmaschinen beurteilen Websites mit unterschiedlichem und ständig aktualisiertem Inhalt (Content) und vielen Unterseiten (Links) höher als Websites mit wenigen (aktuellen) oder sich wiederholenden Inhalten. Vielleicht haben Sie es selbst schon einmal erlebt. Sie haben in Google oder Bing nach einem bestimmten Begriff gesucht und im Suchergebnis eine Website angeklickt, die sich bei genauerer Betrachtung als Blog herausgestellt hat. Vielleicht haben Sie aber auch gar nicht bemerkt, dass es sich dabei um ein Blog handelte. Tatsache ist, dass Blogs immer öfter auf sehr guten Plätzen im Suchergebnis auftauchen, insbesondere lösungsorientierte Beiträge, die unter den ersten Suchergebnissen gereiht werden. Sie erleichtern Ihren Kundensupport, denn die Kundenanfrage wird direkt im Blogpost beantwortet. Sie können mit einem Blog also auch Ihre FAQs (Frequently Asked Questions) abbilden.

9.2.2 Lassen Sie uns darüber reden – ein Blog ist ein Dialoginstrument

Auf Websites haben Besucher meist nur die Möglichkeit, ein Kontaktformular auszufüllen oder sich per E-Mail und Telefon an das Unternehmen zu wenden. Die Kundenanfragen werden aber niemals öffentlich, d. h. für andere Kunden sichtbar, dargestellt. Wenn überhaupt eine öffentliche Stellungnahme durch den User möglich ist, dann über das Gästebuch.

Blogs bieten von Beginn an mit der Kommentarfunktion die direkte und öffentliche Reaktionsmöglichkeit für die User. Die Kommentarfunktion lädt dazu ein, Feedback zu geben und seine Meinung zu äußern.

Die bewusste und offene Auseinandersetzung mit Kritik ist auf einem Blog sehr wichtig und wurde durch die Verbreitung der Blogs gefördert. Auch wenn Sie diese Transparenz und Kritikfähigkeit irritieren mag, dürfen Sie die Kommentarfunktion nicht verbieten, sonst verkommt Ihr Blog automatisch zu einem klassischen Einweg-Kommunikationsorgan, an dem kein User wirklich Gefallen finden wird. Grundsätzlich sollte die Möglichkeit des Kommentierens immer gegeben sein, um Ihren Kunden zu signalisieren, dass Sie an einem Dialog interessiert sind. Das meiste Feedback wird ohnehin positiv ausfallen. Häufig werden gar keine Kommentare hinterlassen, was Sie jedoch nicht als Manko des Blogs zu werten brauchen. Aus eigener Erfahrung wissen wir, dass viele User die Blogbeiträge zwar lesen, aber keinen konkreten Anlass zum Kommentieren sehen.

9.3 Starten Sie Ihr Blog

Ein Blog ist innerhalb von wenigen Minuten eingerichtet, aber viel entscheidender ist die Frage, worüber man schreiben soll, richtig? Deshalb schreiben wir hier ausführlich über das Was und Wie des Bloggens. Wenn Sie jedoch wissen wollen, wie Sie ein Blog einrichten, lesen Sie gleich in Abschnitt 9.7, »Wo richtet man ein Blog am besten ein?«, weiter.

Für Unternehmen empfiehlt sich das sogenannte Corporate Blog

Das Corporate Blog (Firmenblog) bietet gleich die Möglichkeit, dass mehrere Autoren der Firma Beiträge schreiben können. Es handelt sich um eine wünschenswerte und sinnvolle Beitragskonstellation, da jeder Mitarbeiter seine Sicht der Dinge darstellen und seine Kompetenz einbringen kann. Auch hier bietet die Blogsoftware eine ideale Lösung: Verschiedene Autoren können unabhängig voneinander unter ihrem eigenen Autorennamen einen Beitrag veröffentlichen. Somit wird einerseits die einzelne Person gestärkt, in Summe aber auch das Blog durch die Vielfalt der Autoren und der Aspekte, die damit eingebracht werden können. Technisch gesehen bieten die meisten Blogs auch die Möglichkeit, den Autoren unterschiedliche Rollen zuzuweisen. So gibt es in vielen Fällen einen oder zwei Administratoren, die sich um tiefer gehende technische bzw. inhaltliche Belange kümmern, Kommentare freischalten oder die Beiträge der einzelnen Autoren zur Revision bekommen und dann freigeben. Somit wird ein gewisser Qualitätsstandard gesichert, was wiederum der Thementreue des Blogs und der Wahrnehmung der einzelnen Autoren als kompetent zugutekommt. Mehr über Corporate Blogs lesen Sie in Abschnitt 9.4, »Corporate Blogs«.

9.3.1 Bieten Sie Ihren Geschichten eine Bühne

Blogs sind in vielerlei Hinsicht nützlich und sinnvoll. Vor allem aber können Blogs Ihre Geschichten erzählen. Natürlich keine Märchen, sondern die Geschichten Ihres Alltags. Egal, ob Sie Freelancer, Speaker, Entrepreneur, Solopreneur oder Geschäftsführerin sind oder einfach nur wahnsinnig gern über Mode, Food, Gesundheit oder Interior schreiben. Blogs bieten uneingeschränkten Platz für Ihre Beiträge, während eine Website vom Platz her begrenzt ist. Dort stellen Sie üblicherweise Ihr Produkt- und Dienstleistungsspektrum dar. In einem Blog zeigen Sie Ihre Kompetenzen über die Beiträge selbst. Blogbeiträge sollten daher persönlich und ehrlich formuliert sein und sich nicht wie Werbeanzeigen lesen. Mit Ihrem Blog gewähren Sie kleine Einblicke in Ihren Alltag, informieren und geben Tipps. Alle Blogbeiträge zusammen reflektieren einen Teil des aktuellen Geschehens, und nach ein paar Jahren schreiben Sie damit Geschichte. Viele Blogger und Bloggerinnen haben mit der Zeit eine Einteilung nach Kategorien vorgenommen, um die unterschiedlichen Bereiche ihres Blogs zu kennzeichnen (siehe Abbildung 9.4).

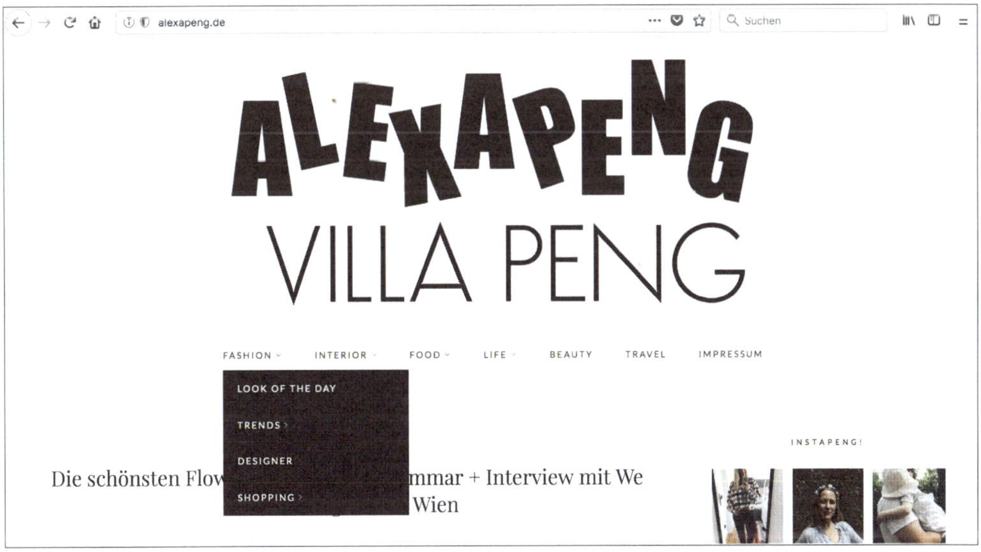

Abbildung 9.4 Damit sich die Leser leichter im Blog von Alexa Peng zurechtfinden, wird jeder Blogbeitrag einer Kategorie hinzugefügt, die über das Menü erreichbar ist. http://alexapeng.de)(Blog:

9.3.2 Der richtige Content-Mix für Ihr Blog

Ein Blog lebt nicht nur von Textpassagen, die richtige Mischung sorgt für Lesevergnügen. Besonders bei Blogs ist Abwechslung gefragt. Hier ein paar Tipps:

- Nutzen Sie verschiedene Textgattungen: Interview, Gastbeiträge, Auflistungen, Studien, Erfolgsstorys, Infografiken, Rezensionen, Porträts.
- Kategorisieren Sie Ihre Beiträge, und stellen Sie diese Kategorien in dem Menü zur Verfügung.
- Bauen Sie Videos oder Fotos in Ihren Text ein.
- Verwenden Sie Zwischenüberschriften.
- Machen Sie Absätze.
- Bieten Sie die Anmeldung für Ihren Newsletter an.
- Gestalten Sie eine »Über uns«-Seite.
- Weisen Sie auf interessante Veranstaltungen hin.

9.3.3 Die besten Geschichten erzählt das Leben selbst

Die besten Geschichten schreibt das Leben. Das dachte sich auch das Tourismusamt des australischen Bundesstaates Queensland im Januar 2009 und schrieb den Traumjob Reiseblogger aus. Tourism Queensland suchte darin für 6 Monate einen »Island Caretaker«, der über das Great Barrier Reef bloggen sollte. Die Erkundung der paradiesischen Inseln wurde mit einem paradiesischen Gehalt von über 12.000 € pro Monat vergütet. Über 34.000 Personen aus der ganzen Welt bewarben sich mit einem 60-Sekunden-Video auf YouTube unter *www.youtube.com/user/islandreefjob*. Das Tourismusbüro entschied sich für den sympathischen, offenen und vernetzten Ben Southall, der dann auf dem Blog *www.islandreefjob.com* über seine Reisen berichtete bzw. Nachberichte schrieb. Das Tourismusamt verfolgte damit das Ziel, das Great Barrier Reef aus der Sicht eines Entdeckers zu beschreiben und letztendlich wieder mehr Besucher zum Korallenriff zu locken.

Abenteurer fühlten sich von Bens persönlichen Erfahrungen angesprochen. Zudem wird einem individuellen Reisebericht eher Glauben geschenkt als dem Reisekatalog. In Ihrem Unternehmen gibt es sicherlich solche Persönlichkeiten wie Ben Southall, die einerseits ein Schreibtalent besitzen und sich andererseits gern mit anderen Menschen austauschen. Nutzen Sie das Potenzial Ihrer Mitarbeiter, und schreiben Sie gemeinsam ein Corporate Blog. Auch wenn das Projekt »Islandreefjob« beendet ist und keine neuen Blogbeiträge mehr veröffentlicht werden, so bleiben die Blogbeiträge vielen Lesern dennoch in Erinnerung und können über die Suchmaschinen weiterhin gefunden werden.

In eine ähnliche Kerbe schlägt das Blogkonzept von Kitzbühel Tourismus.[4] Als man sich vor 2 Jahren zum Bloggen entschloss, wurde das Ziel des Blogs, *http://blog.kitzbuehel.com*, klar formuliert: Man wollte eine differenzierte Sicht auf die legendäre Stadt an der berühmten Streif in den Alpen zeigen und authentische Geschichten erzählen. Denn Kitzbühel sei viel mehr als Hahnenkamm-Rennen und Society. Social-Media-Koordinatorin und Blogautorin Bettina Wiedmayr erzählt: »Die besten und meistgeklickten Blogartikel sind jene, wo es um die Menschen geht, die in Kitzbühel leben und arbeiten.« (siehe Abbildung 9.5). Sehr erfolgreich war z. B. der Artikel einer jungen Frau aus Deutschland, die nach Kitzbühel zog und sich dort ein neues Leben aufgebaut hat. Ebenso der Blogbeitrag »Schnee von gestern«, wo über ein riesiges Schneedepot berichtet wird, das die Bergbahnen anlegten, um möglichst früh in die Saison starten zu können. Das Erfolgsrezept: »Es geht um das Geschichtenerzählen – wir zeigen im Blog authentische und vor allem weniger bekannte Inhalte aus Kitzbühel«, erklärt Signe Reisch, Präsidentin von Kitzbühel Tourismus.

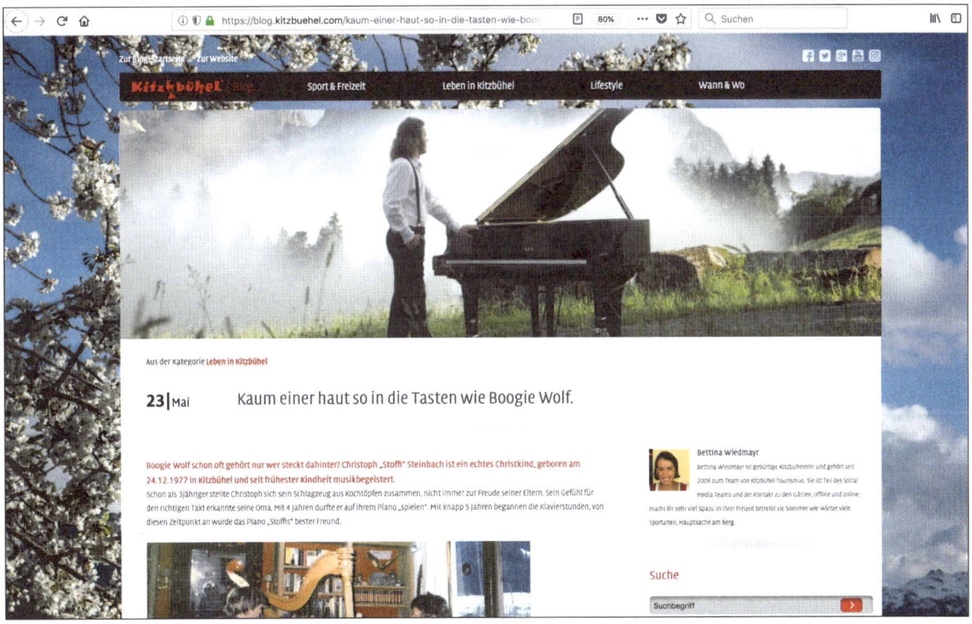

Abbildung 9.5 Die beliebtesten Artikel auf dem Kitzbühel-Blog handeln von persönlichen Einblicken in die Geschichten dieser Menschen – Storytelling at its best. (Blog: http://blog.kitzbuehel.com)

4 Hinweis: Das Unternehmen Kitzbühel Tourismus ist ein aktiver Kunde der Social Media Agentur viermalvier.at, für die Elisabeth Vogl und Karim-Patrick Bannour tätig sind.

9.3.4 Perspektivenwechsel – schreiben Sie aus der Sicht des Kunden

Bevor Sie einen Blogbeitrag schreiben, sollten Sie sich gut überlegen, für wen Sie schreiben möchten. Hören Sie gut zu, wenn Sie das nächste Mal mit Ihren Kunden kommunizieren. Aus diesen Gesprächen können Sie viel wertvollen Input für die nächsten Blogartikel mitnehmen. Aber auch bei potenziellen Kunden können Ihre Beiträge Anlass sein, Ihre Glaubwürdigkeit oder Kompetenz zu stärken. Wie Sie am besten aus der Sicht des Kunden schreiben? Nehmen Sie ihn und seine Probleme ernst, machen Sie Lösungsvorschläge, und benutzen Sie seine Sprache, z. B. so: »Ich schreibe diesen Blogartikel, weil ich immer wieder gefragt werde, welche Blogs zum Thema Gesundheit und Ernährung ich empfehlen kann.« (siehe Abbildung 9.6).

Bieten Sie Inhalt, der wirklich nützlich ist

Wichtig ist auch, den Text zu unterteilen, am besten in Absätze mit Zwischenüberschriften. Auch Auflistungen, Tabellen, Fotos oder Videos lockern den Text auf und lesen sich gut. Geben Sie zudem bereits in der Headline ein Versprechen ab, das so knackig formuliert sein muss, dass der User auf jeden Fall weiterliest. Wichtig ist auch, kurze, einfache Sätze zu formulieren. Blogbeiträge sollten niemals mit einem Punkt enden, sondern immer mit einer Aufforderung (Call-to-Action) an den Leser.

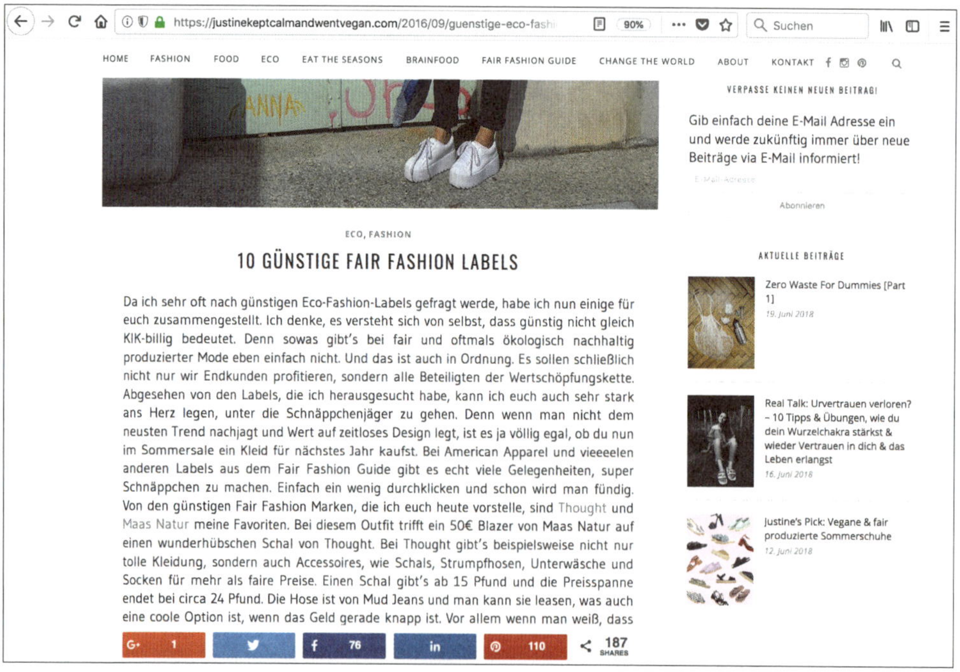

Abbildung 9.6 Den (Content-)Wünschen der Kunden und Leser sollten Sie unbedingt nachgehen, z. B. mit Listicals. Oft werden daraus die besten Blogbeiträge. (Blog: https://justinekeptcalmandwentvegan.com)

9.3.5 Erstellen Sie Listen

Schreiben Sie Blogartikel, die wie Listen aufgebaut sind (sogenannte *Listicals*), und machen Sie auch schon im Titel darauf aufmerksam. Ein Beispiel dafür wäre: »7 Gründe, warum Sie zu wenig verdienen!«, »5 Tipps, die erfolgreiche Menschen täglich tun« oder »11 schöne Straßenfeste, die ihr 2018 besuchen solltet« (siehe Abbildung 9.7). Die Idee dahinter ist, dass der Leser auf einen Blick erfasst, wovon der Text handelt, dass er eine Handlungsempfehlung erhält und so einen direkten Nutzen aus dem Lesen des Textes zieht. Häufig erzeugen Listical-Überschriften das Bedürfnis, den Artikel unbedingt anklicken zu wollen. Man spricht auch von *FOMO* (*fear of missing out*), also der Angst, etwas zu verpassen. Solche Listenartikel sind einfach zu schreiben, denn man kann sich vorab Tipps, Gründe oder Argumente zusammensuchen und diese dann einfach untereinander auflisten. Zudem vermitteln Listenbeiträge Glaubwürdigkeit, weil sie durch die Auflistung Kompetenz vermitteln.

Abbildung 9.7 Listicals erzeugen durch den FOMO-Effekt in der Regel hohe Klickraten. (Blog: http://mitvergnuegen.com)

9.3.6 Newsjacking – kapern Sie News

Sie kennen sie bestimmt: Seiten wie »Der Postillon« oder »Die Tagespresse« veröffentlichen auf ihren Plattformen satirische Beiträge im Stil von Zeitungsartikeln. Sie bedienen sich dabei eines einfachen Prinzips: Sie schreiben über aktuelle Themen, die gerade in den Medien und sozialen Netzwerken diskutiert werden, und kurbeln so ihren Traffic an. Newsjacking bedeutet so viel wie »Nachrichten kapern« oder »mediales Trittbrettfahren«. Den Begriff hat der US-Autor David Meerman Scott geprägt. Dabei ist der Zeitpunkt der Veröffentlichung entscheidend. Noch bevor ein Thema die Runde macht und bereits jeder darüber spricht, sollten Sie es aufgreifen (siehe Abbildung 9.8).

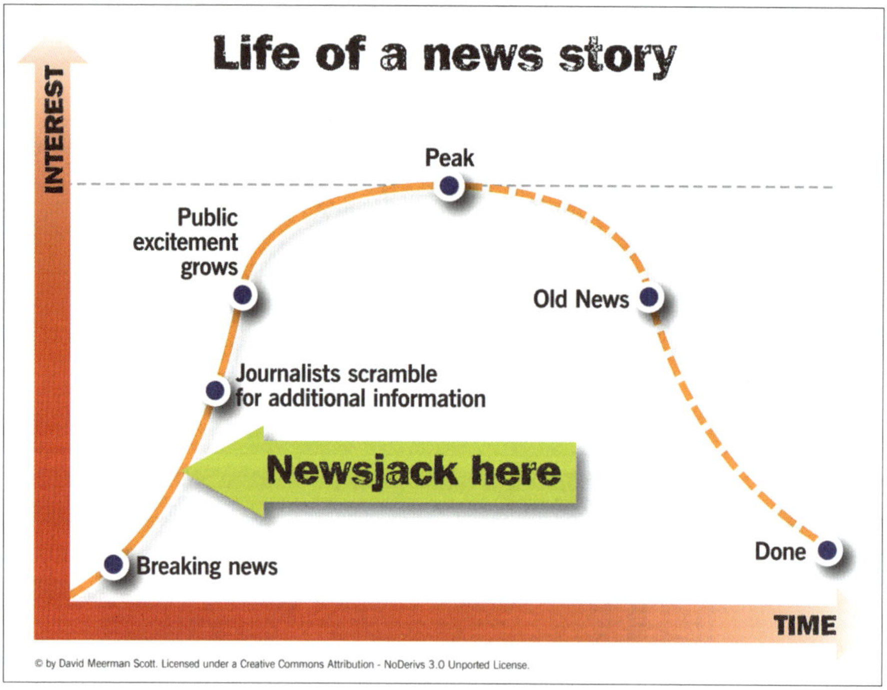

Abbildung 9.8 Der Lebenszyklus einer Nachricht nach David Meerman Scott (Quelle: www.newsjacking.com)

Wie man zu solchen Themen kommt? Indem man z. B. die Trending Topics von Twitter mitverfolgt, Hashtags verfolgt, Google Trends anschaut oder ganz einfach die Headlines bei Bild.de liest. So macht es nämlich das für Newsjacking bekannte Unternehmen Sixt (siehe Abbildung 9.9). Ihrer Erfahrung nach eignen sich vor allem nationale Ereignisse wie Fußball, Wahlen, Hochzeiten, Karneval, Wetter, politische

Geschehnisse, über die gerade Deutschland spricht. Für das Newsjacking eignen sich aber auch »banale« Ereignisse wie die Zeitumstellung, die auch jeden irgendwie betrifft. Marken und Unternehmen können jedoch nur dann erfolgreich newsjacken, wenn sich ihr Markenkern oder Markenclaim eignet, um einen ironischen Spin zu einem Ereignis zu liefern. Denken Sie hier auch an Fernet Branca, die ihren Markenclaim »Life is bitter« im Social Web regelmäßig abfeiern.

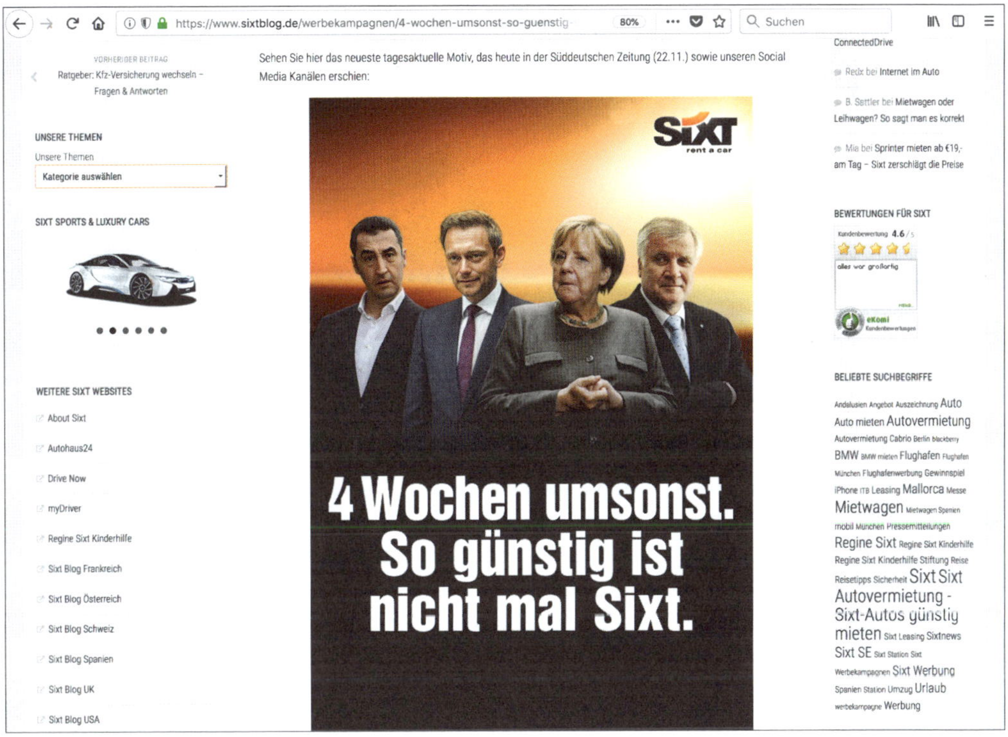

Abbildung 9.9 Erfolgreiches Newsjacking steht und fällt mit der Marke und wie viel Ironie sie sich erlauben kann. (Quelle: http://www.sixtblog.de/werbekampagnen/4-wochen-umsonst-so-guenstig-ist-nicht-mal-sixt)

Newsjacking Best Practice von Nestlé KitKat

Normalerweise macht Nestlé in Social Media ja durch Shitstorms von sich reden, aber hier ist mal ein tolles Beispiel vom Nahrungsmittelkonzern, bei dem sie den kurzzeitigen Ausfall von Facebook nutzten, um ihren eigenen Werbeslogan (KitKat) zu transportieren. Auf Twitter schrieb der Konzern Folgendes (siehe Abbildung 9.10): »Looks like #Facebook is having a BREAK right now. Have a BREAK, too!« Dafür erhielt KitKat viel positives Feedback in Form zahlreicher Retweets und medialer Berichterstattung.

Abbildung 9.10 Have a break: KitKat konnte mit seinem Werbeslogan einen cleveren Spin auf den Servereinbruch bei Facebook verwenden. (Quelle: http://twitter.com/kitkat_ph/status/479534499160539136)

9.3.7 Erzählen Sie Storys über Ihre Produkte

Nutzen Sie Blogs, um über Ihre Produkte zu erzählen. Die Kunst ist, die eigenen Produkte spannend und wahrheitsgemäß darzustellen, ohne allzu werblichen Charakter. Dabei spielt die Inszenierung der Produkte eine wichtige Rolle. Es muss authentisch sein und zum Produkt passen. Mit einer guten Story machen Sie die Fakten rund um Ihr Angebot erst so richtig interessant. Deutschlands größtes Mode-Blog Journelles.de inszeniert sein eigenes Label Jouur durch eine entsprechende Leisure-Wear-Story. Darin wird gezeigt, wie sich bequeme Mode auch fürs Büro und den Alltag eignet und warum sich gerade die Produkte des Jouur-Labels dafür eignen (siehe Abbildung 9.11). Auf diese Weise wird das eigene Fashion-Label perfekt inszeniert. Stellen Sie eine emotionale Bindung her und erzählen Sie eine Geschichte (so wird der Nutzen von Produkten oder Dienstleistungen besser erkannt). Gestalten Sie ein entsprechendes Bild-Setting mit wiedererkennbaren Symbolen.

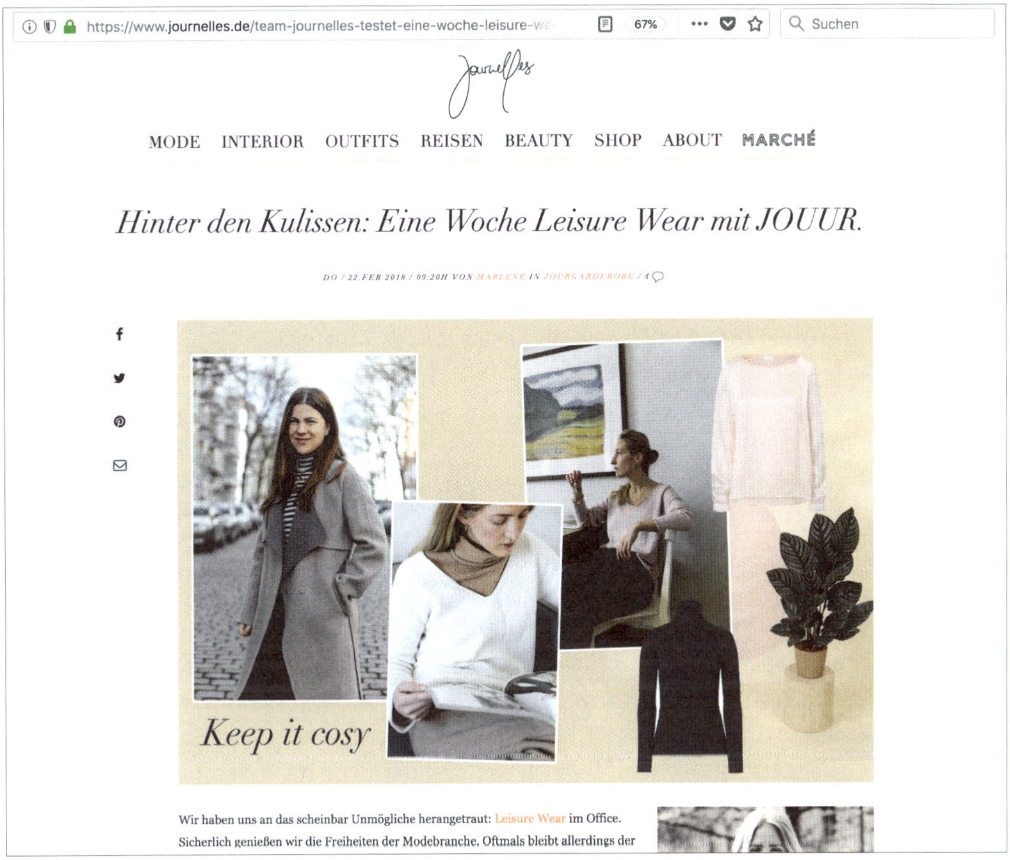

Abbildung 9.11 Über eine Story lassen sich Produkte oder das eigene Fashion-Label am besten promoten. (Blog: http://www.journelles.de)

Checkliste: Themen, über die jeder berichten kann

Aller Anfang ist schwer! Wenn Sie zu Beginn Ihrer Bloggerkarriere unsicher sind, was Sie veröffentlichen sollen, dann hilft Ihnen unsere Checkliste:

- Schreiben Sie über Hintergrundinfos zum Unternehmen, die Geschichte, Produkte oder den Produktionsstandort.
- Erzählen Sie persönliche Anekdoten.
- Authentizität ist wichtig. So wie Sie im echten (Berufs-)Leben agieren, so sollten Sie auch im Blog auftreten.
- Lassen Sie Erfahrungsberichte von Mitarbeitern oder Praktikanten zu – so können sich die Leser ein Bild davon machen, wie es ist, in Ihrem Unternehmen zu arbeiten.
- Nutzen Sie das Blog, um Ihre Kompetenz in einem bestimmten Bereich zu zeigen.

- Hören Sie Ihren Kunden zu, und schreiben Sie über Themen/Fragen, die Ihnen besonders häufig gestellt werden.
- Bloggen Sie über aktuelle Themen (Stichwort Newsjacking), bzw. stellen Sie in Blogbeiträgen Relevanz zu aktuellen Themen her.
- Interview-Serie »Zehn Fragen an …«. Bereiten Sie einen Interview-Leitfaden vor, den Sie wiederholt einsetzen können.
- Geben Sie Tipps, und stellen Sie Listen zusammen (z. B. die drei beliebtesten Ausflugstipps in Berlin …).
- Lesen Sie branchenfremde Blogs, und lassen Sie sich inspirieren. So bekommen Sie auch ein Gefühl dafür, welche Themen User gerne lesen.
- Definieren Sie Ihre Zielgruppe.
- Schauen Sie, welche Fragen in (Fach-)Foren diskutiert werden. Auch dort finden Sie Anregungen!
- Nutzen Sie kreative Schreibtechniken. Vor allem Mindmaps sind eine tolle Sache, wenn man auf der Suche nach Ideen ist.

9.3.8 Mit Thementreue Kompetenz vermitteln

Bei persönlichen Blogs, in denen der Autor Aspekte seines Lebens darstellt, sind Thementreue und eine stringente Linie weniger wichtig. Wenn aber schon der Titel des Blogs ein bestimmtes Themengebiet absteckt, ist es wichtig, seinem Thema halbwegs treu zu bleiben. Denn Blogs sind das perfekte Tool, um die eigene Themenkompetenz aufzubauen, zu stärken und vor allem nach außen zu vermitteln. Stellen Sie sich vor, Sie schreiben über einen langen Zeitraum hinweg nur zu einem bestimmten Themengebiet. Sie finden eine gewisse Zahl von Lesern und Abonnenten und werden immer stärker als Kompetenz auf diesem Gebiet wahrgenommen, da Sie fundierte und interessante Blogbeiträge schreiben. Würden Sie plötzlich auf ein komplett anderes, themenfremdes Gebiet umschwenken, würde das einen Großteil Ihrer Leser irritieren. Ihnen selbst würde es ja auch so gehen, wenn Ihr Lieblingsmagazin nicht mehr über die neuesten Trends aus dem Fachgebiet schreiben würde.

Durch Thementreue können Sie auch Nischenthemen besetzen. Eines der besten Beispiele dafür ist das derzeit beliebte Bullet Journal. Ein Bullet Journal ist ein selbst gestalteter Jahresplaner. Bullet steht an dieser Stelle für das englische »Stichpunkt«, und genau das ist der Sinn und Zweck eines Bullet Journals, das Jahr optimal zu planen, To-do-Listen abzuarbeiten, den Monat perfekt zu strukturieren, das Maximale aus dem Tag herauszuholen. Klingt einfach, aber Bullet Journals von Profis sind echte Kunstwerke, bestehend aus Inhaltsverzeichnis, Jahresplanung mit Zielsetzungen, Monatsplanung, Wochenplanung, Tagesplanung, die farblich gestaltet und voneinander abgehoben sind. Ein Bullet Journal kann natürlich auch weiter spezifiziert werden mit Finanzplanung, einem Habit Tracker, um Schlafgewohnheiten zu dokumentieren, und und und. Rund um das Bullet Journaling entstehen natürlich zahlreiche Instagram-Accounts und Blogs, wie z. B. »Punktkariert«, *http://www.punktkariert.de/blog*, die sich darauf spezialisieren und Tipps und Tricks für mehr Produktivität durch Bullet Journaling bereitstellen.

9.3.9 Bauen Sie einen Newsletter auf

Newsletter-Marketing ist das neue Social Media. Echt jetzt? Wenn Sie nur einmal die organische Reichweite und Klickraten betrachten, ist E-Mail mitunter günstiger und bringt Ihnen mehr, als wenn Sie Social-Media-Posts mit enorm viel Media pushen. Doch das ist nicht das einzige Argument für einen Newsletter:

- Die E-Mail ist nach wie vor die beliebteste und am häufigsten genutzte Kommunikationsform im Netz.
- Jede fünfte Newsletter-Mail wird tatsächlich geöffnet. Im weltweiten Durchschnitt beträgt die Öffnungsrate bei E-Mails 23 %. Angenommen, Sie haben einen Newsletter mit 5.000 Abonnenten. Dann öffnen etwa 1.000 Abonnenten Ihre E-Mail. Im Vergleich dazu ist es ohne Mediapush in Facebook nicht möglich, von 5.000 Fans tatsächlich 1.000 Fans mit einem Post zu erreichen. Dieses einfache Rechenbeispiel zeigt, dass Sie unbedingt in einen Newsletter investieren sollten.
- Mit einem Newsletter können Sie Ihre Kunden persönlich ansprechen, ohne sofort nach Werbung klingen zu müssen. Gut gemachte Newsletter unterhalten, anstatt einfach nur zu verkaufen.
- Mit Newsletter-Software wie Mailchimp, CleverReach und Newsletter2Go lassen sich Newsletter individualisieren. Es können Zielgruppen segmentiert und mit unterschiedlichen Texten angesprochen werden.
- Newsletter sind sehr gut aussteuerbar. Neben den standardmäßigen E-Mails für neue Abonnenten lassen sich auch bestimmte Blogleser gezielt ansprechen.
- Die Ergebnisse eines Newsletters sind sehr gut messbar, in vielen Bereichen sogar besser als bei einer Website.

Platzieren Sie Ihr E-Mail-Banner so prominent wie möglich, aber nur so störend wie nötig (siehe Abbildung 9.12). Einige Webseiten arbeiten tatsächlich mit Pop-up-Bannern, um auf den wöchentlichen Newsletter aufmerksam zu machen. Ob solch eine aggressive Kommunikation zu Ihnen und Ihrer Zielgruppe passt, müssen Sie selbst entscheiden.

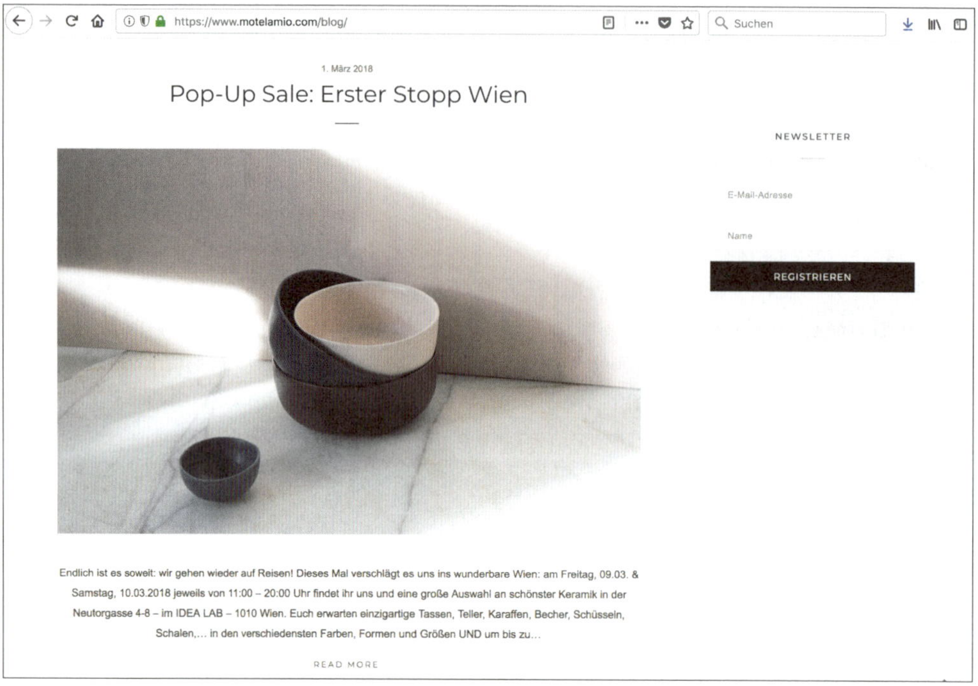

Abbildung 9.12 Platzieren Sie Ihr E-Mail-Banner so prominent wie möglich, aber nur so störend wie nötig. (Blog: http://www.motelamio.com/blog)

9.4 Corporate Blogs

Ein Corporate Blog ist ein Firmenblog. Corporate Blogs werden als Kommunikationsmedium genutzt, um unter anderem Einblicke in das Unternehmen zu gewähren und die direkte Kommunikation zwischen Unternehmen und Kunden zu fördern. Unternehmenskompetenzen können auf Ihrem Blog ausführlicher und aus einem anderen Blickwinkel beschrieben werden, als es auf Ihrer Website möglich wäre. Beiträge, die nicht unmittelbar ein neues Produkt betreffen, sondern möglicherweise nur über den Produktionsprozess berichten, würden in der Fülle zur Unübersichtlichkeit der Website führen. Auf einem Blog ist Platz für alle Arten von Beiträgen. Es können grundsätzlich alle Themen behandelt werden, die im Zusammenhang mit dem Unternehmen und seinen Produkten stehen.

9.4.1 Was unterscheidet ein Corporate Blog von einer Website?

Zunächst ist es wichtig, den Unterschied zwischen Corporate Blog und Website hervorzuheben. Ein Blog ersetzt nie die Website, sondern ergänzt sie um einige wesentliche Funktionalitäten:

- Ein Blog ist ein *aktuelleres Medium* als eine Website. Man könnte das Blog auch als Ersatz für den Newsbereich der Website sehen, wobei sich die Inhalte sehr wohl unterscheiden (sollten). Im Newsbereich werden meist PR-Texte veröffentlicht. Pressemitteilungen sollten Sie aber nicht eins zu eins in Ihr Blog übernehmen.
- Auch deshalb werden Blogs gegenüber Websites von Suchmaschinen *im Suchmaschinenranking* durchaus *bevorzugt*. Nachdem die User verstärkt an authentischen und hilfreichen Inhalten interessiert sind, versuchen die Suchmaschinen, dem Rechnung zu tragen, und heben Blogs und andere Social-Media-Inhalte im Suchergebnis nach oben.
- Im Gegensatz zur Website ist das Blog ein *Dialoginstrument*. Die Besucher/Leser des Blogs können und sollen kommentieren und Feedback geben.

Ein Corporate Blog hat, ebenso wie Social Media im Allgemeinen, Auswirkungen auf Unternehmensstrukturen. Ein vormals unsichtbarer Mitarbeiter, der im stillen Kämmerlein seiner Arbeit nachging, wird jetzt nach außen hin transparent. Seine Beiträge sind kommentierbar, und er muss möglicherweise zu seiner persönlichen Sichtweise Stellung beziehen. Im positiven Sinn führt das zu einem Austausch mit Kunden, und viele Fragen lösen sich so von selbst. Blogs klären dort auf, wo Pressemitteilungen, Webseiten, TV-Spots zu kurz greifen. Corporate Blogs machen ein Unternehmen glaubwürdiger als je zuvor.

9.4.2 Was zeichnet ein gutes Corporate Blog aus?

Wie konzipieren Sie ein erfolgreiches Blog, das Sie umsetzen und führen können? Zunächst müssen Sie die technische Basis schaffen: Sie müssen das Rad nicht neu erfinden, sondern konnen auf eine Vielzahl von selbst oder fremd gehosteten Bloglösungen zurückgreifen.

Neben der technisch einwandfreien und praktikablen Umsetzung ist bereits am Beginn des Prozesses wichtig, die Rahmenbedingungen abzuklären: Ist Ihr Unternehmen schon so weit, diesen Schritt zu gehen? Akzeptiert die Geschäftsführung des Unternehmens jene Offenheit gegenüber den Bloglesern, die für erfolgreiche Blogs notwendig ist? Gibt es Mitarbeiter, die Sie schon in den Konzeptionsprozess integrieren können? Wer wird welche Rolle bei der Betreuung des Blogs spielen? Das ist nur ein Ausschnitt jener Fragen, die Sie sich im Vorfeld stellen müssen. Bei der Frage des Blogdesigns, das in vielen Fällen an das Design der Website angelehnt wird, gerät man gerade bei älteren Websites oft in den Zwiespalt, auch gleich eine ganz neue Website haben zu wollen, frei nach dem Motto: »Wenn schon, dann gleich alles neu!«

9.4.3 Worüber sollten Unternehmen schreiben?

Die Liste an Themen ist länger, als Ihnen vielleicht spontan einfallen würde. Erstellen Sie deshalb einen *Redaktionsplan*, der Ihnen nicht nur dabei hilft, die relevanten Themen zu dokumentieren, sondern auch die Zuständigkeiten und Verantwortlichkeiten innerhalb des Unternehmens wiederzugeben. Außerdem ermöglicht es Ihnen der Redaktionsplan, Aufgaben zu delegieren. Im Folgenden schildern wir Ihnen einige Aspekte zu den Inhalten Ihres Blogs, die wir Ihnen besonders ans Herz legen möchten.

Tipp: Lernen Sie von der Konkurrenz

Wie bei der Produktentwicklung können Sie auch bei der Konzeption des Blogs und zur Inspiration für Blogbeiträge einen Blick auf die Konkurrenz werfen. Worüber schreiben Ihre Mitbewerber? Wie schreiben sie, und wie ist die Resonanz der Leser? Welche Beiträge kommen besonders gut an, welche weniger gut? Was schreiben andere Blogger regelmäßig? Viele Themen werden Ihnen auf dem Silbertablett serviert.

9.4.4 Lassen Sie Ihre Abteilungen zu Wort kommen

Häufig werden die Beiträge von der Marketing- oder der Kommunikationsabteilung verfasst. Mitunter sind die Unternehmen jedoch auch so mutig, Mitarbeiter aus anderen Abteilungen, z. B. dem Außendienst, Beiträge schreiben zu lassen. Das hat einerseits den Vorteil, dass regelmäßig Beiträge auf dem Blog stehen, andererseits wird damit ein großes Spektrum an unternehmensrelevanten Themen abgebildet. Denn nichts ist langweiliger als eine Kopie der bisherigen Unternehmenskommunikation. Blogs bieten ja gerade die Möglichkeit, darüber hinaus zu informieren. Was bisher nicht wichtig genug für eine Pressemitteilung war oder strukturbedingt nicht auf die Website passte, hat jetzt Platz im Corporate Blog, egal, ob es kurze Meldungen oder ausführliche Blogbeiträge sind.

Warum Daimler bloggt

Was mag dann wohl ein aktiennotiertes Unternehmen wie die Daimler AG dazu bewogen haben, 2007 ein Corporate Blog zu starten, auf dem Mitarbeiter ganz selbstverständlich Beiträge veröffentlichen? Daimler schreibt dazu auf seinem Blog *www.blog.daimler.de*:

> *»Auf der einen Seite gibt es natürlich eine offizielle Unternehmensmeinung, etwa bei Finanz-, Strategie- oder Kooperationsthemen. Auf der anderen Seite hat Daimler wiederum viele Inhalte, die den Weg in die klassischen Medien nicht finden. Diese Themen können vielfältig sein: vom technischen Hintergrundwissen angefangen über Berichte aus dem täglichen Arbeitsleben bis hin zur Vorstellung von sozialen Projekten.«*

Die Spanne zwischen offiziellen Themen und Firmenalltag ist sehr groß, und auch in Ihrem Unternehmen wird es Themen geben, für die sich Ihre Markenfans brennend interessieren. Ob Sie, wie Daimler, zwischen B2C und B2B unterscheiden, bleibt letztlich Ihnen überlassen und hängt maßgeblich von Ihrer Firma ab.

Corporate Blogs im B2B-Bereich

Corporate Blogs eignen sich natürlich auch für B2B-Firmen. Ein gelungenes Beispiel dafür ist die Krones AG, die gleich drei Blogs führt, ein Unternehmensblog im klassischen Sinn, *http://blog.krones.com*, ein Azubi-Blog und ein Craft-Beer-Blog, *http://blog.krones.com/craftbeer/de* (siehe Abbildung 9.13). Krones AG beliefert sehr viele Bierbrauereien mit ihren Produkten und Technologie. Da lag es natürlich nahe, ein Bierblog zu starten.

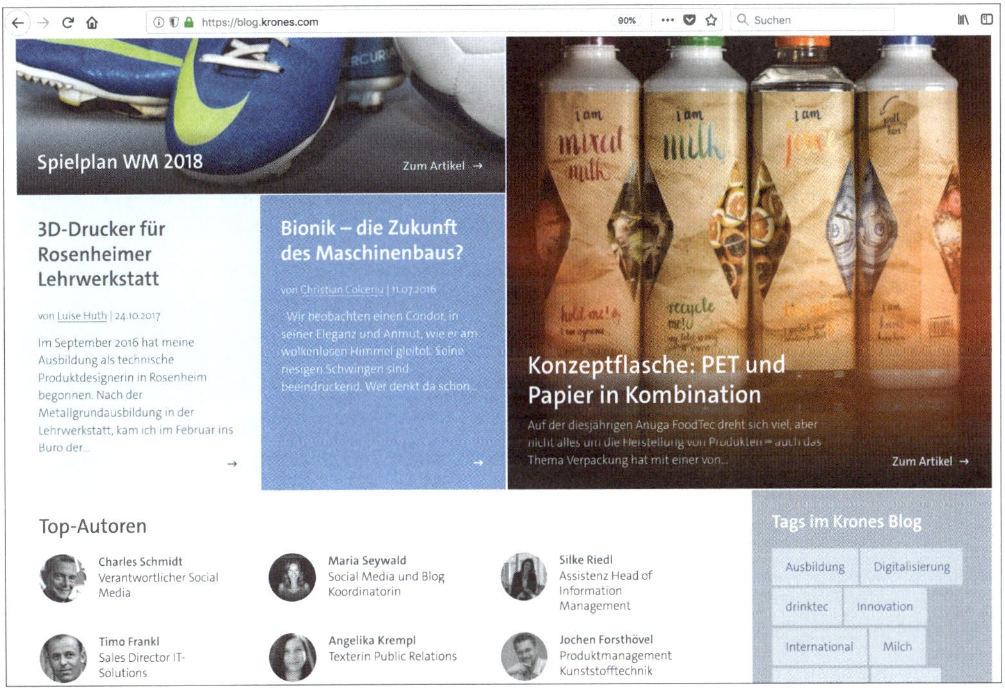

Abbildung 9.13 Von Firmen für Firmen – das Blog der Krones AG (Blog: http://blog.krones.com)

9.4.5 Schreiben oder schreiben lassen?

Bloggen ist mit Zeitaufwand verbunden. Blogbeiträge wollen wohlüberlegt, gut recherchiert, strukturiert und ansprechend geschrieben sein. Im Schnitt können Sie mit einem Aufwand von mindestens 60–90 Minuten pro Blogbeitrag rechnen. Kaum ein Unternehmen wird über Zeitüberschuss in der Führungsebene oder bei Mitarbeitern klagen. Wie ist das Zeitproblem also zu lösen?

Versuchen wir einmal, das Ganze aus einem anderen Blickwinkel zu betrachten: Wie viel Geld geben Sie monatlich oder jährlich für Werbung aus? Können Sie sich vorstellen, einen Teil davon in Personal für Social Media zu investieren, wenn Ihr Social-Media-Engagement erste Früchte trägt? Ein unternehmerisches Risiko tragen Sie bei jeder Maßnahme, die Sie treffen – warum also bei Social Media eine Ausnahme machen?

Eine externe Agentur beauftragen

Unsere Erfahrungen haben gezeigt, dass Blogs immer dann erfolgreich sind, wenn sie direkt im Unternehmen geführt und betreut werden. Sie haben natürlich auch die Möglichkeit, mangels personeller Ressourcen eine externe Agentur mit der Erstellung von Blogbeiträgen zu beauftragen. Das kann funktionieren, wenn folgende Punkte sichergestellt werden:

- Alle relevanten Personen in Ihrem Unternehmen müssen Bescheid wissen, was und worüber auf dem Blog geschrieben wird. Nichts ist peinlicher, als wenn der Chef des Unternehmens während einer Veranstaltung auf aktuelle Blogbeiträge angesprochen wird, die unter seinem Namen veröffentlicht wurden, und er keine Ahnung hat, worum es überhaupt geht.
- Es müssen ausreichend Befugnisse bei jenen Personen liegen, die die Kommentare beantworten und auf Fragen, Lob oder Kritik reagieren sollen.

Die Gefahr ist groß, dass eine externe redaktionelle Betreuung immer auch als solche wirkt und kommuniziert. Damit würde der Nutzen des Blogs geschmälert oder sogar infrage gestellt, denn es geht ja um authentische Meldungen. Eine externe Agentur kann das nur mit einem sehr genauen Briefing bewerkstelligen. Sie sollten also im Fall einer Auslagerung der Autorenschaft nur auf jemanden zurückgreifen, der das Unternehmen sehr gut kennt und in dessen Namen sprechen kann.

Die Mitarbeiter mit einbeziehen

Versuchen Sie, sich einmal mit dem Gedanken anzufreunden, die Blogbetreuung im eigenen Unternehmen zu bestreiten. Sie wissen ja noch gar nicht, in wie vielen Ihrer Mitarbeiter das Potenzial zum Blogautor steckt. Und vergessen Sie ja nicht die Power der Gastautoren, von Ihren Stammkunden und Lieferanten bis hin zu Ihren Kooperationspartnern: Scheuen Sie sich nicht, diese authentischen Quellen mit einzubeziehen.

Bevor Sie mit dem Blog starten, sollten Sie sich grundsätzlich überlegen, welche Mitarbeiter dafür geeignet sind und welche Befugnisse sie erhalten müssen. Eine zentrale Stelle in Ihrem Unternehmen sollte sich um die Koordination kümmern. In vielen Fällen ist diese Person auch gleichzeitig »Moderator«: Als Administrator des Blogs erhält er alle Blogbeiträge vorab und kann etwaige Fehler in Form und Inhalt korrigieren. Doch schränken Sie die Kreativität der Mitarbeiter nicht zu sehr ein. Veranstalten Sie einen Workshop mit den Mitarbeitern, in dem Sie zeigen, welche Möglichkeiten ein Blog für das Unternehmen und die einzelnen Mitarbeiter bietet. Die Blogger müssen es mit Spaß und Interesse tun, ansonsten funktioniert es nicht: Die Beiträge würden nur spärlich eintrudeln und sowohl inhaltlich als auch vom Ton her nicht die gewünschte Kundenansprache treffen. Nutzen Sie das Blog nicht nur gegenüber den Kunden, um ihnen die Kompetenz Ihres Unternehmens zu vermitteln, sondern vermitteln Sie auch den Mitarbeitern, dass das Bloggen ihnen hilft, ihre Kompetenz nach außen hin transparenter zu machen. Nicht zuletzt werden sie dadurch noch wertvoller für die Firma.

Dazu muss sichergestellt sein, dass die bloggenden Mitarbeiter wissen:

- über welche Themen sie bis zu welchem Detailgrad schreiben dürfen, ohne etwaige Betriebsgeheimnisse zu lüften
- wen sie fragen sollen, wenn Letzteres oder ein anderer Punkt unklar ist

All diese Fragen rund um Ihr Blog sollten ebenfalls in den *Social Media Guidelines* geklärt werden. Wenn die aktuelle Unternehmenskultur noch nicht so weit ist, die Türen etwas weiter zu öffnen als bisher, sollten zuerst die Rahmenbedingungen geschaffen werden, die das authentische und offene Bloggen überhaupt erst ermöglichen.

Was tun, wenn der Blogger das Unternehmen verlässt?

Ein Bloggerwechsel ist eine schwierige Angelegenheit, selbst wenn sich Unternehmen und Mitarbeiter im Guten trennen. Sein Weggehen muss im Vorhinein unbedingt angekündigt werden. Die Blogger des Unternehmens stehen stellvertretend für die Unternehmenswerte und verleihen der Firma ein Gesicht. Die Leserschaft sollte nicht mit dem neuen Blogger überrumpelt werden. Sie muss außerdem erfahren, warum sich der bisherige Blogger verabschiedet. Meistens sind es berufliche Gründe, da sich der Blogger auf andere Weise verwirklichen möchte, und die Community hat in meisten Fällen Verständnis dafür. Sollten Sie also einen Blogger verabschieden und ersetzen, ist es wichtig, den Wechsel zu thematisieren und den neuen Blogger vorzustellen. In der Regel bietet sich eine Übergangsphase von etwa 1 Monat an, in der der alte Blogger noch da ist und der neue bereits eigene Beiträge schreibt. Wenn Sie einen neuen Blogger wählen, achten Sie auf den Grad seiner Vernetzung und darauf, ob er eine »Fangemeinde« mitbringen kann. Dann profitiert das Corporate Blog auch insofern von dem Wechsel, da sich die Reichweite des Blogs erhöht.

9.4.6 Rechtevergabe im Autorenteam

Technisch gesehen können den einzelnen Autoren unterschiedliche Rechte gegeben werden, je nachdem, was ihnen im Einzelnen zugestanden wird: Vom »einfachen« Autor, der Beiträge verfassen und zur Revision einreichen kann, bis hin zum Administrator, der die Beiträge aller Autoren und alle Kommentare sieht, freigibt und nachträglich bearbeiten kann, gibt es mehrere Varianten. Es sollte am besten vorher schon geklärt sein, wer Administratorrechte bekommt – idealerweise mehr als eine Person, damit im Notfall auch ein anderer User die notwendigen Tätigkeiten durchführen kann.

9.4.7 Laden Sie zu Gastbeiträgen ein

Sie müssen nicht alles selbst schreiben. Wer kann authentischer über Ihr Produkt sprechen als Ihre Kunden selbst? Die Meinung Ihrer Kunden ist ein wertvolles Gut beim Social Media Marketing. Blogs bieten sich dazu an, diese Meinung abzubilden. Laden Sie Ihre Kunden dazu ein, Blogbeiträge auf Ihrem Firmenblog zu verfassen. Solche Beiträge werden Gastbeiträge genannt, da der Autor nicht direkt zum festen Autorenteam gehört.

Achten Sie darauf, Ihr Blog regelmäßig mit Beiträgen zu befüllen, um bei der Leserschaft kontinuierlich das Interesse zu wecken. Gastbeiträge sichern Ihnen einerseits kostenlos Inhalte, andererseits unabhängige Kundenmeinungen. Kunden schreiben aus der Verbraucherperspektive und bringen ihre ganz persönliche Sichtweise zum Ausdruck. Stammleser bieten Gastbeiträge in einem neuen Schreibstil und mit der Fremdeinschätzung des Gastautors. Der Gastautor bringt frischen Wind in die Unterhaltung. Seine Perspektive ist einerseits neutral und unabhängig und spiegelt andererseits die Meinung anderer Kunden wider.

9.5 Schnell, authentisch und relevant – in der Krise leistet Ihr Blog Erste Hilfe

Blogbeiträge werden von Suchmaschinen schnell indiziert, d. h. häufig unmittelbar nach der Veröffentlichung im Suchergebnis angezeigt. Blogs eignen sich daher für aktuelle Kommunikation und Nachrichten, die schnell verbreitet werden sollen. Das ist letztlich ein wichtiger Faktor für erfolgreiche Krisen-PR. Unternehmen, die um ihren guten Ruf im Netz fürchten, sollten ihre Stellungnahme (neben der klassischen Pressemitteilung und einem Eintrag auf der Firmen-Homepage) auf ihrem Blog veröffentlichen, damit sie sich auf schnellstem Weg verbreiten kann. Ganz entscheidend jedoch für die Krisenkommunikation ist die Kommentarfunktion auf Blogs. Bislang mussten Kunden und Geschäftspartner Pressemitteilungen stillschweigend hinnehmen. Ausschließlich die Medienunternehmen hatten ein Mitspracherecht. Social Media bieten jedoch jedem User die Möglichkeit, seine Meinung in Foren, als Facebook- oder Twitter-Status, auf dem eigenen Blog oder auf der Unternehmens-Website, in einem Wiki oder wo auch immer im Internet zu verbreiten. Die Meinung eines aufgebrachten Kunden erhält dadurch die gleiche Bedeutung wie die des Chefredakteurs einer für Sie relevanten Fachzeitschrift.

Die gleichberechtigte Kommunikation mittels Blog erlaubt es Ihnen, in Zeiten von Krisen-PR einen Dialog mit Ihren Kunden zu führen. Das Eingehen auf die Kommentare der Kunden mit einer persönlichen Stellungnahme wirkt sich auch auf den Leser aus. Authentische und ehrliche Beiträge von Firmenchefs und Mitarbeitern schaffen Vertrauen beim Leser, denn dann erst wird auf Augenhöhe kommuniziert. Und während Sie wichtige Rückmeldungen und Meinungen erhalten, leisten Sie wertvolle Überzeugungsarbeit bei verunsicherten Kunden. Da die Kommentare immer sichtbar sind, können neu hinzugekommene Leser die bisherige Diskussion nachvollziehen und sich ihr eigenes Bild machen. Der Kunde findet direkt die relevanten Informationen.

Best Practice: FRoSTA-Blog

Auf dem FRoSTA-Blog, *www.frostablog.de*, berichten die Mitarbeiter humorvoll vom Unternehmen und von den alltäglichen Geschehnissen. Neben neuen und bekannten FRoSTA-Produkten werden Infos aus dem Firmenalltag gebloggt, beispielsweise wie sich Druckkosten im Büro einsparen lassen. Aber auch brandaktuelle Themen und branchen- oder unternehmensrelevante kritische Medienberichte werden aufgegriffen und glaubwürdig erörtert.

Das bedeutet, Sie allein entscheiden, welche Informationen relevant sind. Die Beiträge sollten nach Möglichkeit einen Blick hinter die Kulissen des Unternehmens gewähren. »Informieren und unterhalten« sollte die Devise bei der Auswahl relevanter Blogbeiträge lauten.

9.5.1 So nehmen Sie dem Shitstorm den Wind aus den Segeln

Das wohl häufigste Gegenargument für den Start eines Corporate Blogs ist die Angst vor einem Shitstorm. Dabei werden nicht nur die Meinungen der Kunden, sondern auch die der Mitarbeiter gefürchtet. Noch immer werden Blogs gelauncht, bei denen die Kommentarfunktion gesperrt ist. Das ist jedoch einer der größten Fehler, den ein Unternehmen in Sachen Social Media machen kann. Dadurch verliert das Blog die Funktion eines Dialoginstruments. Das ist in etwa so, als würden Sie in Ihr Geschäft keine Kundschaft lassen aus Angst, sie könnte etwas Negatives sagen. Die Bedenken der Unternehmer sind meistens auf Unsicherheiten im Umgang mit Blogs und Social Media zurückzuführen.

Die Angst vor einem negativen Kommentar überwinden

Neben Beschimpfungen haben Unternehmen vor allem Angst vor einem negativen Kommentar, einer negativen Rückmeldung zu einem Produkt, die dann für immer nach außen hin sichtbar ist. Darin liegt jedoch die eigentliche Chance eines Blogs: Mit den positiven und negativen Rückmeldungen der Käufer können Sie einen Dialog starten. Löschen Sie daher Kommentare nicht, wenn ein Kunde sich negativ zu einem Produkt äußert. Das würde Ihr Blog innerhalb der Blogosphäre nur in Verruf bringen. Fragen Sie Ihre Kunden stattdessen nach Verbesserungsvorschlägen und Alternativen. Wenn sich die Kritik auf einen Servicemangel bezieht, bieten Sie Ihre direkte Hilfe an. Bemühen Sie sich um skeptische Kunden wie um Lieblingskunden gleichermaßen.

Letztendlich ist die Kommentarfunktion das eigentliche Vehikel zum Kundendialog. Es wäre eher schädlich für Ihr Unternehmen, diese Funktion zu blockieren. Im schlimmsten Fall würden Sie von dessen Unmut gar nichts erfahren oder mittels Social Media Monitoring erst zu spät darauf aufmerksam werden. Wenn der User jedoch direkt auf Ihrem Blog seine Meinung postet, haben Sie die Möglichkeit, adäquat zu reagieren. Sie demonstrieren dadurch gleichzeitig anderen Usern, wie serviceorientiert und kompetent Sie arbeiten. Langfristig verringern sich gerade durch diese Blogbeiträge Serviceanfragen, da der User die Antwort direkt im Blog findet. Wenn Sie Ihr Publikum ernst nehmen, gewinnen Sie auch sein Vertrauen und schaffen Sympathie.

Wenn ein Unternehmen negative Kommentare von Mitarbeitern auf dem Blog fürchtet, sollte es sich ohnehin fragen, ob es in Sachen Unternehmensphilosophie Nachholbedarf hat. Sinnvoller ist es jedoch, eine Lösung zu finden, die alle Mitarbeiter berechtigt, Kommentare abzugeben, schließlich steckt das Firmen-Know-how nicht nur in der Marketingabteilung.

9.5.2 So gehen Sie professionell mit Kritik um

Auf einen kritischen Kommentar sollte das Unternehmen so schnell wie möglich mit einer offenen Stellungnahme via Kommentarfunktion reagieren. Die Antwort sollte durchdacht sein, damit Missverständnisse aufgeklärt werden können. Ernst gemeinte Kritik sollte generell willkommen sein, denn sie hilft, Fragen zu klären, die möglicherweise auch andere Kunden haben. Als Unternehmen müssen Sie mit negativen Rückmeldungen rechnen oder sie zumindest einmal in einem Krisenszenario durchgespielt haben. Damit stellen Sie sicher, dass im Falle eines Falles die richtigen Abteilungen und die verantwortliche Person benachrichtigt werden. Nur so können Sie im Zweifelsfall angemessen reagieren. Krisen-PR im Social Web muss vor allem schnell erfolgen. Verzögerungen bewirken nur, dass sich die Negativmeldungen weiter aufschaukeln. Schnell bedeutet aber nicht, dass die Antwort auf eine

Kritik unüberlegt erfolgen sollte. Natürlich müssen die Antworten im Einklang mit der Firmenphilosophie verfasst werden. Von einer Bloggerabmahnung ist generell abzuraten. Die Vergangenheit hat gezeigt, dass die Blogosphäre auf Abmahnungen sehr empfindlich reagiert.

Der Fall JAKO – wie eine Bloggerabmahnung zur Reputationskrise des Unternehmens führte

Im Fall der JAKO AG, die den Sportblogger Frank Baade (*www.trainer-baade.de*) für seine Kritik am neuen JAKO-Logo verklagte, bekam das Unternehmen die Reichweite der Blogosphäre zu spüren. Frank Baade nahm die Inhalte aus dem Netz, doch ein paar Monate später wurde er erneut verklagt, da der Nachrichtenaggregator *www.newstin.de* die Logo-Verunglimpfung erneut dokumentierte. Newsaggregatoren sammeln Inhalte im Netz und veröffentlichen sie erneut, auch wenn die ursprünglichen Beiträge bereits gelöscht wurden. Der Vorwurf des Anwalts gegenüber Baade war für die Blogosphäre nicht rechtens. Es dauerte daher nicht lange, bis sich die gesamte User-Gemeinde über die Vorgehensweise der Anwälte des Sportartikelherstellers mit Beiträgen wie »Wie JAKO anderen Leuten das letzte Trikot auszieht« echauffierte. Über hundert Blogs und Tausende Tweets (Twitter-Nachrichten) berichteten von dem unangemessenen Verhalten des Herstellers. Am Ende musste JAKO aufgrund der vehementen Kritik im Netz einlenken. Viel sinnvoller wäre es gewesen, wenn JAKO das direkte Gespräch mit dem Blogger gesucht hätte, dessen Logo-Kritik gerade einmal 400 User gelesen hatten.

Mit einem eigenen Blogbeitrag auf Ihrem Firmenblog (wenn Sie bis dahin noch keines besitzen, setzen Sie einfach schnell ein Krisenblog auf), der die Fakten und die Sachlage erläutert, sollten Sie ebenfalls auf die Bloggerkritik reagieren. Das führt dazu, dass Sie mit den Beiträgen auch in Suchmaschinen auftauchen. Zugleich dient es als Grundlage für die Berichterstattung anderer Medien und Blogs.

9.5.3 Netiquette – Kommentarrichtlinien schützen

Beim näheren Betrachten der Blogosphäre und ihrer Netiquette (Kurzform für den englischen Begriff »net etiquette«, zu Deutsch Netz-Etikette) fällt auf, dass sich bereits Kommentarrichtlinien etabliert haben. Andererseits hat das Unternehmen auch die Möglichkeit, eigene Kommentarrichtlinien bzw. eine eigene Netiquette für das Blog zu definieren, wie es beispielsweise auch das Daimler-Blog gelöst hat: *www.blog.daimler.de/kommentar-richtlinien* (siehe Abbildung 9.14).

Natürlich können diese Richtlinien letztendlich nicht verhindern, dass ein User einen unangebrachten Kommentar schreibt oder andere User beschimpft. Sie können aber im Zweifelsfall mit Bezug auf die Netiquette entsprechend reagieren. Mitunter ergreifen sogar andere Leser Partei für das Unternehmen, sodass die Diskussion zum Selbstläufer unter den Markenfans und Markenkritikern wird. Das passiert jedoch nur dann, wenn es sich um eine lebendige Community handelt.

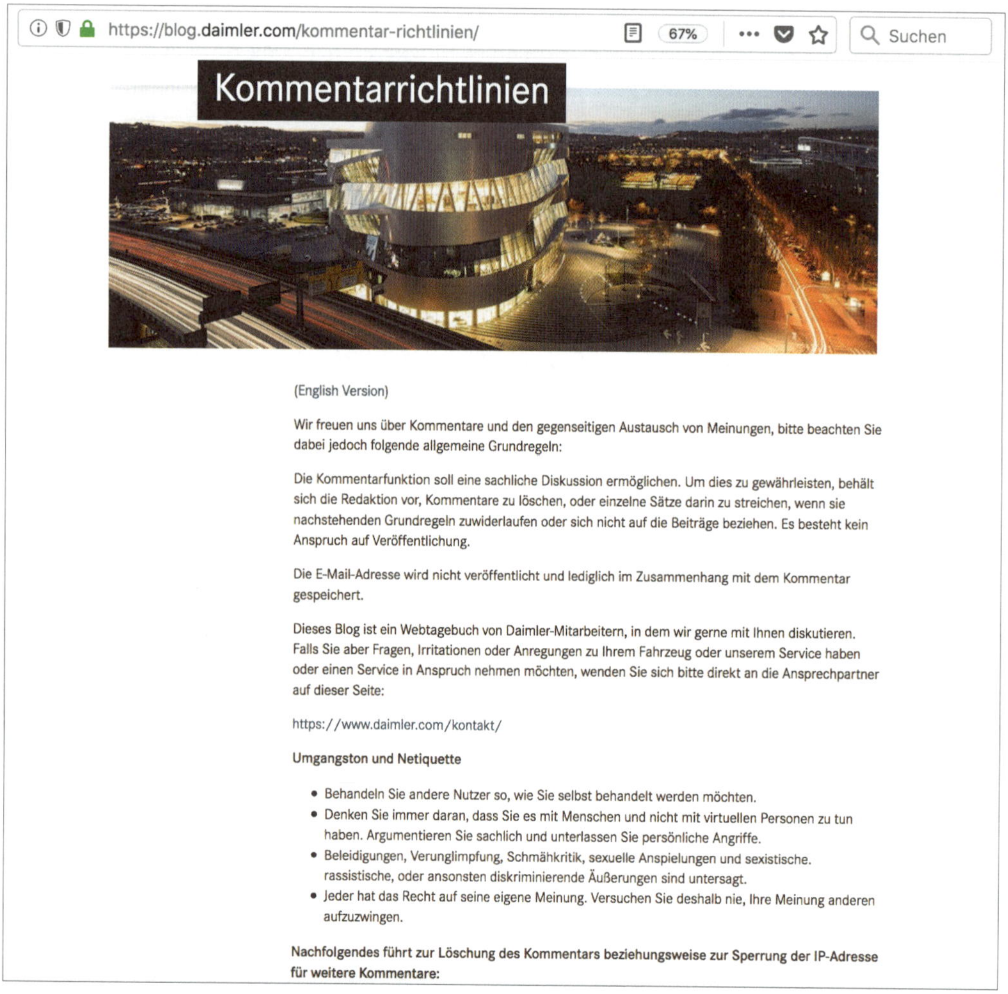

https://blog.daimler.com/kommentar-richtlinien/ 67% Suchen

Kommentarrichtlinien

(English Version)

Wir freuen uns über Kommentare und den gegenseitigen Austausch von Meinungen, bitte beachten Sie dabei jedoch folgende allgemeine Grundregeln:

Die Kommentarfunktion soll eine sachliche Diskussion ermöglichen. Um dies zu gewährleisten, behält sich die Redaktion vor, Kommentare zu löschen, oder einzelne Sätze darin zu streichen, wenn sie nachstehenden Grundregeln zuwiderlaufen oder sich nicht auf die Beiträge beziehen. Es besteht kein Anspruch auf Veröffentlichung.

Die E-Mail-Adresse wird nicht veröffentlicht und lediglich im Zusammenhang mit dem Kommentar gespeichert.

Dieses Blog ist ein Webtagebuch von Daimler-Mitarbeitern, in dem wir gerne mit Ihnen diskutieren. Falls Sie aber Fragen, Irritationen oder Anregungen zu Ihrem Fahrzeug oder unserem Service haben oder einen Service in Anspruch nehmen möchten, wenden Sie sich bitte direkt an die Ansprechpartner auf dieser Seite:

https://www.daimler.com/kontakt/

Umgangston und Netiquette

- Behandeln Sie andere Nutzer so, wie Sie selbst behandelt werden möchten.
- Denken Sie immer daran, dass Sie es mit Menschen und nicht mit virtuellen Personen zu tun haben. Argumentieren Sie sachlich und unterlassen Sie persönliche Angriffe.
- Beleidigungen, Verunglimpfung, Schmähkritik, sexuelle Anspielungen und sexistische. rassistische, oder ansonsten diskriminierende Äußerungen sind untersagt.
- Jeder hat das Recht auf seine eigene Meinung. Versuchen Sie deshalb nie, Ihre Meinung anderen aufzuzwingen.

Nachfolgendes führt zur Löschung des Kommentars beziehungsweise zur Sperrung der IP-Adresse für weitere Kommentare:

Abbildung 9.14 Die Kommentarrichtlinien von Daimler regeln das Miteinander auf dem Daimler-Blog. (Quelle: https://blog.daimler.com/kommentar-richtlinien)

9.6 Blogger Relations

Grundsätzlich gibt es zwei Arten von Blogger Relations: Einerseits Beziehungen, die Blogger untereinander pflegen, andererseits Beziehungen zwischen Unternehmen und Bloggern. Online Relations, d. h. Public Relations im Internet, funktionieren heute nicht mehr, ohne Beziehungen zu Bloggern zu pflegen. Blogger Relations ergänzen die klassische Medienarbeit. Mittlerweile gibt es Blogger, die eine respektable Anzahl an Lesern verzeichnen. Dementsprechend ist auch ihr Einfluss auf ihre Leserschaft überaus hoch. Wenn Blogger zu Fernsehdiskussionen eingeladen werden oder sogar eigene Sendezeiten bei diversen TV-Sendern bekommen, geschieht das nicht ohne Grund. Blogs und Microblogs (siehe Kapitel 8, »Twitter«) haben in der Medienlandschaft einen großen Stellenwert: Erste inoffizielle Informationen über neue Smartphones werden beispielsweise immer öfter von Powerbloggern veröffentlicht. Aber das gilt nicht nur für Technologiethemen, sondern sicher auch für Ihre Branche.

Haben Sie schon einmal geschaut, wo überall über Ihr Unternehmen, Ihre Produkte und Dienstleistungen oder unternehmensrelevante Themen berichtet wird? Wenn nicht, erfahren Sie in Kapitel 12, »Social Media Monitoring und Online Reputation Management«, mit welchen Social-Media-Tools Sie das herausfinden. Sicher hat auch schon das eine oder andere Blog über Sie berichtet. Und nun stellen Sie sich vor, da ist ein Powerblogger darunter, der eine große Leserschar hinter sich vereint, die auf sein authentisches und kompetentes Wort viel Wert legt. Private Blogger sind wichtige Multiplikatoren, die mit ihrem unabhängigen Blog und ihrer starken Vernetzung die öffentliche Meinung stark beeinflussen. Insbesondere bei Spezialthemen konnten sich in der Vergangenheit Experten mit ihren Blogs sehr gut positionieren. Sie sind mindestens genauso wichtig wie die Riege an Journalisten, die Sie mittels Pressearbeit und Lobbying dazu bringen wollen, positiv über Ihr Unternehmen oder Ihr neuestes Produkt zu schreiben. Die Lobby der Blogger ist jedoch die Blogosphäre. Lobbyarbeit betreiben Sie mit Ihrem eigenen Blog, durch Lesen und Kommentieren branchenrelevanter Blogbeiträge und durch intensiven persönlichen Austausch mit den Bloggern.

Wenn Sie mit Bloggern zusammenarbeiten wollen, kann dies durch das Bereitstellen von exklusiven Informationen passieren, die sinnvoll für Blogger aufbereitet werden, etwa indem Sie Produkte zum Testen oder Preise für Gewinnspiele zur Verfügung stellen. Oder suchen Sie einfach den Kontakt zu Bloggern und laden sie z. B. ein, einen Gastbeitrag auf Ihrem Unternehmensblog zu schreiben. So kann der Blogger ein fremdes Netzwerk nutzen – und umgekehrt. Der Nutzen in der Zusammenarbeit mit Bloggern liegt klar auf der Hand: Sie können neue Zielgruppen erreichen, indem Sie die Community des Bloggers nutzen. Sie schaffen wertvolle Links und erhalten zudem eine authentische und glaubwürdige Berichterstattung.

Typische Fehler, die man bei Blogger Relations machen kann

- Blogger sind keine Journalisten und wollen auch nicht so behandelt werden.
- Anonyme Massenaussendungen bzw. Masseneinladungen zu Events sind nicht gerne gesehen, eine gute Kontaktaufnahme sollte persönlich erfolgen.
- Der Eingriff in die Berichterstattung des Bloggers verbietet sich. Blogbeiträge leben von der Authentizität und Wahrnehmung von Bloggern.

- Veränderte Absprachen sind kein Zeichen von Wertschätzung, die vereinbarten Leistungen sollten also auch nicht verändert werden.
- Keine klare Kommunikation über die vereinbarten Leistungen führt mindestens zu Missverständnissen, möglicherweise aber auch zu Unfrieden.
- Auch von dem ungefragten Einsatz von Bild-, Video- oder Textmaterial des Bloggers bzw. Werbung mit dessen Konterfei sollten Sie absehen.
- Blogger-Events, bei denen es keine Geschichte zu erzählen gibt, sind sinnlos. Blogger brauchen ein Thema, über das sie berichten können, ein neues Produkt allein reicht nicht.
- Einen Linktausch anzubieten, sollten Sie sich sparen, denn er bietet keinen wirklichen Nutzen für Blogger.

Blogfoster – Plattform für Blogger Relations und Influencer Marketing

Es gibt natürlich zahlreiche Agenturen (z. B. Lucky Shareman) und Plattformen (z. B. InfluencerDB), um Kooperationen mit Bloggern und Influencern einzugehen. Wir möchten Ihnen an dieser Stelle Blogfoster, *http://www.blogfoster.com*, empfehlen. Die Plattform hat etwa 35.000 angemeldete Social-Media-Profile. Der Gründer von Blogfoster, Simon Staib, ist überzeugt, dass »Vertrauen [...] der größte Key Performance Indikator« (Erfolgskriterium) eines Bloggers/Influencers ist.[5] Bei Blogfoster werden Ihnen je nach Thema passende Blogs vorgeschlagen. Aus einer Longlist wählen Sie anschließend den einen oder mehrere Blogger aus, mit denen Sie die Kampagne machen wollen.

9.6.1 Wie man mit Blogs Geld verdienen kann

Viele Blogger verdienen mittlerweile Geld mit ihren Online-Beiträgen. Die Art, wie dies passiert, ist unterschiedlich. Die wichtigsten Einnahmequellen sind hier aufgelistet.

Affiliate Links

Wenn Blogger z. B. zu Produkten auf Amazon oder anderen Onlineshops verlinken, bekommen sie eine Provision, wenn jemand ein Produkt über diesen Link gekauft hat.

Sponsored Posts und Werbung

Unter Sponsored Posts versteht man Artikel, die von Bloggern im Auftrag von Unternehmen geschrieben werden.

5 W&V, 2018, »Influencer Marketing ist nur ein Wort«: *http://www.wuv.de/marketing/influencer_marketing_ist_nur_ein_wort*

Advertorials

Unter Advertorials versteht man Werbung auf dem Blog durch redaktionelle Beiträge. So gilt z. B. die Vorstellung einer neuen Schokoladensorte in einem Blogbeitrag als Kooperation mit einem Unternehmen. Die Unternehmen kaufen quasi redaktionelle Berichterstattung, die aber auch als Werbung gekennzeichnet werden muss.

Content-Kreation für Unternehmen und Social Media Shares

Content-Kreation meint in dem Fall, dass Blogger eingeladen werden, für fremde Seiten Content zu erstellen, z. B. Rezeptvorschläge, Reiseberichte etc. Als Social Media Share versteht man den Verkauf der Reichweite, d. h., wenn Blogger eine gewisse monatliche Reichweite an Leser aufweisen können, können sie diese Reichweite verkaufen.

Verkauf eigener Produkte

Dazu zählen etwa Online-Tutorials, Workshops, Beratung oder E-Books.

Beratung und Vorträge

Als Social-Media-Experten werden Blogger oft zu Veranstaltungen oder Vorträgen eingeladen bzw. werden gebeten, Workshops zu halten.

9.6.2 Über den Umgang mit Bloggern

Wie spricht man Blogger an? Wollen sie wie Journalisten behandelt werden? Darf man ihnen Produktproben zusenden? Muss man Blogger bezahlen? In den letzten Jahren hat sich die Bloggerszene professionalisiert. Viele Blogger haben ihre Leidenschaft zum Beruf gemacht und verdienen damit auch ihren Lebensunterhalt.

Erfolgreiche Blogger werden als Influencer wahrgenommen, also als Personen, die eine Nische im Web positiv besetzen. So ein Influencer ist beispielsweise die österreichische Bloggerin Carolina Hubelnig aus Salzburg. Mit ihrem Blogprojekt »Ach du gute Güte«, *www.guteguete.at*, führt sie ein regionales Salzburg-Blog, das sich auf die Themen Food und Lifestyle spezialisiert hat. Zudem organisiert sie, gemeinsam mit weiteren Bloggern, die Bloggerkonferenz »Salt and the City«. Diese Veranstaltung entstand aus dem Wunsch heraus, die Bloggerszene in Westösterreich sichtbar zu machen. Mittlerweile nehmen über 200 Teilnehmer aus insgesamt sechs Nationen an der Veranstaltung teil und vernetzen sich so untereinander.

Unter dem Begriff *Blogger Relations* (in Anlehnung an Public Relations) wird die Beziehung zwischen Bloggern und Unternehmen zusammengefasst, wobei Blogger aber nicht wie Journalisten behandelt werden. Blogger erwarten, dass sich Unternehmen vorab mit ihrem Blog beschäftigen. Sie wollen nicht ungefragt irgendwelche Produktproben erhalten, sondern auf das Thema ihres Blogs abgestimmte Kooperationen eingehen. »Plumpe Anfragen zu Produktplatzierungen von Unternehmen werden von Bloggern meist hart abgestraft«, weiß Carolina Hubelnig von »Ach du gute Güte«.

Ernst zu nehmende Blogger mit entsprechender Reichweite gehen mit Anfragen von Unternehmen sehr selektiv um. Wenn eine Kooperationsanfrage keinen Mehrwert für sie bietet, lehnen sie ab, denn Marke und Blogkonzept müssen zueinanderpassen. Unternehmen sollten also nur Kooperationen anbieten, von denen beide Seiten profitieren. Ein Fehler, der immer wieder gemacht wird, ist der Versuch, die Meinung/Berichterstattung der Blogger zu beeinflussen. Wenn Blogger Produkte testen sollen, müssen Unternehmen die Bewertung annehmen, egal, wie sie ausfällt.

Laut Carolina Hubelnig zeichnet sich ein gut geführtes Blog durch die Persönlichkeit des Bloggers aus, durch gute Fotos und Texte sowie eine eigene Linie, der man treu bleibt und die nicht andere kopiert. Ihre beliebtesten Blogartikel drehen sich um persönliche Kulinarik- oder Lokalempfehlungen, wie z. B. die Salzburg-Touren, die zu den verschiedensten Themen verfasst wurden, so z. B. die »Tour de Frühstück – 16 x Frühstücken in Salzburg« oder der Artikel »14 Dinge, die du in Salzburg einmal gegessen haben musst«.

Berufsbild Blogger

Als Carolina Hubelnig 2013 ihr Blog startete, dachte sie nicht im Traum daran, dass sie nur 3 Jahre später zu den beliebtesten Bloggern Österreichs zählen würde, ihr Blog sich mittlerweile zu einem Magazin entwickelt hat, sie eine der größten Bloggerkonferenzen Österreichs organisieren und als Speakerin zu Veranstaltungen eingeladen würde. Mit ihrem Blog verdient die Bloggerin zwar mittlerweile Geld, ihren Lebensunterhalt finanziert sie aber auch noch durch ihre Tätigkeit in einer Werbeagentur.

9.6.3 Ein neues Berufsbild entsteht – Blogger als digitale Nomaden

Vor allem Reiseblogger leben den Lifestyle digitaler Nomaden. Darunter versteht man Menschen, die selbstständig sind, allerdings ohne festen Wohnsitz und meist das ganze Jahr über reisen. Ihren Lebensunterhalt verdienen sie mit dem Veröffentlichen von Reiseberichten, Online-Tutorials, Kooperationen mit Reiseunternehmen, dem Verkaufen ihrer eigenen E-Books, oder sie erlauben Werbung auf ihren Blogs. Sie bloggen, texten, programmieren ihre Website/ihr Blog oder arbeiten als Übersetzer, betreuen Social-Media-Kanäle oder entwickeln und vermarkten digitale Produkte.

Digitaler Nomade

Conni Biesalski reist seit 2012 als digitale Nomadin um die Welt. Sie ist die Gründerin von Deutschlands größtem Reiseblog »Planet Backpack«, *www.planetbackpack.de*, und Mitgründerin von Blog Camp, der Online-Schule für professionelles Bloggen. Auf ihrem Blog erzählt sie nicht nur, wie sie als digitale Nomadin arbeitet, sondern versorgt Interessierte auch mit Tipps, wie sich ein Arbeitsleben als digitaler Nomade realisieren lässt. Sie hat laut eigenen Angaben ein fixes passives Einkommen durch Affiliate- und E-Book-Verkäufe auf ihrem Blog und verkauft zusätzlich einen Online-Kurs via Blog Camp.

9.7 Wo richtet man ein Blog am besten ein?

Wir haben in den vorangegangenen Kapiteln ausreichend gute Gründe geliefert, warum Sie sich für ein Blog entscheiden sollten. Ist Ihre Entscheidung nun zugunsten des Blogs gefallen, stellt sich die Frage, wie und wo Sie es einrichten.

Eigenhosting oder Fremdhosting?

Technisch gesehen gibt es zwei Varianten: Entweder richten Sie ein Blog direkt bei einem der vielen Bloganbieter ein oder so wie die eigene Website auf einem von Ihnen angemieteten oder betriebenen Server. Wir möchten Ihnen beide Möglichkeiten vorstellen und die jeweiligen Vor- und Nachteile beleuchten.

9.7.1 Blog vs. Website? Die Grenzen verschwimmen zunehmend

Nachdem wir bisher schon so viele Lobeshymnen auf die Blogs dieser Welt geschrieben haben, liegt die Frage, ob ein Blog nicht die neue Website ist bzw. die Website als solche ablösen wird, natürlich auf der Hand. Und tatsächlich: So manche Website kleinerer Projekte bzw. kleiner Unternehmen wird mittlerweile mit WordPress, der beliebtesten Blogsoftware, umgesetzt, und zwar aus folgenden Gründen:

- WordPress ist ein mit den notwendigen und aktuellen Funktionalitäten ausgestattetes CMS. Unter CMS (Content-Management-System) versteht man, wie der Name schon sagt, eine Software für Websites, die der Kunde selbst mit Inhalten bestücken und aktualisieren kann. Viele Kunden wollen nicht jedes Mal ihre Agentur oder den Webdesigner bemühen und bezahlen, wenn es um das Austauschen eines einzelnen Fotos oder Textes geht. Mittels CMS kann der Kunde sich auf der Website einloggen und die gewünschten Änderungen selbst vornehmen.

- WordPress ist weitverbreitet: Wenn Sie der bisherige Programmierer im Stich lässt, werden Sie keine Schwierigkeiten haben, Ersatz zu finden. Viele Webdesigner/Programmierer kennen WordPress bzw. können sich in relativ kurzer Zeit einarbeiten. Der verhältnismäßig einfache Aufbau und die gute Dokumentation im Vergleich zu so manchem exotischen oder komplexen System nehmen den Auftraggebern diese doch in vielen Fällen berechtigte Sorge.
- WordPress wird extrem gut unterstützt: Es gibt nichts, das es nicht gibt – zumindest bei WordPress scheint das der Fall zu sein, egal, ob Sie eine bestimmte Funktionalität benötigen oder es Probleme bei der Aktualisierung oder der WordPress-Installation gibt. Jeder Programmierer kann auf eine große WordPress-Community zurückgreifen, falls er das Problem nicht selbst lösen kann. Genauso einfach ist es, mit WordPress mit der Zeit zu gehen. Sie müssen für viele neue Features, die im Web auftauchen und für Ihre Website sinnvoll sind, keine Programmierung in Auftrag geben, sondern können auf den Pool an Plug-ins aus der Community zurückgreifen.
- Die WordPress-Bedienelemente wurden intuitiv und einfach gestaltet: Wer schon einmal ein WordPress »von innen« gesehen hat, sprich, wer das sogenannte WordPress-Dashboard kennt, auf dem man neue Blogbeiträge schreibt und das Blog verwaltet, weiß, wie einfach es zu bedienen ist. Sogar jene User, die eine angeborene Scheu vor Computern und komplexeren Content-Management-Systemen haben, können dafür begeistert werden.

Dasselbe gilt auch für kleinere technische Änderungen, sei es das Tauschen von Bildern in einzelnen Artikeln, die Neuanlage von Kategorien, Tags oder statischen Seiten, die Änderung der Farbgebung oder das Aktivieren oder Deaktivieren einzelner Plug-ins (z. B. Integration der Social-Sharing-Buttons): Vieles davon geht mit einem einzigen Mausklick. Das erlaubt es dem Administrator bzw. Betreuer im Unternehmen, inhaltlich und technisch schnell und komfortabel reagieren zu können.

WordPress ist suchmaschinenoptimiert: Darauf bauen nach wie vor noch viele Blogs, wobei Google das langfristig nicht mehr so stark berücksichtigen wird, wie es derzeit der Fall ist. Aber egal, ob Google in Zukunft Blogs per se noch bevorzugt oder nicht, Suchmaschinen werden jene Websites, die optimierte Felder, Überschriften usw. verwenden, besser finden und im Suchergebnis darstellen können.

Nun werden Sie sich fragen, warum jetzt nicht die ganze Welt auf WordPress umsteigt. Es gibt gute Gründe dafür, dass wir hier von »Websites für kleinere Projekte bzw. Unternehmen« sprechen. WordPress stößt dann an seine Grenzen, wenn es um große Projekte mit beispielsweise der Integration eines komplexen Onlineshops, einer aufwendigen Website-Struktur mit Tausenden Unterseiten oder eines CRM-(Customer-Relationship-Management-)Systems geht. Hierfür gibt es dann

CMS wie TYPO3, Joomla!, Drupal oder spezialisierte Anbieter für die jeweilige Branche. Im Idealfall haben Sie eine Webagentur, die Sie unvoreingenommen und bedarfsorientiert berät und Ihnen das für Sie ideale System empfiehlt. Ansonsten hilft sehr oft die Suche im Web nach Diskussionen und Empfehlungen rund um die Wahl des idealen Systems für Ihre Website.

Die Website bleibt die Visitenkarte des Unternehmens

Wie wir bereits am Anfang dieses Buches dargelegt haben, ergänzen sich im Idealfall alle zusätzlichen Tools, anstatt sich zu ersetzen. Als die E-Mail für die Massenkommunikation populär wurde, hat man Telefon und Fax auch totgesagt. Beides gibt es heutzutage nach wie vor, und beides hat seine Daseinsberechtigung. Gleiches gilt für das Blog: Während die Website die Visitenkarte und das Verkaufsmedium ist, ist das Blog die Hintergrund- und Geschichtenplattform. Hier finden die Gespräche statt, die vor, während und nach der Übergabe der Visitenkarte passieren.

Facebook wiederum ersetzt trotz ähnlichen chronologischen Aufbaus auf keinen Fall das Blog. Und Twitter wiederum ersetzt nicht Facebook. Über jeden Kanal können Sie spezifische Zielgruppen erreichen, an die Sie über den anderen Kanal nicht herankommen können. Warum also die eine Zielgruppe durch die andere ersetzen?

9.7.2 Fremd gehostetes Blog

Die einfachste und schnellste Möglichkeit, zu einem eigenen Blog zu kommen, ist es, direkt bei einem der zahlreichen Bloganbieter ein Blog einzurichten. Mit wenigen Klicks können Sie alle notwendigen Einstellungen treffen und direkt loslegen. Die von uns vorgestellten Bloganbieter haben eine kostenlose Basisversion im Programm.

Vorteile

- Kostenlos und schnell einzurichten: Es dauert nur wenige Minuten, und das Blog ist online.
- Enthält für den Einsteiger bzw. persönlichen Gebrauch ausreichende Funktionalitäten.
- In vielen Fällen ist eine große Community (andere Blogautoren) vorhanden, mit der Sie sich austauschen können.
- Einige Bloganbieter verfügen über sogenannte Top-Listen bzw. stellen die einzelnen Blogs in Verzeichnissen vor.

Nachteile

- In der kostenlosen Variante ist keine eigene Domain, sondern nur eine Subdomain (z. B. *ihrname.WordPress.com*) möglich.

- Es gibt nur begrenzte Gestaltungsmöglichkeiten bei Design und Layout.
- Die Inhalte liegen nicht auf Ihrem Server, sondern auf einem fremden, der nicht Ihnen gehört. Das wird dann zum Nachteil, wenn der Bloganbieter in Konkurs geht, denn dann droht der komplette Datenverlust.

Im deutschsprachigen Raum gibt es eine Fülle an Anbietern, bei denen Sie ein Blog einrichten und führen können. Im Folgenden haben wir die bekanntesten davon herausgegriffen.

Tumblr und Medium

Zu erwähnen ist daneben auch der Online-Dienst Tumblr: Der US-amerikanische Microblogging-Dienst, *www.tumblr.com*, erfreut sich steigender Beliebtheit. Im Grunde ist Tumblr eine Mischung aus Twitter und einem »echten« Blog. Es können weitaus mehr Text- und Bildinhalte auf Tumblr veröffentlicht werden als auf Twitter. Sie können eigene Inhalte online stellen oder interessante Inhalte anderer wiedergeben, sprich teilen. Das Prinzip des erneuten Teilens von Inhalten anderer ähnelt dem Retweeten bei Twitter, doch: Man übernimmt mit einem Klick die Inhalte in sein eigenes Tumblr-Blog und lässt sie fast wie seine eigenen erscheinen. Diese einfache Copy-&-Paste-Funktion stößt bei vielen Usern und Experten auf Urheberrechtsbedenken. Eine weitere neue Bloggingplattform ist Medium *http://medium.com*.

Für Tools wie Tumblr und Medium gilt: Es sind ideale Tools für die Nutzung als Personenblog oder Themenblog, aus unserer Sicht aber nicht als Unternehmens- oder Markenblog. Vor allem müssen Unternehmen beachten, dass die AGB vieler Plattformen keine oder nur eine eingeschränkte kommerzielle Nutzung zulassen. Bitte gehen Sie immer auf Nummer sicher, und lesen Sie die AGB genau durch.

Die Möglichkeiten, bei diesen Anbietern das Blog an das Design Ihres Unternehmens bzw. die individuellen Anforderungen anzupassen, sind allerdings meistens sehr beschränkt. Für den privaten Gebrauch völlig ausreichend, empfehlen wir nicht, es als Unternehmensblog zu nutzen: Dafür bietet sich definitiv WordPress weitaus besser an, vor allem in der selbst gehosteten Variante. Der Vollständigkeit halber möchten wir Ihnen aber vorher noch die direkt bei WordPress gehosteten Pakete vorstellen.

9.7.3 WordPress

WordPress ist mittlerweile die am meisten genutzte Blogsoftware der Welt. Egal, ob direkt bei WordPress gehostet oder auf dem eigenen Server installiert, private

User und Unternehmen setzen gleichermaßen auf die Open-Source-Software. Hinter WordPress steckt das Unternehmen Automattic.

WordPress' Baukastenprinzip

Die Stärke und der Erfolg von WordPress liegen zum großen Teil in der Open-Source-Software: Alle Codes sind frei zugänglich, und jeder Programmierer kann in seiner Installation ganz nach Belieben bestehende Codes verändern oder neue Bausteine programmieren. Viele dieser Bausteine werden wiederum im WordPress-Forum zum kostenlosen oder kostenpflichtigen Download angeboten, oft auch inklusive technischer Unterstützung. Daraus hat sich eine umfangreiche Fülle an Zusatzprogrammen entwickelt, die fast keine Wünsche mehr offen lassen.

Deshalb ist es in den meisten Fällen gar nicht mehr nötig, etwas Eigenes zu programmieren, sondern man kann auf den Pool an Programmen zurückgreifen. Die Community an Usern, die solche Programme umsetzen und veröffentlichen, ist gewaltig groß, immer am Ball und sehr flexibel. Man muss selten sehr lange auf ein neues Feature warten, wenn der Bedarf wirklich da ist: Irgendjemand wird im selben Moment schon daran tüfteln.

Kostenloses Blog auf WordPress.com

WordPress bietet auf seiner Website die Möglichkeit der kostenlosen Einrichtung eines Blogs. Dieses ist dann unter der Adresse *ihrname.WordPress.com* erreichbar. Sie können aus zahlreichen Vorlagen ein Blogdesign auswählen und dieses auch leicht modifizieren, sei es in der Wahl der Farbgebung oder der Integration von Fotos und Videos von anderen Plattformen. Für das Blog selbst stehen maximal 3 GB zur Verfügung, was für die normale Nutzung ausreichend ist. Einfache Statistiken geben Auskunft darüber, wie viele Webuser Ihr Blog besucht haben und welche Websites auf Ihr Blog verlinken. Dies ist also für den privaten bzw. persönlichen Gebrauch eine komfortable und sinnvolle Variante. Eine Einschränkung gilt es zu erwähnen: WordPress behält sich bei der kostenlosen Variante vor, ab und an eine Werbeanzeige innerhalb Ihres Blogs einzublenden.

Kostenpflichtiges Blog auf WordPress.com

Das kostenpflichtige Paket beinhaltet ein paar zusätzliche Features: Sie können eine eigene Domain, z. B. *www.ihrname.de*, dafür reservieren, haben mehr Speicherplatz zur Verfügung als bei der kostenlosen Variante und auch mehr Möglichkeiten, das Design und das Layout des Blogs zu individualisieren. Außerdem ist es werbefrei. Da dieses Paket schon für wenige US-Dollar im Monat erhältlich ist, zahlt es sich in den allermeisten Fällen aus, wenn Sie nicht generell auf eine selbst gehostete Bloginstallation setzen können oder wollen.

9.7.4 Selbst gehostetes Blog

Die Vorteile eines selbst gehosteten Blogs liegen auf der Hand. Selbst wenn die Installationskosten etwas höher liegen, werden Sie damit langfristig besser fahren und zufriedener sein. Früher oder später würden Sie das Blog sowieso auf Ihrem eigenen Server installieren. Obwohl es neben WordPress noch einige andere Softwarelösungen gibt (b2evolution, Movable Type usw.), möchten wir Ihnen aus Gründen der Praktikabilität und der branchenweiten Erfahrungswerte hier besonders WordPress vorstellen: Es ist die beliebteste Blogsoftware am Markt und wird von vielen Profis genutzt und empfohlen. Wenn aber Ihre bestehende Infrastruktur eine andere Blogsoftware bevorzugt, dann nichts wie her damit: Hauptsache, Sie machen ein Blog.

Self-Hosting zahlt sich aus

Erfreulicherweise ist die Self-Hosting-Variante nicht mehr so teuer wie früher. Sie können bereits für wenige Euro im Monat ein WordPress-Hosting-Paket reservieren, inklusive Domain und ausreichend Datentransfervolumen. Für Einsteiger und kleine Unternehmen mit überschaubarem Traffic ist dies eine perfekte Lösung. Wenn Sie ein Blog für ein großes Unternehmen oder eine bekannte Marke betreiben möchten, müssen Sie natürlich für eine dementsprechende Infrastruktur sorgen. Möglicherweise bietet jener Server, auf dem schon Ihre Website liegt, alle notwendigen Funktionalitäten für eine WordPress-Installation. Überprüfen Sie das am besten zusammen mit Ihrem Webmaster.

Die Spezifikationen finden Sie auf *http://codex.WordPress.org/Hosting_WordPress*, das aktuelle WordPress-Softwarepaket können Sie unter *http://de.WordPress.org* herunterladen.

Sobald die Installation des Pakets vollständig durchgeführt ist, können Sie sich der Anpassung von Design, Layout und Funktionalitäten widmen. Hier sind der Kreativität und dem Bedarf fast keine Grenzen gesetzt. Als Administrator können Sie so gut wie alle Arbeitsschritte über das Dashboard durchführen.

Blogdesign/-layout

Für WordPress gibt es unzählige Designvorlagen, die mit wenigen Klicks im eigenen Blog installiert werden können. Mit einer Vorlage bestimmen Sie das Aussehen und die Gestaltung Ihres Blogs (so z. B. auch die Aufteilung: wie viele Spalten, welche Inhalte in welcher Spalte usw.).

Viele dieser sogenannten *Themes* (Designvorlagen, Templates) sind kostenlos erhältlich (siehe Abbildung 9.15), einige bekommen Sie für einen meist sehr günstigen Preis. Sie bzw. Ihr Webmaster sollten sich zuerst Inspirationen oder konkrete Vorlagen holen, bevor Sie die komplette Neuprogrammierung eines solchen Themes in

Auftrag geben, so können Sie einiges an unnötigen Kosten sparen. Sie finden zahlreiche Themes direkt bei WordPress unter *http://WordPress.org/extend/themes* oder bei einem der vielen Drittanbieter. Googeln Sie einfach nach »WordPress Themes«. Achten Sie auch darauf, dass das gewählte Template den aktuellen Anforderungen vollständig entspricht (z. B. responsive Darstellung).

Achten Sie auf das »Responsive«

Immer mehr Internetnutzer surfen über mobile Endgeräte wie Smartphones und Tablets. Damit Ihr Blog auch für dieses Publikum gut lesbar ist, muss das Blog bzw. das Blogdesign für die responsive Darstellung optimiert sein. Responsives Webdesign verbreitet sich mittlerweile immer stärker, da die Zahl mobiler Website-Besucher rasant steigt.

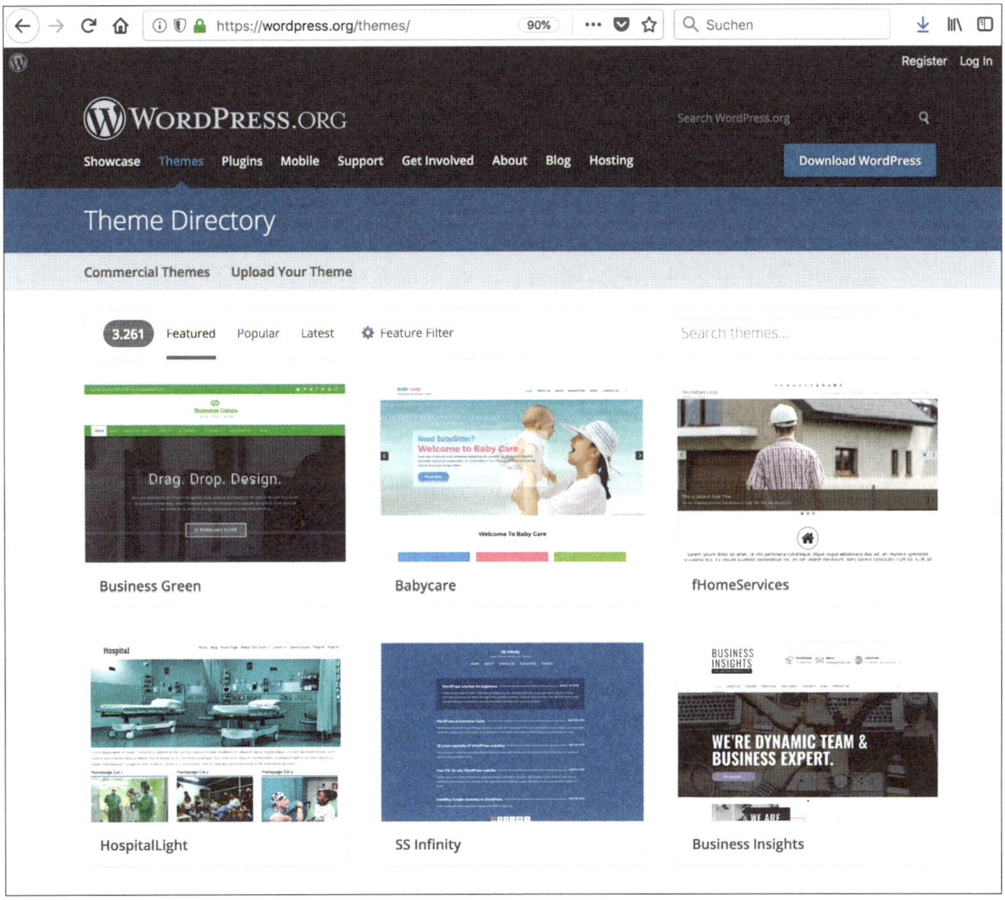

Abbildung 9.15 Für Ihr Blogdesign können Sie kostenlose Vorlagen, sogenannte Blog-Themes, verwenden. (Quelle: https://wordpress.org/themes)

Rechtstipp von Sven Hörnich: Mehr als nur »nach Hause telefonieren«: Zur datenschutzrechtlichen Problematik von Drittkomponenten

Homepage-Baukastensysteme und insbesondere freie sowie preiswerte Themes können gerade Start-ups eine Menge Geld sparen, wenn sie sich schnell eine ansprechende Website zulegen wollen. Jedoch haben die Gratistools häufig doch ihren Preis, nämlich den der Daten der eigenen Seitenbesucher, und dies unabhängig davon, ob man selbst Analysen betreiben möchte.

Dies beginnt bei den eingesetzten Fonts eines (zugleich) großen Suchmaschinenkonzerns, die gratis und sicherlich optisch ansprechend sind, aber die sich doch bei jedem Seitenaufruf synchronisieren. Gleiches gilt wohl für diverse freie und technologisch praktische Skriptdatenbanken sowie Kartendienste (zur Anzeige der Route zum eigenen Geschäft). Auch ist das Synchronisieren grundsätzlich nicht zu verurteilen, sollen damit unter anderem Updates gezogen und mithin die Sicherheit des eigenen Systems erhöht werden. Das Problem ist nur, dass man schwer nachvollziehen, ob und gegebenenfalls welche sonstigen Daten der Seitenbesucher auf diesem Weg abfließen und was beim Empfänger damit geschieht.

Mithin kann man diesen weder wirksam (z. B. als Auftragsverarbeiter im Sinne des Art. 28 f. Datenschutz-Grundverordnung – DSGVO) kontrollieren noch den Besucher über das, was ihm gerade »widerfährt« informieren. Noch weniger ist es möglich, seine vorherige Einwilligung einzuholen. Man wird dabei (insbesondere bei den Programmbibliotheken) mit dem berechtigten Interesse im Sinne des Art. 6 Abs. 1 S. 1 lit. f DSGVO (ja, den Artikel 6 sollte man als Nichtjurist einmal komplett gelesen haben) argumentieren können, aber es bleibt (zumindest zum Zeitpunkt des Verfassens dieses Beitrags) bei dem Defizit, dass man den Seitenbesucher schwerlich transparent belehren kann. Sie sollten mithin analysieren, ob Sie für Ihre Seite wirklich problematische Fonts (…) benötigen. Zudem sollte man deren lokale Installationsmöglichkeit sowie (bei Programmbibliotheken zur Ermöglichung der Updates) der Leitung der Synchronisierungsanfrage über eine Art eigenen »Filterserver« (der die Bibliotheken aktuell vorhält) prüfen, damit die dann anfragende Website stets der eigene Server bleibt.

Funktionalitäten

Auch bei der Auswahl an Funktionalitäten ist die Liste an möglichen Features schier endlos. So gut wie alle Inhalte, die bereits irgendwo im Web existieren, können im Blog mit eingebunden werden: Fotos, Videos, andere Bloginhalte, Facebook, Twitter usw. Wie bereits eingangs erwähnt, werden viele dieser Tools gar nicht von WordPress direkt erstellt, sondern von anderen Blogbetreibern, die diese dann veröffentlichen und zum großen Teil kostenlos weitergeben.

Die Erweiterung der WordPress-Funktionalitäten gelingt über Plug-ins, die Sie schnell und einfach installieren können. Ein paar besonders hilfreiche sind folgende:

- Jetpack: Das von Automattic (WordPress-Hersteller) angebotene Zusatzpaket bietet viele zusätzliche Funktionalitäten. Eine besonders nützliche ist die E-Mail-

Abonnement-Funktion: Das ist eine Art Newsletter-Funktion für Ihr Blog. Jeder Webnutzer kann sich mit seiner E-Mail-Adresse im vorgesehenen Feld anmelden und erhält automatisch jeden neuen Blogbeitrag Ihres Blogs per E-Mail zugesandt. Viele Webnutzer können mit den RSS-Feeds nichts anfangen und wissen deshalb auch nicht, ob und wie man diese abonnieren kann. Aber einen Newsletter per E-Mail zu bestellen, das kann nun wirklich jeder. Somit schaffen Sie die besten Voraussetzungen dafür, dass die Inhalte Ihres Blogs auch von diesen Usern regelmäßig gelesen werden (können).

- Videos/Fotos: In den jeweiligen Kapiteln haben wir ja bereits darauf hingewiesen: Es ist aus Sicht der eigenen Reichweite besser, Fotos und Videos auf eigens dafür vorgesehenen Plattformen zu veröffentlichen, um für die User dort auch sichtbar zu sein. Damit Sie sich aber die Arbeit und somit das Leben leichter machen, gibt es zahlreiche Plug-ins für die Einbindung von Fotos und Videos im Blog, die jedoch ganz woanders gespeichert sind. So können Sie beispielsweise alle Fotos, die Sie auf Flickr gespeichert haben, in Form von Minibildern in der Sidebar darstellen lassen. Die Möglichkeiten sind vielfältig und helfen dabei, das Blog einerseits optisch aufzulockern, andererseits müssen Sie aber nicht immer und überall darauf achten, neue Fotos hochzuladen oder Links zu ersetzen: Die meisten Tools machen das automatisch.
- SEO (Suchmaschinenoptimierung): WordPress ist per se schon ziemlich gut suchmaschinenoptimiert. Sie können aber mittels spezieller SEO-Tools durchaus versuchen, ein noch besseres Ranking für Ihr Blog und einzelne Blogbeiträge herauszuholen. Beispielsweise gibt es Tools, die es ermöglichen, dass Sie bei jedem Blogbeitrag den Title und die Description selbst mit Keywords befüllen können. Aber auch hier gilt natürlich: alles mit Maß und Ziel. Zu viel des Guten ist nie gut.
- DSGVO: Mit dem Plug-in *WP DSGVO Tools*, *http://wordpress.org/plugins/shapepress-dsgvo/* können Sie die Cookie-Richtlinie umsetzen und ein Opt-out für die Leser des Blogs anbieten.

Blogsicherheit

Aus Sicherheitsgründen sollten Sie Folgendes gewährleisten:

- Die Softwareversion Ihres WordPress-Blogs sollte immer auf dem aktuellsten Stand sein.
- Sie sollten niemals einen Standard-User oder ein Standardpasswort verwenden (Beispiel: User »Admin« und Passwort »123«).
- Sie sollten alle notwendigen Sicherheitsvorkehrungen am Server vornehmen.
- Sie sollten den Zugriff auf verschiedene Verzeichnisse so weit wie möglich einschränken.

Sie finden im Web zahlreiche Tutorials, also Anleitungen, wie Sie Ihr WordPress-Blog weiter optimieren können. Außerdem gibt es mittlerweile genug professionelle Programmierer, die sich mit WordPress auskennen und Ihnen im Bedarfsfall weiterhelfen.

9.8 Wie machen Sie Ihr Blog bekannt?

Für Ihre Online Relations ist es wichtig, dass Sie Ihr Blog überall dort bekannt machen, wo Sie die Möglichkeit haben, Ihre bestehenden und potenziellen Kunden darauf hinzuweisen: offline und online.

9.8.1 Online-Maßnahmen

Online umfasst alle Bereiche, auf denen Sie präsent sind, also Unternehmens-Website, E-Mail-Signatur, Social Media usw.:

- *Allgemeiner Link auf Ihrer Website, auf Ihrer Facebook-Seite, auf Instagram, Twitter, YouTube:* Weisen Sie grundsätzlich mit einem Link auf die Blogstartseite auf Ihr Blog hin. Pro-Tipp für Instagram: Bei Instagram lässt sich immer nur ein Link in der Bio hinterlegen. Nutzen Sie Linktree, *http://linktr.ee*, um mehrere Links zu platzieren.
- *Link in Ihrer E-Mail-Signatur:* Genauso, wie Sie die Adresse Ihrer Website und die URL Ihrer Facebook-Seite in die Signatur eintragen, so sollten Sie das auch mit der Adresse Ihres Blogs tun.
- *Link und Artikel im E-Mail-Newsletter:* Schreiben Sie einen eigenen Artikel im Newsletter über das neue Blog und was den Leser dort erwartet. Übernehmen Sie den einen oder anderen Blogartikel in den Newsletter. Weisen Sie am Ende jedes Newsletters auch auf weiterführende Informationen hin, die der Leser auf Ihrem Blog erhält.
- *Blogbeiträge in Ihren andern Kanälen vorstellen:* Auf Facebook, Instagram, Twitter usw. sollten Sie regelmäßig einen einzelnen Blogbeitrag vorstellen und verlinken. Sie könnten das auch automatisiert machen, aber noch mehr empfiehlt es sich, jeden neuen Blogartikel auf Instagram, Twitter und auf Facebook eigenständig vorzustellen. So können Sie einen individuellen Ankündigungstext zum Link hinzufügen, der den User animieren soll, auf den Link zu klicken und den Blogartikel zu lesen.
- *Eintrag in Verzeichnissen:* Damit Ihr Blog gefunden wird, tragen Sie ihn in entsprechende Blogverzeichnisse ein.

Auch sehr wichtig ist die Verlinkung innerhalb der Blogosphäre mittels *Blogroll*. In einer Blogroll erwähnen Sie Blogs, die Sie selbst gerne lesen. In der Regel dankt es Ihnen das erwähnte Blog mit einer Erwähnung in ihrer Blogroll. Außerdem sollten Sie nach Bedarf und Möglichkeit innerhalb eines Artikels auf andere Blogbeiträge verlinken, die Ihnen z. B. als Inspirationsquelle gedient haben oder die weiterführende Informationen beinhalten. Dabei kommt Ihnen die Technologie von Pingback/Trackback zugute: Wenn Sie ein Blog in einem Artikel oder in der Blogroll verlinken, wird im Normalfall das andere Blog darüber verständigt. Somit können Sie den anderen Blogbetreiber dezent und freundlich auf Ihr Blog hinweisen.

Wenn Sie inhaltlich zu einem Blogartikel eines anderen Blogs etwas zu sagen haben, können Sie einen Kommentar abgeben und bei der Kommentarerstellung die URL Ihres Blogs eintragen. Damit weisen Sie den Blogbetreiber und die anderen Blogleser auf Ihr Blog hin. Machen Sie das aber nur, wenn Ihr Beitrag für die anderen auch wirklich relevant ist.

Rechtstipp von Sven Hörnich: Datenschutzrechtliche Aspekte der Einbindung von Share-Buttons in eigene Websites

Das rechtliche Hauptproblem der meisten Share-Buttons für Social Networks besteht darin, dass bereits mit deren Einbindung in die eigene Internetpräsenz Daten abfließen und zwar jedes Mal, wenn ein User die eigene Website aufruft. Hierüber muss der User nicht nur umfassend (d. h. transparent) informiert werden, sondern er muss grundsätzlich auch vor jeder Datenerhebung einwilligen können. In der Praxis haben sich die sogenannten *Zweiklicklösungen* herausgebildet, bei denen zunächst nur Grafiken eingebunden werden, die bei Klick darauf einen Hinweistext erscheinen lassen, und im Nachgang kann der User dann entscheiden, ob er diese Teilen-Funktion »scharf schalten«, mithin Daten an das ausgewählte soziale Netzwerk übertragen möchte.

Diese Lösungen entsprechen aber genau genommen auch noch nicht dem Rechtsstand der Datenschutz-Grundverordnung (DSGVO). Einerseits muss die Einwilligung protokolliert werden und andererseits dürfte (dies ist zumindest der Wissensstand zum Zeitpunkt des Verfassens dieser Beiträge) kein Website-Betreiber wirklich zu 100 % einschätzen können, was bei Klick auf WEITER nun wirklich in dem sozialen Netzwerk mit den Daten passiert. In der Folge kann eine solche Belehrung aber kaum transparent sein. Als wohl derzeit vertretbaren Zwischenweg verweisen einige Website-Verantwortliche zusätzlich auf die Datenschutzbestimmungen der jeweiligen Zielseiten. In der juristischen Literatur wird zudem auch die Lösung vertreten, dem User offen zu kommunizieren, dass man selbst nicht genau weiß, was »am Ende der Leitung nun wirklich mit den Daten der User passiert«, der User mithin auf eigenes Risiko weiterklickt. Wie marketingtechnisch sinnvoll dies ist, steht freilich auf einem anderen Blatt. Zu bevorzugen ist zudem eine zwischenzeitlich am Markt eingeführte (hier sogenannte) Filterlösung (auch *Einklicklösung* genannt – als Weiterentwicklung der ursprünglichen Zweiklicklösung), die tatsächlich nur den konkret zu teilenden Link weitergeben soll. Hierdurch wird auch dem Grundsatz der Datenminimierung (Art. 25 DSGVO) besser Rechnung getragen.

9.8.2 Offline-Maßnahmen

Nutzen Sie auch all Ihre analogen Präsenzen (außerhalb des Internets), um auf das Blog hinzuweisen:

- auf Ihrer Visitenkarte
- auf dem Brief-/Rechnungspapier
- auf Plakaten
- im Prospekt/Folder/auf dem Flyer
- im Schaufenster
- an der Kasse
- im persönlichen Gespräch mit den Kunden
- in Ihrem Geschäft, auf Ihren Firmenfahrzeugen usw.

Sie sollten alle Möglichkeiten nutzen, die Bekanntheit des Blogs zu stärken, damit sich der Aufwand so schnell wie möglich bezahlt macht.

9.8.3 Durchforsten Sie die Blogosphäre

Zuerst müssen Sie interessante Blogger finden, die zu einem oder mehreren Ihrer Themen schreiben. Abonnieren Sie deren Feeds (Beiträge), und versuchen Sie, aufmerksam wahrzunehmen, welche Inhalte wie aufbereitet und verpackt werden. Dadurch lernen Sie sehr viel darüber, wie Sie das eigene Blog führen sollten.

Sie können für sich interessante Blogger finden, indem Sie direkt in der Suchmaschine eines Ihrer Themen eingeben. Wenn Sie ein relevantes Blog gefunden haben, sehen Sie sich die sogenannte Blogroll an. Das ist eine Liste von Blogs, auf die der Blogger verlinkt und die er als »gute Quelle« oder »Freunde« bezeichnet. Auch darunter werden sehr viele für Sie wichtige Blogs sein.

Versuchen Sie gerade am Anfang, alle relevanten Beiträge anderer Blogger zu lesen. Wenn Sie etwas Sinnvolles zu sagen haben, geben Sie einen Kommentar ab. Dadurch werden Sie von dem Blogger, aber auch von anderen Kommentatoren wahrgenommen, und es könnten ein paar neue Blogabonnenten daraus resultieren. Hinterlassen Sie aber ja keine Kommentare nur um des Kommentars willen oder um einen Link auf Ihre Website oder Ihr Blog zu bekommen. In den allermeisten Fällen wird das ignoriert oder sogar öffentlich abgelehnt. Zudem ist Kommentar-Spam wettbewerbswidrig.

Schreiben Sie selbst relevante Beiträge informativer, unterhaltsamer oder skurriler Art, Hauptsache, Sie stoßen bei Ihren Kunden auf Interesse. Natürlich müssen Stil und Thema zum Unternehmen passen und dürfen nicht wie ein Fremdkörper wirken.

9.8.4 Zeit für eine Blogparade

Eine *Blogparade* ist ein Aufruf an alle Blogger, zu einem gewissen Thema zu bloggen. Blogger, die an der Parade teilnehmen, müssen dann innerhalb eines definierten Zeitraumes ihren Artikel veröffentlichen. Alle Teilnehmer verlinken zum Aufruf, weisen in ihrem Beitrag auf die Blogparade sowie das veranstaltende Blog hin und informieren den Veranstalter über ihren Beitrag. Ziel dieser Aktion ist, mehr Aufmerksamkeit und Reichweite für das eigene Blog zu erhalten. Zudem erhält man dauerhafte Backlinks, da sich die anderen Blogger ja auf ihren Blogpost berufen. Der Veranstalter sammelt die Links zu allen Beiträgen und veröffentlicht sie dann. Ein Thema einer Blogparade könnte z. B. »Liebe im digitalen Zeitalter« oder »Ziele und Vorsätze für das neue Jahr« lauten.

9.9 Blog-SEO – wird Ihr Blog gefunden?

Wenn Sie die Analysetools kennen und nutzen, die den Traffic auf Ihrer Website und dessen Herkunft messen (z. B. Google Analytics), wissen Sie, dass die Besucher Ihrer Website normalerweise aus verschiedenen Richtungen kommen:

1. Direktzugriffe: Diese User kennen die URL Ihrer Website und geben sie in die Adressleiste des Browsers ein.
2. Verlinkte Seiten: Ihre Website wurde auf anderen Websites als Link eingetragen, z. B. von Partnerunternehmen, in Medienberichten. Beispielsweise wird auf Unternehmens-Websites auf die Marketingagentur, die das Design und die Website umgesetzt hat, per Link verwiesen.
3. Social Media: Der Link wurde in Facebook, Google+ oder auf Twitter und in Bewertungsportalen veröffentlicht und geteilt.
4. Über Suchmaschinen: Der Webnutzer hat auf Google, Bing oder einer anderen Suchmaschine ein Suchwort eingegeben, und Ihre Website wurde im Suchergebnis auf einem halbwegs relevanten Platz ausgewiesen. Leider zeigt Google Analytics seit einiger Zeit nicht mehr, über welches Suchwort (Keyword) wie viele User auf Ihr Blog gefunden haben.

Für Sie sind besonders die Punkte 3 und 4 interessant. Während unter Punkt 1 und 2 sehr viele Stammkunden zu finden sind bzw. User, die Ihr Unternehmen bereits kennen, wird unter Punkt 3 eine nicht unbeträchtliche Anzahl potenzieller Kunden sein, die Ihr Unternehmen noch nicht oder noch nicht sehr gut kennen. Genau dabei helfen Blogs, und darauf möchten wir in diesem Kapitel den besonderen Fokus legen. Dennoch ist natürlich Ihre begeisterte Stammkundschaft der wichtigste Multiplikator im Social Web und im »nicht virtuellen« Raum, auf den wir ganz große Stücke setzen, wenn es um die digitale Mundpropaganda in Social Media geht.

9.9.1 Suchmaschinenoptimierung

Mithilfe von SEO können Sie neue Kunden auf Ihr Blog leiten. Analog zu Ihrer Website werden auch die Blogartikel ebenfalls für die Suchmaschine geschrieben. Blogs haben aber gegenüber der Website einen entscheidenden Vorteil: Während Sie auf Ihrer Website aus designtechnischen oder inhaltlichen Gründen in der Menge der Seiten und der Texte beschränkt sind, sind Sie es auf einem Blog in keiner Weise. Dort können Sie so viele Beiträge zu einem Thema schreiben, wie Sie möchten, und es aus unterschiedlichen Sichtweisen beleuchten. Und bei jedem Artikel können Sie andere relevante Keywords mit einfließen lassen, ohne sich zu wiederholen. Durch diese Keywords gelangt Ihr Kunde auf Ihr Blog.

Von potenziellen Kunden gefunden werden

Nun gilt es also, festzustellen: Wonach suchen Ihre bestehenden und Ihre potenziellen Kunden? Was geben sie in Google ein? Welche Suchwörter verwenden sie? Machen Sie sich einmal die Arbeit, und begeben Sie sich auf die Suche nach den Antworten. Ihr gesamter Webauftritt, egal, ob Website, Blog, Facebook, Google+, Twitter oder alle anderen Plattformen, werden es Ihnen mit Traffic danken.

Die Anzahl der Keywords, die zu Ihrem Unternehmen, Ihren Produkten bzw. der Produktpalette und den Bedürfnissen der Kunden passen, wird auch in Ihrem Fall enorm groß sein. Woher wissen Sie, welches Keyword wichtig ist und welches nicht? Google bietet mit dem Google AdWords Keyword-Planner eine Möglichkeit, herauszufinden, welche relevanten Suchwörter besonders oft verwendet werden.

9.9.2 Keywords definieren mit dem Google AdWords Keyword-Planner

Dieses Tool zeigt Ihnen, welche Suchbegriffe auf Google in welchem Umfang (Suchvolumen) gesucht werden (siehe Abbildung 9.16). Sie können einzelne Wörter, Wortgruppen oder sogar ganze Websites auswerten lassen. Das ist sehr informativ und wichtig, weil Ihnen selbst möglicherweise nicht alle Keywords einfallen, nach denen die Lieblingskunden, sprich Ihre Zielgruppen, auf Suchmaschinen wie Google suchen.

Stellen Sie eine Liste mit Themen zusammen (siehe Redaktionsplan in Kapitel 2, »Social-Media-Strategie«), und erfassen Sie zu jedem Thema die relevanten Keywords. Diese Liste gilt für alle Blogautoren gleichermaßen. Beim SEO-Texten des Blogartikels dient sie als »roter Faden«, um darauf zu achten, dass die richtigen Keywords hineingetextet werden. Die Autoren sollten sich dadurch aber nicht in ihrer Kreativität und im freien Schreiben behindert fühlen. Im Zweifelsfall lassen Sie einzelne Keywords einfach weg oder ignorieren sogar die ganze Liste, wenn der

Blogbeitrag ein ganz neues Themengebiet behandelt. Sie schreiben nach wie vor für Ihre Leserschaft und nicht für Suchmaschinen. Trotzdem sollten Sie immer im Hinterkopf behalten, dass Ihre potenzielle Leserschaft Sie noch gar nicht kennt, sondern erst über Google zu Ihnen finden muss.

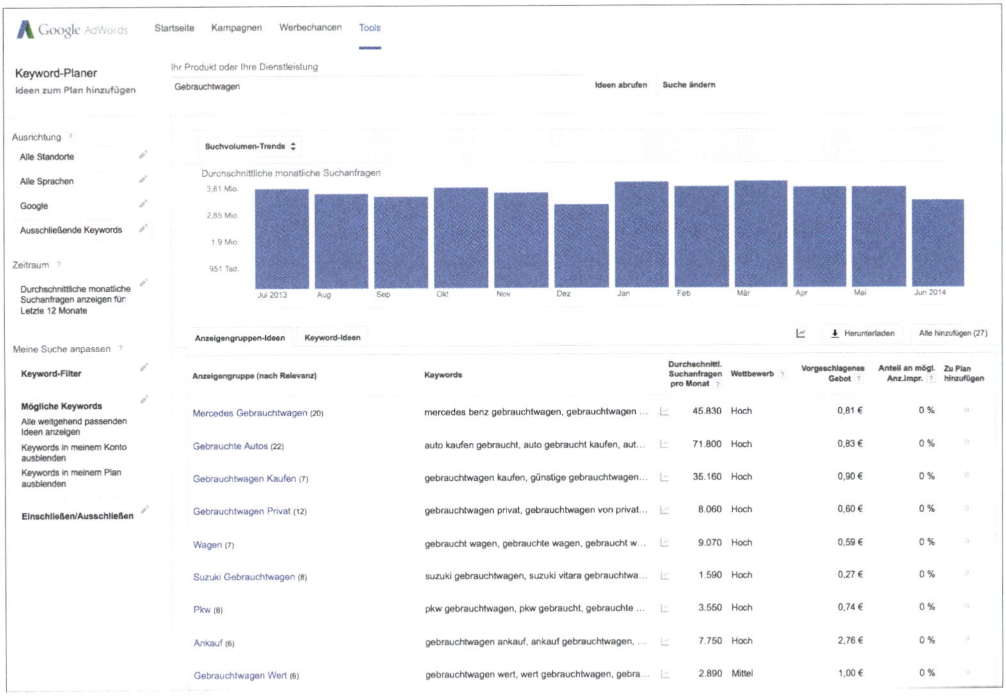

Abbildung 9.16 Der Google AdWords Keyword-Planner liefert Ideen für Keywords.

9.9.3 So schreiben Sie Blogtexte für die Suchmaschine

Wie bauen Sie nun aber die Keywords in den Text so ein, dass sie für den Leser unauffällig und für die Suchmaschinen relevant sind?

Überschriften

Suchmaschinen werten beispielsweise Überschriften (H1, H2, H3) und Links sowie fett geschriebene Wörter als besonders informativ und relevant. Verwenden Sie beispielsweise in jedem Blogbeitrag eine H1-Überschrift (oder auch »Überschrift 1« in WordPress, sozusagen die Hauptüberschrift innerhalb des Textes) und für die Zwischenüberschriften H2- oder noch besser H3-Überschriften. Wichtig ist dabei, dass in den Überschriften ebenfalls einige relevante Keywords enthalten sind, wobei sie inhaltlich natürlich Sinn ergeben müssen.

Links

Bei Links ist es wichtig, dass der Link das hält, was er verspricht. Links werden grundsätzlich nicht mehr mit »Klicken Sie hier« beschriftet, sondern in den Text an der relevanten Stelle gesetzt, auf der die verlinkte Seite erwähnt wird. Wenn die verlinkte Seite inhaltlich zum Link selbst passt, ist aus Sicht der Suchmaschine alles richtig gemacht worden.

Fettschreibung

Das Hervorheben von einzelnen Wörtern mittels Fettschreibweise ist ebenfalls eine Methode, um Keywords besonders sichtbar zu machen. Versuchen Sie, für den Leser relevante Textpassagen oder Begriffe so hervorzuheben, dass ein geübter oder gestresster Leser sich mittels Screening einen Überblick über den Text verschaffen kann. Somit tun Sie nicht nur sich (und der Suchmaschine) einen Gefallen, sondern auch allen Lesern. Zu viel des Guten wäre aber schon wieder schlecht.

Wortvariation

Denken Sie auch an Wortvariationen, und verwenden Sie nach Möglichkeit verschiedene gängige Varianten eines Wortes. In Österreich, Deutschland und der Schweiz gibt es oft sogar innerhalb des Landes unterschiedliche Bezeichnungen für ein und dieselbe Tätigkeit, beispielsweise »Skifahren« und »Schifahren«.

Neben den besonders wichtigen inhaltlichen Elementen gibt es noch weitere Möglichkeiten, wie Sie Ihr Blog für die Suchmaschine optimieren können:

- Jeder einzelne Beitrag bekommt eine individuelle und permanente *Blog-URL*. Sie können bei den meisten Blogportalen und -softwaresystemen einstellen, dass die URL den Titel des Blogbeitrags enthält. Wenn Sie die vorangegangenen inhaltlichen Tipps befolgt haben, enthält der Beitragstitel einige der relevanten Keywords. Somit trägt auch die URL diese Keywords, und das hilft dabei, gefunden zu werden.
- Überladen Sie Ihr Blog nicht mit Plug-ins. Jedes aktive Plug-in verlängert die Ladezeiten des Blogs. Das ist nicht nur für die Besucher Ihres Blogs lästig, sondern wird auch von Google negativ bewertet: Je schneller eine Seite lädt, desto besser ist das aus Suchmaschinensicht.

Erfolg messen mittels Tracking-Tool

Ein Tracking-Tool bzw. Traffic-Analysetool, wie beispielsweise Google Analytics, zeigt Ihnen bei einem sehr gut geführten Blog, wie sich SEO und Keywords in Beiträgen positiv auf die Besucherströme auswirken. Die Zahl jener Besucher, die über ein bestimmtes Keyword von der Suchmaschine auf Ihr Blog kommen, steigt. Idealerweise finden mehr User Ihr Blog über Suchmaschinen als über den direkten Aufruf Ihres Blogs.

Interessant ist auch, dass in so manchen Fällen nicht die Startseite des Blogs am häufigsten aufgerufen wird, sondern einzelne Beiträge. Das liegt wiederum daran, dass jene User, die von einer Suchmaschine wie Google oder Bing auf Ihr Blog kommen, im Suchergebnis einen bestimmten Blogartikel gesehen und angeklickt hatten. So soll es auch sein: User, die Ihr Unternehmen oder zumindest den im Blogartikel beschriebenen Aspekt noch nicht kennen, finden so auf Ihr Blog.

9.9.4 Wie verfassen Sie gute Blogbeiträge?

Gerade am Beginn des Bloggens werden Sie sich immer wieder fragen, in welchem Umfang und Stil Sie einen Beitrag verfassen sollen. Sie sollten versuchen, frei heraus zu schreiben und Ihre Gedanken zu Papier zu bringen. Schreiben Sie die Geschichte so, als ob Sie jemandem davon erzählen würden. Überwinden Sie die Hürden und zu hohen Ansprüche im Kopf, und denken Sie daran, dass es gerade um die persönliche Ansprache des Lesers geht, nicht um eine Pressemeldung.

Zehn Tipps für das Schreiben in Corporate Blogs

Unser Kollege Klaus Eck, selbst erfolgreicher Blogger mit seinem Blog »PR-BLOGGER«, hat in einem Blogbeitrag »10 Tipps für das Schreiben in Corporate Blogs« zusammengefasst:

1. Bieten Sie attraktive und aktuelle Inhalte an.
2. Behalten Sie Ihre Stakeholder im Blick.
3. Präsentieren Sie sich authentisch und verlässlich.
4. Wählen Sie Themen, die zu Ihrem Unternehmen passen.
5. Erzählen Sie Geschichten.
6. Bereiten Sie Ihre Inhalte anschaulich auf.
7. Fassen Sie sich kurz.
8. Nutzen Sie Feedback als Chance.
9. Verbessern Sie Ihren Google Pagerank.
10. Planen Sie genügend Zeit ein.

Detailinfos zu den einzelnen Punkten finden Sie im Blogbeitrag auf: *http://pr-blogger.de/2013/10/30/10-tipps-fur-das-schreiben-in-corporate-blogs*

9.10 Fazit: Wer nicht bloggt, hat nichts zu sagen

Das Blog ist die zentrale Anlaufstelle für interessierte Kunden. Ihre Kunden sollten Ihr Feedback nicht irgendwo im Social Web veröffentlichen, sondern direkt auf Ihrem Blog. Dort ist es auch für andere Kunden sichtbar. Mit der Kommentarfunktion sammeln Sie wertvolles Feedback. Blogs lassen sich nicht nur als erweitertes Presseorgan 2.0 einsetzen, sondern auch als internes Wiki oder zur Produktentwicklung in der Community.

Mit Blogs können Sie Kundenakquise betreiben sowie die Kundenbindung und Ihre Online-Reputation stärken. Die Fülle an Beiträgen erzeugt langfristig einen Long Tail, der auch Ihren Kundensupport erleichtert, da die Fragen der Konsumenten bereits im Blog beantwortet werden. Sie sehen, es gibt viele Gründe, ein Corporate Blog zu starten. Wenn Sie sich von bestehenden Unternehmensblogs inspirieren lassen möchten, empfehlen wir Ihnen einen Besuch unserer Website *www.corporateblogs.at*, auf der wir regelmäßig neue Corporate-Blog-Projekte vorstellen.

10 Podcasts

Noch vor 3 Jahren führten Podcasts eine Nebenrolle im Marketingmix, doch im Moment wächst die Podcast-Nutzung exponentiell. Alle machen jetzt Podcasts. Der perfekte Zeitpunkt also, um selbst mit einem Podcast zu starten, mit dem Sie neue Kunden gewinnen können.

Podcasting boomt! Der Trend aus den USA ist 2018 endgültig nach Deutschland, Österreich und in die Schweiz herübergeschwappt. Im Wohnzimmer produziert, generieren sie in den USA bereits Hunderttausende Downloads und bescheren den Podcastern Millionen von Umsätzen. Vor allem Business- und Tech-Casts sind dort populär und begeistern ein Millionenpublikum. Wie schaut es in Deutschland aus? Hier übernehmen Podcasts eher im Stillen die Medienlandschaft. 2017 stieg die Nutzung von Audioinhalten in Deutschland um 11 % (siehe Abbildung 10.1).[1]

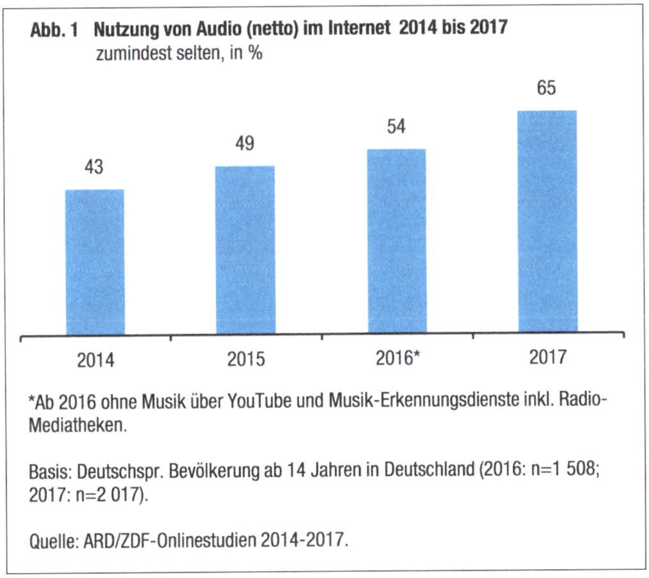

Abbildung 10.1 Die Podcast-Nutzung wuchs 2017 um 11 %. (Quelle: ARD/ZDF-Onlinestudie, http://www.ard-zdf-onlinestudie.de/files/2017/Artikel/917_Schroeter.pdf)

1 ARD/ZDF-Onlinestudie, 2017, »Audiowelten im Wachstum: Zur Radio-, Audio- und Streamingnutzung im Internet«: *www.ard-zdf-onlinestudie.de/files/2017/Artikel/917_Schroeter.pdf*

Zwei Drittel der Erwachsenen (65 %) ab 14 Jahren haben schon einmal Audiofunktionen im Internet genutzt, im Vorjahr waren es etwas über die Hälfte (54 %). Besonders stark ist die Nutzung bei den Millennials in Deutschland. Vier Fünftel der 14- bis 29-Jährigen nutzen pro Woche eine Audioanwendung (Webradio, Hörspiele, Podcasts) im Internet.

Was ist ein Podcast?

Podcasts sind Audiobeiträge, die ohne großen technischen Aufwand erstellt werden können. Beispielsweise verfügen die meisten Handys heutzutage über eine Sprachmemofunktion, mit der Podcasts einfach produziert werden können. Das Wort »Podcast« ist zusammengesetzt aus »iPod« (Apples MP3-Player) und »Broadcasting« (engl. für »Sendung«). Ein Podcast ist in der Regel wesentlich länger als ein Video. Die Sättigung bei Videos tritt bereits nach 3 Minuten ein, während die Standardlänge von Podcasts 30 bis 80 Minuten beträgt. Podcasts lohnen sich, um sich mit einer hohen Aufmerksamkeit mit der Zielgruppe zu verbinden. Für einen Podcast nimmt sich der User Zeit, ähnlich wie bei einem Spielfilm. Bei Werbespots und Webvideos erwartet der Empfänger schnelle, kurzweilige Unterhaltung.

10.1 Der Podcast-Hype ist Realität

2005 und 2006 erlebten Podcasts zeitgleich mit dem Aufkommen von Blogs schon einmal einen Hype. Damals waren die Bandbreiten noch begrenzt und Audiobeiträge das ideale Format, um lange Interviews bereitzustellen. Nachdem die Bandbreiten gestiegen waren, YouTube 2005 gegründet und 2006 von Google übernommen worden war, übernahmen Videos 2007 das Ruder (siehe Abbildung 10.2). Heute, 10 Jahre später, nähert sich die Nutzung von Podcasts und Videos allmählich wieder an. Doch woher kommen eigentlich auf einmal die ganzen Podcast-Hörer? Es liegt an Apple. Auf iPhones ist die Podcast-App vorinstalliert, was zur Sichtbarkeit von Podcasts beigetragen hat. Noch nie war es einfacher für Nutzer, interessante Podcasts zu suchen und zu abonnieren. Dank Apple ist jeder iPhone-Nutzer ein potenzieller Podcast-Nutzer. Apple besorgt den Traffic und die Abonnenten für Ihren Podcast.

Wie bei fast allen digitalen Trends, die gerade heiß diskutiert werden (Messenger Marketing, Videochats, VR-Marketing), sind es vor allem Smartphones, die diese Marketingtrends befeuern. Auch Google entdeckt gerade Podcasts für sich und will sie in die Suchergebnisse aufnehmen. Podcasts und generelle Audioinhalte werden zukünftig neben Text-, Bild- und Videoinhalten angezeigt werden.[2] Die Präsenz in iTunes & Co. wird in Zukunft auch ein Qualitätsmerkmal für die Sichtbarkeit in Suchmaschinen.

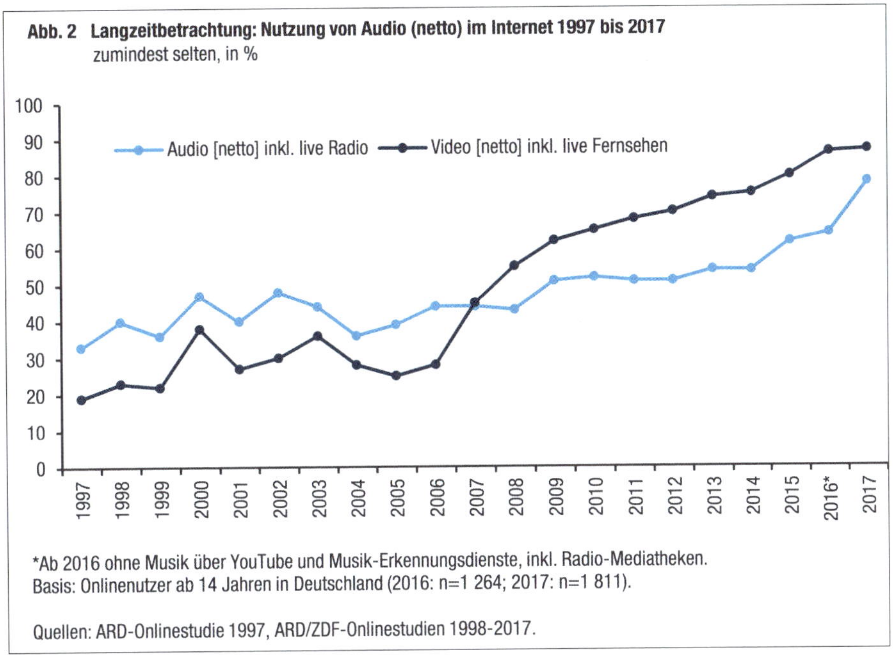

Abbildung 10.2 Quelle: ARD/ZDF-Onlinestudie (http://www.ard-zdf-onlinestudie.de/files/2017/Artikel/917_Schroeter.pdf)

Jetzt ist der perfekte Zeitpunkt, um einen Podcast zu starten. Wenn Sie heute einen Podcast starten, haben Sie eine realistische Chance auf organische Reichweite, die ja gerade im permanenten Kampf um Aufmerksamkeit in Social Media immer geringer wird. Bei Podcasts sind noch nicht alle Themen besetzt, und in den nächsten 6 bis 12 Monaten gibt es hier ein großes Potenzial für einen hohen Return on Investment (Zeit).

10.1.1 Podcast-USPs

Der Podcast-Hype ist schon ein wenig verrückt, denn die hiesige Medienlandschaft bietet eine Vielfalt an Angeboten und eine Informationsflut, die die Nutzer bisweilen zu erschlagen droht. Da fragt man sich, wie es möglich ist, dass Podcasts mit über eine Stunde Länge im Moment zuhauf angehört werden. Der Grund für die Beliebtheit ist der passive Nebenbeikonsum von Podcasts. Anders als bei Videos können Sie Podcasts an jedem Ort und nahezu in jeder Situation anhören: im Auto, beim Sport, zum Einschlafen. Im Gegensatz dazu ist es nahezu unmöglich, beim

2 9to5Google, 2018, »Google could eventually use audio & podcasts as results for searches«: *http://9to5google.com/2018/04/24/google-podcasts-search-results*

Autofahren oder Joggen ein Video anzusehen. Außerdem: Wer schaut heute bitte ein einstündiges Video auf YouTube? Mit Podcasts können Sie eine Stunde am Stück mit Ihren Kunden sprechen.

Zurück zur Qualität bei den Inhalten

Vielleicht haben sich die Nutzer ja sattgesehen an witzigen fünf-sekündigen Videos und dem »snackable« Content im Social Web. Für Podcast-Nutzer verliert dieser Content zunehmend an Wert. Sie wollen gut recherchierte Inhalte und einen fundierten Austausch. Das Qualitätslevel bei Podcasts ist enorm hoch, und das muss es auch sein. Denn die Zuhörer bieten ihr wertvollstes Gut in einer digitalisierten Welt: Zeit. Daher müssen Sie sich bei Ihrem Podcast auf die Inhalte fokussieren und für jede Folge mit einem durchdachten Konzept an die Aufnahme gehen. Im anschließenden Schnitt arbeiten Sie die Highlights der Aufnahme heraus und bieten Ihren Zuhörern die Rosinen der Aufnahme. Nur so bieten Sie einen Podcast, der sich von der Masse abhebt.

Einfache Umsetzung

Der große Vorteil von Podcasts gegenüber einer Videoerstellung ist der geringere technische Aufwand und, dadurch bedingt, die relativ geringen Produktionskosten. Sie brauchen keine Kamera, kein perfektes Tageslicht, keine Schminke, sondern »nur« Ihre Stimme und ein Aufnahmegerät. Mit einer niedrigen dreistelligen Investition in Equipment und Software können selbst Hobby-Podcaster bereits einen Podcast auf professionellem Niveau erstellen. Bei Podcast zählen nur die Inhalte, keine Äußerlichkeiten wie bei Videos oder Bildern.

Attraktive Zielgruppen

Genauso beliebt wie der Austausch über Netflix-Serien ist es gerade, über Podcasts zu reden und sie zu empfehlen. Wir möchten Ihnen deshalb einige interessante Podcasts vorstellen, die Sie für Ihren eigenen Podcasts als Inspirationsquelle nutzen können:

- *Debatten-Podcast von Sascha Lobo:* Sascha Lobo diskutiert und reflektiert die Kommentare zu seiner Spiegel-Kolumne »Die Menschmaschine«. Sehr gut recherchiert, streitbar und sehr hörenswert.
- *Hotel Matze:* Matze Hielscher vom Blog »Mit Vergnügen« lädt Unternehmer, Künstler, Journalisten in sein Hotelzimmer ein und diskutiert mit ihnen darüber, was sie motiviert, wie sie arbeiten und entlockt seinen Gästen dabei einiges darüber, was sie wirklich antreibt.
- *OMR:* Im Podcast der Online Marketing Rockstars spricht Gründer Philipp Westermeyer mit Branchenexperten, Unternehmern und Investoren. Auch span-

nend sind die Folgen #askOMR, bei dem Experten sehr detailliert Fragen rund ums Digitalmarketing beantworten.

- *Kassenzone:* Hier geht es um Fragen, Tipps und Insights zum E-Commerce-Marketing.
- *Gary Vaynerchuck:* Der Podcast für Social Media Manager, Journalisten, Kommunikationsmenschen.
- *On the Way to New Work:* Über die Zukunft der Arbeit und ihre Auswirkungen diskutieren Christoph Magnussen und Michael Trautmann.

Weitere interessante Podcasts findet man in Podcast-Verzeichnissen wie *podcast.de*, *podster.de* oder im iTunes Store.

10.1.2 Corporate Podcast

Analog zu den Corporate Blogs möchten wir für Firmen-Podcasts die Bezeichnung Corporate Podcast verwenden. Ein Beispiel eines Corporate Podcasts zeigt die Telekom mit »electronic beats«.

The Angry Teddy: Podcast in Österreich

Einer der bekanntesten österreichischen Podcaster ist Daniel Friesenecker. Er betreibt seinen Podcast *theangryteddy.com* seit 2011 und kann bislang auf ca. 30.000 Downloads seiner Podcasts verweisen (ohne Werbung). Im Schnitt wird eine seiner Sendungen in der ersten Woche nach Veröffentlichung 160-mal heruntergeladen. Diese Zahlen belegen, dass Podcasts zwar ein Nischenthema sind, sich aber seit Jahren beständig am Markt halten. Als persönliche Motivation für sein Podcasting-Engagement nennt Friesenecker die Möglichkeit, mit Personen in Kontakt zu treten und sich auszutauschen. Darüber entstünden interessante Kontakte, aber auch wertvoller Content, dessen Verbreitung sowohl Frieseneckers Angebot als auch die Expertise der Interviewpartner stärken würden. »Außerdem lassen sich im gesprochenen Wort komplexe Inhalte leichter erklären als in Texten«, ergänzt Daniel Friesenecker. Er sieht Podcasts als gute Ergänzung im Content Marketing: »Ich erreiche zwar kein Massenpublikum mit meinen Podcasts, dafür aber eine kleine, sehr aktive Community.« Er warnt davor, Podcasts als Zweitverwertungskanal von Rundfunkbeiträgen zu sehen, auch wenn dies oft passiert. Im Idealfall spezialisiere man sich auf ein Thema, über das man als Serie von Sendungen referiert. So könne man sich als Experte für ein gewisses Thema positionieren.

10.2 How to Podcast

Podcasten? Noch ein Social-Media-Kanal? Echt jetzt?! Vielleicht gehen Ihnen genau diese Fragen durch den Kopf, wenn Sie an Podcasts denken. Aber die gute

Nachricht zuerst: Podcasten ist mit weitaus weniger Aufwand verbunden als Videoproduktion und die Anschaffungskosten liegen im dreistelligen Bereich.

10.2.1 Werden Sie Experte in Ihrer Nische

Die Frage, worüber Sie einen Podcast machen sollten, beginnt mit der Frage nach Ihrer Passion. Denn für einen Podcast brauchen Sie vor allem Zeit und Muße. Sie müssen die Themen Ihres Podcasts konzeptionell planen, Studiogäste definieren und einladen. Bei einem wöchentlichen Podcast ist das mitunter ein relativ hoher Aufwand.

Starten Sie Ihren Podcast nur dann, wenn Sie ein Thema haben, für das Sie wirklich brennen. Vielleicht sind Sie Unternehmer und haben gleichzeitig eine große Leidenschaft fürs Kochen? Oder sind Sie Managerin und verfügen gleichzeitig über eine Ausbildung als Mediatorin? Dann stellen Sie sich bitte zuerst die Frage, bei welchem Thema Sie über längere Zeit mehr engagiert sind. Wollen Sie einen Podcast über Ihr Business machen, weil Sie die Entwicklungen und Dynamiken unglaublich spannend finden und sich permanent damit beschäftigen? Oder könnten Sie stundenlang von Ihrem Hobby erzählen?

Nutzen Sie die Google-Recherche

Zu Beginn sollten Sie sich einen Überblick verschaffen, wie groß das Potenzial für Ihre Nische ist. Das können Sie mit Google ganz einfach prüfen. Geben Sie einfach in die Suche Ihr Nischenthema ein, z. B. »Mediation Podcast«, und schauen Sie sich die Werbeanzeigen genau an. Gibt es bereits einen solchen Podcast, und wird er beworben? Pro Tipp: Refreshen Sie den Browser bis zu zehnmal, und überprüfen Sie, wie oft die Werbeanzeigen wechseln. Sehen Sie sich auch die Bilder- und Videosuche an, und checken Sie das Potenzial ebenfalls in den iTunes Podcast-Charts, *http://www.itunescharts.net/ger/charts/podcasts/current*.

Erstellen Sie Ihre Podcast-Persona

Haben Sie sich für ein Thema entschieden, sollten Sie sich einmal ganz genau Ihren Zuhörer vorstellen. Und das machen Sie am besten, indem Sie ein Interview führen und daraus eine Persona erstellen. Folgende Fragen helfen Ihnen dabei:

- Welche spezifischen Probleme hat die Persona?
- Was ist das größte Problem Ihrer Persona?
- Welche Tipps können Sie ihr geben?
- Hört sie Podcasts? Wenn ja, über welche Plattformen (iTunes, Spotify, Soundcloud, detektor.fm etc.)?

- Wo konsumiert sie Podcasts (im Auto, im Fitnessstudio, zum Einschlafen)?
- Welche Lieblingsbücher liest sie?

10.2.2 Tools: Was Sie für einen Podcast brauchen

Um einen eigenen Podcast zu erstellen, benötigen Sie kein eigenes Tonstudio. Es genügt bereits, wenn Sie an Ihren Laptop oder Rechner ein Mikrofon anschließen und eine geeignete Software installieren. Der geringe technische Aufwand ist ein großer Vorteil der Podcast-Erstellung.

Mikrofon

Ein gutes Mikrofon ist der Anfang von allem. Die meisten Podcaster setzen auf die Mikrofone von Blue oder Rode. Die etwas teurere Variante bietet Sennheiser:

- Blue Yeti USB Mikrofon: 130 €
- Blue Snowball: 60 €
- Rode NT: 160 €
- Sennheiser MD46 Microphone: 269 € (plus Windschutz 49 €)

Ein kostengünstiger Einstieg ist das Rode-Ansteckmikrofon für Smartphones, das bereits ab 20 € verfügbar ist. Wenn Sie Interviews führen wollen, gibt es ebenfalls ein Clip-on-Interviewmikrofon für Smartphones von Movo (Movo Executive Lavalier) für etwa 45 €. Für Skype-Interviews eignet sich der Ecamm Call Recorder. Pro-Tipp: Nutzen Sie nach der Aufnahme den Auphonic Leveler, *http://auphonic.com/leveler*, um mit nur einem Klick Ihre Audiodatei sauber zu machen.

Aufnahmehardware

Wenn Sie nicht am Rechner, sondern von unterwegs Interviews aufnehmen wollen, empfehlen wir Ihnen das Zoom H4n Pro APH-4n Bundle.

Aufnahmesoftware

Wenn Sie Zuhause Ihren Podcast am Rechner aufnehmen, benötigen Sie eine Software. Wenn Sie Mac-Nutzer sind, können Sie das kostenlose Garageband nutzen. PC-Nutzer greifen oft auf das kostenfreie Audacity zurück, das aber auch für den Mac zur Verfügung steht. Wenn Sie bereits Adobe nutzen (Photoshop etc.), können Sie auf Adobe Audition zugreifen.

Intro und Outro

Zu einem Podcast gehören ein Intro und ein Outro. Sie können zwar auch darauf verzichten, das wirkt dann jedoch weniger professionell. Das Gute ist, dass es im Netz sehr viele und wirklich gute Anbieter gibt, bei denen Sie bereits für 20 US$ ein schönes Jingle finden können. Viele Podcaster empfehlen hier *http://www.fiverr.com*. Auch Audiojungle, *http://audiojungle.net*, und Premiumbeat, *http://www.premiumbeat.com*, sind tolle Plattformen für hochwertige und lizenzfreie Musik.

Ein Podcast-Cover für iTunes & Co.

Für Ihren Podcast müssen Sie sich zu Beginn einmal über Ihr visuelles Erscheinungsbild Gedanken machen. Das Podcast-Cover ist das Aushängeschild, die Visitenkarte Ihres Podcasts und sollte natürlich hervorstechen. Wenn es ein sehr persönlicher Podcast sein soll, nutzen Sie auf jeden Fall ein Foto oder eine Zeichnung von sich (siehe Abbildung 10.3).

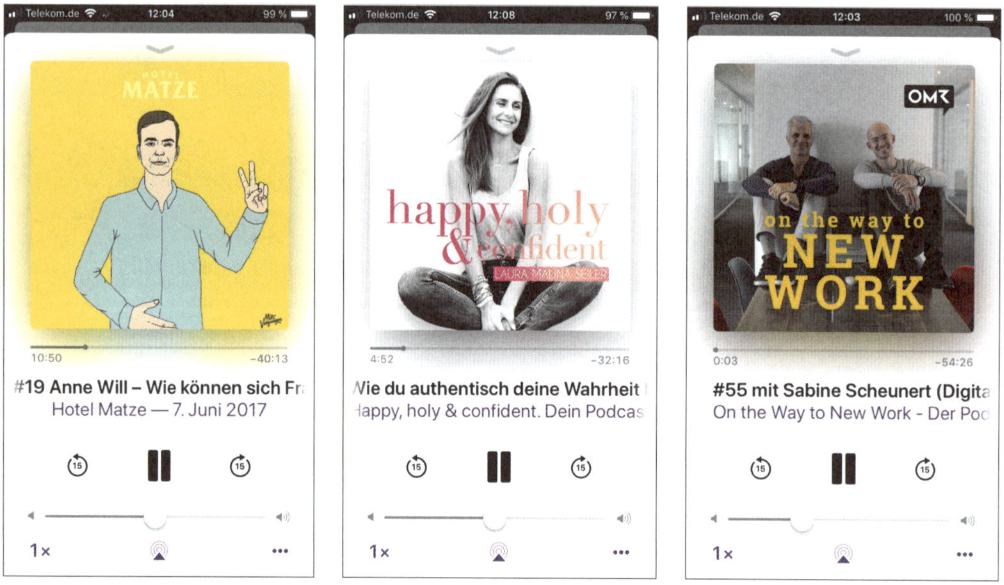

Abbildung 10.3 Das Podcast-Cover ist Ihr Aushängeschild und sollte etwas Persönliches (Foto oder Grafik) beinhalten. Podcasts: Hotel Matze; Happy, holy & confident; On the Way to New Work

10.2.3 Podcast veröffentlichen

iTunes ist das größte Podcasting-Portal mit einer Vielzahl an Podcasts und außerdem automatisch auf jedem iPhone vorinstalliert. Als Podcaster müssen Sie dort auffindbar sein. Und dafür brauchen Sie einen Podcast-Host. Es gibt viele verschiedene Anbieter. Wenn Sie bereits ein WordPress-Blog haben, nutzen ganz einfach das Plug-in Podlove, *http://podlove.org/podlove-podcast-publisher*, für den Upload.

Mit dem Plug-in Simple Podcast Press, *http://simplepodcastpress.com*, steht Ihnen zudem ein Plugin zur Verfügung, mit dem Sie Bewertungen für Ihren Podcast gewinnen können. Alternativ empfehlen wir Ihnen die Hosts libsyn, *http://www.libsyn.com*, oder Blubrry, *http://www.blubrry.com*.

Wenn Sie mit einem Podcast starten und neue Zuhörer gewinnen wollen, ist es ratsam, sich in das Podcast-Verzeichnis einzutragen. Die wichtigsten Verzeichnisse sind *podster.de*, *podcast.de* sowie natürlich iTunes. Geben Sie eine Kategorie an, damit die User wissen, was sie auf Ihrem Podcast erwartet.

Shownotes

Bei den Podcastern ist es Usus, weiterführende Links über Tools, Plattformen, Interviewpartner etc. in den sogenannten *Shownotes* zu veröffentlichen. Weisen Sie auch gerne im Podcast darauf hin, dass die Zuhörer weiterführende Informationen in den Shownotes finden.

Interessanter Podcast-Service: Audioboo

Einige neue Podcast-Services buhlen um Mitglieder, darunter *www.audioboo.com*. Audioboo ist eine Plattform für die Aufnahme und Veröffentlichung von Audiodateien (also auch Podcasts) via Smartphone oder Browser.

10.2.4 Erstellen Sie regelmäßige Beiträge

Wichtig für Podcasts ist die Regelmäßigkeit Ihrer Beiträge. Podcasts eignen sich für lange und ausführliche Beiträge, die über andere Medien nicht realisierbar sind. Was die Dauer und Länge von Podcast-Sendungen angeht, gilt also genau das Gegenteil von dem, was sonst in Social Media gepredigt wird – Sie haben Zeit. Podcasts können beliebig lang sein und aus Interviews, Vorträgen, Erzählungen oder Diskussionen bestehen. Podcasts mit einer Dauer von 1,5 Stunden sind keine Seltenheit.

Ein Podcast verbreitet sich, indem er von interessierten Kunden abonniert wird. Wer einen Podcast abonniert, erwartet aber auch, dass regelmäßig neue Sendungen veröffentlicht werden. Wichtig für den Erfolg eines Podcasts ist daher die Regelmäßigkeit Ihrer Beiträge. Dafür benötigen Sie ein Sendeprogramm, um Themen und Studiogäste zu planen. Die Themenvielfalt ist eine wichtige Voraussetzung, um einen Benefit für den Nutzer zu generieren, damit er den Podcast abonniert.

Wenn Sie mit Ihrem Podcast starten, erstellen Sie vorab bereits die ersten drei bis vier Folgen. Dadurch signalisieren Sie ab der ersten Folge neuen Abonnenten, dass Ihr Podcast regelmäßig erscheint. Gleichzeitig haben Sie genug Zeit, um neue Folgen zu produzieren. Planen Sie Ihre Themen und Interviewpartner genau. Setzen Sie gerade am Anfang ein Highlight mit einem interessanten Gast. Gehen Sie in Ihrem Podcast auf aktuelle Trends ein, die Sie mit Ihrem Interviewpartner analysieren und etablieren. Die inhaltliche Herausforderung sollte nicht unterschätzt werden, da vielen Podcastern bereits in der Anfangsphase die Themen ausgehen. Für einen regelmäßigen Podcast braucht es also auch einen engagierten, motivierten und kreativen Podcaster.

Zu guter Letzt sollte man bereits vor Start des eigenen Podcasts Werbung dafür machen. Offline und online in Social-Media-Plattformen und im Idealfall auf dem eigenen Blog oder der Website. Ebenso empfiehlt sich ein Pre-Launch, dann hat man genug Zeit, technische »Stolperer« zu beseitigen und in einen regelmäßigen Veröffentlichungsrhythmus zu kommen.

Rechtstipp von Sven Hörnich: Auch für Podcasts müssen Sie die notwendigen Rechte an Inhalten Dritter einholen

Wenn Sie im Podcast fremde Werke, wie beispielsweise Musik- oder Videoinhalte, verwenden, müssen Sie unbedingt die dazu notwendigen Rechte einholen. Für Musikinhalte geht dies relativ einfach bei der deutschen GEMA, der österreichischen AKM oder der schweizerischen SUISA. Für Videoinhalte müssen Sie sich direkt an den Rechteinhaber wenden. Je nach Einzelfall kann zudem beispielsweise das sogenannte Zitatrecht greifen. Entgegen einer weitläufigen Meinung ist das Zitatrecht aber nicht zum »Aufhübschen« des eigenen Beitrags geeignet. Es bedarf eines Zitatzwecks (sogenannter »Belegcharakter«) und der dennoch zurückhaltenden Nutzung der vorbestehenden Inhalte. Wollen Sie beispielsweise belegen, dass ein bestimmter Musiker sich in einem Livekonzert in einem Song verspielte, um dies in einen größeren Kontext zu setzen (z. B. Stresslevel auch bekannter Musiker in Auftrittssituationen), so wäre es z. B. unverhältnismäßig, den kompletten Song zu verwerten. Die (beispielsweise) zehn Sekunden des Verspielens würden reichen. Aber selbst dann, wenn Sie sich in den inhaltlichen Grenzen dieser Schranke bewegen, bedarf es des ausreichenden Quellnachweises! Abgesehen davon ist im Zusammenhang mit Werbung das Erfüllen eines Zitatzwecks (anders als bei redaktionellen Beiträgen) kaum vorstellbar. Insoweit verweise ich auch auf meine sonstigen Rechtstipps zum Thema Schleichwerbung!

10.2.5 Die ultimative Wachstumsstrategie für Ihren Podcast

Wenn Sie erstmalig Ihre Podcast-Folge bei iTunes hochladen, ist sie dort für einige Stunden sichtbar. Deshalb muss die erste Folge bereits die beste sein. Und dafür helfen Ihnen Interviews und Bewertungen. Suchen Sie sich einen spannenden Interviewpartner für Ihr Nischenthema, einen Experten oder die Influencerin aus Ihrer Nische. Das Gute an Interviews: Ihnen geht niemals der Content aus, denn die meisten fühlen sich durch eine Interviewanfrage geschmeichelt und sagen zu. Interviews bieten außerdem einen überaus großen Networking-Effekt. Sie lernen spannende Menschen kennen und machen gleichzeitig von sich reden.

Überlegen Sie sich schlaue Fragen für Ihren Interviewpartner. Fragen Sie ihn nach einer Anekdote zu einem bestimmten Thema bzw. nach seiner Geschichte. Arbeiten Sie Muster heraus, und fragen Sie nach den Take-aways für Ihre Zuhörer. Nennen Sie Details von sich (z. B. beschreiben Sie Ihre tägliche Routine im Detail, erläutern Sie Ihren Gedankengang so genau wie möglich). Das aktiviert den Interviewpartner, expandiert das Gespräch und ermöglicht eine enorme Gesprächstiefe.

10.2.6 Mit Podcasts Geld verdienen

Podcasts sind zunächst einmal kostenloser Premium-Content, auch *Freemium Content* genannt. Dennoch lässt sich mit Podcasts Geld verdienen, mit Sponsorships von Marken und Unternehmen. Der Podcaster spricht entweder zu Beginn der Folge den Sponsor ein (15 Sekunden Pre-Roll am Anfang) oder in der Mitte (60 Sekunden Mid-Roll in der Mitte). Die Kosten für diese Sponsorings orientieren sich natürlich an den Downloads der Folge (CPM, Kosten für 1.000 Downloads der Podcast-Folge). Ein Rechenbeispiel: Eine Podcast-Folge hat 20.000 Downloads generiert. Es wurde ein Pre-Roll und ein Mid-Roll eingesprochen.

- 15 Sekunden Pre-Roll: 17 € CPM (durchschnittlicher CPM)
- 60 Sekunden Mid-Roll: 24 € CPM (durchschnittlicher CPM)
- 20.000 Downloads * 41 € CPM = 820 € Einnahmen

Der Podcaster hat mit dieser Folge 820 € verdient.

10.2.7 Erfolg messen

Den Erfolg Ihres Podcasts messen Sie über die Anzahl der Downloads in iTunes. Allerdings geben diese Downloads keine Auskunft über die Abonnenten, und Sie können nur schwer prüfen, ob der Podcast auch von der anvisierten Zielgruppe angehört wird. Sie können allerdings die Nutzer direkt im Podcast dazu auffordern, auf einer Website oder Ihrer Facebook-Seite Feedback zu geben. Sie können auch Ihren Podcast in Form eines Blogs online stellen, sodass direkt eine Kommentarfunktion eingebaut ist.

10.3 Fazit

Sichern Sie sich jetzt Ihren Platz in der Nische. Egal, ob Sie einen Podcast über digitales Business, über Sport, einen Meditations-Podcast oder einen Hörspiel-Podcast mit Geschichten für Kinder starten wollen – mit Podcasts lassen sich attraktive Zielgruppen erreichen. Podcasts sind eine perfekte Ergänzung für Ihr Content Marketing und bieten dabei einige Vorteile gegenüber Video. Warten Sie nicht allzu lange mit Ihrem Podcast, sonst ist der Markt ähnlich wie mit YouTube allzu schnell überschwemmt von Angeboten, bei denen die Nutzer den Überblick verlieren.

11 Experte sein auf XING und LinkedIn

Social-Media-Plattformen können auch für die Karriere und das berufliche Voranschreiten extrem nützlich sein.

Es gibt immer mehr Social-Media-Plattformen, die den beruflichen Austausch und die Vernetzung verschiedener Zielgruppen zum Ziel haben. Im deutschsprachigen Raum sind XING und LinkedIn die wichtigsten Plattformen dafür. Das Business-Netzwerk XING wurde 2003 als OpenBC (Open Business Club) in Deutschland gegründet. XING steht auch für das englische Wort Crossing. Die Namensgebung bezieht sich auf eine der Hauptfunktionen von XING: Sie macht Netzwerke sichtbar und zeigt, über wen man mit wem verbunden ist, sprich, über wie viele »Ecken« man einen anderen User kennt. Nach eigenen Angaben hatte XING im Sommer 2018 13 Mio. Mitglieder in der DACH-Region, davon allein 11 Mio. Mitglieder in Deutschland.[1]

Mittlerweile steigt auch die Zahl der User aus nicht deutschsprachigen Ländern wie Spanien, wobei XING international zunehmend Konkurrenz von LinkedIn, dem direkten Konkurrenten aus den USA, bekommt.

11.1 Wozu Business-Netzwerke nützlich sind

Nun war bereits die Rede davon, dass XING und LinkedIn die derzeit beliebtesten Business-Netzwerke sind. Heißt das, dass man sie als reine Vertriebskanäle nutzen kann oder sollte? Keineswegs! Die Social-Media-Grundsätze gelten auch für diese Netzwerke, aber es gibt zahlreiche Möglichkeiten, wie Sie XING oder LinkedIn für Ihr Unternehmen einsetzen können. Beachten Sie, dass die Arbeit mit und in Business-Netzwerken langfristig angelegt sein sollte. Erwarten Sie nicht, dass 2 Wochen nach Ihrem Beitritt die Aufträge oder die passenden Bewerber nur so hereinsprudeln. Aber wenn Sie professionell und zielstrebig auf Business-Netzwerken aktiv sind, können Sie langsam, aber sicher mit spürbaren Effekten rechnen.

Business-Netzwerke wie XING oder LinkedIn eignen sich für Unternehmen als Plattform, um Geschäftsthemen zu platzieren und Beziehungen mit potenziellen Partnern aufzubauen und zu pflegen. Aber es gibt auch viele Gründe, um als Privat-

1 Daten und Fakten zu XING, 2018: *http://corporate.xing.com/de/unternehmen/daten-und-fakten*

person ein berufliches Online-Netzwerk zu nutzen. Der wohl wichtigste ist, seine Fähigkeiten und Stärken sichtbar zu machen, als Experte für ein Thema aufzutreten und seine Online-Reputation zu stärken.

11.1.1 Personalsuche

Immer mehr deutsche Unternehmen schreiben mittlerweile freie Stellen in sozialen Netzwerken wie Facebook, XING oder LinkedIn aus. Zwar gelten spezielle Jobbörsen noch als Hauptplattformen für Stellenangebote und -gesuche, doch sind soziale Netzwerke auch hier auf dem Vormarsch. Die Unternehmen nutzen Social Media für Mitarbeiterempfehlungen oder als Online-Jobbörsen. Der Vorteil für Unternehmen liegt in der Vernetzung der User untereinander: Interessante Inhalte, und dazu gehören natürlich auch Stellenangebote, werden von Usern aktiv weiterempfohlen und erhalten mehr Aufmerksamkeit, da sie eine Empfehlung von einem Freund oder Bekannten sind. Außerdem bieten soziale Netzwerke Unternehmen und Jobinteressenten die Möglichkeit, in direkten Kontakt miteinander zu treten. Wer Job oder Aufgabengebiet wechselt, teilt das formlos mit und erzielt allein dadurch Resonanz, die wertvoll sein kann.

11.1.2 Social Recruiting – die besten Mitarbeiter für Ihre Unternehmung finden

Viele der auf Business-Netzwerken aktiven Unternehmen bzw. deren Personalverantwortliche nutzen XING oder LinkedIn, um auf die Suche nach potenziellen neuen Mitarbeitern zu gehen. Ebenso sind Business-Netzwerke spannende Plätze, um nach interessanten Jobangeboten Ausschau zu halten. Als Unternehmen können Sie auch kostenpflichtige Stellenanzeigen auf Business-Plattformen veröffentlichen.

Zusatzpaket für Personaler: Recruiter-Mitgliedschaft

Für Personaler und HR-Manager bietet XING außerdem noch eine sogenannte Recruiter-Mitgliedschaft an. Für eine zusätzliche Monatsgebühr können Sie mit einem zusätzlichen Suchfilter potenzielle Kandidaten besser finden, deren Informationen direkt einsehen und die Kandidaten einfacher verwalten.

11.2 XING – das deutsche Business-Netzwerk

Lars Hinrichs gründete 2003 mit dem OpenBusinessClub den Vorläufer von XING. Das Ziel war damals die Gründung einer deutschsprachigen Plattform für den beruflichen Austausch. Eine der grundlegenden Kernfunktionen von XING ist das Sichtbarmachen seines Kontaktnetzes. Ein Benutzer kann sehen, über wie viele Ecken er jemanden kennt – das sogenannte »Kleine-Welt-Phänomen«. Daneben bietet die Plattform zahlreiche Community-Funktionen wie die Möglichkeit, Ihre Neuigkeiten mit Kontakten zu teilen und Kunden oder Links zu empfehlen, Suche nach Personen, Interessengebieten und Themen, eigene Unternehmensseiten, die in den bezahlten Versionen interaktive Funktionen enthalten, sowie Tausende Gruppen zu unterschiedlichen Interessengebieten.

Seit 2010 gehört XING zur Burda-Mediengruppe, die stetig in den Ausbau des Netzwerkes investiert. So können heutzutage Firmen mit XING nicht nur ihre beruflichen Kontakte pflegen, sondern auch Events organisieren (Ticketing mit Amiando) oder Arbeitgeber ihre Online-Reputation steuern (Business Account).

Vor einigen Jahren hat XING auch das österreichische Bewertungsportal kununu übernommen. Grund dafür, den österreichischen Konkurrenten zu übernehmen, war, das relevanteste Business-Netzwerk im deutschsprachigen Raum zu bleiben. Kein leichtes Unterfangen, da das amerikanische Pendant LinkedIn stark im Wachsen ist. Gut möglich, dass XING dasselbe Schicksal ereilt wie vor 10 Jahren studiVZ mit Facebook. Dieses war erst deutschlandweit in aller Munde und dann schlagartig mit dem Bekanntwerden von Facebook verschwunden. Ein großer Vorteil von XING ist, dass sein Standort der des Rechenzentrums Frankfurt a. M. ist, d. h., die vielen persönlichen Daten der Nutzer sind vor Zugriff der amerikanischen Behörden (vermeintlich) sicher.

11.2.1 Ihr persönliches Profil ist Ihr Kapital

Beim Personenprofil auf XING gibt es eine kostenlose und eine kostenpflichtige Registrierungsvariante. In beiden Varianten ist Ihr eigenes Profil eines der zentralen Elemente auf XING. Der User registriert sich mit seinem Namen, lädt ein aussagekräftiges Profilbild hoch und füllt alle Felder aus, die ihn, seine Ausbildung und seinen beruflichen Werdegang darstellen. Zusätzlich gibt er an, welche Leistungen er anbietet und nach welchen Leistungen er möglicherweise sucht. Je besser die Felder ausgefüllt sind, desto leichter kann sich ein Außenstehender ein Bild von dem jeweiligen User machen.

Damit Ihr Profil ein gutes Ranking auf XING selbst und auf den gängigen Suchmaschinen erzielt und die wesentlichen Informationen enthält, die von Interessenten gesucht werden, sollten Sie alle folgenden relevanten Bereiche vollständig ausfüllen. Vor allem die Bereiche bei PROFILDETAILS sind einzeln verlinkte Schlagwörter, Sie sollten sich deshalb anschauen, welche Stichwörter Ihnen XING bei der Eingabe vorschlägt.

Kontaktdaten

- Telefon, Fax, E-Mail, Website usw.: Seien Sie hier besonders sorgsam mit der Weitergabe dieser Informationen an andere User. Vor allem wenn Sie die Person nicht kennen, wäre es ratsam, so wenig private und berufliche Kontaktdaten wie möglich preiszugeben. Ansonsten könnten Sie daraufhin sehr viele Spam-Mails erhalten.

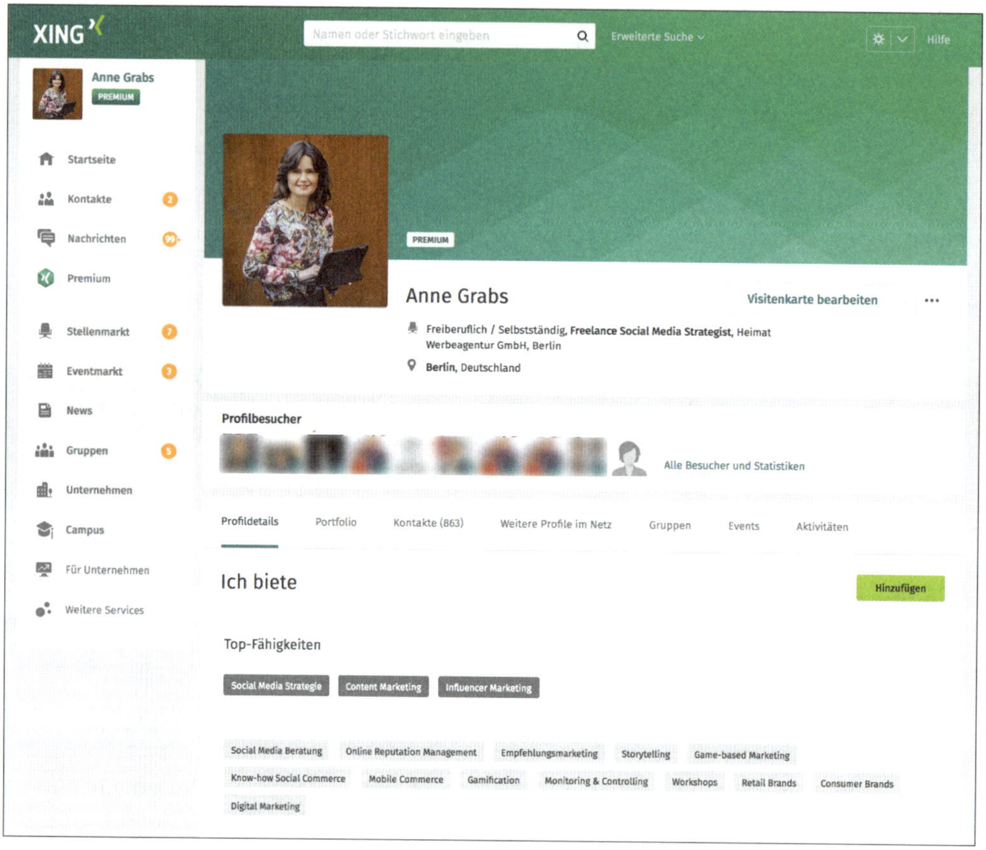

Abbildung 11.1 In XING dreht sich alles um Ihre Kontakte, Ihre Qualifikationen, Ihre berufliche Erfahrung und um das, was Sie suchen bzw. bieten.

Persönliches

- ICH SUCHE: Hier geben Sie an, nach welchen (Dienst-)Leistungen und Informationen bzw. Kontakten Sie suchen. Versuchen Sie hier anzugeben, nach welcher Art von Aufträgen Sie suchen. Je genauer Sie das formulieren, desto eher und besser können Sie von einem potenziellen Kunden gefunden werden. Auch wenn Sie aktuell nicht auf Jobsuche sind, sollten Sie diese Rubrik dennoch mit aussagekräftigem Inhalt füllen. Verwenden Sie dabei keine Floskeln wie »auf der

Suche nach neuen interessanten Kontakten«, denn diese Info ist redundant (ansonsten wären Sie wohl kaum auf XING). Seien Sie kreativ, und stechen Sie aus der Masse heraus. Probieren Sie doch mal Folgendes: »Auf der Suche nach Mittagstipps für Berlin Mitte« – und schauen Sie, was passiert.

- Ich biete: Ähnliches gilt für die Rubrik Ich biete. Hier sollte man sich in wenigen Worten ansprechend selbst vermarkten. Nennen Sie Ihre Stärken, schreiben Sie über mögliche Anknüpfungspunkte für eine Kooperation, und machen Sie neugierig auf sich. Wer XING aktiv nutzt, kennt die oft standardisierten und unpersönlichen Kontaktanfragen, die nicht selten sogar ohne begleitende Nachricht eingehen. Leider finden sich wie in jedem Netzwerk immer häufiger reine Kontaktsammler. Für eine sinnvolle Kontaktaufnahme, die auch zu ernsthaften beruflichen Beziehungen führen kann, haben wir deshalb einige Ratschläge: Spezialisierung: Geben Sie Ihr Wissen weiter, werden Sie so zum Experten auf XING, und nutzen Sie den Fragen-und-Antworten-Bereich. Klar formulierte Kernthemen: Für was stehen Sie, und in welchem Bereich arbeiten Sie? Werden Sie zur Marke: Natürlich sind Sie nicht der Einzige mit einem besonderen Lebenslauf. Aber Kunden lieben und vertrauen einzigartigen Marken und einem hohen Wiedererkennungswert. Zeigen Sie Ecken und Kanten, geben Sie hin und wieder etwas Persönliches preis, stehen Sie zu Ihrer Meinung, und kommunizieren Sie authentisch nach außen.

Berufserfahrung

- Damit gemeint sind alle bisherigen Tätigkeiten und Unternehmen, bei denen Sie gearbeitet haben. Dieses Feld dient unter anderem dazu, dass ehemalige Arbeitskollegen aus früheren Tagen Sie wiederfinden können bzw. um Ihre Erfahrung und das Know-how zu untermauern.
- Tragen Sie natürlich auch das Unternehmen ein, in dem Sie aktuell tätig sind, inklusive aller bisherigen Positionen und Ihrer aktuellen Tätigkeit.

Qualifikationen und Auszeichnungen

- Dieser Bereich ist Premium-Mitgliedern vorbehalten. Es kann hilfreich sein, beispielsweise seine Arbeitszeugnisse oder andere Dokumente hier hochzuladen. Außerdem können Sie sogenannte Referenzen, also Empfehlungen von anderen XING-Mitgliedern, erhalten.

Ausbildung

- Schulen: Geben Sie Ihre vollständige (Hoch-)Schulausbildung inklusive Bildungsstätten an. Das hilft dabei, von ehemaligen Mitschülern bzw. Studienkollegen gefunden zu werden. Dies kann einen wichtigen und relevanten Teil Ihres beruflichen sozialen Netzwerkes ausmachen.

- SPRACHEN: Die Welt wächst zusammen, und deshalb werden zusätzliche Sprachkenntnisse neben der eigenen Muttersprache immer wichtiger. Doch seien Sie ehrlich, und geben Sie nur Sprachen an, die Sie auch wirklich in Wort und Schrift halbwegs beherrschen.

Weitere Profile im Netz

- Weitere Profile im Web, die Informationen zu Ihrer Person enthalten (Facebook, Twitter usw.), gehören hierher. Das hilft, Ihre Person umfassender und ganzheitlicher vorzustellen. Sie sparen Ihrem Gegenüber wertvolle Zeit, weil die einzelnen Accounts nicht mehr gegoogelt werden müssen. Außerdem unterstützen Links, beispielsweise auf Ihre Website, Ihr Ranking auf den gängigen Suchmaschinen.

Fakt ist, es gibt eine Vielzahl an Daten, die man auf beruflichen Plattformen von sich preisgeben kann. Nichtsdestotrotz sollte Ihr Profil gut gewartet sein. Dazu gehört in jedem Fall ein passendes Foto. Sie dürfen auf dem Foto etwas lockerer als auf einem klassischen Bewerbungsfoto auftreten, allerdings sollte es zu Ihrer Berufssparte passen und seriös wirken. Das Motiv selbst zeigt Sie idealerweise im Halbprofil. Wenn Sie also auf der Suche nach einem Job in einem Online-Netzwerk sind, ist ein Selfie in jedem Fall unangebracht.

Zudem ist auf beruflichen Plattformen weniger oft mehr. Gehen Sie sorgsam mit Ihren beruflichen Daten um. Niemand ist interessiert daran zu erfahren, in welcher Bar Sie während Ihrer Studienzeit gejobbt haben. Besser ist es, im Feld KURZBESCHREIBUNG einen kurzen Überblick über Ihren beruflichen Werdegang zu geben. Hier liegt die Kunst darin, sich in wenigen Worten als Person und mit seinen Talenten und Tätigkeitsfeldern zu beschreiben. Hinterlassen Sie einen gelungenen Gesamteindruck als Person, gerne auch mit einer Prise Humor.

Am Anfang sollten Sie sich wie gesagt auf die Suche nach Ihnen bekannten Personen machen. Wenn Sie eine Person zu Ihrem Kontaktnetzwerk hinzufügen wollen, müssen Sie zunächst eine Kontaktanfrage an diese Person senden. Diese muss der Anfrage dann zustimmen, bevor Sie deren vollständiges Profil sehen und mit ihr in richtigen Kontakt treten können. Das Gleiche gilt umgekehrt natürlich auch. Das soll vor Spammern und solchen Usern schützen, die nur auf plumpe Werbung und egozentrische Ich-Platzierung setzen. Wenn Sie mit einem neuen XING-User Kontakt aufnehmen möchten, stellen Sie sich in einem kurzen Text vor, der der Kontaktanfrage angehängt wird, und erläutern Sie den Grund für Ihre Anfrage. XING selbst stellt Ihnen eine Liste potenziell interessanter Kontakte vor, die Sie kennen könnten. Diese Liste wird mit Kontakten angereichert, mit denen einer oder vor allem mehrere Ihrer bestehenden XING-Kontakte bereits verbunden sind.

Woher Sie jemanden kennen

Sie können zu jeder Person individuelle Tags (Schlagwörter) speichern. Beispielsweise können Sie in Stichwörtern beschreiben, woher Sie die Person kennen: »Paris, Ausstellung 2012«. Zusätzlich können Sie bei jedem XING-Kontakt einzeln definieren, welche Informationen Sie mit dieser Person teilen und welche nicht.

Die Suche nach Personen ist das eine. Sie können aber genauso gut auch nach Begriffen suchen, die sich auf Ihre Branche, Ihren Beruf, Ihr Unternehmen oder Ihre Produkte beziehen, und einen automatischen Suchauftrag ausführen, der dafür sorgt, dass Ihnen täglich oder wöchentlich eine E-Mail mit dem Suchergebnis derjenigen neuen Mitglieder geschickt wird, die diesen Suchbegriff in ihrem Profil angegeben haben.

Vergessen Sie nicht, Ihr Profil auf der Website, in der E-Mail-Signatur, auf der Visitenkarte und auch sonst überall dort bekannt zu geben, wo potenzielle Interessenten darauf stoßen könnten. Wenn Sie als Unternehmen möchten, dass Ihre Außendienstmitarbeiter auch auf XING für Ihre Kunden erreichbar sein sollen, können Sie die Links oder die Profilbanner mit Link auf Ihrer Website mit einbinden. Das bedeutet zwar auch, dass diese Mitarbeiter für die Konkurrenz sichtbarer werden, aber diese Transparenz ist Teil und Bedingung von Social Media. Daran müssen wir uns alle gewöhnen.

Bestehende Kontakte pflegen

Über XING können Sie sich mit Kollegen aus dem Unternehmen, aus der Branche, aus Zeiten früherer gemeinsamer Tätigkeiten und aus der Studienzeit vernetzen. Machen Sie sich die Mühe, und suchen Sie einmal auf XING nach allen Bekannten, Geschäftspartnern und Personen, die Sie beruflich wie privat vielleicht aus den Augen verloren haben. Gerade bei Letzteren werden Sie oft das eine oder andere Mal überrascht ein, welchen beruflichen Weg so manch einer eingeschlagen hat. Mitunter ist derjenige nun in einer für Sie interessanten Position. Vernetzen Sie sich mit all jenen, die Sie finden, indem Sie eine Kontaktanfrage senden. Aber stellen Sie sich im Zweifelsfall kurz vor, damit das Gegenüber auch die Chance hat, nachzuvollziehen, woher Sie sich kennen. Sie können XING auch als Online-Adressbuch nutzen und so viele Kontakte wie möglich dorthin vermitteln. Das hat einen großen Vorteil: Die Kontakte aktualisieren im Normalfall ihre Daten selbst, und Sie haben immer die aktuelle Telefonnummer oder E-Mail-Adresse zur Hand. Das gilt umgekehrt natürlich auch: Wenn sich bei Ihnen etwas ändert, können Sie es im Profil aktualisieren, und alle Ihre Kontakte haben direkt Zugriff darauf (sofern Sie Ihr Profil dafür freigegeben haben). XING hilft Ihnen also, eine große Anzahl an verstreuten Kontakten einfacher zu verwalten, was in der heutigen Zeit der Globalisierung sehr hilfreich sein kann.

Neue Kontakte knüpfen

Sehr nützlich und effizient ist es, wenn Sie sich von einem XING-User an dessen Kontakte weiterempfehlen lassen. Das passiert vor allem dann, wenn Ihr Kontakt Sie als besonders interessant oder hilfreich einschätzt oder es um ein konkretes Projekt geht, für das Sie bestimmte Kompetenzen liefern könnten.

Über die bestehenden Kontakte können Sie aber auch auf die Suche nach neuen Kontakten gehen, die für Sie interessant sein könnten. So finden Sie mögliche neue Geschäftspartner, Lieferanten oder Kunden, je nachdem, ob die potenziell neuen Kontakte in ihren Feldern Ich biete das von Ihnen eingegebene Suchwort eingetragen haben. Oder Sie suchen in Gruppen zu relevanten Themen nach Usern, die für Sie interessant sein könnten. Das gilt nicht nur für berufliche Themen, sondern auch für private. Im Feld Interessen tragen XING-User berufliche wie private Interessen ein. Wenn Sie also beispielsweise ein leidenschaftlicher Mountainbiker sind, können Sie User suchen, die diese private Leidenschaft mit Ihnen teilen. Im Gespräch und beim Kennenlernen stellen Sie dann vielleicht fest, dass Sie auch beruflich voneinander profitieren könnten. Entweder Sie suchen direkt über die XING-Suche, oder Sie stöbern durch die Kategorien, die es für XING-Gruppen gibt. Aber dazu gleich mehr.

Rechtstipp von Sven Hörnich – Spamming kann teuer werden

Die (deutsche) Gesetzgebung und Rechtsprechung sind im Hinblick auf das sogenannte Verbot unzumutbarer Belästigungen (auch »Spamming« genannt) recht streng. § 7 Abs. 2 Ziffer 3 des Gesetzes gegen den unlauteren Wettbewerb (UWG) sieht hierzu unter anderem für die Werbung mit elektronischer Post das Erfordernis der »ausdrücklichen« Einwilligung vor. Eine sogenannte mutmaßliche Einwilligung *(»Ich wollte dem Adressaten mit meinem Werbehinweis helfen ...«)* braucht also nicht einmal andiskutiert zu werden. Hiervon sieht zwar § 7 Abs. 3 UWG unter den dort genannten (kumulativen) Voraussetzungen eine Ausnahme vor, die aber in der Praxis eine geringe Rolle spielen dürfte. Auf einem anderen Blatt steht die Frage, ob eine solche Einwilligung eventuell über die Plattformbedingungen erteilt wurde (indem man sich dort anmeldete) und falls ja, ob diese Einwilligung wirksam ist. Man wird aber vermutlich vom Grundsatz her davon ausgehen müssen, dass jemand, der sich in einer Jobplattform anmeldet (je nach Position) Jobanfragen oder -angebote erhalten will, aber beispielsweise keine Angebote für Waren oder Dienstleistungen.

Anderen helfen und eigene Kompetenz zeigen

Obwohl es danach klingt, ist es keine hohle Phrase: In Social Media geht es um Geben und Nehmen, ums Prinzip der Gegenseitigkeit. Seien Sie sozial, und helfen

Sie anderen zuerst, bevor Sie Hilfe für sich selbst erwarten oder überhaupt gleich mit »spammiger Kaltakquise« die User massenweise verschrecken. Das gilt in Gruppen genauso wie im direkten Kontakt mit anderen XING-Usern. Stellen Sie hilfreiche Informationen aus der Branche, zu relevanten Produkten, Studien oder Neuigkeiten vor. Das ist der einfachste und sicherste Weg, um eigene Kompetenz zu zeigen, und Sie können sich damit positiv bei Ihren XING-Kontakten verankern. Die wissen dann nämlich bereits, an wen Sie sich im Bedarfsfall wenden müssen. Geduld ist auf alle Fälle gefragt: In den seltensten Fällen führt der Erstkontakt gleich zur Auftragserteilung, Sie bauen aber Schritt für Schritt eine Beziehung mit den Usern auf. Oftmals sind es die Kontakte von Kontakten, die die ersten Umsätze bringen.

Jeder freut sich über positives Feedback

Zeigen Sie auch, dass Sie die Hilfe anderer wertschätzen. Wenn Ihnen ein Artikel oder ein Gruppeneintrag gut gefällt oder konkret weitergeholfen hat, dann sagen und zeigen Sie das auch. Sie würden sich ja auch darüber freuen.

Virtuelle Visitenkarte und digitaler Lebenslauf

Für Nichtmitglieder ist Ihr XING-Profil je nach Privatsphären-Einstellungen ebenfalls sichtbar, so auch für Google und andere (Personen-)Suchmaschinen. XING hat auf den gängigen Suchmaschinen meist ein gutes Ranking, und Ihr Profil wird deshalb im Suchergebnis hoch gereiht und gefunden. Sie können also XING als virtuelle Visitenkarte für andere XING-User nutzen. Sie erreichen damit aber auch Internetnutzer, die selbst gar nicht auf XING sind und sich im Web über Sie informieren möchten. Mit einem topaktuellen Lebenslauf können Sie Ihre Qualifikationen und Stärken, Ihre berufliche Laufbahn und vieles mehr kommunizieren. Damit haben Sie eine zentrale Anlaufstelle für alle beruflichen Fragen rund um Ihre Person. Sie bekommen von XING eine individuelle URL direkt verlinkt auf Ihr Profil, z. B. *www.xing.com/profile/Anne_Grabs*. Diese können Sie auf Ihre Printsorten drucken lassen, in die E-Mail-Signatur übernehmen usw. Außerdem bietet XING ein Widget zur Einbindung des Profils in die eigene Website.

11.2.2 XING-Unternehmensprofil

Auch für das Unternehmen selbst gibt es mehrere Möglichkeiten, auf XING eine Präsenz einzurichten: das sogenannte Unternehmensprofil (siehe Abbildung 11.2). Das Unternehmensprofil bietet mehrere Vorteile für Unternehmen: eine bessere Positionierung und Sichtbarkeit bei XING, die Integration von Arbeitgeberbewertungen via *kununu.com*, Branchen- und Wettbewerbervergleiche, bessere Messbarkeit, zusätzliche Gestaltungsmöglichkeiten. Mit dem Unternehmensprofil können Sie das Unternehmen inklusive Logo und Unternehmensbeschreibung noch besser präsentieren, und alle Mitarbeiter können auf dieses Unternehmensprofil verlinken. Übrigens: In der kostenlosen Basisvariante ist die Stellungnahme-Funktion von kununu bereits integriert. Wenn Sie auf Bewertungen von Mitarbeitern, Ex-Kollegen und Bewerbern antworten, können Sie das XING Top Company Siegel freischalten lassen.

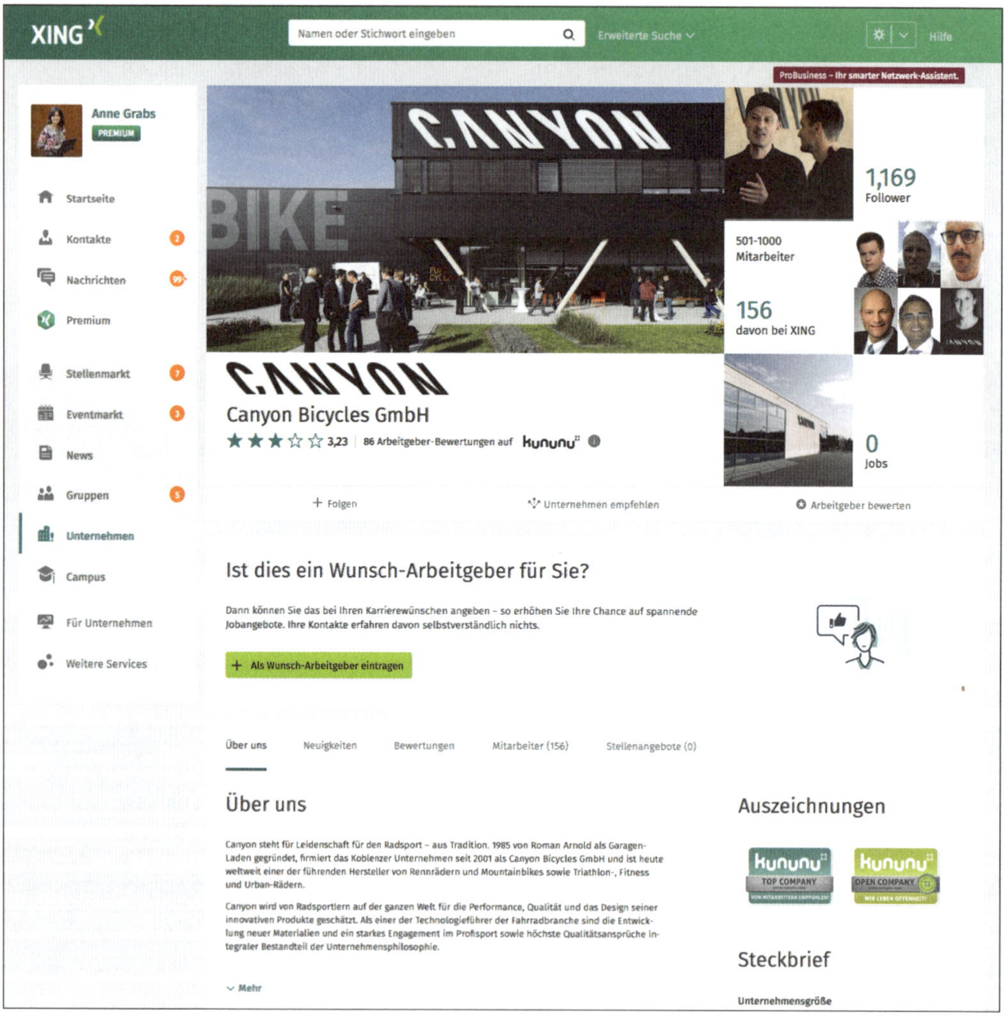

Abbildung 11.2 Ein XING-Unternehmensprofil mit allgemeinen Infos, Bewertungen von Mitarbeitern und Stellenangeboten (http://www.xing.com/companies/canyonbicyclesgmbh)

Es gibt also verschiedene Möglichkeiten, sich auf XING einzurichten. Kommen wir nun zur Beantwortung der Frage, was Sie mit XING erreichen können.

11.2.3 Vorteile des XING Unternehmensprofils

Sie müssen heute frühzeitig und langfristig in ihre Mitarbeiter investieren. Für erfolgreiches Personalrekruiting im »War of Talents« ist XING – in Kombination mit kununu – die entscheidende Plattform. Es gilt dem Wettbewerber immer einen Schritt voraus zu sein. Das Unternehmensprofil bei XING (auch »Employer Branding Profil«) schafft dafür die richtige Basis.

Das Unternehmensprofil hilft Ihnen dabei:

- sich als starke Arbeitgebermarke zu positionieren und zu präsentieren.
- potenzielle Kandidaten anzusprechen und den Bewerbungsprozess zu vereinfachen.
- Talent Relationship Management zu betreiben und neue Mitarbeiter zu rekrutieren.

Die Kosten für Unternehmensprofile bei XING sind relativ hoch und richten sich nach der Anzahl der Mitarbeiter. Beispielsweise kostet ein Unternehmensprofil für eine Firma mit 1.300 Mitarbeitern bereits über 10.000 € pro Jahr. Das ist eine Menge Geld, jedoch sprechen die Vorteile für sich. Das Unternehmensprofil sorgt für eine höhere Sichtbarkeit und Auffindbarkeit bei der Suche nach bestimmten Keywords. Sucht jemand nach dem Schlagwort »Social Media«, werden ihm als erstes Unternehmen mit Schwerpunkt Social Media im Unternehmensprofil gezeigt.

Das Unternehmensprofil wird außerdem auf Konkurrenz-Profilen und auf der XING Startseite eingeblendet. Und zuletzt bietet das Unternehmensprofil mehr Gestaltungsspielraum mit eigenem Unternehmenslogo und visueller Inszenierung (Fotos und Videos auf der Unternehmensbühne). Sie können über die News-Funktion offene Stellenanzeigen posten und bis zu zehn Editoren können das Unternehmensprofil verwalten. Es bietet interessante Analysen in Bezug auf das Marketing (Besuche von Unternehmen, Entwicklung der Profilbesuche, Wettbewerbsvergleiche).

11.2.4 Bringen Sie sich in XING-Gruppen ins Gespräch

Business-Netzwerke dienen in erster Linie dem Austausch von relevantem Wissen und Neuigkeiten. Laut eigener Website gibt es auf XING mehr als 26.000 Expertengruppen, ideal also, um Fachwissen zu teilen. Heben Sie sich von der Masse ab, und werden Sie ebenfalls zum Experten in Gruppen. Punkten Sie mit Fachwissen, und geben Sie dieses an die Gruppenmitglieder weiter. In Gruppen können Sie neue Experten zu Ihrem Thema finden oder Anregungen erhalten. Dabei gehen Sie am besten wie folgt vor:

- Finden Sie passende Gruppen.
- Stellen Sie die eigene Person vor.
- Interagieren Sie mit anderen durch Kommentare, Shares oder Likes.
- Knüpfen Sie erste Kontakte mit anderen Gruppenmitgliedern.
- Bieten Sie Hilfe an, oder geben Sie kostenlose Tipps zu Ihrem Fachthema.
- Veröffentlichen Sie selbst relevante Beiträge in der Gruppe (keine Werbung).
- Beantworten Sie uneigennützig Fragen, und stellen Sie auch selbst Fragen.
- Kommen Sie in den Gruppen mit anderen ins Gespräch, bieten Sie etwas von sich aus an. Teilen Sie wertvolle Informationen völlig frei von Hintergedanken.

Manche Gruppen sind öffentlich zugänglich, bei anderen Gruppen müssen Sie erst eine Anfrage stellen, die vom Moderator der Gruppe bestätigt werden muss, bevor Sie Mitglied der Gruppe werden können. Am Beginn sollten Sie sich der Gruppe vorstellen und zeigen, wer Sie sind, was Sie machen und warum Sie gerade dieser Gruppe beigetreten sind. In diesen Gruppen können Sie sich mit anderen interessierten Usern austauschen, beobachten, worüber die Branche diskutiert, oder im konkreten Fall bei Fragen weiterhelfen. Sie sollten auf keinen Fall beginnen, wie wild Kontaktanfragen an andere Gruppenmitglieder zu stellen oder ständig über Ihr Können und Ihre Leistungen zu sprechen: Auch wenn XING ein berufliches Netzwerk ist, heißt das noch lange nicht, dass die User jede Verkaufs- und Vertriebsmentalität tolerieren. Versuchen Sie stattdessen, die Sympathie der Leute zu gewinnen und durch Ihre Kompetenz zu überzeugen.

Die Gruppen bei XING haben auch alle Foren, in denen Mitglieder Artikel einstellen können. Diese Foren sind auch für Nicht-Mitglieder einer Gruppe zugänglich und sichtbar. Wenn Sie Content veröffentlichen, sollte dieser einen Mehrwert haben. Im Idealfall wird kein werblicher Text oder werden keine Angebote veröffentlicht. Auf die Einhaltung der Regeln in Gruppen achtet auch ein Moderator, den es in jeder Gruppe gibt.

Wofür Sie Gruppen nutzen können

Ein paar wichtige Punkte wurden ja bereits genannt. In Gruppen können Sie neue Kontakte knüpfen, die wiederum langfristig in Informationsaustausch und Auftragsgenerierung münden können. Sie können Ihre Veranstaltungen ankündigen, sofern die Zielgruppen übereinstimmen, oder Ihre Kompetenz vermitteln, indem Sie anderen Usern bei Fragen weiterhelfen.

Wenn Sie z. B. Berater für EU-Förderungen sind und in einer Gruppe zum Thema »Förderungen« eine konkrete Frage zu Modalitäten bestimmter Förderanträge qualifiziert und verständlich beantworten, können Sie sicher sein, dass die Teilnehmer der Diskussion, aber auch alle anderen Gruppenmitglieder Sie als kompetenten Ansprechpartner wahrnehmen. Sie müssen dann nicht ständig darauf hinweisen, dass es bei Ihnen diese oder jene Beratungspakete gibt. Wenn sich der Bedarf bei einem der Gruppenmitglieder konkretisiert, wird derjenige auf Sie zukommen. Noch viel wichtiger ist, dass Sie auch außerhalb der Gruppe, ja sogar außerhalb von XING, weiterempfohlen werden.

Natürlich können Sie aber auch einzelne Produkte promoten, wenn es zum Thema der Gruppe passt. Bleiben wir beim konkreten Beispiel: Wenn es eine neue EU-Förderung gibt und Sie ein kostenpflichtiges Seminar dazu anbieten, können Sie gleich ein XING-Event dafür anlegen und dieses in der Gruppe vorstellen.

Eine Frage in die Runde stellen

Wenn Sie ein neues Produkt planen und nicht wissen, ob und wie gut es am Markt ankommen wird, sollten Sie zunächst einmal herauszufinden versuchen, ob es dazu schon Diskussionen oder Stimmungsbilder in entsprechenden XING-Gruppen gibt. Sie können aber auch konkret eine Umfrage starten und die Fachmeinung anderer Gruppenmitglieder einholen. Auch wenn die direkte Kritik hart ausfallen kann, hilft das dennoch ungemein bei der Weiterentwicklung und Fehlervermeidung.

Als Nächstes möchten wir Ihnen noch den Hauptkonkurrenten von XING aus den USA vorstellen, der bereits an der New Yorker Börse notiert ist und auf den deutschen Markt drängt: die B2B-Plattform LinkedIn.

11.3 LinkedIn – für internationale Unternehmen

LinkedIn wurde 2003 im Silicon Valley gegründet und ist in Nordamerika und Großbritannien das meistgenutzte Business-Netzwerk. LinkedIn ist sogar weltweit das größte Online-Karrierenetz und gehört seit 2016 zu Microsoft. Bei LinkedIn können sich Nutzer in beruflichen Profilen vorstellen (siehe Abbildung 11.3), nach neuen Jobs Ausschau halten, sich mit anderen Mitgliedern vernetzen und mit ihnen kommunizieren.

LinkedIn will eine Netzwerk- und Recruiting-Plattform sein und bespielt deshalb seine Mitglieder täglich mit Content und News. Auch die Foren bei LinkedIn haben ein hohes Niveau durch internationale Experten. Die Jobsuche auf XING eignet sich besonders gut für den KMU-Bereich (kleine und mittlere Unternehmen), während große internationale Konzerne eher auf LinkedIn anzutreffen sind.

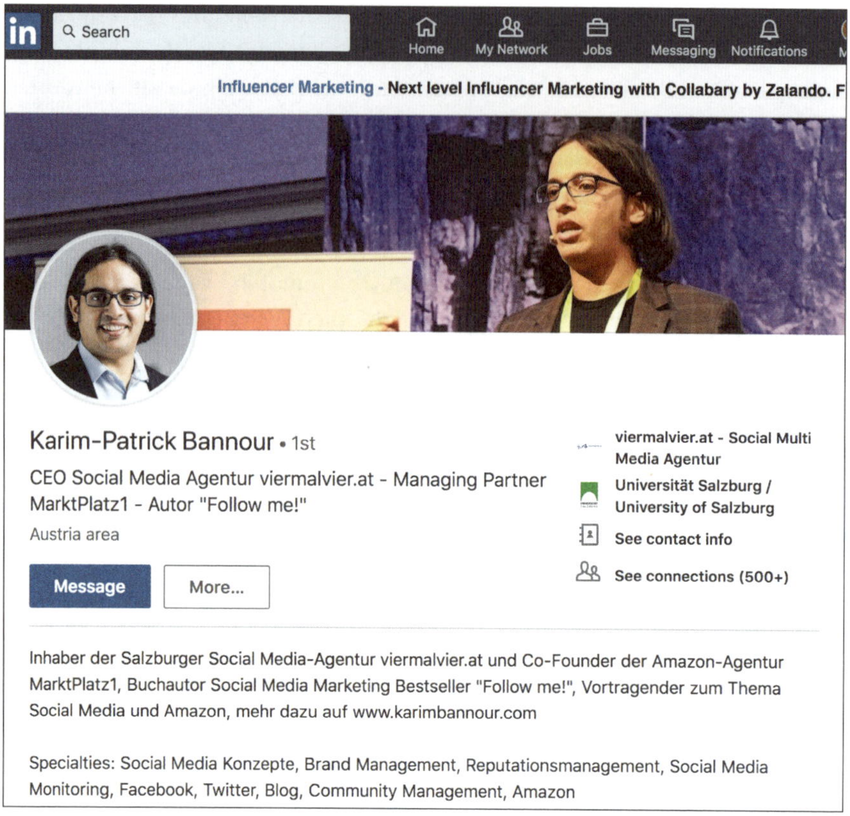

Abbildung 11.3 LinkedIn und XING ähneln sich in Funktionalitäten, Nutzen und Aufbau.

Im November 2017 kletterte die weltweite Nutzerzahl auf über 500 Mio. Im deutschsprachigen Raum hat LinkedIn mittlerweile die Marke von 10 Mio. Mitgliedern überschritten, kann XING aber immer noch nicht überholen.[2]

11.3.1 Wie ist LinkedIn aufgebaut?

Zentrales Element sind die Personenprofile. Jedem Internet-User stehen eine kostenlose und mehrere kostenpflichtige Profilanmeldungen zur Verfügung. Die kostenpflichtigen Pakete unterscheiden sich durch die Anzahl an Zusatzfunktionen und Tools. Nur ein vollständig ausgefülltes Profil wird als professionell wahrgenommen und ist optimal vorbereitet, um von den relevanten Usern gefunden zu werden. Neben den Personenprofilen gibt es auch Unternehmensprofile. Sie sind ähnlich

2 Kroker's Look @ IT, »LinkedIn erreicht 10 Millionen deutschsprachige Nutzer – kommt Xing aber nicht näher«: *http://blog.wiwo.de/look-at-it/2017/06/08/linkedin-erreicht-10-millionen-deutschsprachige-nutzer-kommt-xing-aber-nicht-naeher*

aufgebaut, sind aber die Seite für und über ein Unternehmen. Idealerweise legen Sie für Ihr Unternehmen ein solches Profil an, füllen es ebenfalls vollständig aus und verbinden Ihr Personenprofil mit dem Ihres Unternehmens.

Eine ebenso wichtige Rolle wie in XING spielen Gruppen in LinkedIn. Um Ihre Kompetenz zu untermauern und den Usern weiterzuhelfen, können Sie in Gruppenbeiträgen die sogenannte Kommentarfunktion nutzen. Dabei können Sie Fragen von anderen Usern beantworten und sich so ins Gespräch bringen. Mittlerweile gibt es auch offene Gruppen, deren Beiträge Sie sehen, auch wenn Sie (noch) kein Mitglied der Gruppe sind. Wenn Ihre Antwort als relevant angesehen wird, kann sie von den Usern bewertet werden, was Ihrem Profil den Expertenstatus verleiht (wenn Sie für hilfreiche Antworten Punkte erhalten, vergibt LinkedIn diesen Status).

Auf LinkedIn können Sie bestimmte Kontakte einladen, die von Ihnen eingetragenen »Kenntnisse« zu bestätigen bzw. können Ihre Kontakte von sich aus »Kenntnisse« Ihrem Profil hinzufügen und somit bestimmte Kompetenzen hervorheben.

Ähnlich wie bei XING können Sie in LinkedIn eigene Veranstaltungen (Events) anlegen und Einladungen dazu verschicken, Sie können Jobangebote veröffentlichen oder Werbeanzeigen schalten. Ob sich LinkedIn auf dem deutschsprachigen Markt so gut etablieren kann wie XING, sei dahingestellt. Es schadet aber auf keinen Fall, hier ein Profil einzurichten, wenn Sie es schaffen, es im Blick zu haben und aktuell zu halten.

Nur dabei zu sein, reicht nicht aus

Wenn Sie Profile auf mehreren unterschiedlichen Plattformen führen, sollten Sie dafür sorgen, dass überall dieselben und vor allem aktuelle Informationen veröffentlicht werden. Widersprüchlichkeiten über Ihre Person können potenzielle Arbeitgeber, Geschäftspartner oder Kunden schnell abschrecken. Achten Sie auch auf Rechtschreibung und Grammatik: Nur weil das Internet zum Teil eine eigene Sprache entwickelt hat und im Vergleich zu anderen Medien als freizügigerer Raum wahrgenommen wird, heißt das nicht, dass Sie auf Form und Richtigkeit verzichten können. Das könnte Ihrem Image schaden und potenzielle Kontakte abschrecken.

Ein klarer Vorteil von LinkedIn ist die Steuerbarkeit der eigenen Präsenz. Neben dem Gratiszugang gibt es gleich drei Bezahlprodukte (Business, Business Plus, Executive), die über Reichweite und Möglichkeit zur Kontaktaufnahme entscheiden.

LinkedIn investiert viel, um HR-Verantwortlichen das Recruiting zu erleichtern, und macht damit zwei Drittel seines Umsatzes. Anziehend macht das Netzwerk exklusiver und tagesaktueller Content, unter anderem von Topshots wie Barack Obama oder Richard Branson. Die Amerikaner tun viel, um Nutzer zu mehr Interaktion und dem regelmäßigen Besuch der Seite zu animieren, etwa mit Angeboten wie SlideShare und Nachrichten-Abonnements aus Fachbereichen.

11.4 Basis- oder Premium-Account?

Beide Netzwerke bieten eine kostenlose Basisversion und eine bezahlte Premiumversion an. Damit Sie besser entscheiden können, welche Variante für Sie sinnvoll ist, haben wir beides miteinander verglichen.

11.4.1 Die beiden Netzwerke im Vergleich

Wer nur im deutschsprachigen Raum tätig ist, für den reicht das Potenzial von XING oft völlig aus. Wenn Sie sich geschäftlich auf internationalem Parkett bewegen, sollten Sie aber auch eine Strategie für LinkedIn entwickeln.

Social Credibility

Wenn jemand eine Tätigkeit in seinem Profil nennt, können Kontakte auf LinkedIn diese Angabe bestätigen. Je mehr Bestätigungen ein Nutzer für seine Tätigkeiten erhält, desto glaubwürdiger werden seine Angaben. Für zukünftige Arbeitgeber oder Geschäftspartner ist das ein wertvoller Beleg.

Wenn Sie einem Fremden eine Kontaktanfrage stellen wollen, so ist die nur auf XING möglich. Auf LinkedIn muss man als Basismitglied den Nutzer über andere Kontakte bereits kennen (Kontakte zweiten oder dritten Grades) oder Mitglied in der gleichen Gruppe sein. Fremde kann man auf LinkedIn nur mit einer sogenannten *InMail* anschreiben (die Funktion InMail ist nur in der Bezahlvariante verfügbar).

XING

Bei der Basismitgliedschaft auf XING stehen Funktionen wie das eigene Profil, die Suche nach Kontakten, die Gruppen oder auch das Organisieren von eigenen Events kostenlos zur Verfügung. Bei der kostenpflichtigen Premium-Mitgliedschaft erhalten Sie den Zugang zu speziellen Zusatzfunktionen. Dazu gehört z. B., dass Sie sehen können, wer Ihr Profil besucht hat, dass Sie Nachrichten auch an Nicht-Kontakte senden können und dass Ihnen sehr viel umfangreichere Such- und Recherchemöglichkeiten zur Verfügung stehen (z. B. Suchen nach Arbeitgebern und Positionen und selbst nach Interessen oder Einträgen). Zudem gibt es Vergünstigungen bei anderen Anbietern und Services oder aber die Möglichkeit, mit dem Zusatzpaket ProJobs noch ein weiteres Angebot dazuzubuchen, das sich speziell an Jobsuchende richtet.

Auch für Unternehmen gibt es kostenfreie und kostenpflichtige Accounts, sogenannte Employer-Branding-Profile. In der kostenpflichtigen Unternehmensvariante können Firmen Stellenangebote einstellen, Fotos, Grafiken, ausführlichere Unternehmensinfos oder Bewertungen veröffentlichen.

Seitdem XING das österreichische Unternehmensbewertungsportal kununu übernommen hat, spielt auch die Bewertung von Unternehmen eine immer größere Rolle. In Zusammenarbeit mit kununu werden Firmen von aktuellen und ehemaligen Mitarbeitern mit einem Sternesystem bewertet und kommentiert. Außerdem benennen die Mitarbeiter Vorteile wie Kinderbetreuung, Essenszuschuss, flexible Arbeitszeiten oder Homeoffice per Auswahlverfahren.

LinkedIn

Bei LinkedIn ist die Basismitgliedschaft kostenlos. Zusätzlich zur Freeversion gibt es aber die Auswahl zwischen vier kostenpflichtigen Tarifen. Ein kostenpflichtiger Account macht dann Sinn, wenn man aktiv auf Jobsuche ist oder aber als B2B-Lösung (dann am besten die Accounts Sales Navigator und Recruiter Lite). LinkedIn ist teurer als z. B. XING, aber die Effizienz ist auf LinkedIn aufgrund des investierten Geldes vermutlich auch etwas höher. LinkedIn zielt mit seinen Angeboten eher auf spezielle Kunden ab, wie z. B. Firmen oder Recruiter. Für diese werden besondere Pakete geschnürt, die schnell einmal 300 € und mehr im Monat kosten können.

Mit kostenpflichtigen Accounts kann man als LinkedIn-Mitglied, abhängig vom Tarif, mehr Direktnachrichten an Nicht-Kontakte versenden und sich darüber hinaus zwischen zehn- und 30-mal öfter im Monat als in der Basisversion von einem bestehenden Kontakt einem Mitarbeiter eines ausgewählten Betriebs vorstellen lassen. Darüber hinaus wird die Trefferanzeige bei der Personensuche von 100 Profilen auf 700 mit dem Premium-Account erhöht. Ein weiteres Feature: Man darf nicht mehr nur dreimal wöchentlich, sondern bis zu zehnmal täglich eine gespeicherte Suche automatisch durchführen.

11.4.2 Was ist also der richtige Ansatz?

Es kommt darauf an, wen genau Sie in einem Netzwerk erreichen wollen. Wenn Kunden und Branche ausschließlich in der DACH-Region zu finden sind, reicht vermutlich ein kostenpflichtiger Premium-XING-Account in Kombination mit einem kostenlosen LinkedIn-Account. Während sich bei XING mit Leichtigkeit Kontakte aus traditionelleren Branchen und lokalen Regionen finden lassen, eignet sich LinkedIn hervorragend, um das eigene Business-Netzwerk auf internationalem Boden oder in jüngeren Branchen auszuweiten.

Internationale Kontakte sprechen Sie am besten auf LinkedIn an. Dann könnte hier wieder ein Premium-Profil Sinn machen. XING hat ein Angebot von Branchennews entwickelt, das Mitglieder für 25 Branchen maßgeschneiderte News zur Verfügung stellt. Zudem hat das Unternehmen Newsseiten entworfen, auf denen große Medien ihre Inhalte präsentieren, darunter z. B. die FAZ, die Wirtschaftswoche und das manager magazin. Offen bleibt aber die Frage, ob das deutsche Netzwerk den Trendsetting-Status des amerikanischen Konkurrenten LinkedIn damit ausgleichen kann.[3]

11.4.3 Posten Sie regelmäßige Unternehmens- und Produktinfos

Viele XING-Mitglieder nutzen die Plattform nicht sehr aktiv. XING dient oftmals als besseres Adressbuch, um Kontakte zu verwalten. Doch das Austauschen von Informationen, Tipps, Veranstaltungen und Nachrichten zu Ihrem (beruflichen oder geschäftlichen) Thema bietet einen unvergleichlichen Mehrwert. XING-Neuigkeiten funktionieren technisch, sobald Sie zehn Kontakte haben. Richtig Sinn macht der Neuigkeiten-Stream allerdings erst ab ca. 50 Kontakten.

Entscheidend ist, dass Sie auf beruflichen Netzwerken qualitätsvolle Inhalte teilen. Im Idealfall ist es Content, der auf Ihren eigenen Unternehmensplattformen, wie z. B. der Website oder dem Unternehmensblog, publiziert wurde. Dies hilft, die Fachkompetenz der Person zu stärken. Allerdings sollte man nicht enttäuscht sein, wenn die Reichweite und Interaktionsrate auf XING oder LinkedIn um ein Vielfaches niedriger ist als auf anderen sozialen Plattformen.

Es macht Sinn, Ihre Infos nicht nur über Ihr Firmenprofil zu posten, sondern auch ausgewählte Mitarbeiter (z. B. jene, die viel Kundenkontakt haben) diese Inhalte teilen zu lassen. So erhält die Nachricht via Schneeballeffekt eine vielfache Aufmerksamkeit. Ein Vorteil dieser personenbezogenen Kommunikation ist, dass sich die jeweiligen Mitarbeiter direkt als Ansprechpartner positionieren und kontaktiert werden können.[4]

Das sollten Sie posten

- Links zu Beiträgen oder Events mit Mehrwert für den Leser aus Ihrem Netzwerk (Website, Blog, Empfehlungsliste)
- nützliches Wissen, wie z. B. aktuelle Infos Ihrer Branche
- Links oder Beiträge von Meinungsführern, Experten oder Mitstreitern Ihres Themenfeldes

---

3 Gidon Wagner, »LinkedIn vs. XING: Welche Plattform bringt mir mehr«, 2016: *http://blog.hubspot.de/marketing/linkedin-vs-xing-welche-plattform-bringt-mir-mehr*

4 Stefan Mies, »Social Media Marketing Potenziale im B2B aktivieren«, 2016: *www.artegic.de/blog/social-media-marketing-potenziale-im-b2b-aktivieren*

Das sollten Sie nicht posten

- Produktwerbung
- Kalendersprüche
- Neuigkeiten mit privatem Inhalt
- Werbung[5]

11.4.4 Nutzen Sie das Werbeformat Sponsored Updates, um noch mehr User zu erreichen

Status-Updates von Firmenprofilen können auf LinkedIn nun bei »Nicht-Folgern« positioniert werden – gegen Bezahlung. Allerdings ändert sich bei den Followern selbst nichts. Man kann damit also seinen Einflussbereich vergrößern, ohne dass Unternehmen, die nichts bezahlen wollen, bestraft werden. Die Technik ist also näher an den Promoted Tweets von Twitter als an Facebook. Sponsored Updates sind, auch hier ein Unterschied zu Facebook, zurzeit nur für Unternehmensprofile gedacht.

Bei LinkedIn kann man genau auswählen, wer das gesponserte Status-Update zu sehen bekommt. So kann man differenzieren nach Ländern oder Orten, aber auch nach Karrierelevel bis hin zum Unternehmen, bei dem die Zielperson arbeiten soll.

11.5 Fazit

Soziale Netzwerke sind auch aus dem beruflichen Alltag nicht mehr wegzudenken. Nutzen Sie die beiden größten Netzwerke, XING und LinkedIn, mit Bedacht und Hausverstand, egal, ob als Unternehmen oder als Privatperson.

Es ist sinnvoll, sich auf diesen Plattformen zu vernetzen, aber geben Sie nur solche Informationen preis, die Sie auch einem Fremden in einem persönlichen Gespräch erzählen würden. Wichtiger ist, auf seinem Profil Kompetenz und Fachwissen zu vermitteln. Dies geschieht durch professionelle Fotos, die prägnante Darstellung Ihrer Ausbildung/des Unternehmens und die wichtigsten Karriereschritte. Sammeln Sie nicht unzählige Kontakte, sondern nur solche, die auch einen Mehrwert für Sie bieten. Empfehlenswert sind berufliche Gruppen, die sich mit Fachthemen beschäftigen. Entwickeln Sie ein Gespür dafür, wie Sie von anderen Usern oder Recruitern im Web wahrgenommen werden bzw. wahrgenommen werden wollen. Dadurch lernen Sie, welche Inhalte Erfolg versprechend sind und ankommen. Seien Sie offen und kreativ, und lernen Sie von der Konkurrenz.

5 Lars Hahn, »XING strategisch richtig nutzen«, 2014: *http://systematischkaffeetrinken.de/2014/11/22/xing-neuigkeiten-richtig-nutzen-teil-1-strategie-howto*

12 Social Media Monitoring und Online Reputation Management

Überwachen Sie mit Social Media Monitoring die Aktivitäten Ihrer Community, und steuern Sie mit Online Reputation Management Ihren guten Ruf im Netz. Finden Sie heraus, wo noch potenzielle Kunden im Social Web zu Hause sind, und schaffen Sie sich mit den richtigen Monitoring-Tools schnell einen Überblick.

Ein besonders wichtiger Teil einer erfolgreichen Social-Media-Strategie ist das Social Media Monitoring. *Monitoring* meint das Ermitteln oder Beobachten von Gesprächen zu bestimmten Themen, Keywords oder Personen im Social Web. Für den richtigen Start Ihres Social-Media-Engagements liefert es wichtige Einblicke in das Nutzerverhalten im Netz und das aktuelle Stimmungsbild über Ihr Unternehmen. Die meisten Monitoring-Tools liefern auch direkt Analysen mit relevanten Kennzahlen und Key Performance Indicators (KPIs), sodass Sie damit auch überprüfen und messen können, ob Sie Ihre Ziele in Social Media erreicht haben. Etliche Unternehmen starten jedoch immer noch Social Media aus dem Bauch heraus und nicht mit einem ersten Screening mithilfe von Monitoring-Tools und genauen Kennzahlen. Enthusiasmus für Social Media ist wichtig, aber am Monitoring kommen Sie nicht vorbei.

Viele Aktivitäten börsennotierter Unternehmen in sozialen Netzwerken sind zunächst auf die Marktforschung ausgerichtet: Sie versuchen, unter anderem durch das Monitoring herauszufinden, wie sich die Meinung der Kunden zu ihrem Unternehmen und den Produkten darstellt, wie also die Online-Reputation beschaffen ist. Das ist für alle Unternehmen wichtig, egal, ob groß oder klein. Sie sollten es nicht nur passiv, also beobachtend betreiben, sondern auch Feedback einfordern.

Häufig wird Social Media Monitoring für das Reputationsmanagement eingesetzt, aber es hat auch noch in anderen Bereichen seine Stärken. Das wären z. B.:

- Content- und Trendanalysen zur Entwicklung neuen Contents
- Krisenmanagement
- Monitoring von Kampagnen
- Identifikation von Influencern und Meinungsführern
- Customer Service
- Beobachtung von Kundenwünschen für das Innovationsmanagement

Tipp: Social Media Monitoring automatisieren

Monitoring ist ein laufender Prozess, den Sie für Ihr Unternehmen automatisieren sollten. Es reicht nicht, wenn Sie ein einziges Mal im Monat in Google nach dem Namen Ihres Unternehmens suchen. Verlassen Sie sich dabei nicht blind auf die Monitoring-Tools, sondern wahren Sie selbst ein Mindestmaß an Aufmerksamkeit im Social Web. Social Media Monitoring ist nicht nur eine Momentaufnahme, sondern noch viel mehr die kontinuierliche Beobachtung und Einschätzung des gesamten Social Webs.

12.1 Was Sie mit Monitoring erreichen können

Social Media Monitoring dient Ihrer Zielgruppenanalyse, um Social Media effizient zu nutzen. Zu Beginn einer Kampagne bzw. bei der Erstellung Ihres Social-Media-Konzepts finden Sie dadurch heraus, wo genau über Sie, Ihr Unternehmen, Ihre Marke, Ihre Branche oder über einzelne Produkte und Dienstleistungen gesprochen wird. Mindestens genauso wichtig ist das begleitende, sprich laufende Monitoring, um den Erfolg Ihres Konzepts und die Zielerreichung zu überprüfen. Durch laufendes Monitoring können Sie korrigierend eingreifen, noch bevor Ihre Social-Media-Aktionen in die falsche Richtung laufen.

12.1.1 Monitoring zur Analyse Ihrer Markenpositionierung im Social Web

Am Beginn eines jeden Social-Media-Engagements sollte eine fundierte Markt-/Bestandsanalyse stehen. Denn nur dann können Sie sicherstellen, wo und wie die Menschen über Ihre Marke sprechen und wo Sie mit Ihrem Unternehmen in den Weiten des Social Webs aktiv werden sollten. Verschaffen Sie sich einen guten Überblick und einen ersten Eindruck. Doch auch begleitend ist Monitoring wichtig: Wie wird Ihre Marke/Ihr Unternehmen jetzt wahrgenommen (im Vergleich zu früher), wie kommt die eine oder andere Social-Media-Kommunikationsmaßnahme bei den Usern an, all das sollten Sie laufend erheben und beobachten, damit Sie entsprechend reagieren und wenn nötig etwas verbessern können. Und schlussendlich können Sie nur damit auch wirklich wissen, ob sich der Erfolg eingestellt hat, also ob das vorab definierte Ziel erreicht wurde.

12.1.2 Monitoring zur Analyse und Gewinnung von Kennzahlen

Social Media Monitoring wird immer häufiger mit Social Media Measurement verknüpft, um Vergleiche anzustellen und Benchmarking betreiben zu können. Bei einigen kostenlosen Tools werden direkt Kennzahlen ausgegeben, bei den kostenpflichtigen Tools sind Reportings mit Kennzahlen und KPIs direkt dabei. Für die Berechnung des Returns on Investment (ROI) müssen Zahlen zu Umsätzen und Investitionen hinzugezogen werden. Weitere Informationen zur Berechnung und Erhebung von Kennzahlen, KPIs und ROI können Sie in Kapitel 2, »Social-Media-Strategie«, nachlesen. Aber Zahlen sind nicht alles. Im Fokus von Social Media stehen: Kundenbindung schaffen, Ansprechpartner sein, Kompetenz vermitteln, Sympathie erzeugen – und dafür gibt es Engagement-Kennzahlen, die für die meisten Unternehmen zu Beginn wichtig sind.

Monitoring leicht gemacht

Sie fragen sich jetzt sicher, wie Sie gleichzeitig Facebook, Twitter, XING, Blogs und Foren überwachen sollen, und sehen sich bereits in Excel-Listen untergehen? Wir können Sie beruhigen: Das Internet wäre nicht das Internet, wenn es nicht bereits die wichtigsten Monitoring-Tools gäbe. Und was im Internet, außerhalb sozialer Medien, schon seit Jahren gut funktioniert, geht auch in Social Media. Deshalb möchten wir Ihnen nun eine Auswahl an Tools und Plattformen vorstellen und ein praxiserprobtes Setting anbieten, das zumindest in der Anfangsphase Ihres Social-Media-Engagements ausreichen wird. Das vorgeschlagene Setting ist für Einsteiger und KMUs (kleinere und mittlere Unternehmen) ideal. Für große Konzerne, bekannte Marken oder internationale Kampagnen sollten Sie jedoch unbedingt auf professionelle Tools und Beratung zurückgreifen.

12.1.3 Für wen ist Social Media Monitoring wichtig?

Grundsätzlich ist Social Media Monitoring für Unternehmen aller Größen wichtig: Egal, ob Sie ein kleines Unternehmen oder ein multinationaler Konzern sind, Sie sollten großes Interesse daran haben, die Konversationen im Social Web mitzubekommen und die Reichweite Ihrer Marketingmaßnahmen zu messen. In großen Unternehmen findet Social Media Monitoring nahezu in allen Abteilungen (Unternehmenskommunikation, Marketing, Vertrieb, Produktmanagement, IT) Anwendung.

Innerhalb des Unternehmens bzw. des Kampagnenteams gibt es wiederum mehrere Nutzergruppen, die vom Social Media Monitoring profitieren:

- Die Mitarbeiter des Unternehmens bzw. die mit der Social-Media-Betreuung beauftragten Agenturen sind natürlich die wichtigsten Nutzer.
- Um der Notwendigkeit für das Unternehmen, in Social Media aktiv zu sein, noch mehr Ausdruck zu verleihen, hilft Monitoring, die Chefs in der Führungsebene mit Zugriffs- und Kennzahlen zu überzeugen.
- Idealerweise sollte jeder Mitarbeiter des Unternehmens zumindest ansatzweise wissen, welche relevanten Faktoren in Social Media für seinen Arbeitgeber exis-

tieren. Viele Mitarbeiter sind privat in Social Media unterwegs und können so einerseits in der eigenen Nutzung sensibilisiert werden und andererseits möglicherweise als Unternehmensbotschafter aktiviert werden.

Sie sehen also, Social Media Monitoring kann viele Zwecke erfüllen und viel zum Erfolg des Unternehmens im Internet beitragen. Nun möchten wir Ihnen zeigen, wie Sie damit am besten umgehen.

Rechtstipp von Sven Hörnich: Die aktuelle Entwicklung dieses Marktes genau beobachten und gegebenenfalls auch abwarten

Das aktuelle Hauptproblem des Social Media Monitorings dürfte sein, dass Ihnen die vollständigen Datenverarbeitungsvorgänge Ihres Anbieters vermutlich nie komplett bekannt sein werden (denken Sie an den jüngsten Skandal um das wohl erfolgreichste US-amerikanische Social Network sowie dessen Datenweitergabe an eine britische Beratungsfirma oder auch schlicht die früheren Enthüllungen seitens eines Herrn Edward Snowden). Ohne Bekanntheit derselben können Sie aber als (Mit-)Verantwortlicher nicht transparent über die Verarbeitungsvorgänge informieren. Mangels ausreichender Information kann zudem nach den Regelungen der Datenschutz-Grundverordnung (DSGVO) keine wirksame Einwilligung eingeholt werden (siehe Art. 7 DSGVO). Auch dürfte eine vorherige (ausreichend transparente) Belehrung, die sämtliche denkbaren datenschutzrechtlichen Risiken (einschließlich der permanenten vollumfänglichen Durchleuchtung der eigenen Person durch fremde Geheimdienste) umfasst, nicht wirklich marketingtauglich sein.

»Verschärft« wird dieses Problem dadurch, dass der Europäische Gerichtshof mit Urteil vom 05.06.2018, Az. C-210/16 entschied, dass (beispielsweise sogar) der Inhaber einer Facebook Fanpage für *etwaige* Datenschutzverstöße des Betreibers der Plattform (mit-)verantwortlich ist. Die deutschen Datenschutzbehörden reagierten sogleich am 06.06.2018 mit der Entschließung der Konferenz der unabhängigen Datenschutzbehörden des Bundes und der Länder – Düsseldorf, 6. Juni 2018, deren Überschrift »Die Zeit der Verantwortungslosigkeit ist vorbei: EuGH bestätigt gemeinsame Verantwortung von Facebook und Fanpage-Betreibern« erahnen lässt, mit welcher Härte die Behörden künftig wegen etwaiger Verstöße der Plattformbetreiber auch gegen die jeweiligen Page-Inhaber vorgehen möchten. Zudem fordern diese für eine derartige Nutzung nicht »nur« eine Auftragsdatenverarbeitungsvereinbarung im Sinne des Art. 28 ff. DSGVO, sondern eine solche zwischen Mitverantwortlichen im Sinne des Art. 26 DSGVO.

Nachvollziehbar ist, dass die Werbetreibenden künftig nicht auf diese Kanäle verzichten wollen, jedoch ist zum Zeitpunkt der Verfassung dieses Beitrags die praktische und rechtliche Umsetzung noch im Fluss. Es ist also anzuraten, diese Entwicklung genau zu beobachten und gegebenenfalls auch die ein oder andere geplante Kampagne erst einmal zurückzustellen.

Je mehr Werbetreibende sich übrigens rechtskonform verhalten, desto früher dürften die Plattform- bzw. Diensteanbieter sich entscheiden, ihr Angebot an die gesetzlichen Bestimmungen anzupassen.

12.2 Drei Ansätze für den Einstieg ins Monitoring

Der Instrumentenkoffer des Social Media Monitorings ist reichlich gefüllt. Dennoch stehen dennoch viele Unternehmen zu Beginn vor der großen Frage: »Wie gehen wir das jetzt an?« Da staunen Unternehmer seit Jahren über den Erfolg der Konkurrenz, trauen sich aber nicht, selbst aktiv zu werden – aus Angst vor negativen Kommentaren. Andere haben wiederum irgendwann einmal mit einer Facebook-Seite angefangen und brauchen jetzt dringend eine Strategie, wie Sie es richtig angehen sollen.

Für einen gelungenen Start mit Social Media Marketing lohnt sich deshalb Monitoring, um erst einmal einen Überblick über die Gespräche und Influencer zu erhalten. Wir möchten die drei Stufen des Social Media Monitorings vorstellen. Hannes Mehring unterscheidet den *reaktiven*, *proaktiven* und *passiven* Ansatz, siehe Abbildung 12.1. Der proaktive Ansatz verspricht den größten Erfolg, aber ein passiver oder ein reaktiver Einstieg zu Beginn kann Ihnen ebenfalls helfen, Ihre Kunden in Social Media besser zu verstehen.

- Passiver Ansatz: Sie sind nur Beobachter.
- Reaktiver Ansatz: Sie sind Beobachter und reagieren bei Bedarf.
- Proaktiver Ansatz: Sie kennen die Gespräche und bringen sich proaktiv ins Gespräch ein.

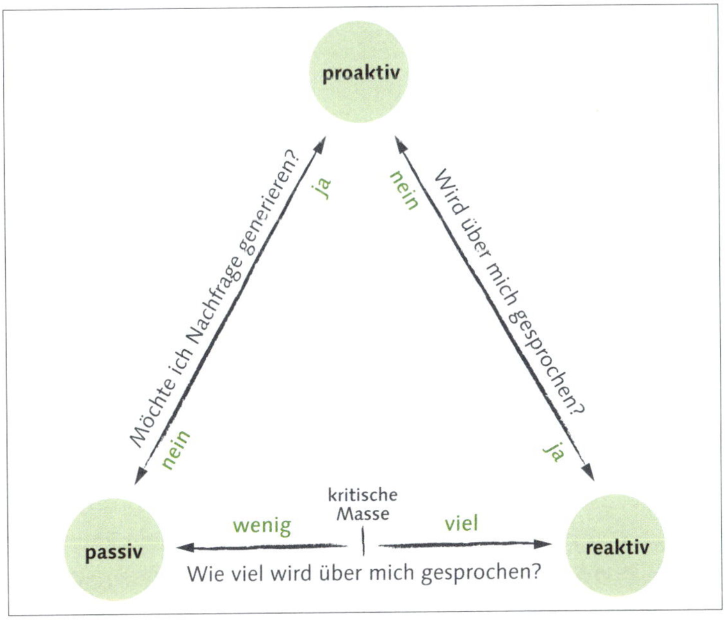

Abbildung 12.1 Drei Ansätze für den Einstieg in Social Media von Hannes Mehring

12.2.1 Passiver Ansatz

Bei dem passiven Ansatz sind Sie nur Beobachter. Sie schauen sich das Social Media Marketing Ihrer Konkurrenten genau an, beobachten den Markt und studieren die Reaktionen der Kunden. Die Beobachterrolle dient dazu, die Kontrollierbarkeit der Kommunikation zu sichern, und bietet, etwa im Fall einer Negativberichterstattung, die Möglichkeit, einzugreifen (reaktiver Ansatz). Die Beobachterposition hilft, die Bedürfnisse und Wünsche der Kunden zu ergründen, und gibt dann aufschlussreiche Hinweise für die Verfolgung eines reaktiven oder proaktiven Ansatzes.

Marketing-Take-away: Schalke 04 kauft seinen Fans die Seite ab

Fans des FC Schalke 04 initiierten Mitte 2010 eine Facebook-Seite für den Fußballverein. Schalke interessierte sich zu Beginn herzlich wenig dafür. Doch innerhalb eines Jahres stieg die Anzahl der Fans auf 300.000. Täglich wurden bis zu 3.000 Pinnwandeinträge hinterlassen. Das weckte dann doch das Interesse des Vereins, und er musste für seine anfängliche Skepsis gegenüber Social Media die stattliche Summe von 50.000 € zahlen. Die Initiatoren der Seite spendeten die Hälfte des Gewinns direkt an »Schalke hilft« und ließen die Fans über die Verwendung des restlichen Gewinns abstimmen. Die Fans waren über den Kauf und die Übernahme von offizieller FC-Seite zunächst geteilter Meinung, denn die offene Form der Kommunikation mit Witzeleien und trockenem Humor, wie die Gründer sie gepflegt hatten, drohte nun passé zu sein. 3 Monate später erzielten die Beiträge des Vereins dennoch hohe Interaktionsraten mit bis zu 3.200 Likes und 200 Kommentaren. Das dürfte den Verein Schalke 04 von der Power von Social Media nun endgültig überzeugt haben.

12.2.2 Reaktiver Ansatz

Der reaktive Ansatz ist durch eine abwartende Haltung gekennzeichnet. Mittels Social Media Monitoring werden die sozialen Netzwerke nach Kommentaren durchforstet. Auf Meinungen und Aussagen wird entsprechend reagiert. Mit dem Ziel, eine negative Darstellung zu verhindern, klären die Unternehmen ihre Kunden entsprechend auf. Nach Mehrings Einschätzung eignet sich der reaktive Ansatz als erster Social-Media-Einstieg. Sie können das Community-Verhalten studieren, Tools ausprobieren und einen ersten Eindruck von der Kommunikation in Social Media gewinnen.

Werden die Stimmen im Netz über ein Produkt jedoch plötzlich lauter, reagieren die Unternehmen oft unangemessen oder zu spät. Rollt eine negative Reputationswelle auf Unternehmen zu, sind sie schnell überfordert und hilflos. Um auf solche Szenarien gut vorbereitet zu sein, lohnt es sich, einen Plan für die Krisenkommunikation festzulegen, der einerseits die Antworten definiert und andererseits Verantwortlichkeiten regelt.

12.2.3 Proaktiver Ansatz

Der proaktive Ansatz eignet sich für den Aufbau einer erlebbaren Marke im Social Web, einer greifbaren Personenmarke und einer Community. Sprechen Sie Ihre Kunden direkt an, und bieten Sie ihnen einen Feedbackkanal, eine Community-Seite oder ein eigenes Firmenblog. Proaktiv kann ebenso heißen, die Kunden direkt in den Produktionsprozess mit einzubinden (siehe Bonuskapitel C, »Crowdsourcing und Crowdfunding«, das Sie unter *www.rheinwerk-verlag.de/follow-me_4623* finden). Der proaktive Ansatz ist durch ein internes wie externes Social-Media-Verständnis im ganzen Unternehmen verankert. Social Media Guidelines regeln die Kommunikation der Mitarbeiter nach außen und definieren die Verantwortlichen pro Abteilung.

12.2.4 Definieren Sie zunächst die Keywords

Ziel ist es, herauszufinden, wo, wann und vor allem wie über Sie gesprochen wird. Dazu brauchen Sie eine Liste von Keywords, nach denen Sie suchen (lassen) können. Die Keywords sind die Ausgangsbasis für das Monitoring. Die Programme, mit denen man Monitoring betreibt, arbeiten fast ausschließlich auf Basis von Suchwörtern: Wo werden die gesuchten Keywords im Web gefunden, und wie ist die Konversation zu beurteilen? Das sind die zentralen Fragen der Social-Media-Monitoring-Tools.

Keywords können beispielsweise sein:

- die Marke/das Unternehmen selbst
- einzelne Produkte oder Dienstleistungen
- Keywords und Themen, nach denen während der Customer Journey gesucht wird
- Namen relevanter Personen des Unternehmens
- die Branche
- die Konkurrenz

Tipp: Aktives Zuhören

Bei Ihrer Zielgruppenrecherche und -analyse haben Sie bereits ein wenig zugehört und relevante Keywords und Themen evaluiert. Nun gilt es, permanent die sozialen Medien zu beobachten. Warum ist Zuhören so wichtig? Im Grunde ist das wie im wahren Leben auch. Jedes gute Gespräch beginnt mit aktivem Zuhören. Denn damit finden Sie heraus, was Ihren Gesprächspartner beschäftigt und welche Wünsche er hat. Im Anschluss daran können Sie angemessen reagieren. Ihre Zielgruppe tut im Netz nichts anderes, als ihre Bedürfnisse mitzuteilen. Sie konnten bisher nur nicht darauf reagieren, weil Sie nichts davon wussten (oder wissen wollten?). Zuhören gewährt Ihnen einen Einblick in die Wunschwelt Ihrer Kunden. Sie können davon ausgehen, dass die Rückmeldungen weitaus authentischer sind als die beschönigten Meinungen in der Marktforschung.

12.3 Die richtigen Monitoring-Tools verwenden

Vorausschicken möchten wir eine persönliche Erfahrung: Verlassen Sie sich nicht auf das Ergebnis eines einzelnen Tools (egal, ob kostenpflichtig oder kostenlos), sondern nutzen Sie mehrere Tools parallel, und nehmen Sie so eine Überprüfung der Datenqualität anhand eines Vergleichs der Ergebnisse vor. So gehen Sie sicher, nichts Wichtiges übersehen zu haben. Am besten funktioniert unserer Meinung nach ein Mix aus kostenlosen und kostenpflichtigen Tools. Das bestätigen auch Branchenkollegen und Kunden.

Ein großes Manko war lange Zeit der Mangel an Tools in deutscher Sprache bzw. für deutsche Keywords. Denn es geht nicht nur darum, dass Sie sich als Nutzer leichter tun, wenn die Begriffe und Funktionen auf Deutsch verfügbar sind, sondern vor allem darum, dass das Tool die gefundenen und analysierten Konversationen ordnen und strukturieren soll. Und das gelingt nicht, wenn das Tool die deutsche Sprache nicht unterstützt. Nicht alle Tools können das derzeit. Auch deshalb sind Kennzahlen wie die Tonalität der Beiträge bei vielen Tools nur bedingt aussagekräftig. Es hat sich allerdings in der letzten Zeit eine vorzeigbare Zahl an regionalen Anbietern von Monitoring-Tools etabliert, die gezielt den deutschsprachigen Markt bedienen möchten und auch können. Ein paar davon werden wir in diesem Kapitel ebenfalls vorstellen.

12.3.1 Kostenlose Monitoring-Tools

Die folgende Liste an Tools, die wir zusammengestellt haben, erhebt absolut keinen Anspruch auf Vollständigkeit, sondern ist ein vielfach erprobter und genutzter Einstieg in die Thematik. Manche der genannten Tools, vor allem die kostenlosen, sind hin und wieder nicht verfügbar oder könnten einmal vielleicht ganz von der Bildfläche verschwinden. Wir versuchen deshalb, immer auch eine Alternative zu erwähnen. Am Beginn jeder Social-Media-Strategie steht die Erstanalyse relevanter Plattformen. Woher sollen Sie sonst wissen, in welchen Netzwerken und auf welchen Social-Media-Plattformen über Sie gesprochen wird?

Talkwalker

Während wir früher Google Alerts als Einsteigertool empfehlen konnten, haben wir jetzt eine bessere Variante für Sie: Talkwalker Alerts, *www.talkwalker.com*, erfüllt ein übersichtliches und umfassendes Monitoring-Setting (siehe Abbildung 12.2). Es übernimmt für Sie die tägliche Suche nach bestimmten Begriffen im Web und liefert Ihnen das Suchergebnis per E-Mail. Das heißt, sobald im Web etwas über einen Ihrer Suchbegriffe (Name des Unternehmens, Produktname) veröffentlicht wird, erhalten Sie eine Benachrichtigung. Das ist sehr komfortabel und funktioniert zudem relativ zuverlässig.

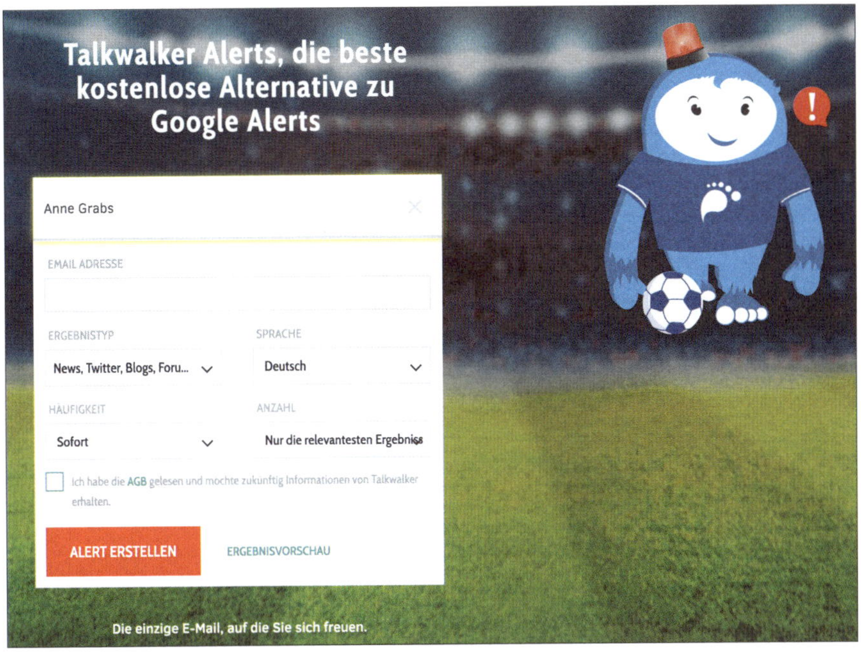

Abbildung 12.2 Talkwalker Alerts ist ein empfehlenswertes Monitoring-Einsteigertool. (Quelle: www.talkwalker.com)

Außerdem bietet Talkwalker seit Neuestem mit dem Produkt Talkwalker Social Search auch umfangreiche Social-Media-Analysen an. Damit können Sie ausführlichere Analysen über Suchergebnisse, Performance, Tonalität und verbundene Themen zu Ihrem Suchbegriff einsehen. Je genauer Sie die Suchbegriffe einschränken (es gelten die gleichen Filter und Funktionen wie im »normalen« Google), desto geringer ist die Zahl von nicht relevanten Suchergebnissen. Sie können die Suchbegriffe laufend korrigieren, ergänzen oder minimieren.

Alert.io – der Alert für unterwegs

Alert.io ist ein Monitoring-Tool, das auch als App verfügbar ist. Wie auch bei den anderen Tools können Sie Ihre Namen, Firmen- oder Markennahmen oder sonstige Keywords monitoren und zusätzlich mit Ihrer Facebook-Seite und Ihrem Twitter-Account verbinden. Sobald ein Update zu den Keywords erfolgt, erhalten Sie eine Benachrichtigung auf Ihrem Smartphone und per E-Mail. So behalten so auch unterwegs den Überblick.

Social Mention

Social Mention, *http://socialmention.com*, ist ebenfalls ein kostenloses Tool, es geht aber einen Schritt weiter als Talkwalker Alerts, denn damit können Sie Social

Media auch filtern. Es bietet die Möglichkeit, die Ergebnisse via E-Mail zu erhalten, und versucht zusätzlich, die gefundenen Beiträge in Social-Media-Kennzahlen einzuordnen (siehe Abbildung 12.3). Diese Kennzahlen sind jedoch nur bedingt aussagekräftig, da das Tool derzeit nicht die deutsche Sprache unterstützt und die Quellenabdeckung nicht solide ist. Trotzdem kann es Ihnen dabei helfen, Grundtendenzen zu erkennen. Für eine erste Bestandsaufnahme ist es gut einsetzbar. Sie können das gesamte Social Web nach dem Suchwort durchforsten lassen, nach Social-Media-Plattformen filtern oder eine bestimmte Kategorie von Plattformen (z. B. soziale Netzwerke) auswählen.

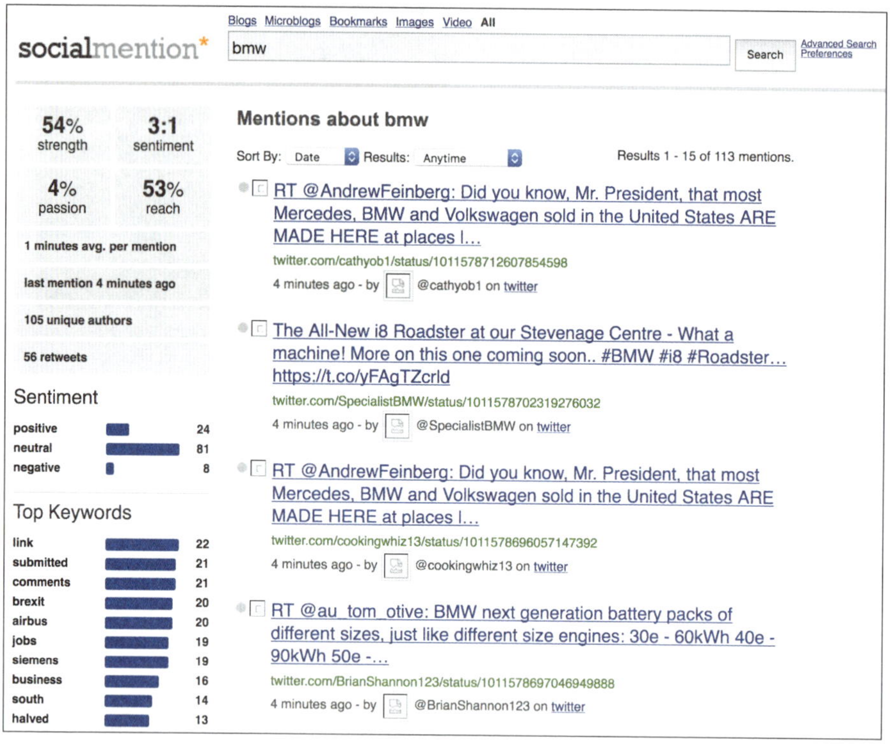

Abbildung 12.3 Social Mention ist nützlich für ein erstes Monitoring Ihrer Marke/Ihres Unternehmens. (Quelle: http://socialmention.com)

Im linken Bereich des Suchergebnisses finden Sie vier Kennzahlen, die Ihnen bei professionellen Tools immer wieder begegnen werden:

- Strength
- Sentiment
- Passion
- Reach

Darunter finden Sie eine Auflistung der häufigsten Keywords, der aktivsten User und weitere Statistiken. Auch diese Informationen sollten Sie nicht für bare Münze nehmen: Es handelt sich um eine Momentaufnahme von Social Mention, also kein überdauerndes Ergebnis, und ist deshalb nur bedingt aussagekräftig. Im rechten Bereich haben Sie zudem die Möglichkeit, das Suchergebnis als CSV-Datei auf Ihren Computer herunterzuladen.

Buzzsumo

Für einen ersten Überblick, welche Links und Artikel häufig zu Ihrem Markennamen in Social Media geteilt und diskutiert werden, hilft Ihnen das Monitoring-Tool Buzzsumo, *http://buzzsumo.com*. Es gibt eine kostenlose Testversion, die Sie für den Einstieg auf jeden Fall nutzen sollten. Sie sehen in Abbildung 12.4, welche Links im Social Web unter dem Firmennamen »Krones AG« am meisten geteilt wurden.

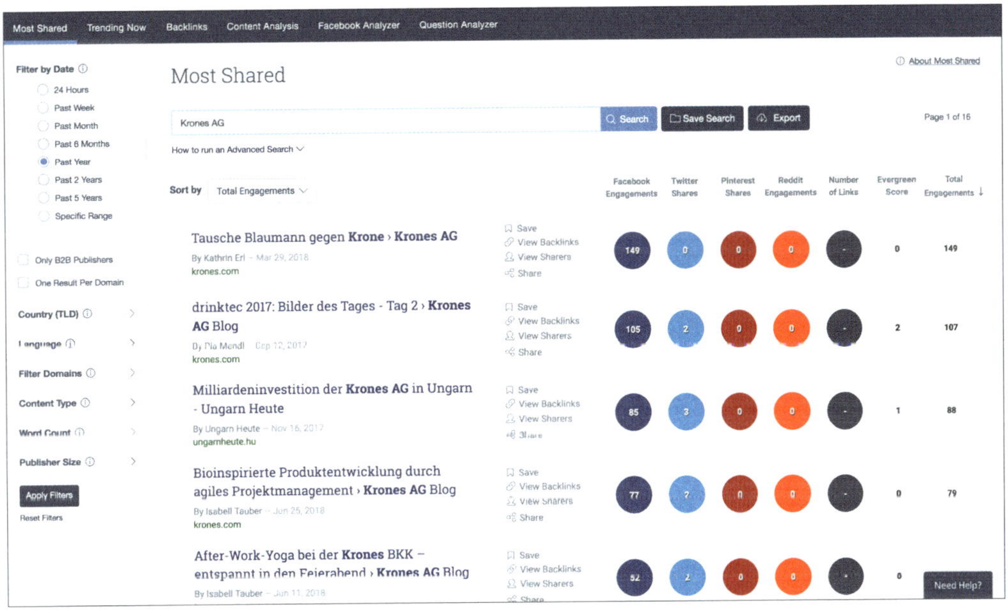

Abbildung 12.4 Buzzsumo analysiert die Viralität Ihres Contents in Social Media. (Quelle: http://buzzsumo.com)

> **Tipp: Durch Datenvergleich zu validen Ergebnissen gelangen**
>
> Es ist vor allem der Vergleich der Ergebnisse von Talkwalker, Social Mention, Buzzsumo und anderen Tools, der eine aussagekräftige Bilanz liefert. Gerade bei den kostenlosen Tools sollten Sie sich nicht auf eine einzige Datenquelle verlassen.

Sie sollten die Wahl des Monitoring-Tools auch davon abhängig machen, ob Ihnen die Aufbereitung und grafische Darstellung sowie die Qualität des Ergebnisses zusagen. Probieren Sie einfach mal viele verschiedene Tools aus, und entscheiden Sie sich dann für das für Sie optimale Setting.

Closed Data und Privatsphäre – die Grenzen des Monitorings

Ein grundsätzlicher Hinweis: Das Monitoring stößt da an seine Grenzen, wo Inhalte nicht öffentlich zugänglich sind. Das ist vor allem bei Profilen von Usern in sozialen Netzwerken der Fall, wenn die User die Sichtbarkeit ihres Profils durch Privatsphären-Einstellungen eingeschränkt haben.

Manche Anbieter versprechen zwar Lösungen, mit denen auch solche Daten gefiltert werden können, aber wenn Daten nicht zugänglich sind, kann bzw. darf es auch keine Ergebnisse geben. Sollte ein Tool daher tatsächlich eigentlich nicht zugängliche Daten sichtbar machen können, ist das rechtlich ganz klar unzulässig. Nicht nur rechtlich begibt man sich mit solchen Tools aufs Glatteis. Wenn User mitbekommen, dass sie ausspioniert werden, ist Ihre Reputation in ernster Gefahr.

Viele Social-Media-Nutzer sind sich der allgemeinen Zugänglichkeit ihrer Profilinformationen nicht oder nur ungenügend bewusst. Die Debatte um die Rechtmäßigkeit der Datenverarbeitung von Google Analytics in Deutschland hat gezeigt: Berücksichtigen Sie vorab nicht nur länderspezifische Unterschiede in der Rechtssprechung und Wahrnehmung des Datenschutzes, sondern gestehen Sie den Internetnutzern generell das Recht auf Privatsphäre zu. Ob die Auswertung von nicht öffentlichen Inhalten rechtskonform ist, ist mehr als zweifelhaft. Beachten Sie deshalb unsere Rechtstipps in diesem Kapitel.

Wir haben Ihnen nun eine erste Auswahl an kostenlosen Tools vorgestellt. Es gibt in jedem Bereich natürlich noch einige mehr (zu den kostenpflichtigen kommen wir später). Probieren Sie sie einfach selbst einmal aus, dann sehen Sie, welches Ihnen persönlich am besten gefällt.

12.3.2 Das Social Media Dashboard

So, wie Sie jeden Tag einen Blick in die Zeitung werfen oder Ihren E-Mail-Account auf neue E-Mails hin checken, so sollten Sie auch immer darüber im Bilde sein, wie über Sie in Social Media gesprochen wird und was gerade Trendthemen sind. Verschaffen Sie sich bereits am Morgen einen Überblick, und bleiben Sie dran. Dabei hilft Ihnen das sogenannte *Social Media Dashboard*. Im Prinzip ist das nichts anderes als ein individuell eingerichteter Startbildschirm, der relevante Inhalte auf einer Seite zusammenfasst.

Marketing-Take-away: Social Media auf einen Blick

Das Social Media Dashboard vereint alle Plattformen, auf denen Sie aktiv sind, sowie das Suchergebnis zu relevanten Themen und Keywords. Es hilft Ihnen, den Überblick zu behalten. Sie können es verschiedenen Personen im Unternehmen zugänglich machen:

Vor allem die Skeptiker im Unternehmen können so besser verstehen, worum es in Social Media geht und warum Social Media für das Unternehmen so wichtig sind. Für die Führungsebene ist das Social Media Dashboard ein übersichtliches Tool, mit dem der allseits gewünschte »Überblick über alles« geschaffen werden kann.

Hootsuite

Unser absoluter Favorit ist Hootsuite mit dem etwas gewöhnungsbedürftigen Namen, aber vielen Vorteilen. Ursprünglich als reines Twitter-Tool zum Verwalten eines oder mehrerer Twitter-Accounts konzipiert, eignet es sich als Content-Management- und Analyse-Dashboard. Sie können damit Gespräche in Social Media beobachten (Monitoring), Ihren Content planen und Community Management betreiben (siehe Abbildung 12.5). Hootsuite ist leicht bedienbar und eine charmante Lösung: Sie müssen keine Software herunterladen und installieren, sondern registrieren sich im Web unter *http://hootsuite.com*. Sie können mehrere Reiter (Streams) anlegen und diese wiederum individuell belegen. Für das Monitoring lohnt es sich, Reiter anzulegen, über die Sie nach bestimmten relevanten Keywords (Markenname, Unternehmensname, Branchen-Keywords) oder Hashtags suchen. Und: Hootsuite ist auch mobil nutzbar. Das ist besonders nützlich für das Content-Management Ihrer mobilen Social Networks (z. B. Instagram).

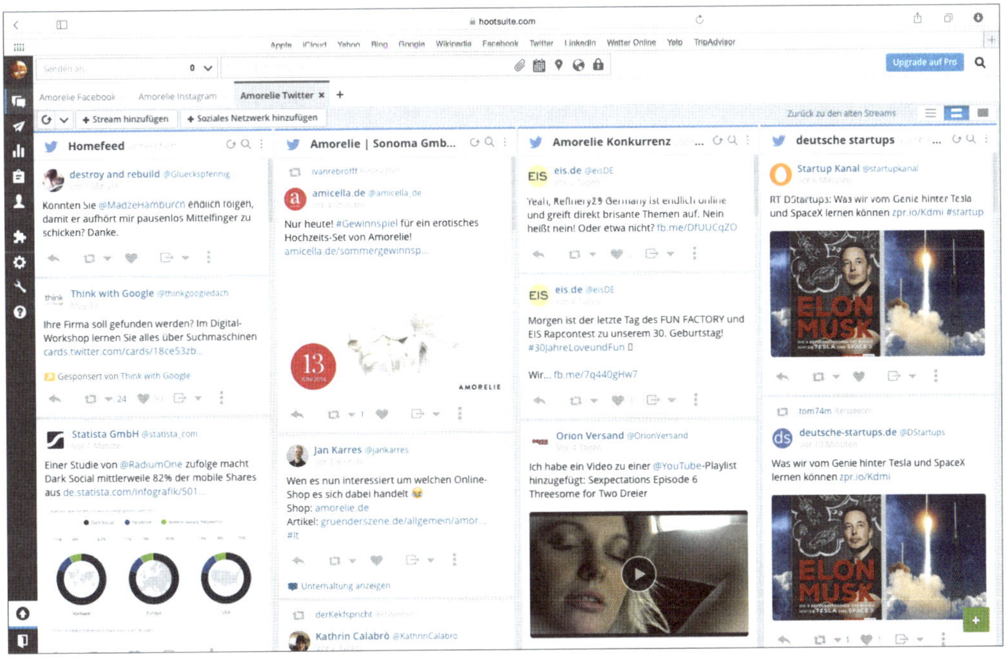

Abbildung 12.5 Mit Hootsuite überwachen Sie alle Ihre Social-Media-Profile auf einen Blick. (Quelle: http://hootsuite.com)

In der Basisversion ist Hootsuite kostenlos nutzbar. Mit dieser Version hat ein Mitarbeiter – am ehesten Ihr Social Media Manager – Zugriff auf das Tool. Wenn jedoch auch Sie und andere Mitarbeiter das Dashboard nutzen wollen, lohnt sich die Investition in Hootsuite Pro für 8 € im Monat, denn damit können zumindest zwei Mitarbeiter (Sie oder der Community Manager) darauf zugreifen. Für jeden weiteren Nutzer verlangt Hootsuite 11 € pro Monat. Außerdem können Sie mit Hootsuite Pro bis zu zehn Social-Media-Kanäle Ihrem Dashboard hinzufügen. Bei der kostenlosen Version sind es lediglich drei Social-Media-Kanäle, und das genügt in den meisten Fällen nicht. Und zu guter Letzt haben Sie mit dem Upgrade Zugriff auf Hootsuite-Analysen und können eigene Reportings erstellen.

Hootsuite – alles in einem Tool!

Wir empfehlen Ihnen Hootsuite, da Sie damit nicht nur Social-Media-Nachrichten in mehrere Kanäle (Twitter, Facebook, YouTube) streuen, sondern gleichzeitig auch nach Keywords filtern und monitoren können. Sie können mehrere »Streams« (Spalten) mit Suchergebnissen zu unterschiedlichen Keywords anlegen und haben so einen Überblick über Ihre Kanäle und die Konkurrenz. Ihre Social-Media-Profile werden auf einen Blick zusammengefasst und übersichtlich strukturiert. Neben Twitter können Sie unter anderem Facebook, Google+, LinkedIn, WordPress, Instagram und YouTube integrieren.

Neben Hootsuite gibt es noch weitere vergleichbare Tools, beispielsweise TweetDeck und MarketMeSuite, die einen ähnlichen Funktionsumfang haben und ebenfalls sehr beliebt sind. Welches Tool Sie am Ende verwenden, bleibt Ihnen überlassen. Sie können alle genannten Tools kostenlos und relativ unkompliziert testen. Die meisten von ihnen sind auch als Smartphone-App verfügbar.

12.4 Professionelle Social-Media-Monitoring-Tools

Trotz der Vielzahl an kostenlosen Tools, von denen wir Ihnen unsere Favoriten vorgestellt haben, ist es mitunter unumgänglich, auf professionelle Tools zurückzugreifen. Die Vorteile dieser Tools liegen meistens in der größeren Vielfalt an Filtern und Funktionalitäten, der besseren Aufbereitung der Daten und in umfangreicheren Statistiken. Dadurch können Themen und Meinungsführer besser identifiziert, die Online-Reputation von Personen im Unternehmen ermittelt und die Reichweite von Autoren genau gemessen werden.

Je nach Größe Ihres Unternehmens, der Markenbekanntheit und der Bandbreite Ihrer Keywords, die Sie überwachen wollen, reicht möglicherweise ein gutes Setting aus jenen kostenlosen Tools, die wir Ihnen bereits vorgestellt haben. Sie genügen für die tägliche Analyse und zur Überwachung digitaler Reputation kleineren

Umfangs. Kostenpflichtige Monitoring-Tools wurden früher bei großen Konzernen mit mehreren Produktlinien als Frühwarnsystem und zur Marktforschung eingesetzt. Mittlerweile setzen immer mehr kleine, in Social Media aktive Unternehmen auf professionelle Tools, da auch der Kostenaufwand für die Nutzung dieser Services gesunken ist.

Tipp: »Social Media Monitoring Report«

Die Agentur Goldbach Interactive liefert jedes Jahr einen sehr umfangreichen und informativen Vergleich aller gängigen Social-Media-Monitoring-Tools, den wir Ihnen empfehlen möchten (siehe Abbildung 12.6). Bester Anbieter in der Kategorie Reporting und Alerting ist laut Goldbach Interactive (Switzerland) das Tool Talkwalker: *www.goldbachinteractive.ch/insights/fachartikel/tool-report-2015*

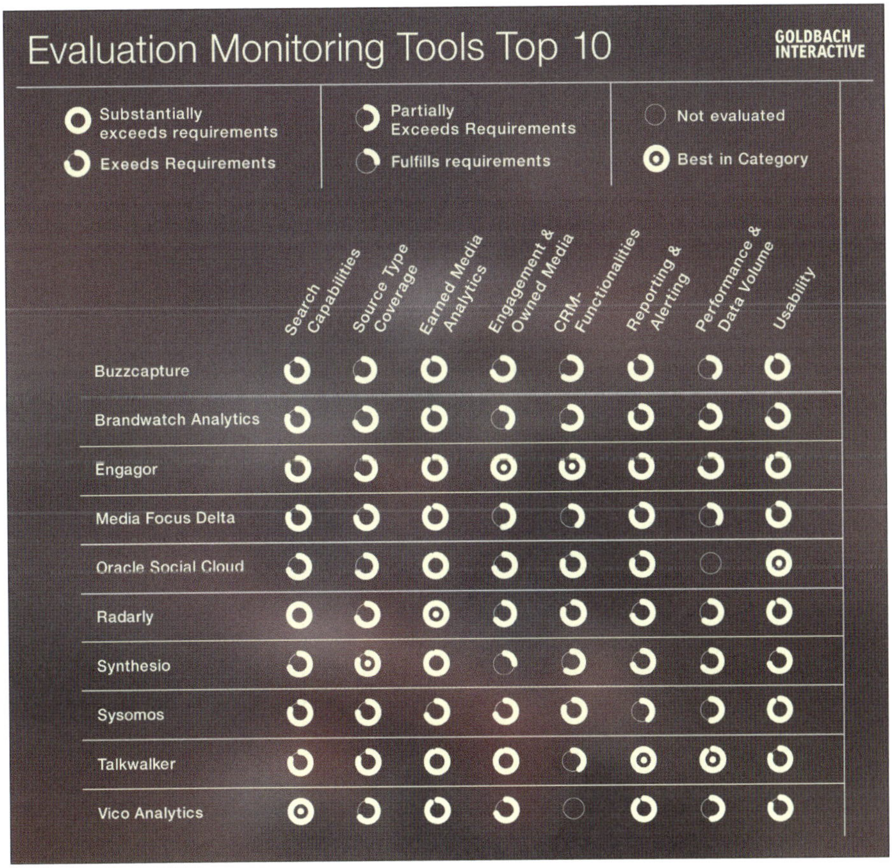

Abbildung 12.6 Der »Social Media Monitoring Report« von Goldbach Interactive (Quelle: www.goldbachinteractive.ch/insights/fachartikel/tool-report-2015)

12.4.1 Die gängigsten Monitoring-Tools im Überblick

Mittlerweile ist die Liste kostenpflichtiger Social-Media-Monitoring-Tools bereits relativ lang, und die einzelnen Dienste sind in ihrem Funktionsumfang am Anfang zum Teil auch schwer voneinander zu unterscheiden. Wir möchten Ihnen in Tabelle 12.1 eine Auswahl an Diensten gegenüberstellen, die wir selbst getestet oder im Einsatz haben. Einige Tools sind in deutscher Sprache verfügbar, andere wiederum nur in englischer Sprache.

Anbieter	Fokus	Kosten	Link
BuzzRank (DE)	Monitoring und Measurement (Social-Media-Kennzahlen)	Angebot anfordern	*www.buzzrank.de*
BuzzCapture (DE)	Monitoring und Reputationsmanagement	Demo anfordern	*www.buzzcapture.com/de*
Brandseye (ENG)	Monitoring und Reporting	Demo anfordern	*www.brandseye.com*
Brandwatch (DE)	Monitoring von Suchanfragen und Erwähnungen	gratis testen	*www.brandwatch.com/de*
Engagor (ENG)	Social Media Management und Analytics	Demo anfordern	*www.engagor.com*
Falcon.io (ENG)	Monitoring, Social Media Management und Measurement in einem für große Unternehmen	Demo anfordern	*www.falcon.io*
Hootsuite Pro (DE)	Monitoring, Social Media Management und Reporting für KMU	ab 8 € pro Monat	*http://hootsuite.com/de/tarife/pro*
Newswhip	360° Social Media Monitoring	Demo anfordern	*http://www.newswhip.com*
Onzu	Data Storytelling; aggregierte Daten werden zu umfangreichen Reportings pro Social-Media-Kanal inklusive Empfehlungen aufbereitet.	auf Anfrage	*https://www.onzu.com*

Tabelle 12.1 Überblick über kostenpflichtige Monitoring-Tools

Anbieter	Fokus	Kosten	Link
Oracle Social Cloud (ENG)	Monitoring	gratis testen	*http://cloud.oracle.com/social-cloud*
Talkwalker (DE)	Social Analytics, Benchmarking, Dashboards und Überwachung für lokale Marken und Agenturen	kostenloser Alert, ansonsten 500 € pro Monat	*www.talkwalker.com/de/social-media-intelligence*
Social Bakers (ENG)	Monitoring und Reporting	Demo anfordern	*www.socialbakers.com*
Synthesio (ENG)	Monitoring und Measurement	Demo anfordern	*www.synthesio.com*
Sysomos Heartbeat (ENG)	Monitoring und Measurement	Demo anfordern	*https://sysomos.com/products/heartbeat*
uberMetrics	Monitoring und Analysen	ab 750 € pro Monat	*https://www.ubermetrics-technologies.com/de*

Tabelle 12.1 Überblick über kostenpflichtige Monitoring-Tools (Forts.)

Testen Sie mit kostenlosem Demozugang

Ein Großteil der vorgestellten Monitoring-Dienste bietet einen kostenlosen Demozugang, auf den Sie zugreifen sollten. Der Umgang und die Zufriedenheit mit einem Tool unterliegen oft dem subjektiven Eindruck und Empfinden des Nutzers und dessen individuellen Anforderungen. Deshalb unsere Empfehlung: Probieren Sie mehrere Tools parallel aus. Da es bei manchen dieser Monitoring-Dienste schnell um mehrere 100 oder 1.000 US$ Nutzungsgebühren im Monat geht, sollte das nicht leichtfertig entschieden werden. Im Zweifel bietet das Social Web oder eine spezialisierte Monitoring-Agentur entsprechende Erfahrungsberichte.

Beispiel Brandwatch

Aus den zahlreichen von uns getesteten bzw. im Einsatz befindlichen kostenpflichtigen Monitoring-Tools möchten wir exemplarisch eines herausgreifen und dessen Funktionsweise genauer vorstellen: Brandwatch. Mit Brandwatch können Sie Alerts für Ihre Marken einrichten und die Social-Media-Aktivitäten mit denen der Konkurrenz vergleichen (siehe Abbildung 12.7: Ben & Jerry's im Vergleich zu Haagen Dazs). Brandwatch bietet also über das normale Monitoring hinaus auch direkte Analysen. Brandwatch ist auch zu empfehlen, wenn es um Realtime-Monitoring bei großen Events und Ereignissen geht, wie beispielsweise die WM 2018. Für Marken, die das TV-Event für Sponsoring nutzen, ist es spannend, die Gespräche in Social Media während eines Fußballspiels zu beobachten und auf Trends in der Community zu reagieren.

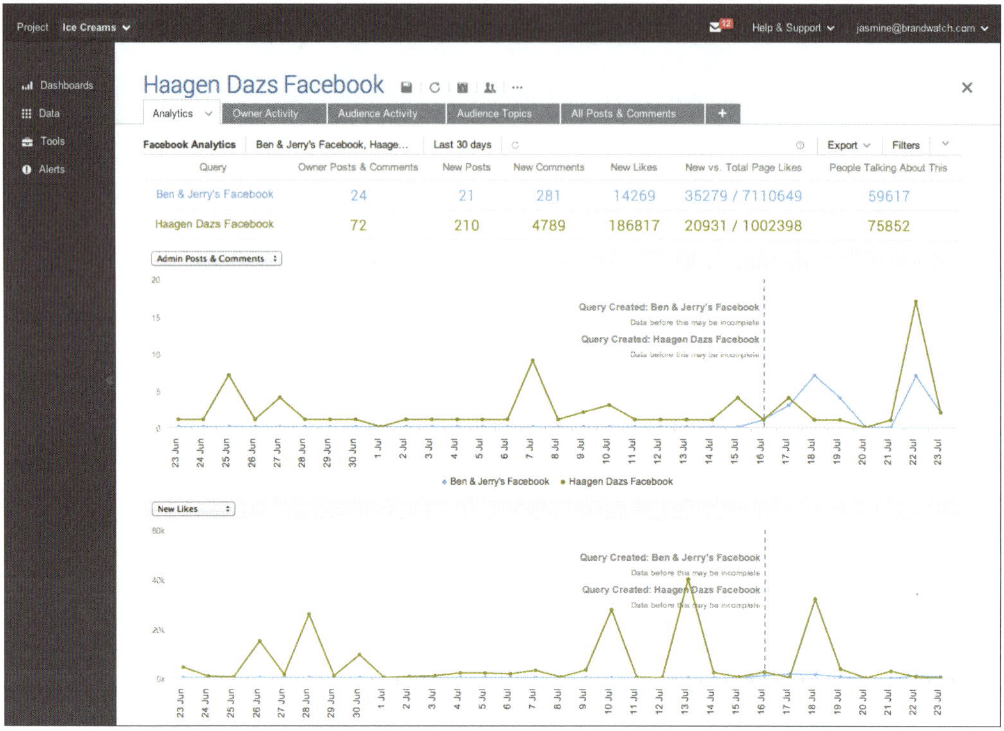

Abbildung 12.7 Konkurrenzanalyse von Brandwatch

Tipp: Agenda Setting überprüfen

Social Media lassen sich gezielt für Agenda Setting einsetzen, d. h. Themen in der Öffentlichkeit gezielt und planmäßig platzieren. Durch die digitalen Medien haben Journalisten ihre Rolle als einzige Gatekeeper längst verloren. Dank Social Media können Unternehmen selbst bestimmen, welche Themen auf die öffentliche Agenda kommen. Sie müssen zwar immer mehr Facebook-Mediabudget in die Hand nehmen, um bei vielen Nutzern häufig angezeigt zu werden, aber grundsätzlich fällt das Agenda-Setting durch Social Media wieder in den Schoß der Unternehmen selbst. Und Sie haben es mit neuen Akteuren wie Influencern und aufgeklärten Konsumenten zu tun. Der Erfolg von Agenda Setting lässt sich mit einer *Viralitätsanalyse*, wie sie Ubermetrics einmalig in Deutschland anbietet, messen (siehe Abbildung 12.8). Die Viralität setzt sich zusammen aus Verlinkungen, Kommentaren oder Retweets. Ubermetrics analysiert, wie viele Interaktionen ein Artikel, eine Nachricht etc. in allen Mediensegmenten generiert hat, und das bis in den fünften Interaktionsgrad.

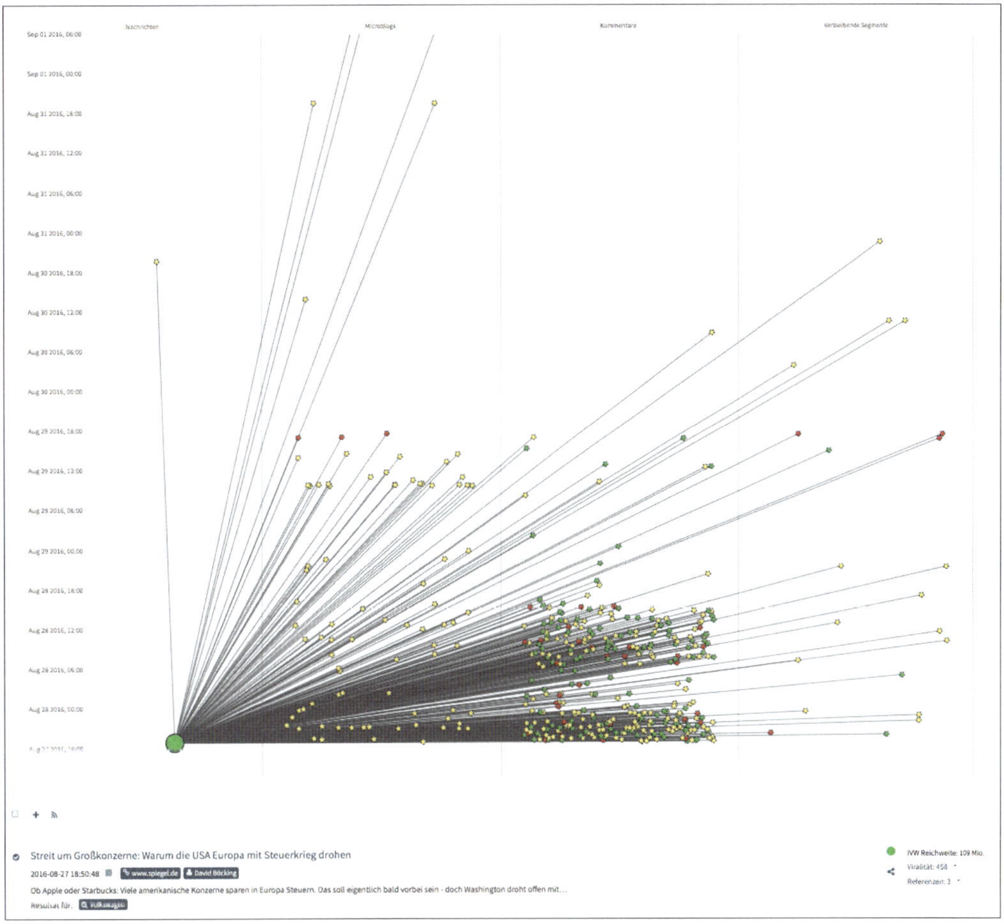

Abbildung 12.8 Virale Verbreitung eines Spiegel-Artikels über alle Mediensegmente (Quelle: http://ubermetrics-technologies.com, Manuel Wisnewski, Ubermetrics-Media-Intelligence-Lösung)

12.4.2 Professionelles Monitoring vs. Datenschutz?

Am Thema Monitoring entbrennt regelmäßig eine Diskussion rund um Datenschutz und Privatsphäre. Grund dafür ist, dass nicht wenige Monitoring-Tools versuchen, User in gewisse Schubladen einzuordnen und die gesammelten Daten weiterzuverarbeiten. Dies geschieht dann wiederum oft auf Servern im Ausland: Die meisten Anbieter kostenloser oder kostenpflichtiger Social-Media-Monitoring-Tools sitzen in den USA, so auch deren Server. Dorthin werden die über die User gesammelten Daten übertragen. Kritik entsteht aber auch immer wieder aufgrund der Tatsache, dass einige Monitoring-Tools behaupten, auch in geschlossene Foren, Gruppen und Profile Einsicht zu haben. Wir empfehlen Ihnen, den Ruf des von Ihnen in die engere Wahl genommenen Monitoring-Tools im Web zu überprüfen und die AGB des Anbieters im Interesse aller Internetnutzer und genauso der von und für Ihr Unternehmen generierten sensiblen Daten zu konsultieren.

Rechtstipp von Sven Hörnich: Achten Sie auf ausreichende Einflussnahmemöglichkeit auf Ihre Dienstleister und »Mitverantwortlichen« sowie ergänzend auf den Sitz des Anbieters sowie den Standort bzw. die Standorte seiner Rechenzentren

Unabhängig von einer Vielzahl weiterer Einzelfragen und rechtlicher Probleme (besser gesagt sogar Risiken), die sich im Rahmen des sogenannten Monitorings spätestens mit Inkrafttreten der Datenschutz-Grundverordnung (DSGVO) ergeben, sollten Sie sich bei Auswahl Ihrer Dienstleister stets fragen: Wie viel weiß ich selbst über das Ausmaß der dortigen Datenverarbeitung? Welche vertraglich garantierten (und tatsächlich auch bestehenden) Einflussnahme- und Kontrollmöglichkeiten habe ich, um meiner (gegebenenfalls Mit-)Verantwortlichkeit im Hinblick auf den Datenschutz gerecht zu werden? Ergänzend: Wo ist der Sitz meines Dienstleisters, falls ich ihn (z. B.) auf Schadenersatz in Anspruch nehmen muss? Wo sind seine Rechenzentren, falls ich die Hoheit über die für mich verarbeiteten Daten (wieder-)erlangen will bzw. behördliches Einschreiten erforderlich wird? Nicht ohne Grund sieht bereits der Verordnungstext der DSGVO hinsichtlich der Verarbeitungsstandorte unterschiedliche Regelungen vor (siehe unter anderem Art. 44 ff. DSGVO).

12.5 Kennzahlen und Ergebnisse

Wenn Sie nun also Ihr perfektes Social-Media-Monitoring-Setting gefunden haben, sollten Sie auch wissen, wie Sie schlussendlich mit dem Ergebnis des Monitorings am besten umgehen. Für den Fall, dass Sie nicht Betreuer und Entscheider in einer Person sind, muss bereits im Vorfeld abgeklärt werden, wer im konkreten Problemfall (z. B. bei einer Eskalation negativer Kommentare bzw. einem Shitstorm) zu kontaktieren ist und die Entscheidungsbefugnis hat, entsprechende Maßnahmen zu treffen. Idealerweise wird das bereits im Rahmen der Erstellung des Redaktionsplans definiert.

Das Monitoring von Social Media liefert verschiedene Informationen, die wiederum ganz unterschiedlich interpretiert und weiterverarbeitet werden können. Zum einen könnte es um die Beobachtung und Begleitung einer Social-Media-Kampagne oder um einzelne Beiträge gehen. Es könnte zum anderen aber auch um ein grundsätzliches Monitoring gehen, also ein Hineinhören in die Weiten des Social-Media-Universums, um das Grundrauschen wahrzunehmen, das es zu Ihren Themen gibt. Ersteres dient dazu, so früh wie möglich User-Reaktionen zu ermitteln und im Bedarfsfall so rasch wie möglich reagieren zu können.

So oder so müssen die Wege kurz sein. Es darf nicht passieren, dass vom Auftreten eines negativen Beitrags bis zur Lösung mehrere Tage vergehen. Das Social Web verlangt eine schnelle und trotzdem überlegte und professionelle Reaktion. Ansonsten kann der Schuss nach hinten losgehen.

Social Media Monitoring hilft vor allem, langfristig zu messen und herauszufinden,

- was Ihre Kunden wirklich wollen,
- womit Ihre Kunden zufrieden waren,
- was Ihren Kunden grundsätzlich nicht gefallen hat,
- was die User über Ihre Konkurrenz denken und
- welche Trends und neuen Möglichkeiten sich in Ihrer Branche auftun.

12.5.1 Wichtige Kennzahlen und KPIs für das Social-Media-Monitoring

Mit Kennzahlen messen Sie den Erfolg Ihres Engagements. Kennzahlen dienen auch der quantitativen und qualitativen Vergleichbarkeit Ihrer Position bzw. Reputation im Social Web. Zahlen, Daten und Fakten sind meist die Entscheidungsgrundlage, und der Trend geht im Social Media Monitoring auch in diese Richtung.

Wir wollen Sie nicht mit der Masse an Social-Media-Kennzahlen überfordern, sondern stellen Ihnen lieber ein paar der wichtigsten Kennzahlen vor, die von den meisten Tools auch analysiert werden:

- *Sentiment*: Damit ist die grundsätzliche Tonalität der Beiträge gemeint. Unterteilt in positiv, neutral und negativ, werden normalerweise die grundsätzlich positiven Beiträge den grundsätzlich negativen gegenübergestellt.
- *Reach*: Anzahl möglicher erreichbarer Kontakte (Reichweite) und Anzahl der User, die das Keyword verwenden, dividiert durch die Gesamtzahl der Beiträge, in denen das Keyword vorkommt
- *Mentions*: Erwähnungen, sprich Anzahl der gefundenen Beiträge (die das Keyword beinhalten)
- *Top-Themen* und *Top-Keywords*: Welche Themen und Keywords werden in Bezug auf das gesuchte Keyword häufig noch verwendet/diskutiert?
- *Share of Voice*: Anzahl eigener Beiträge im Vergleich zum Mitbewerber oder zum Gesamtmarkt
- *Passion*: Damit ist die Wahrscheinlichkeit gemeint, dass User mehrmals über die Marke schreiben bzw. dass das Keyword häufig verwendet wird.
- *Demografische Informationen*: Geschlecht, Alter, Standort, Sprache der User, die das Keyword erwähnen

- *Influencer*: Damit sind jene User gemeint, die in ihrem Netzwerk Meinungsführer sind, viele Freunde haben und als themenkompetent wahrgenommen werden.

Das sollte für einen ersten Eindruck genügen. Sie sehen, dass es hauptsächlich darum geht, vergleichbare Werte zu erhalten, die die eigene Position gegenüber jener der Gesamtheit oder der Konkurrenz darstellbar machen bzw. innerhalb der eigenen Gesamtergebnisse eine Beurteilung über die Qualität erlauben. Die Summe der qualitativen und quantitativen Kennzahlen und Erkenntnisse ergibt eine Aussage über die Online-Reputation Ihres Unternehmens oder einer unternehmensrelevanten Person.

12.6 Online Reputation Management

Der (gute) Ruf Ihres Unternehmens ist offline wie online ein Erfolgskriterium. In welchen Tönen sprechen die Menschen über Ihr Unternehmen, Ihre Produkte und Leistungen, Ihren Service? Während es offline oft gar nicht so einfach ist, das über den bekannten Kundenkreis hinaus festzustellen, bietet das Internet durch das Monitoring einige Möglichkeiten hierzu. Nur so können Sie herausfinden, ob der Online-Ruf Ihres Unternehmens, Ihrer Marke, eines Produkts, genauso aber Ihrer eigenen Person, gut ist. Das Erfassen, Beobachten, Bewerten und Verbessern dieses Rufs wird unter dem Begriff *Online Reputation Management* (ORM) zusammengefasst. Allerdings ist neben der Online-Reputation des Unternehmens (eigene Unternehmenspräsenzen, Erwähnungen des Unternehmens in einem Beitrag, einer Bewertung usw.) ein weiterer Faktor mindestens genauso wichtig: einzelne Mitarbeiter, die in Verbindung mit dem Unternehmen gesehen werden und aus der Sicht der Kunden, Geschäftspartner, Investoren und Lieferanten das Unternehmen nach außen vertreten. Das sind bei Weitem nicht mehr nur Geschäftsführer, Abteilungsleiter, Pressesprecher oder andere Personen in leitenden Positionen: Durch die Transparenz der Daten können Sie auf Facebook, XING und vielen anderen Plattformen durch eine einfache Suche feststellen, welcher User in seinem Profil Ihr Unternehmen als Arbeitgeber eingetragen hat und so eine Verbindung zu Ihrem Unternehmen herstellt.

12.6.1 Online Reputation Management für Marken und Unternehmen

Ziel ist es, dass sich im gesamten (Social) Web ein positives, aber realistisches Bild Ihres Unternehmens darstellt, und genau hier müssen wir auf einen wichtigen Punkt hinweisen: Online Reputation Management bedeutet nicht, negative Beiträge einfach durch Dienstleister löschen lassen zu wollen. Nicht nur, dass das sehr kostspielig wäre, es ist in vielen Fällen auch gar nicht möglich (beispielsweise können Sie den eigenen Twitter-Beitrag eines Users nicht löschen, es sei denn, es stehen gesetzes- oder regelwidrige Inhalte darin) und in den meisten Fällen kontraproduktiv. Viele Reputationskrisen sind dadurch entstanden, dass Unternehmen die anfänglich vereinzelt auftretende, aber berechtigte Kritik an ihrem Unternehmen oder seinen Services oder Leistungen einfach gelöscht haben. Vielmehr geht es darum, mit aktiven Maßnahmen gegenzusteuern. Social Media bieten mit all ihren verschiedenen Tools und Inhalten viele Möglichkeiten, die positive Online-Reputation Ihres Unternehmens zu steigern. Im Grunde hat alles, was Sie in Social Media tun, Einfluss auf die Online-Reputation. Sie sollten deshalb alle Tools und Plattformen zu nutzen wissen. Wichtig ist es aber auch, im Rahmen eines laufenden Monitorings Veränderungen oder gar Krisenthemen festzustellen, die sich negativ auf die Online-Reputation auswirken könnten.

12.6.2 Ihr Ruf ist Ihr Kapital

Wir möchten zusätzlich zur Unternehmensreputation im Social Web auf den persönlichen Ruf von unternehmensrelevanten Personen im Netz eingehen und Ihnen zeigen, was Sie selbst aktiv dafür tun können. Für Unternehmer oder Personen in Führungspositionen ist es sehr wichtig, dass sie einen guten Ruf im Netz haben, sich als Top-Experte positionieren, da viele Wettbewerber, Mitarbeiter und Geschäftspartner nach der Chefetage des Unternehmens googeln oder nach ihren möglichen zukünftigen Kollegen. Aber umgekehrt ist es genauso.

Fast alle tun es, obwohl es nur wenige wirklich zugeben: Personalverantwortliche googeln selbstverständlich nach Bewerbern. Das Ergebnis ist ihnen mindestens genauso wichtig wie deren Bewerbungsunterlagen. Investoren klopfen im Internet den potenziellen Geschäftspartner genau ab, bevor sie sich auf ein Geschäft mit ihm einlassen. Umso wichtiger ist es, dass bei der Google-Suche nach Ihrem Namen ein souveränes Suchergebnis mit aktuellen Bildern und Beiträgen geliefert wird. Dafür müssen viele Unternehmerinnen und Unternehmer jedoch etwas tun. Updaten Sie Ihre Social-Media-Profile regelmäßig? Wann haben Sie zuletzt bei XING reingeschaut, wann den letzten Beitrag auf Ihrem Firmenblog geschrieben? Noch schlimmer ist es, wenn unvorteilhafte Einträge bei Google erscheinen: Partyfotos oder eine uralte Bewertung. Achten Sie darauf, checken Sie regelmäßig diese Einträge, und aktualisieren Sie Ihre Profile in Social Media.

Das Ganze kann schneller passieren, als Sie glauben. Es müssen ja nicht einmal Sie persönlich gewesen sein, der das Foto von der Karnevalsparty online gestellt, Sie auf dem Foto markiert und im Text erwähnt hat, sondern ein Freund oder irgendjemand, den Sie an diesem Abend kennengelernt haben. Online-Reputation ist das Bild, das Sie im Web abgeben, der Eindruck, den Sie über das Internet vermitteln. Um Rufschädigungen über sich selbst mitzubekommen, sollten Sie Social Media Monitoring für sich selbst betreiben.

Rechtstipp von Sven Hörnich: Das Recht auf Vergessen

Dass das Internet nichts vergisst, ist aus rechtlicher Sicht nicht mehr ganz korrekt. Der Europäische Gerichtshof (EuGH) hat erst im Frühling 2014 entschieden, dass Personen ein »Recht auf Vergessen« haben. Google wurde damit verpflichtet, Links zu Inhalten unter gewissen Voraussetzungen zu löschen. Google hatte seinerzeit reagiert und ein Formular zur Verfügung gestellt.

Auch die Datenschutz-Grundverordnung (DSGVO) sowie das dt. Netzwerkdurchsetzungsgesetz (NetzDG) haben die Rechte der Betroffenen in jüngster Vergangenheit insoweit noch weiter gestärkt. So ist unter anderem in Art. 17 DSGVO ein ausdrückliches *Recht auf Löschung* (»Recht auf Vergessenwerden«) geregelt.

Der Ruf, der Ihnen persönlich und Ihrem Unternehmen im Social Web vorauseilt, ist einiges wert. Ein guter Ruf kann Ihnen im B2B- und B2C-Bereich viele Türen öffnen. Ein schlechter Ruf kann es Ihnen extrem schwer bis fast unmöglich machen, auch nur in die Nähe dieser Türen zu kommen. So schnell heutzutage gerade über das Social Web ein Ruf aufgebaut werden kann, so schnell kann er auch wieder zerstört werden.

Wer nach seinem Namen googelt, ist noch lange nicht eingebildet

Wie steht es um Ihren Ruf im Netz? Haben Sie schon einmal eine umfassende Websuche nach Ihrem Namen gemacht? »Ego-Googeln« ist die Hauptdisziplin für erfolgreiches Online Reputation Management für Personen und wird auch als Teil des Selbstmarketings gesehen. Das hat nichts mit Narzissmus oder Eitelkeit zu tun, sondern mit Professionalität. Möglicherweise können Sie ja gar nichts dafür, dass rufschädigende Inhalte über Sie im Web existieren. Doch indem Sie sie ignorieren oder tolerieren, gehen Sie das Risiko ein, Ihre berufliche Karriere nachhaltig zu gefährden. Vorsicht: Es geht nicht immer nur um die klassischen Fauxpas wie unvorteilhafte Bilder oder Videos von Partys. Es gibt viel banalere Inhalte, denen Sie vielleicht gar keine Relevanz beimessen.

Nehmen wir das Gegenbeispiel: Sie informieren sich im Web über einen Bewerber, der sich bei Ihnen bis dato schriftlich und mit guten Chancen auf ein weiteres Gespräch beworben hat. Im Web finden Sie unter anderem sein Facebook-Profil, dessen Pinnwandeinträge offen lesbar für alle User sind. Dort lesen Sie folgenden Beitrag: »Heute ist es in der Arbeit wieder so langweilig. Der Chef und die Kunden nerven total.« Welches Bild erzeugt dieser Bewerber bei Ihnen? Laden Sie ihn immer noch zu einem persönlichen Bewerbungsgespräch ein?

Natürlich stellt sich hier die Frage, wo die Grenze zwischen privatem und beruflichem Leben der Menschen liegt. Im Zweifelsfall sollte jeder User die Grenze selbst sehr präzise ziehen, zumindest wenn er beispielsweise einen begehrten Job haben will. Denn dann kann das ein entscheidender Vorteil sein.

12.6.3 Vorbeugung ist der beste Schutz

Überlegen Sie bei jeder Information, die Sie veröffentlichen, egal, ob Foto, Video, Link oder Kommentar, ob sie zu dem Bild passt, das Sie von sich oder Ihrem Unternehmen vermitteln wollen, und ob Sie auch in 10 Jahren noch dazu stehen können.

Wenn Sie den konkreten Fall haben, dass bereits Inhalte über Sie im Web existieren, die nicht gerade Ihre Schokoladenseite zeigen bzw. ein falsches Bild von Ihrer Integrität und Professionalität zeichnen, sollten Sie schnell reagieren und diese Inhalte löschen bzw. löschen lassen. Vorausgeschickt sei jedoch, dass eine Löschung meist keine einfache Aufgabe ist. In den meisten Fällen haben Sie keinen direkten Zugriff auf diese unvorteilhaften Inhalte, weil Sie sie gar nicht selbst veröffentlicht haben, oder die Inhalte wurden automatisiert oder von anderen Usern übernommen und weiterverbreitet (beispielsweise ein Tweet, der von anderen Usern weitergeleitet wurde). Nichtsdestotrotz haben Sie Rechte, die Sie im Einzelfall geltend machen können und auf denen Sie in Ihrem eigenen Interesse auch beharren sollten.

12.6.4 Welche Rechte haben Sie im Social Web?

Egal, ob als Unternehmen oder als Einzelperson, auch im Internet gelten Rechte und Gesetze. Neben den Markenrechten für Unternehmen sind es noch eine ganze Reihe weiterer, gesetzlich verankerter Rechte, die den Missbrauch Ihrer Daten oder Ihres Eigentums verhindern oder die dafür sorgen sollen, dass der aufgetretene Schaden gering gehalten oder wiedergutgemacht werden kann. Exemplarisch möchten wir nun auf eine in Bezug auf Social Media häufig aufkommende Thematik eingehen, auf das Bildrecht.

Rechtstipp von Sven Hörnich: Wie komme ich an einen Dritten heran, der nicht über ein Impressum verfügt?

Nach einer höchstrichterlichen Entscheidung der deutschen Gerichtsbarkeit ist eine Internetplattform – derzeit mangels rechtlicher Grundlage – nicht verpflichtet, die User-Daten eines ihrer Kunden an einen verletzten Dritten herauszugeben. Es bleibt dem – z. B. durch Rufmord – Geschädigten derzeit wohl nur der Weg über eine Strafanzeige gegen Unbekannt, um dann im Wege der Akteneinsicht vielleicht an die Daten des Autors zu gelangen.

Was zunächst zivilrechtlich wie ein »Segen« für Autoren ohne Impressum wirkt, könnte sich stark zu deren Lasten auswirken. Denn auch bei eventuellen Missverständnissen oder rechtlicher Unkenntnis müsste damit beispielsweise ein Nutzer, der das Urheberrecht eines Dritten (z. B. bei einem Gedicht) verletzt, statt mit einer kleinen zivilrechtlichen Auseinandersetzung sogleich mit einem Strafverfahren rechnen, je nachdem, wie viel Bedeutung die Strafverfolgungsbehörde der Angelegenheit beimisst.

12.6.5 Das Recht am eigenen Bild

Wenn Sie nicht gefragt wurden, ob Sie mit der Veröffentlichung eines Bildes einverstanden sind, und somit das Recht an Ihrem eigenen Bild verletzt wurde, können Sie einen Anwalt mit der Löschung beauftragen, oder Sie nehmen die Sache selbst in die Hand: Finden Sie heraus, wer das Bild online gestellt hat. Wenn es beispielsweise ein Foto auf einer Fotoplattform oder ein Video auf YouTube ist, dann sehen Sie nach, wie der Account-Name lautet. Oft stecken Pseudonyme (Nicknames) dahinter, in manchen Fällen aber auch echte Namen und Kontaktdaten. Für den Fall, dass es Content innerhalb eines sozialen Netzwerkes (z. B. Facebook) ist, wird es Ihnen in den meisten Fällen leichter fallen, den Urheber zu ermitteln. Wenn Sie den User ermittelt haben, bitten Sie ihn, die Inhalte zu löschen.

Wie Sie auf Bilder gelangen, ohne in einem Netzwerk angemeldet zu sein

In vielen sozialen Netzwerken à la Facebook gibt es die Möglichkeit, Personen auf Fotos zu markieren, die dort zu sehen sind, ohne dass diese gefragt werden oder zustimmen müssen. Das geht sogar so weit, dass sie in dem Netzwerk mit Namen und E-Mail-Adresse markiert werden. Sie erhalten dann eine Einladung per E-Mail, sich im Netzwerk zu registrieren, um das Foto zu betrachten (wenn die Privacy-Einstellungen es nicht anders erlauben).

Wenn Netzwerkfreunde Sie markieren und Sie damit nicht einverstanden sind, bitten Sie den Urheber, die Markierung zu löschen oder das Bild gänzlich zu entfernen. Man sollte meinen, dass das unter Freunden kein Problem sein sollte, aber auch hier stößt man unter Umständen auf Unverständnis oder negative Reaktionen. Falls der Urheber also nicht reagiert oder aber sich weigert, wenden Sie sich an den Betreiber der Plattform mit dem Hinweis, dass der Content Ihr Persönlichkeitsrecht verletzt, und bestehen Sie auf einer Löschung. Viele Plattformen bieten für solche Fälle eigene Formulare an, über die man einen diesbezüglichen Antrag einbringen kann. Das Thema wird seitens vieler Plattformen immer ernster genommen, und im Normalfall wird rasch reagiert.

12.7 Der souveräne Umgang mit negativer Online-Reputation

Im Idealfall wird über Ihr Unternehmen, Ihre Marke oder relevante Themen nur positiv gesprochen, und es besteht kein akuter Handlungsbedarf. Das bedeutet aber noch lange nicht, dass Sie sich zurücklehnen und ausruhen können. Ihre Online-Reputation verlangt nach Kommunikation, Reaktion und Präsenz. Auch auf positive Beiträge sollten Sie reagieren und zeigen, dass Sie das Gegenüber ernst nehmen, vor allem dann, wenn sich der User an Sie wendet und Ihnen das positive Feedback explizit zukommen lässt. Aber betrachten wir jetzt einmal die Reaktionsmöglichkeiten im Fall negativer Tonalitäten (Sentiments) von Beiträgen über Ihr Unternehmen. Diese können direkt auf einer Ihrer unternehmenseigenen Social-Media-Präsenzen auftauchen oder aber auf einer Plattform, die Sie nicht jeden Tag selbst aktiv nutzen und überblicken.

12.7.1 Die richtige Reaktion ist entscheidend

Richtig oder falsch – das ist auf den ersten Blick und im jeweiligen Moment nicht immer leicht zu beurteilen. Im professionellen Umgang mit Kritik am eigenen Unternehmen oder der eigenen Leistung ist auf alle Fälle eines zu beachten: Falsch ist eine Reaktion auf Kritik immer dann, wenn sie aus dem Bauch heraus entsteht. Selbst wenn Sie überzeugt davon sind, dass die Kritik unberechtigt oder überzogen formuliert ist, so nehmen Sie sich Zeit. Tun Sie sich den Gefallen, und warten Sie mit der Reaktion. Ein paar Stunden später sehen Sie vielleicht schon mit weitaus mehr Abstand und weniger persönlicher Angegriffenheit auf die Kritik. Genauso falsch wäre es aber, überhaupt nicht zu reagieren. Denn dann kann niemand wissen, ob es sich bei der Kritik um einen Dauerzustand oder einen Einzelfall handelt.

Wie Sie mit Kritik in Facebook umgehen sollten

Auf Ihrer Facebook-Seite beschwert sich ein User über die Qualität eines Ihrer Produkte oder über die mangelnde Freundlichkeit des Personals? Wie sollten Sie darauf reagieren, bzw. sollten Sie überhaupt darauf reagieren? Ja, das sollten Sie. Eine Reaktion ist unbedingt notwendig. Es geht in diesem Fall nicht nur um den konkreten User, sondern um alle anderen, die jetzt oder in Zukunft über diese Beschwerde stolpern und sie lesen. Da der Beitrag öffentlich ist (und sogar für nicht in Facebook registrierte User über die gängigen Suchmaschinen gefunden werden kann), muss eine Reaktion ebenfalls öffentlich erfolgen.

12.7.2 Tipps für eine angemessene Stellungnahme

Um im Fall der Fälle angemessen reagieren zu können, haben wir einige Tipps für eine adäquate Stellungnahme zusammengetragen:

- Höflich für das Feedback danken: Selbst wenn Sie wissen, dass dieser spezielle User ein kategorischer Nörgler ist, andere wissen das meistens nicht.
- Kritik ernst nehmen: Auch wenn es nur der subjektive Eindruck eines Users ist, ein Fünkchen Wahrheit steckt meistens dahinter.
- Sachlich bleiben: Auch wenn der User eine unangebrachte Tonart wählt – bleiben Sie immer professionell, und halten Sie Ihr Niveau.

- Konkrete Verbesserungen ankündigen, umsetzen und dokumentieren: Orten Sie die Ursache des Problems, und kündigen Sie plausible Verbesserungen an. Somit ist für den Rest der Zielgruppe nachvollziehbar dokumentiert, dass das Problem in Zukunft nicht mehr auftreten sollte.
- Authentisch bleiben: Versprechen Sie nichts, was Sie nicht halten können. Das gilt nicht nur bei der Reaktion auf Kritik, sondern generell. Möglicherweise ist die Kritik eine Reaktion auf falsche Versprechen Ihrerseits. Wenn Sie jetzt schwindeln und die Probleme negieren, wird das nicht die letzte öffentliche Beschwerde gewesen sein.

Riskieren Sie keinen Streisand-Effekt

Wenn der Beitrag des Users in irgendeiner Art und Weise Sie oder jemanden in Ihrem Unternehmen persönlich angreift (Beleidigung, Beschimpfung), gegen ein Gesetz verstößt oder, die Wortwahl betreffend, absolut die Gürtellinie unterschreitet, dann haben Sie auf den meisten Social-Media-Plattformen die Möglichkeit, diesen Beitrag löschen zu lassen oder selbst zu löschen. Das sollte aber wirklich der allerletzte Schritt sein. Versuchen Sie zuerst, auf den User einzugehen und ihn darauf hinzuweisen, dass er eine Grenze überschritten hat. Selbst wenn er nur Unwahrheiten von sich gibt: Lassen Sie sich nicht zu emotionalen Aussagen hinreißen. Gehen Sie lieber eine Runde um den Block, bevor Sie antworten. Wenn Sie berechtigte Kritik löschen, ist das in den meisten Fällen eine Aufforderung an den User, seine Kritik auf anderen Portalen erneut zu posten. Sein Netzwerk wird es zum Anlass nehmen, den Unmut über die Löschung kundzutun. Damit haben Sie eine einzelne Kritik multipliziert, was Sie durch eine einfache Stellungnahme hätten verhindern können (Streisand-Effekt). Die meisten Imageschäden großer Konzerne im Netz gehen auf solch ein Verhalten zurück.

Wie reagieren Sie bei Kritik, die nicht an Sie direkt gerichtet ist?

Falls ein negativer Beitrag nicht direkt auf Ihrer Seite veröffentlicht wird, sondern beispielsweise einem Freund auf die Pinnwand gepostet wurde, sollten Sie vorsichtig sein mit einer direkten Reaktion: Der User hat nicht Ihnen diese Nachricht zukommen lassen, sondern einem Freund.

Sie sollten aber darauf reagieren, indem Sie die Kritik aufnehmen und den Fehler zu beheben und zu vermeiden versuchen. Außerdem können Sie in Ihrem Blog einen Artikel veröffentlichen, der die Thematik behandelt.

Und was ist mit positivem Feedback?

Auf positives Feedback sollten Sie natürlich auch reagieren: Dadurch zeigen Sie, dass Sie präsent sind und Ihnen die Meinung Ihrer Kunden wichtig ist. Meist genügen schon ein einfacher Satz wie »Vielen Dank für das tolle Feedback!« und ein freundlicher Gruß. Vermeiden Sie aber Standardantworten per Copy & Paste, das wäre kontraproduktiv. Wie auch eine fehlende Reaktion wäre dies in etwa so, als wären Sie bei einem persönlichen Gespräch zwar physisch anwesend, würden aber nicht zuhören.

Sie sehen also, es dreht sich vieles um soziale Interaktion, um Gespräche – nur dass diese Gespräche online geführt werden. Ansonsten gelten die gleichen Regeln, die Sie im »Offline«-Leben auch beachten (sollten).

Die Angst vieler Entscheider, man öffne durch Social Media negativer Kritik Tür und Tor, ist unbegründet. Kein Unternehmen, das gut wirtschaftet und in der Mehrheit zufriedene Kunden hat, muss sich davor fürchten. Im Gegenteil: Die Praxis hat bereits bewiesen, dass Kunden in vielen Fällen auf falsche oder unangebrachte Kritik einzelner User reagieren und die Kritik sogar öffentlich richtigstellen oder zurückweisen. Auf Ihre loyalen Kunden können Sie sich im Netz verlassen.

12.7.3 Negative Beiträge verschwinden lassen

Sie können negativen Beiträgen aber auch proaktiv entgegnen, indem Sie sie einfach »downranken«. Das heißt, Sie sorgen dafür, dass andere Inhalte im Suchergebnis besser, d. h. höher gelistet werden und der negative Beitrag so idealerweise mindestens auf Seite 2 in Google oder noch weiter nach hinten wandert. Dabei sollten Sie auf professionelle Hilfe zurückgreifen. Vor allem Experten aus dem SEO-Bereich bzw. auf ORM (Online Reputation Management) spezialisierte Agenturen und Firmen können hier einiges mehr bewegen als Sie allein – je nach Schwere Ihres Imageschadens natürlich. Sie sollten jedoch Abstand davon nehmen, kritische Beiträge löschen zu lassen. Jeder Kritiker, dem das auffällt, wird dafür sorgen, dass seine Kritik noch weitaus größere Kreise zieht und mehr Aufmerksamkeit erlangt. Am Ende könnte ein Shitstorm daraus resultieren.

Rechtstipp von Sven Hörnich: Datenschutzrechtliche Betrachtung elektronischer Kommunikationsmittel

Die Überschrift dieses Beitrages ist bewusst allgemein gehalten, denn die aktuell »heiß diskutierte« Problematik der weitergehenden Nutzbarkeit diverser (Smartphone-)Messenger-Dienste nach Inkrafttreten der Datenschutz-Grundverordnung (DSGVO) beschränkt sich nicht allein auf diese.

Die Grundfrage, die man sich vor Nutzungsaufnahme stellen sollte, lautet: Ist das gewählte Kommunikationsmittel sicher und zwar dahingehend, ob ich selbst ausreichend Kontrolle über meine gewählten Vertragspartner habe (Art. 28 f. DSGVO) sowie was das »Design« desselben angeht. So ist die beste Verschlüsselung der Kommunikationswege unerheblich, wenn die Mitarbeiter des Anbieters die Nachrichten im Posteingang frei einsehen könnten und gegebenenfalls für Profilbildungen nutzen. Umgekehrt bringt die beste Kontrolle und Auftrags(-daten-)verarbeitungsvereinbarung nebst vorbildlicher technischer und organisatorischer Maßnahmen (auch »TOM«) Ihres Anbieters nichts, wenn die Nachrichten dann auf sämtlichen Relays durch das Internet unverschlüsselt »abgegriffen« werden können. Vorstehende Erwägungen führen dazu, dass auch die »gute alte E-Mail« von dieser Problematik datenschutzrechtlich nicht verschont bleibt.

Nun liegt auf der Hand, dass beispielsweise das Thema E-Mail-Verschlüsselung für einen durchschnittlichen Onlineshop-Betreiber kaum zwingend gegenüber seinen Kunden durchsetzbar ist, falls er seinen Shop nicht bald schließen will. Außerdem ist er ja nach einer Vielzahl von Vorschriften (z. B. § 5 Telemediengesetz – TMG oder im Zusammenhang mit dem Widerrufsrecht bei Verbraucherverträgen) zur Angabe einer E-Mail-Adresse verpflichtet und einer Erschwernis oder gar eine Zurückweisung eines Verbraucherwiderrufs mit dem Hinweis auf fehlende Verschlüsselung kaum im Interesse des (aus Sicht des Verfassers sehr verbraucherfreundlichen) europäischen Gesetzgebers. In der Beratungspraxis empfehlen wir insoweit jedem Shopbetreiber auch (gegebenenfalls über eine gesonderte E-Mail-Adresse PGP-)verschlüsselte E-Mail-Kommunikation anzubieten. Dass zudem Bestell- und Kontaktformulare nur verschlüsselt Daten übertragen können sollten, dürfte offenkundig sein. In den kommenden Monaten (nach Publikation dieser Auflage) sollte zudem der Markt dahingehend beobachtet werden, welche Kommunikationsanbieter sich als »praxis- und massentauglich« durchsetzen.

12.8 Shitstorms

Shitstorm, das klingt einfach nicht schön und ist für jedes Unternehmen eine schmerzliche – oftmals aber auch sehr lehrreiche – Erfahrung. Wikipedia definiert »Shitstorm« als das »lawinenartige Auftreten negativer Kritik gegen eine Person oder ein Unternehmen in Social Media«. Shitstorms sind deshalb so unangenehm, weil man sie schwer voraussehen kann und sie unwahrscheinlich schnell an Dynamik gewinnen, die dann nicht mehr abzuwenden ist. In Kapitel 1, »Bleibt alles social«, haben wir Ihnen schon einige Shitstorm-Beispiele vorgestellt. Die folgenden Shitstorm-Beispiele haben es in die Liga der »Best of Shitstorms« geschafft.

12.8.1 »Beschweren Sie sich bitte nicht in Social Media« – das Beispiel TelDaFax

Als erstes Beispiel ist der Fall der Marke TelDaFax zu nennen. Das Unternehmen, das 2011 bereits wegen Insolvenzverschleppung in Verruf geraten war und sichtlich mit Kundenbeschwerden zu kämpfen hatte, war zum damaligen Zeitpunkt auch in Social Media. Die verärgerten Kunden nutzten die Facebook-Seite selbstverständlich für Beschwerden und machten Ihrem Unmut über das Kundengebaren von TelDaFax Luft. Das passte dem angeschlagenen Konzern jedoch nicht, und man sprach der Community kurzerhand ein Verbot für Beschwerden auf Facebook aus (siehe Abbildung 12.9): »Leute, die Seite ist echt nicht der geeignete Platz für Beschwerden und Kundenanliegen.« Das TelDaFax-Posting verbreitete sich nicht nur in den sozialen Medien rasant, sondern wurde auch durch Berichte in Online-Medien angeheizt. Das Beispiel TelDaFax ist mittlerweile legendär, wenn es um misslungene Facebook-Kommunikation geht, und soll Ihnen zeigen: So geht es auf gar keinen Fall! Denn Social Media stehen für die User gerade für freie Meinungsäußerung, auch wenn es Beschwerden zu Unternehmen sind. Wer das seinen Fans und Followern verbieten will, sollte es lieber gleich sein lassen.

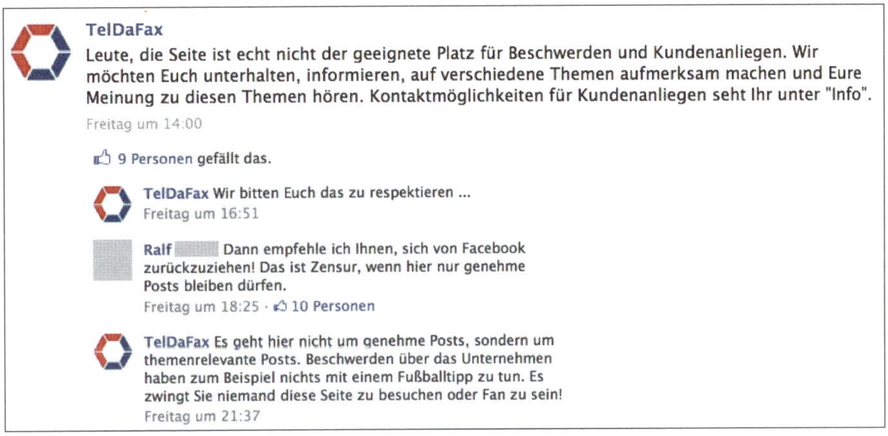

Abbildung 12.9 TelDaFax verbietet seiner Community den Mund auf Facebook – und erntet dafür noch mehr Kritik. (Quelle: Screenshot der damaligen Facebook-Seite)

12.8.2 Keine Antwort ist auch eine Antwort – das Beispiel Radio ENERGY München

Der Fall von Radio ENERGY München aus dem Jahr 2012 gehört ebenfalls zur Liste der »Best of Shitstorms«. Dort postete ein User, in diesem Fall sogar ein absoluter Liebhaber des Radiosenders (»Liebes Radio Energy München Team. Ich liebe euren Sender wirklich. Allen voran meine Freunde Verena und Bene.«), einen ernst zu nehmenden Verbesserungsvorschlag für die aktuelle Weihnachtsaktion (siehe Abbildung 12.10). Allerdings interessierte das den Radiosender herzlich wenig. Während der Radiosender auf eine Reaktion warten ließ, teilten immer mehr User den Beitrag und klickten auf »Gefällt mir« (2.378 Likes). Das Beispiel zeigt: Auch ein harmloser Beitrag eines Users kann sich in Social Media verbreiten und eine fehlende Reaktion des Unternehmens dazu beitragen, dass ein Post viral wird. Reagieren Sie daher auf die Kommentare Ihrer Fans und Follower, auch wenn es unerheblich erscheint.

Abbildung 12.10 Radio ENERGY München reagiert nicht auf den Vorschlag eines Fans. (Quelle: Screenshot Facebook-Seite)

12.8.3 PR-Desaster #FragNestlé

Ein jüngeres Beispiel ist die Twitter-Kampagne des Nahrungsmittelkonzerns Nestlé. Unter dem Hashtag #FragNestlé rief der Konzern 2015 zum Dialog mit den Nutzern auf. Der Konzern twitterte am 21. September 2015 (siehe Abbildung 12.11): »Wir stellen uns schon seit Jahren dem Dialog mit unseren Verbrauchern. Seit Mitte des Jahres auf unserer Website auch unter »Frag Nestlé«. Mit diesem neuen Angebot bieten wir euch eine Vielzahl an Antworten in Form von Videos, Grafiken und weiteren Informationen. Um bewusst darauf aufmerksam zu machen und den Dialog zu suchen, haben wir #FragNestlé ins Leben gerufen.« Die Nutzer ließen nicht lange auf sich warten und fragten Nestlé direkt: »Warum lasst Ihr Menschen verhungern?« oder »Habt ihr irgendeine Moral oder Gewissen bei der Gier nach Profit?« Der Konzern reagierte kaum auf die einzelnen Tweets der Nutzer, sondern antwortete mit vorgefertigten, emotionslosen Antwortvorschlägen. Viele Nutzer reagierten mit Häme auf die Aktion und twitterten: »Haben Sie in der Marketingabteilung gekifft? #FragNestlé« oder »Unter dem Hashtag #FragNestlé, lesen Sie heute, wie man Marketing NICHT macht. Wir wünschen angenehme Unterhaltung.« Natürlich griffen auch die Online-Medien das Thema auf. Die Huffington Post schrieb von einem »unfassbaren Shitstorm«, die MoPo titelte: »Geplanter Shitstorm: Wie Nestlé sich auf Twitter Prügel holt«.

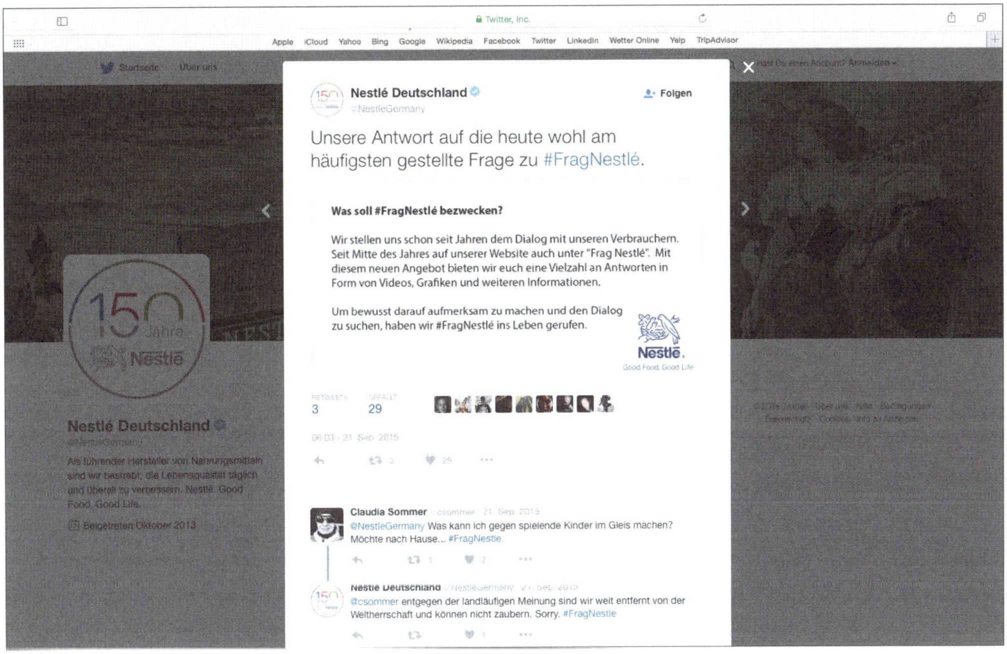

Abbildung 12.11 Nestlé startete 2015 seine Aufklärungskampagne auf Twitter – und erntete Hohn und Kritik. (Quelle: http://twitter.com/NestleGermany/status/645946539400122368)

Die ganze PR-Aktion krankt an der fehlenden Reaktion auf die kritischen Stimmen in Twitter. Das Absurde daran: Nestlé wusste um seine Kritiker (seit Jahren ist der Konzern bei Umweltschützern und Lebensmittelexperten in Verruf) und war sich vor der Kampagne darüber im Klaren, welche Reaktionen es geben könnte. Beispielsweise antwortete Nestlé auf den Tweet des Nutzers @Kittypunk15 so: »Sagen wir es mal so: Twitter ist ein wertvoller Kanal für sehr direktes Feedback. Das muss man aushalten können und wollen.« Sie wussten also, was passieren würde, und dennoch haben sie sich nicht adäquat darauf vorbereitet. Das wäre jedoch möglich gewesen. Nestlé weiß ganz genau, wofür sie häufig kritisiert werden (Urwaldrodung, Privatisierung von Wasser, schlechte Inhaltsstoffe in Produkten). Es bleibt also die Frage: Wenn schon mit Kalkül, warum dann nicht richtig?

Nestlé hat Twitter als Kommunikationskanal schlichtweg nicht verstanden und versagt genau darin, was sie sich vorgenommen haben: den Dialog mit den Nutzern digital zu führen. Auch heute, 3 Jahr später, gehen immer noch zahlreiche Tweets unter dem Hashtag »#FragNestle« ein – und alle bleiben unbeantwortet.

Der Konzern sitzt die Kritik einfach aus, obwohl die Empfehlung des Strategieberaters zu Beginn sicher lautete, die Marke als Diskurs zu führen. Generell hat der Konzern ja schon viel versucht in Sachen Social Media, und es bleibt abzuwarten, welche weiteren Gehversuche sie machen werden, um die Nutzer in Social Media zu Fans und Followern von Nestlé zu machen.

12.8.4 Wenn Berühmtheiten in Social Media politisch werden – das Beispiel Felix Baumgartner

Stars und Promis sind in Social Media sehr beliebt und liefern sich regelmäßig ein Wettrennen bei Fans- und Follower-Zahlen. Sie äußern sich auch häufig zum Weltgeschehen und zur Politik, wie z. B. Lady Gaga kürzlich zum Attentat in Orlando in ihrem Facebook-Post. Das Ganze kann aber auch nach hinten losgehen, wie das Beispiel von Felix Baumgartner Anfang des Jahres 2016 zeigt. Der Stratos-Mann ist bei seinen Fans und Followern eigentlich sehr beliebt, hat zuletzt aber an Popularität eingebüßt, da er seinen Unmut über die damalige Flüchtlingspolitik auf Facebook äußerte (siehe Abbildung 12.12): »Ein Land, in dem Angeln ohne Angelschein bestraft wird und Menschen ohne Pass die Grenze überqueren, können nur Idioten regieren.«).

Das Posting erinnert an Kommentare von »Wutbürgern« aus Dresden. Auf dem öffentlichen Profil von Felix Baumgartner sorgten sie dementsprechend für Diskussion in alle Richtungen. Und neben Joko und Klaas, die sich damals für Flüchtlinge ausgesprochen hatten, gab es von nun an auch auf der Seite der Flüchtlingsgegner in der Person von Felix Baumgartner ein Gesicht in Social Media. Baumgartner veranlasste die Kritik zu einem weiteren Posting am darauffolgenden Tag, wo er sich zum Vorwurf der Steuerhinterziehung und seiner Einstellung zur Flüchtlingskrise noch einmal äußerte. Die Diskussion wurde weiter angeheizt, als Jan Böhmermann, der sich ohnehin schon gern in öffentliche Debatten einmischt, auf Twitter Stellung bezog (siehe Abbildung 12.13).

Das Beispiel von Felix Baumgartner zeigt: Politische Stellungnahmen in Social Media sollten wohlüberlegt sein. Das gilt sowohl für die öffentlichen Profile von Unternehmerinnen und Unternehmern in Social Media als auch für die Seiten der Firmen und Marken. Damit möchten wir nicht generell davon abraten, sich politisch zu äußern, allerdings nur, wenn es zur Person und Marke passt bzw. etwas damit zu tun hat.

Abbildung 12.12 Felix Baumgartner postet öffentlich seine politische Meinung und gerät ins Sperrfeuer der Social-Media-User und Medien. (Quelle: https://www.facebook.com/FelixBaumgartner/photos/a.438276003803.225765.58427163803/10153947132958804/?type=3&theater)

Abbildung 12.13 Böhmermann nimmt Stellung zu Baumgartner und heizt die Diskussion weiter an. (Quelle: http://twitter.com/janboehm/status/691983852043177984)

12.8.5 Shitstorm-Skala – Ihr Wetterbericht für Stürme in Social Media

Was tun Sie, wenn Sie merken, ein Sturm zieht auf? Sie haben das Gefühl, die Stimmung kippt, sind sich aber unsicher, was Sie tun sollen? Sie fragen sich, wie Sie diesen Shitstorm überstehen sollen? Genau diese Fragen haben sich auch Barbara Schwede und Daniela Graf von *http://feinheit.ch* gestellt und ihre Erfahrungen aus Beratungen in einer Shitstorm-Skala zusammengefasst. In Anlehnung an die Beaufort-Windskala für Wind- und See-Beobachtungen haben sie die Shitstorm-Skala erstellt (siehe Abbildung 12.14). Je nachdem, wie viel Kritik es in Social Media gibt und wie stark das Medienecho ist, erreichen Sie einen entsprechenden Wert in der Shitstorm-Skala. Mit der Skala können Sie prüfen, wie schlimm es um Ihren Online-Ruf steht, und abschätzen, wie schnell Sie reagieren müssen und welche Mittel Sie ergreifen müssen.

SHITSTORM SKALA	WINDSTÄRKE	WELLENGANG	SOCIAL MEDIA	MEDIEN-ECHO
0	Windstille	völlig ruhige, glatte See	Keine kritischen Rückmeldungen.	Keine Medienberichte.
1	leiser Zug	ruhige, gekräuselte See	Vereinzelt Kritik von Einzelpersonen ohen Resonanz.	Keine Medienberichte.
2	schwache Brise	schwache bewegte See	Wiederholte Kritik von Einzelpersonen. Schwache Reaktionen der Community auf dem gleichen Kanal.	Keine Medienberichte.
3	frische Brise	mäßig bewegte See	Andauernde Kritik von Einzelpersonen. Zunehmende Reaktionen der Community. Verbreitung auf weiteren Kanälen.	Interesse von Medienschaffenden geweckt. Erste Artikel in Blogs und Online-Medien.
4	starker Wind	grobe See	Herausbildung einer vernetzten Protestgruppe. Wachsendes, aktives Follower-Publikum auf allen Kanälen.	Zahlreiche Blogs und Berichte in Online-Medien. Erste Artikel in Print-Medien.
5	Sturm	hohe Seee	Protest entwickelt sich zur Kampagne. Großer Teil des wachsenden Publikums entscheidet sich fürs Mitmachen. Pauschale, stark emotionale Anschuldigungen, kanalübergreifende Kettenreaktion.	Ausführliche Blog-Beiträge. Follow-Up-Artikel in Online-Medien. Wachsende Zahl Artikel in klassischen Medien (Print, Radion, TV).
6	Orkan	schwere See	Ungebremster Schneeball-Effekt mit aufgepeitschtem Publikum. Tonfall mehrheitlich aggressiv, beleidigen, bedrohend.	Top-Thema in Online-Medien. Intensive Berichterstattung in allen Medien.

Abbildung 12.14 Mit der Shitstorm-Skala können Sie abschätzen, wie schlimm es um Ihre Marke steht. (Quelle: Wetterbericht für Social Media von Daniela Graf und Barbara Schwede www.feinheit.ch/blog/2012/04/24/shitstorm-skala)

12.8.6 Zehn Shitstorm-Tipps, mit denen nichts schiefgehen kann

Shitstorms kommen manchmal über Nacht, manchmal sogar innerhalb weniger Stunden auf Sie zugerollt. Aber es gibt einige Maßnahmen zur Vorbeugung, die Sie ergreifen können. Wenn es dennoch passiert, helfen diese Shitstorm-Tipps:

1 Betreiben Sie Monitoring

Sie sollten zügig realisieren, wenn der Unternehmens- oder ein Produktname gehäuft im Web diskutiert wird oder auf Ihrer Facebook-Seite ungewöhnlich viele Kommentare und User-Postings ankommen. Nicht wenige Shitstorms starten am Wochenende, Sie sollten das zum einen mitbekommen und zum anderen so weit sein, auch am Wochenende reagieren zu können.

2 Schnell und angemessen reagieren

Selbst wenn Sie keine konkrete Antwort oder Lösung parat haben, sollten Sie schnell reagieren und auf keinen Fall die Kritik ignorieren. Zeigen Sie den Usern, dass der Unmut wahrgenommen wurde, und sorgen Sie dafür, dass alle relevanten Personen und Abteilungen an der Krisenkommunikation und -lösung mitwirken. Aber: Nicht jedes kritische Posting ist gleich ein Shitstorm. Mit Erfahrung und Einschätzungsvermögen können Sie in den meisten Fällen beurteilen, ob es sich zu einer veritablen Krise entwickeln wird oder nicht.

3 Antworten Sie dort, wo die User erreichbar sind

Auf einen Shitstorm auf Facebook sollten Sie nicht zuerst mit einer PR-Verlautbarung antworten. Reagieren Sie zunächst dort, wo der Shitstorm aufgekeimt ist, und schaffen Sie eine Informationszentrale dort, wo die User erreichbar sind.

4 Zeigen Sie Stärke, indem Sie sich entschuldigen

Fehler sind menschlich, und das wissen die meisten Menschen. Entschuldigen Sie sich bei den Kritikern (sofern die Kritik berechtigt ist), und nehmen Sie die Kritiker ernst, auch wenn die Kritik aus Ihrer eigenen Sicht vielleicht etwas überzogen wirkt. Seien Sie aber mit Rechtfertigungen vorsichtig, es könnte so wirken, als würden Sie den Schuldigen woanders suchen und als wären Sie nicht bereit, etwas zu verbessern.

5 Geloben Sie Besserung

Einem Versprechen müssen auch Taten folgen, und die User erwarten sich heute und in Zukunft, dass Sie an der Fehlervermeidung und Verbesserung arbeiten. Das müssen Sie nachhaltig kommunizieren und glaubwürdig dokumentieren – auch für die User, die in Zukunft über diese Krisenkommunikation stolpern und nicht wissen, ob das ein Einzelfall war und bereits behoben wurde oder nicht.

6 Vermeiden Sie Zensur

Jedes gelöschte kritische Posting wird in vervielfachter Form durch Freunde des Users zurückkehren, dessen Posting Sie gelöscht haben. Löschen Sie nur dann, wenn ein Posting/Kommentar gegen geltende Gesetze verstößt oder andere Personen attackiert. Sie selbst sollten Ihren Umgangston immer seriös und sachlich halten.

7 Lassen Sie die Rechtskeule außen vor

Drohungen mit Klagen werden von der Community immer mit noch mehr Hohn und Häme bestraft. Selbst wenn Sie im Recht sind, sollten Sie immer versuchen, den Konsensweg zu gehen.

8 Bewahren Sie Ruhe

Auch wenn es in der heißen Phase schwerfällt, müssen Sie darauf vertrauen, dass der Shitstorm wieder abklingt, sich die teilnehmenden User beruhigen und sich anderen Themen zuwenden. Sie können nicht jeden Shitstorm-Teilnehmer sofort zum Markenbotschafter umdrehen, aber der langfristige Schaden hält sich in vielen Fällen in Grenzen.

9 Fragen Sie Experten

In jedem Krisenfall gibt es Überraschungen und Wendungen, die Sie nicht voraussehen können. Konsultieren Sie Experten für Krisenkommunikation oder zum Krisenthema, die Ihnen weiterhelfen können. Im Idealfall haben Sie eine aktive und treue Community hinter sich, die Sie in einem Krisenfall auch unterstützt und die hinter Ihnen steht. Häufig entstehen Diskussionen zwischen den Usern, und ausfällige und unangemessene Kommentare werden oft von anderen Usern zurechtgewiesen. Bereiten Sie sich so früh wie möglich mit einem Krisenplan auf mögliche Krisenthemen vor, und erarbeiten Sie einen Workflow, damit Sie im Bedarfsfall nicht allein dastehen.

10 Nutzen Sie Monitoring-Tools

Es gibt mittlerweile zahlreiche Tools am Markt, die das Monitoring Ihrer eigenen Accounts und des gesamten Internets ermöglichen. Hier werden beispielsweise auf Ihrer Facebook-Seite Aktivitätshäufungen beobachtet (wenn sich etwa ein Krisenfall anbahnt), oder es wird gemeldet, wenn gewisse Keywords in Bezug auf Ihr Unternehmen gerade gehäuft im Internet erwähnt werden. Ein solches Facebook-Shitstorm-Tool ist der Shitstorm Alert von Fanpage Karma (*http://www.fanpagekarma.com/features*).

12.9 Fazit

Im Wesentlichen geht es im Sinne der Online-Reputation Ihres Unternehmens darum, alle Kanäle zu nutzen, auf denen Sie Ihre Marke und das »richtige« Bild von sich und Ihrem Unternehmen kommunizieren und manifestieren können. Das Gleiche gilt genauso auch für einzelne Personen. Das können SEO-optimierte Fotos auf Bilderplattformen sein, ein professionell eingerichtetes Facebook-Profil, eine eigene suchmaschinenoptimierte Website, professionell überarbeitete XING- und LinkedIn-Profile usw.

Egal, ob Sie Online Reputation Management selbst betreiben oder es einem Profi überlassen: Hauptsache, Sie tun es. Nutzen Sie die Chance, mit wenig Aufwand viel für Ihre berufliche Zukunft und jene Ihres Unternehmens zu erreichen. So manches Geschäft ist nicht zustande gekommen, weil entsprechend negative Inhalte über den Geschäftsführer im Netz standen, und der eine oder andere Kunde hat den Kauf eines Ihrer Produkte dann doch nicht erwogen, weil zu viele ungeklärte negative Bewertungen darüber zu finden waren.

13 Social-Media-Trends

Social Media sind und bleiben die Einflugschneise für die Nutzer ins Internet. Genau deshalb herrscht ein permanenter Machtkampf um die Aufmerksamkeit der Nutzer. Die Betreiber sozialer Netzwerke und Apps entwickeln ständig neue Funktionalitäten und Tools für die Nutzer. VR, Audio und Messenger Bots sind die maßgeblichen Megatrends der kommenden Monate.

Da sich die Online-Kommunikation weltweit von den Social Networks immer mehr auf Smartphones verlagert, müssen Unternehmen nach Wegen suchen, um an dieser Entwicklung aktiv mitzuwirken, um ihre Zielgruppen oder neue Kunden zu erreichen. Die Power, die in diesen kleinen leistungsfähigen Computern steckt, ist einfach enorm: WhatsAppen, Videotelefonie, Sprachnachrichten, Podcasts, Streamen, Instagram Stories – die Smartphones von heute sind leistungsfähige Computer und geben den Takt für alle Entwicklungen des Social Media Marketings vor.

13.1 Instagram first, Facebook second

Facebook lässt keine Woche vergehen, ohne Instagram weiter auszubauen und neue Features zu launchen. Instagram TV (IGTV) ist der neueste Clou und soll YouTube Konkurrenz machen. Facebook weiß, dass es als Plattform für die Nutzer an Attraktivität verloren hat. Die Nutzer wandern entweder zum Messenger ab oder zu Instagram, wo sich die meisten Millennials tummeln. Für die Werbung ist das mittlerweile die interessantere Plattform und wird in den nächsten 12 Monaten dem Mutterkonzern Facebook 10 Mrd. US$ bescheren. Dann würde Instagram 16 % des Gesamtumsatzes von Facebook ausmachen.[1] Ein mögliches Zukunftsszenario könnte daher so aussehen: Facebook wird nur noch als Werbeplattform und für das Messaging genutzt und speist seinen Algorithmus mit dem Nutzerverhalten von Instagram. Für Ihre Content-Planung auf Facebook bedeutet das: Weniger ist mehr. Bewerben Sie ein bis zwei Highlight-Contents pro Monat auf Facebook, und überlegen Sie sich ansonsten lieber einen schlauen Ansatz für das Facebook-Mes-

1 Finanzen.net, 2018, »Facebook: Mehr als nur schöne Bilder«: *http://www.finanzen.net/nachricht/aktien/euro-am-sonntag-aktien-check-facebook-mehr-als-nur-schoene-bilder-6339100*

senger-Marketing, und posten Sie mehr Content auf Instagram (vor allem Instagram Stories). Und dann wäre da ja noch Pinterest, dessen Social-Shopping-Impact gerade erst in den Marketingabteilungen ankommt. Hier sollten Sie als Onlineshop-Betreiber, Publisher, Blogger oder Influencer unbedingt ein Auge darauf werfen.

13.2 Video, Livevideo, Livesendungen

Auch in Zukunft führt kein Weg an Video vorbei. Was vor 3 Jahren anfing, geht auch in Zukunft weiter. Laut Cisco-Studie werden Videos im Jahr 2021 den Bärenanteil des Internet-Traffics (82 %) ausmachen. Facebook könnte in ein paar Jahren ausschließlich aus Videos und Sendungen bestehen und als TV-Sender mit Social-Media-Funktionen fungieren. Was die Werbeplätze bei Facebook angeht, so ist es ja bereits ein »Bezahlsender« und wird sich auch in Zukunft dementsprechend weiterentwickeln. Unternehmen müssen sich dann noch einmal mehr als Medienunternehmen und »TV-Produzenten« verstehen und für Facebook eigene Sendungen konzipieren. Hierzulande zeigen Rocket Beans TV, *http://www.facebook.com/RocketBeansTV*, wie das aussehen kann. Das Positive daran: Unternehmen können mit entsprechendem Budget auch große Reichweiten und Video-Views verbuchen und mit einer anschließenden Umfrage die Werbeerinnerung messen (Ad Recall Lift).

Livevideos und Livestreams sind derzeit neben Facbeook-Gruppen noch die einzige Möglichkeit, um organische Reichweite aufzubauen. Spannend auch: Live gestreamte Videos werden dreimal so lange angesehen wie Clips aus der Konserve. Allerdings müssen Livestreams auch zwingend von einem guten Moderator geführt werden, der dafür sorgt, das Online-Publikum in die Livesendung zu holen, Fragen zu stellen und Kommentare zu erhalten.

TV-Etats wandern auf den Second Screen

Smartphones werden von 82 % der User als Second Screen parallel zu TV genutzt. Spannend sind daher in Zukunft crossmediale und ganzheitliche Vermarktungskonzepte, bei denen Social-Media-, TV-, Print- und Influencer-Kampagnen stärker ineinandergreifen und sinnvoll miteinander verzahnt werden – für eine optimale Werbewirksamkeit und eine hohe Markenerinnerung. Mit Technologien wie Beacons und Geo-Fencing können Offline- und Online-Maßnahmen verzahnt und die Ergebnisse gemessen werden.

13.3 Neue Realitäten – Virtual und Augmented Reality

Neben Smartphones werden Gadgets wie Google Glass, die Virtual-Reality-Brille Oculus Rift oder Smartwatches immer interessanter für die User. Ziel ist es, Technik und Bekleidung bzw. den Körper des Users miteinander verschmelzen zu lassen. Die Technik, die ein Smartphone beherbergt, wird in ein noch kleineres Endgerät verpackt. Und das ist erst der Anfang. Denn irgendwann sind auch Smartphones und Smart Devices die Dinosaurier unter den Gadgets. Mit der Weiterentwicklung von Nanotechnologie wird es in Zukunft möglich sein, kleinste Antennen auf Atomen zu platzieren, und dann ist der Schritt zur »VR-Linse« nicht mehr weit.

Durch die Entwicklung von VR und AR verschmelzen Gegenwart und Digitales miteinander, und die Einsatzmöglichkeiten in Social Media sind dabei unbegrenzt. Eine Branche, die sich das zunutze macht, ist der Tourismus. Der Kunde erhält nicht mehr nur die klassische Beratung, sondern kann sich dank VR-Brille einen 360°-Eindruck von seinem Urlaubsziel machen, virtuelle Rundgänge durch das Hotel unternehmen oder schon vorab eine Destination kennenlernen. Nutzen Sie diesen Trend, und bieten Sie 360°-Surroundings und Erlebnisse für Ihre Marke.

Auch im Verkauf ergeben sich durch die VR-Brillen viele neue Möglichkeiten. Die Outdoor-Marke The North Face nimmt seine Kunden etwa mit auf eine Reise durch Nepal. Mithilfe der virtuellen Realität kann man die dortige Winterlandschaft erleben. Bekleidungsunternehmen wie Zalando experimentieren mit virtuellen Umkleidekabinen, so sollen User mithilfe von virtueller Realität Kleidungsstücke virtuell anprobieren können und ersparen sich so den Rückversand, falls die Kleidung nicht passt.

Eine weitere Chance sind virtuelle Stores: Dank dieser Technik wandert der User virtuell durch den Onlineshop und kann hier wie in einem stationären Laden stöbern. Auch für Online-Möbelmärkte gibt es vielfältige Einsatzmöglichkeiten. In virtuellen Shops können User Möbel und Ausstellungsflächen begutachten oder durch die Datenbrille Objekte in ihren eigenen vier Wänden nach Belieben anordnen.

13.4 Chatbots

Über zwei Milliarden Menschen weltweit nutzen den Facebook Messenger und den WhatsApp Messenger. Kein Wunder also, dass nun auch die Weckrufe in Richtung Marketing lauter werden und sich Chatbots rasant entwickeln. Laut BusinessInsider versprechen Chatbots ein Marktpotenzial von 1,23 Mrd. US$.[2]

2 BusinessInsider, 2017, »Chatbot Market Size to Reach $1.25 Billion by 2025 | CAGR: 24.3 %: Grand View Research, Inc.«: *http://markets.businessinsider.com/news/stocks/chatbot-market-size-to-reach-1-25-billion-by-2025-cagr-24-3-grand-view-research-inc-1002381903*

Auf Facebook gibt es bereits über tausend Chatbots, die Kundenanfragen automatisiert beantworten und unterhaltsam in Interaktion mit den Nutzern treten. Was bisher jedoch noch fehlt, sind wirklich namhafte Beispiele von Marken und Unternehmen, die den Chatbot geschickt und bewusst in Ihre Kampagne integrieren oder gar als Aufhänger für Ihre Kampagne nutzen. Die bekannten Chatbot-Beispiele aus Deutschland sind die Lufthansa und die Sparkasse. Für kleine wie große Unternehmen besteht hier eine Riesenchance, denn Chatbots lassen sich innerhalb weniger Tage einrichten. Beginnen Sie mit einem Chatbot, der zumindest einfache Kundenanfragen übernimmt. Wenn es bis 2019 noch nicht die große mobile Kampagne werden soll, so lässt sich ein Chatbot, der solche einfachen Kundenanfragen beantwortet, doch innerhalb weniger Tage einrichten. Das sollten Sie 2018 auf Ihrer Social-Media-To-do-Liste an die oberste Stelle setzen. Denn laut WhatsBroadcast.com werden Chatbots künftig stärker als bisher in die Markenkommunikation auf Facebook und anderen Plattformen involviert sein.[3] Maßgeblicher Grund dafür ist Kosteneffizienz, etwa im Bereich *Customer Relationship Management* (CRM). Durch die Automatisierung eines Kauf- oder Beratungsprozesses wird die Abwicklung beschleunigt, die Kundenorientierung verbessert und die Kundenbindung gestärkt.

ChatBots können nicht nur beraten, sondern bis hin zur interaktiven Bezahlung direkt den Einkauf unterstützen. Chatbots analysieren die letzten Einkäufe des Users, stellen seine Vorlieben fest und ergänzen fehlende Informationen durch Chatfragen. So können sie ziemlich einfach genaue Kaufempfehlungen geben.

Bald wird sich ein Großteil der Interaktionen zwischen Kunden, Marken und Geschäften online nur mehr in Chatumgebungen auf mobilen Endgeräten abspielen. Chats werden immer beliebter, da die User nicht für jedes Unternehmen einzeln eine App installieren müssen, sondern nur noch mit dem Messenger ihrer Wahl einen Chatbot anschreiben. Eine Pizzabestellung mit einem Chatbot würde also – im Gegensatz zur klassischen App – nicht über mehrere Untermenüs ablaufen, sondern zu einem Frage-Antwort-Spiel werden:

User: Ich hätte gerne eine Salami-Pizza.

Bot: Gern! Welchen Käse?

User: Gouda :D

Bot: Die gleiche Adresse wie letzte Woche?

User: Jupp!

Bot: Die Pizza wird in 20 Minuten geliefert.

---

3 *http://allfacebook.de/whatsapp/7-gruende-warum-chatbots-populaerer-werden-apps-einfuehrung-in-chatbots-44*

China gilt hier als Vorbild, dort werden Chatbots schon ganz alltäglich verwendet.[4]

Parallel dazu wird es noch einmal spannend, wie sich die Messenger als Werbeplattform nutzen lassen. Im Facebook Messenger lässt sich schon Werbung schalten, bei WhatsApp wird dies auch bald möglich sein. Unternehmen, die hier früh dabei sind und die richtigen Anzeigenformate ausprobieren, profitieren von günstigen Anzeigenpreisen und einem noch unverbrauchten Kanal.

13.5 Voice Commerce

Sprachnachrichten halten immer mehr Einzug in den Medienalltag vieler Nutzer. Aber damit nicht genug. Immer mehr Nutzer beginnen ihre Internetrecherche über die Sprachsteuerung und nutzen dafür Siri, Alexa, Cortana usw. Der Grund für den Erfolg? Die Menschen sind eben faul. Es ist einfacher und bequemer, eine Sprachnachricht aufzunehmen oder Alexa zuzurufen: »Spiele Jazz«, und eine nette Stimme antwortet: »Ich spiele Jazz«, anstatt einen ewig langen Text in den Messenger einzutippen. Anders gesagt: Es geht um Effektivität! Mit Sprachassistenten lassen sich Kosten und Zeit sparen.

Für das Social Media Marketing haben Audio- und Sprachsteuerung natürlich auch Implikationen. Displays werden von Sprachassistenten abgelöst. Soziale Netzwerke werden nicht mehr über den Desktop angesteuert, sondern über die Sprache. Und auch Smartphones werden irgendwann obsolet und durch VR-Brillen oder Linsen mit Sprachsteuerung ersetzt – eine spannende Zukunft für alle Marketers.

13.6 Programmatic Advertising

Personalisiertes Targeting in Echtzeit ist dank Social-Media-Anzeigen und dem sich dahinter verbergenden Algorithmus möglich. Der Kniff für mehr Effizienz ist allerdings die Automatisierung dieser Anzeigen, und das geht mit *Programmatic Advertising*. Nur so können Sie aktuelle Inhalte treffsicher, individualisiert und zur richtigen Zeit zu einem günstigen Preis an die anvisierte Zielgruppe ausspielen. Alternativ können Sie diese Anzeigen auch selbst einstellen und müssen in Sekundenschnelle entscheiden, welche Einbuchung und Gebotsstrategie am besten ist. Dafür müssen Sie verstehen, wie Facebook-Anzeigen-Bidding funktioniert. Sie müssen die Einbuchungs- und Optimierungsmöglichkeiten kennen und einsetzen können – kurzum, Sie brauchen dafür Zeit. Mit Automatisierung können Sie jedoch

4 »Datenbeziehungen: Wie kommunizieren wir in Zukunft?«, 2016: *www.netzpiloten.de/datenbeziehungen-kommunizieren-zukunft*

Zeit sparen und bessere Leads generieren. Laut einer Studie von emailmonday lassen sich mit Programmatic Advertising 77 % höhere Conversion Rates erzielen.[5] Personalisiertes Targeting muss auch die Stimmung des Users berücksichtigen. Hier liegt noch die größte Herausforderung von Programmatic Advertising.

Doch mit Automation geht auch eine angespannte Diskussion um Privatsphäre und Datenschutz einher, denn nicht jeder User möchte die Verarbeitung und Vermarktung seiner Nutzerdaten in diesem Ausmaß akzeptieren. Durch die Datenschutz-Grundverordnung (DSGVO) ist hier ein erster Schritt getan. Die Nutzer können dem Tracking durch das Facebook-Pixel widersprechen.

13.7 Influencer Marketing

Influencer Marketing setzt sich als Marketingdisziplin immer mehr durch und ist auf einem guten Weg zum Milliardengeschäft. Bis 2020 soll es den Influencern bis zu 990 Mio. € in die Kassen spülen.[6] Influencer sind Meinungsführer in ihrer eigenen kleinen oder eben sehr großen Bubble. Neben der Beeinflussung sind sie aber mittlerweile so professionell aufgestellt, dass sie sich auch als Content-Lieferanten eignen. Sie treten selbst wie (Content-)Agenturen auf, liefern Kennzahlen zur Reichweite, Zielgruppe und ganz konkrete Anzeigenpreise – und das Wichtigste: Sie organisieren professionelle Shootings für Ihre Produkte. Mitunter ist diese Content-Erstellung in Kombination mit der Reichweite günstiger als die externe Agentur- und Mediabuchung. Für Sie gilt es herauszufinden, welcher Influencer der oder die richtige für Sie und Ihre Marke ist. Hier entscheidet noch vor der Reichweite des Influencers immer seine Persönlichkeit.

Neben den großen, reichweitenstarken Influencern geht der Trend 2018 definitiv in Richtung Micro-Influencer und noch weiter in Richtung Advocacy Marketing. Micro-Influencer mit 1.000 bis 10.000 Followern können mitunter authentischer und günstiger für Ihre Produkte werben. In ihrer Community genießen sie ein hohes Ansehen, haben einen klaren Content- und Produktfokus und engagierte Follower, was zu hohen Interaktionsraten führt.

Mit Advocacy Marketing sind wiederum die lokalen Influencer und Fürsprecher der Marke (Mitarbeiter, Geschäftspartner, Kunden), die freiwillig von der Marke, dem Shop oder dem Dienstleister erzählen (ähnlich Empfehlungsmarketing). Ob jedoch

5 emailmonday, »The Ultimate Marketing Automation statistics overview«: *http://www.emailmonday.com/marketing-automation-statistics-overview*

6 Influencer Marketing auf dem Weg zum Milliardenmarkt, 2018: *http://www.goldmedia.com/aktuelles/info/article/influencer-marketing-auf-dem-weg-zum-milliardenmarkt*

vor dem Hintergrund der aktuellen Rechtslage und Urteile rund um die DSGVO Advocacy Marketing so einfach umsetzbar ist, kann nur ein Rechtsanwalt entscheiden. Und auch die Influencer müssen sich nach den letzten Urteilen rund um die DSGVO erst einmal sortieren. Aktuell gilt: Jedes Posting mit einem Produktverweis, dem Verweis auf einen Ort oder eine Location etc. ist Werbung und muss so gekennzeichnet werden. Für Unternehmen gilt es hier erst einmal zu beobachten, ob die Influencer durch diesen permanenten Verweis auf Werbung an Glaubwürdigkeit verlieren. Es kann aber auch die gegenteilige Wirkung haben, dass Kooperationen als solche weniger wahrgenommen werden (wenn eh alles Werbung ist) und für beide Seiten (Marke und Influencer) lohnen.

13.8 Gamification

Mit Gamification kommt ein weiteres P – *Power* – zu den vier P des Marketings (Product, Price, Place, Promotion) hinzu. Mit Gamification sind jedoch nicht Gewinnspiele bei Facebook gemeint, sondern die Nutzung von Spielmechaniken im Marketing, wie Wettbewerbe, Belohnungen und Auszeichnungen. Denn das Spiel hat einen ganz besonderen Reiz. Gespielt wird immer freiwillig, auch wenn es Stunden dauert kann. Stellen Sie sich also vor, jemand spielt mit Ihrer Marke freiwillig, investiert Zeit und vielleicht sogar Geld, um ans Ziel zu kommen! Das hat enorme Auswirkungen auf das Markenbranding. Sie können sich nicht vorstellen, dass Sie Ihre Zielgruppe für ein Spiel begeistern können? Schauen Sie sich nur einmal den App-Erfolg von »HQ Trivia« an, und probieren Sie es aus. Die Zukunft des Marketings steckt definitiv in Game-based Marketing.

13.9 Der Machtkampf der GAFA

In den kommenden Monaten und Jahren wird sich zeigen, wer von den großen Vier (GAFA = Google, Amazon, Facebook, Apple) die richtigen Antworten auf die Wünsche der Nutzer haben wird. Unter den großen Vier herrscht sowohl Wettbewerb als auch Kooperation, und alle werden in den kommenden Monaten neue Konzepte und Produkte in Bezug auf Mobile und E-Commerce auf den Markt bringen. Unter den großen Playern hat der Wettkampf erst begonnen, wer sich auf dem erwarteten Milliardenmarkt durchsetzen wird. Im Moment ist der gesamte Facebook-Kosmos mit Instagram und WhatsApp die wichtigste Verteilstelle für Aufmerksamkeit. Einzig Netflix macht hier mit seinen Produkten Konkurrenz. Damit das so bleibt, hat Facebook alle Vorbereitungen getroffen und entwickelt mit Hochgeschwindigkeit neue Funktionalitäten. Der letzte Clou kurz vor der Veröffentlichung dieses Buch ist die Lip-Sync-Funktion in den Facebook Stories. Damit kopiert Facebook einmal mehr das bei musica.ly beliebte Feature, mit dem Nutzer Songs synchronisieren können. Um aktuelle Songs in der Datenbank zu haben, hat Facebook extra mit den drei größten Labels Verträge abgeschlossen.

Facebook wird einerseits versuchen, seine Vormachtstellung unter den sozialen Netzwerken zu sichern, andererseits am Ausbau seiner Werbeplattform arbeiten und versuchen, noch mehr Dienste, Informationen, Nutzen anzubieten, um seine Mitglieder noch länger innerhalb des Facebook-Ökosystems zu halten. Facebook als Videoplattform, als Shopping-Tool und als Bewertungsplattform sind absehbare Nutzungsmöglichkeiten und Geschäftsmodelle. Vor allem mit innovativen mobilen Werbeformaten will Facebook in Zukunft noch mehr Geld verdienen. Immer mehr kristallisiert sich Facebook als Traffic-Lieferant für Webinhalte von News- und Entertainmentportalen heraus. Mit interessanten Inhalten und Features wird Facebook versuchen, diese Homebase für die User zu bleiben.

Amazon ist der größte Online-Händler der Welt und experimentiert ständig mit neuen Services, wie etwa der Lebensmittelzustellung (Amazon macht nur mehr 10 % seines Umsatzes mit Büchern), einem eigenen Smartphone (Kunde fotografiert ein Produkt und kann es anschließend gleich auf Amazon bestellen) oder Cloud-Projekten, bei denen User ihre Daten speichern können.

Ein Dienst, nämlich Amazon Dash (*http://fresh.amazon.com/dash*), ist bereits jetzt im Einsatz. Mithilfe eines »Zauberstifts«, der den Barcode von Lebensmittelprodukten liest, kann man online einkaufen. Man hält den Dash an ein Produkt und scannt so den Barcode. Dieser wird in einer digitalen Einkaufsliste gespeichert, die man nach entsprechender Kontrolle abschicken kann. Dann erhält man die gekauften Produkte direkt an die Haustür geliefert. Der Zauberstift versteht auch Texteingaben. Wenn man allerdings ein Produkt kaufen will, das man noch nicht zu Hause hat oder dessen Barcode man nicht weiß, funktioniert der Service nicht. Man kann den Dash Button auch an den Kühlschrank kleben und mit einem gewünschten Produkt verknüpfen. Jedes Mal wenn man dann auf den Knopf drückt, wird bei Amazon automatisch der Versand des Produkts ausgelöst.

Apple wiederum führt seit geraumer Zeit auch Gespräche mit verschiedenen Automobilherstellern, wie z. B. Tesla. Die Integration von Smart Devices bzw. Social-Media-Apps steht dort erst am Anfang und bietet von Routenplanung bis Stauvorhersage ungeahnte Möglichkeiten.

Spannend wird auch der Kampf zwischen Google und Apple um deren jeweilige Position im Sektor mobiler Endgeräte bzw. deren Betriebssystem. Hier hat Android die Nase vorn. Dass das Internet noch mobiler, die Dienste noch flexibler und innovativer werden (müssen), ist absehbar.

13.10 Fazit

All diese Entwicklungen zeigen, dass es am Ende darum geht, wer als erster eine All-in-One-App entwickelt oder sein bestehendes Social Network so sehr um spannende Funktionen erweitert, dass die Nutzer begeistert sind. Der Kampf zwischen Snapchat und Instagram zeigt, wie schnell man dabei verlieren kann, auch wenn Snapchat der eigentliche Innovator und First Mover im Markt war. Bei den kommenden Social-Media-Trends sind zwei Dinge maßgeblich: Einerseits geht der Trend in Social Media zurück zu den Wurzeln, zu geschlossenen Gruppen, zu persönlichem Messaging, zu Videotelefonie usw. Andererseits entwickeln sich die sozialen Netzwerke mit ihren angegliederten Apps zu echten Shopping-Tools und werden für Online-Händler und Hersteller zu unverzichtbaren Vertriebskanälen.

Wer es nun schafft, all diese Trends und Themen zu verstehen, zu sortieren und im Bedarfsfall sinnvoll für sich zu nutzen, der hat gute Aussichten, seine Marke im digitalen Zeitalter, dessen Herausforderungen nach wie vor im sozialen, aber auch im mobilen Wandel liegen, zu positionieren. Social Media Marketing ist kein Trend, sondern steht immer noch am Anfang seines Potenzials. Denn Social Media Marketing bietet als einzige Marketingdisziplin die Möglichkeit, die Glücksmomente, die Emotionen und die Freude der Menschen hinter ihren Rechnern in Kampagnen zu transformieren, um Menschen nachhaltig von der eigenen Marke zu begeistern.

Die Rechtstipps im Buch

Foto: ©Annelie Brux

Rechtsanwalt Sven Hörnich, der die Rechtstipps in diesem Buch beigesteuert hat, hat sich seit frühester Jugend der Medienlandschaft verschrieben, drehte selbst Filme und war hierfür sogar vor der Kamera in mehreren Kurz- und Langfilmen aktiv. Neben seinem Jurastudium war er zudem als Bandmanager und Musikjournalist tätig. Er kennt die Tücken des Weges von der Idee bis zur Umsetzung und die typischen Fehler, die einem Rechtsunkundigen dabei unterlaufen können, wie auch diejenigen Faktoren, die schlicht nicht kontrollierbar sind. So kreierte und programmierte er unter anderem Internetvideo-Fanzines in der Pre-YouTube-Phase, nur um dann mit anzusehen, wie »Inhalt« durch »Vielfalt« ersetzt wurde. Den »Gründergeist« hat er sich jedoch trotz aller Untiefen auch für seine anwaltliche Tätigkeit bewahrt. Seit seiner Zulassung als deutscher Rechtsanwalt im Jahr 2008 stand er vor allem auch Start-ups sowie kleinen und mittleren Unternehmen in den Bereichen des Medien-, Marken-, Urheber- und Wettbewerbsrechts zur Seite. Rechtsanwalt Sven Hörnich gründete nach langjähriger Tätigkeit im Dresdner Büro einer spezialisierten mittelständischen Kanzlei im Jahr 2012 seine eigene Sozietät in Dresden. Sie erreichen ihn am einfachsten per E-Mail (*kanzlei@sven-hoernich.de*). Weitere Informationen, Artikel und Kontaktmöglichkeiten finden Sie zudem auf seiner Internetseite *www.sven-hoernich.de*.

Das Coverbild

Sabine Tress in ihrem Atelier.
Das Portraitfoto ist von Gilbert Flöck (www.gilbert-floeck.de).

Das Titelbild dieses Buchs stammt von Sabine Tress, die 1968 in Ulm geboren wurde und von 1989–1994 Malerei an der Ecole nationale supérieure des Beaux Arts de Paris studierte. Anschließend arbeitete sie freiberuflich als Malerin in Ateliers in London und Berlin. Seit 2004 mietet sie einen Arbeitsraum im Kunstwerk Köln, Deutz. Ihre Arbeiten haben sich mehr und mehr zu einer Auseinandersetzung mit der Farbe als Materie und der Fläche entwickelt. Viele Übermalungen und Farbschichten kennzeichnen ihre Acrylbilder, in denen sie oftmals auch mit Sprayfarbe interveniert. Bereits vorhandene Farbflächen werden bis zur Unkenntlichkeit überdeckt, andere werden so verführerisch und hauchzart verschleiert, dass man umso neugieriger wird auf das immer noch offenkundige Darunter. Sabine Tress stellt keine Welt von außen in ihren Bildern dar, sondern schafft eigene und persönliche Bildebenen. Diese lassen dem Betrachter genug Platz für individuelle Assoziationen. Die Bildtitel sind in diesem Sinne nur Hinweise auf mögliche Inspirationsquellen oder Gedankenblitze.

Mehr Infos unter: *www.sabinetress.de*

Index

D

E

F

G

H

I

J

K

L

R

S

W

X

Y

Z